普通高等教育"十二五"规划教材

U0343653

（第二版）

给水排水工程结构

主　　编　程选生
副主编　曲　晨　张建文
编　　写　王春青
主　　审　赵　均　董宏英

中国电力出版社
CHINA ELECTRIC POWER PRESS

内 容 提 要

本书是普通高等教育"十二五"规划教材。全书共分十一章，主要内容包括钢筋混凝土材料的力学性能，工程结构的设计方法，钢筋混凝土受弯构件正截面承载力计算，钢筋混凝土受弯构件斜截面承载力计算，钢筋混凝土受压构件及基础设计，受拉构件承载力计算，钢筋混凝土构件的挠度、裂缝和混凝土结构的耐久性，钢筋混凝土梁板结构设计，钢筋混凝土贮液结构设计，砌体结构的基本理论，中小型地上式泵房的结构设计等。

本书是按照现行《混凝土结构设计规范》（GB 50010—2010）、《室外给水排水和燃气热力工程抗震设计规范》（GB 50032—2003）、《建筑结构荷载规范》（GB 50009—2001）、《给水排水工程构筑物结构设计规范》（GB 50069—2002）、《建筑结构可靠度设计统一标准》（GB 50068—2001）和《砌体结构设计规范》（GB 50003—2011）编写的，在保证课程体系完整的基础上，注重加强基本理论、基本技能和基本知识的训练。文字通俗流畅，注重实际应用。

本书可作为给水排水工程专业本科教材，也可作为同类专业专科教材，还可作为给水排水专业技术人员和土建类工程技术人员参考用书。

图书在版编目（CIP）数据

给水排水工程结构/程选生主编. —2 版. —北京：中国电力出版社，2012.12（2020.2 重印）
普通高等教育"十二五"规划教材
ISBN 978 - 7 - 5123 - 3620 - 9

Ⅰ.①给⋯ Ⅱ.①程⋯ Ⅲ.①给水工程—工程结构—高等学校—教材②排水工程—工程结构—高等学校—教材 Ⅳ.①TU991

中国版本图书馆 CIP 数据核字（2012）第 245472 号

中国电力出版社出版、发行
（北京市东城区北京站西街 19 号 100005 http://www.cepp.sgcc.com.cn）
北京雁林吉兆印刷有限公司印刷
各地新华书店经售

*

2007 年 6 月第一版
2012 年 12 月第二版 2020 年 2 月北京第七次印刷
787 毫米×1092 毫米 16 开本 22.25 印张 541 千字
定价 56.00 元

前　言

本书为普通高等教育"十二五"规划教材，根据全国高等学校土建类专业本科教育的培养目标和培养方案编写，是给水排水工程的一门专业基础课。本书在第一版的基础上，据国家最新规范和规程，结合教学改革和教学实践修订而成。

本书依据我国现行的《混凝土结构设计规范》（GB 50010—2010）、《室外给水排水和燃气热力工程抗震设计规范》（GB 50032—2003）、《建筑结构荷载规范》（GB 50009—2001）、《给水排水工程构筑物结构设计规范》（GB 50069—2002）、《建筑结构可靠度设计统一标准》（GB 50068—2001）和《砌体结构设计规范》（GB 50003—2011）等编写。全书共分十一章，主体结构在第一版的基础上未作改变，部分内容依据新规范和新规程、教学改革和教学实践作了相应的修改。本书可作为给水排水工程专业本科教材，也可作为同类专业的专科教材，还可作为给水排水专业技术人员和土建类工程技术人员参考用书。

本次修订工作由兰州理工大学担任，程选生任主编，编写分工如下：程选生（绪论，第八章的第四～六节及第九章），王春青（第一章，第十章，第十一章），张建文（第二章，第七章，第八章的第一～三节），曲晨（第三～六章）。此外，兄弟院校的教师提出了不少中肯的建议，在此对他们表示衷心感谢。

限于编者水平，书中缺点和错误在所难免，欢迎读者批评指正。

编　者

2012 年 10 月

第一版前言

为贯彻落实教育部《关于进一步加强高等学校本科教学工作的若干意见》和《教育部关于以就业为导向深化高等职业教育改革的若干意见》的精神,加强教材建设,确保教材质量,中国电力教育协会组织制订了普通高等教育"十一五"教材规划。该规划强调适应不同层次、不同类型院校,满足学科发展和人才培养的需求,坚持专业基础课教材与教学急需的专业教材并重、新编与修订相结合。

本书为普通高等教育"十一五"规划教材,是根据全国高等学校土建类专业本科教育的培养目标和培养方案编写的,是给水排水工程的一门专业基础课。

本书在编写过程中,贯彻《中国教育改革和发展纲要》的精神,本着"厚基础、重能力、求创新、以培养应用型人才为主"的总体思路,在保证课程体系完整的基础上,注重加强基本理论、基本技能和基本知识的训练。做到以教学为主,内容精练、删繁就简,文字力求通俗流畅、注重实际应用。

本书是根据我国现行的《混凝土结构设计规范》(GB 50010—2002)、《室外给水排水和燃气热力工程抗震设计规范》(GB 50032—2003)、《建筑结构荷载规范》(GB 50009—2001)、《给水排水工程构筑物结构设计规范》(GB 50069—2002)、《建筑结构可靠度设计统一标准》(GB 50068—2001)和《砌体结构设计规范》(GB 50003—2001)等编写的,共分十一章,主要内容包括绪论,钢筋混凝土材料的力学性能,工程结构的设计方法,钢筋混凝土受弯、受剪、受压、受拉的承载力计算,钢筋混凝土柱下基础设计,挠度和裂缝计算,混凝土结构的耐久性设计,钢筋混凝土梁板结构设计及贮液结构的设计,砌体的力学性能,砌体构件的计算理论和一般中小型地上式泵房的设计要点等。

本书绪论、第八章的四~六节及第九章,由兰州理工大学程选生编写;第一章、第十章和第十一章,由兰州理工大学王春青编写;第二章、第七章、第八章的一~三节,由南阳理工学院张建文编写;第三~六章,由浙江科技学院曲晨编写。全书由程选生主编,由北京工业大学赵均、董宏英主审。此外,中石化宁波工程有限公司刘晓科、周新及兰州理工大学研究生史晓宇做了许多前期准备工作,在此对他们表示衷心的感谢。

在本书的编写过程中,参考了许多同行专家的研究成果,在此向他们表示诚挚的感谢。同时,本书的出版得到了"兰州理工大学优秀青年教师培养计划"项目的资助,在此表示感谢。

在本书出版之际,特向兰州理工大学教务处的领导表示感谢,他们对本书的出版给予了多方面的支持和帮助。

限于编者的水平,书中缺点和错误在所难免,敬请读者不吝指正。

编 者

2006 年 10 月

目　录

绪　　论

给水排水工程的生产流程一般是由各种功能的构筑物(诸如泵站、贮液结构等)和辅助建筑用管线和沟渠联系而成。其中建筑物和构筑物的结构部分占有相当的建设投资,而结构设计的质量直接关系到给水排水工程的安全性、适用性和耐久性。

贮液结构不仅在给水排水工程中应用广泛,而且还应用于石油、化工、铁路等各种工业企业,主要用于储存清水、污水、石油、化学液体等。这种结构一旦失效,不但会影响企业的正常生产,而且往往会产生很大的次生灾害,甚至引发严重的环境灾害。因此,如何提高贮液结构的经济合理性和可靠性,已成为结构计算的一项迫切任务。结构设计的任务就是要根据技术先进、经济合理、安全适用和确保质量的原则,合理地选择材料和结构的型式,进行结构的布置,确定结构构件的截面和构造等。

同建筑物相比,给水排水工程结构的构筑物具有使用要求、结构型式、作用荷载及施工方法等方面的特殊性。在使用要求上,它对抗裂、抗渗漏、防冻保温及防腐等有较严格的要求;在结构型式上,它一般是比较复杂的空间薄壁结构;在荷载方面,除考虑重力荷载、风、雪荷载,水压力和土压力外,一般还需对温度作用、混凝土收缩及地基不均匀沉陷等非荷载因素进行考虑。

给水排水工程中的构筑物可以采用钢、钢筋混凝土或者砌体结构。钢材的优点是结构重量轻、构造简单、施工方便、抗渗性能好,但由于耗钢量大、防腐性能差及不宜埋设于地下,因此使用上受到一定的限制,一般只用作特殊用途的水柜、支架、栈桥和操作平台等;砌体结构可节约木材、钢材和水泥,施工方法简单,材料来源广泛,造价低,适用于中小型贮液结构,20世纪50～60年代曾在我国得到广泛的应用,但由于存在手工操作劳动量大,结构本身体积大,强度较低,抗裂抗渗性能差,抗震性能差和易开裂等缺点,特别是烧制普通砖对农田破坏严重,故现已很少采用,通常只有当钢材、水泥等材料的来源有困难时才采用;钢筋混凝土贮液结构便于就地取材、节约钢材,防腐性能、抗渗性能、耐火性能和耐久性能均较好,维修费用较低,同时,结构的整体性好,适用于在地震区建设,因此,在20世纪70年代之后广泛用于各种贮液结构中。

混凝土构筑物(诸如贮液结构)可采用素混凝土结构、钢筋混凝土结构和预应力混凝土结构。由于素混凝土结构的抗拉能力很差,通常只用于以受压为主的基础、支墩和重力式支挡结构等。所以,给水排水工程中的构筑物主要采用钢筋混凝土结构和预应力混凝土结构。限于篇幅,本书主要介绍现浇整体式的钢筋混凝土贮液结构。

根据平面形状,钢筋混凝土贮液结构可分为圆形和矩形两种,圆形在水压、土压的作用下,壁板在环向处于轴心受拉或轴心受压状态,在竖向处于受弯状态,受力比较均匀明确。而矩形的壁板则为以受弯为主的拉弯或压弯构件,因此,在同等容量下,其壁板厚度常比圆形大。但矩形贮液结构对场地的适应性较强,施工方便,便于节约用地和减少场地的土方开挖量,便于工艺设备的布置和操作,并易于分隔,以形成多格矩形贮液结构。20世纪80年代以来,随着贮液结构的容量向大型发展,用地矛盾日益加剧,使矩形贮液结构越来越受到重视。

给水排水工程中的建筑物，大多是屋盖和楼盖采用钢筋混凝土结构，墙、柱和基础采用砌体结构。对于设有起重吨位较大的桥式吊车的大型泵房，则可全部采用钢筋混凝土结构。

本书按内容可划分为三篇，共十一章，分别是：第一篇为钢筋混凝土的基本理论，分为七章，包括材料的物理力学性能、钢筋混凝土结构的基本计算原则、各类构件的计算方法和构造要求；第二篇为钢筋混凝土的结构设计，分为两章，包括钢筋混凝土梁板结构和贮液结构的设计；第三篇为砌体结构的设计简介，分为两章，简要地介绍了砌体的力学性能、砌体构件的计算理论和一般中小型地上式泵房的设计要点。

第一篇　钢筋混凝土的基本理论

第一章　钢筋混凝土材料的力学性能

第一节　混　凝　土

　　普通混凝土是由水泥、砂、石子和水按一定的配合比拌和在一起，经凝结硬化形成的人工石材，属多相复合材料。通常把混凝土的结构分为三种基本类型：微观结构即水泥石结构，亚微观结构即混凝土中的水泥砂浆结构，宏观结构即砂浆和骨料两组分体系。

　　微观结构由水泥凝胶、晶体骨架、未水化完的水泥颗粒和凝胶孔组成，其物理力学性能取决于水泥的化学矿物成分、粉磨细度、水灰比和凝胶硬化条件等。混凝土的宏观结构与亚微观结构有许多共同点，可以把水泥砂浆看作基相，粗骨料分布在砂浆中，砂浆与粗骨料的界面是结合的薄弱面。

　　由于混凝土在浇筑时的泌水下沉、硬化过程中水泥浆的水化造成的化学收缩和未水化的多余水分蒸发而造成的干缩，受到骨料的限制，因而在水泥胶体块和石子或砂浆的不同结合界面处以及通过水泥胶块自身处在荷载作用前形成了不规则的微裂缝。在荷载作用后，这种微裂缝往往是引起混凝土破坏的主要根源。

　　由于混凝土内部结构比较复杂，因而其力学性能也较为复杂。其力学性能表现为：水泥胶块中的结晶体和骨料组成弹性骨架承受荷载，并具有弹性变形的特点，而水泥胶块中的凝胶体需要在较长时间内逐渐硬化，故混凝土的强度亦随着时间而增长，同时又因其内部的凝胶体、微裂缝和孔隙等缺陷的存在和发展，塑性变形也逐渐在加大。

一、混凝土的强度

（一）单轴应力状态下的混凝土强度

　　混凝土的强度与水泥强度等级、水灰比有很大关系，骨料的性质、混凝土的级配、混凝土成型方法、硬化时的环境条件及混凝土的龄期等也不同程度地影响混凝土的强度。在实验室还因试件的尺寸及形状、试验方法和加载速率的不同，所测得的强度也不同，因此各国对各种单向受力下的混凝土强度都规定了统一的标准试验方法。

　　1. 混凝土的抗压强度

　　（1）混凝土的立方体抗压强度和强度等级。我国采用边长为 150mm 的立方体作为混凝土抗压强度的标准尺寸试件，并以立方体抗压强度作为混凝土各种力学指标的代表值。《普通混凝土力学性能试验方法》（GBJ 81—1985）规定以边长为 150mm 的立方体为标准试件，标准试件在 （20±3）℃的温度和相对湿度 90％以上的潮湿空气中养护 28 天，依照标准试验方法测得的抗压强度作为混凝土立方体抗压强度。

　　《混凝土结构设计规范》（GB 50010—2010）（以下简称《规范》）规定混凝土强度等级应按立方体抗压强度标准值确定，用符号 $f_{cu,k}$ 表示。即用上述试验方法测得的具有 95％保证率的立方体抗压强度作为混凝土的强度等级，即 C15、C20、C25、C30、C35、C40、C45、C50、C55、C60、C65、C70、C75、C80 共 14 个强度等级。例如，C30 表示混凝土立方体抗压强度标准值为 30N/mm²。其中 C50～C80 属高强混凝土范畴。素混凝土结构的混凝土强度等级不应低于 C15；钢筋混凝土结构的混凝土强度等级不应低于 C20；采用强度等级 400MPa 及以上的钢筋时，混凝土强度等级不应低于 C25；预应力混凝土结构的混凝土强度等级不宜低于 C40 且不应低于 C30；承受重复荷载的钢筋混凝土构件，混凝土强度等级不应低于 C30。为了保证必要的粘结力，钢筋混凝土结构的混凝土强度等级不宜过低。

　　试验方法对混凝土的立方体抗压强度有较大影响，试件在试验机上受压时，竖向要压缩，横向要膨胀，由于混凝土与压力机垫板弹性模量和横向变形的差异，压力机垫板的横向

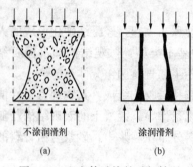

不涂润滑剂　　　　　涂润滑剂
(a)　　　　　　　　(b)
图 1-1　立方体试块的破坏情况

变形明显小于混凝土的横向变形。当试件承压接触面上不涂润滑剂时，混凝土的横向变形受到摩擦力的约束，就像在试件上下端各加了一个套箍，试件与垫板的接触面局部混凝土处于三向受压应力状态，试件破坏时形成两个对顶的锥形破坏面，如图 1-1 (a) 所示。如果在试件承压面上涂一些润滑剂，这时试件与压力机垫板间的摩擦力大大减小，试件沿着力的作用方向平行地产生几条裂缝而破坏，所测得的抗压极限强度就低，如图 1-1 (b) 所示。我国规定的标准试验方法是不涂润滑剂的。

　　试件尺寸对混凝土的立方体抗压强度有一定影响。试验结果证明，立方体尺寸愈小则试验测出的抗压强度愈高，这个现象称为尺寸效应。过去我国曾长期采用以 200mm 边长的立方体作为标准试件。在试验研究时也采用 100mm 的立方体试件。用这两种尺寸试件测得的强度与用 150mm 立方体标准试件测得的强度有一定差距，这归结于尺寸效应的影响。所以非标准试件强度乘以一个换算系数后，就变成标准试件强度。根据大量实测数据统计，《规范》规定：如采用 200mm 和 100mm 的立方体试件时，其换算系数分别取 1.05 和 0.95。

　　加载速度对立方体抗压强度也有影响，加载速度越快，测得的强度越高。通常规定加载速度：混凝土的强度等级低于 C30 时，取每秒钟 0.3～0.5N/mm²；混凝土的强度等级高于或等于 C30 时，取每秒钟 0.5～0.8N/mm²。

　　混凝土的立方体强度还与成型后的龄期有关，随着试验时混凝土的龄期增长，混凝土的立方体抗压强度逐渐增大，开始时强度增长速度较快，然后逐渐减缓，这个强度增长的过程往往要延续几年，在潮湿环境中延续增长的时间更长，如图 1-2 所示。

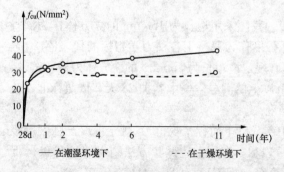

——在潮湿环境下　　　- - -在干燥环境下

图 1-2　混凝土强度随龄期增长曲线

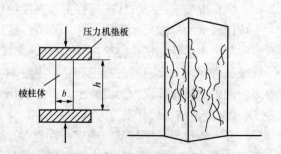

图 1-3　混凝土棱柱体抗压试验

（2）混凝土的轴心抗压强度。我国《普通混凝土力学性能试验方法》规定以 150mm× 150mm×300mm 棱柱体作为混凝土轴心抗压强度试验的标准试件。棱柱体试件与立方体试件的制作条件相同，试件上下表面不涂润滑剂。棱柱体的抗压试验及试件破坏情况如图1-3 所示。

由于棱柱体试件的高度大，试验机压板与试件之间摩擦力对试件高度方向的中部横向变形的约束影响小，所以以棱柱体试件的抗压强度比立方体的强度值小。

《规范》规定以上述棱柱体试件试验测得的具有 95% 保证率的抗压强度作为轴心抗压强度标准值，用符号 f_{ck} 表示。

根据我国近年来所作的棱柱体与立方体试件的抗压强度对比试验，可得图 1-4 的结果，试验值 f_c 与 f_{cu} 的统计平均值大致成一条直线，它们的比值大致在 0.70～0.92 的范围内变化，强度大的比值大些。

考虑到实际结构构件与试件在制作及养护条件的差异，尺寸效应以及加荷速度等因素的影响，《规范》基于安全取偏低值，轴心抗压强度标准值与立方体抗压强度标准值的关系按下式确定

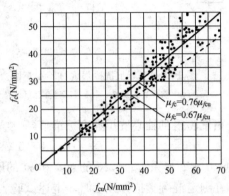

图 1-4　轴心抗压强度与立方体抗压强度的关系

$$f_{ck} = 0.88\alpha_1\alpha_2 f_{cu,k} \tag{1-1}$$

式中：α_1 为棱柱体强度与立方体强度之比，对混凝土强度等级为 C50 及以下的取 $\alpha_1 = 0.76$，对 C80 取 $\alpha_1 = 0.82$，在此之间按直线规律变化取值；α_2 为高强混凝土的脆性折减系数，对 C40 及以下的取 $\alpha_2 = 1.00$，对 C80 取 $\alpha_2 = 0.87$，中间按直线规律变化取值；0.88 为考虑实际构件与试件混凝土强度之间的差异而取用的折减系数。

在国外有一些国家采用圆柱体试件，如美国、日本和欧洲混凝土协会（CEB）采用 Φ6in×12in（Φ152mm×305mm）的圆柱体试件，测得的圆柱体抗压强度用 f'_c 表示，f'_c 和立方体抗压强度标准值 $f_{cu,k}$ 的换算关系按式（1-2）计算

$$f'_c = 0.79 f_{cu,k} \tag{1-2}$$

2. 混凝土的轴心抗拉强度

混凝土的抗拉强度比抗压强度低得多，一般只有抗压强度的 5%～10%，混凝土的抗拉强度取决于水泥石的强度和水泥石与骨料的粘结强度。采用表面粗糙的骨料及较好的养护条件可提高混凝土的抗拉强度。

轴心抗拉强度是混凝土的基本力学指标之一，可用它间接地衡量混凝土的其他力学性能，如混凝土的冲切强度。

轴心抗拉强度可采用如图 1-5（a）所示的试验方法，试件尺寸为 100mm×100mm× 500mm 的柱体，两端埋有伸出长度为 150mm 的变形钢筋（$d=16$mm），钢筋位于试件轴线上。试验机夹紧两端伸出的钢筋，对试件施加拉力，破坏时裂缝产生在试件的中部，试件破坏时的应力为轴心抗拉强度 f_t。

现将中国建筑科学研究院及铁道部科学研究院进行轴心抗拉强度试验结果绘于图 1-6。

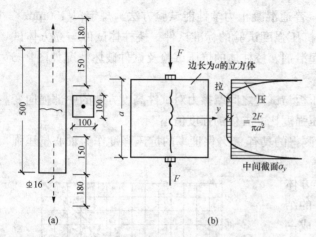

图 1-5　混凝土抗拉强度试验示意图   图 1-6　混凝体轴心抗拉强度与立方体
（a）轴心受拉试件；（b）劈裂受拉试件   抗压强度的关系

由试验得到轴心抗拉强度标准值与立方体抗压强度的标准值经验公式为

$$f_{tk} = 0.88 \times 0.395 f_{cu,k}^{0.55} (1 - 1.645\delta)^{0.45} \alpha_2 \tag{1-3}$$

式中：δ 为变异系数；0.88 的意义和 α_2 的取值与式（1-1）中的相同。

在测定混凝土抗拉强度时，上述试验方法是相当困难的。故国内外多采用立方体或圆柱体劈拉试验测定混凝土的抗拉强度，如图 1-5（b）所示。在立方体或圆柱体上的垫条施加一压力线荷载，这样试件中间垂直截面除加载点附近很小的范围外，有均匀分布的水平拉应力。当拉应力达到混凝土的抗拉强度时，试件被劈成两半。根据弹性理论，劈裂抗拉强度 $f_{t,s}$ 可按式（1-4）计算

$$f_{t,s} = \frac{2F}{\pi l d} \tag{1-4}$$

式中：F 为破坏荷载，N；d 为圆柱直径或立方体边长，mm；l 为圆柱体长度或立方体边长，mm。

根据我国近年来 100mm 立方体劈裂试验的试验结果，$f_{t,s}$ 与 f_{cu} 的试验关系见式（1-5）

$$f_{t,s} = 0.19 f_{cu}^{3/4} \tag{1-5}$$

（二）复合应力状态下的混凝土强度

实际工程中的混凝土结构构件很少处于理想的单向受力状态，而更多的是处于双向或三向受力状态，因此，分析混凝土在复合应力作用下的强度就很有必要。

由于混凝土的特点，在复合应力作用下的强度至今尚未建立起完善的强度理论，目前仍只有借助有限的试验资料，推荐一些近似方法作为计算的依据。

1. 混凝土的双向受力强度

图 1-7 所示为混凝土方形薄板试件双向受力试验结果。在板平面内受到法向应力 σ_1 及 σ_2 的作用，另一方向法向应力为零。第一象限为双向受拉情况，无论应力比值 σ_1/σ_2 如何，σ_1、σ_2 相互影响不大，双向受拉强度均接近于单向受拉强度。第二和第四象限为拉、压应力状态，在这种情况下，混凝土强度均低于单向拉伸或压缩的强度，即双向异号应力使强度降低，这一现象符合混凝土的破坏机理。在第三象限为双向受压区最大受压强度发生在 σ_1/σ_2 等于 2 或 0.5 时，大致上一向的强度随另一向的压力增加而增加，混凝土双向受压强度比单向

受压强度最多可提高 27%。

2. 混凝土在法向应力和剪应力作用下的复合强度

当混凝土受到剪力、扭矩引起的剪应力和轴力引起的法向应力共同作用时，形成"拉剪"和"压剪"复合应力状态，图 1 - 8 为混凝土法向应力与剪应力的关系曲线。从图中可以看出，抗剪强度随拉应力的增大而减小；压应力较低时，抗剪强度随着压应力的增大而增大，当 $\sigma/f_c > 0.6$ 时，由于内部裂缝的明显发展，抗剪强度反而随压应力的增大而减小。从抗压强度的角度来分析，由于剪应力的存在，混凝土的抗压强度要低于单向抗压强度。

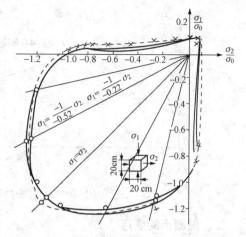

图 1 - 7　双向应力状态下混凝土的破坏包络图

3. 混凝土的三向受压强度

混凝土在三向受压的情况下，由于受到侧向压应力的约束作用，其最大主压应力方向的

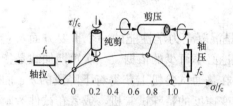

图 1 - 8　混凝土在法向应力和剪应力组合的破坏曲线

抗压强度 $f'_{cc}(\sigma_1)$ 有较大程度的增长，其变化规律随两侧向压应力（σ_2，σ_3）的比值和大小的变化而不同。常规的三轴受压是在圆柱体周围加液压，在侧向等压（$\sigma_2 = \sigma_3 = f_L > 0$）的情况下进行的，图 1 - 9 所示为圆柱体三轴受压（侧向压应力均为 σ_3）的试验。实验表明，当侧向液压值不很大时，微裂缝的发展受到了极大的限制，最大主压应力轴的抗压强度随侧向压应力的增大而提高。此时混凝土的变形性能接近理想的弹塑性体。

由试验得到的经验公式为

$$f'_{cc} = f'_c + (4.5 \sim 7.0) f_L \qquad (1 - 6)$$

式中：f'_{cc} 为有侧向约束试件的轴心抗压强度，N/mm²；f'_c 为无侧向约束试件的轴心抗压强度，N/mm²；f_L 为侧向约束压应力，N/mm²；f_L 前的数字为侧向应力系数，平均值为 5.6，当侧向压应力较低时得到的系数值较高。

工程上可以通过设置密排的螺旋筋或箍筋来约束混凝土的侧向变形，使混凝土的抗压强度、延性（耐受变形的能力）有相应的提高。如图 1 - 10 所示，在混凝土轴向压力很小时，螺旋筋或箍筋几乎不受力，此时混凝土基本上不受约束，当混凝土应力达到临界应力时，混凝土内部裂缝引起体积膨胀

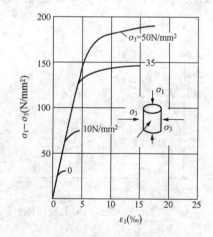

图 1 - 9　受液压作用的圆柱体试件

使螺旋筋或箍筋受拉，反过来，螺旋筋或箍筋约束混凝土，形成与液压约束相似的条件，从而使混凝土的应力—应变性能得到改善。

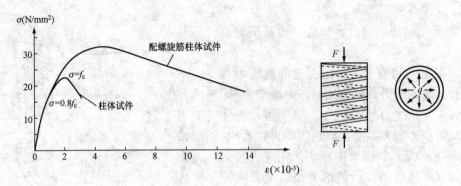

图 1-10　配螺旋筋柱体试件的应力—应变曲线

二、混凝土的变形

变形是混凝土的一个重要力学性能。混凝土在一次短期加载、荷载长期作用和多次重复荷载作用下会产生变形。这种变形称为受力变形。另外，混凝土由于硬化以及温度和湿度变化也会产生变形，这类变形称为体积变形。

（一）混凝土的受力变形

1. 一次短期加载下混凝土的变形性能

（1）受压混凝土的 σ-ε 曲线。混凝土的 σ-ε 曲线是混凝土力学性能的一个重要方面，它是钢筋混凝土构件应力分析、建立强度和变形计算理论必不可少的依据。一次短期加载是指荷载从零开始单调增加至试件破坏，也称单调加载。在普通试验机上获得有下降段的 σ-ε 曲线是比较困难的。若采用有伺服装置能控制下降段应变速度的特殊试验机，或者在试件旁附加各种弹性元件协同受压，以吸收试验机内所积蓄的应变能，防止试验机头回弹的冲击引起试件突然破坏，并以等应变加载，就可以测量出具有真实下降段的 σ-ε 全曲线。混凝土达到极限强度后，在应力下降幅度相同的情况下，变形能力大的混凝土延性好。

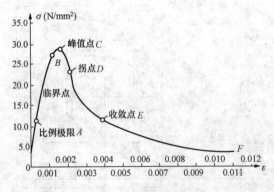

图 1-11　受压混凝土棱柱体 σ-ε 曲线

我国采用棱柱体试件测定一次短期加载下混凝土受压 σ-ε 全曲线。图 1-11 是天津大学实测的典型混凝土棱柱体的 σ-ε 曲线。在第 I 阶段，即从加荷载至 A 点 $[\sigma=(0.3\sim0.4)f_c]$，由于这时应力较小，混凝土的变形主要是骨料和水泥结晶体受力产生的弹性变形，应力—应变关系接近直线，A 点称为比例极限点。超过 A 点后，进入稳定裂缝扩展的第 II 阶段，至临界点 B，临界点 B 相对应的应力可作为长期抗压强度的依据（一般取为 $0.8f_c$）。此后试件中所积蓄的弹性应变能始终保持大于裂缝发展所需要的能量，形成裂缝快速发展的不稳定状态直至 C 点，即第 III 阶段，应力达到的最高点为 f_c，f_c 相对应的应变称为峰值应变 ε_0，一般 $\varepsilon_0=0.0015\sim0.0025$，通常取为 $\varepsilon_0=0.002$。在 f_c 以后，裂缝迅速发展，结构内部的整体性受到愈来愈严重的破坏，赖以传递荷载的传力路线不断减少，试件的平均应力强度下降，所以 σ-ε 曲线向下弯曲，直到凸向发生了改变，曲线出现拐点。在拐点 D 之后，曲线凸向应变轴，这时，只靠骨料间的咬合力及摩擦力与残余承压面来承受荷载，随着变形的增加，σ-ε 曲线逐渐凸向水平轴方向发展，此段曲线中曲率最大点 E 被称为"收敛点"。E 点以后主裂缝已很宽，结构内聚力已几乎耗尽，对于无侧向约束的混凝土，收敛段 EF 已失去结构的意义。

混凝土应力—应变曲线的形状和特征是混凝土内部结构发生变化的力学标志。不同强度的混凝土应力—应变曲线有着相似的形状。但也有实质性的区别。图 1-12 所示的试验曲线表明，随着混凝土强度的提高，尽管上升段和峰值应变的变化不很显著，但是下降段的形状有较大的差异，混凝土的强度越高，下降段的坡度越陡，即应力下降相同幅度时变形越小，延性越差。另外，混凝土受压应力—应变曲线的形状与加载速度也有着密切的关系。

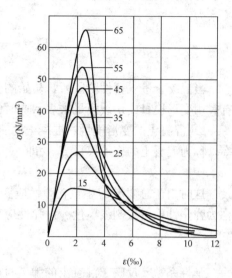

图 1-12　不同强度的受压混凝土棱柱体 σ-ε 曲线比较

（2）混凝土的变形模量。在计算混凝土构件的截面应力、变形、预应力混凝土构件的预压应力，以及由于温度变化、制作、沉降产生的内力时，需要利用混凝土的弹性模量。由于一般情况下受压混凝土的 σ-ε 曲线是非线性的，应力和应变的关系并不是常数，这就产生了"模量"的取值问题。混凝土的变形模量有如下三种表示方法。

1）混凝土的弹性模量（即原点模量）。如图 1-13 所示，在混凝土棱柱体受压时的应力—应变曲线的原点（图中的 O 点）作一切线，其斜率为混凝土的原点模量，通常称为切线模量，以 E_c 表示，即

$$E_c = \tan\alpha_0 \tag{1-7}$$

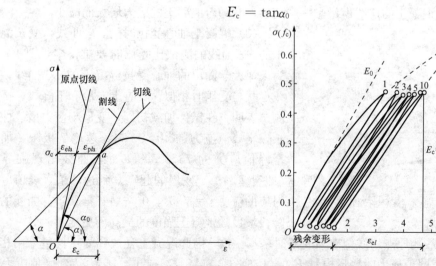

图 1-13　混凝土变形模量的表示方法　　　图 1-14　混凝土弹性模量 E_c 的测定方法

目前，各国对弹性模量的试验方法尚无统一的标准。由于要在混凝土一次加载应力—应变曲线上作原点的切线，找出 α_0 角是不容易准确做到的。我国对弹性模量 E_c 值是作了这样

的规定，即采用棱柱体试件，取应力上限为 $0.5f_c$ 重复加荷 5～10 次。由于混凝土的塑性性质，每次卸载为零时，存在有残余变形。但随荷载多次重复，残余变形逐渐减小，重复加荷 5～10 次后，变形趋于稳定，混凝土的 σ-ε 曲线接近于直线（图 1-14），该直线的斜率为混凝土的弹性模量。根据混凝土不同强度等级的弹性模量实验值的统计分析，E_c 与 f_{cu} 的经验关系为

$$E_c = \frac{10^5}{2.2 + \frac{34.7}{f_{cu,k}}} \quad (\text{N/mm}^2) \tag{1-8}$$

当混凝土进入塑性阶段后，初始的弹性模量已不能反映这时的应力—应变性质，因此，有时用变形模量或切线模量来表示这时的应力—应变关系。

2）混凝土的变形模量。混凝土的 σ-ε 曲线上任一点 a 与原点 O 的连线 Oa（割线）的斜率，称为混凝土的变形模量 E'_c，即

$$E'_c = \tan\alpha_1 \tag{1-9}$$

这时由于总变形 ε_c 中包含弹性应变形 ε_{ela} 和塑性变形 ε_{pla} 两部分，由此所确定的模量也可称为弹塑性模量或割线模量。设弹性应变 ε_{ela} 与总应变 ε_c 的比值为弹性系数 v。即

$$v = \frac{\varepsilon_{ela}}{\varepsilon_c} \tag{1-10}$$

弹性系数 v 反映了混凝土的弹塑性性质，随着混凝土的 σ_c 增大而减小。则任一点的变形模量 E'_c 可用 E_c 和 v 乘积来表示

$$E'_c = \frac{\sigma_c}{\varepsilon_c} = v\frac{\sigma_c}{\varepsilon_{ela}} = vE_c \tag{1-11}$$

3）混凝土的切线模量。在混凝土应力—应变曲线上某一应力 σ_c 处作一切线，其应力增量与应变增量之比值称为相应于 σ_c 时混凝土的切线模量，见式（1-12）

$$E''_c = \tan\alpha \tag{1-12}$$

可以看出，混凝土的切线模量是一个变值，它随着混凝土的应力增大而减小。

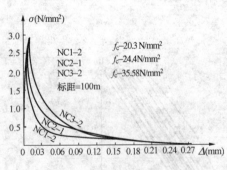

图 1-15　不同强度混凝土拉伸 σ-ε 曲线

（3）混凝土轴心受拉时的 σ-ε 曲线。受拉混凝土的 σ-ε 曲线的测试比受压时要难得多，图 1-15 为天津大学测出的轴心受拉混凝土的 σ-ε 曲线，曲线形状与受压时相似，具有上升段和下降段。试验测试表明，在试件加载初期，变形与应力呈线性增长，至峰值应力的 40%～50% 达比例极限，加载至峰值应力的 76%～83% 时，曲线出现临界点（即裂缝不稳定发展的起点）到达峰值，峰值应力对应的应变 $\varepsilon_0 = 7.5 \times 10^{-6} \sim 115 \times 10^{-6}$。曲线的下降段坡度随混凝土强度的提高而更陡峭。

受拉 σ-ε 曲线的原点切线斜率与受压时基本一致，因此混凝土受拉和受压均可采用相同的弹性模量 E_c。峰值应力时变形模量 $E'_t = (76\% \sim 86\%)E_c$。考虑到应力达到峰值应力 f_t 时的受拉极限应变与混凝土强度、配合比、养护条件有着密切的关系，变化范围大，取相应于抗拉强度 f_t 时的变形模量 $E'_t = 0.5E_c$，即应力达到 f_t 时的弹性系数 $v = 0.5$。

2. 荷载长期作用下混凝土的变形性能

结构或材料承受的荷载或应力不变，而应变或变形随时间增长的现象称为徐变。混凝土的徐变特性主要与时间参数有关。徐变对混凝土结构和构件的工作性能有很大影响。由于混凝土的徐变，会使构件的变形增加，在钢筋混凝土截面中引起应力重分布，在预应力混凝土中会造成预应力损失。

根据我国铁道部科学研究院的试验结果，混凝土典型的徐变与时间的关系曲线如图 1-16 所示。从图中可以看出，某一组棱柱体试件，当加荷应力达到 $0.5f_c$ 时，其加荷瞬间产生的应变为瞬时应变 ε_{ela}。若荷载保持不变，随着加荷时间的增长，应变也将继续增长，这就是混凝土的徐变应变 ε_{cr}。徐变开始半年内增长较快，以后逐渐减慢，经过一定时间后，徐变趋于稳定。徐变应变值约为瞬时弹性应变的 $1\sim4$ 倍。两年后卸载，试件瞬时恢复的应变称为瞬时恢复应变 ε'_{ela}，其值略小于瞬时应变 ε_{ela}。卸载后经过

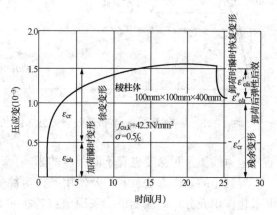

图 1-16　混凝土的徐变

一段时间量测，发现混凝土并不处于静止状态，而是经历着逐渐恢复的过程，这种恢复变形称为弹性后效 ε''_{ela}。弹性后效的恢复时间为 20 天左右，其值约为徐变变形的 1/12。最后剩下的大部分不可恢复变形为 ε'_{cr}，称为残余变形。

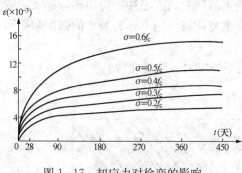

图 1-17　初应力对徐变的影响

混凝土的应力条件是影响徐变的重要因素。混凝土的应力越大，徐变越大。随着混凝土应力的增加，徐变将发生不同的情况，图 1-17 所示为不同应力水平下的徐变变形增长曲线。由图 1-17 可见，当应力较小时（$\sigma \leqslant 0.5f_c$），曲线接近等距离分布，说明徐变与初应力成正比，这种情况称为线性徐变。一般的解释认为是水泥胶体的粘性流动所致。在线性徐变的情况下，加载初期徐变增长较快，6 个月时，一般已完成徐变的大部分，后期徐变增长逐渐减小，一年以后趋于稳定，一般认为三年左右徐变基本终止。

当施加于混凝土的应力较大时（$\sigma > 0.5f_c$），徐变变形与应力不成正比，徐变变形比应力增长要快，这种情况称为非线性徐变。一般认为发生这种现象的原因，是水泥胶体的粘性流动的增长速度已比较稳定，而由应力集中引起的微裂缝开展则随应力的增大而增大。在非线性徐变范围内，当加载应力过高时，徐变变形急剧增加不再收敛，呈非稳定的徐变现象。由此说明，在高应力作用下可能造成混凝土的破坏。所以，一般取混凝土的应力约为（$0.75\sim0.8$）f_c 作为混凝土的长期极限强度。图 1-18 为不同加荷时间的应变增长曲线与徐变极限和强度破坏时的应变极限关系。混凝土构件在使用期间，应当避免经常处于不变的高应力状态。

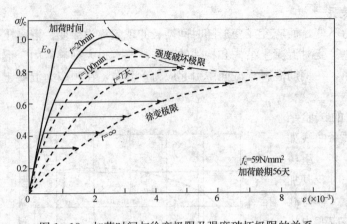

图 1 - 18　加荷时间与徐变极限及强度破坏极限的关系

加荷时混凝土的龄期越长，徐变越小。此外，混凝土的组成和配合比是影响徐变的内在因素。水泥用量越多，水灰比越大，徐变也越大；骨料越坚硬、弹性模量越高，对水泥石徐变的约束作用越大，混凝土的徐变就越小。骨料的相对体积越大，徐变越小。另外，构件形状及尺寸也会影响混凝土的徐变，大尺寸的试件内部失水受到限制，徐变减小。混凝土内钢筋的面积和钢筋的应力性质，对徐变也有不同程度的影响。

混凝土的制作方法、养护及使用条件对徐变也有重要影响，养护时温度高、湿度大、水泥水化作用充分，则徐变小。采用蒸汽养护可使徐变减小约 20%～35%。受荷后构件所处环境的温度越高、湿度越低，徐变越大。如环境温度为 70℃ 的试件受荷一年后的徐变，要比温度为 20℃ 的试件大一倍以上。因此，高温干燥环境将使徐变显著增大。

3. 混凝土在重复荷载作用下的变形性能

混凝土的疲劳是在荷载重复作用下产生的。混凝土在荷载重复作用下引起的破坏称为疲劳破坏。疲劳现象大量存在于工程结构中。钢筋混凝土吊车梁受到重复荷载的作用，钢筋混凝土桥受到车辆振动的影响，以及港口海岸的混凝土结构受到波浪冲击而损伤等都属于疲劳破坏现象。疲劳破坏的特征是裂缝小而变形大，在重复荷载作用下，混凝土的强度和变形有着重要的变化。

图 1 - 19 是混凝土棱柱体在多次重复荷载作用下的应力—应变曲线。

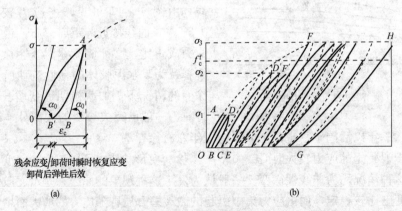

图 1 - 19　混凝土在重复荷载作用下的应力—应变曲线

从图 1 - 19 中可以看出，对混凝土棱柱体试件，一次加载应力 σ_1 小于混凝土疲劳强度 f_c^f 时，其加载卸载应力—应变曲线 OAB 形成了一个环状。而在多次加载、卸载的作用下，应力—应变环会越来越密合，经过多次重复，这个曲线就密合成一条直线。如果再选择一个较高的加载应力 σ_2，但 σ_2 仍小于混凝土疲劳强度 f_c^f 时，其加卸载的规律同前，多次重复后形成密合直线。如果选择一个高于混凝土疲劳强度 f_c^f 的加载应力 σ_3，开始混凝土应力—应变曲线凸向应力轴，在重复荷载过程中逐渐变成直线，再经过多次重复加卸载后，其应力—应变曲线由凸向应力轴而逐渐凸向应变轴，以致加卸载不能形成封闭环，这标志着混凝土内部微裂缝的发展加剧趋近破坏。随着重复荷载次数的增加，应力—应变曲线倾角不断减小，至荷载重复到某一定次数时，混凝土试件会因严重开裂或变形过大而导致破坏。

混凝土的疲劳强度用疲劳试验测定。疲劳试验采用 100mm×100mm×300mm 或 150mm×150mm×450mm 的棱柱体，将使棱柱体试件承受 200 万次及以上循环荷载作用而发生破坏的压应力值称为混凝土的疲劳抗压强度。

施加荷载时的应力大小是影响应力—应变曲线不同发展和变化的关键因素，即混凝土的疲劳强度与重复作用时应力变化的幅度有关。在相同的重复次数下，疲劳强度随着疲劳应力比值的增大而增大。疲劳应力比值 ρ_c^f 按式（1-13）计算

$$\rho_c^f = \frac{\sigma_{c,min}^f}{\sigma_{c,max}^f} \tag{1-13}$$

（二）混凝土的体积变形

1. 混凝土的收缩和膨胀

混凝土在空气中结硬时体积减小的现象称为收缩；混凝土在水中或处于饱和湿度状态下，结硬时体积增大的现象称为膨胀。一般情况下混凝土的收缩值比膨胀值大很多，所以在分析研究收缩和膨胀的现象时是以收缩为主的。

我国铁道部科学研究院的收缩试验结果如图 1-20 所示。可以看出，混凝土的收缩是随时间而增长的变形，结硬初期收缩较快，一个月大约可完成 1/2 的收缩，三个月后增长缓慢，一般两年后趋于稳定，最终收缩应变大约为（2~5）×10⁻⁴，一般取收缩应变值为 3×10⁻⁴。

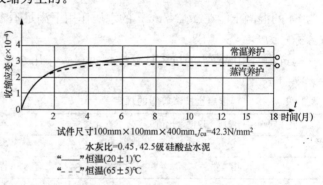

试件尺寸100mm×100mm×400mm，f_{cu}=42.3N/mm²
水灰比=0.45，42.5级硅酸盐水泥
"——"恒温(20±1)℃
"- - -"恒温(65±5)℃

图 1-20　混凝土的收缩

干燥失水是引起收缩的重要因素，所以构件的养护条件，使用环境的温（湿）度，以及影响混凝土水分保持的因素，都对混凝土的收缩有影响。使用环境的温度越高、湿度越低，收缩越大。蒸汽养护的收缩值要小于常温养护的收缩值，这是因为高温高湿可加快水化作用，减少混凝土的自由水分，加速了凝结与硬化的时间。

通过试验还表明，水泥用量越多、水灰比越大，收缩越大；骨料的级配好、弹性模量大，收缩越小；构件的体积与表面积比值大时，收缩小。

对于养护不好的混凝土构件，表面在受荷前可能产生收缩裂缝。需要说明，混凝土的收缩对处于完全自由状态的构件，只会引起构件的缩短而不开裂。对于周边有约束而不能自由变形的构件，收缩会引起构件内产生拉应力，甚至会有裂缝产生。

在不受约束的混凝土结构中，钢筋和混凝土由于粘结力的作用，相互之间变形是协调的。混凝土具有收缩的性质，而钢筋并没有这种性质。钢筋的存在限制了混凝土的自由收

缩，使混凝土受拉、钢筋受压。如果截面的配筋率较高时会导致混凝土开裂。

2. 混凝土的温度变形

当温度变化时，混凝土的体积同样也有热胀冷缩的性质。混凝土的温度线膨胀系数一般为（1.2～1.5）$\times 10^{-5}$/℃，用这个值去度量混凝土的收缩，则最终收缩量为温度降低了15～30℃时的体积变化。

当温度变形受到外界的约束而不能自由发生时，将在构件内产生温度应力。在大体积混凝土中，由于混凝土表面较内部的收缩量大，再加上水泥水化热使混凝土的内部温度比表面温度高，如果把内部混凝土视为相对不变形体，它将对试图缩小体积的表面混凝土形成约束，在表面混凝土中形成拉应力，如果内外变形差较大，将会造成表层混凝土开裂。

三、给水排水构筑物对混凝土的几点要求

（一）抗渗性

混凝土抵抗压力水渗透的性能称为混凝土的"抗渗性"或"不透水性"。

钢筋混凝土贮水或水处理构筑物，地下构筑物如水池、管道、渠道和井筒等，一般宜用混凝土本身的密实性满足抗渗要求。

混凝土的抗渗能力用抗渗标号表示，并以符号 Si 表示。抗渗标号是指对龄期为 28 天的混凝土抗渗试件施加 $\frac{i}{10}$N/mm²（$\approx i$ kgf/cm²）的水压后能满足不渗水指标。例如，抗渗标号为 S4 的混凝土能在 0.4N/mm² 的水压作用下满足不渗水指标。给水排水工程结构常用的抗渗标号为 S4、S6、S8。

构筑物所用混凝土的抗渗标号应根据最大作用水头（m）与混凝土厚度（m）之比 i_w，按表 1-1 选用。

表 1-1　　　　混凝土抗渗等级的规定

最大作用水头与混凝土厚度之比值 i_w	抗渗标号 Si
<10	S4
10～30	S6
>30	S8

混凝土的抗渗性能取决于混凝土本身的密实程度。混凝土的密实性主要与骨料级配、水泥用量、水灰比及振捣等因素有关。对有抗渗要求的混凝土，应选择良好的级配，严格控制水泥用量和水灰比。当采用 32.5 级水泥时，水泥用量不宜超过 360kg/m³（预应力混凝土的水泥用量可提高 50kg/m³），水灰比不应大于 0.55，并应用机械振捣密实并注意养护。如能符合上述要求，且混凝土的强度等级不低于 C25 时，可满足一般抗渗要求而不必作抗渗标号试验。

（二）抗冻性

混凝土的抗冻性是指混凝土在吸水饱和状态下，抵抗多次冻结和融化循环作用而不破坏，也不严重降低混凝土强度的性能。在寒冷地区，外露的给水排水构筑物如处于冻融交替条件下，则对混凝土应有一定的抗冻性要求，以免混凝土强度降低过多而造成构筑物损坏。

混凝土的抗冻能力一般用抗冻等级来衡量，并用符号 Fi 表示。抗冻等级 Fi 是指 28 天龄期的混凝土试件在进行相应要求冻融循环总次数为 i 次作用后，与未受冻融的相同试件相比，混凝土试件的强度降低不超过 25%，且冻融试件重量损失不超过 5%。冻融循环总次数 i 是指一年内气温从 3℃以上降至 -3℃以下，然后回升至 3℃以上的交替次数。对于地表水

取水头部，尚应考虑一年中月平均气温低于－3℃期间，因水位涨落而产生的冻融交替次数，此时水位每涨落一次应按一次冻融计算。

最冷月平均气温低于－3℃的地区，外露钢筋混凝土构筑物的混凝土应具有良好的抗冻性能，混凝土的抗冻等级应进行试验并按表1-2的要求确定。

表 1 - 2　　　　　　　　　　　混凝土抗冻等级 Fi 的规定

工作条件	地表水取水头部冻融循环次数		其他地表水取水头部的水位涨落区以上部位及外露的水池等
	≥100	<100	
最冷月平均气温低于－10℃	F300	F250	F200
最冷月平均气温在－3～－10℃	F250	F200	F150

（三）抗腐蚀性

酸、碱、盐对混凝土都有不同程度的腐蚀性。酸性介质对混凝土的腐蚀是化学腐蚀。由于酸同水泥中的硅酸三钙以及游离氢氧化钙化合而生成可溶性盐，因此混凝土抵抗各种强酸（如硫酸、亚硫酸、盐酸、硝酸、铬酸、氢氟酸等）腐蚀的能力很差。苛性碱（KOH）对混凝土也有明显的化学腐蚀作用，这是因为苛性碱能与水泥中的硅酸钙和铝酸钙作用而生成胶结力不强的氢氧化钙及易溶于碱性溶液的硅酸盐和铝酸盐的缘故。当苛性碱溶液浓度低于15％时，这种腐蚀过程进展较慢，浓度超过20％后，进程将明显加快。对于其他碱性介质，如氨水、氢氧化钙等，混凝土则具有一定的抵抗能力。

此外，由于混凝土内部普遍存在着小孔和裂隙，酸、碱、盐浸入后，当干湿变化频繁时，就会在孔隙内生成盐类结晶，随着结晶不断增大，将会对孔壁产生很大的膨胀力，从而使混凝土表层逐渐粉碎、剥落。这是一种物理腐蚀过程，称为结晶腐蚀，这种现象在贮液结构液位变化部位的混凝土壁板内表面上表现得最为突出。

在给水排水工程中，混凝土的腐蚀问题主要出现在某些工业污水处理池中。工业污水中可能含有腐蚀混凝土的各种介质，其中除酸性特强的少量污水可用耐腐蚀材料建造专用小型贮液结构外，一般大量工业污水的处理池仍采用钢筋混凝土结构。当介质侵蚀性很弱时，对混凝土可以不采取专门的防护措施，而用增加密实性的办法来提高混凝土的抗腐蚀能力。若介质的腐蚀性较强，则必须在底板和壁板内侧采取专门的防腐蚀措施：要求较低的可以涂刷沥青；要求较高的可以涂刷耐酸漆，也可以做沥青砂浆、水玻璃砂浆、硫磺砂浆或树脂砂浆面层等；要求更高的还可以用玻璃钢面层、聚氯乙烯塑料面板、耐酸陶瓷板、耐酸砖或耐酸石材贴面等。

此外，当地下水中含有侵蚀性介质时，埋入地下水位以下的构筑物部分，包括壁板和底板的外表面也应采取防腐措施。

第二节　钢　　筋

一、钢筋的品种与级别

混凝土结构中使用的钢材按化学成分，可分为碳素钢及普通低合金钢两大类。碳素钢除含有铁元素外还含有少量的碳、硅、锰、硫、磷等元素。根据含碳量的多少，碳素钢又可以分为低碳钢（含碳量＜0.25％）、中碳钢（含碳量0.25％～0.6％）和高碳钢（含碳量0.6％～1.4％）。钢材含碳量越高强度越高，但是塑性和可焊性会降低。普通低合金钢除碳素钢中已有的成分外，再加入少量的硅、锰、钛、钒、铬等合金元素，加入这些元素后可以有效地提高钢材的强度和改善钢材的其他性能。目前我国普通低合金钢，按加入元素种类有以下几种体系：锰系（20MnSi、25MnSi）、硅钒系（40Si$_2$MnV、45SiMnV）、硅钛系（45Si$_2$MnTi）、硅锰系（40Si$_2$Mn、48Si$_2$Mn）、硅铬系（45Si$_2$Cr）。

《规范》规定，用于钢筋混凝土结构的国产普通钢筋，可使用热轧钢筋。用于预应力混凝土结构的国产预应力钢筋，可使用消除应力钢丝、螺旋肋钢丝、刻痕钢丝、钢绞线，也可使用热处理钢筋。

热轧钢筋是低碳钢、普通低合金钢在高温状态下轧制而成的。热轧钢筋为软钢，其应力—应变曲线有明显的屈服点和流幅，断裂时有"颈缩"现象，伸长率比较大。热轧钢筋根据其力学指标的高低，有HPB300级、HRB335（HRBF335）级、HRB400（HRBF400、RRB400）级和HRB500（HRBF500）级四个种类。

消除应力钢丝是将钢筋拉拔后，校直，经中温回火消除应力及进行稳定化处理的光面钢丝。螺旋肋钢丝是以普通低碳钢或低合金钢热轧的圆盘条为母材，经冷轧减径后，在其表面冷轧成2面或3面有月牙肋的钢筋。光面钢丝和螺旋肋钢丝按直径可分为φ5、φ7和φ9三个级别。

钢绞线是由多根高强钢丝捻制在一起，经过低温回火处理、清除内应力后制成的，分为3股和7股两种。

热处理钢筋是将特定强度的热轧钢筋再通过加热、淬火和回火等调质工艺处理的钢筋。热处理后钢筋强度能得到较大幅度的提高，而塑性降低并不多。热处理钢筋是硬钢。其应力—应变曲线没有明显的屈服点，伸长率小，质地硬脆。热处理钢筋有40Si$_2$Mn、48Si$_2$Mn和45Si$_2$Cr三种。另外，用冷拉或冷拔的冷加工方法，可以提高热轧钢筋的强度。冷拉时，钢筋的冷拉应力值必须超过钢筋的屈服强度。冷拉后，经过一段时间，钢筋的屈服点比原来的屈服点有所提高，这种现象称为时效硬化。时效硬化和温度有很大关系，温度过高（450℃以上）强度反而有所降低，而塑性性能却有所增加，温度超过700℃，钢材会恢复到冷拉前的力学性能，不会发生时效硬化。为了避免冷拉钢筋在焊接时高温软化，要先焊好后再进行冷拉。钢筋经过冷拉和时效硬化以后，能提高屈服强度、节约钢材，但冷拉后钢筋的塑性（伸长率）有所降低。为了保证钢筋在强度提高的同时又具有一定的塑性，冷拉时应同时控制冷拉应力和冷拉应变。

冷拔钢筋，是将钢筋用强力拔过比它本身直径还小的硬质合金拔丝模具，这时钢筋同时受到纵向拉力和横向压力的作用，截面变小而长度拔长。经过几次冷拔，钢丝的强度比原来有很大提高，但塑性降低很多。

冷拉只能提高钢筋的抗拉强度，冷拔则可同时提高抗拉及抗压强度。冷加工钢筋应用时可参照相应的行业标准。

钢筋混凝土结构中使用的钢筋可分为柔性钢筋及劲性钢筋。常用的普通钢筋统称为柔性钢筋，其外形有光圆和带肋两类，带肋钢筋又分等高肋和月牙肋两种。HPB235级钢筋是光圆钢筋，HRB335级、HRB400级钢筋是带肋的，统称为变形钢筋。钢丝的外形通常为光圆，也有在表面刻痕的。钢筋形式见图1-21。

劲性钢筋是由各种型钢、钢轨或用型钢与钢筋焊成骨架。劲性钢筋本身刚度很大，施工时模板及混凝土的重力可由劲性钢筋来承担，因此能加速并简化支模工作，承载能力也比较大。

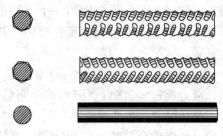

二、钢筋的强度与变形

钢筋的强度与变形，可通过拉伸试验得到的应力—应变曲线关系说明，有的钢筋有明显流幅，例如由热轧低碳钢和普通低合金钢制成的钢筋；有的

图 1-21 钢筋的形式

钢筋没有明显的流幅，例如高碳钢制成的钢筋。一般的混凝土构件常用有明显流幅的钢筋，没有明显流幅的钢筋主要用在预应力混凝土构件上。

图 1-22 所示为有明显流幅的典型拉伸应力—应变关系曲线（σ-ε 曲线）。应力在 A 点以前 σ 与 ε 成线性关系。过 A 点以后，应变较应力增长快，AB' 段是弹塑性阶段，B' 点是不稳定的（称为屈服上限）。B' 点以后曲线降到 B 点（称为屈服下限），这时相应的应力称为屈服强度 f_y。在 B 点以后应力基本不增加而应变急剧增长，钢筋经过较大的应变到达 C 点，一般 HPB235 级钢的 C 点应变是 B 点应变的十几倍。过 C 点后钢筋应力又继续上升，随着曲线上升到最高点 D，D 点相应的应力称为钢筋的极限抗拉强度 f_u。钢筋进入强化阶段 D 点以后，试件薄弱处的截面将会突然显著缩小，发生局部颈缩，变形迅速增加，应力随之下降，到达 E 点时钢筋被拉断。E 点相对应的钢筋应变称为钢筋的伸长率 δ。

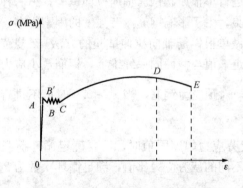

图 1-22 有明显流幅钢筋的 σ-ε 曲线

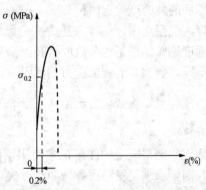

图 1-23 无明显流幅钢筋的 σ-ε 曲线

有明显流幅钢筋的受压性能通常是用短粗钢筋试件在试验机上测定的。应力未超过屈服强度以前，应力—应变关系与受拉时基本相重合，屈服强度与受拉时基本相同。在达到屈服强度后，受压钢筋也将在压应力不增长的情况下，产生明显的塑性压缩，然后进入强化阶段。这时试件将越压越短并产生明显的横向膨胀，试件被压得很扁也不会发生材料破坏，因此很难测得极限抗压强度。所以，一般只做拉伸试验而不做压缩试验。

从图 1-22 的 σ-ε 关系曲线中，可以得出三个重要参数：屈服强度 f_y，抗拉强度 f_u 和伸长率 δ。在钢筋混凝土构件设计计算时，对有明显流幅的钢筋，一般取屈服强度 f_y 作为钢筋强度的设计依据，这是因为钢筋应力达到屈服后将产生很大的塑性变形，卸载后塑性变形不可恢复，使钢筋混凝土构件产生很大变形和不可闭合的裂缝。设计上一般不用抗拉强度 f_u 这一指标，抗拉强度 f_u 可度量钢筋的强度储备。伸长率 δ 反映了钢筋拉断前的变形能力，它是衡量钢筋塑性的一个重要指标，伸长率 δ 大的钢筋在拉断前变形明显，构件破坏前有足够的预兆，属于延性破坏；伸长率 δ 小的钢筋拉断前没有预兆，具有脆性破坏的特征。

无明显流幅的钢筋拉伸 $\sigma\text{-}\varepsilon$ 曲线，如图 1-23 所示。当应力很小时，具有理想弹性性质；应力超过 $\sigma_{0.2}$ 之后钢筋表现出明显的塑性性质，直到材料破坏时曲线上没有明显的流幅，破坏时它的塑性变形比有明显流幅钢筋的塑性变形要小得多。对无明显流幅钢筋，在设计时一般取残余应变为 0.2% 的点，相对应的应力 $\sigma_{0.2}$ 作为假定的屈服点，称为"条件屈服强度"。由于 $\sigma_{0.2}$ 不易测定，《规范》中规定在构件承载力设计时，取极限抗拉强度的 85% 作为条件屈服点。

三、钢筋的疲劳

钢筋的疲劳是指钢筋在承受重复、周期性的动荷载作用下，经过一定次数后，突然脆性断裂的现象。承受重复荷载的钢筋混凝土构件，在正常使用期间会由于疲劳发生破坏。钢筋的疲劳强度与一次循环应力中最大和最小应力的差值（应力幅度）有关，钢筋的疲劳强度是指在某一规定应力幅度内，经受一定次数循环荷载后，发生疲劳破坏的最大应力值。

钢筋疲劳断裂的原因，一般认为是由于钢筋内部和外部的缺陷，在这些薄弱处容易引起应力集中。应力过高，钢材晶粒滑移，产生疲劳裂纹，应力重复作用次数增加，裂纹扩展，从而造成断裂。

钢筋的疲劳试验有两种方法：一种是直接进行单根原状钢筋轴向拉伸试验；另一种是将钢筋埋入混凝土中，使其重复受拉或受弯的试验。由于影响钢筋疲劳强度的因素很多，钢筋疲劳强度试验结果是很分散的。我国采用直接做单根钢筋轴向拉伸试验的方法。《规范》规定了不同等级钢筋的疲劳应力幅度限值，并规定该值与截面同一纤维上，钢筋最小应力与最大应力比值（即疲劳应力比值）$\rho_{\text{p}}^{\text{f}} = \dfrac{\sigma_{\text{p,min}}^{\text{f}}}{\sigma_{\text{p,max}}^{\text{f}}}$ 有关，对预应力钢筋，当 $\rho_{\text{p}}^{\text{f}} \geqslant 0.9$ 时可不进行疲劳强度验算。

确定钢筋混凝土构件在正常使用期间的疲劳应力幅度限值时，需要确定循环荷载的次数，我国要求满足循环次数为 200 万次，即对不同的疲劳应力比值，满足循环次数为 200 万次条件下的钢筋最大应力值为钢筋的疲劳强度。

钢筋的疲劳强度与应力变化的幅值有关，其他影响因素还有：最小应力值的大小、钢筋外表面几何尺寸和形状、钢筋的直径、钢筋的强度、钢筋的加工和使用环境，以及加载的频率等。

由于承受重复性荷载的作用，钢筋的疲劳强度低于在静荷载作用下的极限强度。原状钢筋的疲劳强度最低。埋置在混凝土中的钢筋的疲劳断裂通常发生在纯弯段内裂缝截面附近，疲劳强度稍高。

四、混凝土结构对钢筋性能的要求

1. 强度

强度是指钢筋的屈服强度和抗拉强度。屈服强度 f_y 是设计计算的主要依据，对无明显屈服点的钢筋，屈服强度取条件屈服强度 $\sigma_{0.2}$。采用高强度钢筋可以节约钢材，取得较好的经济效果。抗拉强度 f_u 不是设计强度依据，但它也是一项强度指标。抗拉强度愈高，钢筋的强度储备愈大，反之则强度储备愈小。提高使用钢筋强度的方法，除采用市场上有供给的较高强度的钢筋外，还可以对钢筋进行冷加工获得较高强度的钢筋，但应保证一定的强屈比（抗拉强度与屈服强度之比）或屈强比（屈服强度与抗拉强度之比），使结构有一定的可靠性潜力。

2. 塑性

塑性是指钢筋在受力过程中的变形能力，混凝土结构要求钢筋在断裂前有足够的变形，使结构在将要破坏前有明显的预兆。塑性指标是要求伸长率 δ_5（或 δ_{10}）满足要求和冷弯性能合格来衡量的。伸长率 δ_5 和 δ_{10} 分别表示标距 $L=5d$ 和 $L=10d$ 的伸长率。冷弯性能是以冷弯试验来判断的，冷弯试验是将钢筋绕直径为 D 的钢辊，弯成一定角度后无裂

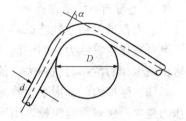

图 1-24　钢筋的冷弯试验

纹、鳞落、断裂现象就表示合格。如图 1-24 所示钢筋的 f_y、f_u、δ_5（或 δ_{10}）和冷弯性能是施工单位验收钢筋是否合格的四个主要指标。

3. 可焊性

可焊性是评定钢筋焊接后的接头性能的指标。可焊性好，即要求在一定的工艺条件下钢筋焊接后不产生裂纹及过大的变形。

4. 耐火性

热轧钢筋的耐火性能最好，冷轧钢筋其次，预应力钢筋最差。结构设计时应注意混凝土保护层厚度，要满足对构件耐火极限的要求。

5. 与混凝土的粘结力

钢筋与混凝土的粘结力，是保证钢筋混凝土构件在使用过程中，钢筋和混凝土能共同工作的主要原因。钢筋的表面形状及粗糙程度对粘结力有重要的影响。

另外在寒冷地区，为了避免钢筋发生低温冷脆破坏，对钢筋的低温性能也有一定的要求。

第三节　钢筋和混凝土的共同作用

一、共同工作的基本条件

在钢筋混凝土结构中，钢筋和混凝土这两种性质不同的材料，之所以能结成一个整体而共同工作，是以下面三个条件为前提的：

（1）混凝土在结硬过程中，可与埋在其中的钢筋粘结在一起。若构件的处理措施得当，它们之间的粘结强度足以承担作用在钢筋与混凝土界面上的剪应力。

（2）混凝土与钢筋具有大致相同的线膨胀系数（混凝土平均为 $1.0 \times 10^{-5}/\text{℃}$，钢筋为 $1.2 \times 10^{-5}/\text{℃}$），故不会因两种材料温度变形的不同而产生过大的温度应力。

（3）由于混凝土具有弱碱性，混凝土包裹着钢筋，可使钢筋不锈蚀。

二、钢筋与混凝土的粘结

钢筋和混凝土之间的粘结，是保证钢筋和混凝土这两种力学性能截然不同的材料在结构中共同工作的基本前提。实质上，粘结所反映的是钢筋与混凝土接触面上，沿钢筋纵向的抗剪能力，粘结应力就是此界面上的纵向剪应力，而界面上所能承担的最大纵向剪应力，即称

粘结强度。粘结应力在钢筋和混凝土之间起到传递内力，保证两者变形一致，使两种材料的强度都能获得充分利用的作用。粘结性能的好坏，对钢筋混凝土构件的承载能力、刚度和裂缝控制等都有明显的影响。

光面钢筋和变形钢筋具有不同的粘结机理。

1. 光面钢筋的粘结性能

光面钢筋的粘结性能试验表明，钢筋和混凝土的粘结力主要有下面三种构成。

(1) 化学胶结力，即钢筋与混凝土接触面上的化学吸附作用力。这种力一般很小，当接触面发生相对滑移时就消失，仅在局部无滑移区内起作用。

(2) 摩擦力，即混凝土收缩后将钢筋紧紧地握裹住而产生的力。钢筋和混凝土之间的挤压力越大，接触面越粗糙，则摩擦力越大。光面钢筋压入试验得到的粘结强度，比拉拔试验要大，这是因为钢筋受压变粗，增大对混凝土的挤压力，从而使摩擦力增大所致。

(3) 机械咬合力，即因钢筋表面凹凸不平，与混凝土产生的机械咬合作用而产生的力。

钢筋与混凝土的粘结强度，通常采用图 1-25 所示标准拔出试件来测定，试件截面尺寸为 $100mm \times 100mm$，钢筋在混凝土中的粘结埋长 l 为 5 倍钢筋直径（$5d$），为了防止加荷端局部锥形破坏，在加荷端设置长度为 $(2\sim3)d$ 的塑料管。设拔出力为 F，钢筋中的总拉力 $F = \sigma_s A_s$，则钢筋与混凝土界面上的平均粘结应力 τ 为

$$\tau = \frac{F}{\pi dl} \tag{1-14}$$

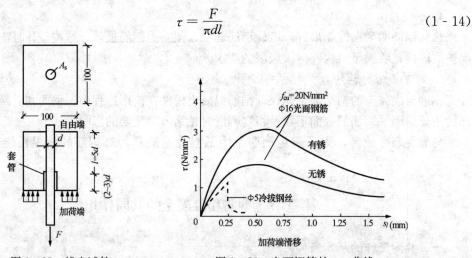

图 1-25 拔出试件　　　　　　图 1-26 光面钢筋的 τ-s 曲线

试验中可同时量测加荷端滑移和自由端滑移。由于 l/d 较短，可认为达到最大荷载时，粘结应力沿埋长几乎是均匀分布的，以粘结破坏时的最大平均粘结应力代表钢筋与混凝土的粘结强度 τ_u。

图 1-26 所示为典型的光面钢筋拔出试验曲线（τ-s 曲线）。光面钢筋的粘结强度较低，$\tau_u \approx (0.4\sim1.4)f_t$，到达最大粘结应力后，加荷端滑移 s_l 急剧增大，τ-s 曲线出现下降段，这是因为接触面上混凝土细颗粒磨平，摩擦力减小。试件的破坏是钢筋徐徐被拔出的剪切破坏，滑移可达数毫米。τ_u 很大程度上取决于钢筋的表面状况，表面越凹凸不平，则 τ_u 越高。实测表明，锈蚀钢筋的表面凹凸可达 $0.1mm$，其粘结强度较高，约 $1.4f_t$；而未经锈蚀的新轧制钢筋的粘结强度仅为 $0.4f_t$。表面光滑的冷拔钢丝，一旦胶结力丧失，钢丝全长的滑动摩擦阻力很小，已达到极限粘结强度。光面钢筋的主要问题是强度低、滑移大。

2. 变形钢筋的粘结性能

变形钢筋的粘结效果比光面钢筋的好得多，化学胶结力和摩擦力仍然存在，机械咬合力是变形钢筋粘结强度的主要来源。

图 1-27 所示为变形钢筋拔出的 τ-s 试验曲线。加荷初期（$\tau < \tau_A$），钢筋肋对混凝土的斜向挤压力形成了滑动阻力，滑动的产生使肋根部混凝土出现局部挤压变形，粘结刚度较大，τ-s 曲线近似为直线关系。斜向挤压力沿钢筋轴向的分力使混凝土轴向受拉、受剪；斜向挤压力的径向分力使外围混凝土有如受内压力的管壁，产生环向拉力。因此，变形钢筋的外围混凝土处于复杂的三向应力状态，剪应力及轴向拉应力使肋处混凝土产生如图 1-28 所示的内部斜裂缝。径

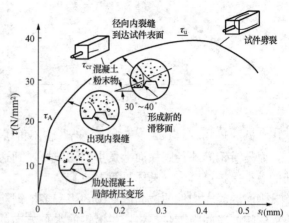

图 1-27　变形钢筋的 τ-s 曲线

向分力使混凝土环向受拉，从而产生内部径向裂缝。当径向内裂缝到达试件表面时，相应的应力称为劈裂粘结应力 $\tau_{cr} = (0.8 \sim 0.85)\tau_u$。当 τ-s 曲线到达峰值应力 τ_u 时，相应的滑移 s 随混凝土强度的不同，约在 $0.35 \sim 0.45$mm 之间波动。对于无横向配筋的一般保护层试件，到达 τ_u 后，在 s 增长不大的情况下出现脆性劈裂破坏。

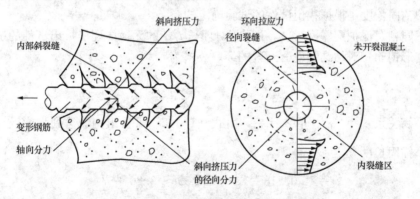

图 1-28　变形钢筋外围混凝土的内部裂缝

3. 影响粘结强度的因素

影响粘结强度的因素很多，其中主要的有钢筋的外形特征、混凝土强度、保护层厚度及横向配筋等。

（1）钢筋的外形特征。如前所述，钢筋表面外形特征决定着钢筋与混凝土的粘结机理、破坏类型和粘结强度，当其他条件相同时，光面钢筋的粘结强度约比带肋的变形钢筋粘结强度低 20%。

（2）混凝土强度。光面钢筋及变形钢筋的粘结强度均随混凝土强度的提高而提高，但并不与立方强度成正比。试验表明，当其他条件基本相同时，粘结强度 τ_u 与混凝土轴心抗拉强度 f_t 近似成正比。

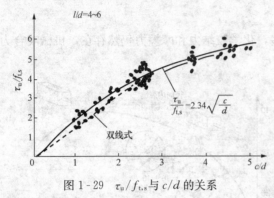

图 1 - 29 $\tau_u/f_{t,s}$ 与 c/d 的关系

（3）保护层厚度及钢筋净间距。变形钢筋较光面钢筋具有较高的粘结强度，但变形钢筋的主要危险是有可能产生劈裂裂缝，而不是出现较大的滑移。钢筋混凝土构件出现沿钢筋的纵向裂缝，对结构的耐久性是非常不利的，增大保护层厚度和保持必要的钢筋净间距，可以提高混凝土的劈裂抗力，保证粘结强度的发挥。试验表明，当相对保护层 $c/d \leqslant 2.5$ 时，相对粘结强度 $\tau_u/f_{t,s}$ 与 c/d 成正比，见图 1 - 29；当 $c/d > 5$ 时，$\tau_u/f_{t,s}$ 将不再增长，也就是说粘结强度不由劈裂破坏来决定，而是沿钢筋外径圆柱面上发生剪切破坏，到达 $\tau_u/f_{t,s}$ 的上限。为此，《规范》规定了钢筋的最小保护层厚度（具体见第七章）。

钢筋混凝土构件的截面配筋中，当有多根钢筋并列一排时，钢筋的净间距对粘结强度有很大影响，净间距不足，将产生沿钢筋水平方向的贯穿整个构件宽的劈裂裂缝。试验表明，随并列一排钢筋根数的增加，净间距的减小，钢筋发挥的应力 σ_s 减小，这是因为间距减小削弱了混凝土的劈裂抗力，使粘结强度降低。

三、钢筋的锚固

为了使结构受力可靠，必须保证钢筋在混凝土中有足够的锚固长度 l_{ab}。所谓的锚固长度 l_{ab}，是根据埋置在混凝土中钢筋达到屈服强度 f_y 的同时，钢筋开始滑移的极限条件确定的。钢筋的锚固长度是根据拔出试件的试验确定的。

大量不同相对保护层厚度 c/d、不同相对埋长 l/d 的无横向配筋拔出试件的试验资料分析给出，变形钢筋相对粘结强度 $\tau_u/f_{t,k}$ 的经验公式为

$$\frac{\tau_u}{f_{t,k}} = \left(1.14 + 1.81\frac{d}{l}\right)\frac{c}{d} \qquad (1 - 15)$$

引用平衡关系 $\sigma_s = \frac{4l}{d}\tau_u$，取 $\sigma_s = f_y$，由式（1 - 15）可得出钢筋达到强度设计值 f_y 时，所需的最小锚固长度 l_{ab} 为

$$\frac{l_{ab}}{d} \geqslant 0.218\frac{d}{c}\frac{f_y}{f_{t,k}} - 1.59 \approx 0.20\frac{d}{c}\frac{f_y}{f_{t,k}} \qquad (1 - 16)$$

取 $f_{t,k} = 1.4f_t$，1.4 为混凝土材料分项系数。《规范》要求保护层混凝土厚度不应小于钢筋直径，偏安全取 $c/d = 1.0$，由式（1 - 16）可得出受拉钢筋锚固长度 l_{ab} 的计算公式

$$l_{ab} = \alpha\frac{f_y}{f_t}d \qquad (1 - 17)$$

式中：当混凝土强度等级高于 C60 时，f_t 按 C60 取值；α 为钢筋的外形系数，按表 1 - 3 取用。

$$l_a = \zeta_a l_{ab} \qquad (1 - 18)$$

式中：l_a 为受拉钢筋锚固长度；ζ_a 为锚固长度修正系数。

表 1 - 3   钢 筋 的 外 形 系 数

钢筋类型	光面钢筋	带肋钢筋	螺旋肋钢丝	三股钢绞线	七股钢绞线
α	0.16	0.14	0.13	0.16	0.17

从上式和前面的分析可知，一方面，钢筋的锚固长度与钢筋强度、直径有关，钢筋强度越高，直径越粗，则钢筋的拉力也就越大，因而用于平衡这个拉力的粘结力也就越高，所以钢筋的锚固长度就越大；另一方面，钢筋的锚固长度与钢筋的外表形状有关，钢筋外表形状对锚固长度的影响是通过粘结应力的大小作用的，光面钢筋粘结应力小，因而钢筋的锚固长度应大一些，而对于变形钢筋，锚固长度则可小一点。

对于受压钢筋，因钢筋受压时会产生侧向膨胀，从而对混凝土产生侧压力，可增加钢筋与混凝土间的粘结应力，所以受压钢筋的锚固长度可以短一些。

在实际设计中，当符合下列条件时，计算的锚固长度应进行修正：

（1）当带肋钢筋的公称直径大于 25mm 时，其锚固长度应乘以修正系数 1.10；

（2）环氧树脂涂层带肋钢筋，其锚固长度乘以修正系数 1.25；

（3）施工过程中易受扰动的钢筋，其锚固长度乘以修正系数 1.10；

（4）保护层厚度大于钢筋直径的 5 倍时修正系数取 0.7，中间按内插取值。

（5）当纵向受力钢筋的实际配筋面积大于其设计计算面积时，其锚固长度可乘以设计计算面积与实际配筋面积的比值。但对有抗震设防要求及直接承受动力荷载的结构构件，不得采用此项修正。

经上述修正后的锚固长度，不应小于按公式计算的锚固长度的 0.6，对预应力钢筋取 1.0。

四、钢筋的连接

钢筋长度因生产、运输和施工等因素的制约，除了 $d \leqslant 10mm$ 的钢筋多用盘条，长度加大外，其他的均以单根长度为 9～12m 的钢筋出厂，而实际工程中构件长度与钢筋出厂时不一致，因而存在将钢筋切断或将短钢筋拼接加长的问题。在实际工程中钢筋连接的方法有三种，即绑扎搭接、焊接连接、机械连接。

钢筋的绑扎搭接是利用混凝土与钢筋的粘结性能来完成的。为了保证钢筋接长后其强度的可靠性，钢筋应有足够的搭接长度。钢筋的搭接长度受钢筋强度、直径、外形和受力状态等因素的影响。钢筋直径越大，强度越高，则所需要的搭接长度越大。变形钢筋处于受压状态时，搭接长度可短一些。在实际工程中，对于梁类、板类及墙类构件，受拉钢筋搭接长度与纵向搭接钢筋接头面积百分率有关（具体见表 4 - 2），且不应小于 300mm，受压钢筋搭接长度取 0.7 倍纵向受拉钢筋搭接长度和 200mm 中的较大值。

钢筋的焊接连接是将两根钢筋用电焊、电渣压力焊或闪光对焊等方法来实现接长的，钢筋的焊接有单面焊和双面焊两种，焊缝长度为 $10d$ 和 $5d$，焊缝高度应符合有关规范的规定。电渣压力焊是利用电流，通过两根钢筋端部之间所产生的电弧热，以及通过焊接渣池产生的电阻热，将钢筋端部熔化，再施加压力，使两根钢筋紧密地连接在一起，从而达到接长钢筋的目的。电渣压力焊具有焊接质量好、生产效率高、设备简单、操作简便等优点，因而在粗钢筋的连接上得到了广泛地采用。闪光对焊是利用电流在电阻较大处产生的热量，将钢筋端部熔化而达到接长钢筋的目的。

钢筋的机械连接是利用套筒、螺旋接头等机械连接方式来接长钢筋。机械连接钢筋具有施工简便、连接速度快、接头性能可靠、不用电、无明火、施工较安全且节约能源等优点，是值得推广的钢筋连接方式。

由于钢筋的绑扎搭接不可靠，因此在轴心受拉或小偏心受拉等，承载力完全取决于钢筋的受力状态，或承受振动荷载等易使构件开裂的情况下，不得采用绑扎搭接钢筋。直径 $d >$ 25mm 的受拉钢筋，或 $d >$ 28mm 的受压钢筋的接长，也不宜采用绑扎接头。钢筋的连接方法在施工条件满足的条件下，应优先采用机械连接方式和焊接方式，在抗震结构及受力较复杂的结构中更应如此。

第二章　工程结构的设计方法

第一节　近似概率理论的极限状态设计方法

工程结构理论和设计方法是随着科学研究的深入和工程实践经验的逐步积累而不断地发展和改进。最早以弹性理论为基础的容许应力计算法要求在规定的标准荷载下，按弹性理论计算的应力不大于规定的容许应力，容许应力由材料强度除以安全系数求得，安全系数由经验确定。

由于对材料极限强度试验的进展，20世纪30年代出现了破坏阶段设计法。这种设计方法考虑了材料的塑性性能，要求按材料平均强度计算的承载力，必须大于计算的最大荷载产生的内力。计算的最大荷载是由规定的标准荷载乘以单一的安全系数得出的。安全系数仍带有很大的经验性。

随着对荷载和材料变异性的研究，在20世纪50年代出现了极限状态设计方法。极限状态设计方法规定了结构的极限状态，当结构或构件达到此特定状态时就丧失承载力或不能正常使用。极限状态设计方法中，对于荷载和材料强度，部分应用了概率理论以确定其特征值和分项系数，并考虑了影响结构构件承载力的非统计因素，这种方法又称为半经验半概率极限状态设计方法。

近年来，随着结构可靠度理论的发展，出现了以概率理论为基础的极限状态设计法。国际上将概率法按精确程度不同分为三个水准：水准Ⅰ——半概率法；水准Ⅱ——近似概率法；水准Ⅲ——全概率法。目前，我国工程结构设计理论采用的是近似概率法。这种设计方法对各种荷载、材料强度的变异规律进行了大量的调查、统计和分析，各分项系数的确定比较合理，而且用失效概率和可靠度指标能够比较明确地说明"可靠"或"不可靠"。

一、结构的功能要求

工程结构设计的目的是在一定的经济条件下，在预定的使用期限内能够满足各项规定的功能要求。结构的功能要求包括：

1. 安全性

结构在正常的设计、施工和使用条件下，能够承受可能出现的各种作用。在偶然荷载作用下，或在偶然事件发生时或发生后，结构能保持必要的整体稳定性而不倒塌。

2. 适用性

建筑结构在正常使用时应能满足预定的使用要求，有良好的工作性能，其变形、裂缝或振动等均不超过规定的限度。

3. 耐久性

建筑结构在正常使用、维护的情况下应有足够的耐久性。如由于保护层过薄，裂缝过宽而引起钢筋锈蚀，混凝土不得风化，不得在化学腐蚀环境的情况下，影响结构预定的使用期限等。

安全性、适用性、耐久性是衡量结构是否可靠的标志，总称为结构的可靠性。

二、结构上的作用、作用效应及结构抗力

所谓结构上的作用，是指施加在结构上的集中荷载或分布荷载，以及引起结构外加变形或约束变形的因素。结构上的作用分为直接作用和间接作用。直接作用是指施加在结构上的荷载，如永久荷载、风荷载、雪荷载和活荷载等。间接作用是指引起结构外加变形和约束变形的其他作用，如基础沉降、温度变化、混凝土收缩、地震等。

结构上的作用，《建筑结构设计统一标准》（GB 50068—2001）按下列原则分类：

1. 按随时间的变异分类

（1）永久作用：在设计基准期内其值不随时间变化，或其变化与平均值相比可以忽略不计。例如，结构自重、土压力、预加应力等。

（2）可变作用：在设计基准期内其值随时间变化，且其变化与平均值相比不可忽略。例如，安装荷载、楼面活荷载、风荷载、雪荷载、吊车荷载、温度变化等。

（3）偶然作用：在设计基准期内出现或不一定出现。例如，地震、爆炸、撞击等。

2. 按随空间位置的变异分类

（1）固定作用：在结构空间位置上具有固定的分布。例如，工业与民用建筑楼面上的固定设备荷载、结构构件自重等。

（2）自由作用：在结构上一定范围内可以任意分布的作用。例如，工业与民用建筑楼面的人员荷载、吊车荷载等。

3. 按结构的反应特点分类

（1）静态作用：使结构产生的加速度可以忽略不计的作用。例如，结构自重、住宅和办公楼的楼面活荷载等。

（2）动态作用：使结构产生的加速度不可以忽略不计的作用。例如，地震、吊车荷载、设备振动等。

作用效应是指作用使结构产生的内力和变形（如轴力、弯矩、剪力、扭矩、挠度、转角和裂缝等），用 S 表示。作用效应可由简化而来的计算简图求得，它和计算简图的选取、作用的确定、计算方法等因素有关。因此作用效应 S 是随机变量。在一般情况下，其作用效应 S 与荷载 G 或 Q 近似呈线性关系，故又称为荷载效应，即

$$S_Q = C_Q Q \tag{2-1}$$

式中：C_Q 是荷载效应系数，由力学计算求得。对于承受均布荷载作用的简支梁，跨中弯矩 $M = ql^2/8$，M 是均布荷载引起的荷载效应，荷载效应系数是 $l^2/8$。

结构抗力是指结构或结构构件能够承受内力和变形的能力（如构件的承载能力、刚度等），用 R 表示。影响结构构件抗力的主要因素有材料性能、几何参数、计算所采用的基本假设和计算公式的精确性等，结构抗力 R 也是随机变量。

三、结构极限状态

整个结构或结构的某一部分，超过某一特定状态就不能满足设计规定的某一功能要求，此特定状态称为该功能的极限状态。我国 GB 50068—2008《建筑结构可靠度设计统一标准》将结构的极限状态分为下列两类：

1. 承载能力极限状态

承载能力极限状态对应于结构或结构构件达到了最大承载能力，或产生了不适于继续承载的过大变形。当结构或结构构件出现了下列状态之一时，即认为超过了承载能力极限

状态。

（1）整个结构或结构的一部分作为刚体失去平衡，如雨篷压重不足而倾覆，烟囱抗风不足而倾倒，挡土墙抗滑不足在土压力作用下而整体滑移。

（2）结构构件或其连接因超过材料强度而破坏（包括疲劳破坏），如轴心受压构件中混凝土达到了轴心抗压强度，构件的钢筋因锚固长度不足而被拔出，加荷应力大于疲劳强度时的重复荷载构件，或因塑性变形过大而不适于继续承受荷载。

（3）结构转变为机动体系，如构件发生三铰共线而形成瞬变体系，丧失承载能力。

（4）结构或构件丧失稳定，如细长杆到达临界荷载后压屈失稳而破坏。

2. 正常使用极限状态

这类极限状态对应于结构或结构构件达到正常使用或耐久性能的某项规定限值。当出现下列状态之一时，即认为结构或结构构件超过了正常使用极限状态。

（1）影响正常使用或有碍观瞻的变形，如吊车梁变形过大致使吊车不能正常行驶，梁挠度过大影响观瞻或导致非结构构件的开裂等。

（2）影响正常使用或耐久性能的局部损坏，如贮液结构壁板开裂漏水不能正常使用，裂缝过宽导致钢筋锈蚀。

（3）影响正常使用的振动，如由于机器振动而导致结构的振幅，超过按正常使用要求所规定的限值。

（4）影响正常使用的其他特定状态，如相对沉降量过大等。

四、极限状态方程

结构和结构构件的工作状态，可以由该结构构件所承受的荷载效应 S 和结构抗力 R 两者的关系来描述。取功能函数见式（2-2），为

$$Z = g(S, R) = R - S \tag{2-2}$$

式中：S 为结构上的作用效应；R 为结构抗力。

当 $Z > 0$ 时，结构处于可靠状态；当 $Z < 0$ 时，结构处于失效状态；当 $Z = 0$ 时，结构处于极限状态。

$Z = g(R, S) = 0$ 称为极限状态方程，它是结构失效的标准。因此结构的失效概率见式（2-3），为

$$P_f = P(Z = R - S < 0) = \int_{-\infty}^{0} f(Z) \mathrm{d}g \tag{2-3}$$

图 2-1 所示为 R 和 S 的概率密度分布曲线，从图中可见，在大多数情况下构件抗力 R 大于荷载效应 S。但由于离散性，在两条概率密度分布曲线相重叠的范围内，说明在较弱的构件上可能会出现作用效应 S 大于其结构抗力 R 的情况，导致结构失效。

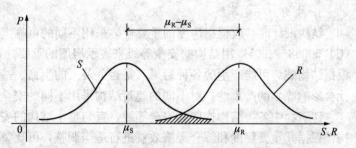

图 2-1　R 和 S 的概率分布密度曲线

五、可靠度与目标可靠指标

1. 可靠度

结构可靠性定义为结构在规定的时间内（即设计时所假定的基准使用期），在规定的条件下（结构正常的设计、施工、使用和维护条件），完成预定功能（如强度、刚度、稳定性、抗裂性、耐久性等）的能力。我国取用的结构设计基准期为 50 年。需说明的是，当建筑结构的使用年限达到或超过设计基准使用期后，并不意味该结构立即报废不能进行使用，而是指它的可靠性水平已经明显降低。结构的作用效应小于结构抗力时，结构处于可靠状态，相反，结构处于失效状态。由于作用效应和结构抗力都是随机的，所以结构满足或不满足其功能要求的事件也是随机的。

结构可靠度或可靠概率是指结构在规定的时间内，在规定的条件下，完成预定功能的概率，也就是结构满足其功能要求的概率，用 P_s 表示。结构不能满足其功能要求的概率称为失效概率，用 P_f 表示。失效概率和可靠概率是互补的，即 $P_s + P_f = 1$。因此，结构的可靠性也可以用结构的失效概率来度量。

2. 可靠指标

由式（2-3）可知，P_f 的计算比较复杂，因此，《建筑结构设计统一标准》（GB 50068—2001）采用了用可靠指标 β 代替结构的失效概率 P_f。

结构可靠指标 β 可表示为

$$\beta = \frac{\mu_z}{\sigma_z} = \frac{\mu_R - \mu_S}{\sqrt{\sigma_R^2 + \sigma_S^2}} \tag{2-4}$$

式中：μ_R、σ_R 分别为结构构件抗力的平均值和标准差；μ_S、σ_S 分别为结构构件作用效应的平均值和标准差。

可靠指标 β 不仅与结构构件作用效应及结构抗力的平均值有关，而且还与两者的标准差有关。μ_R 与 μ_S 的差值越大，β 越大，结构可靠度越大；在 μ_R 与 μ_S 不变时，σ_R 与 σ_S 越小，β 越大，结构越可靠。可靠指标 β 与失效概率 P_f 有一一对应的关系，表 2-1 给出了 β 与 P_f 在数值上的对应关系。

表 2-1　　　　　　　　　可靠指标 β 与失效概率 P_f 的对应关系

β	2.7	3.2	3.7	4.2
P_f	3.4×10^{-3}	6.8×10^{-4}	1.0×10^{-4}	1.3×10^{-5}

3. 结构的安全等级

结构设计时，应根据房屋的重要性，采用不同的可靠度水准。《建筑结构设计统一标准》（GB 50068—2001）用结构的安全等级来表示房屋的重要性程度，如表 2-2 所示。设计时应根据结构破坏可能产生的各种后果（是否危及人的生命、造成怎样的经济损失、产生如何的社会影响等）的严重性，对不同的建筑结构采用不同的安全等级。

建筑物中各类结构构件的安全等级，宜与整个结构的安全等级相同，但允许对部分结构构件根据其重要程度和综合经济效益进行适当调整，可比整个结构的安全等级提高一级或降低一级，但不得低于三级。

4. 目标可靠指标

成功的结构设计应合理考虑可靠性与经济性。将结构的可靠度水平定得过高，会提高结构造价，与经济性原则相违背。但若一味强调经济性，又会不利于可靠性。为达到安全与经济的最佳平衡，必须选择结构的最优失效概率作为设计依据的可靠指标，即目标可靠指标。《建筑结构可靠度设计统一标准》根据结构的安全等级和破坏类型，规定了按承载能力极限状态设计时的目标可靠指标 β 值，见表 2-2。

表 2-2　　建筑结构的安全等级及结构构件承载能力极限状态的目标可靠指标

建筑结构安全等级	破坏后果	建筑物类型	结构构件承载能力极限状态的目标可靠指标	
			延性破坏	脆性破坏
一级	很严重	重要的建筑	3.7	4.2
二级	严重	一般的建筑	3.2	3.7
三级	不严重	次要的建筑	2.7	3.2

由结构构件的实际破坏情况可知，破坏状态有延性破坏和脆性破坏之分。结构构件发生延性破坏前有预兆可查，可及时采取补救措施，故目标可靠指标可定得稍低些。反之，结构发生脆性破坏时，破坏常系突然发生，比较危险，目标可靠指标就应定得高些。对于一般工业与民用建筑，当结构构件属于延性破坏时，目标可靠指标 β 取为 3.2；当结构构件属于脆性破坏时，目标可靠指标 β 取为 3.7。不同安全等级之间的 β 值相差 0.5，这大体上相当于结构失效概率相差一个数量级。

第二节　承载力极限状态的设计方法

根据上述规定的目标可靠指标，即可按照结构可靠度的概率分析方法进行结构设计。但是，这样进行设计对于一般性结构构件工作量很大，过于繁琐。考虑到实用上的简便和广大工程设计人员的习惯，我国《建筑结构可靠度设计统一标准》没有推荐直接根据可靠指标来进行结构设计，采用了以基本变量（荷载和材料强度）的标准值和分项系数表达的结构构件实用设计表达式，其形式上与我国以往采用过的多系数设计表达式相似，但实质上却是不同的。其区别主要在于：以往设计表达式中采用的各种安全系数主要是根据经验确定的；而现在的设计表达式中采用的各种分项系数，则是根据基本变量的统计特性，以结构可靠度的概率分析为基础经优选确定的，从而使实用设计表达式的计算结果，近似地满足目标可靠指标的要求。

一、荷载和材料强度标准值

结构物在使用期内所承受的荷载和所取用材料的实际强度值，不是一个定值，是在某个范围内波动的。因此，结构设计时所取用的荷载值和材料强度值应采用概率的方法来确定。

1. 材料强度标准值

钢筋混凝土结构在按极限状态方法设计时，钢筋和混凝土的强度标准值，是设计时采用的材料强度基本代表值。材料强度标准值，应根据符合规定质量的材料强度的概率分布的某一分位值确定。《规范》规定，钢筋的强度标准值应具有不小于 95% 的保证率，混凝土的强度标准值为具有 95% 的保证率。由于钢筋和混凝土均服从正态分布，故强度标准值 f_k 可统一表示为

$$f_k = \mu_f - a\sigma_{fk} \tag{2-5}$$

式中：f_k 为材料强度的标准值，N/mm^2；μ_f 为材料强度的平均值，N/mm^2；σ_{fk} 为材料强度的标准差，N/mm^2；a 为与材料实际强度 f 低于 f_k 的概率有关的保证率系数，对于混凝土 $a=1.645$。

2. 荷载标准值

荷载的标准值是结构设计时采用的荷载基本代表值。

（1）永久荷载的标准值 G_k，可按结构构件的设计尺寸和结构材料的标准重力密度（容重）计算而得。

（2）可变荷载的标准值 Q_k，应根据设计基准期内最大荷载概率分布的某一分位值确定。如住宅楼面均布活荷载标准值取值，相当于设计基准期最大活荷载概率分布的平均值加 2.38 倍的标准差，其保证率大于 95%。在结构设计中，各类可变荷载标准值及各种材料容重（或单位面积的自重）可由 GB 50009—2001《建筑结构荷载规范》查取。

二、材料强度设计值

材料强度设计值是在承载能力极限状态设计中，采用的材料强度代表值，其值为强度标准值除以相应的材料分项系数，即

$$f_c = \frac{f_{ck}}{\gamma_c} \tag{2-6}$$

$$f_s = \frac{f_{sk}}{\gamma_s} \tag{2-7}$$

式中：f_c、f_s 分别为混凝土和钢筋强度设计值，N/mm^2；f_{ck}、f_{sk} 分别为混凝土和钢筋强度标准值，N/mm^2；γ_c 为混凝土强度分项系数，取 1.4；γ_s 为钢筋强度分项系数，对 HPB235 级钢筋 $\gamma_s=1.15$，对 HRB335、HRB400 和 RRB400 级钢筋 $\gamma_s=1.1$，对预应力钢丝、钢绞线和热处理钢筋 $\gamma_s=1.2$。

三、承载能力极限状态设计表达式

在进行承载能力极限状态设计时，应考虑作用（荷载）效应的基本组合，必要时应考虑作用效应的偶然组合，采用下面设计表达式

$$\gamma_0 S \leqslant R \tag{2-8}$$

$$R = R(f_c, f_s, a_k \cdots) \tag{2-9}$$

式中：γ_0 为结构重要性系数，对安全等级为一级或设计使用年限为 100 年及以上的结构构件，$\gamma_0 \geqslant 1.1$，对安全等级为二级或设计使用年限为 50 年的结构构件，$\gamma_0 \geqslant 1.0$，对安全等级为三级或设计使用年限为 5 年及以下的结构构件 $\gamma_0 \geqslant 0.9$；S 为作用（荷载）效应组合的设计值，分别表示为弯矩设计值 M、剪力设计值 V、轴力设计值 N 及扭矩设计值 T 等；R 为结构构件抗力设计值；$R(\cdot)$ 为结构构件的承载力函数；f_c、f_s 分别为混凝土、钢筋强度设计值；a_k 为几何参数（构件尺寸、钢筋截面面积等）的标准值。

对于贮液结构、地下构筑物等可不计算风荷载效应的结构，其作用效应的基本组合设计值应按以下公式确定

$$S = \sum_{i=1}^{m} \gamma_{Gi} C_{Gi} G_{ik} + \gamma_{Q1} C_{Q1} Q_{1k} + \psi_c \sum_{j=2}^{n} \gamma_{Qj} C_{Qj} Q_{jk} \tag{2-10}$$

式中：G_{ik} 为第 i 个永久作用的标准值；C_{Gi} 为第 i 个永久作用的作用效应系数；γ_{Gi} 为第 i 个

永久荷载分项系数，当作用效应对结构不利时，对结构和设备自重取 1.2，其他永久作用取 1.27，当作用效应对结构有利时，均取 1.0；Q_{jk} 为第 j 个可变作用的标准值；C_{Qj} 为第 j 个可变作用的作用效应系数；γ_{Q1}、γ_{Qj} 为第 1 个和其他第 j 个可变荷载的分项系数，对地表水或地下水的作用应作为第一可变作用取 1.27，对其他可变作用取 1.4；ψ_c 为可变荷载组合值系数，可取 0.9 计算。

可变荷载组合值 ψ_c，是当结构承受两种或两种以上可变荷载时，各种可变荷载（人群荷载、风荷载、雪荷载、吊车荷载、地震作用等）同时达到预计的最大值的概率是很小的，为使结构在两种或两种以上可变荷载作用时的情况与仅有一种可变荷载作用时具有大致相同的可靠指标，引入了荷载组合系数 ψ_c，对同时作用的多种可变荷载的标准值进行折减。

对水塔等构筑物，应计入风荷载效应，当进行整体分析时，其作用效应的基本组合设计值应按以下公式确定

$$S = \sum_{i=1}^{m} \gamma_{Gi} C_{Gi} G_{ik} + 1.4 \left(C_{Q1} Q_{1k} + 0.6 \sum_{j=2}^{n} C_{Qj} Q_{jk} \right) \tag{2-11}$$

式中：Q_{1k} 为第 1 个可变作用的标准值；C_{Q1} 为第 1 个可变作用的作用效应系数，第 1 个可变作用应为风荷载。

四、荷载分项系数，荷载设计值

1. 荷载分项系数

统计资料表明，各类荷载标准值的保证率并不相同，如按荷载标准值设计，将造成结构可靠度的严重差异，并使某些结构的实际可靠度达不到目标可靠度的要求，所以引入荷载分项系数予以调整。由于可变荷载的不确定性更大，因此其分项系数取值较恒载大。

2. 荷载设计值

荷载分项系数与荷载标准值的乘积，称为荷载设计值。如永久荷载设计值为 $\gamma_G G_k$，可变荷载设计值为 $\gamma_Q Q_k$。

第三节　正常使用极限状态的验算方法

按正常使用极限状态设计时，应验算结构构件的变形、抗裂度或裂缝宽度。由于结构构件达到或超过正常使用极限状态时的危害程度，不如承载力不足引起结构破坏时大，所以对其可靠度要求可适当降低。因此，按正常使用极限状态设计时，荷载采用标准值，并且不考虑结构重要性系数。对于正常使用极限状态验算，结构构件应分别按荷载的准永久组合并考虑长期作用的影响或标准组合并考虑长期作用影响，采用下列极限状态设计表达式

$$S \leqslant C \tag{2-12}$$

式中：S 为正常使用极限状态荷载效应组合值；C 为结构构件达到正常使用要求所规定的变形、裂缝宽度和应力等的限值。

一、荷载效应组合

对于正常使用极限状态，作用效应的标准组合设计值 S_s 和作用效应的准永久组合设计值 S_d 应分别按下式计算：

1. 标准组合

$$S = \sum_{i=1}^{m} C_{Gi} G_{ik} + C_{Q1} Q_{1k} + \psi_c \sum_{j=2}^{n} C_{Qj} Q_{jk} \tag{2-13}$$

对水塔等构筑物，应计入风荷载效应取 $\psi_c = 0.6$；当不计入风荷载时，应为

$$S_s = \sum_{i=1}^{m} C_{Gi} G_{ik} + \sum_{j=1}^{n} \psi_{cj} C_{Qj} Q_{jk} \qquad (2-14)$$

2. 准永久组合

$$S_d = \sum_{i=1}^{m} C_{Gi} G_{ik} + \sum_{j=1}^{n} C_{Qj} \psi_{qj} Q_{jk} \qquad (2-15)$$

式中：ψ_{qj} 为第 j 个可变荷载作用的准永久值系数，由表 2-3 确定。

表 2-3 准永久值系数 ψ_{qj}

序号	构筑物部位	准永久值系数
1	不上人的屋面、贮液或水处理构筑物的顶盖	0
2	上人屋面或顶盖	0.4
3	操作平台或泵房等楼面	0.5
4	楼梯或走道板	0.4
5	操作平台、楼梯栏杆	0

对于偶然组合，其内力组合设计值应按有关的规范和规程确定。此外，根据结构的使用条件，在必要时还应验算结构的倾覆、滑移等。

二、可变荷载准永久值

建筑结构设计时，对不同荷载效应组合采用不同的荷载代表值，可变荷载代表值主要是标准值、组合值和准永久值等。可变荷载标准值是结构设计时采用的荷载基本代表值，其他荷载代表值是在荷载标准值的基础上乘以相应系数得到的。

可变荷载的准永久值 $\psi_q Q_k$ 是按正常使用极限状态设计时，考虑可变荷载长期效应组合时采用的荷载代表值。作用在结构上的可变荷载值是变化的（时大时小、时有时无），若可变荷载达到或超过某一荷载值的持续时间 T_q 较长，与设计基准期 T 之比已达到某一定值（对楼面活荷载、雪荷载、风荷载达到了 $T_q / T = 0.5$），则称该荷载值为可变荷载的准永久值。

三、裂缝控制验算

对混凝土贮液结构或水质净化处理等构筑物，当在组合作用下，构件截面处于轴心受拉或小偏心受拉（全面处于受拉）状态时，应按标准组合下不出现裂缝进行控制；当在组合作用下，构件截面处于受弯、大偏心受压或受拉状态时，应按 GB 50069—2002《给水排水工程构筑物结构设计规范》进行控制。

1. 轴心受拉构件

按荷载效应标准组合计算时，构件受拉边缘混凝土拉应力应满足

$$\frac{N_k}{A_0} \leqslant \alpha_{ct} f_{tk} \qquad (2-16)$$

式中：N_k 为构件在标准组合下计算截面上的纵向力，N；f_{tk} 为混凝土的轴心抗拉强度标准值，N/mm^2；A_0 为计算截面的换算截面面积，mm^2；α_{ct} 为混凝土拉应力限制系数，可取 0.87。

2. 偏心受拉构件

$$N_k \left(\frac{e_0}{\gamma W_0} + \frac{1}{A_0} \right) \leqslant \alpha_{ct} f_{tk} \qquad (2-17)$$

式中：e_0 为纵向力对截面重心的偏心距，mm；W_0 为构件换算截面受拉边缘的弹性抵抗矩，mm^3；γ 为截面抵抗矩塑性系数，对矩形截面为 1.75。

3. 受弯、大偏心受压或受拉构件

钢筋混凝土构筑物的各部位构件，在准永久组合下处于受弯、大偏心受压或受拉状态时，其可能出现的最大裂缝宽度不应超过规定的裂缝宽度限值，即

$$w_{max} \leqslant w_{lim} \qquad (2-18)$$

式中：w_{max} 为按准永久组合计算时的最大裂缝宽度，mm；w_{lim} 为最大裂缝宽度限值 mm，见表 2-4。

表 2-4   **钢筋混凝土构筑物构件的最大裂缝宽度限值 w_{max}**

类别	部位及环境条件	w_{max}（mm）
水处理构筑物、水池、水塔	清水池、给水水质净化处理构筑物 污水处理构筑物、水塔的水柜	0.25 0.20
泵房	水间、格栅间 其它地面以下部分	0.20 0.25
取水头部	常水位以下部分 常水位以上湿度变化部分	0.25 0.20

由于规范并未给出壁板和底板上活载的准永久值系数，故对壁板的抗裂度和裂缝宽验算，可取标准组合下限制裂缝宽度进行控制。这样总是偏于安全的。

四、构件挠度验算

受弯构件的最大挠度应按准永久组合计算，其值不应超过规定的挠度限值，即

$$f_{max} \leqslant [f] \qquad (2-19)$$

式中：f_{max} 为按准永久组合计算的最大挠度，mm；$[f]$ 为规定的挠度限值，mm，见表 2-5。

表 2-5   **受弯构件的挠度限值**

构件类型	挠度限值（以计算跨度 l_0 计算）
吊车梁：手动吊车 电动吊车	$l_0/500$ $l_0/600$
屋盖、楼盖及楼梯构件：当 $l_0 < 7m$ 时 当 $7m \leqslant l_0 \leqslant 9m$ 时 当 $l_0 > 9m$ 时	$l_0/200$（/250） $l_0/250$（/300） $l_0/300$（/400）

第三章 钢筋混凝土受弯构件正截面承载力计算

受弯构件是土木工程中最常用的构件之一。工程中的各种钢筋混凝土梁、板结构都是很典型的受弯构件。按施工方法一般可将其分为现浇式和预制式。建筑中的混凝土肋形楼盖的梁、板和楼梯段，预制空心板、槽形板，预制 T 形、工字形截面梁以及桥梁中的公路桥行车板，梁式桥的主梁、横梁等都是常见的受弯构件。

在荷载作用下，受弯构件在截面上同时作用弯矩和剪力，会产生两种典型的破坏形式。其中当由弯矩引起破坏时，最大弯矩破坏截面与构件轴线垂直，因此称为正截面受弯破坏，如图 3-1（a）所示；而另一种破坏发生在沿剪力最大或弯矩和剪力都较大的截面，破坏截面与构件的轴线斜交，通常称为斜截面受剪破坏，如图 3-1（b）所示。

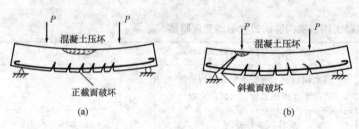

图 3-1 受弯构件的破坏形式
（a）正截面破坏；（b）斜截面破坏

第一节 受弯构件的截面构造规定

一、截面形式

受弯构件中现浇梁、板的截面一般为矩形、T 形、I 形、倒 L 形，而预制梁、板的截面形式，常用的有环形、槽形板、空心板、花篮梁等截面，如图 3-2 所示。

二、截面尺寸

受弯构件为满足正常使用极限状态的要求，即要有一定的刚度限制，因此一般由其跨度来估算梁高，如常用肋梁楼盖高跨比 $h/l = 1/8 \sim 1/15$；而用高宽比来确定梁宽，一般取 $h/b = 2 \sim 3$（矩形截面）或 $h/b = 2.5 \sim 4$（T 形截面）。

为统一规格尺寸，通常采用矩形或 T 形截面梁的高度 h 为 250、300、350、…、800、900mm 等。当梁高小于 800mm 时，模数为 50mm，当梁高在 800mm 以上时，模数为 100mm。梁宽 b 为 100、120、150、180、200、220、250mm 和 300mm，300mm 以上模数为 50mm。

混凝土实心现浇板的宽度一般较大，板厚一般满足 $h \geqslant l/30$（简支板），$h \geqslant l/40$（连续板），$h \geqslant l/12$（悬臂板），其板厚取 10mm 为模数，且应满足表 3-1 要求的最小板厚。

三、混凝土强度等级和保护层厚度

梁、板常用的混凝土强度等级是 C20、C25、C30、C35、C40 等。

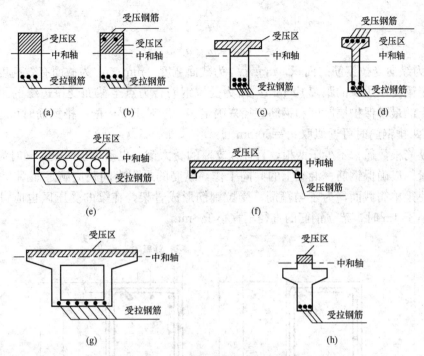

图 3-2　受弯构件常用截面形式

（a）单筋矩形梁；（b）双筋矩形梁；（c）T形梁；（d）I形梁；（e）空心板；

（f）槽形板；（g）箱形梁；（h）花篮梁

表 3-1　　　　　　　　　　　　现浇钢筋混凝土板的最小厚度（mm）

板 的 类 别		厚 度
单向板	屋面板	60
	民用建筑楼板	60
	工业建筑楼板	70
	行车道下的楼板	80
	双向板	80
密肋楼盖	面板	50
	肋高	250
悬臂板（固定端）	板的悬臂长度小于或等于500mm	60
	板的悬臂长度1200mm	100
	无梁楼板	150
	现浇空心楼盖	200

　　为防止钢筋锈蚀，确保钢筋与混凝土的粘结、锚固，提高结构耐久性，受弯构件中应保证足够的保护层厚度（用 c 表示）。设计中梁、板、柱的最小保护层厚度与环境和混凝土强度等级有关，具体规定详见表 7-5。

四、纵向受力钢筋

1. 梁的构造要求

钢筋混凝土构件配筋率的变化，将对其受力性能和破坏形态有很大影响。对矩形截面受弯构件，截面配筋量的大小一般由配筋率 ρ（用百分数表示）来描述

$$\rho = \frac{A_s}{bh_0} \qquad\qquad (3-1)$$

$$h_0 = h - a_s \qquad\qquad (3-2)$$

式中：A_s 为纵向受拉钢筋的面积，mm^2；b 为截面宽度，mm；h_0 为截面有效高度（受拉钢筋合力点至梁受压边缘的距离），mm；a_s 为受拉钢筋合力点至截面受拉边缘的距离，mm，它由混凝土的最小保护层厚度和钢筋直径来确定，一般对于梁内配一排钢筋时可近似取 $a_s=$ 35mm，配两排钢筋时可近似取 $a_s=60mm$。

梁中纵筋根数通常不少于两根，且伸入支座的受力钢筋也不少于两根。同时为了保证施工浇筑质量，以确保钢筋、混凝土的共同工作，纵筋的最小净间距应满足如图3-3所示的要求。即使是单筋截面，为了与箍筋、受拉钢筋形成骨架，在梁的受压区也应设置架立钢筋，跨度小于4m时，架立钢筋的直径不宜小于8mm。

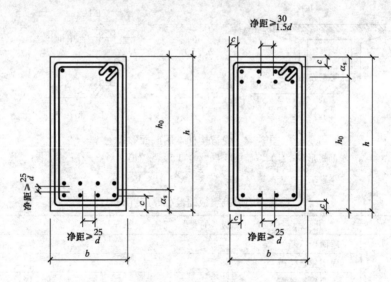

图 3-3　钢筋净距、保护层及有效高度

为防止梁侧混凝土收缩产生的裂缝，《规范》规定，当梁的腹板高度 $h_w \geq 450mm$ 时，在梁两个侧面沿高度配置纵向构造钢筋。每侧纵向构造钢筋（不包括梁上下部受力钢筋及架立钢筋）的截面面积，不应小于腹板截面面积 bh_w 的 0.1%，且其间距不宜大于 200mm，如图3-4所示。对矩形截面有 $h_w=h_0$。

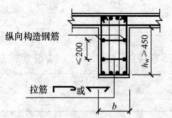

图 3-4　梁侧防裂的纵向
构造钢筋

2. 板的构造要求

板内钢筋的间距和直径要求构造，如图3-5所示。

板中受力钢筋直径通常采用 6～12mm；为了便于施工浇筑，板内钢筋间距不宜太小，一般要大于70mm，且当板厚 $h \leq 150mm$ 时，不应大于200mm；当板厚 $h>150mm$，不应大于 1.5h 和250mm。

在单向板的设计中，还要在垂直计算方向上布置分布钢筋，通常直径不小于6mm。单位长度上分布钢筋的截面面积，不宜小于单位宽度上受力钢筋截面面积的15%，且不宜小于该方向板截面面积的0.15%；一般其间距不宜大于250mm；对一些承受集中荷载较大或温度变化比较大的情况，其分布钢筋的截面积要适当增大，但间距≤200mm。

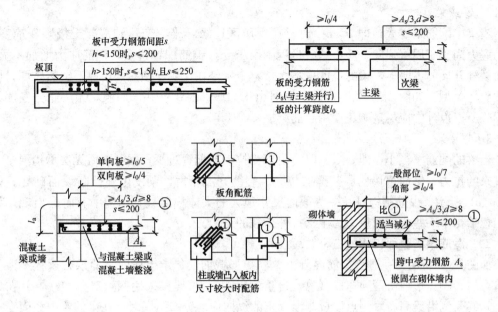

图 3-5　板的配筋构造要求

第二节　梁正截面受弯承载力的试验研究

一、受弯构件正截面破坏形态

钢筋混凝土梁作为常见的一种复合材料受弯构件，其受弯承载性能因混凝土的非弹性、非匀质性及配筋率的不同，而表现出很大不同。试验表明因配筋的多少可能表现出适筋破坏、少筋破坏和超筋破坏三种典型的破坏形式，如图 3-6 所示。三种破坏形态弯矩—挠度（M-ϕ）曲线，如图 3-7 所示。

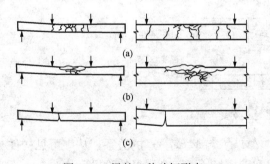

图 3-6　梁的三种破坏形态

（a）适筋破坏；（b）超筋破坏；（c）少筋破坏

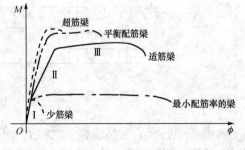

图 3-7　梁的 M-ϕ 曲线

1. 适筋梁

当梁的配筋率适中，即 $\rho_{min} \leqslant \rho \leqslant \rho_{max}$ 时（ρ_{min} 和 ρ_{max} 分别为纵向受拉钢筋的最小配筋率和最大配筋率），破坏过程始于纵向受拉钢筋的屈服，随着截面弯矩增加，裂缝开展使受压区高度逐渐减小，最后混凝土受压边缘达到应变极限而被压碎，整个过程具有明显的破坏预兆，属于延性破坏类型，如图 3-6（a）所示。

2. 超筋梁

当梁中配筋率过大，即 $\rho > \rho_{max}$ 时，在受压区边缘纤维应变达到混凝土极限压应变时，钢筋应力尚小于屈服强度。整个承载过程中由于受拉钢筋配置过多，钢筋应力增加不显著，因而裂缝开展的不明显，梁的挠度也不大，整个构件在无明显预兆的情况下突然破坏，属于脆性破坏类型，如图 3-6（b）所示。同时由于梁破坏时钢筋并未屈服，无法充分发挥材料作用，所以设计中应尽量避免使用超筋梁。

3. 少筋梁

当梁的配筋率很小，即 $\rho < \rho_{min}$ 时，由于受拉钢筋配置过少，梁开裂后无法承担混凝土转移过来的拉力，钢筋很快屈服甚至被拉断。裂缝开展很宽，梁发生脆性断裂而破坏。如图 3-6（c）所示。少筋结构只在一些截面尺寸很大的大体积混凝土结构中有时会出现，如水利工程结构中一些主要以重力为主抵抗外荷载的结构。

二、适筋梁正截面工作的三个阶段

如图 3-8 所示为一适筋钢筋混凝土单筋矩形截面梁，承受横向力的承载过程。为了避免剪力的影响，形成所谓纯弯段（忽略自重的影响），试验梁采用两点对称加载，并在集中力之间的梁侧沿梁高布置测点以量测混凝土的纵向应变分布。同时，在梁的跨中截面受拉钢筋上也布置了应变计，量测钢筋的受拉应变。在梁的支座和跨中安装百分表，用以量测梁跨中的挠度。整个过程逐级加载，直至梁发生弯曲破坏。

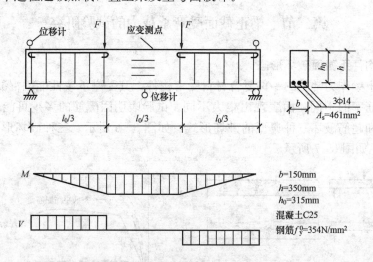

图 3-8 钢筋混凝土梁受弯试验

如图 3-9 所示，为试验整个过程中梁的 $M/M_u\text{-}f$ 与 $M/M_u\text{-}\sigma_s$ 的关系，从中可见构件在混凝土开裂时钢筋应力发生了突变，且从加载到破坏经历了三个明显的阶段。

适筋梁截面应力、应变分布在各个阶段的变化特点，如图 3-10 所示。

1. 弹性工作阶段 I

开始加载时，由于荷载较小，产生的截面弯矩也很小，试验测得的沿梁高分布的纤维应变也比较少，混凝土处于弹性阶段，应力、应变均为直线分布，见图 3-10（a）。由于混凝土的抗拉能力较弱，所以当荷载引起的截面弯矩继续增大时，截面受拉区混凝土表现出一定

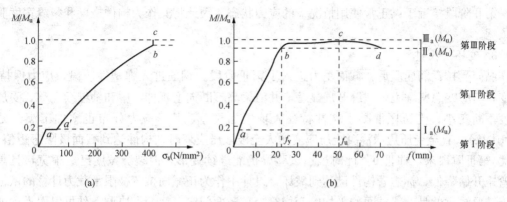

图 3-9　适筋梁弯矩—挠度关系试验曲线
(a) M/M_u-σ_s 图；(b) M/M_u-f 图

的受拉塑性，中和轴较刚开始加载时稍有上移，受拉区混凝土应力变为曲线，当受拉截面边缘达到混凝土极限拉应变时，将首先达到即将开裂的临界状态（I_a 状态），此时受压区混凝土的压应力较小，沿截面高度仍为直线分布，弯矩与曲率基本上是直线关系。同时在 I_a 时，由于材料粘结力的存在，截面受拉区钢筋的应变与周围与之粘结在一起的混凝土拉应变相等，而此时钢筋的应力以 HRB335、HRB400 试算应力均还很小。第 I 阶段末（I_a 状态）为混凝土即将开裂的阶段，故可作为构件抗裂计算的依据。

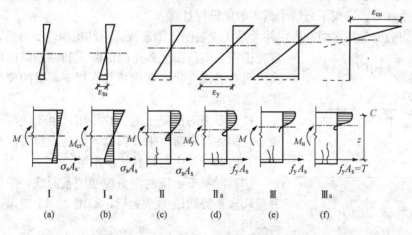

图 3-10　梁在各受力阶段的应力、应变图

2. 带裂缝工作阶段 II

加载中梁在最薄弱截面处首先出现裂缝，使梁进入了带裂缝工作阶段 II。在裂缝截面处，由粘结力将混凝土卸载的拉力传递到钢筋上，使钢筋在裂缝截面的应力和变形均发生突变。梁的挠度与曲率也突然增大，开裂处中和轴上移，裂缝宽度加大，并逐渐向上延伸，中和轴以下未开裂混凝土还能承受少量拉力，但受拉区拉力主要有钢筋承担，裂缝发展导致受压区高度降低，使受压区混凝土表现出越来越强烈的弹塑性特性，应力分布的非线性程度愈加明显，见图 3-10 (c)，受压区混凝土应变增长速度比应力快，但压应力曲线图形只有上升段部分，同时跨越几条裂缝测得的应变沿截面高度仍能符合平截面假定。随着截面弯矩逐渐增大，受拉区钢筋达到其抗拉屈服，一般将钢筋屈服时（$\sigma_s = f_y$）的受力状态记为 II_a 状

态，第Ⅱ阶段接近于梁正常使用情况下的应力状态，因此将其作为构件挠度和裂缝宽度验算的依据。

3. 破坏阶段Ⅲ

纵向受拉钢筋屈服后，截面受力进入了第Ⅲ阶段。钢筋进入弹塑性阶段，应力保持 f_y 不变，但应变急剧增大，裂缝开展显著，并沿梁高不断向上延伸，中和轴继续上移，受压区高度不断变小，受压区混凝土塑性特征表现更加显著，其压应力分布也愈加丰满，见图3-10（e），直至受压边缘混凝土压应变增大至极限压应变时，构件达到截面极限弯矩值 M_u（称为第Ⅲ阶段末，即Ⅲ$_a$），此时虽然试验梁仍能继续变形，但裂缝宽度已经很宽，且承受的弯矩开始降低，标志着构件已达到破坏，设计中作为正截面抗弯极限承载力计算的依据。

需要注意的是，梁截面的平均应变均符合平截面假定，使变形协调条件可以引入梁的承载力分析计算。钢筋混凝土梁开裂后的抗弯刚度不是一个始终不变的常数。随着裂缝不断开展，混凝土塑性变形不断发展和粘结逐渐被破坏，刚度会不断降低。最终的裂缝宽度必须加以限制，以满足正常使用的要求。

第三节　单筋矩形截面受弯承载力计算

一、基本假定

《混凝土结构设计规范》（GB 50010—2002）规定，包括受弯构件在内的各种混凝土构件的正截面承载力，应按下列四个基本假定进行计算：

（1）截面应变保持平面：国内外大量实验表明，钢筋混凝土结构构件受力后，在一定长度范围内，横截面上各点的混凝土和钢筋纵向应变沿截面高度呈直线性变化，即指荷载作用下，梁的变形规律符合平截面假定。

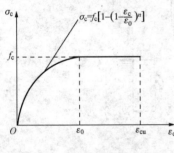

图3-11　混凝土应力—应变
设计曲线

（2）不考虑混凝土的抗拉作用：由于混凝土抗拉强度很小，构件开裂后，中和轴以下混凝土拉力产生的内力矩很小，因此计算中忽略其抗拉作用。

（3）混凝土受压的应力应变关系曲线，采用抛物线上升段和水平段两段关系表示，如图3-11所示，按下列规定取用：

当 $\varepsilon_c \leqslant \varepsilon_0$ 时

$$\sigma_c = f_c \left[1 - \left(1 - \frac{\varepsilon_c}{\varepsilon_0} \right)^n \right] \tag{3-3}$$

当 $\varepsilon_0 < \varepsilon_c \leqslant \varepsilon_{cu}$ 时

$$\sigma_c = f_c \tag{3-4}$$

式中：σ_c 为混凝土压应变为 ε_c 时混凝土的压应力，N/mm²；f_c 为混凝土轴心抗压强度，N/mm²；ε_0 为混凝土压应力刚达到 f_c 时混凝土的压应变，即 $\varepsilon_0 = 0.002 + 0.5(f_{cu,k} - 50) \times 10^{-5} \geqslant 0.002$，当计算的 ε_0 值小于 0.002 时，取为 0.002；ε_{cu} 为正截面混凝土极限压应变，当处于非均匀受压时，即 $\varepsilon_{cu} = 0.0033 - (f_{cu,k} - 50) \times 10^{-5} \leqslant 0.0033$；$f_{cu,k}$ 为混凝土立方体抗压强度标准值，N/mm²；n 为系数，取 $n = 2 - \frac{1}{60}(f_{cu,k} - 50) \leqslant 2.0$，当 n 值大于 2.0 时，取为 2.0。

　　曲线方程及峰值应变 ε_0、极限压应变 ε_{cu} 均随混凝土强度的不同而有所变化，如表 3 - 2 所示，且规范建议的公式仅适用于正截面计算。

表 3 - 2　　　　　　　　　　混凝土应力—应变曲线参数

$f_{cu,k}$	≤C50	C60	C70	C80
n	2	1.83	1.67	1.50
ε_0	0.002	0.002 05	0.002 1	0.002 15
ε_{cu}	0.003 3	0.003 2	0.003 1	0.003 0

　　（4）纵向钢筋的应力应变关系曲线如图 3 - 12 所示，方程为

$$\sigma_s = E_s \varepsilon_s, 且 -f'_y \leqslant \sigma_s \leqslant f_y \qquad (3-5)$$

　　为控制其过大的塑性变形，受拉钢筋的极限拉应变取为 0.01，此规定对有明显屈服点的钢筋保证已达到屈服强度，同时限制了无明显屈服点钢筋的强化程度。

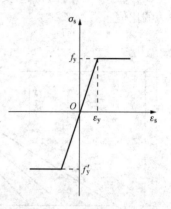

图 3 - 12　钢筋应力—应变设计曲线

二、等效矩形应力图形

　　图 3 - 13 所示为一单筋矩形截面适筋梁的应力图。其受压区应力图形符合上述理论曲线如图 3 - 11 所示。由此理论曲线求解混凝土的合力大小及作用点非常繁复，而在极限弯矩的计算中也仅需要知道混凝土合力的大小和作用点位置，因此，设计上为简化计算过程，《规范》将实际混凝土压应力分布形式，按合力 C 大小相等、作用点不变的原则等效成矩形均布集度为 $\alpha_1 f_c$，受压区高度为 $x = \beta_1 x_0$ 的应力图形，如图 3 - 13（c）所示，来代换理论应力图。

　　如图 3 - 13（c）所示，无量纲参数系数 α_1 表达不同混凝土强度等级时等效矩形分布也不同，混凝土强度越高，α_1 越小。系数 $\beta_1 = x / x_0$，也只与混凝土强度有关。α_1、β_1 在这里称为等效矩形应力图系数。

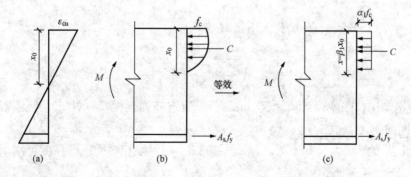

图 3 - 13　受压区实际与等效应力图形

（a）应变图；（b）规范给出的应力图形；（c）等效应力图

　　《混凝土结构设计规范》（GB 50010—2002）规定：根据等效变换原则，且对于强度等级不大于 C50（$f_{cu,k} \leqslant 50 \text{N/mm}^2$）的混凝土，当取 $\varepsilon_{cu} = 0.003\ 3$，$\varepsilon_0 = 0.002$ 时，可以得到

$\alpha_1 = 0.969$、$\beta_1 = 0.824$。为简化计算取 $\alpha_1 = 1.0$、$\beta_1 = 0.8$；当 $f_{cu,k} = 80N/mm^2$ 时，$\alpha_1 = 0.94$、$\beta_1 = 0.74$；其间按线性内插法确定。α_1、β_1 的取值见表 3 - 3。

表 3 - 3　　　　　　　　　　　混凝土受压区等效矩形应力图系数

	≤C50	C55	C60	C65	C70	C75	C80
α_1	1.0	0.99	0.98	0.97	0.96	0.95	0.94
β_1	0.8	0.79	0.78	0.77	0.76	0.75	0.74

令 $\xi = x/h_0$，称为相对受压区高度，即等效矩形应力图的受压区高度 x 与截面有效高度 h_0 的比值。

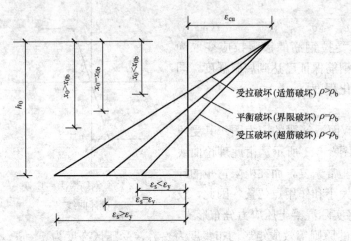

图 3 - 14　受拉、界限及受压破坏时的平均应变分布图

三、适筋梁与超筋梁的界限及界限配筋率 ρ_b

1. 相对界限受压区高度 ξ_b

从梁的受弯试验可知，若当钢筋应力达到屈服强度的同时，受压区边缘纤维应变也恰好达到混凝土受弯时的极限压应变，这种介于适筋和超筋之间的破坏形态叫界限破坏。这时的受压区高度称为界限受压区高度 x_b，此时的相对受压区高度则为 ξ_b，称为界限相对受压区高度，如图 3 - 14 所示。设界限破坏时，钢筋达到屈服，截面的实际受压区高度为 x_{cb}，截面的实际受压区相对高度为 ξ_{cb}，由应变分布得

$$\xi_{cb} = \frac{x_{cb}}{h_0} = \frac{\varepsilon_{cu}}{\varepsilon_{cu} + \varepsilon_y}$$

将 $\beta_1 = x_b/x_{cb}$，及 $\xi_b = x_b/h_0$ 代入上式有

$$\xi_b = \frac{\beta_1}{1 + \dfrac{\varepsilon_y}{\varepsilon_{cu}}} = \frac{\beta_1}{1 + \dfrac{f_y}{E_s \varepsilon_{cu}}} \tag{3 - 6}$$

式中：f_y 为钢筋抗拉强度设计值，N/mm^2；E_s 为钢筋弹性模量，N/mm^2；ε_{cu} 及 β_1 的意义和计算方法同前。

当混凝土强度等级大于 C50 时，$\varepsilon_{cu} = 0.0033$。则界限相对受压区高度可用下式计算

$$\xi_b = \frac{0.8}{1 + \dfrac{f_y}{0.0033 E_s}} \tag{3 - 7}$$

从上式结果可以看出，相对界限受压区高度 ξ_b，仅与材料性能有关，而与截面尺寸无关。

由式（3 - 7）计算的 ξ_b 值见表 3 - 4。

表 3 - 4　　　　　　　　　　　相对界限受压区高度 ξ_b 取值

混凝土 强度等级	≤C50			C50			C70			C80		
	Ⅰ级	Ⅱ级	Ⅲ级	Ⅰ级	Ⅱ级	Ⅲ级	Ⅰ级	Ⅱ级	Ⅲ级	Ⅰ级	Ⅱ级	Ⅲ级
钢筋级别	HPB 235	HRB 335	HRB 400	HPB 235	HRB 335	HRB 400	HPB 235	HRB 335	HRB 400	HPB 235	HRB 335	HRB 400
ξ_b	0.614	0.550	0.518	0.594	0.531	0.499	0.575	0.512	0.481	0.555	0.493	0.463

2. 界限配筋率 ρ_b

当 $\xi=\xi_b$ 时，属于界限情况，与此对应的配筋率称为界限配筋率 ρ_b，是区分适筋破坏和超筋破坏的定量指标，也是适筋梁的最大配筋率 ρ_{max}。根据界限破坏的定义，由平衡关系有

$$f_y A_s = \alpha_1 f_c b x_b = \rho_b b h_0 f_y \tag{3-8}$$

则界限配筋率 ρ_b 为

$$\rho_b = \frac{x_b}{h_0}\alpha_1 \frac{f_c}{f_y} = \xi_b \alpha_1 \frac{f_c}{f_y} \tag{3-9a}$$

一般情况下两者的关系为

$$\rho = \xi\alpha_1 f_c/f_y \tag{3-9b}$$

所以，适筋梁需要满足　$\xi \leqslant \xi_b$ 或 $\rho = A_s/bh_0 \leqslant \rho_{max}$。

四、适筋梁与少筋梁的界限，即最小配筋率 ρ_{min} 的要求

由于少筋破坏的特点是刚一开裂构件就发生破坏，所以最小配筋率确定的原则，是根据构件的极限弯矩等于素混凝土构件的开裂弯矩得出的，因此计算最小配筋率 ρ_{min} 时应相对全截面 $b \times h$ 考虑，和一般确定计算配筋率（$\rho = A_s/bh_0$）的方法是不同的，实际效果相当于将最小配筋率提高了 10% 左右。

我国《混凝土结构设计规范》（GB 50010—2002）规定：为保证开裂后，钢筋不会立即被拉断，对受弯构件，偏心受拉、轴心受拉构件，一侧受拉钢筋的最小配筋率 ρ_{min} 根据经验取 $0.45f_t/f_y$ 和 0.2% 的较大值；对卧置于地基上的混凝土板，板的受拉钢筋的最小配筋率可适当降低，但不应小于 0.15%。

五、基本计算公式与适用条件、求解方法

1. 基本公式

单筋矩形截面受弯正截面承载力计算简图，如图 3 - 15 所示。

由力的平衡得

$$\alpha_1 f_c bx = f_y A_s \tag{3-10}$$

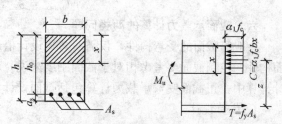

图 3 - 15　正截面承载力的计算简图

由力矩平衡得

$$M = \alpha_1 f_c bx \left(h_0 - \frac{x}{2}\right) \tag{3-11}$$

或

$$M = A_s f_y \left(h_0 - \frac{x}{2}\right) \tag{3-12}$$

式 (3-12) 还可以采用相对受压区高度 $\xi = x/h_0$ 来表示，即

$$\sum F_\text{x} = 0 \qquad f_\text{y}A_\text{s} = \alpha_1 f_\text{c}bh_0\xi \tag{3-13}$$

$$\sum M = 0 \qquad M_\text{u} = \alpha_1 f_\text{c}bh_0^2\xi(1-0.5\xi) \tag{3-14}$$

2. 适用条件

(1) 满足 $\xi \leqslant \xi_\text{b}$（即 $x \leqslant \xi_\text{b}h_0$）或 $\rho = A_\text{s}/bh_0 \leqslant \rho_\text{b} = \alpha_1\xi_\text{b}f_\text{c}/f_\text{y}$ 的要求，防止发生超筋破坏。

(2) $\rho = \dfrac{A_\text{s}}{bh_0} \geqslant \rho_\text{min}\dfrac{h}{h_0}$，要求满足最小配筋率，防止发生少筋破坏。

3. 计算系数求解方法

引入截面抵抗矩系数

$$\alpha_\text{s} = \frac{M}{\alpha_1 f_\text{c}bh_0^2} \tag{3-15}$$

即

$$\alpha_\text{s} = \xi(1-0.5\xi) \tag{3-16}$$

引入内力臂系数 $\gamma_\text{s} = \dfrac{z}{h_0}$

即

$$\gamma_\text{s} = 1-0.5\xi \tag{3-17}$$

由式 (3-16)，有

$$\xi = 1 - \sqrt{1-2\alpha_\text{s}} \tag{3-18}$$

$$\gamma_\text{s} = \frac{1+\sqrt{1-2\alpha_\text{s}}}{2} \tag{3-19}$$

$$A_\text{s} = \frac{M}{f_\text{y}\gamma_\text{s}h_0} \tag{3-20}$$

所以，由式 (3-15) 求出 α_s 后，就可求出系数 ξ、γ_s，再求出受拉钢筋面积 A_s 并验算公式的适用条件。

当 $\xi = \xi_\text{b}$ 时，α_s 达到最大为 $\alpha_\text{s,max} = \xi_\text{b}(1-0.5\xi_\text{b})$，单筋矩形截面的最大受弯承载力为

$$M_\text{u,max} = \alpha_\text{s,max}\alpha_1 f_\text{c}bh_0^2 \tag{3-21}$$

六、截面承载力计算的两类问题

一般等截面的受弯构件，仅需对弯矩设计值最大的截面进行抗弯承载力计算，而对变截面构件，控制截面要考虑相对于截面刚度来说，弯矩设计值最大的截面进行计算。在工程设计计算中，正截面受弯承载力计算包括截面设计和截面复核两类问题。

1. 截面设计

已知 M、$b \times h$、f_c、f_y，计算配筋面积 A_s。

这时，首先根据环境类别及混凝土强度等级，查表得混凝土最小保护层厚度，再假定 a_s，得到 h_0，并由混凝土强度等级确定 α_1 后，可按以下步骤进行计算：

(1) 由式 (3-15) 计算截面抵抗矩系数 α_s；

(2) 由式 (3-18) 或式 (3-19) 计算相对受压区高度 ξ 和内力臂系数 γ_s；

(3) 若 $\xi \leqslant \xi_\text{b}$，则由式 (3-13) 或式 (3-20) 可计算出所需钢筋面积 A_s；

(4) 根据所得钢筋面积查表或计算实配钢筋，实配钢筋面积与计算所得 A_s 值，两者相差

±5%，并检查实际的 a_s 值与假设的 a_s 值是否相符，如果相差太大，则需重新计算。

（5）利用实配纵向钢筋面积验算最小配筋率 $\rho = \dfrac{A_s}{bh_0} \geqslant \rho_{min} \dfrac{h}{h_0}$，如果不满足则按 $\rho_{min} \dfrac{h}{h_0}$ 配置纵筋。

在以上的计算中若 $\xi = x/h_0 > \xi_b$，说明截面配筋过多，造成截面上和受拉钢筋拉力平衡所需的混凝土相对受压区高度太大，超过了界限相对受压区高度，会形成超筋梁破坏，应采用加大截面尺寸、提高混凝土强度等级，或改用双筋截面的方法来解决。

同时在正截面受弯承载力设计时，钢筋直径和布置是未知的，a_s 需要假定。一般当环境为一类时（即室内环境）可假设：梁内布置一层纵筋时，$a_s = 35\text{mm}$；梁内布置两层纵筋时，$a_s = 50 \sim 60\text{mm}$；对于板的受力钢筋，$a_s = 20\text{mm}$。

2. 承载力校核

承载力校核是已知 M、$b \times h$、f_c、f_y、A_s，要确定截面的极限抗弯承载力 $M_u \geqslant M$ 是否成立的问题。与截面设计时相同，首先假定 a_s，确定 h_0、α_1 后，主要计算步骤如下：

（1）计算配筋率并验算 $\quad \rho = A_s/bh_0 \geqslant \rho_{min}(h/h_0)$，若 $\rho < \rho_{min}(h/h_0)$，取 $A_s = \rho_{min}bh$；

（2）若 $\rho > \rho_b$ 或 $\xi > \xi_b$，取 $\xi = \xi_b$，利用式（3-21）计算 $M_{u,max}$；

（3）若 $\rho_{min} \leqslant \rho \leqslant \rho_b$，则按适筋梁的计算公式计算，先由式（3-9b）得 $\xi = \rho_1 f_y / \alpha_1 f_c$，再由式（3-14）可求 M_u；

（4）当 $M \leqslant M_u$ 时，截面安全。

【例3-1】 已知矩形梁截面尺寸 $b \times h = 250\text{mm} \times 500\text{mm}$，弯矩设计值 $M = 163.06\text{kN} \cdot \text{m}$，混凝土强度等级为 C20，钢筋采用 HRB335 级，环境类别为一类，结构的安全等级为二级。求所需的受拉钢筋截面面积 A_s。

解 （1）设计参数 C20 混凝土，查得 $f_c = 9.6\text{N/mm}^2$、$f_t = 1.10\text{N/mm}^2$、$\alpha_1 = 1.0$，环境类别为一类，查得 $c = 30\text{mm}$，$a_s = 40\text{mm}$，$h_0 = 500 - 40 = 460\text{mm}$，HRB335 级钢筋，查得 $f_y = 300\text{N/mm}^2$，$\xi_b = 0.55$。

（2）计算系数 ξ，α_s。

由式（3-16）、式（3-18）计算得

$$\alpha_s = \frac{M}{\alpha_1 f_c bh_0^2} = \frac{163.06 \times 10^6}{9.6 \times 250 \times 460^2} = 0.321 < \alpha_{s,max}(=0.399)$$

$\xi = 1 - \sqrt{1 - 2\alpha_s} = 1 - \sqrt{1 - 2 \times 0.321} = 0.402 < \xi_b = 0.550$，满足适筋要求。

（3）计算配筋 A_s。

由式（3-13）或由式（3-20）计算得

$$A_s = \frac{\alpha_1 f_c bh_0 \xi}{f_y} = \frac{9.6 \times 250 \times 0.402 \times 460}{300} = 1479\text{mm}^2$$

选用 4 Φ 22，$A_s = 1520\text{mm}^2$。

（4）验算最小配筋率 ρ

$$\rho = \frac{A_s}{bh_0} = \frac{1520}{250 \times 460} = 1.32\% > \rho_{min}\frac{h}{h_0} = 0.45\frac{f_t}{f_y} \times \frac{h}{h_0} = 0.45 \times \frac{1.1}{300} \times \frac{500}{460} = 0.18\%$$

同时，$\rho > 0.2\% \times \dfrac{h}{h_0} = 0.2\% \times \dfrac{500}{460} = 0.215\%$，可以。

【例3-2】 一钢筋混凝土矩形截面简支梁，$b \times h = 250\text{mm} \times 500\text{mm}$，计算跨度 $l_0 =$

5m，混凝土强度等级为 C25（$f_c = 11.9 \text{N/mm}^2$，$f_t = 1.27 \text{N/mm}^2$），纵向受拉钢筋采用 3 ⊈ 22 的 HRB400 级钢筋（$f_y = 360 \text{N/mm}^2$），环境类别为一类。试求该梁所能承受的均布荷载设计值（包括梁自重）。

解　环境类别为一类，得得 $c = 25 \text{mm}$，$a_s = 35 \text{mm}$，由已知条件知 $A_s = 1140 \text{mm}^2$，$\xi_b = 0.518$，$h_0 = 500 - 35 = 465 \text{mm}$，$\alpha_1 = 1.0$

$$x = \frac{f_y A_s}{\alpha_1 f_c b} = \frac{360 \times 1140}{1 \times 11.9 \times 250} = 138 \text{mm} < \xi_b h_0 = 0.518 \times 465 = 240.9 \text{mm}$$

$$\rho = \frac{A_s}{bh_0} = \frac{1140}{250 \times 465} = 0.98\% > \rho_{min} \frac{h}{h_0} = 0.45 \frac{f_t}{f_y} \times \frac{h}{h_0} = 0.45 \times \frac{1.27}{360} \times \frac{500}{465} = 0.171\%$$

同时，$\rho > 0.2\% \times \frac{h}{h_0} = 0.2\% \times \frac{500}{465} = 0.215\%$。

$$M = A_s f_y \left(h_0 - \frac{x}{2}\right) = 360 \times 1140 \times (465 - 138/2) = 162.52 \text{kN} \cdot \text{m}$$

$$q = \frac{8M}{l_0^2} = \frac{8 \times 162.52}{5^2} = 52 \text{kN/m}$$

【例 3-3】　已知一钢筋混凝土现浇简支板，板厚 $h = 90 \text{mm}$，计算跨度 $l_0 = 3 \text{m}$，承受均布活荷载标准值 $q_k = 4 \text{kN/m}^2$，混凝土强度等级为 C20（$f_c = 9.6 \text{N/mm}^2$，$f_t = 1.1 \text{N/mm}^2$），采用 HPB235（$f_y = 210 \text{N/mm}^2$）级钢筋，$\xi_b = 0.614$，永久荷载分项系数 $\gamma_Q = 1.4$，钢筋混凝土重度为 25kN/m^3，环境类别为一类，求受拉钢筋截面面积 A_s。

解　取 1m 板宽作为计算单元，当环境类别为一类，板的混凝土强度等级取 C20 时，受力钢筋保护层厚度取 20mm。因此，$h_0 = h - a_s = 90 - 25 = 65 \text{mm}$，$b = 1000 \text{mm}$，计算截面最大弯矩为

$$M = \frac{1}{8}(\gamma_G G_k + \gamma_Q Q_k)l^2 = \frac{1}{8}(1.2 \times 0.09 \times 25 + 1.4 \times 4) \times 3^2 = 9.34 \text{kN} \cdot \text{m}$$

$$\alpha_s = \frac{M}{\alpha_1 f_c b h_0^2} = \frac{10 \times 10^6}{1.0 \times 9.6 \times 1000 \times 65^2} = 0.247$$

$$\xi = 1 - \sqrt{1 - 2\alpha_s} = 1 - \sqrt{1 - 2 \times 0.247} = 0.289 < \xi_b = 0.614$$

$$A_s = \xi b h_0 \frac{\alpha_1 f_c}{f_y} = 0.289 \times 1000 \times 65 \times \frac{1.0 \times 9.6}{210} = 858.7 \text{mm}^2$$

由表选取钢筋 Φ 10@90（$A_s = 872 \text{mm}^2$）。垂直于纵向受拉钢筋放置 Φ 6@200 的分布钢筋，其截面面积为 $28.3 \times \frac{1000}{200} = 141.5 \text{mm}^2 > 0.15\% \times b \times h = 0.15\% \times 1000 \times 90 = 135 \text{mm}^2$。

验算最小配筋率

$$\rho = \frac{A_s}{bh_0} = \frac{872}{1000 \times 65} = 1.34\% > \rho_{min} \frac{h}{h_0} = 0.45 \frac{f_t}{f_y} \times \frac{h}{h_0} = 0.45 \times \frac{1.1}{210} \times \frac{90}{65} = 0.326\%$$

同时，$\rho > 0.2\% \frac{h}{h_0} = 0.2\% \times \frac{90}{65} = 0.277\%$，满足。

第四节　双筋矩形截面受弯承载力计算

一、概述

当按单筋矩形截面计算所得的 $\xi > \xi_b$，但截面高度不能增加，混凝土强度等级不能提高，

或虽截面弯矩不大，但在不同荷载组合情况下，梁截面承受异号弯矩时，都可在截面的受压区配置受压钢筋，形成双筋截面。

　　由于在截面配置受压钢筋，分担了一部分混凝土的压应力，使截面的混凝土相对受压区高度下降，从而提高了截面承载时的转动能力，即提高了极限状态下梁的延性。但同时使用中必须配置封闭箍筋防止受压钢筋的压曲，以保证受压钢筋充分发挥其作用。双筋矩形截面受拉钢筋配置较多，一般不会出现少筋破坏。

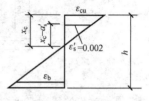

图 3-16　双筋截面受压钢
筋应变图

　　无论是适筋还是超筋双筋矩形截面，只要能保证受压区具有一定的高度，截面破坏时，受压钢筋的应力一般也将达到其抗压强度 f'_y，如图 3-16 所示有如下关系

$$\varepsilon'_s = \frac{x_c - a'_s}{x_c}\varepsilon_{cu} = \left(1 - \frac{a'_s}{x/\beta_1}\right)\varepsilon_{cu} \qquad (3-22)$$

双筋梁破坏，当取 $x = 2a'_s$ 时，由应变几何关系可得受压钢筋应变为

$$\varepsilon'_s = \left(1 - \frac{a'_s}{x/\beta_1}\right)\varepsilon_{cu} = (1 - 0.5\beta_1)\varepsilon_{cu} \qquad (3-23)$$

　　取 $f_{cu,k} = 80\text{N/mm}^2$，$\beta_1 = 0.74$，$\varepsilon_{cu} = 0.003$ 代入式（3-23），得 $\varepsilon'_s = 0.001\,89$，相应的压应力为 $\sigma'_s = \varepsilon'_s E_s = 378\text{N/mm}^2$。对受压钢筋为 HPB235 级、HRB335 级、HRB400 级及 RRB400 级时来说，可知压应力 σ'_s 均已超过抗压强度设计值 f'_y，而实际压应力只能达到 f'_y，即若计算中取 $\sigma'_s = f'_y$，则其先决条件是 $x \geqslant 2a'_s$。也就是说要使受压钢筋达到屈服，其位置必须在受压区混凝土合力作用点以外。否则受压钢筋距中和轴太近，钢筋压应变太小，以致无法达到其抗压强度。

二、双筋矩形截面计算公式与适用条件

1. 计算公式

双筋矩形截面受弯构件承载力的计算简图，如图 3-17（a）所示。

由计算简图建立力和力矩平衡方程如下

$$\sum F_x = 0 \qquad \alpha_1 f_c bx + f'_y A'_s = f_y A_s \qquad (3-24)$$

$$\sum M = 0 \qquad M_u = \alpha_1 f_c bx\left(h_0 - \frac{x}{2}\right) + f'_y A'_s (h_0 - a'_s)$$

$$= \alpha_1 f_c b h_0^2 \xi (1 - 0.5\xi) + f'_y A'_s (h_0 - a'_s) \qquad (3-25)$$

　　由式（3-25）可知，双筋矩形截面的抗弯承载力设计值 M_u 是由两部分组成的，即有 $M_u = M_{u1} + M_{u2}$。其中 $M_{u2} = \alpha_1 f_c bx (h_0 - x/2)$，是受压混凝土与部分受拉钢筋 A_{s2} 提供的，见图 3-17（b），可看作如单筋矩形截面的受弯承载力；$M_{u1} = f'_y A'_s (h_0 - a'_s)$ 是受压钢筋和剩余受拉钢筋 A_{s1} 提供的，见图 3-17（c），设计时可以利用基本公式分别求解。

2. 公式的适用条件

（1）为防止发生超筋破坏，需要满足 $\xi \leqslant \xi_b$；

（2）为保证受压钢筋能达到其抗压强度设计值，需要满足 $x \geqslant 2a'_s$。

三、设计方法应用

设计计算分为两类问题：截面设计（包括两种情况）和截面承载力校核。

1. 截面设计

情况一：已知 M、$b \times h$、f_c、f_y，求受压钢筋面积 A'_s，受拉钢筋面积 A_s（有 A_s、A'_s 及 x

三个未知数)。

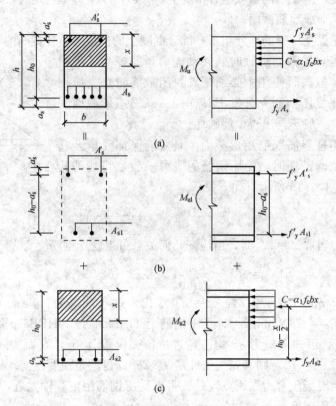

图 3-17 双筋矩形截面正截面承载力计算简图

分析证明，充分利用混凝土的抗压能力，即取 $\xi=\xi_b$ 时，总的用钢量 $(A_s+A'_s)$ 达最小，所以将其作为补充条件。可将 $\xi=\xi_b$ 代入式（3-25），有

$$A'_s=\frac{M-\alpha_1 f_c bh_0^2 \xi_b(1-0.5\xi_b)}{f'_y(h_0-a'_s)} \tag{3-26}$$

再由式（3-24）可得

$$A_s=\frac{\alpha_1 f_c bh_0\xi_b+f'_y A'_s}{f_y} \tag{3-27}$$

情况二：已配置受压钢筋（面积为 A'_s），同时已知 M、$b\times h$、f_c、f_y，求受拉钢筋面积 A_s。首先由式（3-25）后半部分计算受压钢筋承担弯矩 $M_{u1}=A'_s f'_y(h_0-a'_s)$；再由总的截面弯矩计算受压混凝土承担的弯矩 $M_{u2}=M-M_{u1}$；按单筋截面方法计算参数 $\alpha_s=\frac{M_{u2}}{\alpha_1 f_c bh_0^2}$，$\xi=1-\sqrt{1-2\alpha_s}$，$x=\xi h_0$；得到 x 后仍要分别判断：

当 $2a'_s \leqslant x \leqslant \xi_b h_0$ 时，为适筋承载，直接由式（3-24）得 $A_s=\frac{\alpha_1 f_c bx+f'_y A'_s}{f_y}$；

当 $x<2a'_s$ 时，受压钢筋无法达到屈服，计算中取 $x=2a'_s$，此时受压钢筋与混凝土受压合力作用点重合，将截面各力对受压合力点取矩得 $A_s=\frac{M}{f_y(h_0-a'_s)}$；

当 $x>\xi_b h_0$ 时，说明已配置的受压钢筋 A'_s 过少，不足以降低相对受压区高度，为适筋承载，需要重新配置受压钢筋 A'_s，按 A_s 和 A'_s 未知的第一种情况计算。

2. 截面承载力校核

已知 M、$b \times h$、f_c、f_y、A'_s、A_s，求此截面所能承受的极限弯矩 M_u。

首先由式（3-24）计算受压区高度得　$x = \dfrac{f_y A_s - f'_y A'_s}{\alpha_1 f_c b}$，然后做如下判断：

当 $2a'_s \leqslant x \leqslant \xi_b h_0$ 时，由式（3-25）计算 $M_u = \alpha_1 f_c b x \left(h_0 - \dfrac{x}{2} \right) + f'_y A'_s (h_0 - a'_s)$；

当 $x < 2a'_s$ 时，计算中取 $x = 2a'_s$，承载力为 $M_u = f_y A_s (h_0 - a'_s)$；

当 $x > \xi_b h_0$ 时，则说明受压筋面积不够，会发生超筋破坏，计算中取 $x = \xi_b h_0$ 代入式（3-25）可得承载力 M_u；

最后进行比较，当截面的弯矩设计值 $M \leqslant M_u$ 时，构件安全。

【例 3-4】　已知矩形梁的截面尺寸 $b \times h = 250\text{mm} \times 500\text{mm}$，承受弯矩设计值 $M = 280\text{kN} \cdot \text{m}$，混凝土强度等级为 C30，钢筋采用 HRB400 级，环境类别为一类，结构的安全等级为二级，试计算所需配置的纵向受力钢筋面积。

解　（1）设计参数。

C30 混凝土，查得 $f_c = 14.3\text{N/mm}^2$、$f_t = 1.43\text{N/mm}^2$、$\alpha_1 = 1.0$，环境类别为一类，假设受拉钢筋为双排配置，$a_s = 60\text{mm}$，$h_0 = 500 - 60 = 440\text{mm}$，采用钢筋 HRB400 级钢筋，$f_y = 360\text{N/mm}^2$，$\xi_b = 0.518$。

（2）计算系数 α_s、ξ。

由式（3-16）、式（3-18）计算

$$\alpha_s = \frac{M}{\alpha_1 f_c b h_0^2} = \frac{280 \times 10^6}{1.0 \times 14.3 \times 250 \times 440^2} = 0.405$$

$$\xi = 1 - \sqrt{1 - 2\alpha_s} = 1 - \sqrt{1 - 2 \times 0.405} = 0.564 > \xi_b = 0.518$$

若截面尺寸和混凝土的强度等级不能改变，则应设计成双筋截面。

（3）计算 A'_s、A_s。

取 $\xi = \xi_b = 0.518$，$a'_s = 40\text{mm}$，由式（3-25）、式（3-26）计算得

$$A'_s = \frac{M - \alpha_1 f_c b h_0^2 \xi_b (1 - 0.5\xi_b)}{f'_y (h_0 - a'_s)}$$

$$= \frac{280 \times 10^6 - 1.0 \times 14.3 \times 250 \times 440^2 \times 0.518(1 - 0.5 \times 0.518)}{360 \times (440 - 40)}$$

$$= 100\text{mm}^2$$

$$A_s = \frac{f'_y A'_s + \alpha_1 f_c b h_0 \xi_b}{f_y} = \frac{360 \times 100 + 1.0 \times 14.3 \times 250 \times 440 \times 0.518}{360} = 2363.37\text{mm}^2$$

（4）选钢筋。

受压钢筋选用 2⌀12，$A'_s = 226\text{mm}^2$；受拉钢筋选用 8⌀20，$A_s = 2513\text{mm}^2$。

【例 3-5】　已知矩形梁的截面尺寸 $b \times h = 200\text{mm} \times 450\text{mm}$，承受弯矩设计值 $M = 137\text{kN} \cdot \text{m}$，混凝土强度等级为 C25，钢筋采用 HRB400 级，在受压区已配置 2⌀20 的钢筋（$A'_s = 628\text{mm}^2$），要求计算所需纵向受拉钢筋的面积 A_s。

解　C25 混凝土 $f_c = 11.9\text{N/mm}^2$，$\alpha_1 = 1.0$；HRB400 级钢筋 $f_y = f'_y = 360\text{N/mm}^2$，$\xi_b = 0.518$；假设受拉钢筋为一排配置，$a_s = 35\text{mm}$，$h_0 = 450 - 35 = 415\text{mm}$。

受压钢筋承担的弯矩为

$$M_{u1} = A'_s f'_s (h_0 - a'_s) = 360 \times 628 \times (415 - 35) = 85.91 \times 10^6 \text{N} \cdot \text{mm}$$

混凝土承担弯矩为　　$M_{u2} = M - M_{u1}$

计算参数　　$\xi = 1 - \sqrt{1 - 2\alpha_s} = 1 - \sqrt{1 - 2 \times 0.125} = 0.134$

$$x = \xi h_0 = 0.134 \times 415 = 55.6 \text{mm} < 2a'_s (= 70 \text{mm})$$

表明受压钢筋应力未达到屈服强度设计值。此时，可取 $x = 2a'_s$，并对受压钢筋合力作用点取矩，得

$$A_s = \frac{M}{f_y(h_0 - a'_s)} = \frac{137 \times 10^6}{360 \times (415 - 35)} = 1001 \text{mm}^2$$

由于实际上受压钢筋应力未达到屈服强度设计值，说明已配的受压钢筋过多，可再按单筋截面计算受拉钢筋面积（过程略），得 $A_s = 1164 \text{mm}^2 > 1001 \text{mm}^2$，实配中取两者中较小值，选用 4$\Phi$18（$A_s = 1017 \text{mm}^2 > 1001 \text{mm}^2$）。

受拉钢筋选用 4Φ18，$A_s = 1017 \text{mm}^2$。

【例 3-6】　已知一矩形截面梁，截面尺寸 $b \times h = 200 \text{mm} \times 400 \text{mm}$，配置 HRB400 级钢筋，其中受拉钢筋为 3$\Phi$25（$A_s = 1473 \text{mm}^2$），受压钢筋为 2$\Phi$22（$A'_s = 760 \text{mm}^2$），混凝土强度等级为 C25（$f_c = 11.9 \text{N/mm}^2$），弯矩设计值为 $M = 150 \text{kN} \cdot \text{m}$，环境类别为一类，试计算此梁正截面承载力是否可靠。

解　（1）计算受压区高度 x。

由于 $A_s = 1473 \text{mm}^2$，$A'_s = 760 \text{mm}^2$，$b = 200 \text{mm}$，$f_c = 11.9 \text{N/mm}^2$，$f_y = f'_y = 360 \text{N/mm}^2$，受拉钢筋取一排时 $h_0 = 400 - 35 = 365 \text{mm}$。

由于混凝土强度等级小于 C50，所以 $\alpha_1 = 1.0$，$\xi_b h_0 = 0.518 \times 365 = 189 \text{mm}$

$$x = \frac{f_y A_s - f'_y A'_s}{\alpha_1 f_c b} = \frac{360 \times 1473 - 360 \times 760}{1 \times 11.9 \times 200} = 108 \text{mm} < \xi_b h_0 = 189 \text{mm}$$

（2）计算截面所能承受的弯矩。

$$M_u = \alpha_1 f_c bx \left(h_0 - \frac{x}{2} \right) + f'_y A'_s (h_0 - a'_s)$$

$$= 1 \times 11.9 \times 200 \times 108 \times (365 - 108 \times 0.5) + 360 \times 760 \times (365 - 35)$$

$$= 1.7 \times 10^8 \text{N} \cdot \text{mm} = 170 \text{kN} \cdot \text{m} > M = 150 \text{kN} \cdot \text{m}$$

（3）验算适用条件。

$$\rho = \frac{A_s}{bh_0} = \frac{1473}{200 \times 365} = 2.02\% > \rho_{\min} = 0.2\%$$

满足适用条件，因此该梁安全。

第五节　T 形截面受弯承载力计算

一、概述

由于受弯构件在受力过程中不考虑混凝土的抗拉作用，同时正截面裂缝一般从梁的受拉区边缘开始出现并向上延伸至受压区。因此，可去掉梁侧部分开裂的受拉混凝土，见图 3-18，最终形成 T 形截面进行承载。

T 形截面伸出部分称为翼缘，若翼缘位于受压区，则受力相当于双筋矩形截面受弯构件

中的受压钢筋。中间部分称为肋或梁腹板。由于位于受拉区的翼缘在临近破坏时不参加工作，因此 I 形截面也只计算及其受压翼缘，按 T 形截面计算。

　　T 形截面在工程中的应用是很广泛的，如 T 形吊车梁、空心楼板、薄腹梁、槽形板等均为 T 形截面（属于独立梁）。还有现浇肋梁整体楼盖中，梁板浇筑在一起，共同承载（梁以现浇板为其翼缘，需要确定有效翼缘宽度），如图 3-19 所示。

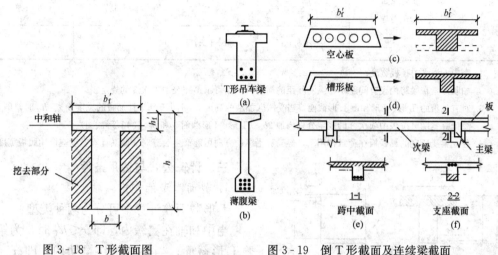

图 3-18　T 形截面图　　　　　图 3-19　倒 T 形截面及连续梁截面

　　但当梁翼缘承载中位于截面受拉区时（如图 3-19 所示的倒 T 形截面梁或肋梁楼盖连续梁中支座处的 2-2 截面），混凝土开裂后会退出工作，因此只能按肋宽为 b 的矩形截面考虑。

二、翼缘计算宽度 b'_f 的取值

　　试验和理论分析表明，T 形截面梁承载时，压应力在截面上的分布是不均匀的，靠近腹板处翼缘上的纵向压应力较大，如图 3-20（a）、（c）所示。所以为简化计算，假定在一定宽度范围 b'_f（即翼缘的计算宽度）内，混凝土压应力的分布是均匀的，并且压应力集度仍为 $\alpha_1 f_c$，如图 3-20（b）、（d）所示。

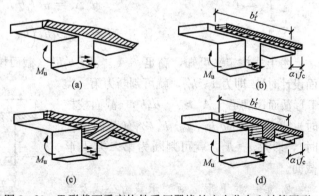

图 3-20　T 形截面受弯构件受压翼缘的应力分布和计算图形

　　《混凝土结构设计规范》（GB 50010—2002）对翼缘计算宽度 b'_f 的取值规定，见表 3-5。

表 3-5　　　　　　　　T 形、I 形及倒 L 形截面受弯构件翼缘的计算宽度 b'_f

项　次	情　况	T 形、I 形截面		倒 L 形截面
		肋形梁（肋形板）	独立梁	肋形梁（板）
1	近跨度 l_0 考虑	$\frac{1}{3}l_0$	$\frac{1}{3}l_0$	$\frac{1}{6}l_0$
2	按梁（纵肋）净距 s_n 考虑	$b+s_n$	—	$b+\frac{s_n}{2}$

续表

项　次	情　况		T形、I形截面		倒L形截面
			肋形梁（肋形板）	独立梁	肋形梁（板）
3	按翼缘高度 h'_f 考虑	$\dfrac{h'_f}{h_0}\geqslant 0.1$	—	$b+12h'_f$	—
		$0.1>\dfrac{h'_f}{h_0}\geqslant 0.05$	$b+12'_f$	$b+6h'_f$	$b+5h'_f$
		$\dfrac{h'_f}{h_0}<0.05$	$b+12h'_f$	b	$b+5h'_f$

注　1. 表中 b 为梁的腹板宽度。

2. 如肋形梁在梁跨内设有间距小于纵肋间距的横肋时，则可不遵守表中项次 3 的规定。

3. 对有加腋的 T 形、I 形和倒 L 形截面，当受压区加腋的高度 h_h 不小于 h'_f 且加腋的宽度 $b_h\leqslant3h_h$ 时，则其翼缘计算宽度可按表中项次 3 的规定分别增加 $2b_h$（T 形、I 形截面）和 b_h（倒 L 形截面）。

4. 独立梁受压区的翼缘板在荷载作用下，经验算沿纵肋方向可能产生裂缝时，则其计算宽度应取用腹板宽度 b。

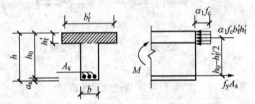

图 3-21　$x=h'_f$ 时的 T 形截面梁

类 T 形截面界限情况列出平衡方程得

$$\sum F_x = 0 \qquad f_y A_s = \alpha_1 f_c b'_f h'_f \qquad (3-28)$$

$$\sum M = 0 \qquad M = \alpha_1 f_c b'_f h'_f\left(h_0-\frac{h'_f}{2}\right) \qquad (3-29)$$

由上式按定义可知，满足 $f_y A_s\leqslant\alpha_1 f_c b'_f h'_f$（截面校核时）或 $M\leqslant\alpha_1 f_c b'_f h'_f(h_0-h'_f/2)$（截面设计时），即为 $x\leqslant h'_f$，就可判断为第一类 T 形截面；满足 $f_y A_s>\alpha_1 f_c b'_f h'_f$（截面校核时）或 $M>\alpha_1 f_c b'_f h'_f(h_0-h'_f/2)$（截面设计时），即为 $x>h'_f$，就可判断为第二类 T 形截面。

三、计算公式与适用条件

1. 截面类型的判定

T 形截面在计算中可分为两种类型：

当中和轴在翼缘内，即 $x\leqslant h'_f$ 时，为第一类 T 形截面；当中和轴在梁肋内，即 $x>h'_f$ 时，为第二类 T 形截面。

如图 3-21 所示，这里先对 $x=h'_f$ 时的两

2. 第一类 T 形截面的承载力公式及其适用条件

（1）承载力公式。第一类 T 形截面受

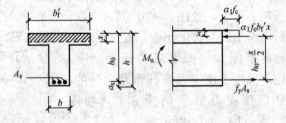

图 3-22　第一类 T 形截面梁正截面承载力计算简图

弯构件正截面承载力计算简图，如图 3-22 所示，这种类型由于受压区高度比较小，中和轴在翼缘高度内，可用 b'_f 代替 b，按截面为 $b'_f\times h$ 的矩形截面的公式计算，即

$$\sum F_x = 0 \qquad f_y A_s = \alpha_1 f_c b'_f x \qquad (3-30)$$

$$\sum M = 0 \qquad M\leqslant M = \alpha_1 f_c b'_f x\left(h_0-\frac{x}{2}\right) \qquad (3-31)$$

（2）适用条件。

$\xi\leqslant\xi_b$（由于对第一类 T 形截面中和轴在受压翼缘高度内，相对受压区高度比较小，所

以一般不会超筋，通常都能满足）。

$\rho_1 = A_s/bh \geqslant \rho_{\min}$（由于最小配筋率是按开裂荷载的条件确定的，因此这里最小配筋面积应按 $\rho_{\min}bh$ 计算）。

3. 第二类 T 形截面的承载力公式及其适用条件

（1）承载力公式。第二类 T 形截面的受弯承载力计算简图，如图 3 - 23（a）所示。

$$\sum F_x = 0 \qquad f_y A_s = \alpha_1 f_c bx + \alpha_1 f_c (b_f' - b) h_f' \tag{3-32}$$

$$\sum M = 0 \qquad M_u = \alpha_1 f_c bx \left(h_0 - \frac{x}{2}\right) + \alpha_1 f_c (b_f' - b) h_f' \left(h_0 - \frac{h_f'}{2}\right) \tag{3-33}$$

上式也可写成

$$M_u = \alpha_1 f_c \alpha_s bh_0^2 + \alpha_1 f_c (b_f' - b) h_f' (h_0 - h_f'/2) \tag{3-34}$$

式中 α_s 意义同前，由式（3 - 16）计算。

由此可见，T 形截面抗弯承载力设计值 M_u 与双筋矩形截面类似，也由两部分组成，即有 $M_u = M_{u1} + M_{u2}$。其中，$M_{u1} = \alpha_1 f_c bx (h_0 - x/2)$ 为腹板肋部受压混凝土与部分受拉钢筋 A_{s1} 提供的，见图 3 - 23（b），相当于 $b \times h$ 单筋矩形截面的受弯承载力。

$M_{u2} = \alpha_1 f_c (b_f' - b) h_f' (h_0 - h_f'/2)$ 为受压翼缘挑出部分的混凝土和剩余受拉钢筋 A_{s2} 提供的，见图 3 - 23（c），设计时可以利用基本公式分别求解。

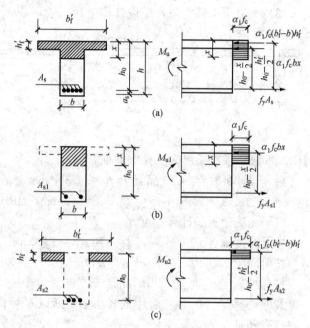

（2）验算公式的适用条件。相对受压区高度不大于临界值，即 $\xi \leqslant \xi_b$；最小配筋率要求 $\rho_1 = A_s/bh \geqslant \rho_{\min}$，对第二类 T 形截面一般都能满足。

图 3 - 23　第二类 T 形截面梁正截面承载力计算简图

四、计算方法的应用（包括两类问题）

1. 截面设计问题（即已知 M、$b \times h$、f_c、f_y，计算配筋面积 A_s）

首先判断 T 形截面的类型：当 $M \leqslant \alpha_1 f_c b_f' h_f' (h_0 - h_f'/2)$ 时，说明中和轴在受压翼缘内，这时其计算方法与截面为 $b_f' \times h$ 的单筋矩形截面梁完全相同，称为第一类 T 形截面。

当 $M > \alpha_1 f_c b_f' h_f' (h_0 - h_f'/2)$ 时，说明中和轴已经进入腹板高度内，为第二类 T 形截面。这时在计算公式中，求解方法的步骤如下：

（1）计算由混凝土受压翼缘承担的弯矩，即 $M_{u2} = \alpha_1 f_c (b_f' - b) h_f' (h_0 - h_f'/2)$；

（2）整个腹板需承担的弯矩大小为 $M_{u1} = M - M_{u2}$；

（3）同前计算参数，即 $\alpha_s = \dfrac{M_{u1}}{\alpha_1 f_c bh_0^2}$，$\xi = 1 - \sqrt{1 - 2\alpha_s}$，$x = \xi h_0$；

（4）当满足条件 $x \leqslant \xi_b h_0$ 时，直接由式（3 - 32）得 $A_s = \dfrac{\alpha_1 f_c bx + \alpha_1 f_c (b_f' - b) h_f'}{f_y}$；

（5）当 $x>\xi_b h_0$ 时，说明 T 形截面过小，应加大截面尺寸或提高混凝土强度等级。

2. 截面承载力校核问题（即已知 M、$b\times h$、f_c、f_y、A_s，判断截面的极限抗弯承载力 $M_u\geqslant M$ 是否成立）

首先仍然是判断 T 形截面的类别：

由于此时 M_u 是未知的，所以若 $f_y A_s\leqslant\alpha_1 f_c b'_f h'_f$，则为第一类 T 形截面，可按 $b'_f\times h$ 的单筋矩形截面梁计算。

若 $f_y A_s>\alpha_1 f_c b'_f h'_f$，判断为第二类 T 形截面，可计算如下：

（1）由式（3-32）得　　$x=\dfrac{f_y A_s-\alpha_1 f_c(b'_f-b)h'_f}{\alpha_1 f_c b}$；

（2）当 $x\leqslant\xi_b h_0$ 时，由式（3-33）计算 M_u；

（3）将极限承载力与弯矩设计值进行比较，若 $M\leqslant M_u$，构件安全。

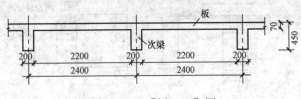

图 3-24　[例 3-7] 图

【例 3-7】　已知一肋梁楼盖的次梁，跨度为 5.4m，间距为 2.4m，截面尺寸如图 3-24 所示。环境类别为一类，结构的安全等级为二级。跨中最大弯矩设计值 $M=120$ kN·m，混凝土强度等级为 C30，钢筋采用 HRB335 级，求次梁纵向受拉钢筋面积 A_s。

解　设计参数为：C30 混凝土 $f_c=14.3$ N/mm²、$f_t=1.43$ N/mm²、$\alpha_1=1.0$，环境类别为一类，$c=25$ mm，$a_s=35$ mm，$h_0=450-35=415$ mm，HRB335 级钢筋 $f_y=300$ N/mm²，$\xi_b=0.55$。

（1）先确定翼缘计算宽度 b'_f。

按梁跨度 l_0 考虑　$b'_f=l_0/3=5400/3=1800$ mm；

按梁净距 s_n 考虑　$b'_f=b+s_n=200+2200=2400$ mm；

按翼缘高度 h'_f 考虑　当 $h'_f/h_0=70/415=0.169>0.1$ 时，翼缘不受此项限制；

翼缘计算宽度 b'_f 取三者中的较小值，所以 $b'_f=1800$ mm。

（2）判别 T 形截面类型

$$\alpha_1 f_c b'_f h'_f(h_0-h'_f/2)=1.0\times14.3\times1800\times70\times(415-70/2)$$
$$=684.68\times10^6\text{N}\cdot\text{mm}>120\times10^6\text{N}\cdot\text{mm}$$

属于第一类 T 形截面，按梁宽为 b'_f 的矩形截面计算。

（3）计算受拉钢筋面积 A_s

$$\alpha_s=\frac{M}{\alpha_1 f_c b'_f h_0^2}=\frac{120\times10^6}{14.3\times1800\times415^2}=0.027$$

$$\xi=1-\sqrt{1-2\alpha_s}=1-\sqrt{1-2\times0.027}=0.027<\xi_b=0.55$$

则　　$A_s=\dfrac{\alpha_1 f_c b'_f\xi}{f_y}=\dfrac{1.0\times14.3\times1800\times415\times0.027}{300}=961$ mm²

选用 4 Φ 18，$A_s=1017$ mm²。

（4）验算最小配筋率 ρ

$$\rho=\frac{A_s}{bs}=\frac{1017}{200\times450}=1.13\%>\rho_{min}=0.2\%<0.45\frac{f_t}{f_y}=0.45\times\frac{1.43}{300}=0.21\%$$

满足要求。

【例3-8】　一钢筋混凝土 T 形截面梁，$b'_f=500mm$，$h'_f=100mm$，$b=250mm$，$h=500mm$，混凝土强度等级为 C30（$f_c=14.3N/mm^2$），钢筋选用 HRB400 级（$f_y=360N/mm^2$），$\xi_b=0.518$，环境类别为一类，截面所承受的弯矩设计值 $M=300kN \cdot m$。试求所需的受拉钢筋面积 A_s。

解　设受拉钢筋两排布置，于是　　$h_0=500-60=440mm$

（1）判别 T 形截面类型

$$\alpha_1 f_c b'_f h'_f \left(h_0 - \frac{h'_f}{2} \right) = 1.0 \times 14.3 \times 500 \times 100 \times \left(440 - \frac{100}{2} \right)$$
$$= 278.9 \times 10^6 N \cdot mm < M = 300kN \cdot m$$

故属第二类 T 形截面。

（2）计算受拉钢筋面积 A_s

$$A_{s2} = \frac{\alpha_1 f_c (b'_f - b) h'_f}{f_y} = \frac{1.0 \times 14.3 \times (500-250) \times 100}{360} = 993mm^2$$

$$M_2 = f_y A_{s2} \left(h_0 - \frac{h'_f}{2} \right) = 360 \times 993 \times \left(440 - \frac{100}{2} \right) = 139.4 \times 10^6 N \cdot m$$

$$M_1 = M - M_2 = 300 \times 10^6 - 139.4 \times 10^6 = 160.6 \times 10^6 N \cdot mm$$

$$\alpha_s = \frac{M_1}{\alpha_1 f_c b h_0^2} = \frac{160.6 \times 10^6}{1.0 \times 14.3 \times 250 \times 440^2} = 0.232$$

$$\xi = 1 - \sqrt{1 - 2\alpha_s} = 0.268 \leqslant \xi_b = 0.518$$

$$A_{s2} = \xi b h_0 \frac{\alpha_1 f_c}{f_y} = 0.268 \times 250 \times 440 \times \frac{1.0 \times 14.3}{360} = 1171mm^2$$

$$A_s = A_{s1} + A_{s2} = 993 + 1171 = 2164mm^2$$

选用 6 $\underline{\Phi}$ 22（$A_s=2281mm^2$）放置成两排，与原假定相符。

【例3-9】　已知 T 形梁截面尺寸 $b \times h = 300mm \times 750mm$，$b'_f=1200mm$，$h'_f=80mm$。承受弯矩设计值 $M=300kN \cdot m$，混凝土强度等级为 C25，钢筋采用 HRB335 级，受拉钢筋为 6 $\underline{\Phi}$ 18（$A_s=1527mm^2$）分两排布置，试校核该截面的弯矩承载力。

解　设计参数为：C25 混凝土 $f_c=11.9N/mm^2$、$f_t=1.27N/mm^2$、$\alpha_1=1.0$，HRB335 级钢筋 $f_y=300N/mm^2$，$\xi_b=0.55$，$h_0=750-60=690mm$。

（1）判别 T 形截面类型

$$\alpha_1 f_c b'_f h'_f (h_0 - h'_f/2) = 1.0 \times 11.9 \times 1200 \times 80 \times (690 - 80/2)$$
$$= 742.6 \times 10^6 N \cdot mm > 300 \times 10^6 N \cdot mm$$

属于第一类 T 形截面。

（2）计算相对受压区高度 ξ

$$\xi = \frac{f_y A_s}{\alpha_1 f_c b'_f h_0} = \frac{300 \times 1527}{1.0 \times 11.9 \times 1200 \times 690} = 0.046 < \xi_b = 0.55$$

（3）截面抗弯极限承载力 M_u

$$M_u = \alpha_1 f_c b'_f h_0^2 \xi (1 - 0.5\xi) = 1.0 \times 11.9 \times 1200 \times 690^2 \times 0.046 (1 - 0.5 \times 0.046) \times 10^{-6}$$
$$= 306kN \cdot m > M = 300kN \cdot m$$

该截面的抗弯承载力满足要求。

第四章　钢筋混凝土受弯构件斜截面承载力计算

受弯构件一般承受横向荷载的作用，因此截面上同时作用有弯矩和剪力，构件在弯矩较大的区段内，将产生垂直裂缝并最终导致受弯破坏。而在剪力相对较大的剪弯区段，可能发生沿斜截面的破坏，即所谓斜截面受剪或斜截面受弯破坏。因此，受弯构件除进行正截面受弯承载力验算外，还要进行斜截面承载力的计算，同时满足一些构造措施防止构件发生脆性破坏。

第一节　斜截面破坏形态及受力特点

一、斜裂缝的形成及应力分析

以承受均布荷载的钢筋混凝土无腹筋简支梁为例，如图 4-1 所示。在荷载较小时，裂缝尚未出现时，基本上可认为构件处于弹性工作阶段，并将构件视为均质弹性体。将钢筋按形心重合、面积 E_s/E_c 等效的原则化为等效混凝土后，即可视其为单一材料（混凝土）直接应用材料力学公式计算。

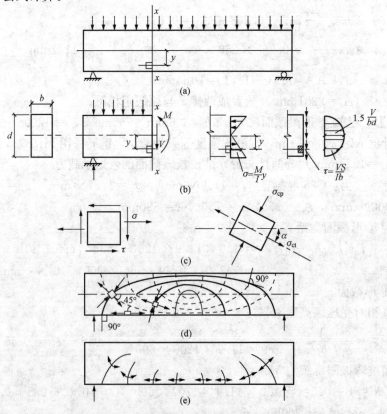

图 4-1　无腹筋梁弯剪应力分布示意图

（a）简支梁受均布荷载；（b）弯曲正应力和剪应力；（c）主应力；（d）主应力
迹线（实线为主压应力，虚线为主拉应力）；（e）可能的裂缝

梁在剪弯区段内的任一点，在正应力 σ 和剪应力 τ 的共同作用下，产生的主拉应力和主压应力，可按式（4-1）、式（4-2）求得

$$\sigma_{tp} = \frac{\sigma}{2} + \frac{1}{2}\sqrt{\sigma^2 + 4\tau^2} \qquad\qquad (4-1)$$

$$\sigma_{cp} = \frac{\sigma}{2} - \frac{1}{2}\sqrt{\sigma^2 + 4\tau^2} \qquad\qquad (4-2)$$

主应力的作用方向与梁纵轴的夹角 α 可由式（4-3）确定

$$\alpha = \frac{1}{2}\arctan\left(-\frac{2\tau}{\sigma}\right) \qquad\qquad (4-3)$$

由每一点的主应力方向，可以画出主拉应力和主压应力轨迹线，如图 4-1（d）所示。可以看出，主拉应力迹线在梁的弯剪区段内是与梁轴线成一定角度的，且从主拉应力迹线的疏密分布可以看出，在梁的弯剪区段中，靠近跨中位置的截面下边缘的主拉应力（基本处于单向水平受拉状态），一般要比靠近支座截面下边缘的大。

随着荷载的增加，梁的弯剪区段内任一截面，其形心轴以下任一点在达到混凝土抗拉强度时都会引起开裂，裂缝方向与主拉应力轨迹线大致垂直。根据裂缝出现的部位，可以分为两种斜裂缝：先在梁侧下部出现垂直的弯曲裂缝，然后向上逐渐斜向发展到受压区，称为弯剪斜裂缝，如图 4-2（a）所示，其宽度在裂缝的底部最大，呈底宽顶尖的形状；另一种斜裂缝多出现于梁腹部剪应力较大且腹板很薄的 T、I 形截面的中和轴附近，方向大致与中和轴成 45°倾角，如图 4-2（b）所示，随着荷载的增加，斜裂缝分别向荷载作用点和支座上下延伸，裂缝呈两端尖中间大的细长枣核形，称为腹剪斜裂缝。

为了抵抗斜截面破坏，理论上在梁中沿主拉应力方向设置弯起钢筋，可以有效地限制斜裂缝的发展，但由于梁内的弯起钢筋，如图 4-3（a）所示，使用中存在受力不匀、传力集中等缺点，且易引起弯折处混凝土的劈裂，如图 4-3（b）所示，因此实际应用中多采用与梁轴垂直的箍筋来抵抗剪力，而仅在配置箍筋数量不足时才采用弯起钢筋。箍筋和弯起钢筋统称为梁的腹筋。

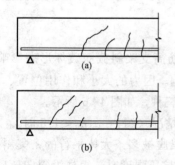

图 4-2　斜裂缝的类型

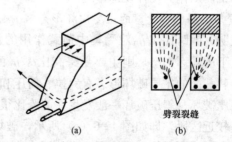

图 4-3　弯起钢筋处的应力分布

二、无腹筋梁的斜截面受剪性能

1. 剪跨比 λ 的定义

由试验可知，在集中荷载作用下，无腹筋梁的斜截面破坏形态，受截面弯矩和剪力的相对关系影响很大。使用中用一个无量纲参数 λ 来表示截面弯矩和剪力的相对大小，称之为剪跨比，即

$$\lambda = \frac{M}{Vh_0} = \frac{Va}{Vh_0} = \frac{a}{h_0} \qquad\qquad (4-4)$$

式中：a 为当简支梁承受集中荷载时，力作用点距支座的距离，称为剪跨。

注意：$\lambda = a/h_0$ 又称计算剪跨比，一般不用于承受均布荷载的梁，或梁上作用多个集中力时的中间各集中力截面的剪跨比计算。特别是承受非对称集中荷载时，因集中荷载作用处，截面的左右两边承受的弯矩和剪力比例不同，应分别考虑其剪跨比，即此时该集中荷载截面处的剪跨比是有突变的，如图 4-4 所示。

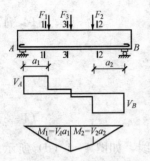

图 4-4 剪跨计算示意图

2. 无腹筋梁斜裂缝形成后的应力状态

当在剪弯区段内出现斜裂缝后，不能再将梁视为单一材料弹性体进行计算。需要分析此时的受力状态，沿斜裂缝将在梁上取隔离体，如图 4-5 所示。

根据图中的竖向力的平衡可得斜截面的极限剪力为

$$V = V_c + V_{ay} + V_d \qquad (4-5)$$

式中：V_c 为剪压区混凝土承担的剪力；V_{ay} 为斜截面两侧骨料咬合作用的垂直分力；V_d 为裂缝处纵筋的销栓力。

需要说明的是式（4-5）只体现一个综合效果，很难将各项作用清楚量化。斜缝裂出现后逐渐开展，使剪压区逐渐减小，剪应力和压应力明显增大；同时骨料咬合力及纵筋的销栓力均不断降低，最终形成临界斜裂缝。此时，无腹筋梁

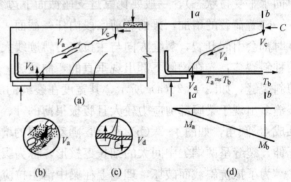

图 4-5 斜裂缝出现后的受力状态
(a) 剪力的传递；(b) 骨料咬合作用；(c) 纵筋
销栓作用；(d) 纵筋剪力变化

近似为带拉杆的拱结构：剪压区混凝土及斜向混凝土短柱被裂缝分割，比拟结构中的受压拱，而纵向钢筋则作为拉杆发挥作用。

3. 无腹筋梁斜截面受剪的主要破坏形态

研究表明，剪跨比 a/h_0 对受集中荷载作用的无腹筋简支梁斜截面破坏形态影响较大，而均布荷载下的破坏形态，则主要受跨高比 l_0/h_0 的影响。因力的大小和作用位置、材料的不同，梁沿斜截面的主要破坏形态有斜拉、剪压和斜压三种，如图 4-6 所示。

（1）斜压破坏。斜压破坏一般发生在剪跨比很小的情况（约 $\lambda = a/h_0 \leq 1.5$ 时）。在集中荷载距支座较近区段，即如图 4-6（c）所示，破坏时梁腹被多条大体平行的密集斜裂缝分割成若干斜向的受压短柱，当混凝土中的压应力超过其抗压强度时，短柱沿斜向压碎破坏。破坏的性质类似于正截面中的超筋破坏，承载力很高，脆性明显。

（2）剪压破坏。剪压破坏一般发生于 $1.5 < \lambda = a/h_0 < 3$ 时，如图 4-6（b）所示。加载过程中，弯剪斜裂缝首先在剪跨区下部出现，逐渐形成临界斜裂缝一直向荷载作用点延伸，使剪压区高度减小，但一般不贯通梁顶，在压剪复合应力下破坏，此时混凝土有明显压坏痕迹，破坏荷载明显大于开裂荷载，这种破坏称为剪压破坏。

（3）斜拉破坏。斜拉破坏均发生于 λ 较大的情况（约 $\lambda = a/h_0 > 3$ 时），如图 4-6（a）

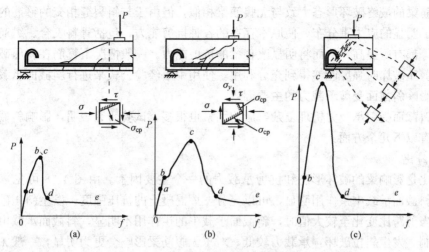

图 4-6　斜截面的主要破坏形态

(a) 斜拉破坏；(b) 剪压破坏；(c) 斜压破坏

所示。此时，首先出现垂直弯曲裂缝，而后很快形成临界斜裂缝发展至梁顶集中力作用点处，将梁拉裂成两部分，极限荷载与开裂时荷载接近，梁的抗剪能力由混凝土抗拉强度决定，承载力最低，脆性性质最为严重。

由试验分析可知，斜压或斜拉破坏都有明显的剪跨比限值，便于构造控制。而剪压破坏的范围相对较宽，一般需要利用公式设计。同时三者均属于脆性破坏，其中斜拉破坏最严重。

三、有腹筋梁的斜截面受剪性能

斜裂缝未出现时，箍筋中应力很小，箍筋对开裂荷载影响较小。出现斜裂缝后，与斜裂缝相交的箍筋能有效控制裂缝的进一步发展，受力机理与无腹筋时明显不同。

在有腹筋梁中，梁开裂后，受力情况可以比拟成一种拱形桁架的受力模式，如图 4-7 所示。其中可将斜裂缝间混凝土看作压杆，将梁底纵筋看作拉杆，箍筋则可视为垂直受拉腹杆，见图 4-7 (c)，对梁抗剪起到重要作用：

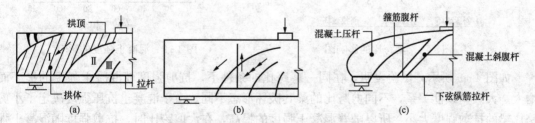

图 4-7　有腹筋梁的传桁架受力模型

(1) 与斜裂缝相交的箍筋一般能达到屈服，充分利用材料来承担一些剪力；

(2) 箍筋间距较小时能有效约束混凝土，有利于提高混凝土的变形能力；

(3) 由于纵筋由封闭的箍筋固定，纵向钢筋承受的销栓力也相应增大；

(4) 由于箍筋有利于限制裂缝的发展，所以对提高裂缝处骨料的咬合和摩擦有很大的作用。

有腹筋梁的最终破坏形态大致与无腹筋梁相似，但由于与斜裂缝相交的箍筋的存在，截面上出现了明显的应力重分布，使原本存在的各种抗剪能力，包括骨料咬合、纵筋销栓、混凝土抗剪等都有所提高，从而将明显改善梁的抗剪能力。一般情况下箍筋在斜压破坏时不屈服，而在剪压破坏时强度能够得到充分利用，使用中由经验公式来进行斜截面承载力设计。

四、影响斜截面受剪承载力的主要因素

构件斜截面受剪承载力机理复杂，影响因素也很多，试验研究表明，影响斜截面破坏的主要因素有以下几个方面：

1. 剪跨比

剪跨比是影响梁的破坏形态和抗剪承载力的一个主要因素。由图 4-8 可见，当剪跨比较小时梁斜截面承载中拱作用明显，可以充分发挥混凝土的抗压强度，发生斜压破坏，承载力较高；当剪跨比变化至较大值时，斜截面承载中的拱作用不明显，斜截面承载由混凝土抗拉强度控制，发生斜拉破坏，承载力较低，对于无腹筋梁影响会更为明显，一般 $\lambda > 3$ 以后，抗剪承载力的变化会趋于平稳。

2. 混凝土强度

由于斜截面抗剪发生在弯剪区段中，所以截面混凝土一直处于复合应力状态下，其强度无论是对受抗压强度控制的斜压破坏承载力，还是受抗拉强度控制的斜拉破坏承载力，影响都很大。

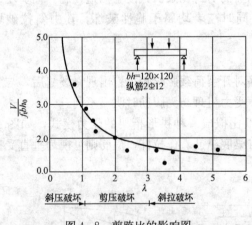

图 4-8　剪跨比的影响图

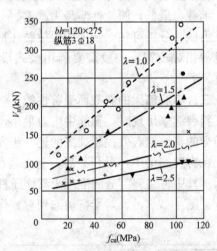

图 4-9　混凝土强度的影响

如图 4-9 所示，试验表明，在同一剪跨比的条件下，抗剪强度随混凝土强度的提高而增大，大致呈线性关系，不同剪跨比的梁其破坏形态不同。由于混凝土抗压强度决定了小剪跨比梁的抗剪强度大小，所以随着混凝土强度的提高，在大剪跨比时，抗剪强度随混凝土强度的提高而增加的速度，一般低于小剪跨比的情况。

3. 腹筋的影响

腹筋，特别是箍筋的强度 f_{yv}、配置数量（配箍率 ρ_{sv}）及方式对梁受剪承载力有着重要的影响。其中配箍率 ρ_{sv} 为

$$\rho_{sv} = \frac{A_{sv}}{bs} \tag{4-6}$$

式中：A_{sv} 为配置在同一截面内，箍筋各肢截面面积的总和，mm^2（$A_{sv} = nA_{sv1}$，n 为箍筋的

肢数，A_{sv1}为单肢箍筋截面面积）；s为箍筋的间距，mm；b为矩形截面梁宽，T形和I形截面的肋宽，mm。

由图4-10可知，随箍筋强度f_{yv}及配箍率ρ_{sv}的提高，梁抗剪承载力大体成线性增长。但要注意满足箍筋的间距等构造要求，以便充分发挥其作用。

4. 纵筋配筋率及强度

纵筋由于能提供销栓作用，且在承载过程中充当拉杆，因此对梁抗剪是有影响的。配筋率少则骨料咬合小，裂缝发展快，纵筋配置多则销栓作用就强，同时纵筋强度越高则对抗剪越有利，不过不如配筋率作用明显。同时由图4-11可知，小剪跨比时由于承载中拱作用强，纵筋的拉杆作用体现充分，所以配筋率的影响比较大。大剪跨比时易发生斜拉撕裂破坏，纵筋的作用不易表现，因此影响较小。

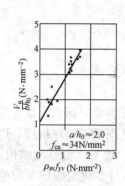

图4-10　箍筋配筋率对抗剪的影响

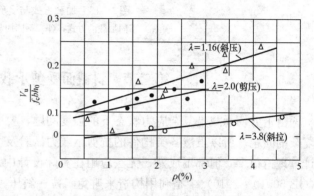

图4-11　纵筋配筋率对抗剪的影响

5. 截面的尺寸效应影响

试验表明，截面尺寸的变化对梁的斜截面抗剪能力影响是比较大的，忽视抗剪的尺寸效应，将给设计带来不安全的结果。

尤其是随梁截面高度的增加，由Kani试验证明，在保持f_c、λ、ρ不变的情况下梁的剪应力强度$v=V_{试验}/bh_0$逐步降低，当h增大到1220mm时，与$h=152$mm的试件相比，剪应力强度约降低41%。但随b/h的增大，抗剪承载力却有所提高。另有学者Taylor的研究表明，无腹筋梁中粗骨料的粒径大小，会很大程度影响骨料的咬合力，从而影响梁的抗剪能力，所以如果构件中粗骨料粒径大小随构件尺寸而变化，对其抗剪能力的影响就会减小。对于有腹筋梁受剪，由于腹筋能有效抑制斜裂缝的发展，因此尺寸效应的影响相对减小，如图4-12所示。

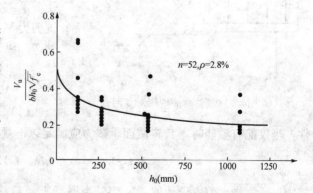

图4-12　尺寸效应对抗剪的影响

6. 加载方式的影响

如图4-13所示，当荷载没有作用在梁顶，而是作用于梁的中部或底部时，出现斜裂缝后，梁的拱作用无法沿主压应力轨迹线方向形成，且梁的纵向纤维层间竖向应力 σ_y 由压为主变为以拉为主。因此在其他条件相同时，构件的抗剪承载力要比荷载在梁顶部时小。由图 4-13 可知，在间接加载的情况下，几乎不会出现斜压破坏，即使 λ 很小也可能出现斜拉破坏。

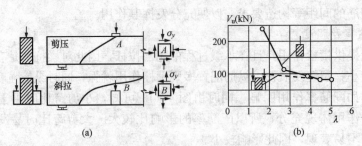

图 4-13　加载方式与受剪承载力
（a）不同加载的方式；（b）不同加载的受剪承载力

第二节　斜截面受剪承载力计算公式

由于剪切承载是复杂应力状态下的强度问题，要准确计算衡量其影响因素，是一个比较复杂的问题。所以虽然各类构件的抗剪承载力试验及所设定的斜截面破坏机理，以及提出的计算理论很多，但都不成熟，无法应用在实际设计中。因此，现在《混凝土结构设计规范》（GB 50010—2010）中是利用构造来避免斜拉、斜压破坏，而对变化范围较大的剪压破坏斜截面承载力，采用的是在试验和极限理论的基础上提出的经验方法。

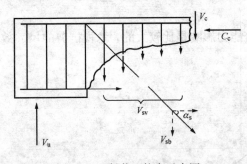

图 4-14　斜截面抗弯示意图

一、受弯构件的斜截面受剪承载力计算

1. 计算公式

根据试验极限破坏形式，可假设梁的斜截面受剪承载力 V_u 由三部分组成，即剪压区混凝土抗剪力 V_c、斜裂缝处箍筋的抗剪力 V_{sv} 及斜裂缝处弯起纵筋的抗剪力 V_{sb}，如图 4-14 所示。

由平衡条件可得

$$V_u = V_c + V_{sv} + V_{sb} = V_{cs} + V_{sb} \quad (4-7)$$

（1）对矩形、T 形和 I 形截面的一般受弯构件，当仅配有箍筋时，其斜截面承载力应满足以下规定

$$V \leqslant V_{cs} = 0.7 f_t b h_0 + 1.1 f_{yv} \frac{A_{sv}}{s} h_0 \quad (4-8)$$

式中：V 为最大剪力设计值，N；V_{cs} 为混凝土和箍筋的受剪承载力设计值，N；A_{sv} 为配置在同一截面内箍筋各肢的全部截面面积，mm^2（$A_{sv} = n A_{sv1}$，n 为在同一截面内箍筋根数，A_{sv1} 为单肢箍筋的截面面积）；f_{yv} 为箍筋抗拉强度设计值，N/mm^2。

当 $V \leqslant 0.7 f_t b h_0$ 时，说明不需计算可直接按构造配箍筋。

对集中荷载作用下（包括作用有多种荷载，其中有集中荷载对支座截面或结点边缘所产生的剪力值占总剪力值的 75% 以上的情况）的矩形、T 形和 I 形截面的独立梁，抗剪承载力可按式（4-9）计算

$$V \leqslant V_{cs} = \frac{1.75}{\lambda+1} f_t b h_0 + f_{yv} \frac{A_{sv}}{s} h_0 \qquad (4-9)$$

式中：λ 为计算截面的计算剪跨比，可取 $\lambda = a/h_0$，a 为集中荷载作用点至支座截面或结点边缘的距离；当 $\lambda < 1.5$ 时，取 $\lambda = 1.5$；当 $\lambda > 3$ 时，取 $\lambda = 3$，集中荷载作用点与支座之间的箍筋应均匀配置。

当 $V \leqslant \frac{1.75}{\lambda+1} f_t b h_0$ 时，说明不需计算可直接按构造配箍筋。

图 4-15 为均布荷载和集中荷载作用下，仅配箍筋梁的试验值与计算值的比较，图中以 $V_{cs}/f_t b h_0$ 为纵坐标，$\rho_{sv} f_{yv}/f_t$ 为横坐标。《混凝土结构设计规范》（GB 50010—2010）建议采用上式计算。

（2）对于配有箍筋和弯起钢筋的矩形、T 形和 I 形截面的受弯构件，其受剪承载力应满足下列规定

$$V \leqslant V_{cs} + V_{sb} = V_{cs} + 0.8 f_y A_{sb} \sin\alpha_s \qquad (4-10)$$

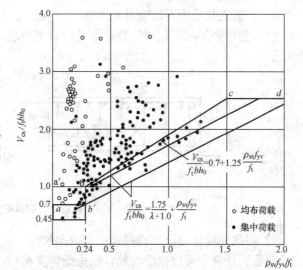

图 4-15　仅配箍筋梁的试验值与计算值的比较

式中：A_{sb} 为同一弯起平面内弯起钢筋的截面面积，mm^2；α_s 为弯起钢筋与构件纵轴线之间的夹角，rad。

2. 有腹筋梁的抗剪承载力公式的适用范围

由试验可知，为避免在使用过程中出现斜压、斜拉这两种脆性破坏形态，规范中通常利用构造来规定构件设计的界限。同时由于受剪承载时，实际上材料处于双向拉压的复杂应力状态，考虑到高强混凝土在此应力下的软化特点，在采用 f_c 作为设计指标时通常乘以一个软化系数 β_c 予以折减。对矩形、T 形和 I 形截面的一般受弯构件，应满足下列条件：

当 $h_w/b \leqslant 4$ 时

$$V \leqslant 0.25 \beta_c f_c b h_0 \qquad (4-11)$$

当 $h_w/b \geqslant 6$ 时

$$V \leqslant 0.2 \beta_c f_c b h_0 \qquad (4-12)$$

当 $4 < h_w/b < 6$ 时，按直线内插法取用。

式中：β_c 为高强混凝土的强度折减系数，当混凝土强度等级不大于 C50 级时，取 $\beta_c = 1.0$，当混凝土强度等级为 C80 时，$\beta_c = 0.8$，其间按线性内插法取值；h_w 为截面腹板高度，对矩形截面 $h_w = h_0$，T 形截面 $h_w = h_0 - h_f'$。

由于若实际箍筋配置过多，构件破坏时箍筋也不能屈服，此时梁的承载力多取决于混凝土的抗压强度，最后极易使梁发生斜压破坏，所以此规定也可认为是最大配箍率的要求。

除此以外若箍筋配置过少，当剪跨比较大时，由于开裂后箍筋无法承担应力重分布转移的拉应力，容易发生斜拉破坏。因此配箍率应满足

$$\rho_{sv} = \frac{n A_{sv1}}{bs} \geqslant \rho_{sv,min} = 0.24 f_t / f_{yv} \qquad (4-13)$$

3. 梁的斜截面设计方法及计算截面的选择

（1）斜截面承载力计算过程中，控制截面一般按如下位置取用：

1）支座边缘截面；

2）弯起钢筋弯起点处的截面；

3）腹板宽度改变处截面；

4）箍筋直径或间距改变处截面。

（2）受弯构件的斜截面计算通常考虑两类问题，即截面设计和承载力校核，如图 4-16 所示。

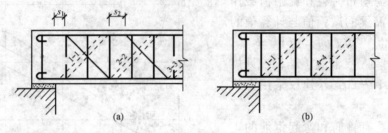

图 4-16　斜截面受剪承载力的计算截面

1）斜截面设计是已知材料强度、截面尺寸、所受荷载或荷载效应及纵向配筋，求配腹筋的问题。计算中可以仅配箍筋，根据梁的受荷情况分别利用式（4-8）、式（4-9），求出 A_{sv}/s，选配箍筋；也可以既配箍筋，又使弯起部分纵向钢筋共同承担剪力，可先假定箍筋的量（即 A_{sv}/s），再利用式（4-10）求出所需弯起钢筋面积 A_{sb}，根据实配纵筋情况和构造要求弯起，当然也可以先确定弯起钢筋面积 A_{sb}，再利用式（4-10）反求所需箍筋的数量 A_{sv}/s。计算中要满足式（4-11）～式（4-13）的适用条件。

2）截面承载力校核。当已知材料强度、截面尺寸、配筋数量，以及弯起钢筋的截面面积，要求校核斜截面所能承受的剪力 V_u 时，只要将各已知数据代入式（4-7）～式（4-10）即可求得解答。但应按式（4-11）～式（4-13）复核截面尺寸及配箍率，并检验已配箍筋直径和间距是否满足构造要求。

4. 板类受弯构件斜截面承载力计算

通常板类受弯构件中是不配置箍筋和弯起钢筋的，但试验表明，截面高度对板类受弯构件的斜截面受剪承载力影响较大。因此对厚板类受弯构件，斜截面受剪承载力一般如下计算

$$V_c = 0.7\beta_h f_t b h_0 \tag{4-14}$$

$$\beta_h = \left(\frac{800}{h_0}\right)^{\frac{1}{4}} \tag{4-15}$$

式中：β_h 为截面高度影响系数；当 $h_0<800\text{mm}$ 时，取 $h_0=800\text{mm}$，当 $h_0>2000\text{mm}$ 时，取 $h_0=2000\text{mm}$。

二、例题

【例 4-1】　一承受均布荷载的矩形截面简支梁，截面尺寸 $b\times h=250\text{mm}\times500\text{mm}$，采用混凝土 C30，箍筋 HPB235 级，环境类别一类，采用双肢箍Φ8@150 箍筋，当截面承受均布荷载引起的剪力设计值 150kN 时，试验算该梁是否安全。

解　$h_0=500-35=465\text{mm}$，混凝土 C30，$f_c=14.3\text{N/mm}^2$，$f_t=1.43\text{N/mm}^2$；箍筋

HPB235 级 $f_{yv}=210\text{N/mm}^2$，$\Phi 8$ 双肢箍（$A_{sv1}=50.3\text{mm}^2$，$n=2$）。

由于是矩形截面，所以取 $h_w=h_0=465\text{mm}$，$h_w/b=465/250=1.86<4$

$$0.25\beta_c f_c bh_0 = 0.25\times 1\times 14.3\times 250\times 465 = 415\,594\text{N} = 415.6\text{kN} > V_{cs}=150\text{kN}$$

截面尺寸满足要求，不会发生斜压破坏。

$$\rho_{sv}=\frac{nA_{sv1}}{bs}=\frac{2\times 50.3}{250\times 150}=0.27\% > \rho_{sv,min}=0.24\frac{f_t}{f_{yv}}=0.163\%$$

所以不会发生斜拉破坏，所选箍筋直径和间距均满足相应构造要求，由此满足了抗剪的上下限要求。当承受均布荷载时

$$V_u = 0.7f_t bh_0 + 1.0f_{yv}\frac{A_{sv}}{s}h_0$$

$$= 0.7\times 1.43\times 250\times 465 + 1.0\times 210\times\frac{2\times 50.3}{150}\times 465$$

$$= 181\,856.85\text{N} = 198.2\text{kN} > V_{cs}=150\text{kN}$$

所以该梁安全。

【例 4-2】　一钢筋混凝土 T 形截面简支梁，承受一集中荷载，其设计值为 $P=450\text{kN}$（忽略梁自重），环境类别一类，采用混凝土 C25（$f_c=11.9\text{N/mm}^2$，$f_t=1.27\text{N/mm}^2$），箍筋 HRB335 级（$f_{yv}=300\text{N/mm}^2$），纵筋采用 HRB400 级（$f_y=360\text{N/mm}^2$），试配置腹筋。

解　由于截面采用双排钢筋，所以 $h_0=700-60=640\text{mm}$，剪力设计值计算，如图 4-17 所示。首先验算截面条件：

因为是 T 形截面，所以，$h_w=h_0-h'_f=640-200=440\text{mm}$，$h_w/b=440/250=1.76<4$，属于厚腹梁，所以 $\beta_c=1.0$。

$$0.25\beta_c f_c bh_0 = 0.25\times 1\times 11.9\times 250\times 640 = 476\,000\text{N} > V_A = 281\,290\text{N}$$

截面尺寸满足要求。

可采用两种方法配置腹筋：

（1）沿梁长全部布置箍筋，纵筋不弯起。显然 $V_A=281\,290\text{N} > V_B=168\,750\text{N}$，为控制剪力。

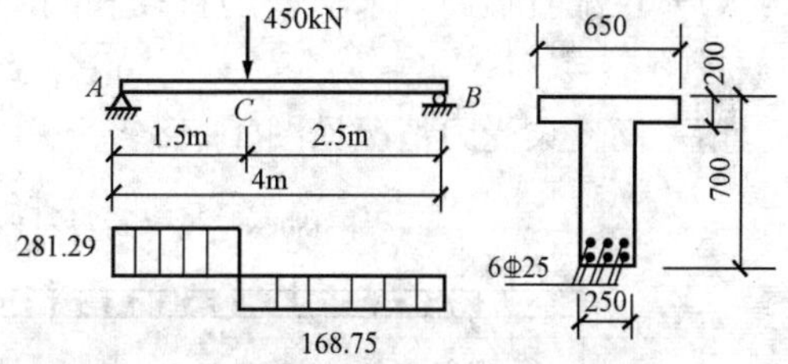

图 4-17　［例 4-2］图

AC 段计算剪跨比　$\lambda=\dfrac{a}{h_0}=\dfrac{1500}{640}=2.34$

由于是集中荷载作用，则

$$V_A = V_{cs} = \frac{1.75}{\lambda+1}f_t bh_0 + \frac{A_{sv}f_{yv}}{s}h_0$$

所以有

$$\frac{A_{sv}}{s}=\frac{V_A-\dfrac{1.75}{\lambda+1}f_t bh_0}{f_{yv}h_0}=\frac{281\,290-\dfrac{1.75}{2.34+1}\times 1.27\times 250\times 640}{300\times 640}=0.91\text{mm}$$，实配选 $\Phi 8$ 双肢箍（$A_{sv1}=50.3\text{mm}^2$，肢数 $n=2$），代入上式得 $s\leqslant 111\text{mm}$，最后取箍筋间距为 $s=100\text{mm}$。这种配法施工简单，但有时会浪费材料。

（2）同时配有箍筋和弯起钢筋。

可先选配双肢箍 $\Phi 8@150$，弯起钢筋与纵筋夹角为 $45°$。

$$V_A = V_{cs} = \frac{1.75}{\lambda+1} f_t b h_0 + \frac{A_{sv} f_{yv}}{s} h_0 + 0.8 A_{sb} f_y \sin\alpha$$

$$A_{sb} = \frac{V_A - \dfrac{1.75}{\lambda+1} f_t b h_0 - \dfrac{A_{sv} f_{yv}}{s} h_0}{0.8 f_y \sin\alpha}$$

$$= \frac{281\,290 - \dfrac{1.75}{2.34+1} \times 1.27 \times 250 \times 640 - \dfrac{2 \times 50.3 \times 300}{150} \times 640}{0.8 \times 360 \times 0.707} = 226.2 \text{mm}^2$$

由于梁在 AC 段的剪力均为281 290N，故在弯起点处必然无法满足抗剪要求，所以应先弯起 1Φ25 的纵筋（$A_{sb} = 490.9 \text{mm}^2$），然后按构造再弯起一根才行。

CB 段计算剪跨比 $\lambda = a/h_0 = 2500/640 = 3.9 > 3$，取 $\lambda = 3$。

按 AC 段梁的实配箍筋，选Φ8双肢箍（$A_{sv1} = 50.3 \text{mm}^2$，肢数 $n = 2$），$s = 150$mm，代入计算式有

$$V_{cs} = \frac{1.75}{\lambda+1} f_t b h_0 + 1.0 f_{yv} \frac{n A_{sv1}}{s} h_0$$

$$= \frac{1.75}{3+1} \times 1.27 \times 250 \times 640 + 1 \times 300 \times \frac{2 \times 50.3}{150} \times 640$$

$$= 217\,668 \text{N} = 217.668 \text{kN} > V_B = 168.75 \text{kN}$$

所以不需要再配弯起钢筋，仅配双肢箍Φ8@150（$A_{sv1} = 50.3 \text{mm}^2$，$n = 2$）就可以满足抗剪，实际中一般 A、B 两端的弯起钢筋是对称布置的。

【例 4 - 3】　T形截面简支梁，梁的支承情况及截面尺寸如图 4 - 18 所示。承受荷载（包括梁自重），其设计值 $P = 180$kN，$q = 18$kN/m。混凝土强度等级 C30，纵向钢筋采用 HRB400 级，箍筋采用 HRB335 级。梁截面受拉区配有 8Φ20 纵向受力钢筋，$h_0 = 640$mm。求：（1）仅配置箍筋，求箍筋的直径和间距；（2）配置双肢Φ8@180 箍筋，计算弯起钢筋的数量。

解　简支梁受力情况见图 4 - 18。

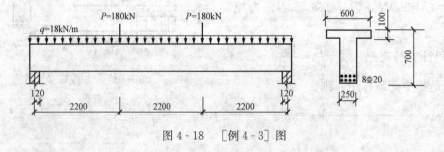

图 4 - 18　［例 4 - 3］图

（1）计算剪力设计值。

支座边缘剪力

$$V = \frac{1}{2} \times 18 \times (2.2 \times 3 - 0.24) + 180 = 237.24 \text{kN}$$

（2）验算截面尺寸。

截面为 T 形，故 $h_w = h_0 - h_f' = 640 - 100 = 540$mm，$h_w/b = 540/250 = 2.16 < 4$

混凝土强度等级为 C30，低于 C50，故 $\beta_c = 1.0$，$f_t = 1.43 \text{N/mm}^2$，$f_c = 14.3 \text{N/mm}^2$

$$0.25\beta_c f_c bh_0 = 0.25 \times 1.0 \times 14.3 \times 250 \times 640 = 572\text{kN} > 237.24\text{kN}$$

截面尺寸满足要求。

（3）验算是否需要按计算配置腹筋。

由于集中荷载对支座截面所产生的剪力设计值，均占支座截面总剪力设计值的75%以上，因此，各支座截面均应考虑剪跨比。

$$\lambda = \frac{a}{h_0} = \frac{2200-120}{640} = 3.25 > 3.0$$

取 $\dfrac{1.75}{\lambda+1} f_c bh_0 = \dfrac{1.75}{3.0+1} \times 1.43 \times 250 \times 640 = 100\ 100\text{N} = 100.1\text{kN} < 237.42\text{kN}$

故需要按计算配置腹筋。

（4）计算箍筋。

AB 段箍筋计算

$$\frac{A_{sv}}{s} \geqslant \frac{V - \dfrac{1.75}{\lambda+1} f_t bh_0}{f_{yv} h_0} = \frac{237.42 \times 10^3 - 100.1 \times 10^3}{300 \times 640} = 0.715$$

取双肢 ϕ 8 箍筋，$A_{sv} = 101\text{mm}^2$

则 $$s \leqslant \frac{A_{sv}}{0.715} = \frac{101}{0.715} = 141\text{mm}$$

取 $$s = 140\text{mm}$$

$$\rho = \frac{A_{sv}}{bs} = \frac{101}{250 \times 140} = 0.3\% > \rho_{min}，取 \quad 0.24\frac{f_t}{f_{yv}} = 0.24 \times \frac{1.43}{300} = 0.11\%$$

BC 段剪力设计值较小，选用双肢 ϕ 8@250，满足构造要求。

（5）对于配置双肢 ϕ 8@180 箍筋，计算弯起钢筋的数量。

选用双肢 ϕ 8@180，则

$$A_{sb} = \frac{V - V_{cs}}{0.8 f_y \sin a_s} = \frac{237.42 \times 10^3 - \left(100.1 \times 10^3 + 300 \times \dfrac{101}{180} \times 640\right)}{0.8 \times 360 \times \sin 45°} = 145\text{mm}^2$$

选用 $1 \oplus 20$（$A_s = 314\text{mm}^2$），在 AB 段弯起 3 排，即每次弯起 1 根，分 3 次弯起，以覆盖 AB 段，并满足弯筋的构造要求。

第三节 保证斜截面受弯承载力的措施

一、受弯构件斜截面抗弯承载力

取斜截面隔离体，如图 4-19 所示。对受压区合力作用点取矩，可得斜截面抗弯承载力的计算公式如下

$$M_u^x = f_y A_{s1} z + f_y A_{sb} z_{sb} + \sum f_{yv} A_{sv} z_{sv} \tag{4-16}$$

正截面抗弯承载力为

$$M_u^z = f_y A_{s1} z + f_y A_{sb} z + \sum f_{yvi} A_{svi} z_{svi} \tag{4-17}$$

由以上两式可知，只要 $z_{sb} \geqslant z$，即有 $M_u^x > M_u^z$，即一般情况下，只要通过计算满足了正截面抗弯承载力，总能保证不发生斜截面受弯破坏。但如果支座处出现纵筋截断不当、锚固不足也会导致斜截面抗弯破坏。

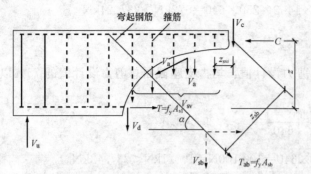

图 4 - 19　斜截面抗弯计算示意图

所以，在实际工程中，《混凝土结构设计规范》（GB 50010—2010）规定受弯构件中纵筋的截断和弯起及锚固等构造应符合要求，这样就可不进行斜截面抗弯验算，而通过构造来满足斜截面抗弯承载。具体截断、锚固的位置一般通过荷载产生的弯矩图（M_R 图）和配筋材料图，按经验和分析来解决。

二、抵抗弯矩图（M_R 图）

如图 4 - 19 所示，以一简支梁承受均布荷载为例，首先求解出该梁的由荷载引起的设计内力图 M，由截面设计计算出该梁控制截面所需的纵向钢筋面积 A_s。由实际配置的钢筋所能承担的弯矩大小，可以画出所谓抵抗弯矩图。显然，只要抵抗弯矩图能够包络住设计弯矩图，则梁的各个截面在此荷载下就是安全的。

首先分析若不截断，使钢筋通长时梁的抵抗弯矩图是如何得到的。如图 4 - 19 所示，经计算在这种荷载作用下，控制截面（跨中）处应配置纵向钢筋 2⊕25＋2⊕20。如果钢筋的总面积大于控制截面的设计弯矩所需钢筋面积，则根据实际配筋量 A_s，将每根钢筋所承担的份额按各自的钢筋面积分配的原则来确定，即

$$M_u = f_y A_s \left(h_0 - \frac{A_s f_y}{2\alpha_1 f_c b} \right) \tag{4-18}$$

第 i 根钢筋的贡献为 $M_{ui} = (A_{si}/A_s) M_u$，认为同面积比成正比，这样就画出通长钢筋的抵抗弯矩图为图中的矩形部分，如图 4 - 20 所示。若有部分纵筋在某截面弯起，则该截面的抵抗弯矩就发生了变化，梁的抵抗弯矩图就不再是矩形了。

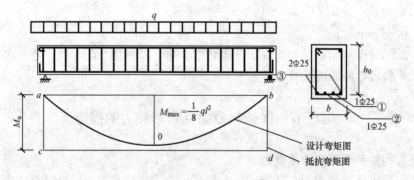

图 4 - 20　通长配筋均布荷载下简支梁的抵抗弯矩图

如图 4 - 21 所示，为配有 4⊕25 纵向钢筋的承受均布荷载的简支梁。若欲将其中 2⊕25 的钢筋分两次弯起，则其抵抗弯矩图见图 4 - 21。

首先用上述方法按一定比例，绘出 4⊕25 钢筋各自的贡献（如图 4 - 21 中，0—1—2—3—p），0p 为按跨中设计弯矩计算后，实配钢筋的总抵抗弯矩的大小，抵抗弯矩图若能包住设计弯矩图就是安全的。分别过 p 点、3 点和 2 点作水平线，与设计弯矩图相交，这里在 p 点截面处，①号钢筋（1⊕25）必须存在，称 p 点为①号钢筋的充分利用点。同时注意在

m、n 两点对应截面处，②号钢筋（$1\Phi25$）必须存在，但此时①号钢筋（$1\Phi25$）就不再需要了，所以 m、n 两点既是①号钢筋（$1\Phi25$）的理论不需要点，也是②号钢筋（$1\Phi25$）的充分利用点。其余以此类推，可见理论不需要点和充分利用点，是相对某根具体的钢筋来说的。现若欲将①号钢筋（$1\Phi25$）在 K、L 两截面处弯起，则先从 K、L 两点引竖垂线，与过 p 所作的水平线相交于 k、l 两点，可见此两点落在设计弯矩图以外，所以从此处弯起是安全的。当①号钢筋（$1\Phi25$）弯起后，由受弯构件的受力分析可知，截面只在中和轴以下是受拉的，弯起筋只在这部分内起作用，但同时由于钢筋弯起后离中和轴越近，其距受压区合力作用点的距离就越近，能承担的弯矩也就越小。所以该根钢筋弯起部分承担的抵抗弯矩图这样绘制：从①号钢筋（$1\Phi25$）弯起时与梁中和轴的交点 I、J 引垂直线，与过 3 点所作的水平线交于 i、j 两点，最后连接 k 与 i，l 与 j，形成的倒梯形 $ikplj$，即为①号钢筋（$1\Phi25$）在 K、L 两截面弯起后的抵抗弯矩图。②号钢筋（$1\Phi25$）弯起后的抵抗弯矩图作法相同，剩下的 $2\Phi25$ 不弯起直接深入支座，最后的抵抗弯矩图形为多边形 $acegikpljh$-fdb，如图 4-21 所示。

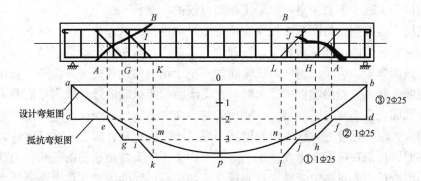

图 4-21　简支梁配弯起筋的抵抗弯矩图

由以上例子可以看出，钢筋弯起后的抵抗弯矩图越靠近设计弯矩图，则所配纵筋利用的越好越经济。

为了保证斜截面抗弯的构造要求，弯起钢筋弯起点应位于该钢筋充分利用点截面以外，水平距离不小于 $0.5h_0$ 的位置处，简单说明如下：

如图 4-22 所示，按正截面计算需配纵筋截面积为 A_s，弯起纵筋截面积为 A_{sb}。a 为弯起纵筋起弯点至该钢筋充分利用点的距离，A_{sb} 距 II-II 截面的力臂为 Z_b，（A_s-A_{sb}）距 II-II 截面的力臂为 Z。

I-I 截面的抗弯能力为

$$M_{\text{I-I}} = A_s f_y Z \qquad (4-19)$$

由于纵筋的弯起，II-II 斜截面抗弯能力为

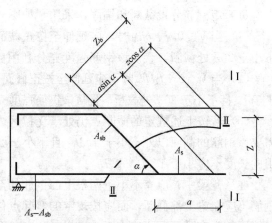

图 4-22　斜截面与正截面抗弯关系

$$M_{\text{II-II}} = A_{sb} f_y Z_b + f_y (A_s - A_{sb}) Z \qquad (4-20)$$

若使斜截面抗弯破坏不先发生，需满足

$$M_{\text{II-II}} = A_{\text{sb}}f_y Z_b + f_y(A_s - A_{\text{sb}})Z \geqslant M_{\text{I-I}} = A_s f_y Z \qquad (4-21)$$

即需

$$Z_b \geqslant Z$$

由几何关系有 $Z_b = a\sin\alpha + Z\cos\alpha$，得

$$a \geqslant \frac{1-\cos\alpha}{\sin\alpha}Z \qquad (4-22)$$

通常按经验可取 $Z = 0.9h_0$，$\alpha = 45°$ 或 $60°$，则可得 $a = (0.37 \sim 0.52)h_0$。

《混凝土结构设计规范》（GB 50010—2010）取 $a \geqslant 0.5h_0$。所以，为保证斜截面抗弯承载力的要求，纵筋弯起点距该钢筋充分利用点的外伸距离要不小于 $h_0/2$。

三、纵向钢筋的截断

由于梁的正弯矩分布范围比较大，受拉区覆盖大部分跨度，所以一般梁跨中承受正弯矩的钢筋直接伸入支座或在支座附近弯起，用来抵抗负弯矩或抗剪，而不宜在梁中截断。这里所说的钢筋截断，一般是指梁中支座的负弯矩钢筋的截断。而由于支座负弯矩向支座两侧迅速减小，所以为了减少钢筋用量，常采用截断纵筋的办法。

实际应用中常根据材料图截断梁支座负弯矩纵向钢筋。从理论上说，纵筋在理论不需要点处就可以截断，但国内外试验表明，在理论不需要点处截断而出现斜裂缝，斜裂缝的末端弯矩就是斜截面弯矩，为保证斜截面抗弯能力不小于正截面抗弯能力，纵筋必须在理论不需要点以外截断。同时，当梁端剪力较大时，在支座负弯矩截断的延伸段内可能会出现垂直和斜裂缝，斜截面处纵筋应力必然增大，使钢筋的零应力点从反弯点向跨中移动，随着钢筋应力的不断增大，应力梯度变化较大引起钢筋与混凝土之间出现针脚状的粘结裂缝。当纵筋锚固长度不够时，可能在区段前沿发生水平劈裂。为了不使负弯矩钢筋的截断影响其发挥正常的作用，如前所述应满足两个条件：首先是在钢筋截断后，即该钢筋理论不需要点以外的延伸部分，要能保证截断处不发生斜截面受弯破坏；另一个条件是在该钢筋的充分利用点向外延伸一段长度以保证其锚固要求。

通过对梁支座负弯矩纵向钢筋，分批截断延伸区段受力情况的实测研究后，《规范》对支座负弯矩钢筋分批截断和锚固，采用了如图 4-23、图 4-24 所示的构造要求。

（1）当 $V \leqslant 0.7f_t bh_0$ 时，应延伸至按正截面受弯承载力计算，不需要该钢筋的截面以外不小于 $20d$ 处截断，且从该钢筋强度充分利用截面伸出的长度不应小于 $1.2l_a$；

（2）当 $V > 0.7f_t bh_0$ 时，应延伸至按正截面受弯承载力计算，不需要该钢筋的截面以外不小于 h_0 且不小于 $20d$ 处截断，且从该钢筋强度充分利用截面伸出的长度不应小于 $1.2l_a + h_0$；

（3）若按上述规定的截断点仍处于受拉区内，则应延伸至按正截面受弯承载力计算，不需要该钢筋的截面以外不小于 $1.3h_0$ 且不小于 $20d$ 处截断，且从该钢筋强度充分利用截面伸出的长度不应小于 $1.2l_a + 1.7h_0$。

在悬臂梁中，应有不小于两根上部钢筋伸至悬臂梁外端，并向下弯折不小于 $12d$；其余钢筋不应在梁上部截断，而应按规定的弯起点位置向下弯折，并在梁的下边锚固，弯终点外的锚固长度在受压区不应小于 $10d$，在受拉区不应小于 $20d$。

当梁端实际受到部分约束但按简支计算时，应在支座区上部设置纵向构造钢筋，其截面面积不应小于梁跨中下部纵向钢筋计算面积的四分之一，且不小于两根；该纵向构造钢筋自支座边缘向跨中伸出的长度不应小于 $0.2l_0$，l_0 为该跨的计算跨度。

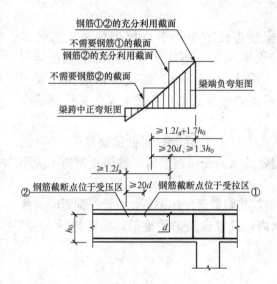

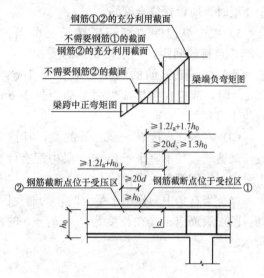

图 4-23 支座负筋的切断（$V \leqslant 0.7f_t bh_0$）　　　图 4-24 支座负筋的切断（$V > 0.7f_t bh_0$）

第四节　钢筋有关构造规定

一、箍筋的构造要求

由于采用封闭式箍筋能很好地约束受压区混凝土，并增强截面抗扭能力，所以在实际应用中大都采用这种箍筋形式。同一截面内箍筋垂直的根数称为肢数，常用的肢数有单肢、双肢及四肢箍等，如图 4-25 所示。

对计算不需要箍筋的梁，《规范》中规定了一系列构造要求：

（1）当截面高度 $h > 300\text{mm}$ 时，应沿梁全长设置箍筋；当截面高度 $h = 150 \sim 300\text{mm}$ 时，可仅在构件端部各四分之一跨度范围内设置箍筋；

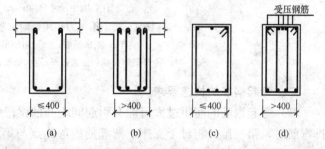

图 4-25 箍筋的形式
(a)、(b) 开口式箍筋；(c)、(d) 封闭式箍筋

但当在构件中部二分之一跨度范围内有集中荷载作用时，则应沿梁全长设置箍筋；当截面高度 $h < 150\text{mm}$ 时，可不设箍筋。

（2）梁中箍筋的间距应符合下列规定：

1）梁中箍筋间距：当 $V > 0.7f_t bh_0$ 时，箍筋的配筋率 $\rho_{sv} = A_{sv}/(bs)$ 尚不应小于 $0.24f_t/f_{yv}$，其最大间距还应符合《规范》的要求。

2）当梁中有按计算需要的纵向受压钢筋时，箍筋应做成封闭式。此时，箍筋的间距不应大于 $15d$（d 为纵向受压钢筋的最小直径），同时不应大于 400mm。当一层内的纵向受压钢筋多于 5 根且直径大于 18mm 时，箍筋间距不应大于 $10d$。当梁的宽度大于 400mm 且一层内的纵向受压钢筋多于 3 根时，或当梁的宽度不大于 400mm 但一层内的纵向受压钢筋多于 4 根时，应设置复合箍筋。

3）梁中纵向受力钢筋搭接长度范围内，箍筋直径不应小于搭接钢筋较大直径的 0.25，且箍筋间距，当搭接钢筋为受拉时，不应大于 $5d$，且不应大于 100mm；当搭接钢筋为受压时，其箍筋的间距不应大于 $10d$，且不应大于 200mm。当受压钢筋直径大于 25mm 时，尚应在搭接接头两个端面外 100mm 范围内各设置两道箍筋。d 为搭接钢筋中的较小直径。

（3）对截面高度 $h>800$mm 的梁，其箍筋直径不宜小于 8mm；对截面高度 $h\leqslant800$ 的梁，其箍筋直径不宜小于 6mm。梁中配有计算需要的纵向受压钢筋时，箍筋直径尚不应小于纵向受压钢筋最大直径的 0.25。

（4）当有集中力作用于梁上时，为避免因此引起的斜截面冲切破坏，要计算配置附加腹筋，附加腹筋应布置在长度为 $s=2h_1+b$ 的范围内，且宜优先采用箍筋，构造如图 4-26 所示。

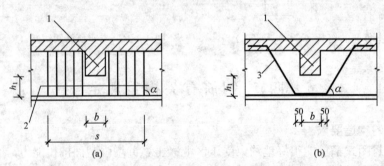

注：图中尺寸单位 mm。

图 4-26　集中力作用处附加腹筋构造

(a) 附加箍筋；(b) 附加吊筋

1—传递集中荷载的位置；2—附加箍筋；3—附加吊筋

二、弯起钢筋的构造要求

（1）弯起钢筋的间距过大可能会引起间距间的梁段发生斜截面破坏，所以当计算需要两排弯筋时，第一排（相对于支座）弯起筋的弯终点与第二排弯起筋弯起点宜在同一截面上，可以有水平距离但应满足 $s\leqslant s_{\max}$（见附表）。梁中弯起钢筋的弯起角度一般为 45°，当梁截面高度大于 800mm 时，也可采用 60°，当梁高较小，且有集中荷载时，可为 30°。

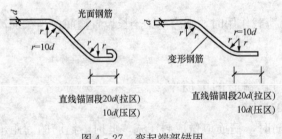

图 4-27　弯起端部锚固

（2）为防止弯起钢筋因锚固不足而无法发挥作用，弯点以外应留有直线段，锚固在受压区时其长度不应小于 $10d$，在受拉区不应小于 $20d$，d 为弯起钢筋的直径。光面钢筋，在其末端还应设置弯钩（图 4-27）。

（3）对采用绑扎骨架的主梁、跨度≥6m 的次梁、吊车梁，及挑出 1m 以上的伸臂梁除必须设置箍筋外，还宜设置弯起钢筋。

（4）在采用绑扎骨架的钢筋混凝土梁中，承受剪力的钢筋，宜采用箍筋。弯起钢筋应根据计算需要配置。同时位于梁侧边的底层钢筋不应弯起，梁侧边的顶层筋不应弯下。同时当梁截面宽度＞350mm 时，同一截面上的弯起筋不得少于两根。

（5）当纵向钢筋不能在所需要的地方弯起，或虽有箍筋及弯起筋但仍不足以抵抗设计剪力时，可增设附加抗剪钢筋，一般称为鸭筋，见图 4-28（a），但不准采用浮筋，见图4-28（b）。因为弯筋的作用是将斜裂缝之间的混凝土斜压力传递到受压混凝土中去，以加强混凝土块体之间的共同工作，形成一拱桁架，因而不允许设置如图 4-28 所示的浮筋。

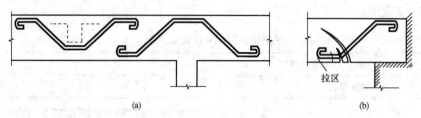

图 4-28　鸭筋和浮筋
（a）鸭筋；（b）浮筋

（6）在混凝土梁的受拉区中，弯起钢筋的弯起点可设在按正截面受弯承载力计算不需要该钢筋的截面之前，但弯起钢筋与梁中心线的交点应位于不需要该钢筋的截面之外；同时，弯起点与按计算充分利用该钢筋的截面之间的距离不应小于 $h_0/2$。

三、纵筋在支座和结点的锚固

（1）对普通钢筋，当计算中充分利用钢筋的抗拉强度时，受拉钢筋的锚固长度为 l_a。

$$l_a = \alpha \frac{f_y}{f_t} d \tag{4-23}$$

式中：l_a 为受拉钢筋的锚固长度；f_y 为钢筋抗拉强度设计值；f_t 为混凝土轴心抗拉强度设计值；当混凝土强度等级高于 C40 时，按 C40 取值；d 为钢筋的公称直径；α 为锚固钢筋的外形系数，按表 4-1 取用。

表 4-1　　　　　　　　　　　　　锚固钢筋的外形系数 α

钢筋类型	光面钢筋	带肋钢筋	刻痕钢筋	螺旋肋钢筋	三股钢绞线	七股钢绞线
外形系数 α	0.16	0.14	0.19	0.13	0.16	0.17

当符合下列条件时，计算的锚固长度应进行修正：

1）当钢筋的公称直径大于 25mm 时，其锚固长度应乘以修正系数 1.10；

2）环氧树脂涂层带肋钢筋，其锚固长度乘以修正系数 1.25；

3）施工过程中易受扰动的钢筋，其锚固长度乘以修正系数 1.10；

4）保护层厚度大于钢筋直径的 5 倍时修正系数取 0.7，中间按线性内插取值；

5）当纵向受力钢筋的实际配筋面积大于其设计计算面积时，其锚固长度可乘以设计计算面积与实际配筋面积的比值。但对有抗震设防要求及直接承受动力荷载的结构构件，不得采用此项修正。

经上述修正后的锚固长度，不应小于按公式计算的锚固长度的 0.6，对预应力钢筋取 1.0。

（2）搭接。梁中钢筋长度不够时，可采用互相搭接或焊接的办法，当搭接连接时，其搭接长度规定如下：

1) 受拉钢筋。受拉钢筋的搭接长度，应根据同一连接范围内钢筋的搭接百分率（指在同一连接范围内，有搭接接头的受力钢筋与全部受力钢筋面积之比），按式（4 - 24）计算，且不得小于 300mm。

$$l_l = \zeta l_a \qquad (4 - 24)$$

式中：l_l 为受拉钢筋的搭接长度；l_a 为受拉钢筋的锚固长度；ζ 为受拉钢筋搭接长度修正系数，按表 4 - 2 取用。

表 4 - 2　　　　　　　　　　　　　受拉钢筋搭接长度修正系数 ζ

纵向钢筋搭接接头面积百分率（%）	≤25	50	100
搭接长度修正系数 ζ	1.2	1.4	1.6

图 4 - 29　同一连接区段纵向受拉钢筋绑扎搭接接头
注：图中所示同一连接区段内的搭接接头钢筋为两根，当
钢筋直径相同时，钢筋搭接接头面积百分率为 50%。

当受拉钢筋直径大于 28mm 时，不宜采用搭接接头。同一构件中相邻纵筋的绑扎搭接位置宜错开布置。绑扎搭接接头的连接区段长度为 1.3 倍搭接长度。钢筋的搭接百分率应由搭接接头中点位于此区段内的钢筋面积进行计算，如图 4 - 29 所示。同一连接区段内的钢筋搭接率，对板类、梁类及墙类构件，一般不宜大于 25%，实际确需增大的也不应大于 50%；对柱类构件，不宜大于 50%。

2) 受压钢筋。受压钢筋的搭接长度可取受拉钢筋搭接长度的 0.7，且不应小于 200mm。

（3）钢筋混凝土简支梁的下部纵向受力钢筋，其伸入支座范围内的锚固长度 l_{as} 应符合图 4 - 30 的规定。

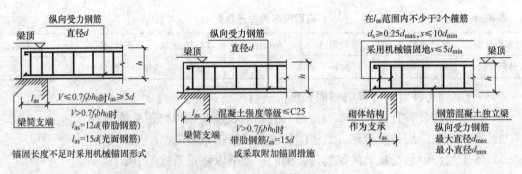

图 4 - 30　支座钢筋的锚固

当 $V \leq 0.7 f_t b h_0$ 时，$l_{as} \geq 5d$；当 $V > 0.7 f_t b h_0$ 时，$l_{as} \geq 12d$（带肋钢筋），$l_{as} \geq 15d$（光面钢筋）。此处，d 为纵向受力钢筋的直径。对于混凝土强度等级≤C25 的简支梁和连续梁的简支端，当距支座边 1.5h 范围内作用有集中荷载，且 $V > 0.7 f_t b h_0$ 时，对带肋钢筋宜采用附加锚固措施，或取锚固长度 $l_{as} \geq 15d$。

如采用 HRB335、HRB400 级和 RRB400 级纵向受力钢筋，且伸入梁支座范围内的锚固长度不符合上述要求时，采取在钢筋上加焊锚固钢或将钢筋端部焊接在梁端预埋件上等有效锚固措施，包括附加锚固端头在内的锚固长度可取为按公式计算的锚固长度的 0.7，如图 4-31所示。

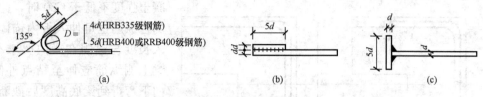

图 4-31　钢筋的机械锚固
(a) 末端带 135°弯钩；(b) 末端贴焊短钢筋；(c) 末端与钢板穿孔塞焊

(4) 梁柱结点处纵向受力钢筋的锚固。

1) 框架中间层端结点。框架梁上部纵向钢筋伸入中间层端结点的锚固长度，当采用直线锚固时，不应小于 l_a，且伸过中心线不宜小于 $5d$，d 为上部钢筋的直径。当直线段柱截面尺寸不足可如图 4-32 (a) 所示构造。

2) 框架中间层结点。框架梁或连续梁下部纵向钢筋在中间结点或中间支座处应满足下列锚固要求：

(a) 当计算中不利用该钢筋的强度时，其伸入结点或支座的锚固长度应符合前述简支支座处纵筋锚固要求中 $V>0.7f_tbh_0$ 时的规定。

(b) 当计算中充分利用钢筋的抗拉强度时，下部纵向钢筋应锚固在结点或支座内。可采用直线锚固形式，锚固长度不应小于 l_a；下部纵向钢筋可采用带 90°弯折锚固的规定；当梁下部钢筋较多时，为避免支座钢筋拥挤，下部纵向钢筋也可伸过结点或支座范围，并在梁中弯矩较小处设置搭接接头，见图 4-32 (b)。

(c) 当计算中充分利用钢筋的抗压强度时，下部纵向钢筋应按受压钢筋锚固在中间结点或中间支座内，其直线锚固长度不应小于 $0.7l_a$；下部纵向钢筋要求同上。

框架梁的上部钢筋在中间层端结点内，见图 4-32 (a)。

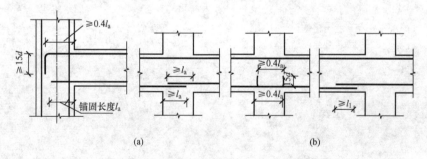

图 4-32　框架梁下部钢筋在结点内的锚固
(a) 框架中间层端结点；(b) 框架中间层中结点

3) 框架顶层端结点

对于主要承受静力荷载的框架，其顶层端结点处主要处于外侧受拉的弯矩作用下，结点处柱外侧钢筋和梁上侧钢筋的搭接分不同情况一般可以采用如下两种方法：

(a) 搭接接头沿结点和梁端顶部布置，如图 4-33 (a) 所示。搭接接头不应小于 $1.5l_a$，且深入梁端的柱外侧钢筋面积不小于柱纵筋总面积的 65%。对梁宽范围以外的柱纵筋，伸

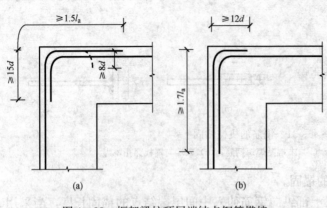

图 4 - 33 框架梁柱顶层端结点钢筋搭接

至柱内边后可向下弯折不小于 $8d$ 后截断，板厚不小于 80mm，混凝土强度不低于 C20 时，此部分的柱纵筋也可伸入板内锚固，伸入长度与锚固在梁内要求相同；梁上侧纵筋应伸至结点外侧后，向下弯折到梁底高度后截断，这种搭接方法适用于结点配筋数量不多的情况。

（b）搭接接头沿柱外侧布置，如图 4 - 33（b）所示。此方法中梁、柱钢筋在结点外侧柱边采用直线搭接，搭接长度竖直段不应小于 $1.7l_a$。柱外侧纵筋伸至柱顶后向结点内水平锚固，弯折水平段长度不宜小于 $12d$，d 为柱外侧钢筋直径。施工中为防止梁、柱钢筋弯折处混凝土局压破坏，要求钢筋的弯弧半径：当 $d \leqslant 25$mm 时，不宜小于 $6d$；当 $d > 25$mm 时，不宜小于 $8d$。且对非抗震框架梁柱结点内均应设置水平箍筋，其间距不宜大于 250mm。

第五章 钢筋混凝土受压构件及基础设计

钢筋混凝土受压构件一般以承受压力为主,往往同时伴随作用有弯矩和剪力,是工程结构中较为常见的一种构件。例如,多层和高层房屋结构的框架柱、剪力墙、筒体,烟囱的筒壁,桥梁结构中的桥墩、桩,单层工业厂房柱和屋架的受压腹杆及上弦杆、拱等均为受压构件(如图5-1所示)。

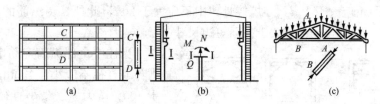

图 5-1 常见的受压构件

(a) 框架结构房屋柱;(b) 单层厂房柱;(c) 屋架的受压腹杆

对于单一匀质材料的构件,根据轴向压力的作用线与构件截面形心的相对位置不同,受压构件又可分为轴心受压构件、单向偏心受压构件及双向偏心受压构件。工程中的混凝土构件属于非单一匀质材料,实际应用中一般为了方便,不考虑混凝土的不匀质性及钢筋不对称布置的影响,近似地用轴向压力作用点与构件正截面形心的相对位置,来划分受压构件的类型。

第一节 受压构件的构造要求

一、材料强度要求

受压构件的承载能力主要控制于混凝土强度等级,一般结构中柱的混凝土强度等级采用C30~C40等,当柱截面尺寸由承载力确定并承受较大的荷载时,为了减小构件的截面尺寸以增大建筑使用面积,可采用C40~C60等较高强度等级的混凝土。纵向钢筋一般采用HRB335级、HRB400级钢筋。但对受压钢筋来说,由于受混凝土极限应变的限制而使其无法充分发挥作用,因而不宜采用高强钢筋。

二、截面型式及尺寸

为了便于施工,钢筋混凝土轴心受压柱的截面一般多采用方形,有时也在市政工程中的桥墩、桩等工程中采用圆形截面,而如单层工业厂房的装配式预制柱等偏心受压柱中,多采用I形截面、矩形截面,一般截面长边为偏心方向,且矩形截面的长短边比一般为1.5~2.5。同时为了使受压构件不致因长细比过大而使承载力降低过多,柱的截面尺寸不宜过小,常取 $l_0/b \leqslant 30$,$l_0/d \leqslant 25$。考虑施工方便,当柱截面边长小于800mm,取50mm的倍数,边长大于800mm的,可取100mm的倍数。

三、纵筋

纵向钢筋直径不宜小于12mm,通常取16~32mm。为不使钢筋在施工时产生纵向弯曲，宜采用少且较粗的钢筋，但钢筋根数一般不得少于 4 根。当偏心受压柱的截面高度 $h \geqslant$ 600mm 时，在侧面应设置直径为 $10 \sim 16$mm 的纵向构造钢筋，并相应地设置附加箍筋或拉筋。对轴心受压构件，全部受压钢筋的配筋率不得小于 0.5%，不宜超过 5%，常取 0.8% $\sim$ 2%。当柱为竖向浇筑混凝土时，纵筋净距不应小于 50mm。在水平位置上浇筑的预制柱，其纵筋最小净距可参考受弯构件的规定。各边钢筋中距不应大于 350mm。

四、箍筋

箍筋一般可采用 HPB235、HRB335 级钢筋。箍筋在柱的承载中起着很重要的作用，由于与纵筋形成钢筋骨架，减少了纵筋的无支长度，可以有效的防止纵筋受压屈曲，提高柱的延性。箍筋一般须做成封闭式，直径不应小于 $d/4$（d 为纵筋最大直径），且不应小于 6mm。对绑扎骨架间距不应大于 $15d$，在焊接骨架中不应大于 $20d$，此处 d 为纵筋的最小直径，且间距不应大于 400mm，也不应大于截面短边尺寸。

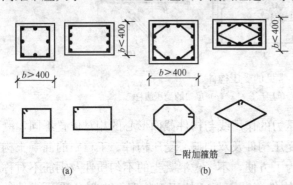

图 5-2 方形及矩形截面柱的箍筋形式

当柱中全部纵筋配筋率超过 3% 时，则箍筋直径不应小于 8mm，间距不应大于 $10d$（d 为纵筋最小直径），且不应大于 200mm。当柱截面短边大于 400mm 且各边纵筋多于 3 根时，或当截面尺寸不大于 400mm，但各边纵筋多于 4 根时，应设置复合箍筋，见图 5-2。

在纵筋搭接长度范围内，箍筋间距应加密。对于截面形状复杂的构件，箍筋形式不可采用内折角，避免箍筋受拉时有拉直的趋势，致使折角处的混凝土破损，见图 5-3。

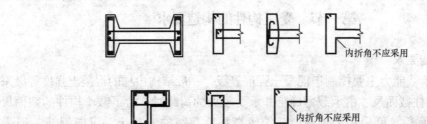

图 5-3 I 形及 L 形截面柱的箍筋形式

第二节 轴心受压构件承载力计算

工程中，由于荷载作用位置偏差、材料不均匀、施工尺寸存在误差等原因，理想的轴压构件是不存在的。但是为了简化计算，当偏心很小时，在设计中忽略其影响，近似按轴心受压构件计算。如仅受垂直荷载的等跨多层房屋的中柱、大型贮液结构中无梁楼盖的支柱等。

一般轴心受压柱可分为两类：当其极限承载力仅由构件的截面尺寸、材料强度决定时称为短柱；另一种是柱的长细比比较大，承受荷载时会引起受压构件的侧向变形，由此所产生的附加弯矩将降低该柱的极限承载能力，这种情况的柱称为长柱。规范中的混凝土长柱计算公式是以短柱理论为基础，充分考虑构件长细比等因素对受压柱承载力的降低，修正得出的。因此下面首先对轴心受压短柱的试验受力机理进行分析。

一、轴心受压短柱的试验研究

配纵筋和箍筋的典型的钢筋混凝土轴心受压短柱试验表明，在轴心短期压力作用下，由于钢筋与混凝土之间存在粘结力，使两者共同变形。作用荷载较小的阶段，材料处于弹性阶段，混凝土压应力和钢筋压应力的比正比于两种材料的弹模之比。随着荷载的进一步增加，由于混凝土塑性变形，使其变形模量降低。荷载和变形两者不再保持正比关系，同时在相同荷载增量下，混凝土压应力 σ_c 增加得越来越缓慢，钢筋和混凝土两者的应力之比不再符合两者的弹模之比，两种材料之间发生了应力的重新分布。荷载增加至一定量时，柱中的纵向钢筋屈服。当轴向压力增加到破坏荷载的 90% 左右时，柱四周由于横向变形达到极限而出现明显的纵向裂缝，进而出现混凝土保护层剥落，箍筋间纵筋压屈向外弯凸，混凝土被压碎，柱子也就宣告破坏。长柱的破坏见图 5-4，短柱的破坏见图 5-5。

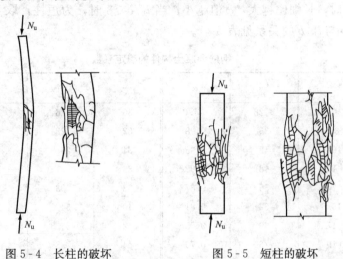

图 5-4 长柱的破坏　　　图 5-5 短柱的破坏

由试验可知，从加载到破坏，实际工程中当压力达到极限值的时候，一般是无法卸载的。因此，试验测得的混凝土单轴受压的应力—应变关系中的下降段往往不会出现，通常在使用中定义混凝土的极限压应变来考虑其极限情况。试验表明，钢筋一般在构件达极限状态时可以达到其屈服点，在构件计算时，通常取混凝土的均匀受压极限压应变为 0.002 作为控制条件，相应地，纵筋的应力 $\sigma'_s \approx 0.002 \times 2 \times 10^5 = 400 \text{N/mm}^2$。显然，对于采用热轧钢筋（HPB235、HRB335、HRB400 和 RRB400）为纵筋的构件，破坏时其钢筋应力已达到屈服强度。但若采用高强钢筋为纵筋，显然钢筋强度得不到充分发挥，故在计算 f'_y 值时只能取 400 N/mm²。

另外，当荷载长期作用时，轴心受压构件的压缩变形，由于混凝土材料发生徐变将不断增大，钢筋的变形、压应力因与混凝土的相互作用也随之增大。在压力分布向钢筋转移的过程中，将在混凝土中产生拉应力，且纵筋越多，重分布的比例越大，在混凝土中产生的拉应力也越大。当长期作用突然卸载到零时，由于混凝土只能恢复徐变变形中少量弹性变形部分，而大多不可恢复，所以，钢筋的回弹受到混凝土的约束而使钢筋受压、混凝土受拉，甚至出现裂缝。

二、轴心受压长柱的承载力及稳定系数

由试验结果可知，长柱的承载力，一般小于相同情况下的短柱承载力。主要由于前述轴心受压构件的初始偏心，长柱受压时对其是比较敏感的，由于有初始偏心距的存在，使构件截面上还将产生附加弯矩和侧向挠度，而侧向挠度又会加大初始偏心距。长细比越大，这种影响越明显，因而导致了长柱受压时构件承载能力的降低。对细长受压构件由于长细比很大，其至还可能发生失稳破坏，且由于徐变的影响，长期荷载将使细长受压构件的侧向挠度不断增大，承载力下降更严重。

因此对细长柱，《规范》采用稳定系数 φ 来表示其承载力降低的程度，它被定义为长柱轴心抗压承载力与相同截面、相同材料和相同配筋的短柱轴心抗压承载力的比值。即

$$\varphi = \frac{N_{长柱}}{N_{短柱}} \tag{5-1}$$

稳定系数 φ 主要与构件的长细比 l_0/b（l_0 为构件的计算长度，b 为矩形截面短边）有关。当 $l_0/b > 8$ 时，长细比越大，φ 值越小；当 $l_0/b \leqslant 8$ 时，为短柱，取 $\varphi = 1$。根据有关试验结果得到的 φ 与 l_0/b 的关系见表 5-1。

表 5-1   钢筋混凝土构件的稳定系数

$\dfrac{l_0}{b}$	$\dfrac{l_0}{d}$	$\dfrac{l_0}{i}$	φ	$\dfrac{l_0}{b}$	$\dfrac{l_0}{d}$	$\dfrac{l_0}{i}$	φ
≤8	≤7	≤28	≤1.0	30	26	104	0.52
10	8.5	35	0.98	32	28	111	0.48
12	10.5	42	0.95	34	29.5	118	0.44
14	12	48	0.92	36	31	125	0.40
16	14	55	0.87	38	33	132	0.36
18	15.5	62	0.81	40	34.5	139	0.32
20	17	69	0.75	42	36.5	146	0.29
22	19	76	0.70	44	38	153	0.26
24	21	83	0.65	46	40	160	0.23
26	22.5	90	0.60	48	41.5	167	0.21
28	24	97	0.56	50	43	174	0.19

注   表中 l_0 为构件计算长度；b 为矩形截面的短边尺寸；d 为圆形截面的直径；i 为截面最小回转半径。

轴心受压构件的计算长度 l_0 与其两端的支承情况有关，各种理想支承条件下的计算长度，可根据材料力学中的公式求得。由于实际工程中的支承条件并不是理想的，故需对其进行调整。如对贮液结构顶盖的支柱，当顶盖为装配式时，取 $l_0 = 1.0H$，H 为支柱从基础顶面至顶板梁底面的高度；当顶盖为装配式时，取 $l_0 = 0.7H$，H 为基础顶面至顶板梁轴线的高度；当采用无梁顶盖时，取 $l_0 = H - \dfrac{C_t + C_b}{2}$，其中 H 为贮液结构内净高；C_t、C_b 分别为上、下柱帽的计算宽度。

三、轴心受压构件的承载力计算

1. 承载力计算公式

轴心受压构件在承载能力极限状态时，混凝土应力达到其轴心抗压强度设计值 f_c，受压钢筋应力达到抗压强度设计值 f_y'。考虑前述各种因素有

$$N \leqslant N_{\mathrm{u}} = 0.9\varphi(f_{\mathrm{c}}A + f'_{\mathrm{y}}A'_{\mathrm{s}}) \qquad (5-2)$$

式中：A 为构件截面面积，mm^2；A'_{s} 为全部纵向钢筋的截面面积，mm^2。

纵向钢筋配筋率大于 3% 时，在公式中应用 $(A-A'_{\mathrm{s}})$ 代替 A 计算，其中系数 0.9 为可靠度调整系数。

2. 设计方法

已知轴心压力设计值 N、材料强度设计值、构件的计算长度 l_0，求构件纵向受压钢筋面积 A'_{s}，一般先假定截面尺寸 $b \times h$，再由长细比 l_0/b 查表 5-1 确定 φ。

【例 5-1】　某钢筋混凝土轴心受压柱，柱截面尺寸 $b \times h = 100\mathrm{mm} \times 160\mathrm{mm}$，计算长度 $l_0 = 2000\mathrm{mm}$，承受轴向力设计值 $N_{\mathrm{c}} = 360\mathrm{kN}$，已知混凝土棱柱体抗压强度为 $f_{\mathrm{c}} = 19.1\mathrm{N/mm}^2$，钢筋的屈服强度 $f'_{\mathrm{y}} = 360\mathrm{N/mm}^2$，求该柱所需的纵筋截面面积 A'_{s}。

解　先求稳定系数 $l_0/b = 2000/100 = 20$，查表得 $\varphi = 0.75$，则

$$A'_{\mathrm{s}} = \frac{N - \varphi A f_{\mathrm{c}}}{\varphi f'_{\mathrm{y}}} = \frac{360\,000 - 0.75 \times 16\,000 \times 19.1}{0.75 \times 360} = 484.4\mathrm{mm}^2$$

假定 $\rho' = \dfrac{A'_{\mathrm{s}}}{A} = \dfrac{484.4}{16\,000} = 3.02\% > 3\%$，取 $A = bh - A'_{\mathrm{s}}$，则有

$$A'_{\mathrm{s}} = \frac{N - \varphi A f_{\mathrm{c}}}{\varphi(f'_{\mathrm{y}} - f_{\mathrm{c}})} = \frac{360\,000 - 0.75 \times 16\,000 \times 19.1}{0.75 \times (360 - 19.1)} = 511.6\mathrm{mm}^2$$

验算配筋率

总配筋率　$\rho' = \dfrac{511.6}{100 \times 160} = 3.1\% > \rho'_{\min} = 0.6\%$

实选 4 Φ 14 钢筋（$A'_{\mathrm{s}} = 615\mathrm{mm}^2 > 511.6\mathrm{mm}^2$，满足要求）。

第三节　偏心受压构件

工程中偏心受压构件是最常见的结构构件之一，如单层工业厂房的排架柱，钢筋混凝土多、高层框架中的框架柱，还有一些特种结构如水塔、烟囱的筒壁，屋架、托架的上弦杆等，通常均设计为偏心受压构件。

偏心受压构件一般只考虑压力 N 的单向偏心作用，距 N 较近一侧也称为受压侧，该侧纵筋受压截面积用 A'_{s} 表示。距 N 较远一侧纵筋随不同情况，有可能受拉也有可能受压，截面积用 A_{s} 表示。

一、矩形截面偏心受压构件正截面承载力计算

1. 偏心受压构件的破坏特征

试验表明，偏心受压构件截面正截面的受力特点和破坏特征，不仅与轴向压力偏心距大小有关，还与柱中配置的钢筋数量、材料强度等级有关，根据其破坏机理及特点，一般分为以下两类：

（1）受拉破坏形态。当构件截面中轴向压力的偏心距较大，配置受拉钢筋不多时，弯矩 M 的影响较为显著。随荷载的不断增大，远离轴向力一侧的受拉边缘混凝土，首先出现横向垂直构件轴线的裂缝而退出工作，受拉开裂处钢筋应力应变增速加快，随着荷载的继续增大，这种破坏开始于受拉侧钢筋，将首先达到屈服应变而发生屈服，受拉侧截面处形成一横向主裂缝。接着裂缝将逐渐加宽并向受压一侧延伸，从而使受压区面积不断减小，直到当受

压边缘混凝土达到其极限压应变 ε_{cu} 时，受压区较薄弱处出现竖向裂缝，而后混凝土被压碎导致构件的最终破坏。这类构件的混凝土压碎区一般大致呈三角形，且在构件破坏时，受压侧钢筋一般都能达到屈服。这种破坏称为大偏心受压破坏。

这种破坏形态具有与适筋受弯构件类似的受力特点，属于塑性破坏。所以称为受拉破坏。破坏阶段截面中的应变及应力分布图形，如图 5-6 所示。

（2）受压破坏形态。相对偏心距较小或虽相对偏心距较大，但受拉钢筋配置过多时，会发生此类破坏，此时轴向力起主要作用，构件全截面或大部分截面受压。随着荷载的增加，在构件破坏时，相对截面受压区较大，靠近纵向力一侧受压区出现纵向裂缝，混凝土达到极限压应变而被压碎。该侧的纵筋压应力一般都能达到抗压屈服强度，而远离纵向力一侧的混凝土和钢筋中应力均会较小，该侧钢筋无论受拉还是受压均无法达到屈服强度，同时不会在受拉侧形成明显的临界主裂缝。在受压侧混凝土被压碎而破坏时，压碎区与大偏心受压相比区段较长，表现出明显的脆性特点。破坏阶段截面应变及应力分布，如图 5-6 所示。这种破坏通常称为小偏心受压短柱破坏，构件因荷载引起的水平挠度也比大偏心受压构件小得多。

此外，还有一种特殊情况是当相对偏心距很小，而远离纵向压力一侧的钢筋配置相对另一侧过少时，构件实际形心与其几何中心不重合，可能出现远离纵向压力一侧边缘混凝土先被压坏的脆性破坏现象。破坏特点与轴心受压类似，因此称为受压破坏。

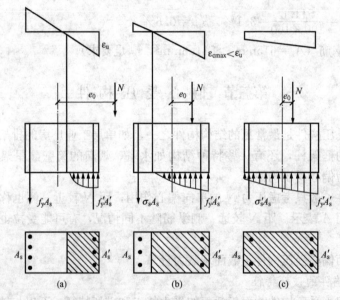

图 5-6　偏心受压构件破坏时截面中的应变及应力分布图
（a）大偏心受压图；（b）、（c）小偏心受压图

2. 大小偏心受压界限

由上可知，显然在大小偏心受压之间存在一种界限破坏，其破坏特征是远离轴向力一侧的钢筋受拉屈服的同时，靠近轴向力一侧的混凝土被压碎。试验资料表明，在一定长度范围内测得的平均应变值，能较好地符合平截面假定。因此，偏心受压构件正截面承载力的计算中仍采用该假定。得到不同破坏时沿截面高度的平均应变分布如图 5-7 所示。

在图 5-7 中，x_{cb} 表示界限状态时截面受压区
的实际高度。ε'_y 表示受压钢筋屈服时的应变值。当
混凝土受压区很小时，混凝土达到极限压应变时，
受压钢筋的应变仍很小，从而无法达到其抗压屈
服。当受压区高度达到 x_{cb} 时，混凝土达到极限压
应变，同时受拉纵筋也达到其屈服应变值，对应
上述界限破坏形态。因此，利用平截面假定的比
例关系，当取混凝土极限压应变值 $\varepsilon_{cu}=0.003\,3-$
$(f_{cuk}-50)\times10^{-5}$ 时，相应于界限破坏形态的相对
受压区高度 ξ_b 可用式（3-7）来确定。由此可利
用实际的相对受压区高度 ξ 来判断偏心受压构件的
破坏形态。

当 $\xi\leqslant\xi_b$ 时，为大偏心受压破坏形态（受拉破
坏）；$\xi>\xi_b$ 时，为小偏心受压破坏形态（受压破
坏）。

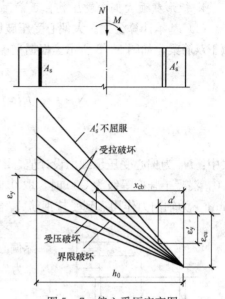

图 5-7　偏心受压应变图

3. 二阶效应（$P-\delta$ 效应）

构件轴向压力在变形后的结构或构件中引起的附加内力和附加变形称为二阶效应（$P-$
δ 效应）。弯矩作用平面内截面对称的偏心受压构件，当同一主轴方向的杆端弯矩比 M_1/M_2
不大于 0.9 时，若构件的长细比满足 $e_i=e_0+e_a$ 的要求，可以不考虑轴向压力在该方向挠曲
杆件中产生的附加弯矩影响；否则，应按照截面的两个主轴方向分别考虑轴向压力在挠曲杆
件中产生的附加弯矩影响。

$$l_c/i \leqslant 34-12(M_1/M_2) \tag{5-3}$$

式中：M_1，M_2 分别为偏心受压构件两端截面按结构分析确定的对同一主轴的组合弯矩设计
值，绝对值较大端为 M_2，绝对值较小端为 M_1，当构件按单曲率弯曲时，M_1/M_2 取正值，
否则取负值；l_c 为构件计算长度，可以近似取偏心受压构件相应主轴方向上下支撑点之间的
距离；i 为偏心方向截面回转半径。

除排架结构柱外的其他偏心受压构件，考虑轴心受压柱在挠曲杆件中产生的二阶效应后
控制截面弯矩设计值应按下列公式计算

$$M = C_m\eta_{ns}M_2 \tag{5-4}$$

$$C_m = 0.7+0.3\frac{M_1}{M_2} \tag{5-5}$$

$$\eta_{ns} = 1+\frac{1}{1300(M_2/N+e_a)/h_0}(l_c/h)^2\zeta_c \tag{5-6}$$

$$\zeta_c = \frac{0.5f_cA}{N} \tag{5-7}$$

式中：C_m 为构件端截面偏心距调节系数，当小于 0.7 时取 0.7；η_{ns} 为弯矩增大系数；N 为
与弯矩设计值 M_2 相应的轴向压力设计值；e_a 为附加偏心距；ζ_c 为截面曲率修正系数，当计
算值大于 1.0 时取 1.0；h 为截面高度；h_0 为截面有效高度；A 为构件截面面积；

当 $C_m\eta_{ns}$ 小于 1.0 时取 1.0；对剪力墙墙肢构件可取 $C_m\eta_{ns}$ 等于 1.0。

4. 矩形截面大偏心受压构件正截面承载力计算公式

（1）基本计算公式。大偏心受压破坏时，承载能力极限状态下截面的实际应力和应变类似于双筋梁，如图 5-8 所示。根据平衡条件有

$$N_u = \alpha_1 f_c bx + f'_y A'_s - f_y A_s \tag{5-8}$$

$$N_u e = \alpha_1 f_c bx \left(h_0 - \frac{x}{2}\right) + f'_y A'_s (h_0 - a'_s) \tag{5-9}$$

$$e = e_i + \frac{h}{2} - a_s \tag{5-10}$$

式中：N_u 为偏心受压承载力设计值，kN；α_1 为系数，当混凝土强度等级不大于 C50 时，取 1.0，混凝土强度等级为 C80 时，取 0.94，其间按线性内插法确定；x 为受压区计算高度，mm；e 为轴向力作用点到受拉钢筋 A_s 合力点之间的距离，mm。

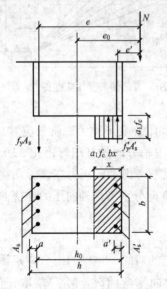

图 5-8　大偏心受压计算简图

考虑到因实际工程中存在的不均匀性等原因，以致实际偏心矩 e_0 值会产生变化，所以取实际轴向力初始偏心距 e_i 为

$$e_i = e_0 + e_a \tag{5-11}$$

式中：e_a 为附加偏心距，mm（取 20mm 和偏心方向截面尺寸的 1/30 两者中的较大值）；e_0 为轴向压力对截面重心的偏心矩，mm，取 $e_0 = M/N$。

（2）基本公式适用条件：

1）$x \leqslant \xi_b h_0$ 或 $\xi \leqslant \xi_b$ 以保证破坏时，受拉侧钢筋应力先达到屈服强度。

2）$x \geqslant 2a'_s$ 以使破坏时受压钢筋应力，能达到抗压强度设计值 f'_y。

（3）矩形截面大偏心不对称配筋计算。

1）截面设计。已知 $b \times h$、f_c、f_y、f'_y、长细比 (l_0/h)、截面内力设计值 N 和 M，求钢筋截面积 A_s 和 A'_s。

求解时可先初步判断构件的偏心类型：当 $e_i \geqslant 0.3h_0$ 时，先按大偏心受压计算，求出钢筋截面面积和 x 后，若 $\xi \leqslant \xi_b$，说明原假定大偏心受压是正确的，否则需按小偏心受压重新计算；若 $e_i < 0.3h_0$，则按小偏心受压设计 A_s 和 A'_s 均需满足最小配筋率要求，同时，$(A_s + A'_s)$ 不宜大于 $0.05bh$。计算中还要验算垂直于弯矩平面的轴压承载力是否满足要求。

求出的 x 需要满足

$$2a'_s \leqslant x < \xi_b h_0$$

若 $x < 2a'_s$，计算中取 $x = 2a'_s$，对受压侧合力点取矩，得此时计算公式为

$$N_u e' = f_y A_s (h_0 - a'_s) \tag{5-12}$$

式中：$e' = e_i - \frac{h}{2} + a'_s$。

情况一：已知同前，求纵筋面积 A'_s 和 A_s。

此时，上述两个基本方程无法唯一解出 A_s、A'_s 和 x 三个未知数。采用使总钢筋面积最小的原则，即充分利用混凝土的抗压作用，可取 $x = \xi_b h_0$，将其代入式（5-9），则得计算 A'_s 的公式为

$$A'_s = \frac{Ne - \alpha_1 f_c b h_0^2 \xi_b (1 - 0.5\xi_b)}{f'_y (h_0 - a'_s)} \qquad (5\text{-}13)$$

得到的 A'_s 应与 $\rho_{min} bh = 0.002bh$ 比较，验算最小配筋率。

若算得的 $A'_s \geqslant 0.002bh$，则将 A'_s 值和 $x = \xi_b h_0$ 代入式（5-8），可求 A_s 为

$$A_s = \frac{\alpha_1 f_c b \xi_b h_0 + f'_y A'_s - N}{f_y} \qquad (5\text{-}14)$$

若算得的 $A'_s < 0.002bh$，则取 $A'_s = 0.002bh$，按已经配置 A'_s 的情况进行计算。

情况二：已知条件同前，且已经配置受压侧钢筋 A'_s，求受拉侧钢筋面积 A_s。

有两个未知数 A_s、x，根据基本方程式（5-8）、式（5-9）联立可解得 x，得到的结果需作如下判断：

若满足 $2a'_s \leqslant x \leqslant \xi_b h_0$，则将 x 代入式（5-8）得 A_s 为

$$A_s = \frac{\alpha_1 f_c b x + f'_y A'_s - N}{f_y} \qquad (5\text{-}15)$$

若 $x > \xi_b h_0$，则受压区过高，已配置的 A'_s 太少，应按未配 A'_s 的情况重算。

若 $x < 2a'_s$，受压筋不屈服，对受压合力点取矩由式（5-12）可得 A_s 为

$$A_s = \frac{Ne'}{f_y (h_0 - a'_s)} \qquad (5\text{-}16)$$

2) 不对称大偏心截面承载力校核。

当截面尺寸、截面配筋及材料强度，以及构件长细比均为已知时，根据内力的作用方式可以分为两种：

①已知轴力设计值 N，求弯矩作用平面内能承受的弯矩设计值 M。

由于其余条件已知，未知数只有 x 和 M，可首先计算出界限轴压力 N_b，即将 $x = \xi_b h_0$ 代入基本方程式（5-8）有

$$N_b = \alpha_1 f_c b \xi_b h_0 + f'_y A'_s - f_y A_s \qquad (5\text{-}17)$$

与已知的 N 比较，当 $N \leqslant N_b$ 时，说明是大偏压，再由基本方程求 x，按 x 的不同情况分别采用不同公式，求解偏心距 e_0，最后得到弯矩设计值 $M = Ne_0$。

②给定轴力偏心距 e_0，求所能承受的轴力设计值 N。

此时 x 和 N 未知，判断若 $e_i \geqslant 0.3h_0$，为大偏心受压，由基本方程式（5-8）、式（5-9）联立求解 x 和 N，若得到的 $x < 2a'_s$，则用式（5-8）求 N。

（4）矩形截面大偏心对称配筋计算。实际工程中，对称配筋的偏压构件应用很多。如框架、厂房的排架柱、桥墩等在风、地震、吊车等方向不定的水平力作用下，截面上弯矩的作用方向会不断发生改变，钢筋受拉、压性质也随着发生替换，此时若正负弯矩相差不多时，宜采用对称配筋。

1) 截面设计。对称配筋时，将 $A_s = A'_s$，$f'_y = f_y$ 代入大偏心受压的基本方程式（5-8），可得受压区高度的计算公式为 $x = N/\alpha_1 f_c b$，当 $x \leqslant \xi_b h_0$ 时，按大偏心受压构件计算。

若 $2a'_s \leqslant x \leqslant \xi_b h_0$，则将 x 代入式（5-9）得

$$A'_s = A_s = \frac{Ne - \alpha_1 f_c b x (h_0 - 0.5x)}{f'_y (h_0 - a'_s)} \qquad (5\text{-}18)$$

若 $x < 2a'_s$，则同样可偏安全地取 $x = 2a'_s$，对受压钢筋合力点取矩得

$$A_s = A'_s = \frac{Ne'}{f'_y (h_0 - a'_s)} \qquad (5\text{-}19)$$

2）截面承载力校核。对称与不对称大偏心截面的承载力校核步骤相同，只需计算中作 $f_yA_s=f'_yA'_s$ 替换即可。

5. 矩形截面小偏心受压构件正截面承载力计算公式

（1）基本计算公式。小偏心受压破坏时，承载能力极限状态下截面的应力图形，如图 5-9所示。

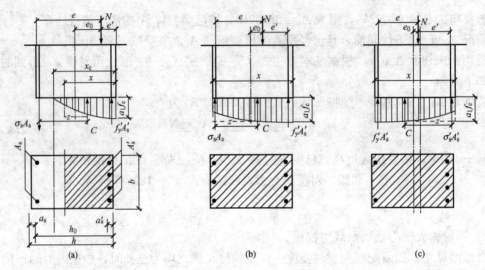

图 5-9　小偏心受压应力图
(a) A_s 受拉不屈服；(b) A_s 受压不屈服；(c) A_s 受压屈服

根据力的平衡条件及力矩平衡条件得

$$N \leqslant \alpha_1 f_c bx + f'_y A'_s - \sigma_s A_s \qquad (5-20)$$

$$Ne \leqslant \alpha_1 f_c bx \left(h_0 - \frac{x}{2}\right) + f'_y A'_s (h_0 - a'_s) \qquad (5-21)$$

式中：σ_s 为钢筋 A_s 的应力值，N/mm^2，一般需要满足 $-f'_y \leqslant \sigma_s \leqslant f_y$，大小可根据平截面假定的条件得到

$$\sigma_s = \varepsilon_{cu}\left(\frac{\beta_1}{\xi}-1\right)E_s \qquad (5-22)$$

经简化取：当 $\xi=\xi_b$ 时，$\sigma_s=f_y$；当 $\xi=\beta_1$ 时，$x/h_0=\beta_1$，$x_c=h_0$，故 $\sigma_s=0$，上式近似为

$$\sigma_s = \frac{\xi-\beta_1}{\xi_b-\beta_1}f_y \qquad (5-23)$$

当混凝土强度 $\leqslant$ C50 时

$$\sigma_s = \frac{\xi-0.8}{\xi_b-0.8}f_y$$

即有

$$\xi_{cy} = 0.8+(0.8-\xi_b)\frac{f'_y}{f_y}$$

对于小偏心受压破坏，一般远离压力一侧钢筋是不屈服的，但 N 很大而偏心距很小时，可能出现远离轴向压力的一侧混凝土，首先达到受压破坏（即反向破坏）的情况。这时若仅

考虑经济因素取 $A_s = \rho'_{\min} bh$ 显然不够安全。因此，为避免发生这种破坏，《混凝土结构设计规范》（GB 50010—2010）规定：当 $N > f_c bh$ 时，还应按下列公式进行反向破坏验算

$$Ne' \leqslant f_c bh_0 \left(h'_0 - \frac{h}{2} \right) + f'_y A_s (h'_0 - a_s) \tag{5-24}$$

此时，偏安全认为附加偏心距与荷载产生偏心距反向，即 $e_i = e_0 - e_a$，故

$$e' = \frac{h}{2} - a'_s - (e_0 - e_a) \tag{5-25}$$

所以，此时 A_s 由最小配筋率 $A_s = \rho'_{\min} bh$ 和反向破坏的式（5-24）两个条件控制，取大者。

（2）小偏心受压矩形截面不对称配筋计算。

1）截面设计。现有的两个平衡方程，由于有 A_s、A'_s 及 ξ 三个未知数，因此无法得到唯一解。对于小偏心受压，当 $\xi_b < \xi < \xi_{cy}$ 时，一般远离压力侧的钢筋无论处于受拉还是受压状态，都不能达到屈服。因而，从经济的角度考虑要达到总用钢量（$A_s + A'_s$）最少，可取 $A_s = \rho_{\min} bh = 0.002bh$ 进行计算。

A_s 确定后，代入式（5-20）和式（5-21），并取 $\sigma_s = \frac{\xi - \beta_1}{\xi_b - \beta_1} f_y$，可以得到受压区高度 x（或 ξ）的一元二次方程

$$Ax^2 + Bx + C = 0$$

式中：$A = 0.5\alpha_1 f_c b$；$B = -\alpha_1 f_c b a'_s + f_y A_s \dfrac{1 - a'_s / h_0}{\beta_1 - \xi_b}$；$C = -Ne' - f_y A_s \dfrac{\beta_1 (h_0 - a'_s)}{\beta_1 - \xi_b}$。

所以受压区高度为　$x = \dfrac{-B \pm \sqrt{B^2 - 4AC}}{2A}$，即可得到 ξ 和 A'_s 为

$$A'_s = \frac{Ne - \alpha_1 f_c bx (h_0 - 0.5x)}{f'_y (h_0 - a'_s)} \tag{5-26}$$

根据算出的 ξ 值，可分为以下三种情况：

若 $\xi < \xi_{cy}$，则按上式得到的即为所求受压钢筋面积 A'_s；

若 $\xi_{cy} \leqslant \xi \leqslant h/h_0$，将 $\sigma_s = -f'_y$ 代入基本公式重新求解；

若 $\xi > h/h_0$，说明为全截面受压，实际取 $x = h$，代入基本公式直接解得

$$A'_s = \frac{Ne - \alpha_1 f_c bh (h_0 - 0.5h)}{f'_y (h_0 - a'_s)} \tag{5-27}$$

此外，为不发生反向破坏，当 $N > f_c bh$ 时，则 A_s 应满足

$$A_s = \frac{Ne' - \alpha_1 f_c bh (h'_0 - 0.5h)}{f'_y (h'_0 - a_s)} \tag{5-28}$$

其中，e' 由式（5-25）算得，且此时 A_s 应取最小配筋率 $0.002bh$ 和上式所得之大者。

2）截面承载力校核。承载力校核问题一般指，已知 $b \times h$、A_s、A'_s、f_c、f_y、f'_y 及构件长细比 l_0/h，验算截面承载力 M_u 或 N_u 的问题，一般分两种：

①已知截面轴向力设计值 N，求所能承受的极限弯矩 M_u。

可先由式（5-8）算得 x 值，即

$$x = \frac{N + f_y A_s - f'_y A'_s}{\alpha_1 f_c b} \tag{5-29}$$

比较若 $x > \xi_b h_0$，则按小偏心受压进行承载力校核，按小偏心基本方程重新求解 x。再将 x

代入式（5-21）得到 e，进而按式（5-11）得到 e_0，最后所能承受的极限弯矩为 $M_u=Ne_0$。

②已知荷载偏心距 e_0，求所能承受的极限轴向力 N_u。

和大偏心情况相似，此时 x 和 N 未知，先由相对界限偏心矩 $e_{0b}/h_0=0.3$ 判断，若 $e_i<e_{0b}$，为小偏心，此时对压力 N 作用点取矩得

$$\alpha_1 f_c bx\left(\frac{x}{2}-e'-a'_s\right)=f'_y A'_s e'+\sigma_s A_s e \tag{5-30}$$

将 $\sigma_s=\dfrac{\xi-\beta_1}{\xi_b-\beta_1}f_y$ 代入，可得 x 的一元二次方程 $\overline{A}x^2+\overline{B}x+\overline{C}=0$

式中：$\overline{A}=0.5\alpha_1 f_c b$；$\overline{B}=\alpha_1 f_c b(e-h_0)+f_y A_s e\dfrac{1}{(\beta_1-\xi_b)h_0}$；$\overline{C}=-\left(f_y A_s e\dfrac{\beta_1}{\beta_1-\xi_b}+f'_y A'_s e'\right)$。

当 $x<h$ 时，由所得受压区高度 x，可得受拉侧钢筋应力 σ_s，截面轴向承载力由基本方程式（5-20）可得 N_u。

当 $x>h$ 时，取 $x=h$，且 $\sigma_s=-f'_y$，代入基本方程式（5-20）计算 N_u，同时还要考虑受拉侧钢筋先被压坏（反向破坏），利用式（5-24）、式（5-25）求 N_u。最后取最小的为截面承载力。

注意：由于是单向偏心受压构件，所以还需要按轴心受压构件，验算垂直于弯矩作用平面的受压承载力。

（3）矩形小偏心受压构件对称配筋。

1）截面设计。

对称配筋时，有 $A_s=A'_s$，$f'_y=f_y$，将其代入大偏压公式式（5-8），得受压区高度计算公式为 $x=N/\alpha_1 f_c b$，若 $x>\xi_b h_0$，则说明需要重新计算 x 值，按小偏心受压构件计算，将 $\sigma_s=\dfrac{\xi-\beta_1}{\xi_b-\beta_1}f_y$ 代入基本公式式（5-20）、式（5-21）有

$$N=\alpha_1 f_c b\xi h_0-\left(1-\frac{\xi-\beta_1}{\xi_b-\beta_1}\right)f'_y A'_s \tag{5-31}$$

$$f'_y A'_s=f_y A_s=(N-\alpha_1 f_c b h_0 \xi)\frac{\xi_b-\beta_1}{\xi_b-\xi} \tag{5-32}$$

又由力矩方程可得

$$Ne\frac{\xi_b-\xi}{\xi_b-\beta_1}=\alpha_1 f_c b h_0^2 \xi(1-0.5\xi)\frac{\xi_b-\xi}{\xi_b-\beta_1}+(N-\alpha_1 f_c b h_0 \xi)(h_0-a'_s)$$

这是 ξ 的三次方程，直接求解相当繁琐，规范一般采用简化方法。

对于选定的钢筋和混凝土，ξ_b 及 β_1 为已知，在小偏心受压（$\xi_b\leqslant\xi\leqslant\xi_{cy}$）的区段内，对于 HPB235、HRB335、HRB400（或 RRB400）级钢筋，可近似取 $\xi(1-0.5\xi)\approx0.43$，将其代入上式整理，即可得求 ξ 的近似公式

$$\xi=\frac{N-\xi_b\alpha_1 f_c b h_0}{\dfrac{Ne-0.43\alpha_1 f_c b h_0^2}{(\beta_1-\xi_b)(h_0-a'_s)}+\alpha_1 f_c b h_0}+\xi_b \tag{5-33}$$

将 ξ 代入式（5-22）即可得

$$A'_s=A_s=\frac{Ne-\alpha_1 f_c b h_0^2 \xi(1-0.5\xi)}{f'_y(h_0-a'_s)} \tag{5-34}$$

2）截面承载力校核。对称配筋与非对称配筋截面复核方法基本相同，只需在计算时的

有关公式中取 $A_s=A_s'$，$f_y'=f_y$ 即可。此外，在复核小偏心受压构件时，因采用了对称配筋，不需考虑反向破坏的情况。

【例 5 - 2】 某钢筋混凝土偏心受压柱，截面尺寸为 $b=400$mm，$h=500$mm，计算长度为 4.0m，两端截面的组合弯矩设计值分别为 $M_1=200$kN·m，$M_2=250$kN·m，与 M_2 相应的轴力设计值为 $N=1250$kN。混凝土采用 C25，纵筋采用 HRB400 级钢筋。求钢筋截面面积 A_s 和 A_s'。

解 （1）确定钢筋和混凝土的材料等级和几何参数。

$f_c=11.9$N/mm²，$f_y=f_y'=360$N/mm²

$b=400$mm，$h=500$mm，a_s 和 $a_s'=40$mm，$h_0=500-40=460$mm

$\beta_1=0.8$，$\xi_b=0.518$

（2）求框架柱设计值弯矩 M。

由于 $M_1/M_2=0.80$，$i=\sqrt{\dfrac{I}{A}}=144.34$，则 $l_0/i=34.64>34-12(M_1/M_2)=24.40$

因此，需要考虑附加弯矩影响。

$$\zeta_c=\frac{0.5f_cA}{N}=0.952<1$$

$$C_m=0.7+0.3M_1/M_2=0.94$$

$$e_a=(20,h/30)_{max}=20\text{mm}$$

$$\eta_{ns}=1+\frac{1}{1300(M_2/N+e_a)h_0}\left(\frac{l_0}{h}\right)^2\zeta_c=1.005$$

计算框架柱设计弯矩。

$$M=C_m\eta_{ns}M_2=246.75\text{kN·m}$$

（3）求 e_i，判别大小偏心。

$$e_0=\frac{M}{N}=\frac{246.75}{1250}=197.40\text{mm}$$

$$e_i=e_0+e_a=197.40+20=217.40\text{mm}>0.3h_0=138\text{mm}$$

故先按大偏心受压情况计算。

（4）求钢筋截面积 A_s 和 A_s'。

$$e=e_i+h/2-a_s=427.40$$

取 $\xi=\xi_b=0.518$，则

$$A_s'=\frac{Ne-\xi_b(1-\xi_b)\alpha_1bh_0^2f_c}{(h_0-a_s')f_y}$$

$$=976.4697\text{mm}^2>p_{min}'bh=0.002\times400\times500=400\text{mm}^2$$

选 2 ⱷ 25（982mm²）

$$\alpha_s=\frac{Ne-(h_0-a_s')A_s'f_y'}{\alpha_1f_cbh^2}=0.3279$$

$$\xi=1-\sqrt{1-2\alpha_s}=0.4133<\xi_b=0.518$$

$$x=\xi h_0=190.12>2a_s'$$

$$A_s = \frac{bxf_c\alpha_1 - N + A'_s f'_y}{f_y}$$

$$= 23.56mm^2 < p'_{min}bh = 0.002 \times 400 \times 500 = 400mm^2$$

取 $A_s = p'_{min}bh = 0.002 \times 400 \times 500 = 400mm^2$，选 2$\Phi$16（402mm²）

【例 5 - 3】　基本数据同〔例 5 - 2〕，但在受压区配置了 4Φ20（$A'_s = 1256mm^2$）。求所需的受拉钢筋 A_s。

解　（1）、（2）同〔例 5 - 2〕，先按大偏心受压计算。

（3）配筋计算。由〔例 5 - 3〕知，$e = 437.364mm$。

将 $A'_s = 1256mm^2$ 代入式（5 - 21）得

$$1250 \times 10^3 \times 437.364 = 1.0 \times 14.3 \times 400x(460 - 0.5x) + 360 \times 1256 \times (460 - 40)$$

解方程得

$$x = 165.3mm < \xi_b h_0 = 238.28mm$$

说明确为大偏心受压。

又

$$x > 2a' = 80mm$$

将 x 代入式（5 - 15）得

$$\frac{1.0 \times 14.3 \times 400 \times 165.3 + 360 \times 1256 - 1250 \times 10^3}{360} = 410.21mm^2$$

$$A_s > 0.002bh = 0.002 \times 400 \times 500 = 400mm^2$$

选配 4Φ12 受拉钢筋（452mm²），有

$$5\% < (A_s + A'_s)/A = (452 + 1256)/(400 \times 500) = 0.85\% < 0.5\%$$

满足要求。

【例 5 - 4】　某钢筋混凝土偏心受压柱，截面尺寸 $b = 400mm$，$h = 500mm$，计算长度为 3.5m，两端截面的组合弯矩设计值分别为 $M_1 = 135kN \cdot m$，$M_2 = 150kN \cdot m$，与 M_2 相应的轴力设计值 $N = 2500kN$。混凝土采用 C30，纵筋采用 HRB400 级钢筋。求钢筋截面积 A_s 和 A'_s。

解　（1）判别是否需要考虑二阶效应。

$$M_1/M_2 = 135/150 = 0.9$$

$$N/f_c A = (2500 \times 10^3)/(14.3 \times 400 \times 500) = 0.874 < 0.9$$

$$l_c/i = l_c \Big/ \sqrt{\frac{I}{A}} = \sqrt{12} \times \frac{l_c}{h} = \sqrt{12} \times \frac{3500}{500} = 24.25$$

$$34 - 12\left(\frac{M_1}{M_2}\right) = 34 - 12 \times 0.9 = 23.2$$

$$l_c/i < 34 - 12\left(\frac{M_1}{M_2}\right)$$

故不需考虑二阶效应。

（2）判别大小偏心。

取 $a = a' = 40mm$，$h_0 = 500 - 40 = 460mm$

$$e_0 = \frac{M}{N} = \frac{150 \times 10^6}{2500 \times 10^3} = 60mm$$

$$e_a = 20mm > \frac{h}{30} = \frac{500}{30} = 16.67mm$$

$$e_i = e_0 + e_a = 60 + 20 = 80\text{mm} < 0.3h_0 = 138\text{mm}$$

属小偏心受压。

（3）配筋计算。根据已知条件，有 $\xi_b=0.518$，$\alpha_1=1.0$，$\beta_1=0.8$，$2\beta_1-\xi_b=1.082$。
由于

$$N = 2500\text{kN} < f_c bh = 14.3 \times 400 \times 500 = 2\,860\,000\text{N} = 2860\text{kN}$$

取 $A_s=\rho_{min}bh=0.002\times400\times500=400\text{mm}^2$，$e=e_i+h/2-a=80+250-40=290\text{mm}$
将 A_s 代入式（5-20）、式（5-21）和式（5-23），有

$$2500 \times 10^3 = 1.0 \times 14.3 \times 400x + 360A'_s - \sigma_s \times 400$$
$$2500 \times 10^3 \times 290 = 1.0 \times 14.3 \times 400x(460-0.5x) + 360A'_s(460-40)$$

$$\sigma_s = \frac{\frac{x}{460}-0.8}{0.518-0.8} \times 360$$

可得

$$x = 379.25\text{mm}, \xi = 0.824\,5$$

因 $\xi_b < \xi < 2\beta_1-\xi_b$，故

$$A'_s = \frac{2500 \times 10^3 \times 290 - 1.0 \times 14.3 \times 400 \times 379.25 \times (460-0.5\times379.25)}{360 \times (460-40)}$$
$$= 915.83\text{mm}^2$$
$$A'_s > \rho_{min}bh = 0.002 \times 400 \times 500 = 400\text{mm}^2$$

选配 3Φ14 的受拉钢筋（$A_s=461\text{mm}^2$），选配 3Φ20 受压钢筋（$A'_s=942\text{mm}^2$）

$$0.55\% < (A_s+A'_s)/A = (461+942)/(400\times500) = 0.7\% < 5\%$$

满足要求。

【例 5-5】　某钢筋混凝土矩形截面偏心受压柱，截面尺寸 $b=400\text{mm}$，$h=500\text{mm}$，取 $a=a'=45\text{mm}$，柱的计算长度为 $l_0=3.75\text{m}$，轴向力设计值 $N=450\text{kN}$。配有 4Φ22（$A_s=1520\text{mm}$）的受拉钢筋及 3Φ20（$A'_s=942\text{mm}^2$）的受压钢筋。混凝土采用 C25。求截面在 h 方向能承受的弯矩设计值 M。

解　（1）判别大小偏心。先假设为大偏心受压构件，即

$$N = \alpha_1 f_c bx + f'_y A'_s - f_y A_s$$

则有

$$x = \frac{N - f'_y A'_s + f_y A_s}{\alpha_1 f_c b} = \frac{450 \times 10^3 - 360 \times 942 + 360 \times 1520}{1.0 \times 11.9 \times 400} = 138.25\text{mm}$$
$$x < \xi_b = 0.518 \times 455 = 235.69\text{mm}$$

为大偏心受压构件。

（2）求偏心距 e_0。
因为 $x>2a'=90\text{mm}$，故

$$Ne = \alpha_1 f_c bx\left(h_0-\frac{x}{2}\right) + f'_y A'_s(h_0-a')$$

得

$$e = \frac{\alpha_1 f_c bx\left(h_0-\frac{x}{2}\right) + f'_y A'_s(h_0-a')}{N}$$

$$= \frac{1.0 \times 11.9 \times 400 \times 148.76 \times (455 - 138.25/2) + 360 \times 942 \times (455 - 45)}{450 \times 10^3}$$

$$= 916.17 \times \frac{h}{30} = \frac{500}{30} = 16.67\text{mm} < 20\text{mm}$$

取 $e_a = 20\text{mm}$。

由 $e = e_i + \frac{h}{2} - a$ 得

$$e_i = 916.17 - 250 + 45 = 711.17\text{mm}$$
$$e_0 = e_i - e_a = 711.17 - 20 = 691.17\text{mm}$$

（3）弯矩设计值 M。

$$M = Ne_0 = 450 \times 10^3 \times 691.17 = 311.03 \times 10^6 \text{N} \cdot \text{mm} = 311.03\text{kN} \cdot \text{m}$$

故截面在 h 方向能够承受的弯矩设计值 M 为 $311.03\text{kN} \cdot \text{m}$

【例 5 - 6】　某钢筋混凝土矩形截面偏心受压柱，截面尺寸 $b = 400\text{mm}$，$h = 500\text{mm}$，取 $a = a' = 40\text{mm}$，柱的计算长度 $l_0 = 4\text{m}$，混凝土强度等级 C30。配有 3 Φ 20（$A_s = 942\text{mm}^2$）的受拉钢筋及 5 Φ 25（$A_s' = 2454\text{mm}^2$）的受压钢筋。轴向力的偏心距 $e_0 = 80\text{mm}$。求截面能承受的轴向力设计值。

解　（1）判别大小偏心。

$e_0 = 80\text{mm}$，$h/30 = 500/30 = 16.67\text{mm} < 20\text{mm}$，取 $e_a = 20\text{mm}$，$e_i = e_0 + e_a = 80 + 20 = 100\text{mm}$。

由已知数据有

$$\alpha_1 f_c bx(e_i - 0.5h + 0.5x) = f_y A_s(e_i + 0.5h - a) - f_y' A_s'(e_i - 0.5h + a')$$
$$1.0 \times 14.3 \times 400 x(100 - 250 + 0.5x)$$
$$= 360 \times 942 \times (100 + 250 - 40) - 360 \times 2454 \times (100 - 250 + 40)$$

解得 $x = 455.35\text{mm}$

$$x > \xi_b h_0 = 0.518 \times 460 = 238.23\text{mm}$$

（2）轴向力设计值 N。

由已知数据有

$$\alpha_1 f_c bx(e_i - 0.5h + 0.5x) = \sigma_s A_s(e_i + 0.5h - a) - f_y' A_s'(e_i - 0.5h + a')$$
$$1.0 \times 14.3 \times 400 x(100 - 250 + 0.5x)$$
$$= \frac{x/460 - 0.8}{0.518 - 0.8} 360 \times 942(100 + 250 - 40) - 360 \times 2454 \times (100 - 250 + 40)$$

解得 $x = 379.42\text{mm}$，$\xi = 0.825$

因 $\xi_b = 0.518 < \xi < 2\beta_1 - \xi_b = 1.802$，故由 x 可得

$$N = \frac{\alpha_1 f_c bx(h_0 - 0.5x) + f_y' A_s'(h_0 - a')}{e}$$

$$= \frac{1.0 \times 14.3 \times 400 \times 379.42 \times (460 - 0.5 \times 379.42) + 2454 \times 360 \times (460 - 40)}{100 + 250 - 40}$$

$$= 308.9 \times 10^4 \text{N} = 3089\text{kN}$$

故该柱所能够承受的轴向力设计值为 3089kN。

【例 5 - 7】　已知条件同 ［例 5 - 2］，采用对称配筋，求钢筋截面面积 A_s 和 A'_s。

解　（1）判别大小偏心。

$$x = \frac{N}{\alpha_1 f_c b} = \frac{1250 \times 10^3}{1.0 \times 14.3 \times 400} = 218.53\text{mm}$$

$$x < \xi_b h_0 = 0.518 \times 460 = 238.28\text{mm}$$

故为大偏心受压构件。

（2）配筋计算。由 ［例 5 - 2］ 求得 $e = 437.364\text{mm}$

因 $x > 2a' = 80\text{mm}$，故由 x 可得

$$A_s = A'_s = \frac{Ne - \alpha_1 f_c bx(h_0 - 0.5x)}{f'_y(h_0 - a')}$$

得

$$A_s = A'_s = 716.2\text{mm}^2$$

$$A_s = A'_s > 0.002bh = 0.002 \times 400 \times 500 = 400\text{mm}^2$$

A_s 和 A'_s 均选配 3 ⊈ 18 $(A_s = A'_s = 763\text{mm}^2)$

$$0.55\% < (A_s + A'_s)/A = 2 \times 763/400 \times 500 = 0.76\% < 5\%$$

满足要求。

【例 5 - 8】　已知条件同 ［例 5 - 4］，采用对称配筋，试用近似公式法求纵向钢筋截面面积 A_s 和 A'_s。

解　（1）判别大小偏心。

$$x = \frac{N}{\alpha_1 f_c b} = \frac{2500 \times 10^3}{1.0 \times 14.3 \times 400} = 437.06\text{mm}$$

$$x > \xi_b h_0 = 0.518 \times 460 = 238.28\text{mm}$$

故为小偏心受压构件。

（2）配筋计算。由 ［例 5 - 4］ 可知 $e = 290\text{mm}$。

将已知数据代入近似计算公式可得

$$\xi = \frac{N - \xi_b \alpha_1 f_c b h_0}{\dfrac{Ne - 0.43\alpha_1 f_c b h_0^2}{(\beta_1 - \xi_b)(h_0 - a')} + \alpha_1 f_c b h_0} + \xi_b$$

$$= \frac{2500 \times 10^3 - 0.518 \times 1.0 \times 14.3 \times 400 \times 460}{\dfrac{2500 \times 10^3 \times 290 - 0.43 \times 1.0 \times 14.3 \times 400 \times 460^2}{(0.8 - 0.518) \times (460 - 40)} + 1.0 \times 14.3 \times 400 \times 460} + 0.518$$

$$= 0.779$$

因 $\xi_b < \xi < 2\beta_1 - \xi_b$，由 ξ 可得

$$A_s = A'_s = \frac{Ne - \alpha_1 f_c b h_0^2 \xi(1 - 0.5\xi)}{f'_y(h_0 - a')}$$

$$= \frac{2500 \times 10^3 \times 290 - 1.0 \times 14.3 \times 400 \times 460^2 \times 0.779 \times (1 - 0.5 \times 0.779)}{360 \times (460 - 40)}$$

$$= 987.97\text{mm}^2$$

$$A_s = A'_s > 0.002bh = 0.002 \times 400 \times 500 = 400\text{mm}^2$$

根据计算结果，$0.55\% < (A_s + A'_s)/A = 2 \times 1140/400 \times 500 = 1.14\% < 5\%$
可知满足要求。

二、偏心受压构件斜截面承载力计算

当偏心受压构件除弯矩、轴力外，还作用有较大水平力（如风荷载作用下的框架柱、桁架上弦压杆等），要进行斜截面受剪承载力计算，计算方法与受弯构件相似，不同的是偏压构件中的压力能延迟斜裂缝的发展，增加混凝土剪压区高度，因此对斜截面抗剪是有利的。一般而言，轴压力使斜裂缝的倾角变小，在轴压比 N/f_cbh 较小时，可增强构件的抗剪承载力，当轴压比 $N/f_cbh=0.3\sim0.5$ 时，有利作用达到最大值。当轴压力更大时，其有利影响会随轴压力的增大而降低。轴压力过大将对抗剪产生不利影响，V_u-N 关系如图 5-10 所示。另外还要注意的是，宽度不变增加构件的高度反而会降低截面抗剪能力。同时对配箍构件受横向力时，在反弯点到加载点之间的区段内，与斜裂缝相交的箍筋应力会很不均匀，只有部分达到屈服，其抗剪作用比那些没有反弯点的构件要低。不同剪跨比的关系见图 5-11。

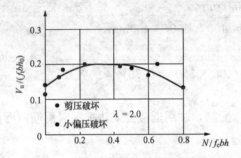

图 5-10　抗剪承载力与轴向压力的关系

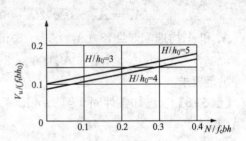

图 5-11　不同剪跨比的 V_u-N 关系

一般偏心受压框架柱两端在结点处是有约束的，矩形、T 形和 I 形截面偏心受压构件的受剪承载力计算公式为

$$V \leqslant \frac{1.75}{\lambda+1.0}f_tbh_0 + 1.0f_{yv}\frac{A_{sv}}{s}h_0 + 0.07N \qquad (5-35)$$

式中：λ 为偏心受压构件计算截面的剪跨比；对框架柱，当其反弯点在层高范围内时，取 $\lambda=H_n/(2h_0)$；当 $\lambda<1$ 时，取 $\lambda=1$；当 $\lambda>3$ 时，取 $\lambda=3$，此处 H_n 为柱净高。对其他偏心受压构件，当承受均布荷载时，取 $\lambda=1.5$；当承受集中荷载时（包括作用有多种荷载，其集中荷载对支座截面，或结点边缘所产生的剪力值，占总剪力值的 75% 以上的情况），取 $\lambda=a/h_0$；当 $\lambda<1.5$ 时，取 $\lambda=1.5$；当 $\lambda>3$ 时，取 $\lambda=3$，此处，a 为集中荷载到支座或结点边缘的距离；N 为与剪力设计值 V 相应的轴向压力设计值，当 $N>0.3f_cA$ 时，取 $N=0.3f_cA$；A 为构件截面面积。

与受弯构件类似，为防止斜压破坏，《混凝土结构设计规范》（GB 50010—2010）规定矩形、T 形和 I 形截面框架柱的截面，必须满足下列条件：

当 $h_w/b\leqslant4$ 时

$$V \leqslant 0.25\beta_cf_cbh_0 \qquad (5-36)$$

当 $h_w/b\geqslant6$ 时

$$V \leqslant 0.2\beta_cf_cbh_0 \qquad (5-37)$$

当 $4<h_w/b<6$ 时，按线性内插法确定。

式中：β_c 为混凝土强度影响系数，当混凝土强度等级不超过 C50 时，取 $\beta_c=1.0$；当混凝土强度等级为 C80 时，取 $\beta_c=0.8$；其间按线性内插法确定；h_w 为截面的腹板高度，取值同受

弯构件。

此外，当符合式（5-38）要求时，则可不进行斜截面受剪承载力计算，而仅需按构造要求配置箍筋。

$$V \leqslant \frac{1.75}{\lambda + 1.0} f_t bh_0 + 0.07N \tag{5-38}$$

【例 5-9】 某偏心受压柱，截面尺寸 $b \times h = 400\text{mm} \times 500\text{mm}$，柱净高 $H_n = 2.7\text{m}$，取 $a_s = a_s' = 40\text{mm}$，混凝土强度等级 C30，箍筋用 HRB335 钢筋。在柱端作用剪力设计值 $V = 260\text{kN}$，相应的轴向压力设计值 $N = 700\text{kN}$。确定该柱所需的箍筋数量。

解 混凝土强度等级 C30，$f_t = 1.43\text{N/mm}^2$，$f_c = 14.3\text{N/mm}^2$，$h_0 = 460\text{mm}$

（1）首先验算截面尺寸是否满足要求

$$\frac{h_w}{b} = \frac{460}{400} = 1.2 < 4$$

$0.25\beta_c f_c bh_0 = 0.25 \times 1.0 \times 14.3 \times 400 \times 460 = 657\,800\text{N} = 657.8\text{kN} > V = 260\text{kN}$
截面尺寸满足要求。

（2）验算截面是否需按计算配置箍筋。

$$\lambda = \frac{H_n}{2h_0} = \frac{2700}{2 \times 460} = 2.9, \quad 1 < \lambda < 3$$

$0.3 f_c A = 0.3 \times 14.3 \times 400 \times 500 = 858\,000\text{N} = 858\text{kN} > N = 700\text{kN}$

$$\frac{1.75}{\lambda + 1} f_t bh_0 + 0.07N = \frac{1.75}{2.9 + 1} \times 1.43 \times 400 \times 460 + 0.07 \times 700\,000$$
$$= 167.07\text{kN} < V = 260\text{kN}$$

应按计算配箍筋。

（3）计算箍筋用量。

由 $\quad V \leqslant \dfrac{1.75}{\lambda + 1} f_t bh_0 + f_{yv} \dfrac{A_{sv}}{s} h_0 + 0.07N$，得

$$\frac{nA_{sv1}}{s} \geqslant \frac{V - \left(\dfrac{1.75}{\lambda + 1} f_t bh_0 + 0.07N \right)}{f_{yv} h_0} = \frac{260\,000 - 167\,070}{300 \times 460} = 0.67\text{mm}^2/\text{mm}$$

实际采用 Φ10@200 双肢箍筋，即

$$\frac{nA_{sv1}}{s} = \frac{2 \times 78.5}{200} \times 0.785 > 0.67\text{mm}^2/\text{mm}，满足要求。$$

第四节 钢筋混凝土独立基础设计

基础是联系地基与结构的重要构件，钢筋混凝土柱下单独基础的种类，可按受力性质分为轴心受压基础、偏心受压基础，又可以按施工方法分为预制的、现浇的。通常柱下的独立基础是偏心受压的。

一、基础的构造要求

（1）一般构造要求，基础底板混凝土强度不低于 C20，受力钢筋双向布置，其最小直径不宜小于 10mm，间距不宜大于 200mm，也不宜小于 100mm。当基础边长大于 2.5m 时，此方向受力筋长度可减少 10%，并交错放置，见图 5-12、图 5-13。

（2）现浇柱下独立基础断面一般分为两种，锥形基础、阶梯形基础，见图 5-14。

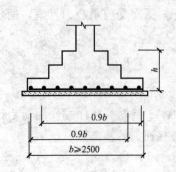

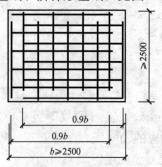

图 5-12　底板受力钢筋布置示意图　　　图 5-13　基础底板配筋构造

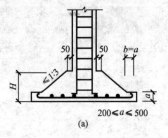
(a)

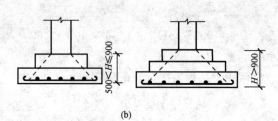
(b)

图 5-14　现浇独立基础构造

（a）锥形基础；（b）阶梯形基础

通常轴心受压基础为方形，而偏心受压基础往往为矩形，长宽比小于 3。有关现浇基础底板厚度、锥形基础坡比、插筋要求（注意 4 根角部筋需伸至底板钢筋网面处，并在端部加直钩）及阶梯形基础分阶构造，见图 5-12。当设计为阶梯形时，一般每阶高度宜为 300～500mm，且基础下面低强度混凝土垫层不低于 70mm 厚（一般取 100mm），底板受力钢筋的保护层厚度有垫层时，不小于 40mm。地基土质较好且干燥时，也可不设垫层，此时保护层厚度不宜小于 70mm。

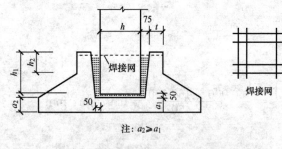

图 5-15　预制钢筋混凝土柱下独立杯口基础

（3）预制柱下独立基础通常做成杯形，构造如图 5-15 所示。

为保证与基础刚性连接，柱插入基础需一定深度，深度 h_1 需满足锚固要求，具体见表 5-2。

表 5-2　　　　　　　　　　　柱 的 插 入 深 度 h_1 （mm）

矩 形 或 工 字 形 截 面				双 肢 柱
$h<500$	$500 \leqslant h<800$	$800 \leqslant h \leqslant 1000$	$h>1000$	
$H_1=(1.0\sim1.2)h$	$H_1=h$	$H_1=0.9h$ $H_1 \geqslant 800$	$H_1=0.8h$ $H_1 \geqslant 1000$	$H_1=\left(\dfrac{1}{3}\sim\dfrac{2}{3}\right)h$ $H_1=(1.5\sim1.8)b$

注　1. h 为柱截面边尺寸；

　　2. 柱轴心受压或小偏心受压时，h_1 可适当减小；偏心距大于 2h 时，h_1 应适当加大。

为避免出现在柱轴力作用下的冲切破坏，基础杯底厚度和杯壁厚度见表 5 - 3。

表 5 - 3　　　　　　　　　　　　　　　**基础杯底厚度和杯壁厚度**

柱截面长边尺寸 h（mm）	杯底厚度 a_1（mm）	杯壁厚度 t（mm）
$h<500$	$\geqslant150$	$150\sim200$
$500\leqslant h<800$	$\geqslant200$	$\geqslant200$
$800\leqslant h<1000$	$\geqslant200$	$\geqslant300$
$1000\leqslant h<1500$	$\geqslant250$	$\geqslant350$
$1500\leqslant h\leqslant2000$	$\geqslant300$	$\geqslant400$

注：1. 双肢柱的 a_1 值可适当加大；
　　2. 当有基础梁时，基础梁下的杯壁厚度，应满足其支承宽度的要求；
　　3. 柱插入杯口部分的表面应凿毛，柱与杯口之间的空隙，应用细石混凝土（比基础混凝土强度等级高一级）密
　　　实充填，其强度达到基础设计强度的 70％ 以上时，方能进行上部吊装。

当柱为轴压或小偏心受压，且 $0.5\leqslant t/h_2<0.65$ 时，杯壁内可按表 5 - 4 的要求配置钢筋；当 $t/h_2\geqslant0.65$ 时，或为大偏压且 $t/h_2\geqslant0.75$ 时，杯壁内通常是不配筋的。其他情况下，应按计算配筋。

表 5 - 4　　　　　　　　　　　　　　　**杯 壁 的 配 筋 数 量**

柱截面长边尺寸 h（mm）	$h<1000$	$1000\leqslant h<1500$	$1500\leqslant h\leqslant2000$
钢筋网直径（mm）	$\phi8\sim\phi10$	$\phi10\sim\phi12$	$\phi12\sim\phi16$

对于在伸缩缝处设置的双杯口基础，或因地质条件差异使柱埋深不同时，常采用的高杯口基础构造要求，如图 5 - 16、图 5 - 17 所示。

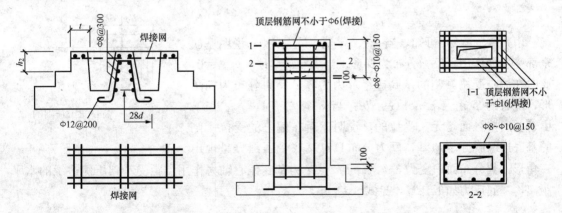

图 5 - 16　双杯口基础的杯壁配筋　　　　　　图 5 - 17　高杯口基础杯壁配筋

二、基础底面尺寸

基础的底面积应按地基承载能力和变形条件来确定。

1. 轴心受压基础（如图 5 - 18 所示）

假定基础底面压力为均匀分布的 p_k（包括自重），设计时应满足式（5 - 39）要求

$$p_k=\frac{N_k+G_k}{A}\leqslant f_a \tag{5-39}$$

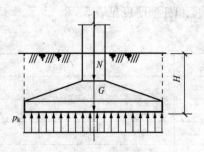

图 5 - 18　轴压基础的计算图形

式中：N_k 为上部结构传到基础顶面的竖向力值（按荷载效应标准组合），N；G_k 为基础及基底以上回填土自重，N；A 为基础底面积，mm^2（$A = b \times l$，b 为基础的长边边长，l 为基础的短边边长）；f_a 为修正后的地基承载力特征值，N/mm^2。

式（5 - 39）也可表示为

$$A \geqslant \frac{N_k}{f_a - \gamma d} \tag{5 - 40}$$

式中：γ 为基础和基础上的填土的平均重度（一般取 $\gamma = 20kN/m^3$）；d 为基础的埋置深度，mm。

则设计时可以先算 A，由于轴心受压基础往往可以设计为方形，故边长可知。

2. 偏心受压基础

偏心受压基础如图 5 - 19 所示。假定基础底面压应力按线性（非均匀）分布，根据力学公式，这时底面两边缘的应力为

$$p_{\substack{kmax \\ kmin}} = \frac{N_k + G_k}{bl} \pm \frac{M_k}{W} \tag{5 - 41}$$

式中：p_{kmax}、p_{kmin} 为基础底面的最大、最小压力值，N/mm^2；M_k 为作用在基础底面的弯矩值，$N \cdot mm$；b、l 为基础底面边长，其中 b 为偏心方向的边长，mm；W 为基础底面的弹性抵抗矩，$W = lb^2/6$，mm^3。

令 $e_0 = M_k/(N_k + G_k)$，将其代入式（5 - 41）可得

$$p_{\substack{kmax \\ kmin}} = \frac{N_k + G_k}{bl}\left(1 \pm \frac{6e_0}{b}\right) \tag{5 - 42}$$

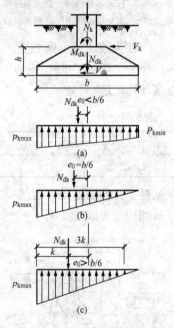

图 5 - 19　偏心受压基础的计算图形

由式（5 - 42）可知，当 $e_0 < b/6$ 时，$p_{kmin} > 0$，说明基底全部受压力作用，反力分布为梯形；当 $e_0 = b/6$ 时，$p_{kmin} = 0$，此时在偏心受拉一侧的基底边缘反力为零，反力分布为三角形，此时的 $p_{kmax} = (N_k + G_k)/bl$；当 $e_0 > b/6$ 时，$p_{kmin} < 0$，由于基底接触面是无法受拉的，说明此时在偏心的受拉一侧的基底边缘脱开了地基，反力分布只有基底受压部分呈现出三角形，其分布面积变为 $3kl$，$k = b/2 - e_0$ 为基底偏心轴力作用点距受基础压侧边缘的水平距离，基底反力如下计算，见式（5 - 43）

$$p_{kmax} = \frac{2(N_k + G_k)}{3kl} \tag{5 - 43}$$

为满足规定的地基承载力要求，设计时基底压应力应同时满足以下条件：

首先基底的平均应力 p_k 值，不允许超过其下的地基承载力设计值，即

$$p_k = \frac{p_{kmax} + p_{kmin}}{2} \leqslant f_a \tag{5 - 44}$$

同时应满足

$$p_{kmax} \leqslant 1.2 f_a \tag{5 - 45}$$

考虑到地基的不均匀性，根据设计经验有：对有吊车厂房，要求 $e_0 \leqslant b/6$；对无吊车厂房，当风载作用时允许基底部分脱离，但应保证 $k/b \geqslant 0.25$。

设计时，采用试算法，一般先按轴心受压基础所需面积的 $1.2 \sim 1.4$ 倍，估算偏压基础底面积，按 $b/l = 1.5 \sim 2$ 初选短边和长边，验算上述条件，直至满足为止。

三、基础高度

独立基础及阶梯的高度，是由柱与基础相交处或基础变阶处的抗冲切承载力的要求确定的。

如图 5-20 所示，试验证明在柱传来的轴向荷载作用下，如果沿柱周边（或变阶处）的高度不够，将产生沿 45° 的角锥体斜面冲切破坏，如图 5-20 所示。因此，基础要保证足够的高度，使冲切面外的地基净反力产生的冲切力 F_l，不超过冲切面处混凝土的抗冲强度，即

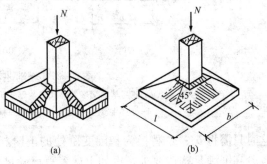

$$F_l \leqslant 0.7\beta_{hp} f_t b_m h_0 \qquad (5-46)$$

$$F_l = p_j A_l \qquad (5-47)$$

图 5-20　基础的冲切破坏

式中：F_l 为相应荷载效应基本组合时的冲切荷载设计值，kN；β_{hp} 为受剪冲切承载力截面高度影响系数（当基础高 $h \leqslant 800$mm 时，取 $\beta_{hp} = 1.0$，当 $h \geqslant 2000$mm 时，取 $\beta_{hp} = 0.9$，其间按线性内插法取用）；b_m 为冲切破坏锥体最不利一侧计算长度 $[b_m = (b_t + b_b)/2]$，mm；b_t 为冲切破坏锥体最不利一侧斜截面的上边长（当计算柱与基础交接处的受冲切承载力时，取柱宽，当计算基础变阶处的受冲切承载力时，取上阶宽），mm；b_b 为冲切破坏锥体最不利一侧，斜截面的下边长（计算柱与基础交接处冲切承载力，且冲切锥体的底面落在基底以内时，$b_b = b_c + 2h_0$，b_c 为柱宽；计算基础变阶处冲切承载力，且冲切锥体的底面落在基底以内时，取上阶宽 $+ 2h_0$；当冲切锥体的底面落在基底以外时，不管计算部位一律直接取基础相应边长），mm；h_0 为冲切计算体的有效高度，mm；p_j 为扣去基础自重及其土重后，相应按荷载效应基本组合时的地基土单位面积净反力设计值（当基础偏心受力时，可取 p_{jmax} 代替 p_j），N/mm²；A_l 为考虑冲切荷载时取用的多边形面积（如图 5-21 中的阴影面积），mm²。

锥形基础抗冲切验算位置，一般取在柱与基础交接处。由于矩形基础底边长不同，两个方向的冲切面积也不同，一般柱短边 b_c 一侧较柱长边 a_c 一侧危险，所以只需根据短边一侧来确定基础的高度。

当冲切面落在基底面以内时

$$A_l = \left(\frac{b}{2} - \frac{a_c}{2} - h_0 \right) l - \left(\frac{l}{2} - \frac{b_c}{2} - h_0 \right)^2 \qquad (5-48)$$

当冲切面落在基底面以外时

$$A_l = \left(\frac{b}{2} - \frac{a_c}{2} - h_0 \right) l \qquad (5-49)$$

式中：a_c、b_c 分别为基础底边 b（长边）、l（短边）方向的柱截面边长。

对阶梯形基础，除验算柱与基础的交接面外，还要对基础变阶处进行冲切承载力验算，

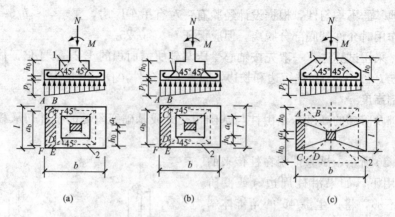

图 5 - 21　基础冲切破坏的计算图形

（a）柱与基础交接处；（b）基础变阶处；（c）锥体底面在基础底面以外

1—冲切破坏锥体最不利一侧的斜截面；2—冲切破坏锥体的底面线

这时只需将 b_c、a_c 替换为基础变阶处的上阶相应长度和宽度。设计时，一般先初选基础及各阶高度满足构造要求，再如上试算直至满足要求。

四、基础底板内力计算及配筋

试验表明，在地基净反力的作用下，基础底板在两个方向上均沿柱周边（或基础变阶

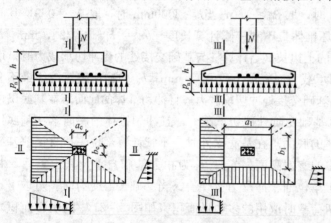

图 5 - 22　基础底板配筋的计算图形

处）向上弯曲，故底板应配置双向抗弯钢筋。如图 5 - 22 所示，计算简化中可以将底板看作固定于柱周边（或基础变阶处）的梯形倒置的悬臂板，弯矩控制截面取在柱与基础的交接面或基础的变阶处。

基础底板在轴心荷载或单向偏心荷载作用下的受弯计算，可按下列方法简化。

如图 5 - 23 所示，当台阶的宽高比≤2.5 和偏心距≤1/6 基础宽度时，柱边截面的弯矩为

$$M_{\mathrm{I}} = \frac{1}{24} p_{\mathrm{n}} (b - a_c)^2 (2l + b_c) \tag{5 - 50}$$

$$M_{\mathrm{II}} = \frac{1}{24} p_{\mathrm{n}} (l - b_c)^2 (2b - b_c) \tag{5 - 51}$$

式中：M_{I}、M_{II} 为任意截面 I-I、II-II 处相应于荷载效应基本组合的弯矩设计值，N·mm；p_{n} 为地基净反力。

需要注意的是，在计算偏心荷载作用下的弯矩时，若 I-I、II-II 为柱边截面，则式（5 - 50）中的地基净反力为 $p_{\mathrm{n}} = (p_{\mathrm{nmax}} + p_{\mathrm{nI}})/2$；式（5 - 51）中的地基净反力为 $p_{\mathrm{n}} = (p_{\mathrm{nmax}} + p_{\mathrm{nmin}})/2$。式中 p_{n} 为截面 I-I（柱边）处的地基净反力值。

基础配筋时为简化计算，一般可近似取内力臂系数 $\gamma \approx 0.9$，则沿长边 b 方向的受力钢筋，可按式（5 - 52）计算

$$A_{sI} = \frac{M_I}{0.9 f_y h_0}　　　　　(5 - 52)$$

沿短边 l 方向布置的基底钢筋为

$$A_{sII} = \frac{M_{II}}{0.9(h_0 - d) f_y}　　　　　(5 - 53)$$

式中：d 为沿长边 b 方向的基底钢筋直径。

施工中通常将沿短边 l 方向的钢筋，放在沿长边 b 的基底钢筋的上面。

最后得到的同一方向的配筋，取基础变阶处和柱边截面处的大者。

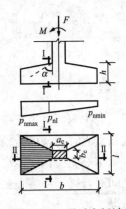

图 5 - 23　基础底板计算示意图

第六章　受拉构件承载力计算

受拉构件是指承受平行结构构件轴线方向的拉力作用的构件。一般称当纵向拉力作用在截面重心时的构件为轴心受拉构件,当拉力偏离构件截面重心时为偏心受拉构件。

偏心受拉构件,当 N 作用于距其较近一侧的纵筋 A'_s 合力点和较远一侧纵筋 A_s 合力点之间时,属于小偏心受拉情况;若 N 作用于钢筋 A_s 与 A'_s 合力点以外时,属于大偏心受拉情况。

在实际工程中,理想的轴心受拉构件是很少的,但有些构件如受结点荷载的桁架受拉下弦杆、腹杆,刚架或拱的拉杆,水压力下的管壁,以及圆形贮液结构柱壳等,按其截面的受力特点,可以近似简化为轴心受拉构件。偏心受拉构件相对较为常见,如地下的压力水管(当忽略自重时),矩形贮液结构和贮仓壁板、矩形渡槽的底板、工业厂房中双肢柱的受拉肢等均为偏心受拉构件,见图6-1。

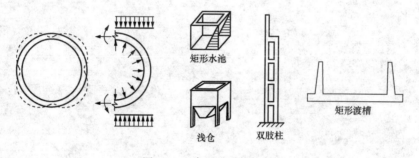

矩形水池

浅仓　　双肢柱　　矩形渡槽

图6-1　常用的受拉构件

第一节　轴心受拉构件正截面承载力计算

一、轴心受拉构件的受力分析

一般轴心受拉构件内均配有纵向钢筋和横向受力钢筋。轴心受拉构件中纵筋能帮助混凝土承受外拉力,而横向钢筋(箍筋)固定纵筋形成钢筋骨架,并承受剪力作用。构件从开始加载到破坏,其受力过程可分成三个阶段,如图6-2所示。

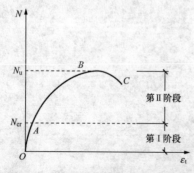

图6-2　轴心受拉的各个阶段全过程

(1)从加载到混凝土开裂前的钢筋与混凝土共同受力阶段为第一阶段。此时,由于荷载很小,混凝土和钢筋都处在弹性受力状态,两者共同承受拉力,应力与应变成正比。随着荷载的增加,混凝土开始进入弹塑性阶段,应变增长比其应力增长速度要快,构件中应力最大并达混凝土抗拉强度的截面将首先开裂,此时钢筋仍然处于弹性状态。第一阶段为共同工作阶段，阶段末一般作为构件抗裂验算的依据。

（2）混凝土开裂后，构件带裂缝工作至钢筋屈服前，属于第二阶段。首先在截面最薄弱处产生第一条裂缝，裂缝垂直构件轴线并贯穿整个截面。此时，开裂混凝土退出工作，所有外力由钢筋承担。因此使该处钢筋应力发生突变。纵筋配筋率越低，钢筋应力的突变则越大。由于此时钢筋并未达到屈服，荷载仍可以继续增加。当相邻裂缝之间的距离（即粘结力传递长度），不足以将混凝土开裂卸载引起的拉力传给混凝土时，构件中将不再出现新裂缝（一般较细、分布较均匀的钢筋布置，有利于控制裂宽及间距）。此时，裂缝宽度稳定，平均拉应变有较大发展，构件刚度减小，所以构件的裂缝宽度和变形验算均以此阶段为依据。

（3）钢筋开始屈服，轴心受拉构件的破坏阶段为第三阶段。构件进入破坏阶段时，裂缝截面处钢筋应力首先达到其抗拉强度。而由于实际上受到钢筋材料的不均匀性、布置位置误差等因素的影响，不同位置钢筋并不是同时达到屈服的。在此过程中，构件的变形还将有一定发展，当各位置钢筋均达屈服时，裂缝已经开展很大而无法继续承载，构件最终达到破坏状态，有时构件还可能被拉断。抗拉正截面承载力计算是以第三阶段为依据的。

通过轴心受拉构件的试验可知，钢筋的用量和强度决定了构件的极限抗拉承载力大小。若使构件的极限抗拉承载力不低于构件的开裂荷载，就必须保证纵向钢筋的最小用量。

二、轴心受拉构件正截面承载力计算

钢筋混凝土轴心受拉构件在轴向拉力作用下，开裂后该截面处的混凝土退出工作，拉力由钢筋全部承担，即

$$N \leqslant f_y A_s \tag{6-1}$$

注意应用时，当 f_y 大于 300N/mm^2 时，按 300N/mm^2 取值；且 A_s 为全部纵向钢筋截面面积。钢筋混凝土轴心受拉构件配筋示意，如图 6-3 所示。

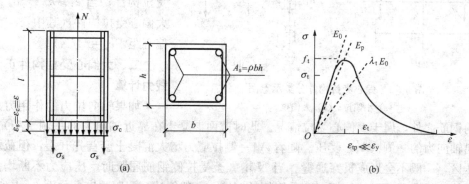

图 6-3　轴心受拉构件的配筋与应力—应变曲线
（a）外形和配筋；（b）混凝土受拉应力—应变全曲线

【例 6-1】　某钢筋混凝土屋架下弦，按轴心受拉构件设计，其截面尺寸取为 $b \times h = 200\text{mm} \times 200\text{mm}$，端节间承受的恒荷载产生的轴向拉力标准值 $N_{gk} = 150\text{kN}$，活荷载产生的轴向拉力标准值 $N_{qk} = 50\text{kN}$，结构重要性系数 $\gamma_0 = 1.1$，混凝土的强度等级 C25，纵向钢筋为 HRB335 级，试按正截面承载力要求，计算其所需配置的纵向受拉钢筋截面面积，并选配钢筋。

解　首先计算轴向拉力设计值。

查表可知，HRB335 级钢筋的抗拉强度设计值 $f_y = 300\text{N/mm}^2$，C25 混凝土，$f_t = 1.27$

N/mm^2，$f_c = 11.9N/mm^2$，$\gamma_G = 1.2$，$\gamma_Q = 1.4$。

下弦端节间的轴向拉力设计值为

$$\gamma_0 N = \gamma_0 (\gamma_G N_{Gk} + \gamma_Q N_{Qk}) = 1.1 \times (1.2 \times 150 + 1.4 \times 50) = 275kN$$

由式（6-1）求得所需纵向受拉钢筋面积 A_s 为

$$A_s = \frac{\gamma_0 N}{f_y} = \frac{275\,000}{300} = 916.7mm^2$$

实际选用 4 根直径为 18mm 的 HRB335 级钢筋，记作 4⊈18（实配 $A_s = 1017mm^2$）。
按最小配筋率计算的钢筋面积小于实配钢筋面积

$$A_{s,min} = \rho_{min} bh = 0.4\% \times 200 \times 200 = 160mm^2 < 1017mm^2$$

$$\left(0.9 \frac{f_t}{f_y} = 0.9 \times \frac{1.27}{300} = 0.381\% < 0.4\% \right)，满足要求。$$

第二节　偏心受拉构件正截面承载力计算

一、偏心受拉构件的分类

试验表明构件承受偏心受拉时，其正截面的受力性能及破坏特征与偏心距的大小有关。两者的受力情况有明显的差异。如图 6-4（a）、（b）所示，按照定义偏心受拉构件的类型可以用如下公式进行判断：

当 $e_0 \leqslant h/2 - a_s$ 时，为小偏心受拉构件；当 $e_0 > h/2 - a_s$ 时，为大偏心受拉构件（其中，e_0 为计算偏心距，$e_0 = M/N$）。

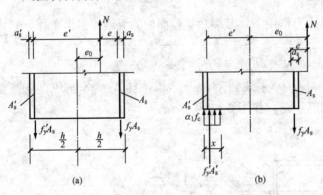

图 6-4　偏心受拉构件分类示意图
(a) 小偏拉；(b) 大偏拉

二、大偏心受拉构件正截面承载力计算

两侧的钢筋之外，属于大偏心受拉情况。此时截面混凝土在靠近轴向力的一侧（A_s）受拉，而远离轴向力的一侧（A_s'）受压。随着 A_s 一侧拉应力增大混凝土会首先开裂，但截面上存在受压区，一般不会形成贯穿通缝。当 N 增大至受拉侧钢筋屈服时，压应力不断增大，直至受压侧边缘混凝土压碎破坏。而受压侧的钢筋，一般能达到屈服强度，如图 6-5 所示。

因为构件破坏时钢筋 A_s 和 A_s' 都达到屈服强度，所以由平衡条件得承载力计算公式为

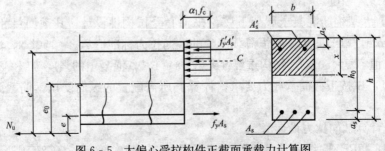

图 6-5　大偏心受拉构件正截面承载力计算图

$$N_u = f_y A_s - f_y' A_s' - \alpha_1 f_c bx \tag{6-2}$$

$$N_u e = \alpha_1 f_c bx \left(h_0 - \frac{x}{2} \right) + f_y' A_s' (h_0 - a_s') \tag{6-3}$$

式中：$e = e_0 - \dfrac{h}{2} + a_s$。

α_1 取值与受弯构件相同。上述公式应满足下列条件：

$x \leqslant x_b = \xi_b h_0$ 及 $x \geqslant 2a_s'$。若 $x < 2a_s'$，可取 $x = 2a_s'$，并对 A_s' 合力作用点取矩得

$$Ne' = A_s f_y (h_0 - a_s') \tag{6-4}$$

$$e' = e_0 + \frac{h}{2} - a_s' \tag{6-5}$$

可得 A_s 为

$$A_s = \frac{Ne'}{f_y (h_0 - a_s')} \tag{6-6}$$

设计应用时若 A_s、A_s' 均未知，加上 x 也是未知数，所以应用钢筋用钢量最小的原则，同偏心受压构件一样，取补充条件为 $x = x_b = \xi_b h_0$，代入基本方程计算 A_s'。得到的结果若 $A_s' < \rho_{\min} bh_0$ 或为负值，则按构造取 $A_s' = \rho_{\min} bh_0$，按 A_s' 已知来计算 A_s。具体计算过程与偏心受压构件相似，只是轴向力为拉力。

三、小偏心受拉构件正截面承载力计算

当轴向拉力作用在截面两侧钢筋之间时，属于小偏心受拉情况。若 e_0 较小，在受力过程中混凝土全截面受拉；若 e_0 值较大，则远离 N 侧的混凝土部分受压，近拉力侧先开裂，随着拉力不断增大，混凝土压应力逐渐消失，最终裂缝贯通整个截面。全部轴向拉力由钢筋承担，直至钢筋达屈服宣告构件破坏，如图 6-6 所示。

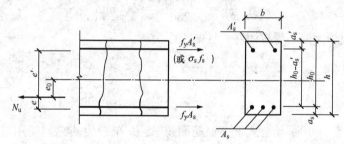

图 6-6　小偏心受拉构件正截面承载力计算图

根据极限状态的内力平衡条件得

$$N_u = f_y A_s' + f_y' A_s' \tag{6-7}$$

$$N_u e = f_y A_s' (h_0 - a_s') \tag{6-8}$$

$$N_u e' = f_y A_s (h_0' - a_s) \tag{6-9}$$

式中：e 为 N_u 至 A_s 合力点的距离，$e = h/2 - e_0 - a_s$；e' 为 N_u 至 A_s' 合力点的距离，$e' = h/2 + e_0 - a_s'$。

将 e 和 e' 分别代入式 (6-8)、式 (6-9)，并取 $e_0 = M/N$，有

$$A_s = \frac{N_u (h - 2a_s')}{2f_y (h_0 - a_s')} + \frac{M}{f_y (h_0 - a_s')} \tag{6-10}$$

$$A_s' = \frac{N_u (h - 2a_s')}{2f_y (h_0 - a_s')} - \frac{M}{f_y (h_0 - a_s')} \tag{6-11}$$

上式中的第一项代表 N 所需配置的钢筋，第二项反映了偏心拉力产生的 M 对配筋的影

响。弯矩 M 的存在增大了 A_s，使 A'_s 有所减少。因此，当设计中同时存在不同内力组合（N 和 M）时，应按 N_{max} 和 M_{max} 计算 A_s，按 N_{max} 和 M_{min} 计算 A'_s。

对称配筋时，由于远离拉力一侧钢筋不屈服，应力未知，对其合力点取矩为

$$A_s = A'_s = \frac{N_u e'}{f_y (h_0 - a'_s)} \tag{6-12}$$

小偏心受拉构件截面设计时，可直接由式（6-7）～式（6-12）求解钢筋面积 A_s 和 A'_s。承载力校核时由已知 A_s、A'_s 及 e_0，分别求出截面能够承受的拉力 N，取较小者作为构件的极限设计值 N_u。

 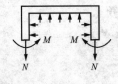

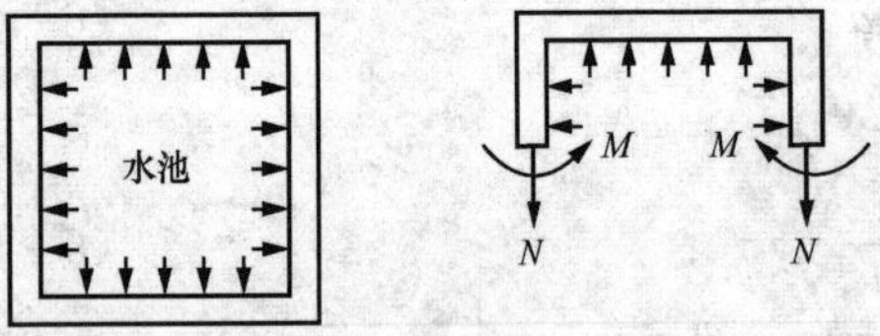

【例 6-2】　某矩形截面水池，如图 6-7 所示。壁板厚 $h=300$mm，内力计算得到壁板跨中每米长度的轴向拉力设计值 $N=280$kN，最大弯矩设计值 $M=140$kN·m，该水池的混凝土强度等级 C25，采用 HRB335 级钢筋，求水池在该截面所需配置的纵筋 A_s 和 A'_s。

图 6-7　[例 6-2] 图

解　取 $a_s = a'_s = 35$mm，C25 混凝土：$f_t = 1.27$N/mm²，$f_c = 11.9$N/mm²，钢筋采用 HRB335，$f_y = f'_y = 300$N/mm²，$\xi_b = 0.55$，$\alpha_{s,max} = 0.399$，$\alpha_1 = 1.0$，$\beta = 1.0$。

判别偏心类型如下

$$b = 1000\text{mm}, h = 300\text{mm}, h_0 = 300 - 35 = 265\text{mm}$$

$$e_0 = \frac{M}{N} = \frac{140\ 000}{280} = 500\text{mm} > \frac{h}{2} - a_s = \frac{300}{2} - 35 = 115\text{mm}$$

故为大偏心受拉构件，且偏心距为

$$e = e_0 - \frac{h}{2} + a_s = 500 - 150 + 35 = 385\text{mm}$$

$$e' = e_0 + \frac{h}{2} - a'_s = 500 + 150 - 35 = 615\text{mm}$$

利用平衡公式求解钢筋面积 A_s 和 A'_s：为使总钢筋用量最小，计算中取 $x = \xi_b h_0$，代入式（6-3）得

$$A'_{min} = \frac{Ne - \alpha_1 f_c b h_0^2 \xi_b (1 - 0.5\xi_b)}{f'_y (h_0 - a'_s)}$$

$$= \frac{280\ 000 \times 385 - 1.0 \times 11.9 \times 1000 \times 265^2 \times 0.399}{300 \times (265 - 35)} < 0$$

所以，利用最小配筋率配置，取 $A'_s = \rho'_{min} bh = 0.002 \times 1000 \times 300 = 600$mm²

选配 ϕ12@180=628mm²，按 A'_s 为已知的情况计算 A_s。

$$\alpha_s = \frac{Ne - f'_y A'_s (h_0 - a'_s)}{f_c b h_0^2} = \frac{280\ 000 \times 385 - 300 \times 628 \times (265 - 35)}{11.9 \times 1000 \times 265^2} = 0.077$$

$$\xi = 1 - \sqrt{1 - 2\alpha_s} = 1 - \sqrt{1 - 2 \times 0.077}$$

$$= 0.08, x = \xi h_0 = 0.08 \times 265 = 21.2\text{mm} < 2a'_s$$

取 $x = 2a'_s = 70$mm，对受压合力作用点取矩，按式（6-6）计算 A_s 得

$$A_s = \frac{Ne'}{f_y (h_0 - a'_s)} = \frac{280 \times 1000 \times 615}{300 \times 230} = 2495.65\text{mm}^2$$

另外取 $A'_s = 0$，重求 A_s，与上式计算结果比较，取较小值配筋。由 A_s 选配钢筋 ϕ18@

$100=2545\text{mm}^2$。

验算实配钢筋的配筋率

$$\rho'=\frac{A'_{min}}{bh}=\frac{628}{300\times1000}=0.21\%>\rho'_{min}(取\ 0.2\%)>45\frac{f_t}{f_y}\%=0.45\times\frac{1.27}{300}=0.19\%$$

$$\rho=\frac{A_s}{bh}=\frac{2495.65}{300\times1000}=0.83\%>\rho_{min}=\rho'_{min}$$

满足最小配筋率的要求。

【例 6 - 3】　偏心受拉构件的截面尺寸为 $b=300\text{mm}$，$h=500\text{mm}$，$a_s=a'_s=35\text{mm}$；构件承受轴向拉力设计值 $N=850\text{kN}$，弯矩设计值 $M=80\text{kN·m}$，混凝土强度等级为 C20，钢筋为 HRB335，试计算钢筋截面面积 A_s 和 A'_s。

解　C20 混凝土，$f_t=1.1\text{N/mm}^2$，$f_y=f'_y=300\text{N/mm}^2$，取 $a_s=a'_s=35\text{mm}$，$h_0=500-35=465\text{mm}$。

首先根据偏心距判别破坏类型

$e_0=M/N=80\,000/850=94.12\text{mm}<h/2-a_s=250-35=215\text{mm}$，为小偏心受拉。

$$e=\frac{h}{2}-e_0-a_s=\frac{500}{2}-94.12-35=120.88\text{mm}$$

$$e'=\frac{h}{2}+e_0-a'_s=\frac{500}{2}+94.12-35=309.12\text{mm}$$

将上式分别代入式（6 - 7）、式（6 - 8）可解 A_s 和 A'_s

$$A_s=\frac{Ne'}{f_y(h_0-a_s)}=\frac{850\,000\times309.12}{300\times(465-35)}=2036.8\text{mm}^2$$

$$A'_s=\frac{Ne}{f_y(h_0-a'_s)}=\frac{850\,000\times120.88}{300\times(465-35)}=796.5\text{mm}^2$$

实际选配钢筋为：离轴拉力较远侧钢筋为 2 ⌀ 25（$A'_s=982\text{mm}^2$），离轴拉力较近侧钢筋为 5 ⌀ 25（$A_s=2454\text{mm}^2$）。

验算实配钢筋配筋率

$$\rho'=\frac{A'_s}{bh}=\frac{982}{300\times500}=0.65\%>\rho'_{min}，取\ 0.2\%>45\frac{f_t}{f_y}\%=0.45\times\frac{1.1}{300}=0.165\%$$

$$\rho=\frac{A_s}{bh}=\frac{2454}{300\times500}=1.6\%>\rho_{min}=\rho'_{min}，取\ 0.2\%$$

均满足最小配筋率的要求。

第三节　偏心受拉构件斜截面承载力计算

一、受力分析

偏心受拉构件一般来说除作用有弯矩、拉力外，也同时有剪力的作用，当截面的剪力较大时，应对其进行斜截面承载力的计算。

由试验可知，轴拉构件在横向荷载作用下，呈拉弯承载状态，会在弯剪区出现比受弯构件稍陡的斜裂缝（见图 6 - 8）。由于作用有轴向拉力，裂缝往往会贯穿构件的全截面，其混凝土剪压区高度较小，有些情况截面甚至可能无剪压区存在，很快就发生斜拉破坏。轴拉力的存在明显降低了构件的抗剪能力，且降低的幅度随轴拉力的增加而加剧。而构件内箍筋的

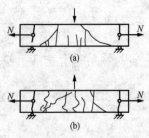

图 6-8　偏心受拉试件的斜
截面破坏形态

抗剪能力基本上是不受轴向拉力影响的。

二、斜截面受剪承载力计算公式

通过对试验资料的分析，针对偏心受拉构件的斜截面承载特点，《混凝土结构设计规范》采用下列公式计算抗剪强度

$$V \leqslant \frac{1.75}{\lambda+1.0} f_t b h_0 + 1.0 f_{yv} \frac{A_{sv}}{s} h_0 - 0.2N \quad (6-13)$$

式中：V 为构件斜截面上的最大剪力设计值，N；N 为与剪力设计值 V 相应的轴向拉力设计值，N；λ 为计算截面的剪跨比，取 $\lambda = a/h_0$，a 为集中荷载到支座之间距离，当 $\lambda < 1$ 时，取 $\lambda = 1$；当 $\lambda > 3$ 时，取 $\lambda = 3$。

上式中右侧前两项，采用受集中荷载的受弯构件抗剪部分一样的形式，在此基础上减去轴向拉力对偏拉构件抗剪强度的降低值（根据试验取 $0.2N$）。

考虑到构件可能出现裂缝贯通，剪压区全部消失的情况，《混凝土结构设计规范》（GB 50010—2010）要求式（6-13）右端当 $\frac{1.75}{\lambda+1.0} f_t b h_0 + 1.0 f_{yv} \frac{nA_{sv1}}{s} - 0.2N \leqslant 1.0 f_{yv} \frac{nA_{sv1}}{s}$ 时，取 $\frac{1.75}{\lambda+1.0} f_t b h_0 = 0.2N$，即取

$$V = 1.0 f_{yv} \frac{nA_{sv1}}{s} h_0 \quad (6-14)$$

$$\frac{nA_{sv1}}{s} \geqslant \frac{V}{f_{yv} h_0} \quad (6-15)$$

三、计算公式的适用条件

《混凝土结构设计规范》（GB 50010—2010）规定：偏拉构件的受剪截面尺寸要求与受弯构件相同，同时应满足箍筋最小配筋率的要求，即

$$\rho_{sv} = A_{sv}/bs \geqslant \rho_{sv,min} = 0.36 f_t / f_{yv}$$

式中符号意义同前。

【例 6-4】　已知混凝土偏拉构件 $b \times h = 400\text{mm} \times 500\text{mm}$，采用 C30 级混凝土，纵筋和箍筋均为 HRB335 级钢筋，承受内力设计值 $N = 400\text{kN}$（＋），$M = 160\text{kN·m}$，$V = 120\text{kN}$。试计算该偏拉构件须配置的箍筋用量。

解　（1）由混凝土强度等级及钢筋等级可知：

$f_t = 1.43\text{N/mm}^2$，$f_c = 14.3\text{N/mm}^2$，$f_{yv} = f_y = 300\text{N/mm}^2$，$c = 25\text{mm}$，取 $a_s = a'_s = 40\text{mm}$，$h_0 = 460\text{mm}$。

（2）验算截面条件

$V = 120\text{kN} < 0.25\beta_c f_c b h_0 = 0.25 \times 14.3 \times 400 \times 460 = 657.8\text{kN}$，满足要求。

（3）求箍筋

$\lambda = \frac{M}{V h_0} = \frac{160}{120 \times 0.46} = 2.9 < 3.0$，由基本公式

$$\frac{A_{sv}}{s} = \frac{V - \left(\frac{1.75}{\lambda+1} f_t b h_0 - 0.2N \right)}{f_{yv} h_0}$$

$$= \frac{120\,000 - \left(\dfrac{1.75}{2.9+1} \times 1.43 \times 400 \times 460 - 0.2 \times 400\,000\right)}{300 \times 460} = 0.594$$

采用 $\Phi 12@160$，$\dfrac{A_{sv}}{s} = \dfrac{157}{200} = 0.785$，满足要求。

（4）校核适用条件

$$\frac{1.75}{\lambda+1} f_t b h_0 + f_{yv} \frac{A_{sv}}{s} h_0 - 0.2N$$

$$= \frac{1.75}{2.9+1} \times 1.43 \times 400 \times 460 + 300 \times \frac{157}{200} \times 460 - 0.2 \times 400\,000$$

$$= 146.4\text{kN} > f_{yv} \frac{A_{sv}}{s} h_0 = 300 \times \frac{157}{200} \times 460 = 108.33\text{kN}$$

$f_{yv} \dfrac{A_{sv}}{s} h_0 = 108.33\text{kN} > 0.36 f_t b h_0 = 0.36 \times 1.43 \times 400 \times 460 = 94.72\text{kN}$，满足要求。

第四节　受拉构件构造要求

钢筋混凝土轴心受拉构件，一般宜采用正方形、矩形或其他对称截面，纵向受力钢筋在截面中应对称布置或沿截面周边均匀布置，并宜优先选择直径较小的钢筋。而偏心受拉构件截面多采用矩形，且截面长边方向宜和弯矩作用平面平行。

轴心受拉及小偏心受拉杆件（如桁架和拱的拉杆）的纵向受力钢筋，不得采用绑扎搭接接头；搭接而不加焊的受拉钢筋接头，仅允许用在圆形柱壳或管中，其接头位置应错开，搭接长度应不小于 $1.2l_a$ 和 300mm。

轴心受拉构件中箍筋直径不小于 6mm，间距一般不宜大于 200mm（对屋架的腹杆不宜超过 150mm）。贮液结构等薄壁构件中一般要双向布置钢筋，形成钢筋网。

偏心受拉、轴心受拉构件一侧的受拉钢筋最小配筋百分率，为 0.2% 和 $45 f_t/f_y \%$ 中的较大值。偏心受拉构件中的受压钢筋，应按受压构件一侧纵向钢筋考虑，最小配筋百分率为 0.2%。轴心受拉和小偏心受拉构件一侧受拉钢筋的配筋率，应按构件的全截面面积计算；大偏心受拉构件一侧受拉钢筋的配筋率，应按全截面面积扣除受压翼缘面积 $(b_f'-b)h_f'$ 后的截面面积计算。

第七章　钢筋混凝土构件的挠度、裂缝和混凝土结构的耐久性

以上各章讨论的是基本构件的承载力设计问题，虽然满足了安全性这一功能要求，但不能解决结构构件的适用性和耐久性问题。通常，对各类混凝土构件都要求进行承载力计算。对某些构件，还应根据其使用条件，通过验算，使变形和裂缝宽度不超过规定限值，同时还应满足保证正常使用及耐久性的其他要求与规定限值，例如混凝土保护层的最小厚度等。与不满足承载能力极限状态相比，结构构件不满足正常使用极限状态，对生命财产的危害性要小，所以正常使用极限状态的目标可靠指标可以小些。《混凝土结构设计规范》（GB 50010—2010）规定：结构构件承载力计算应采用荷载设计值；对于正常使用极限状态，结构构件应分别按荷载的标准组合、准永久组合进行验算，或按照标准组合并考虑长期作用影响进行验算，并应保证变形、裂缝、应力等计算值不超过相应的规定限值。由于混凝土构件的变形及裂缝宽度都随时间增大，因此验算变形及裂缝宽度时，应按荷载的标准组合并考虑荷载长期效应的影响。荷载效应的标准组合也称为荷载短期效应，是指按永久荷载及可变荷载的标准值计算的荷载效应；荷载效应的准永久组合也称为荷载长期效应，是指按永久荷载的标准值及可变荷载的准永久值计算的荷载效应。

第一节　钢筋混凝土受弯构件的挠度验算

一、受弯构件挠度控制的目的和要求

在一般建筑中，限制结构构件的变形主要是考虑：

1. 保证建筑的使用功能要求

结构构件产生过大的变形，将损害甚至丧失其使用功能。例如，放置精密仪器设备的楼盖梁、板的挠度过大，将使仪器设备难以保持水平；吊车梁的挠度过大会妨碍吊车的正常运行等。

2. 防止对结构构件产生不良影响

主要是指防止结构性能与设计中的假定不符。例如，梁端的旋转将使支撑面积减小，支撑反力偏心距增大，当梁支撑在砖墙（或柱）上时，可能使墙体沿梁顶、底出现内外水平缝，严重时将产生局部承压或墙体失稳破坏等。

3. 防止对非结构构件产生不良影响

包括防止结构构件变形过大，使门窗等活动部件不能正常开关；防止非结构构件，如隔墙及顶棚的开裂、压碎或其他形式的破坏等。

4. 保证人们的感觉在可接受程度之内

例如，防止厚度较小的板，在上人后产生过大的颤动或明显下垂引起的不安全感；防止可变荷载（活荷载、风荷载等）引起的振动及噪声引起人感觉不适等。

随着高强度混凝土和钢筋的采用，构件截面尺寸相应减小，变形问题更为突出。

《混凝土结构设计规范》（GB 50010—2002）在考虑上述因素的基础上，根据工程经验，仅对受弯构件规定了允许挠度值，见表 2 - 5。验算值应满足式（2 - 19）。

由工程力学可知，匀质弹性材料梁的跨中挠度如下

$$f_{max} = C \frac{M l_0^2}{EI} = C\varphi l_0^2 \tag{7 - 1}$$

式中：C 为与荷载形式、支撑条件有关的挠度系数，例如，承受均布荷载的简支梁，$C = 5/48$；l_0 为梁的计算跨度；EI 为梁的截面抗弯刚度；φ 为截面曲率，即单位长度上的转角，$\varphi = M/EI$。

由式（7 - 1）可知，l_0 越大，h 越小，则构件的挠度 f 越大。因此，在满足承载力的前提下，通过控制构件截面的跨高比可以达到控制挠度的目的。

二、截面抗弯刚度的概念

由 $EI = M/\varphi$ 可知，截面抗弯刚度是使截面产生单位转角所需施加的弯矩，它是度量截面抵抗弯曲变形能力的重要指标。

图 7 - 1 所示为适筋梁的 M-φ 关系曲线。当梁的截面尺寸和材料确定后，弹性匀质材料梁的截面抗弯刚度 EI 是一个常数。因此，弯矩与曲率之间是始终不变的正比例关系，如图 7 - 1 中虚线 OA 所示。

对混凝土受弯构件，上述关于匀质弹性材料梁的力学概念仍然适用，不同之处在于钢筋混凝土是不匀质的非弹性材料，因而混凝土受弯构件的截面抗弯刚度，不是常数而是变化的，其主要特点如下：

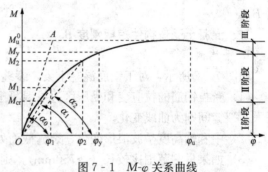

图 7 - 1　M-φ 关系曲线

1. 随荷载的增加而减小

从理论上讲，混凝土受弯构件的截面抗弯刚度，应取为 M-φ 曲线上相应点处切线的斜率。在裂缝出现前，M-φ 曲线与直线 OA 几乎重合，因而截面抗弯刚度可视为常数，它的斜率就是截面的抗弯刚度。当接近裂缝出现时，即进入第 I 阶段末时，M-φ 曲线已偏离直线，逐渐弯曲，说明截面抗弯刚度有所降低。出现裂缝后，即进入第 II 阶段后，M-φ 曲线发生转折，φ 增加较快，截面抗弯刚度明显降低。钢筋屈服后进入第 III 阶段，此时 M 增加很小，φ 急剧增大，截面抗弯刚度明显降低。

按正常使用极限状态验算挠度时，相应的正截面承担的弯矩，约为其最大抗弯承载力试验值 M_u^0 的 50%～70%，可定义在 M-φ 曲线上 $0.5 M_u^0$～$0.7 M_u^0$ 的区段内，任一点与坐标原点 O 相连的割线斜率为截面抗弯刚度，记为 B。在该区段内的截面抗弯刚度仍然随弯矩的增大而减小，即

$$B = \tan\alpha = \frac{M}{\varphi}, M = 0.5 M_u^0 \sim 0.7 M_u^0 \tag{7 - 2}$$

2. 随配筋率 ρ 的降低而减小

试验表明，截面尺寸和材料都相同的适筋梁，配筋率大的，M-φ 曲线陡，变形小，相应的截面抗弯刚度大；反之，配筋率小的，M-φ 曲线平缓，变形大，相应的截面抗弯刚度就小。

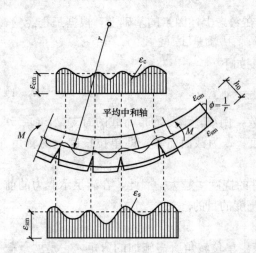

图 7 - 2　梁纯弯段内各截面应变及裂缝分布

3. 沿构件跨度，截面抗弯刚度是变化的

如图 7 - 2 所示，即使在纯弯区段，各个截面承受的弯矩相同，截面抗弯刚度也是不相同的，裂缝截面处的小些，裂缝间截面处的大些。所以，验算其变形时采用的截面抗弯刚度，是对纯弯区段内平均的截面抗弯刚度而言的。

4. 随加载时间的增长而减小

试验表明，对一个构件保持不变的荷载值，则随时间的增长，截面抗弯刚度将会减小，变形增大；但对一般尺寸的构件，3 年以后可趋于稳定。在变形验算中，除了要考虑荷载的短期效应组合外，还应考虑荷载的长期效应组合的影响，对前者采用短期刚度 B_s，对后者则采用长期刚度 B。

三、混凝土受弯构件短期刚度 B_s

1. 平均曲率

如图 7 - 2 所示，对于钢筋混凝土梁，裂缝出现后，沿梁长度方向：

（1）受拉钢筋的拉应变和受压区边缘混凝土的压应变，都是不均匀分布的，裂缝截面处最大，裂缝间则为曲线变化。

（2）中和轴高度呈波浪形变化，裂缝截面处中和轴高度最小。

（3）如果量测范围比较长（>750mm），则各水平纤维的平均应变，沿梁截面高度的变化基本符合平截面假定。

根据平均应变符合平截面的假定，可得平均曲率为

$$\varphi = \frac{1}{r} = \frac{\varepsilon_{sm} + \varepsilon_{cm}}{h_0} \tag{7 - 3}$$

式中：r 为与平均中和轴相应的平均曲率半径，mm；ε_{sm} 为纵向受拉钢筋重心处的平均拉应变；ε_{cm} 为受压区边缘混凝土的平均压应变；h_0 为截面有效高度，mm。

由式（7 - 2）和式（7 - 3），得短期刚度为

$$B_s = \frac{M_k}{\varphi} = \frac{M_k h_0}{\varepsilon_{sm} + \varepsilon_{cm}} \tag{7 - 4}$$

式中：M_k 为按荷载标准组合计算的弯矩值，N·mm。

2. 平均应变

（1）受拉钢筋的平均应变 ε_{sm}。图 7 - 3 给出了适筋受弯构件，第 Ⅱ 阶段裂缝截面的应力图形。对受压区合力点取矩，得到在荷载效应标准组合也就是短期效应组合作用下，裂缝截面纵向受拉钢筋重心处的拉应力为

$$\sigma_{sk} = \frac{M_k}{A_s \eta h_0} \tag{7 - 5}$$

式中：η 为裂缝截面处内力臂长度系数。

在荷载效应标准组合下，裂缝截面纵向受拉钢筋重心处的拉应变 ε_{sk}，按式（7 - 6）计算为

$$\varepsilon_{sk} = \frac{\sigma_{sk}}{E_s} = \frac{M_k}{E_s A_s \eta h_0} \qquad (7-6)$$

考虑钢筋应变不均匀系数 ψ，并将钢筋平均拉应变 ε_{sm} 用裂缝截面处的相应应变 ε_{sk} 表示，则

$$\varepsilon_{sm} = \psi \varepsilon_{sk} = \psi \frac{M_k}{E_s A_s \eta h_0} \qquad (7-7)$$

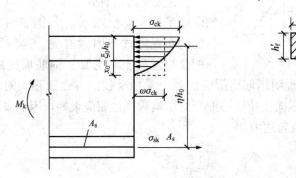

图 7-3　第 Ⅱ 阶段裂缝截面应力图

（2）受压混凝土平均应变 ε_{cm}。在受力的第二阶段，裂缝截面受压区混凝土中的应力分布为曲线图形。为简化计算，取等效应力图形为矩形，换算的平均应力为 $\omega\sigma_{ck}$，σ_{ck} 为在荷载效应标准组合下，裂缝截面受压区边缘混凝土的压应力，对受拉钢筋的重心取矩，可得

$$\sigma_{ck} = \frac{M_k}{\omega(\gamma_f' + \xi_0)\eta b h_0^2} \qquad (7-8)$$

式中：ω 为压应力图形丰满程度系数；ξ_0 为裂缝截面处受压区高度系数；γ_f' 为受压翼缘的加强系数，取 $\gamma_f' = (b_f' - b)h_f'/bh_0$。

在荷载效应标准组合下，裂缝截面受压区边缘混凝土的压应变 ε_{ck} 为

$$\varepsilon_{ck} = \frac{\sigma_{ck}}{E_c'} = \frac{\sigma_{ck}}{\nu E_c} \qquad (7-9)$$

式中：E_c'、E_c 分别为混凝土的变形模量和弹性模量，$E_c' = \nu E_c$；ν 为混凝土的弹性特征值。

考虑混凝土应变不均匀系数 ψ_c，并将混凝土平均压应变 ε_{cm} 用裂缝截面处的相应应变 ε_{ck} 表示，则

$$\varepsilon_{cm} = \psi_c \varepsilon_{ck} = \psi_c \frac{\sigma_{ck}}{\nu E_c} = \psi_c \frac{M_k}{\omega(\gamma_f' + \xi_0)\eta b h_0^2 \nu E_c} \qquad (7-10)$$

为简化计算，取 $\zeta = \omega\nu(\gamma_f' + \xi_0)\eta/\psi_c$，则式（7-10）改为

$$\varepsilon_{cm} = \frac{M_k}{\zeta b h_0^2 E_c} \qquad (7-11)$$

式中：ζ 为受压边缘混凝土平均应变综合系数，用系数 ζ 代替一系列系数，主要是结果容易通过试验资料直接得出，避免了一系列系数的繁琐计算和误差积累。

（3）参数 η、ψ 和 ζ。

1）裂缝截面处内力臂长度系数 η。理论分析，对常用的混凝土强度等级和配筋率，可近似取 $\eta = 0.87$。

2）钢筋应变不均匀系数 ψ。图 7-4 为一根试验梁实测的纵向受拉钢筋的应变分布图。

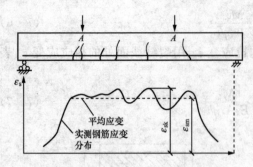

图 7-4 纯弯段内受拉钢筋应变分布

在纯弯段 A—A 内，钢筋应变是不均匀的，裂缝截面处最大，离开裂缝截面就逐渐减小，这主要是由于裂缝间的受拉混凝土参加工作的缘故。因此，系数 ψ 的物理意义就是反映裂缝间受拉混凝土对纵向受拉钢筋应变的影响程度。

ψ 的大小与以有效受拉混凝土截面面积计算的纵向受拉钢筋配筋率 ρ_{te}、钢筋的粘结性能和钢筋的布置方式等因素有关。这是因为参加工作的受拉混凝土，主要是钢筋周围的那部分有效受拉混凝土。当 ρ_{te} 较小时，说明钢筋周围的混凝土参加受拉的有效面积相对较大，它所承担的总拉力也相对大些，对纵向受拉钢筋应变的影响程度也相应大些，因而 ψ 较小。

试验和研究表明：ψ 可近似表达为

$$\psi = 1.1\left(1 - \frac{M_{cr}}{M_k}\right) \tag{7-12}$$

式中：M_{cr} 为混凝土截面的抗裂弯矩，可根据裂缝即将出现时的截面应力图形求得，N·mm。将 M_{cr} 和 M_k 的表达式代入式（7-12），经整理后得

$$\psi = 1.1 - \frac{0.65 f_{tk}}{\rho_{te}\sigma_{sk}} \tag{7-13}$$

$$\rho_{te} = \frac{A_s}{A_{te}} \tag{7-14}$$

对于轴心受拉构件，有效受拉混凝土截面面积 A_{te} 取构件截面面积；对受弯（偏心受压和偏心受拉）构件，有效受拉混凝土截面面积 A_{te} 按图 7-5 采用，并近似取

$$A_{te} = 0.5bh + (b_f - b)h_f \tag{7-15}$$

在计算中，当 $\psi < 0.2$ 时，取 $\psi = 0.2$；当 $\psi > 1.0$ 时，取 $\psi = 1.0$；对直接承受重复荷载的构件，取 $\psi = 1.0$。

式（7-14）是以纵向受拉普通带肋钢筋为基准计算的，若配置纵向受拉普通光圆钢筋，则需要在普通光圆钢筋面积部分乘以相对粘结特性系数 0.7，来反映钢筋粘结性能差异的影响。当 $\rho_{te} < 0.01$ 时，取 $\rho_{te} = 0.01$。

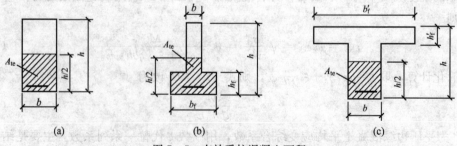

图 7-5 有效受拉混凝土面积

3）受压边缘混凝土平均应变综合系数 ζ。系数 ζ 可由试验求得，根据国内外试验资料，ζ 与 $\alpha_E\rho$ 及受压翼缘加强系数 γ_f' 有关，取

$$\frac{\alpha_E\rho}{\zeta} = 0.2 + \frac{6\alpha_E\rho}{1 + 3.5\gamma_f'} \tag{7-16}$$

式中：α_E 为钢筋弹性模量 E_s 与混凝土弹性模量 E_c 的比值。

3. 短期刚度 B_s 的计算公式

将式（7-7）、式（7-11）代入式（7-4），可得

$$B_s = \cfrac{1}{\cfrac{1}{\zeta bh_0^3 E_c} + \cfrac{\psi}{E_s A_s \eta h_0^2}} = \cfrac{E_s A_s h_0^2}{\cfrac{\psi}{\eta} + \cfrac{\alpha_E \rho}{\zeta}} \tag{7-17}$$

取 $\eta = 0.87$，并把式（7-16）代入式（7-17），可得

$$B_s = \cfrac{E_s A_s h_0^2}{1.15\psi + 0.2 + \cfrac{6\alpha_E \rho}{1 + 3.5\gamma_f}} \tag{7-18}$$

式（7-18）适用于矩形、T形、倒 T形和 I 形截面受弯构件，由该式计算的平均曲率与试验结果符合较好。短期刚度由纯弯段内的平均曲率求得，这里所指刚度是指纯弯段内平均的截面抗弯刚度。对矩形、T形和 I 形截面偏心受压构件，以及矩形截面偏心受拉构件，只需用不同的力臂长度系数 η，即可得出类似式（7-18）的短期刚度计算公式。

四、混凝土受弯构件长期刚度 B

在荷载长期作用下，构件截面抗弯刚度将会降低，致使构件的挠度增大。在实际工程中，总是有部分荷载长期作用在构件上，因此计算挠度时必须采用长期刚度 B。

1. 荷载长期作用下刚度降低的原因

(1) 受压混凝土的徐变，即荷载不增加而变形却随时间而增加。

(2) 在配筋率不高的梁中，由于裂缝间受拉混凝土的应力松弛以及钢筋的滑移等因素，使受拉混凝土不断退出工作，因而受拉钢筋平均应变和平均应力亦将随时间而增大。同时，由于裂缝不断向上发展，使其上部原来受拉的混凝土退出工作，以及由于受压混凝土的塑性发展，使内力臂减小，引起钢筋应变和应力的增大，从而导致梁曲率增大、刚度降低。

(3) 由于受拉区与受压区混凝土的收缩不一致，使梁发生翘曲，亦会引起曲率的增大和刚度的降低。

凡是影响混凝土徐变和收缩的因素都将影响刚度的变化，使刚度降低，构件挠度增大。

2. 刚度 B 的计算

对于受弯构件，《混凝土结构设计规范》（GB 50010—2010）要求按荷载准永久组合并考虑荷载长期效应影响的刚度 B 进行计算，并建议用荷载准永久组合对挠度增大的影响系数 θ 来考虑荷载长期效应对刚度的影响。受弯构件的刚度 B 可按下式来计算

$$B = \frac{B_s}{\theta} \tag{7-19}$$

式中：θ 为考虑荷载长期作用对挠度增大的影响系数。

对钢筋混凝土构件，θ 按下列规定取用：当 $\rho' = 0$ 时，$\theta = 2.0$；当 $\rho' = \rho$ 时，$\theta = 1.6$；当 $0 < \rho' < \rho$ 时，θ 值按线性内插法计算，即

$$\theta = 2.0 - 0.4\frac{\rho'}{\rho} \tag{7-20}$$

式中：ρ'、ρ 分别为受压、受拉钢筋的配筋率。

对于翼缘位于受拉区的 T形截面，θ 应增加 20%。对于水泥用量较多地区或干燥地区，导致混凝土徐变和收缩较大的构件，也应考虑按经验将 θ 酌情增大。

3. 提高受弯构件刚度的措施

从计算公式可以看出，提高刚度最有效的措施是增大梁的截面高度。在工程实践中，通常是根据受弯构件高跨比（h/l）的合适取值范围预先以变形控制，这一高跨比范围是总结工程实践经验得到的。如果计算中发现刚度相差不大而构件的截面尺寸难以改变时，也可采取增加受拉钢筋配筋率、采用双筋截面等措施。此外，采用高性能混凝土、对构件施加预应力等都是提高混凝土构件刚度的有效措施。

五、挠度计算中的最小刚度原则

一根承受两个对称集中荷载的简支梁，如图 7 - 6（a）所示，该梁在剪跨段内各截面的

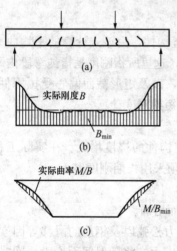

图 7 - 6　混凝土梁的截面刚
度和曲率分布

弯矩不同，刚度 B 的分布图形如图 7 - 6（b）所示。如果按最大弯矩截面计算的最小刚度 B_{min} 计算挠度，好像使挠度计算值偏大。但由于实际计算中没有考虑剪切变形对挠度的影响，又使挠度计算值偏小。这两个方面的影响大致可以相互抵消，因此，为了简化计算，在同一符号弯矩范围内，按最小刚度，即取弯矩最大截面处的刚度，作为各截面的刚度，见图 7 - 6（b）中虚线，使变刚度梁作为等刚度梁来计算，这就是挠度计算中的"最小刚度原则"。它使计算过程大为简化，计算结果却能满足工程设计的要求。

《混凝土结构设计规范》（GB 50010—2010）规定：在等截面构件中，可假定各同号弯矩区段内的刚度相等，并取用该区段内最大弯矩处的刚度。当计算跨度内的支座截面刚度不大于跨中截面刚度的两倍，或不小于跨中截面刚度的 1/2 时，该跨也可以按等刚度构件进行计算，其构件刚度可取跨中最大弯矩截面的刚度。

【例 7 - 1】　图 7 - 7 所示简支圆孔板，板的计算跨度 $l_0 = 3.18\text{m}$，板上承受均布荷载，其中永久荷载（包括自重）标准值 $g_k = 2.5\text{kN/m}^2$，楼面活荷载标准值 $q_k = 2.5\text{kN/m}^2$，采用 C25 混凝土，9 ϕ 8 的 HPB235 级受力钢筋，取 $f_{lim} = l_0/200$。试计算该圆孔板的挠度。

解　（1）将圆孔板换算为 I 形截面板。按截面形心位置、面积和对形心轴惯性矩不变的条件，将圆孔换算成 $b_h \times h_h$ 的矩形孔，即

$$\frac{\pi d^2}{4} = b_h h_h \qquad \frac{\pi d^4}{64} = \frac{b_h h_h^3}{12}$$

求得 $b_h = 72.5\text{mm}$，$h_h = 69.3\text{mm}$，则换算后的截面尺寸为

$$b = \frac{850 + 890}{2} - 8 \times 72.5 = 290\text{mm}$$

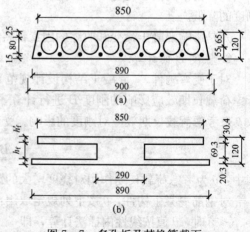

图 7 - 7　多孔板及其换算截面

$$h'_f = 65 - \frac{1}{2} \times 69.3 = 30.4\text{mm}$$

$$h_f = 120 - 30.4 - 69.3 = 20.3\text{mm}$$

（2）求 M_k 及 M_q。板宽 900mm，取准永久值系数 $\psi_q = 0.5$，则

$$M_k = \frac{1}{8} \times (2.5 + 4.0) \times 0.9 \times 3.18^2 = 7.4\text{kN} \cdot \text{m}$$

$$M_q = \frac{1}{8} \times (2.5 + 0.5 \times 4.0) \times 0.9 \times 3.18^2 = 5.1\text{kN} \cdot \text{m}$$

（3）计算有关参数。采用混凝土 C25 和 $9\phi 8$ （$A_s = 453\text{mm}^2$）HPB235 级钢筋

$$E_c = 2.80 \times 10^4\text{N/mm}^2 \qquad f_{tk} = 1.78\text{N/mm}^2$$

$$E_s = 2.10 \times 10^5\text{N/mm}^2$$

$$h_0 = 120 - 20 = 100\text{mm}$$

$$\rho = \frac{A_s}{bh_0} = \frac{453}{290 \times 100} = 0.0156$$

$$\alpha_E = \frac{E_s}{E_c} = \frac{2.1}{2.80} \times 10 = 7.5$$

$$\rho_{te} = \frac{A_s}{0.5bh_0 + (b_f - b)h_f}$$

$$= \frac{453}{0.5 \times 290 \times 120 + (890 - 290) \times 20.3}$$

$$= 0.01531$$

$$\gamma'_f = \frac{(b'_f - b)h'_f}{bh_0} = \frac{(850 - 290) \times 30.4}{290 \times 100} = 0.587$$

$$\sigma_{sk} = \frac{M_k}{A_s \eta h_0} = \frac{7.4 \times 10^6}{453 \times 0.87 \times 100} = 189\text{N/mm}^2$$

$$\psi = 1.1 - \frac{0.65 f_{tk}}{\rho_{te} \sigma_{sk}} = 1.1 - 0.65 \times \frac{1.78}{0.01531 \times 189} = 0.700$$

（4）计算 B_s

$$B_s = \frac{E_s A_s h_0^2}{1.15\psi + 0.2 + \dfrac{6\alpha_E \rho}{1 + 3.5\gamma'_f}} = \frac{2.1 \times 10^5 \times 453 \times 100^2}{1.15 \times 0.700 + 0.2 + \dfrac{6 \times 7.5 \times 0.0156}{1 + 3.5 \times 0.587}}$$

$$= 7.7039 \times 10^{11}\text{N} \cdot \text{mm}^2$$

（5）计算 B，取 $\theta = 2.0$

$$B = \frac{B_s}{\theta} = \frac{7.7039 \times 10^{11}}{2}$$

$$= 3.8519 \times 10^{11}\text{N} \cdot \text{mm}^2$$

（6）验算变形

$$f = \frac{5}{48} \times \frac{M_k l_0^2}{B} = \frac{5}{48} \times \frac{7.4 \times 10^6 \times 3.18^2 \times 10^6}{3.8519 \times 10^{11}} = 19.43\text{mm}$$

$$f_{lim} = \frac{l_0}{200} = \frac{3180}{200} = 15.9\text{mm}$$

可见不满足要求。由于 f 与 f_{lim} 相差较小，故可将配筋率适当提高以满足变形要求。

第二节　钢筋混凝土受弯构件的裂缝宽度验算

一、裂缝控制的目的与要求

确定最大裂缝宽度限值并进行裂缝控制，主要是为了满足：一是外观要求；二是耐久性要求，并以后者为主。

从外观要求考虑，裂缝过宽将给人以不安全感，同时也影响对结构质量的评价。满足外观要求的裂缝宽度限值取值，与人们的心理反应、裂缝开展长度、裂缝所处位置，乃至光线条件等因素有关，难以取得完全统一的意见。目前有些研究者提出可取 $0.25\sim0.3$mm。

根据国内外的调查及试验结果，耐久性所要求的裂缝宽度限值，应着重考虑环境条件及结构构件的工作条件。处于室内正常环境，亦即无水源或很少水源的环境下，裂缝宽度限值可放宽些。不过，这时还应按构件的工作条件加以区分。例如，屋架、托梁等主要屋面承重结构构件，以及重级工作制吊车架等构件，均应从严控制裂缝宽度。

直接受雨淋的构件，无围护结构的房屋中经常受雨淋的构件，经常受蒸汽或凝结水作用的室内构件（如浴室等），给水排水工程的各种构筑物，以及与土直接接触的构件，都具备使钢筋锈蚀的必要和充分条件，因而都应严格限制裂缝宽度。

裂缝按其形成原因可分为两类：一类是荷载裂缝；另一类是非荷载（变形）裂缝，例如由材料收缩、温度变化、混凝土碳化以及地基不均匀沉降等因素引起的裂缝。很多裂缝往往是几种因素共同作用的结果。研究表明，工程结构物中以变形为主要因素引起的裂缝约占80%，以荷载为主引起的裂缝约占 20%。通常，非荷载因素引起的裂缝很复杂，主要通过构造措施（加强配筋、设置变形缝等）来控制。本节讨论荷载引起的正截面裂缝验算，《混凝土结构设计规范》（GB 50010—2010）对混凝土构件规定的最大裂缝宽度限值见表 2-4。

二、裂缝验算

1. 裂缝宽度计算理论——粘结滑移理论

这一理论是根据轴心受拉构件的试验结果提出的，认为裂缝的开展主要取决于钢筋与混凝土的粘结性能。当裂缝出现后，裂缝截面处钢筋和混凝土之间发生局部粘结破坏，钢筋伸长、混凝土回缩，其相对滑移值就是裂缝的宽度。实际上，它是假设混凝土应力沿轴拉构件截面均匀分布，应变服从平截面假定，构件表面的裂缝宽度与钢筋处相等。因而，可根据粘结应力的传递规律，先确定裂缝的间距，进而得到与裂缝间距成比例的裂缝宽度计算公式。

2. 裂缝的出现与分布规律

在使用阶段，构件的裂缝经历了从出现到开展、稳定的过程。对轴心受拉构件，裂缝出现以前，沿构件的纵向，钢筋和混凝土拉应力、拉应变基本上是均匀分布的。当混凝土的拉应变接近其极限拉应变时，各截面均进入即将出现裂缝的状态。但实际上由于材料力学性能的差异以及混凝土中存在的微裂缝和局部削弱，沿构件的纵向各截面，混凝土的实际抗拉强度是变化的，假定其中 1 截面处（如图 7-8 所示）的抗拉强度最小，即为最弱的截面，那么首先在此处出现第一条裂缝。在裂缝出现截面，钢筋和混凝土所受到的拉应力将发生突然变化，开裂的混凝土不再承受拉力，拉应力降低到零，原来由混凝土承担的拉力转移由钢筋承担，所以裂缝截面的钢筋应力就突然增大（见图 7-8）。配筋率越低，钢筋应力增量就越大。在开裂前混凝土有一定弹性，开裂后受拉张紧的混凝土向裂缝截面两边回缩，但这种回缩是不自由的，它受到钢筋的约束，直到被阻止。在回缩的这一段长度 l 中，混凝土和钢筋有产生相对滑移的趋势，产生粘结应力 τ。通过粘结应力的作用，随着离裂缝截面距离的加大，钢筋拉应力传递给混凝土减小；混凝土拉应力由裂缝处的零逐渐增大，当达到某一距离 l 处，粘结应力消失，混凝土和钢筋的拉应变相同，两者的应力又恢复到未裂前状态。在此，l 即为粘结应力作用长度，也可称为传递长度。

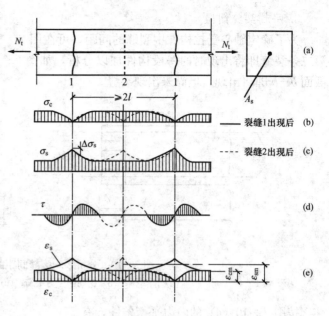

图 7 - 8　裂缝开展过程

(a) 第一批裂缝出现；(b) 混凝土应力分布；(c) 钢筋应力分布；
(d) 粘结应力分布；(e) 钢筋、混凝土的应变分布

当拉力稍增加时，在混凝土拉应力大于抗拉强度的截面又将出现第二条裂缝。第二条裂缝总在 $\geqslant l$ 的另一薄弱截面出现，这是因为靠近裂缝两边混凝土的拉应力较小，总小于混凝土的抗拉强度，故靠近裂缝两边的混凝土不会开裂。

按此规律，随着拉力的增大，裂缝将逐条出现。图 7 - 9 表示第二条裂缝及后续裂缝相继出现后的应力分布，钢筋和混凝土的应力随着裂缝位置而变化，呈波浪形起伏。各裂缝之间的间距大体相等，各裂缝先后出现，最后趋于稳定，不再出现新裂缝。此后再继续增加拉力，只是使原有的裂缝延伸与开展，拉力越大，裂缝越宽。因此，从理论上讲，裂缝间距在 $l\sim2l$ 范围内即趋于稳定，故平均裂缝间距应为 $1.5l$。

由此可知，裂缝的开展是由于混凝土的回缩，钢筋的伸长，导致混凝土与钢筋之间不断产生相对滑移的结果。

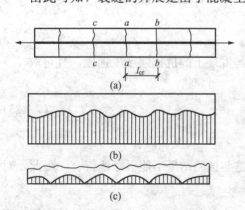

图 7 - 9　有多条裂缝时构件中的应力

(a) 裂缝位置；(b) 钢筋应力；(c) 混凝土应力

在荷载长期作用下，由于混凝土的滑移徐变和拉应力的松弛，将导致裂缝间受拉混凝土不断退出工作，使裂缝开展宽度增大；混凝土的收缩使裂缝间混凝土的长度缩短，这也会引起裂缝进一步开展。此外，由于荷载的变动等因素使钢筋直径时胀时缩，也将引起粘结强度的降低，导致裂缝宽度的增大。

如果混凝土的材料性能（抗拉强度）很不均匀，则裂缝的间距有疏有密，裂缝宽度也是不均匀的。工程实践中大量遇到的情况是：混凝土有一定的不均匀性，但不是很不均匀的材料，裂缝相当于图 7 - 9 所示的情况。对大量试验资料的统计分析表明，平均裂缝间距和平均裂缝宽度是有规律性的，平均裂缝宽度和最大裂缝宽度也是有规律性的。

3. 平均裂缝间距

为了确定轴心受拉构件中裂缝的间距，可在图 7-8 中割离出第一条裂缝出现以后，而第二条裂缝即将出现时的一段构件加以分析，如图 7-10 所示，其中截面 $a-a$ 出现裂缝，截面 $b-b$ 即将出现，但尚未出现裂缝。

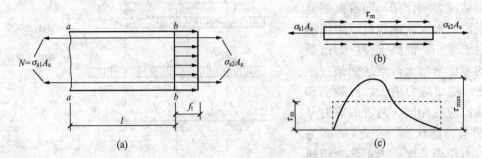

图 7-10　分析平均裂缝间距的隔离体
(a) 隔离体；(b) 钢筋的受力平衡；(c) 粘结应力分布

按图 7-10 (a) 的内力平衡条件，有

$$\sigma_{s1}A_s = \sigma_{s2}A_s + f_t A_{te} \tag{7-21}$$

取 l 段内的钢筋为隔离体，作用在两端的不平衡力由粘结力来平衡。粘结力为钢筋表面积上粘结应力的总和，考虑到粘结应力的不均匀分布，在此取平均粘结应力 τ_m。由图 7-10 (b) 可知

$$\sigma_{s1}A_s = \sigma_{s2}A_s + \tau_m ul \tag{7-22}$$

代入式 (7-21)，得

$$l = \frac{f_t}{\tau_m} \times \frac{A_{te}}{u} \tag{7-23}$$

式中：u 为钢筋截面总周长，mm。

钢筋直径相同时，$\dfrac{A_{te}}{u} = \dfrac{d}{4\rho_{te}}$，乘以 1.5 以后得到平均裂缝间距为

$$l_m = \frac{3f_t d}{8\tau_m \rho_{te}} \tag{7-24}$$

试验表明，混凝土和钢筋间的粘结强度，大致与混凝土的抗拉强度成正比，且可取 f_t^0/τ_m 为常数。因此，式 (7-24) 可表示为

$$l_m = k_1 \frac{d}{\rho_{te}} \tag{7-25}$$

式中：k_1 为经验系数。

式 (7-25) 表明，裂缝间距 l_m 与 $\dfrac{d}{\rho_{te}}$ 成正比，这与试验结果不能很好地符合，因此，对式 (7-25) 必须予以修正。

试验还表明，裂缝间距与混凝土保护层厚度有一定的关系。此外，用带肋钢筋比用光圆钢筋的平均裂缝间距小些，钢筋表面特征同样影响平均裂缝间距，在此，采用等效钢筋直径 d_{eq} 代替 d。据此，对 l_m 改用两项表达式

$$l_m = k_1 \frac{d_{eq}}{\rho_{te}} + k_2 C \tag{7-26}$$

对受弯、偏心受拉和偏心受压构件，裂缝分布规律和公式推导过程与轴心受拉构件类似，它们的平均裂缝间距比轴心受拉构件小些，其中的经验系数 k_1 和 k_2 的取值不同。讨论最大裂缝宽度时，k_1 和 k_2 还将与其他影响系数合并起来。

4. 平均裂缝宽度

我国《混凝土结构设计规范》（GB 50010—2010）定义的裂缝开展宽度是指受拉钢筋重心水平处，构件侧表面上混凝土的裂缝宽度。试验表明，裂缝宽度的离散程度比裂缝间距更大些。因此，平均裂缝宽度的确定，必须以平均裂缝间距为基础。

（1）平均裂缝宽度计算公式。裂缝的开展是由于混凝土的回缩造成的，也就是在裂缝出现后，受拉钢筋与相同水平处的受拉混凝土的伸长差异造成的。因此，平均裂缝宽度等于构件裂缝区段内钢筋的平均伸长，与相应水平处构件侧表面混凝土平均伸长的差值（如图 7 - 11 所示），即

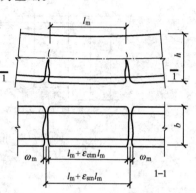

图 7 - 11　平均裂缝宽度计算图式

$$w_m = \varepsilon_{sm} l_m - \varepsilon_{ctm} l_m = \varepsilon_{sm}\left(1 - \frac{\varepsilon_{ctm}}{\varepsilon_{sm}}\right) l_m \quad (7 - 27)$$

式中：ε_{sm} 为纵向受拉钢筋的平均拉应变，$\varepsilon_{sm} = \psi \varepsilon_{sk} = \psi \dfrac{\sigma_{sk}}{E_s}$；$\varepsilon_{ctm}$ 为与纵向受拉钢筋截面重心相同水平处侧表面混凝土的平均拉应变。

令

$$\alpha_c = 1 - \frac{\varepsilon_{ctm}}{\varepsilon_{sm}} \quad (7 - 28)$$

式中：α_c 称为裂缝间混凝土自身伸长对裂缝宽度的影响系数。

试验研究表明，系数 α_c 虽然与配筋率、截面形状和混凝土保护层厚度等因素有关，但在一般情况下，α_c 变化不大，且对裂缝开展宽度的影响也不大，为简化计算，对受弯、轴心受拉、偏心受力构件，均可近似取 $\alpha_c = 0.85$，则式（7 - 27）成为

$$w_m = \alpha_c \psi \frac{\sigma_{sk}}{E_s} l_m = 0.85 \psi \frac{\sigma_{sk}}{E_s} l_m \quad (7 - 29)$$

式中：ψ 按式（7 - 13）计算。

（2）裂缝截面处的钢筋应力 σ_{sq}。σ_{sq} 是按荷载的标准组合计算的，混凝土构件裂缝截面处，纵向受拉钢筋的应力。对于受弯、轴心受拉、偏心受拉以及偏心受压构件，σ_{sq} 均可按裂缝截面处力的平衡条件求得。

1）受弯构件。σ_{sq} 按式（7 - 5）计算，并取 $\eta = 0.87$，则

$$\sigma_{sq} = \frac{M_q}{0.87 A_s h_0} \quad (7 - 30)$$

2）轴心受拉构件

$$\sigma_{sq} = \frac{N_q}{A_s} \quad (7 - 31)$$

式中：N_q 为按荷载的准永久组合计算的轴向拉力值，N；A_s 为受拉钢筋总截面面积，mm^2。

3）偏心受拉构件。大小偏心受拉构件截面应力状态见图 7 - 12（a）、（b），若近似取大

偏心受拉构件截面内力臂长度 $\eta h_0 = h_0 - a'_s$，即设受压区混凝土合力与受压区钢筋合力作用点重合，对受压钢筋作用点取力矩平衡，可得

$$\sigma_{sq} = \frac{N_q e'}{A_s(h_0 - a'_s)} \tag{7-32}$$

式中：e' 为轴向拉力作用点至受压区，或受拉较小边纵向钢筋合力点的距离，$e' = (e_0 + y_c - a'_s)$，mm；y_c 为截面重心至受压或较小受拉边缘的距离，mm。

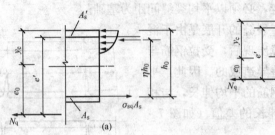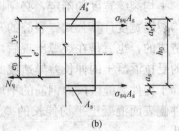

图 7-12　偏心受拉构件裂缝计算时的截面应力图形
(a) 大偏心；(b) 小偏心

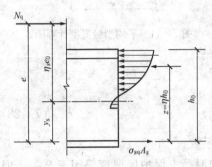

图 7-13　偏心受压构件计算时的
截面应力图形

4）偏心受压构件。偏心受压构件裂缝计算时的截面应力图形，如图 7-13 所示。对受压区合力点取矩，得

$$\sigma_{sq} = \frac{N_q(e - \eta h_0)}{\eta h_0 A_s} \tag{7-33}$$

式中：N_q 为按荷载准永久组合计算的轴向压力值，N；e 为 N_q 至受拉钢筋 A_s 合力点的距离，mm；ηh_0 为纵向受拉钢筋合力点至受压区合力点的距离，且不大于 0.87；η 的计算比较复杂，为简便起见，近似地取

$$\eta = 0.87 - 0.12(1 - \gamma'_f)\left(\frac{h_0}{e}\right)^2 \tag{7-34}$$

当偏心受压构件 $l_0/h > 14$ 时，还应考虑侧向挠度的影响，即取 $e = \eta_s e_0 + y_s$。

此处，y_s 为截面重心至纵向受拉钢筋合力点的距离；η_s 是指第 Ⅱ 阶段的偏心距增大系数，可近似地取

$$\eta_s = 1 + \frac{1}{4000e_0/h_0}\left(\frac{l_0}{h}\right)^2 \tag{7-35}$$

当 $l_0/h \leqslant 14$ 时，取 $\eta_s = 1.0$。

5. 最大裂缝宽度与裂缝宽度验算

以上按式（7-29）求得的数值是整个构件上的平均裂缝宽度，而实际上由于混凝土质量的不均匀，荷载的长期作用和混凝土的收缩、徐变等因素的影响使裂缝的间距有疏有密，每条裂缝开展的宽度有大有小，离散性是很大的。验算宽度是否超过允许值，应以最大裂缝宽度为准。

在计算中，荷载的标准组合作用下的最大裂缝宽度 $w_{s,max}$ 可由平均裂缝宽度乘以一个扩大系数 τ 求得；当考虑荷载长期效应影响时，最大裂缝宽度 w_{max} 可再乘以考虑荷载长期作用

影响的扩大系数 τ_l，也就是

$$w_{\max} = \tau_l w_{\mathrm{s,max}} = \tau_l \tau w_{\mathrm{m}} \tag{7-36}$$

这些扩大系数均根据试验资料用统计方法得出，根据东南大学的试验结果和以往的使用经验取 $\tau=1.66$，$\tau_l=1.5$。再考虑裂缝宽度分布不均匀性和荷载长期效应组合影响后，对矩形、T形、倒 T形和 I 形截面的钢筋混凝土轴心受拉、受弯、偏心受拉和偏心受压构件，将最大裂缝宽度计算公式综合如下

$$w_{\max} = \alpha_{\mathrm{cr}} \psi \frac{\sigma_{\mathrm{s}}}{E_{\mathrm{s}}} \left(1.9 c_{\mathrm{s}} + 0.08 \frac{d_{\mathrm{eq}}}{\rho_{\mathrm{te}}} \right) \tag{7-37}$$

ψ、σ_{s}、ρ_{te} 的定义分别与式（7-13）、式（7-5）、式（7-14）相同。

式中：α_{cr} 为构件受力特征系数，综合了前述若干考虑，对钢筋混凝土轴心受拉构件取 $\alpha_{\mathrm{cr}}=2.7$，受弯、偏心受压构件取 $\alpha_{\mathrm{cr}}=1.9$，偏心受拉构件取 $\alpha_{\mathrm{cr}}=2.4$；d_{eq} 为钢筋混凝土构件纵向受拉钢筋的等效直径，$d_{\mathrm{eq}} = \sum n_i d_i^2 / \sum n_i \upsilon_i d_i$，$n_i$、$d_i$ 分别为第 i 种纵向受拉钢筋的根数和直径；υ_i 为第 i 种纵向受拉钢筋的相对粘结特征系数，光圆钢筋 $\upsilon_i=0.7$，带肋钢筋 $\upsilon_i=1.0$；c_{s} 为最外层纵向受拉钢筋外边缘至受拉区底边的距离，当 $c_{\mathrm{s}} < 20\mathrm{mm}$ 时，取 $c_{\mathrm{s}}=20\mathrm{mm}$；当 $c_{\mathrm{s}} > 65\mathrm{mm}$ 时，取 $c_{\mathrm{s}}=65\mathrm{mm}$。

《混凝土结构设计规范》（GB 50010—2010）还规定：对承受吊车荷载但不需要作疲劳验算的受弯构件，可将计算求得的最大裂缝宽度乘以系数 0.85。这是因为这类构件主要承受短期荷载，卸载后裂缝可部分闭合，同时用车满载的机遇较小，而且是按 $\psi=1$ 计算的。对 $e/h_0 \le 0.55$ 的偏心受压构件，可不验算其裂缝宽度。

由于扩大系数 τ 和 τ_l 是根据大量的试验结果统计分析得出的，因此，由式（7-37）算得的最大裂缝宽度并不是绝对最大值，而是具有 95% 保证率的相对最大裂缝宽度。如果验算后发现构件裂缝宽度不满足要求，可以采取增大截面尺寸、提高混凝土强度等级、减小钢筋直径或增大钢筋截面面积等措施。

长期效应准永久组合作用计算的截面纵向受拉钢筋应力按下列式子计算：

对受弯构件

$$\sigma_{\mathrm{sq}} = \frac{M_{\mathrm{q}}}{0.87 A_{\mathrm{s}} h_0} \tag{7-38}$$

式中：M_{q} 为长期效应准永久组合作用下，计算截面处的弯矩，$\mathrm{N \cdot mm}$。

对偏心受拉构件

$$\sigma_{\mathrm{sq}} = \frac{N_{\mathrm{q}} e'}{A_{\mathrm{s}} (h_0 - a_{\mathrm{s}}')} \tag{7-39}$$

式中：a_{s}' 为位于偏心力一侧的钢筋至截面近侧边缘的距离，mm；N_{q} 为按荷载准永久组合计算的轴向力值，N。

对偏心受压构件

$$\sigma_{\mathrm{sq}} = \frac{N_{\mathrm{q}}(e - z)}{A_{\mathrm{s}} z} \tag{7-40}$$

$$z = \left[0.87 - 0.12(1 - \gamma_{\mathrm{f}}') \left(\frac{h_0}{e} \right)^2 \right] h_0 \tag{7-41}$$

$$e = \eta_{\mathrm{s}} e_0 + y_{\mathrm{s}} \tag{7-42}$$

$$\gamma_{\mathrm{f}}' = \frac{(b_{\mathrm{f}}' - b) h_{\mathrm{f}}'}{b h_0} \tag{7-43}$$

$$\eta_s = 1 + \frac{1}{4000 e_0/h_0} \left(\frac{l_0}{h}\right)^2 \tag{7-44}$$

式中：e_0 为荷载准永久组合下初始偏心距，mm；y_s 为截面重心至纵向受拉普通钢筋合力点的距离；γ'_f 为受压翼缘截面面积与腹板有效截面面积的比值；η_s 为使用阶段的轴向压力偏心距增大系数，当 l_0/h 不大于 14 时，取 1.0；z 为纵向受拉普通钢筋合力点至截面受压区合力点的距离，且不大于 $0.87h_0$；e' 为轴向拉力作用点至受压区或受拉较小边纵向普通钢筋合力点的距离。

【例 7-2】 某屋架下弦按轴心受拉构件设计，截面尺寸为 200mm×160mm，保护层厚度 c＝20mm，配置 4Φ16（A_s＝804mm²），混凝土强度等级 C25（f_{tk}＝1.78N/mm²）。荷载标准组合下的轴向力 N_k＝142kN，裂缝宽度限值 w_{lim}＝0.2mm，试进行裂缝宽度验算。

解 $\rho_{te} = \dfrac{A_s}{bh} = \dfrac{804}{200 \times 160} = 0.0251$

$\sigma_{sk} = \dfrac{N_k}{A_s} = \dfrac{142\ 000}{804} = 177\text{N/mm}^2$

$\psi = 1.1 - \dfrac{0.65 f_{tk}}{\rho_{te} \sigma_{sk} \alpha_2} = 1.1 - 0.65 \times \dfrac{1.78}{0.0251 \times 177 \times 1} = 0.84$

$w_{max} = \alpha_{cr} \psi \dfrac{\sigma_{sk}}{E_s} \left(1.9c + 0.08 \dfrac{d_{eq}}{\rho_{te}}\right)$

$\qquad = 2.7 \times 0.84 \times \dfrac{177}{2.0 \times 10^5} \times \left(1.9 \times 20 + 0.08 \dfrac{16}{0.0251}\right)$

$\qquad = 0.18\text{mm} < w_{lim} = 0.2\text{mm}$

裂缝宽度满足要求。

第三节　混凝土结构的耐久性

一、耐久性的概念与主要影响因素

1. 混凝土结构耐久性的定义

如第二章所述，混凝土结构应满足安全性、适用性和耐久性这三方面的要求。混凝土结构的耐久性是指结构在要求的目标使用期内，不需要花费大量资金加固处理而能保证其安全性和适用性的能力；结构的耐久性还可以定义为结构在化学的、生物的或其他不利因素作用下，在预定的时间内，其材料性能的恶化不致导致结构出现不可接受的失效概率。可见，混凝土结构的耐久性主要是由混凝土、钢筋材料本身特性和所处使用环境的侵蚀性两方面决定的。

与承载能力极限状态设计相比，耐久性极限状态设计的重要性似乎应低一些。长期以来，人们受混凝土是一种耐久性能良好的建筑材料的影响，忽视了钢筋混凝土结构的耐久性问题，造成了钢筋混凝土结构耐久性的研究相对滞后。而且，结构如果因耐久性不足而失效，或为了维持其正常使用而需进行较大的维修、加固和改造，则不仅要付出较多的额外费用，而且也必然影响结构的使用功能和安全性。因此，保证混凝土结构能在自然和人为作用下，满足耐久性的要求，是一个十分迫切和重要的问题。在设计混凝土结构时，除了应进行承载力计算、变形和裂缝验算外，还必须进行耐久性设计。

混凝土结构的耐久性设计，主要根据结构的环境分类和设计工作寿命进行，同时还要考虑对混凝土材料的基本要求。耐久性设计难以用计算公式表达。在我国，根据试验研究及工程经验，采用满足耐久性规定的方法进行耐久性设计，实质上是针对影响耐久性能的主要因素而提出相应的对策。

2. 影响耐久性能的主要原因

影响混凝土结构耐久性能的因素很多，主要有内部和外部两个方面。内部原因主要是指混凝土自身的一些缺陷，如混凝土的强度、密实性、水泥用量、水灰比、氯离子及碱含量、外加剂用量、保护层厚度等；外部原因则主要是指自然环境和使用环境，包括温度、湿度、CO_2 含量、沿海地区的盐害、寒冷地区的冻害、腐蚀性土壤等。出现耐久性能下降的问题，往往是内、外部因素综合作用的结果。此外，设计不周、施工质量差或使用中维修不当等也会影响耐久性能。

二、结构耐久性损伤及相应防止措施

结构的耐久性损伤或耐久性破坏，是指结构性能随时间的劣化现象。从混凝土结构耐久性损伤的机理来看，可以将混凝土耐久性损伤分为化学作用引起的损伤和物理作用引起的损伤两大类，另外，生物作用对混凝土耐久性也有一定的影响。图 7 - 14 给出了耐久性损伤的分类。

耐久性损伤 { 化学作用（混凝土碳化、钢筋锈蚀、碱—集料反应、混凝土腐蚀等）
物理作用（混凝土冻融破坏、冲刷磨损等）
生物作用

图 7 - 14 结构耐久性损伤原因分类

混凝土的碳化及钢筋锈蚀，是影响混凝土结构耐久性损伤的最主要的因素，对此将在下面进一步讨论。

1. 混凝土的碳化

混凝土碳化是混凝土中的碱与环境中的 CO_2 发生化学反应的过程，它使混凝土的碱性降低，从而失去对钢筋的保护作用，是一般大气环境混凝土中的钢筋锈蚀的前提条件。衡量混凝土碳化的指标为碳化深度。

影响混凝土碳化的因素很多，可归结为两类，即环境因素与材料本身的性质。环境因素主要是空气中 CO_2 的浓度，通常室内的浓度较高。试验表明，混凝土周围相对湿度为 $50\% \sim 70\%$ 时，碳化速度快；温度交替变化有利于 CO_2 的扩散，可加速混凝土的碳化。混凝土材料自身的影响不可忽视，单位体积中水泥用量大，可碳化物质含量多，但会提高混凝土的强度，又会提高混凝土抗碳化性能；水灰比越大，混凝土内部的孔隙率也越大，密实性差，渗透性大，因而碳化速度快，水灰比大时混凝土孔隙中游离水增多，也会加速碳化反应；混凝土保护层厚度越大，碳化至钢筋表面的时间越长；混凝土表面设有覆盖层，可提高其抗碳化能力。减小、延缓混凝土的碳化，可有效地提高混凝土结构的耐久性能。针对影响混凝土碳化的因素，减小其碳化的措施有：

(1) 合理设计混凝土配合比，规定水泥用量的低限值和水灰比的高限值，合理采用掺合料。

(2) 提高混凝土的密实性、抗渗性。

(3) 规定钢筋保护层的最小厚度。

（4）采用覆盖面层（水泥砂浆或涂料等）。

混凝土碳化深度可用碳酸试液测定。当敲开混凝土滴上试液后，碳化部分混凝土保持原色，未碳化部分呈浅红色。我国混凝土结构规范耐久性科研组，提出了碳化深度与时间相关的表达式，可预测碳化深度。

2. 钢筋的锈蚀

混凝土碳化至钢筋表面使氧化膜破坏，是钢筋锈蚀的首要条件；其次是水和氧，这是钢筋锈蚀所必需的物质。氯离子有很强的活性，极易导致钢筋表面氧化膜的破坏，并与铁生成金属氯化物，对钢筋影响很大。含有氯离子的促凝剂、海砂、海水、除冰盐等都可能引起氯污染而导致钢筋锈蚀。因此氯离子的含量应予以严格限制。

钢筋锈蚀有相当长的过程，先是在裂缝较宽处的个别点上坑蚀，继而逐渐形成环蚀，同时向两边扩展，形成锈蚀面，使钢筋截面削弱。严重时，因铁锈的体积膨胀，将导致沿钢筋长度方向的混凝土出现纵向裂缝，并使混凝土保护层剥落，习称暴筋，从而使截面承载力降低，最终失效。钢材锈蚀首先在横向裂缝处开始，但从钢筋锈蚀机理可知，横向裂缝对锈蚀并不起控制作用。通常由于钢筋大面积的锈蚀才导致沿钢筋发生纵向裂缝，而纵向裂缝的出现将会加速钢筋的锈蚀，导致构件失效。因此，可以把大范围内出现沿钢筋的纵向裂缝作为判别混凝土结构构件寿命终结的标准。

防止钢筋锈蚀的主要措施有：

1）混凝土本身要降低水灰比，保证密实度，具有足够的保护层厚度，严格控制含氯量。

2）采用覆盖层，防止 CO_2、O_2、Cl^- 的渗入。

3）在海工结构、强腐蚀介质中的混凝土结构，可采用钢筋阻锈剂、防腐蚀钢筋、环氧层钢筋、镀锌钢筋、不锈钢钢筋等。

4）对钢筋采用阴极防护法。从钢筋锈蚀机理知道，钢筋的锈蚀发生在电位较高的阳极区。对钢筋采用阴极保护实际上是使钢筋成为阴极，采用电化学方法防止作为阳极的钢筋溶解，使钢筋表面氧化膜更为完整和稳定。阴极保护法只用于重大工程中。

增加混凝土保护层厚度可以延缓钢筋的锈蚀，因为厚度越大，碳化并破坏钢筋表面氧化膜所需时间就越长。

3. 引起耐久性损伤的其他原因及相应措施

环境中的侵蚀性介质，对混凝土结构的耐久性能影响很大。如酸、碱溶液直接接触混凝土时将产生严重的腐蚀，海港及海堤混凝土结构中的钢筋锈蚀严重，大气中的酸雨则会大面积地影响着工程结构的耐久性。对此，应根据实际情况采取相应的技术措施，例如，从生产流程上防止有害物质散溢，采用耐酸或耐碱混凝土或铸石贴面等。

普通大气和雨雪造成混凝土干缩循环，以及冻融循环都将影响混凝土的耐久性能。对此，控制水灰比并制成密实性混凝土是行之有效的方法。

在我国部分地区存在混凝土的碱集料反应，即混凝土中的水泥在水化过程中，释放出的碱金属与含碱骨料中的碱活性成分发生化学反应，生成碱活性物质，这种物质在吸水后体积可增大 3～4 倍，从而导致混凝土开裂、剥落、钢筋外露锈蚀，直至结构构件失效。控制使用含活性成分的骨料，采用低碱水泥或掺入粉煤灰降低混凝土中的碱性，可以防止碱集料反应。

三、耐久性设计

根据国内外的研究成果和工程经验，我国现行混凝土结构设计规范，首次列入了有关耐久性设计的条文——耐久性规定。耐久性设计涉及面广，影响因素多，有别于结构抗力设计，难以达到定量设计的程度，以概念设计为主。

1. 耐久性设计的目的和基本原则

耐久性设计的目的是在规定的设计工作寿命内，在正常维护下，必须保持适合使用，满足既定功能的要求。

耐久性设计的基本原则，是根据结构的环境分类和设计工作寿命进行设计的。

2. 混凝土结构使用环境分类

影响耐久性的最重要因素是环境，环境分类应根据其对混凝土结构耐久性的影响而确定。混凝土结构的使用环境类别（表 7-1），是耐久性设计的主要依据。

表 7-1　　　　　　　　　　　　混凝土结构的环境类别

环境类别	条　件
一	室内干燥环境； 无侵蚀性静水浸没环境
二 a	室内潮湿环境； 非严寒和非寒冷地区的露天环境； 非严寒和非寒冷地区与无侵蚀性的水或土壤直接接触的环境； 严寒和寒冷地区的冰冻线以下与无侵蚀性的水或土壤直接接触的环境
二 b	干湿交替环境； 水位频繁变动环境； 严寒和寒冷地区的露天环境； 严寒和寒冷地区冰冻线以上与无侵蚀性的水或土壤直接接触的环境
三 a	严寒和寒冷地区冬季水位变动区环境； 受除冰盐影响环境； 海风环境
三 b	盐渍土环境； 受除冰盐作用环境； 海岸环境
四	海水环境
五	受人为或自然的侵蚀性物质影响的环境

注　1. 室内潮湿环境是指构件表面经常处于结露或湿润状态的环境。
　　2. 严寒和寒冷地区的划分应符合现行国家标准《民用建筑热工设计规范》（GB 50176）的有关规定。
　　3. 海岸环境和海风环境宜根据当地情况，考虑主导风向及结构所处迎风、背风部位等因素的影响，由调查研究和工程经验确定。
　　4. 受除冰盐影响环境是指受到除冰盐盐雾影响的环境；受除冰盐作用环境是指被除冰盐溶液溅射的环境以及使用除冰盐地区的洗车房、停车楼等建筑。
　　5. 暴露的环境是指混凝土结构表面所处的环境。

3. 混凝土结构设计的使用年限估算方法

混凝土结构的设计工作寿命，可根据结构的重要性按现行的有关国家标准《建筑结构设计统一标准》（GB 50068—2001）的规定确定。我国规定的设计工作寿命分为小于等于 50 年和 100 年。结构的设计使用年限应按表 7 - 2 采用。若建设单位提出更高要求，也可按建设单位的要求确定。

表 7 - 2   设 计 使 用 年 限 分 类

类别	设计使用年限（年）	示　　例
1	1～5	临时性建筑
2	25	易于替换的结构构件
3	50	普通房屋和构筑物
4	100	纪念性建筑和特别重要的建筑结构

设计使用年限的预测有待深入探讨，在此介绍基本方法，即主要基于混凝土碳化和钢筋锈蚀所需时间，并考虑环境条件的修正加以估算的方法。

不同结构的耐久性极限状态应赋予不同的定义，一般可分为三类：

（1）不允许钢筋锈蚀，混凝土保护层完全碳化；

（2）允许钢筋锈蚀一定量值；

（3）承载力开始下降。

设完全碳化，亦即钢筋表面氧化膜被破坏所需的时间为 t_1，氧化膜破坏至钢筋锈蚀一定量所需时间为 t_2，t_1+t_2 后至构件承载力开始下降所需时间为 t_3，则上述 3 类耐久性极限状态下的计算寿命分别为 $T_1=t_1$，$T_2=t_1+t_2$，$T_3=t_1+t_2+t_3$。

4. 保证耐久性的技术措施及构造要求

为保证混凝土结构的耐久性，根据环境类别和设计的使用年限，针对影响耐久性的主要因素，应从设计、材料和施工方面提出技术措施，并明确构造要求。

（1）结构设计技术措施。

1）未经技术鉴定及设计许可，不能改变结构的使用环境，不得改变结构的用途。

2）对于结构中使用环境较差的构件，宜设计成可更换或易更换的构件。

3）宜根据环境类别，规定维护措施及检查年限，对重要的结构，宜在与使用环境类别相同的适当部位，设置供耐久性检查的专用构件。

4）对于暴露在侵蚀性环境中的结构构件，其受力钢筋可采用环氧涂层带肋钢筋，预应力筋应有防护措施。在此情况下宜采用高强混凝土。

（2）对混凝土材料的要求。用于一至三类环境中设计使用年限为 50 年的结构混凝土，应控制最大水灰比、最小水泥用量、最低强度等级、最大氯离子含量，以及最大碱含量，符合表 7 - 3 的要求。

设计使用年限为 100 年且处于一类环境中的混凝土结构，应符合下列规定：

1）钢筋混凝土结构的混凝土强度等级不应低 C30，预应力混凝土结构的混凝土强度等级不应低于 C40。

2）混凝土中氯离子含量不得超过水泥重量的 0.06%。

3）宜使用非碱活性骨料。当使用碱活性骨料时，混凝土中碱含量不应超过 3.0kg/m³。

对于设计使用年限为 100 年且处于二、三类环境中的混凝土结构，应采取专门有效的措施。

对于特殊结构，为防止碱集料反应，应对骨料及掺合料提出具体要求。

表 7 - 3　　　　　　　　　　　结构混凝土材料的耐久性基本要求

环境等级	最大水胶比	最低强度等级	最大氯离子含量（%）	最大碱含量（kg/m³）
一	0.60	C20	0.30	不限制
二 a	0.55	C25	0.20	
二 b	0.50（0.55）	C30（C25）	0.15	
三 a	0.45（0.50）	C35（C30）	0.15	3.0
三 b	0.40	C40	0.10	

注　1. 氯离子含量系指其占胶凝材料总量的百分比。

　　2. 预应力构件混凝土中的最大氯离子含量为 0.06%；其最低混凝土强度等级宜按表中的规定提高两个等级。

　　3. 素混凝土构件的水胶比及最低强度等级的要求可适当放松。

　　4. 有可靠工程经验时，二类环境中的最低混凝土强度等级可降低一个等级。

　　5. 处于严寒和寒冷地区二 b、三 a 类环境中的混凝土应使用引气剂，并可采用括号中的有关参数。

　　6. 当使用非碱活性骨料时，对混凝土中的碱含量可不作限制。

处于寒冷及严寒环境中结构的混凝土，有抗渗要求的混凝土，均应遵照有关规范符合相应等级的要求。

四类和五类环境中的混凝土结构，其耐久性要求应符合有关标准的规定。

对临时性混凝土结构，可不考虑混凝土的耐久性要求。

（3）施工要求。混凝土的耐久性主要取决于它的密实性，除应满足上述对混凝土材料的要求外，还应高度重视对混凝土的施工质量，控制商品混凝土的各个环节，加强对混凝土的养护，防止过早承受荷载等。

（4）混凝土保护层最小厚度。混凝土保护层最小厚度是以保证钢筋与混凝土共同工作，满足对受力钢筋的有效锚固以及保证耐久性的要求为依据的。纵向受力钢筋及预应力钢筋、钢丝、钢绞线的混凝土保护厚度，是指从钢筋外缘到混凝土外边缘的距离，它不应小于钢筋的直径或等效直径，也不应小于骨料最大粒径的 1.5 倍，且应符合表 7 - 4 的规定。

表 7 - 4　　　　　　　　　　混凝土保护层的最小厚度 c（mm）

环境类别	板、墙、壳	梁、柱、杆
一	15	20
二 a	20	25
二 b	25	35
三 a	30	40
三 b	40	50

注　1. 混凝土强度等级不大于 C25 时，表中保护层厚度数值应增加 5mm。

　　2. 钢筋混凝土基础宜设置混凝土垫层，基础中钢筋的混凝土保护层厚度应从垫层顶面算起，且不应小于 40mm。

《给水排水工程构筑物结构设计规范》（GB 50069—2002）对构筑物中受力钢筋的混凝

土保护层最小厚度作了要求，应符合表 7 - 5 的规定。

表 7 - 5   钢筋的混凝土保护层最小厚度 （mm）

构件类别	工作条件	保护层最小厚度
墙、板、壳	与水、土接触或高湿度	30
	与污水接触或受水气影响	35
梁、柱	与水、土接触或高湿度	35
	与污水接触或受水气影响	40
基础、底板	有垫层的下层筋	40
	无垫层的下层筋	70

注   1. 墙、板、壳内的分布筋的混凝土净保护层最小厚度，不应小于 20mm；梁、柱内箍筋的混凝土净保护层最小
       厚度，不应小于 25mm。

     2. 表列保护层厚度系按混凝土等级不低于 C25 给出，当采用混凝土等级低于 C25 时，保护层厚尚应增加 5mm。

     3. 不与水、土接触或不受水气影响的构件，其钢筋的混凝土保护层的最小厚度，应按现行的《混凝土结构设计
       规范》（GB 50010—2002）的有关规定采用。

     4. 当构筑物位于沿海环境，受盐雾侵蚀显著时，构件的最外层钢筋的混凝土，最小保护层厚度不应少于 45mm。

     5. 当构筑物的构件外表设有水泥砂浆抹面，或其他涂料等质量确有保证的保护措施时，表列要求的钢筋的混凝
       土保护层厚度可酌量减小，但不得低于处于正常环境的要求。

确定保护层厚度时，不能一味增大厚度，因为一方面不经济，另一方面将使裂缝宽度加大，效果不好。较好的方法是采用防护覆盖层，并规定维修年限。

第二篇 钢筋混凝土的结构设计

第八章 钢筋混凝土梁板结构设计

第一节 概 述

钢筋混凝土梁板结构主要是由板和梁组成的结构体系，它是工业与民用建筑房屋和给水排水构筑物中广泛采用的一种结构形式，如房屋中的屋盖和楼盖、楼梯、雨篷、地下室的底板（筏式基础）、贮液结构的顶盖和底板，以及承受侧向水平力的矩形贮液结构壁板和挡土墙等，都属于梁板结构。

一、梁板结构按施工方法分类

钢筋混凝土梁板结构按施工方法，可以分为现浇整体式、装配式、装配整体式三种形式。

1. 现浇整体式梁板结构

现浇整体式梁板结构整体刚度好、抗震性能强、防水性好，在结构布置方面容易适应各种特殊要求，这一点对给排水构筑物尤为重要。一般适用于下列情况：

（1）楼面荷载较大、平面形状复杂或布置上有特殊要求的建筑物，如多层厂房中需要布置重型机械设备，或要求开设较复杂洞的楼面。

（2）防渗、防漏或抗震要求较高的建筑物。

（3）震动荷载作用的楼面。

（4）高层建筑。

现浇整体式梁板结构的施工现场工作量大，模板消耗量较大，工期较长，在寒冷季节施工时还必须采取专门的防冻防寒措施。

2. 装配式梁板结构

这种结构是在预制场（或施工现场）预先制作梁、板构件，然后运到现场装配而成的。它的整体性、防水性、抗震性较差，用钢量稍多，且不宜开设洞口，因此对于高层建筑及有抗震设防要求的建筑，以及使用上要求防水和开设孔洞的楼面，均不宜采用。但这种结构有利于实现工厂化生产和机械化施工，可以加快施工速度，节约模板，而且施工不受季节影响。目前，在工业与民用建筑中的屋盖和楼盖结构中，在大型清水池的顶盖结构中常采用这种结构。图 8-1 （a）、（b）为圆形贮液结构和矩形贮液结构装配式梁板结构顶盖的示意图。

3. 装配整体式梁板结构

装配整体式梁板结构是将该结构中的部分构件预制，在施工现场安装后，再通过后浇的混凝土叠合连成整体。这种结构的特点介于前两种结构之间，既有比装配式梁板结构较好的整体性，又较现浇整体式梁板结构节约模板和支撑。但这种楼盖需要进行混凝土二次浇筑，有时还需要增加焊接工作量，故对施工进度和造价都带来一些不利影响，它仅适用于较大的多层工业厂房、高层民用建筑及有抗震设防要求的建筑。

二、钢筋混凝土梁板结构常用结构形式

1. 肋形梁板结构

如图 8-1（c）所示，肋形梁板结构是由板、梁和支柱组成的，可用作矩形贮液结构的顶盖或房屋结构的屋盖和楼盖。

2. 无梁楼盖（顶盖）

如图 8-1（d）所示，将钢筋混凝土板，直接支承在有柱帽的中间支柱及周边墙壁上，而不设梁。这种结构底面平整，具有较大的净空，通风良好，适于用作多层商场、多层厂房、仓库的楼屋盖和大型贮液结构的顶盖和底板。

3. 圆形平板

大多用作圆形贮液结构的顶盖和底板。当贮液结构直径较小时，可以作成无支柱圆形平板，对于直径为 6～10m 的圆形贮液结构，则宜采用有中心支柱的圆形平板。

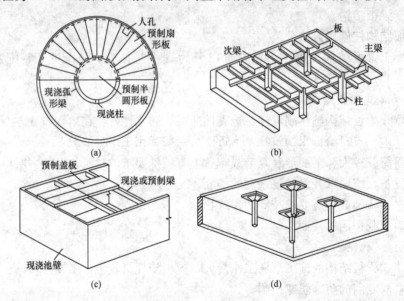

图 8-1　梁板结构类型图

（a）圆形贮液结构预制顶盖；（b）小型矩形贮液结构预制顶盖；
（c）单向板肋形顶盖；（d）无梁顶盖

第二节　现浇单向板肋梁板结构

在肋形梁板结构中，板被主梁和次梁划分成矩形区格，这种 4 边支承的区格板沿主梁和次梁两个方向传递荷载。主要沿单向受力的板称为单向板，沿两个方向传递的荷载都不能忽略的板称为双向板。结构分析表明，按弹性理论计算内力，当 $l_2/l_1>2$ 时，对于 4 边支承条件相同的板，沿短边方向 l_1 传递的荷载 q_1，将为沿长边方向 l_2 传递的荷载 q_2 的 16 倍以上，此时可忽略沿长跨方向的传力作用，认为荷载主要由短向承担，称之为单向板。反之，如果 $l_2/l_1 \leqslant 2.0$ 时，在设计中就必须考虑荷载沿相互垂直的两个方向传递，这种板称为双向板。《混凝土结构设计规范》规定：$l_2/l_1 \geqslant 3$ 时，可按单向板设计；$2<l_2/l_1<3$ 时，宜按双向板设计，若按单向板设计，应沿长边方向布置足够的构造钢筋；$l_2/l_1 \leqslant 2.0$，应按双向板设计。

一、结构布置

单向板肋梁顶盖是由板、次梁和主梁所组成，其竖向支撑结构为柱或墙体见图 8 - 1 (c)。荷载的传递路径为：板→次梁→主梁→柱（墙体）→基础。结构布置主要是确定柱网、主梁、次梁的间距和跨度等尺寸。常见的单向板肋形顶盖的结构布置如图 8 - 2 所示。合理布置柱网和划分梁格，对于建筑物的经济性和适用性都有十分重要的意义。因此，结构布置要从建筑效果、使用功能、结构原理方面考虑，可按下列原则进行：

（1）结构布置应力求简单、整齐、统一。使受力明确，传力直接，简化设计，方便施工，获得良好的经济效果和建筑效果；

（2）受力合理。梁板结构尽可能划分为等跨度；主梁跨度范围内次梁根数宜为偶数，以使主梁受力合理；避免较大荷载直接作用在板上；当板上开设较大洞口时，应采取加强措施。

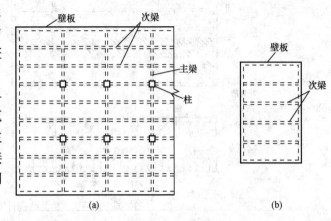

图 8 - 2　单向板肋形顶盖的结构布置

二、计算简图

单向板肋形梁板结构中，板的计算简图取为支承在次梁上的连续梁；次梁取为支撑在主梁上的连续梁；主梁在一定条件下也可以按支承在柱（或墙）上的连续梁计算，如图 8 - 3 所示。采用的计算简图是对实际结构进行简化假定后得到的，包括：

1. 计算假定

（1）忽略次梁、主梁、柱的竖向位移对板、次梁、主梁的影响，即板、次梁、主梁在支座处没有竖向位移。

（2）忽略次梁、主梁在支承处对板、次梁的转动约束能力，即假定次梁、主梁分别作为板、次梁的支座可自由转动。柱子对主梁弯曲转动的约束能力，取决于主梁线刚度和柱子线刚度的比值。一般，当主梁的线刚度与柱子的线刚度之比大于 4 时，按连续梁计算主梁，否则应按梁、柱刚接的框架模型计算。

（3）在确定次梁、主梁承受的荷载时，忽略板、次梁的连续性，按简支构件计算支座反力。

（4）跨数超过 5 跨的连续梁、板，当相邻跨度相差不超过 10% 时，可按 5 跨的等跨梁、板计算。所有中间跨的内力和配筋都可以按第 3 跨处理。

2. 计算单元及负荷范围

如图 8 - 3 所示，对于板取 1m 宽的板带作为计算单元，承受图中阴影线所示的楼面均布荷载，这一荷载范围称为负荷范围。

主、次梁的截面形状都是两侧带翼缘的 T 形截面，每侧翼板的计算宽度取与相邻梁中心距的一半。次梁承受板传来的均布线荷载，主梁承受次梁传来的集中荷载，负荷范围如图 8 - 3 所示。

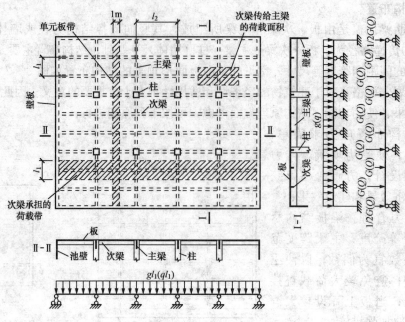

图 8 - 3   单向板肋形梁板结构计算简图

3. 计算跨度

梁、板的计算跨度 l_0 是内力计算时采用的跨间长度。当按弹性理论计算时，中间各跨取支座中心线之间的距离。如果边跨端部搁置在支承构件上，对于梁，边跨计算跨度取 $\left(1.025l_{n1}+\dfrac{b}{2}\right)$ 与 $\left(l_{n1}+\dfrac{a+b}{2}\right)$ 两者中较小值；对于板，边跨计算跨度取 $\left(1.025l_{n1}+\dfrac{b}{2}\right)$ 与 $\left(l_{n1}+\dfrac{h+b}{2}\right)$ 两者中较小值（如图 8 - 4 所示）。梁、板在边支座与支承构件整浇时，边跨也取支承中心线之间的距离。

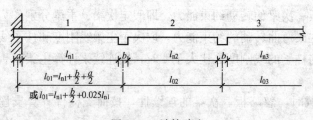

图 8 - 4   计算跨度

4. 荷载取值

对于贮液结构顶盖上作用的荷载，分为永久荷载 g（恒载）和不变荷载 q（活载）两种，恒载包括结构自重，防水层重量以及覆土重量等，一般以均布荷载的形式作用于顶盖上；活载则包括人群重量、临时堆积荷载、施工荷载以及雪荷载等。对屋面和构筑物顶面，雪荷载和活荷载不同时考虑。

三、几点修正

1. 折算荷载

前面板和次梁的支座，假设为可自由转动的铰支座或链杆支座，实际结构中，梁、板是整体浇筑的，当板受荷产生弯曲变形时，支承它的次梁将产生扭转，次梁的抗扭刚度将约束板的弯曲转动，使板在支承处的实际转角 θ' 比理想铰支承时的转角 θ 小，如图 8 - 5 所示。对于次梁和主梁之间也是这样，由此产生的误差可采用减小活荷载、增大恒载的方法来使之减小，这种经过调整后的恒载和活载称为折算荷载。折算荷载的取值如下：

对于板

$$g' = g + \frac{q}{2}, \quad q' = \frac{q}{2} \qquad (8-1)$$

对于梁

$$g' = g + \frac{q}{4}, \quad q' = \frac{3q}{4} \qquad (8-2)$$

式中：g'、q' 为单位长度上折算恒荷载、活荷载设计值，kN/m；g、q 为单位长度上恒荷载、活荷载设计值，kN/m。

2. 支座宽度影响

按弹性方法计算连续梁、板内力时，取支座中心线之间的距离作为计算跨度，所得

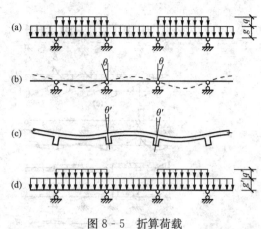

图 8-5　折算荷载

的支座弯矩，即为支座中心理想铰支点的弯矩。但实际结构的支座总有一定的宽度，且梁板又与支座整体连接，致使在支座宽度内，其截面高度明显增大，故支座中心处弯矩虽最大，但并非最危险截面，支座边缘截面才是实际应控制的截面，如图 8-6 所示。支座边缘处的内力可按下式计算：

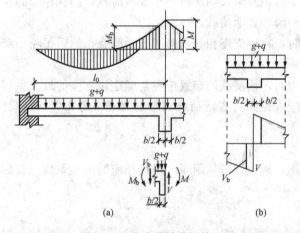

图 8-6　内力设计值的修正

均布荷载时

$$M_b = M - V_0 \frac{b}{2} \qquad (8-3)$$

$$V_b = V_0 - (g+q)\frac{b}{2} \qquad (8-4)$$

集中荷载作用时，M_b 计算公式同式 (8-3)，支座边缘处的剪力为

$$V_b = V \qquad (8-5)$$

式中：M、V 为支座中心处弯矩和剪力设计值；V_0 为按简支梁计算的支座剪力；b 为支座宽度；M_b、V_b 为支座边缘处弯矩和剪力设计值；g、q 分别为作用在梁（板）上的均布恒载和活载。

四、连续梁、板的弹性内力计算

钢筋混凝土连续梁、板的内力计算方法有两种：一种是弹性理论计算方法；另一种是考虑塑性内力重分布的计算方法。对裂缝和变形控制较严的结构，一般都采用弹性方法。由于给水排水构筑物对裂缝宽度的控制较严，故其结构的内力分析均采用弹性计算方法。

1. 活荷载的最不利布置

在连续梁、板中，恒荷载作用于各跨，活荷载的位置是变化的，对于跨中和支座控制截面的内力也随活荷载的位置而变化。因此，应研究活荷载如何布置才使控制截面内力最大，这种布置称最不利布置。图 8-7 为五跨连续梁（板）在不同跨作用活荷载时的内力图，从图中可以看出，当 1、3、5 跨布置活荷载时，在该跨产生正弯矩，而使 2、4 跨产生负弯矩。依此类推，可总结出活荷载最不利位置的原则为：

（1）当计算某跨的跨中最大正弯矩时，应在该跨布置活荷载，然后向左右两侧每隔一跨

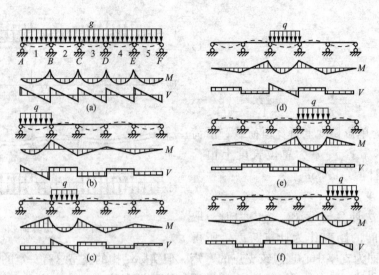

图 8 - 7　五跨连续梁（板）在荷载作用下的内力图

布置活荷载。

（2）当确定某跨跨中最大负弯矩（最小弯矩）时，则该跨不布置活荷载，而在相邻的左右两跨布置活荷载，然后向左右两侧每隔一跨布置活荷载。

（3）当确定各中间支座的最大负弯矩时，在该支座相邻两跨布置活荷载，然后每隔一跨布置活荷载。

（4）当确定各支座左右边缘的最大剪力时，活荷载的布置位置与确定该支座的最大负弯矩时相同。但当确定端支座最大剪力时，应在端跨布置活荷载，然后每隔一跨布置活荷载。恒荷载应按实际情况布置。

2. 内力计算

活荷载布置确定之后，对于等跨连续梁、板，即可从附录 3 查得相应的内力系数，然后按下列公式计算内力。

均布荷载作用下

$$M = k_1 g l^2 + k_2 q l^2 \qquad (8-6)$$

$$V = k_3 g l + k_4 q l \qquad (8-7)$$

集中荷载作用下

$$M = k_1 G l + k_2 Q l \qquad (8-8)$$

$$V = k_3 G + k_4 Q \qquad (8-9)$$

式中：G 为集中恒载设计值，kN；Q 为集中活载设计值，kN；k_1、k_2 为对应于恒载分布状态和活载分布状态的弯矩系数，可由附录 3 查得；k_3、k_4 为对应于恒载分布状态和活载分布状态的剪力系数，亦由附录 3 查得。

不等跨连续梁、板的内力计算可查有关手册，或采用结构力学的方法求解。

3. 内力包络图

将恒荷载作用下，各截面产生的内力和相应截面最不利活荷载布置下所产生的内力叠加，便得出截面可能出现的最不利内力，各截面最不利内力的连线称为内力包络图。如果将图 8 - 8 所示的 6 种情况的弯矩图和剪力图画在同一个坐标系中，即得到如图 8 - 9 所示的五跨连续梁弯矩和剪力叠合图。取叠合图的外包线，就得到弯矩包络图与剪力包络图，它表示各截面在任意活荷载的布置情况下，可能出现的最大内力。

弯矩包络图是确定梁内纵向钢筋截断和弯起点的依据，即连续梁的材料图形必须根据弯矩包络图来绘制。当必须利用弯起钢筋抗剪时，剪力包络图是用来确定弯起钢筋需要的排数和确定弯起钢筋排列位置的依据，如果不必利用弯起钢筋抗剪，则一般不必绘制剪力包络图。

五、板、次梁、主梁的截面设计及构造

（一）板

1. 截面设计要点

在肋形梁板结构中，板的混凝土用量可占到整个梁板结构混凝土总用量的 $50\%\sim70\%$，因此，板厚宜取较小值。按刚度要求，板厚也不宜过小，民用房屋楼盖的板厚一般不宜小于 60mm，单向板的厚度尚应不小于跨度的 $l/40$（连续板）、$l/35$（简支板）以及 $l/12$（悬臂板）。在有覆土的贮液结构顶盖中，由于长期荷载较大，板厚最好大于等于跨长的 $l/25$ 和大于等于 100mm。

在连续板中，支座截面由于负弯矩作用，截面上部受拉下部受压；跨内截面则由于正弯矩作用，截面上部受压下部受拉。拉区开裂后，跨中和支座压区混凝土呈一拱形，如果板

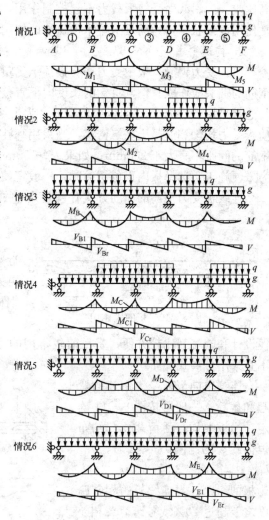

图 8 - 8　五跨连续梁（板）的荷载布置
与各截面的最不利内力图

周边都有梁，能够有效约束拱的支座侧移，即能提供可靠的水平推力，能够减小板中各计算截面的弯矩，这一效应称为板的内拱作用，如图 8 - 10 所示。在进行截面设计时，对于四周与梁整体连接的单向板，其中间跨的跨中截面及中间支座截面弯矩可折减 20%，但边跨的跨中截面和支座截面弯矩不折减。

现浇板在墙上的支承长度不宜小于 120mm。

在确定了单向板的厚度 h 和弯矩后，即可按 $1000mm \times h$ 的单筋矩形截面进行正截面承载力计算，以确定各跨中和各支座所需钢筋数量。由于板的跨

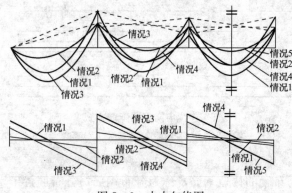

图 8 - 9　内力包络图

高比较大，斜截面受剪承载力不起控制作用，一般不必验算，也不必配置抗剪腹筋。对于正常使用极限状态，为满足给排水构筑物的使用要求，需验算裂缝宽度和挠度。

2. 构造要求

（1）受力钢筋。板中受力筋有板顶承受负弯矩的负筋和板底承受正弯矩的正筋。板上层钢筋的端头应作成直钩，直钩的长度向下直接顶到模板，以起架立作用。板中受力钢筋的直径通常采用 $6\sim12mm$，但板中负钢筋，为了增强其架立刚度，直径最好不小于 $8mm$。为了使板受力均匀和混凝土浇筑密实，当采用绑扎钢筋作配筋时，如果板厚 $h\leqslant150mm$，其受力钢筋的间距不宜大于 $200mm$；如果 $h>150mm$，间距不应大于 $1.5h$，且不宜大于 $250mm$。为方便施工，选择板内正负钢筋时，一般宜使间距相同而直径不同，直径不宜多于两种。

连续板受力钢筋的配筋方式有弯起式 [图 8-11（a）、（b）] 和分离式 [图 8-11（c）] 两种。

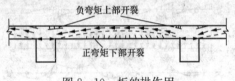

图 8-10　板的拱作用

弯起式配筋先选择跨中正筋，然后在支座附近弯起 $1/2\sim2/3$，如果还不满足支座负筋需要，再另加直的负筋。弯起式配筋锚固较好，可节约钢材，但施工较复杂，目前工程中较少采用。

分离式配筋的钢筋锚固稍差，耗钢量略高，但设计和施工都比较方便，是目前较常用的。当板厚超过 $120mm$ 且承受的动荷载较大时，不宜采用分离式配筋。

连续单向板内受力钢筋的弯起和截断，一般可按图 8-11 确定。当板上均布活荷载 q 与均布恒荷载 g 的比值 $q/g\leqslant3$ 时，$a=l_n/4$；当 $q/g>3$ 时，$a=l_n/3$。l_n 为板的净跨。当连续板的相邻跨度之差超过 20% 或各跨荷载相差很大时，则钢筋的弯起和截断应按弯矩包络图确定。

当板端与壁板整体连接时，端支座处钢筋的弯起点和切断点的位置，可参照图 8-11 中间支座确定，同时负弯矩钢筋伸入壁板内的锚固长度，应不小于充分利用钢筋抗拉强度时的最小锚固长度（图 8-12）。

（2）构造钢筋。连续单向板除了按计算配置受力筋外，还应按构造设置以下 4 种构造筋。

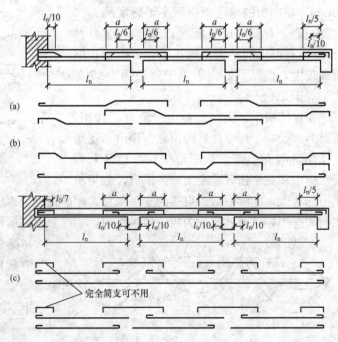

图 8-11　连续单向板的配筋方式
（a）一端弯起式；（b）两端弯起式；（c）分离式

1）分布钢筋。垂直于板的受力方向上布置的构造钢筋，称为分布钢筋，分布筋置于受力筋的内侧，受力钢筋的所有转角处，均宜布置分布钢筋。分布钢筋的作用是：将板面荷载更为均匀地传递给受力钢筋，抵抗该方向温度和混凝土的收缩应力，在施工中固定受力钢筋的位置等。分布钢筋按构造配置，分布钢筋的截面面积不宜小于单位宽度上受力钢筋截面面积的 15%，且不宜小于该方向板截面面积的 0.15%，分布钢筋的间距不应大于 250mm，直径不宜小于 6mm；对集中荷载较大的情况，分布钢筋的截面面积适当增加，其间距不宜大于 200mm。对贮液结构等给水排水工程构筑物中的板，分布钢筋应适当加强。

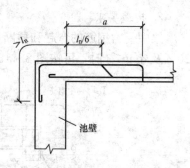

图 8 - 12　顶板支座负筋的锚固

2）与主梁垂直的附加负筋。主梁作为板沿长跨方向的支座，应在主梁上方布置垂直于主梁方向的板内负弯矩钢筋，以抵抗板沿长跨实际存在的支座负弯矩和防止板沿主梁边产生过宽的裂缝。其间距不大于 200mm，直径不宜小于 8mm，且不少于沿短跨跨中受力钢筋截面面积的 1/3，其伸出主梁每侧边缘的长度应不小于短跨方向计算跨度 l_0 的 1/4（图 8 - 13）。

3）与承重墙垂直的附加负筋。当板边嵌固在砖墙内时，在板的非受力方向（长向），应沿板边布置垂直于砖墙方向的负弯矩构造钢筋，其间距不宜大于 200mm，直径不宜小于 8mm，伸出墙边的长度不小于板的短向跨度 $l_1/7$（图 8 - 14）。

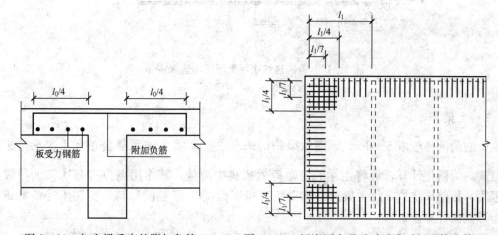

图 8 - 13　与主梁垂直的附加负筋　　　图 8 - 14　板嵌固在承重砖墙内时板边构造筋配置图

4）板角附加短钢筋。当板的周边嵌固在壁板或砖墙内时，在板角部的顶面产生与墙大致成 45°的斜向裂缝，为了限制这种裂缝，应在板角上部沿双向配置构造钢筋，其间距不宜大于 200mm，直径不宜小于 8mm，伸出墙边的长度不小于板的短向跨度 $l_1/4$，l_1 为短向净跨（图 8 - 14）。

（二）次梁

1. 截面设计要点

次梁的跨度一般为 4～6m，梁的高跨比一般可取 $\frac{1}{18}$～$\frac{1}{12}$，梁截面宽高比可取 $\frac{1}{2}$～$\frac{1}{3}$。纵向钢筋的配筋率一般为 0.6%～1.5%。

在截面设计时，当次梁与板整体连接时，板可作为次梁的上翼缘。因此，在正弯矩作用下，跨中截面按 T 形计算；负弯矩作用下，支座和跨中截面按矩形计算。

2. 构造要求

梁中受力钢筋的弯起和截断，一般应按弯矩包络图确定。但当次梁相邻跨度相差不大于20％及 $q/g \leqslant 3$ 时，可按图 8 - 15 所示布置钢筋。

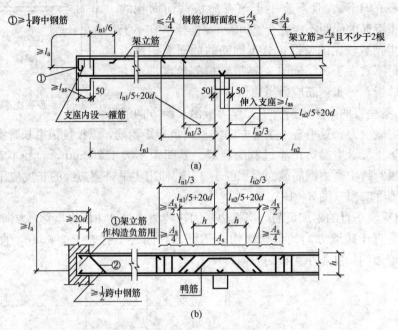

图 8 - 15　等跨连续次梁配筋的构造规定
(a) 无弯起钢筋；(b) 有弯起钢筋

(三) 主梁

主梁的跨度一般取 5~8m，梁高取梁跨的 $\frac{1}{15} \sim \frac{1}{10}$。主梁主要承受自重和由次梁传来的集中荷载，为简化计算，可将主梁的自重等效成集中荷载，其作用点位置与次梁的位置相同。因梁、板整体浇筑，故主梁跨中承受正弯矩截面按 T 形截面计算，支座承受负弯矩截面按矩形截面计算。

在主梁支座处，次梁和主梁的负弯矩钢筋交叉重叠，而主梁的负弯矩钢筋一般应放在次梁负弯矩钢筋的下面，使主梁支座截面的有效高度 h_0 较小（图 8 - 16），此时 h_0 可按下列公式估计：

当为一排钢筋时 $h_0 = h - (50 \sim 60\text{mm})$；当为两排钢筋时 $h_0 = h - (70 \sim 80\text{mm})$。

主梁纵向钢筋的弯起和截断，应根据内力包络图及材料图确定。

主次梁交接处，在主梁高度范围内受到次梁传来的集中荷载的作用，此集中荷载通过次梁的受压区的剪切传至主梁的腹中，从而可能使梁腹出现斜裂缝，如图 8 - 17 (a) 所示。

为了防止这种斜裂缝引起的局部破坏，如图 8 - 17 (b) 所示，应在次梁（集中力）两侧的一定范围内设置附加横向钢筋（吊筋或箍筋）。附加横向钢筋应布置在长度为 s （$s = 2h_1 + 3b$，h_1 为主梁高度与次梁高度之差，b 为次梁宽度）的范围内。所需附加横向钢筋（吊筋或箍筋）总截面面积，按式（8 - 10）确定

$$F_l \leqslant 2f_y A_{sb}\sin\alpha + mn f_{yv} A_{sv1} \tag{8-10}$$

式中：F_l 为由次梁传至主梁的集中力设计值，kN；f_y 为吊筋抗拉强度设计值，kN；f_{yv} 为附加箍筋抗拉强度设计值，kN；A_{sb} 为吊筋截面面积，mm²；A_{sv1} 为附加箍筋单肢的截面面积，mm²；m 为在 s 范围内附加箍筋的根数；n 为附加箍筋的肢数；α 为附加吊筋弯起部分与主梁轴线夹角，rad。

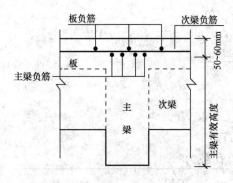

图 8 - 16　主梁支座截面的钢筋位置

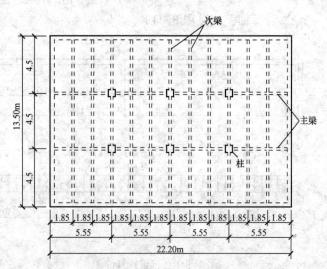

图 8 - 17　吊筋与附加箍筋的布置

在实际设计时，可以只设置附加箍筋或只设置吊筋。

连续次梁和连续主梁应根据正截面和斜截面承载力要求计算配置钢筋，同时还应满足裂缝宽度和挠度验算的要求。

【例 8 - 1】　某 1000m³ 矩形清水池，池高 $H=4.0$m，壁板厚为 200mm，采用现浇钢筋混凝土顶盖，板与壁板的连接近似按铰支考虑，其结构布置如图 8 - 18 所示。顶盖覆土厚为 300mm，使用活荷载标准值为 9kN/m²，活荷载准永久值系数 $\psi_q=0.1$，顶盖底面为砂浆抹面厚 20mm。混凝土采用 C25，梁中纵向受力钢筋采用 HRB335 级钢筋，梁中箍筋及板中受力钢筋采用 HPB235 级钢筋。结构构件重要性系数 $\gamma_0=1.0$。试设计此水池顶盖。

图 8 - 18　顶盖结构布置图

解　1. 材料指标及梁、板截面尺寸

C25 级混凝土　　　　　$f_c=11.9$N/mm²，$f_t=1.27$N/mm²

$f_{tk}=1.78$N/mm²，$E_c=2.80\times10^4$N/mm²

HPB235 级钢筋　　　　$f_y=210$N/mm²，$E_s=2.1\times10^5$N/mm²

HRB335 级钢筋　　　　$f_y=300$N/mm²，$E_s=2.0\times10^5$N/mm²

钢筋混凝土：　　　　　重度标准值为 25kN/m³

覆土：　　　　　　　　重度标准值为 18kN/m³

砂浆抹面层：　　　　　　　重度标准值为$20kN/m^3$

板厚采用100mm，次梁采用$b \times h = 200 \times 450mm$，主梁采用$b \times h = 250 \times 650mm$。

2. 板的设计

(1) 荷载设计值。

恒载分项系数$\gamma_G = 1.2$，活载分项系数因$q_k = 9kN/m^2 > 4kN/m^2$，故$\gamma_Q = 1.3$。

覆土重	$1.2 \times 18 \times 0.3 = 6.48kN/m^2$
板自重	$1.2 \times 25 \times 0.1 = 3.0kN/m^2$
抹面重	$\underline{1.2 \times 18 \times 0.3 = 6.48kN/m^2}$
恒载	$g = 9.96kN/m^2$
活载	$q = 1.3 \times 9 = 11.7kN/m^2$
总荷载	$g + q = 9.96 + 11.7 = 21.66kN/m^2$
	$q/g = 11.7/9.96 = 1.17 < 3$

考虑梁板整体性对内力计算的影响，调整后的折算荷载为

$$g' = g + \frac{q}{2} = 9.96 + \frac{1}{2} \times 11.7 = 15.81kN/m^2$$

$$q' = \frac{q}{2} = \frac{11.7}{2} = 5.85kN/m^2$$

取1m宽板带进行计算，故计算单元上每延米荷载即为

$$g' = 15.81kN/m, \quad q' = 5.85kN/m$$

(2) 计算简图（见图8-19）。

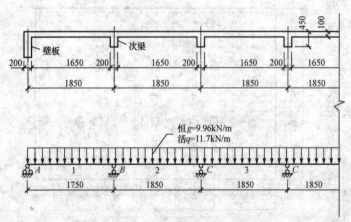

计算跨度：边跨$l_1 = l_n + b/2 = 1650 + 100 = 1750mm$

中跨$l_2 = l_n + b = 1650 + 200 = 1850mm$

由于端支座近似取为简支，故此处计算跨度偏小，可取至壁板内边缘，以适当考虑端支座弹性固定对第一跨跨中弯矩，以及第一内支座负弯矩的影响。

(3) 内力计算。

由于$l_2/l_1 = 2.43 > 2.0$，

图8-19　板计算简图

$2.0 < l_2/l_1 < 3.0$，这里按单向连续板设计，可把沿长向的构造筋加强。连续板实际为12跨，利用附录3五跨连续梁的内力系数表进行内力计算。

跨中弯矩

$$M_{1max} = (0.078 \times 15.81 + 0.100 \times 5.85) \times 1.75^2 = 5.57kN \cdot m$$

$$M_{2max} = (0.033 \times 15.81 + 0.079 \times 5.85) \times 1.85^2 = 3.36kN \cdot m$$

$$M_{3max} = (0.046 \times 15.81 + 0.086 \times 5.85) \times 1.85^2 = 4.2kN \cdot m$$

支座弯矩

$$M_{Bmax} = -(0.105 \times 15.81 + 0.119 \times 5.85) \times (1.75 + 1.85)^2/2 = -7.63kN \cdot m$$

$M_{Cmax} = -(0.079 \times 15.81 + 0.111 \times 5.85) \times 1.85^2 = -6.49 \text{kN} \cdot \text{m}$

求支座边缘弯矩：

在支座 B 处

$M_{B,e} = M_B - V_0 b/2 = -7.63 + \dfrac{21.66 \times 1.85}{2} \times \dfrac{0.2}{2} = -5.63 \text{kN} \cdot \text{m}$

在支座 C 处

$M_{C,e} = M_C - V_0 b/2 = -6.49 + \dfrac{21.66 \times 1.85}{2} \times \dfrac{0.2}{2} = -4.49 \text{kN} \cdot \text{m}$

（4）配筋计算。

板厚 $h = 100\text{mm}$，顶板钢筋净保护层厚应取 35mm，故 $h_0 = 100 - 40 = 60\text{mm}$。板正截面承载力计算结果见表 8-1。

表 8-1　　　　　　　　　　　板 的 配 筋 计 算

截面	边跨跨中	第一内支座	第二跨跨中	中间支座	中间跨中
M（kN·m）	5.57	−5.63	3.36	−4.49	4.20
$\alpha_s = M/f_c b h_0^2$	0.130	0.131	0.078	0.105	0.098
γ_s	0.930	0.929	0.960	0.945	0.948
$A_s = M/\gamma_s h_0 f_y$（mm²）	475.3	481	278	377.1	351.6
选用钢筋	$\Phi 8@100$	$\Phi 8@100$	$\Phi 6@100$	$\Phi 6/8@100$	$\Phi 6/8@100$
实际配筋面积（mm²）	503	503	283	393	393
配筋率 ρ（%）	0.84	0.84	0.47	0.66	0.66

（5）裂缝宽度验算。

第一跨跨中：

按荷载短期效应组合计算的第一跨跨中最大弯矩，为用折算恒载标准值 g'_k 和折算活载标准值 q'_k 计算的第一跨跨中最大弯矩，$g'_k = 12.8\text{kN/m}$，$q'_k = 4.5\text{kN/m}$。算得 $M_k = 4.436\text{kN} \cdot \text{m}$（计算过程略）。

$$\rho_{te} = \frac{A_s}{A_{te}} = \frac{503}{0.5 \times 1000 \times 100} = 0.01$$

$$\sigma_{sk} = \frac{M_k}{0.87 A_s h_0} = \frac{4\,436\,000}{0.87 \times 503 \times 60} = 168.95 \text{N/mm}^2$$

$$\psi = 1.1 - \frac{0.65 f_{tk}}{\rho_{te} \sigma_{sk}} = 1.1 - \frac{0.65 \times 1.54}{0.01 \times 168.95} = 0.508$$

$$l_m = 1.9c + 0.08 \frac{d}{\upsilon \rho_{te}} = 1.9 \times 35 + 0.08 \times \frac{8}{0.7 \times 0.01} = 157.9 \text{mm}$$

$$w_{max} = 2.1 \psi \frac{\sigma_{sk}}{E_s} l_m = 2.1 \times 0.508 \times \frac{168.95}{2.1 \times 10^5} \times 157.9 = 0.14\text{mm} < 0.25\text{mm}$$

满足要求。

其余各跨跨中及支座截面，经验算最大裂缝宽度均未超过允许值，验算过程从略。

（6）挠度验算。

顶盖构件的允许挠度可取 $l/200$，可能的最大挠度将出现在第一跨。因此，如果以第一跨为准验算挠度，则板的挠度限制将得到满足。

现已知第一跨跨中按荷载效应标准组合计算的最大弯矩 $M_k=4.436\text{kN}\cdot\text{m}$，按荷载效应准永久值组合计算所得跨中最大弯矩为 $M_q=2.256\text{kN}\cdot\text{m}$（计算过程略）。

已知

$$\rho_{te}=0.01,\ \sigma_{sk}=168.95\text{N/mm}^2,\ \psi=0.508$$

$$\alpha_E=\frac{E_s}{E_c}=\frac{2.1\times10^5}{2.80\times10^4}=7.5$$

$$B_s=\frac{E_sA_sh_0^2}{1.15\psi+0.2+6\alpha_E\rho}=\frac{2.1\times10^5\times503\times60^2}{1.15\times0.508+0.2+6\times0.008\,4\times7.5}=3.8\times10^{11}\text{N}\cdot\text{mm}^2$$

$$B=\frac{M_k}{M_q(\theta-1)+M_k}B_s=\frac{4.436}{2.256\times(2-1)+4.436}\times3.8\times10^{11}=2.52\times10^{11}\text{N}\cdot\text{mm}^2$$

第一跨跨中挠度 δ 按简支梁用叠加法计算，即 δ 由简支梁在均布荷载作用下的跨中挠度 δ_1 和简支梁在右端支座负弯矩 M_B（M_B 由求第一跨跨中最大正弯矩时的荷载布置算得，$M_B=-5.12\text{kN}\cdot\text{m}$，计算过程略）作用下的跨中挠度 δ_2 叠加而成。所得跨中挠度 δ 近似认为是最大挠度，由此引起的误差忽略不计，则

$$\delta=\delta_1+\delta_2=\frac{5}{48}\times\frac{M_kl_0^2}{B}+\frac{M_Bl_0^2}{16B}=\frac{5}{48}\times\frac{4.436\times10^6\times1750^2}{2.1\times10^{11}}-\frac{5.12\times10^6\times1750^2}{16\times2.1\times10^{11}}$$

$$=5.62-3.89=1.73\text{mm}<l/200=1750/200=8.75\text{mm}$$

满足要求。

（7）板的配筋。

板的配筋如图 8-20 所示，分布钢筋采用 Φ6@250，每米板宽内的分布钢筋截面面积为

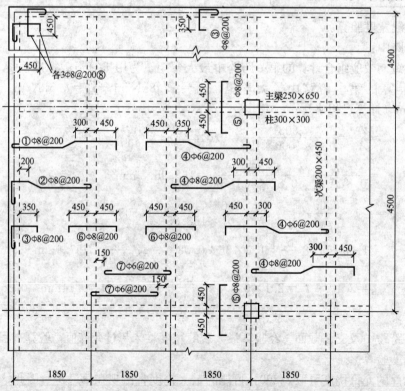

图 8-20　板配筋图（分布钢筋采用Φ6@250）

$113.0mm^2$，大于 $A_s/15=503/15=33.5mm^2$。

3. 次梁的设计

（1）荷载计算。

板传来恒载设计值 $9.96 \times 1.85 = 18.43kN/m$

次梁自重设计值 $1.2 \times 25 \times 0.2 \times (0.45-0.1) = 2.1kN/m$

恒载 $g = 20.53kN/m$

活荷载 $q = 1.3 \times 9 \times 1.85 = 21.6kN/m$

总荷载 $g+q = 42.1kN/m$

$$q/g = 21.6/20.53 = 1.05 < 3$$

考虑主梁抗扭刚度的影响，调整后的折算荷载为

$$g' = g + \frac{q}{4} = 20.53 + \frac{1}{4} \times 21.6 = 25.93kN/m$$

$$q' = \frac{3q}{4} = \frac{3 \times 21.6}{4} = 16.2kN/m$$

（2）计算简图（见图 8-21）。

主梁截面尺寸为 $250 \times 650mm$。

计算跨度：

边跨 $l_1 = l_n + a/2 + b/2 = 4.275 + 0.1 + 0.125 = 4.5m$

中跨 $l_2 = l_n + b = 4.25 + 0.25 = 4.5m$

（3）内力计算。

按附录 3 三跨连续梁内力系数表，计算跨中及支座弯矩以及各支座左右两侧的剪力。

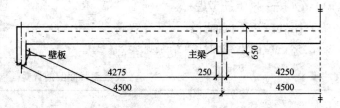

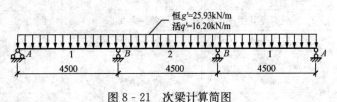

图 8-21 次梁计算简图

跨中弯矩

$$M_{1max} = (0.08 \times 25.93 + 0.101 \times 16.2) \times 4.5^2 = 75.13kN \cdot m$$

$$M_{2max} = (0.025 \times 25.93 + 0.075 \times 16.2) \times 4.5^2 = 37.7kN \cdot m$$

支座弯矩

$$M_{Bmax} = -(0.1 \times 25.93 + 0.117 \times 16.2) \times 4.5^2 = -90.8kN \cdot m$$

B 支座边缘处弯矩

$$M_{B,e} = M_{Bmax} - V_0 b/2 = -90.8 + \frac{(25.93+16.2) \times 4.5}{2} \times \frac{0.25}{2} = -78.95kN \cdot m$$

A 支座右侧剪力

$$V_{Amax} = 0.4 \times 25.93 \times 4.5 + 0.45 \times 16.2 \times 4.5 = 79.4kN$$

A 支座右边缘剪力

$$V_{A,e} = 79.48 - \frac{(25.93+16.2) \times 0.2}{2} = 75.27kN$$

B 支座左侧剪力

$$V_{Bmax}^{左} = 0.6 \times 25.93 \times 4.5 + 0.617 \times 16.2 \times 4.5 = 115kN$$

B 支座左侧边缘剪力

$$V_{B,e}^{左} = 115 - \frac{(25.93 + 16.2) \times 0.25}{2} = 109.7 \text{kN}$$

B 支座右侧剪力

$$V_{Bmax}^{右} = 0.5 \times 25.93 \times 4.5 + 0.583 \times 16.2 \times 4.5 = 100.8 \text{kN}$$

B 支座右侧边缘剪力

$$V_{B,e}^{右} = 100.8 - \frac{(25.93 + 16.2) \times 0.25}{2} = 95.53 \text{kN}$$

（4）正截面承载力计算。

梁跨中按 T 形截面计算。其翼缘宽 b_f' 取下面两项中的较小值

$$b_f' = l/3 = 4.5/3 = 1.5 \text{m}$$
$$b_f' = b + s_n = 0.2 + 1.65 = 1.85 \text{m}$$

故取 $b_f' = 1.5 \text{m}$。

顶盖梁、柱钢筋净保护层厚取 35mm，故跨中 T 形截面的有效高度 $h_0 = 450 - 40 = 410 \text{mm}$（按一排钢筋考虑）。

支座处按矩形截面计算，其有效高度 $h_0 = 450 - 70 = 380 \text{mm}$（按二排钢筋考虑）。

次梁正截面承载力计算结果见表 8 - 2。

表 8 - 2　　　　　　　次梁正截面配筋计算

截面	1	B	2
弯矩（kN·m）	75.13	−78.95	37.7
截面类型	第一类 T 形	矩形	第一类 T 形
h_0（mm）	410	380	410
$\alpha_s = M/f_c b h_0^2$		0.23	
$\alpha_s = M/f_c b_f' h_0^2$	0.025		0.012 6
γ_s	0.987 3	0.867 4	0.993 7
$A_s = M/\gamma_s h_0 f_y$（mm²）	619	799	308
选用钢筋	4 ⏀ 14	左弯 2 ⏀ 14 + 3 ⏀ 14（直）	2 ⏀ 14
实际配筋面积（mm²）	615（误差 0.65%）	769（误差 3.9%）	308
配筋率 ρ（%）	0.75	0.98	0.376

（5）斜截面承载力计算。

次梁剪力全部由箍筋承担时，斜截面承载力计算结果见表 8 - 3。

表 8 - 3　　　　　　　次 梁 箍 筋 计 算

截面	A	$B_左$	$B_右$
V（kN）	75.27	109.7	95.53
$0.25 f_c b h_0$（kN）	238>V	220.2>V	220.2>V
$0.7 f_t b h_0$（kN）	71.12<V	65.8<V	65.8<V
箍筋肢数、直径	2 ⏀ 6	2 ⏀ 6	2 ⏀ 6
$A_{sv} = n A_{sv1}$	56.6	56.6	56.6

续表

截面	A	$B_左$	$B_右$
$s=\dfrac{1.25f_{yv}nA_{sv1}h_0}{V-0.7f_tbh_0}$	1432	125	185
实际配箍间距（mm）	200	200	200
是否需配弯筋	否	是	是

由表 8-3 可看出，当配置 $2\Phi6@200$ 的箍筋时，对于支座 A 能满足要求，而在支座 B 两侧均需设置弯起钢筋，$B_左$ 所需弯起钢筋的面积为

$$A_{sb}=\frac{V-0.7f_tbh_0-1.25f_{yv}\dfrac{nA_{sv1}}{s}h_0}{0.8f_y\sin45°}$$

$$=\frac{109\,700-0.7\times1.27\times200\times380-1.25\times210\times\dfrac{2\times28.3}{200}\times380}{0.8\times300\times0.707}=82\text{mm}^2$$

故在 $B_左$ 考虑弯起两排钢筋，其中靠近支座一排为 $1\Phi14$（$A_s=153.9\text{mm}^2$）的鸭筋，第二排由跨中弯起 $2\Phi14$，$B_右$ 采用一排弯起钢筋，即 $1\Phi14$ 的鸭筋。$B_左$ 第二排弯起钢筋下部弯起点，距支座边的距离约为 $h+h_0=450+380-40=870\text{mm}$，该处剪力为 $109.7-(g'+q')\times0.87=109.7-42.1\times0.87=73.1\text{kN}$，显然，配两排弯起钢筋已经足够。支座 $B_右$ 鸭筋的下部弯起点距支座边的距离约为 $50+h_0-a_s'=50+380-40=390\text{mm}$，该处剪力为 $95.53-42.1\times0.39=79.11\text{kN}$，也不必再配置弯起钢筋。

（6）裂缝宽度验算。

次梁的折算恒载标准值 $g_k'=21.26\text{kN/m}$，折算活荷载标准值 $q_k'=12.47\text{kN/m}$。

第一跨跨中

$$M_{1k}=(0.08\times21.26+0.101\times12.47)\times4.5^2=59.95\text{kN}\cdot\text{m}$$

$$\sigma_{sk}=\frac{M_{1k}}{0.87h_0A_s}=\frac{59.95\times10^6}{0.87\times400\times615}=280.1\text{N/mm}^2$$

$$\rho_{te}=\frac{A_z}{A_{te}}=\frac{615}{0.5\times200\times450}=0.013\,7$$

$$\psi=1.1-\frac{0.65f_{tk}}{\rho_{te}\sigma_{sk}}=1.1-\frac{0.65\times1.78}{0.013\,7\times280.1}=0.8$$

$$l_m=1.9c+0.08\frac{d}{\upsilon\rho_{te}}=1.9\times40+0.08\times\frac{14}{0.013\,7}=157.8\text{mm}$$

$$w_{max}=2.1\psi\frac{\sigma_{sk}}{E_s}l_m=2.1\times0.8\times\frac{280.1}{2.0\times10^5}\times157.8=0.37\text{mm}>0.25\text{mm}$$

裂缝超过限值。将第一跨跨中纵向受拉钢筋改为 $5\Phi14$，$A_s=769\text{mm}^2$，重新验算结果 $w=0.23\text{mm}$，满足要求，计算过程从略。

B 支座

$$M_{Bk}=-(0.1\times21.26+0.117\times12.47)\times4.5^2=-72.6\text{kN}\cdot\text{m}$$

$$M_{B,ek}=M_{Bk}-V_{0k}\frac{b}{2}=-72.6+\frac{(21.26+12.47)\times4.5}{2}\times\frac{0.25}{2}=-63.11\text{kN}\cdot\text{m}$$

$$\sigma_{sk}=\frac{M_{B,ek}}{0.87h_0A_s}=\frac{63.11\times10^6}{0.87\times370\times769}=254.9\text{N/mm}^2$$

对支座截面应按倒 T 形截面计算 ρ_{te}，即

$$\rho_{\text{te}}=\frac{A_s}{A_{\text{te}}}=\frac{A_s}{0.5bh+(b_f-b)h_f}=\frac{769}{0.5\times200\times450+(1500-200)\times100}$$

$$=0.0044<0.01，\text{故取}\ \rho_{\text{te}}=0.01$$

$$\psi=1.1-\frac{0.65f_{\text{tk}}}{\rho_{\text{te}}\sigma_{\text{sk}}}=1.1-\frac{0.65\times1.78}{0.01\times254.9}=0.646$$

$$l_m=1.9c+0.08\frac{d}{\upsilon\rho_{\text{te}}}=1.9\times40+0.08\times\frac{14}{0.01}=188\text{mm}$$

$$w_{\max}=2.1\psi\frac{\sigma_{\text{sk}}}{E_s}l_m=2.1\times0.646\times\frac{254.9}{2.0\times10^5}\times188=0.32\text{mm}>0.25\text{mm}$$

裂缝超过限值，将支座负弯矩钢筋改为 3 ⚎ 16＋2 ⚎ 14，$A_s=911\text{mm}^2$，重新验算结果 $w=0.24\text{mm}$，满足要求，计算过程从略。

（7）挠度验算。

现已知第一跨跨中，按荷载效应标准组合计算的最大弯矩 $M_k=61.76\text{kN}\cdot\text{m}$，按荷载效应准永久值组合计算所得跨中最大弯矩为 $M_q=31.11\text{kN}\cdot\text{m}$（计算过程略）。

已知：

$$\rho_{\text{te}}=0.0137,\ \sigma_{\text{sk}}=280.1\text{N/mm}^2,\ \psi=0.8$$

$$\alpha_E=\frac{E_s}{E_c}=\frac{2.0\times10^5}{2.80\times10^4}=7.14$$

$$\gamma_f'=\frac{(b_f'-b)h_f'}{bh_0}=\frac{(1500-200)\times100}{200\times410}=1.56$$

$$\rho=\frac{A_s}{bh_0}=\frac{769}{200\times410}=0.0094$$

$$B_s=\frac{E_sA_sh_0^2}{1.15\psi+0.2+\frac{6\alpha_E\rho}{1+3.5\gamma_f'}}=\frac{2.0\times10^5\times769\times400^2}{1.15\times0.8+0.2+\frac{6\times7.14\times0.0094}{1+3.5\times1.56}}$$

$$=2.1\times10^{13}\text{N}\cdot\text{mm}^2$$

$$B=\frac{M_k}{M_q(\theta-1)+M_k}B_s=\frac{61.76}{31.11\times(2-1)+61.76}\times2.1\times10^{13}=1.4\times10^{13}\text{N}\cdot\text{mm}^2$$

第一跨跨中挠度 δ 按简支梁用叠加法计算，即 δ 由简支梁在均布荷载作用下的跨中挠度 δ_1 和简支梁在右端支座负弯矩 M_B（M_B 由求第一跨跨中最大正弯矩时的荷载布置算得，$M_B=-51.49\text{kN}\cdot\text{m}$，计算过程略）作用下的跨中挠度 δ_2 叠加而成。所得跨中挠度 δ 近似认为是最大挠度，由此引起的误差忽略不计，则

$$\delta=\delta_1+\delta_2=\frac{5}{48}\times\frac{M_kl_0^2}{B}+\frac{M_Bl_0^2}{16B}=\frac{5}{48}\times\frac{61.76\times10^6\times4500^2}{1.4\times10^{13}}-\frac{51.49\times10^6\times4500^2}{16\times1.4\times10^{13}}$$

$$=9.31-4.65=4.66\text{mm}<l/200=4500/200=22.5\text{mm}$$

满足要求。

（8）次梁配筋图。

次梁配筋图，见图 8 - 22。

4. 主梁的设计

（1）荷载计算。

次梁传来恒载设计值　　　　　　$20.53\times4.5=92.4\text{kN}$

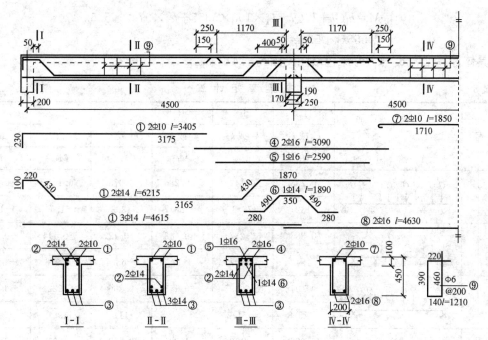

图 8 - 22 次梁配筋图

主梁自重设计值 $1.2\times0.25\times(0.65-0.1)\times1.85\times25=7.63$kN

恒载 $\qquad\qquad G=100.0$kN

次梁传来的活载设计值 $\qquad Q=21.6\times4.5=97.2$kN

(2) 计算简图。

柱子截面尺寸为 300×300mm

计算跨度

$$l = l_{c} = 5.55\text{m}$$

主梁计算简图, 如图 8 - 23 所示。

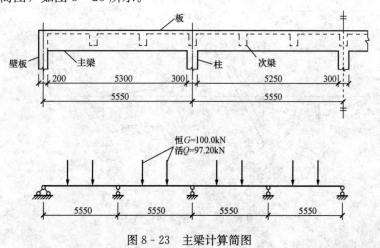

图 8 - 23 主梁计算简图

(3) 内力计算。

1) 弯矩设计值及包络图

$$M=k_1Gl+k_2Ql=k_1\times100\times5.55+k_2\times97.2\times5.55$$
$$=555k_1+539k_2$$

具体计算见表 8-4，弯矩包络图见图 8-24。

表 8-4　　　　　　　　　　　　　主 梁 弯 矩 计 算

序　号	截　面 计 算 简 图	1_a k_1 或 k_2 M_{1a}	1_b k_1 或 k_2 M_{1b}	B k_1 或 k_2 M_B	2_a k_1 或 k_2 M_{2a}	2_b k_1 或 k_2 M_{2a}	C k_1 或 k_2 M_C
①		0.238	0.142	−0.286	0.078	0.111	−0.191
		132	78.8	−158.7	43.3	61.6	−106
②		0.286	0.237	−0.143	−0.127	−0.111	−0.095
		154	127.7	−77	−68.4	−59.8	−51.2
③		−0.048	−0.095	−0.143	0.206	0.222	−0.095
		−25.8	−51.2	−77	111	119.7	−51.2
④		0.226	0.119	−0.321	0.103	0.194	−0.048
		121.8	64	−173	55.5	104.6	−25.8
⑤		−0.032	−0.063	−0.095	0.174	0.111	−0.286
		−17	−34	−51.2	93.8	59.8	−154
①+②		286	206.5	−235.7	−25.1	1.8	−157.2
①+③		106.2	27.6	−235.7	154.3	181.3	−157.2
①+④		253.8	142.8	−331.7	98.8	166.2	−131.8
①+⑤		115	44.8	−209.9	137.1	121.4	−260

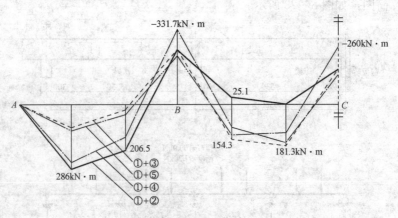

图 8-24　主梁弯矩包络图

2）剪力设计值及包络图。

$$V=k_3G+k_4Q=100k_3+97.2k_4$$

主梁剪力具体计算结果见表 8-5，剪力包络图见图 8-25。

表 8-5   主 梁 剪 力 计 算

序号	截面 / 计算简图	A		B左		B右		C左	
		k_3 或 k_4	V_A	k_3 或 k_4	$V_{B左}$	k_3 或 k_4	$V_{B右}$	k_3 或 k_4	$V_{C左}$
①	A G G B G G C G G	0.714	71.4	−1.286	−128.6	1.095	109.5	−0.905	−90.5
②	Q Q Q Q	0.857	83.3	−1.143	−111.1	0.048	4.7	0.048	4.7
③	Q Q Q Q	−0.143	−13.9	−0.143	−13.9	1.048	101.9	−0.952	−92.5
④	Q Q Q Q Q Q	0.679	66	−1.321	−128.4	1.274	123.8	−0.726	−70.6
⑤	Q Q Q Q	−0.095	−9.234	−0.095	−9.234	0.810	78.7	−1.190	−115.7
①+②		154.7		−239.7		114.2		−85.8	
①+③		57.5		−142.5		211.4		−183	
①+④		137.4		−257		233.3		−161.1	
①+⑤		62.2		−137.8		188.2		−206.2	

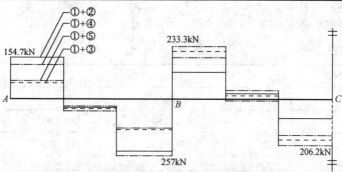

图 8-25 主梁剪力包络图

（4）正截面承载力计算。

各跨跨中按 T 形截面计算，其翼缘宽度 b_f' 取下面两项中的较小值。

$$b_f' = l/3 = 5.55/3 = 1.85\text{m}$$
$$b_f' = b + s_n = 0.25 + 4.25 = 4.5\text{m}$$

故取 $b_f' = 1.85\text{m}$。

第一、二跨跨中的截面有效高度，均按两排钢筋考虑，则

$$h_0 = 650 - 60 = 590\text{mm}$$

B、C 支座按矩形截面计算，其截面有效高度为

$$h_0 = 650 - 80 = 570\text{mm}$$

各支座截面的配筋，应按支座边缘处的弯矩值计算。

在 B 支座边缘处

$$M_{B,e} = M_B - V_0 \frac{b}{2} = 331.7 - \frac{(100+97.2) \times 0.3}{2} = 302.1 \text{kN} \cdot \text{m}$$

在 C 支座边缘处

$$M_{C,e} = M_C - V_0 \frac{b}{2} = 260 - \frac{(100+97.2) \times 0.3}{2} = 230.4 \text{kN} \cdot \text{m}$$

计算结果见表 8-6。

表 8-6　　　　　　　　　　主梁正截面配筋计算

截　面	1	B	2	C
弯矩（kN·m）	286	-302.1	181.3	-230.4
截面类型	第一类 T 形	矩形	第一类 T 形	矩形
h_0（mm）	590	570	590	570
$\alpha_s = M/f_c b h_0^2$		0.312		0.238
$\alpha_s = M/f_c b_f' h_0^2$	0.039		0.024	
γ_s	0.980	0.806	0.988	0.867
$A_s = M/\gamma_s h_0 f_y$（mm²）	1649	2192	1037	1554
选用钢筋	5 ⊈ 20	左弯 2 ⊈ 20 +3 ⊈ 20（直） 右弯 2 ⊈ 18	4 ⊈ 18	左弯 2 ⊈ 18 +2 ⊈ 18（直） 右弯 2 ⊈ 18
实际配筋面积（mm²）	1570	2160（误差 1.5%）	1017（误差 2%）	1526（误差 1.83%）
配筋率 ρ（%）	1.06	1.52	0.69	1.07

（5）斜截面承载力计算。

主梁所需的箍筋计算见表 8-7。

表 8-7　　　　　　　　　　主 梁 箍 筋 计 算

截面	A	$B_左$	$B_右$	$C_{左,右}$
V（kN）	154.7	257	233.3	206.2
$0.25 f_c b h_0$（kN）	423.9＞V	423.9＞V	423.9＞V	423.9＞V
$0.7 f_t b h_0$（kN）	126.7＜V	126.7＜V	126.7＜V	126.7＜V
箍筋肢数、直径	2 Φ 8	2 Φ 8	2 Φ 8	2 Φ 8
$A_{sv} = n A_{sv1}$	100.6	100.6	100.6	100.6
$s = \dfrac{1.25 f_{yv} n A_{sv1} h_0}{V - 0.7 f_t b h_0}$	538	115.5	141.2	189.3
实际配箍间距（mm）	150	150	150	150
是否需配弯筋	否	是	是	否

由表 8-7 可以看出，当配置 2 Φ 8@150 的箍筋时，对支座 A 和支座 C 斜截面受剪均能满足要求，但对支座 B 的左侧及右侧均应设置弯起钢筋，左侧每排弯起钢筋的面积为

$$A_{sb} = \frac{V - 0.7 f_t b h_0 - 1.25 f_{yv} \dfrac{n A_{sv1}}{s} h_0}{0.8 f_y \sin 45°}$$

$$= \frac{257\,000 - 0.7 \times 1.27 \times 250 \times 570 - 1.25 \times 210 \times \dfrac{100.6}{150} \times 560}{0.8 \times 300 \times 0.707} = 176 \text{mm}^2$$

选 1Φ18，A_{sb}＝254.5mm（鸭筋）。

在支座 B 左侧，自支座边缘到第一个集中荷载作用点 1_b 之间的水平距离为 1.85－0.15＝1.70m，在这个区间内各个截面中的剪力是相等的，故在靠近支座处布置 1Φ18 的鸭筋，然后均匀布置两排弯起钢筋。

支座 B 右侧的弯起钢筋不再另行计算，同样取每排不少于 1Φ18，布置原则与支座 B 左侧相同。

（6）裂缝宽度验算。

荷载标准值 $G_k=\dfrac{G}{1.2}=83.3kN$，$Q_k=\dfrac{Q}{1.3}=74.8kN$

按荷载效应标准组合计算各控制截面的弯矩 M_k。

第一跨跨中
$$M_{1k}=(0.238\times83.3+0.286\times74.8)\times5.55=228.8kN\cdot m$$
第二跨跨中
$$M_{2k}=(0.111\times83.3+0.222\times74.8)\times5.55=143.5kN\cdot m$$
B 支座
$$M_{Bk}=-(0.286\times83.3+0.321\times74.8)\times5.55=265.5kN\cdot m$$
$$M_{B,ek}=-265.5+\frac{(83.3+74.8)\times0.3}{2}=-241.8kN\cdot m$$
C 支座
$$M_{Ck}=-(0.191\times83.3+0.286\times74.8)\times5.55=-207kN\cdot m$$
$$M_{C,ek}=-207+\frac{(83.3+74.8)\times0.3}{2}=-183.3kN\cdot m$$

验算裂缝宽度时，所有跨中为 T 形截面，保护层厚 c＝40mm；所有支座截面为倒 T 形截面，保护层厚必须考虑板、次梁与主梁钢筋的交叉重叠。因此，主梁负弯矩钢筋的保护层厚为板的受力钢筋保护层厚（35mm）加板在主梁上的负弯矩构造钢筋直径（8mm），再加次梁的外排负弯矩钢筋直径（16mm），即 c＝35＋8＋16＝59mm。各截面的裂缝宽度验算见表 8-8。

表 8-8　　　　　　　　　　主 梁 裂 缝 宽 度 验 算

截面	一跨中	B 支座	二跨中	C 支座
M_k (kN·m)	228.8	－241.8	143.5	－183.3
h_0 (mm)	590	570	600	570
A_s (mm²)	1570	2393	1017	1526
$\sigma_{sk}=\dfrac{M_k}{0.87h_0A_s}$ (N/mm²)	283.9	203.8	270.3	242.2
$\rho_{te}=\dfrac{A_s}{0.5bh+(b_f-b)h_f}$	0.0193	0.01	0.0125	取 0.01
$\psi=1.1-\dfrac{0.65f_{tk}}{\rho_{te}\sigma_{sk}}$	0.889	0.532	0.758	0.622
c (mm)	40	59	40	59
$d_{eq}=\dfrac{\sum n_id_i^2}{n_iv_id_i}$	20	19.53	18	18
$l_m=1.9c+0.08\dfrac{d_{eq}}{\rho_{te}}$ (mm)	158.9	268.1	191.2	256.1
$w_{max}=2.1\psi\dfrac{\sigma_{sk}}{E_s}l_{cr}$	0.42	0.305	0.41	0.405

从表 8-8 可以看出，所有控制截面裂缝宽度均超过允许值 0.25mm，且超过较多，同时考虑到减小钢筋直径增加钢筋根数，在钢筋排列上已有困难，故主要只能增大钢筋用量。根据这一原则，对各截面重新调整配筋如下：

第一跨跨中：改用 6 Φ 22，$A_s = 2281\text{mm}^2$，经验算 $w_{max} = 0.23\text{mm}$，符合要求。

第二跨跨中：改用 4 Φ 22，$A_s = 1520\text{mm}^2$，经验算 $w_{max} = 0.22\text{mm}$，符合要求。

B 支座：改用 3 Φ 20 + 4 Φ 22，$A_s = 2461\text{mm}^2$，经验算 $w_{max} = 0.2\text{mm}$，符合要求。

C 支座：改用 2 Φ 20 + 4 Φ 22，$A_s = 2148\text{mm}^2$，经验算 $w_{max} = 0.22\text{mm}$，符合要求。

调整后的钢筋截面面积，为主梁实际配筋，支座 B、C 弯起钢筋的布置情况如前所述。

(7) 挠度验算。

由于最大挠度将出现在第一跨，故一般只需验算第一跨，使第一跨产生最大挠度的活荷载作用于第一和第三跨。

1) 跨中正弯矩区刚度计算。

由裂缝验算已知第一跨按荷载效应的标准组合计算的最大正弯矩值为 $M_{1k} = 228.8$ kN·m，按荷载效应的准永久值组合计算的最大正弯矩值为

$$M_{1q} = C_g G_k + C_q \psi_q Q_k$$
$$= (0.238 \times 5.55) \times 83.3 + (0.281 \times 5.55) \times 0.1 \times 74.8$$
$$= 121.9\text{kN·m}$$

跨中正弯矩区的短期刚度按 T 形截面计算，公式为

$$B_{1s} = \frac{E_s A_s h_0^2}{1.15\psi + 0.2 + \dfrac{6\alpha_E \rho}{1 + 3.5\gamma'_f}}$$

已知 $A_s = 2281\text{mm}^2$，$\psi = 0.889$

$$\alpha_E = \frac{E_s}{E_c} = \frac{2.0 \times 10^5}{2.80 \times 10^4} = 7.14$$

$$\gamma'_f = \frac{(b'_f - b)h'_f}{bh_0} = \frac{(1850 - 250) \times 100}{250 \times 590} = 1.085$$

$$\rho = \frac{A_s}{bh_0} = \frac{2281}{250 \times 590} = 0.0155$$

因此，$B_{1s} = \dfrac{2.0 \times 10^5 \times 2281 \times 590^2}{1.15 \times 0.889 + 0.2 + \dfrac{6 \times 7.14 \times 0.0155}{1 + 3.5 \times 1.085}} = 1.168 \times 10^{14} \text{N·mm}^2$

$B_1 = \dfrac{M_{1k}}{M_{1q}(\theta - 1) + M_{1k}} B_{1s} = \dfrac{228.8}{121.9 \times (2 - 1) + 228.8} \times 1.168 \times 10^{14} = 7.62 \times 10^{13} \text{N·mm}^2$

2) B 支座负弯矩区刚度计算。

此时 B 支座的负弯矩，必须是由使第一跨产生最大正弯矩的荷载布置所引起的（即第一跨和第三跨有活荷载），可算得按荷载效应标准组合计算的负弯矩为 $M_{Bk} = -191.59$ kN·m，按荷载效应准永久值组合计算的负弯矩为 $M_{Bq} = -138.16\text{kN·m}$。

短期刚度 B_{Bs}

$$B_{Bs} = \frac{E_s A_s h_0^2}{1.15\psi + 0.2 + 6\alpha_E \rho}$$

已知 $A_s = 2461\text{mm}^2$，$\psi = 0.491$（计算过程略）

$$\alpha_E = \frac{E_s}{E_c} = \frac{2.0 \times 10^5}{2.80 \times 10^4} = 7.14$$

$$\rho = \frac{A_s}{bh_0} = \frac{2461}{250 \times 570} = 0.0173$$

$$B_{Bs} = \frac{2.0 \times 10^5 \times 2461 \times 570^2}{1.15 \times 0.491 + 0.2 + 6 \times 0.0173 \times 7.84} = 1.01 \times 10^{14}\,\text{N} \cdot \text{mm}^2$$

长期刚度

$$B_B = \frac{M_{Bk}}{M_{Bq}(\theta - 1) + M_{Bk}} B_{Bs} = \frac{191.59}{138.16 \times (2-1) + 191.59} \times 1.01 \times 10^{14}$$
$$= 0.587 \times 10^{14}\,\text{N} \cdot \text{mm}^2$$

3）用图乘法求跨中挠度。

第一跨挠度可用图 8-26（a）所示计算简图进行计算，按荷载效应标准组合计算的弯矩图，如图 8-26（b）所示。第一跨的最大挠度不会正好在跨度中央，但为了简化计算，以跨度中央挠度进行验算，由此而带来的误差可以忽略不计。在跨度中央作用单位集中力所产生的 $\overline{M}$ 图，如图 8-26（c）所示。

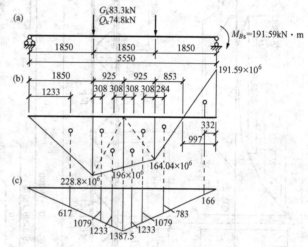

图 8-26　图乘法内力计算简图

跨中挠度为

$$\delta = \frac{1}{7.62 \times 10^{13}}(0.5 \times 228.8 \times 10^6$$
$$\times 1850 \times 617 + 0.5 \times 228.8$$
$$\times 10^6 \times 925 \times 1079 + 0.5 \times$$
$$\times 196 \times 10^6 \times 925 \times 1233 + 0.5$$

$$\times 196 \times 10^6 \times 925 \times 1233 + 0.5 \times 164.04 \times 10^6 \times 925 \times 1079 + 0.5 \times 164.04$$

$$\times 10^6 \times 853 \times 783) - \frac{1}{0.587 \times 10^{14}}(0.5 \times 191.59 \times 10^6 \times 997 \times 166) = 7.98\text{mm}$$

$\dfrac{\delta}{l} = \dfrac{7.98}{5550} = \dfrac{1}{695.5} < \dfrac{1}{200}$，满足要求。

（8）主梁吊筋计算。

由次梁传给主梁的全部集中荷载设计值为

$$F = 92.4 + 97.2 = 191.4\text{kN}$$

考虑此集中荷载全部由吊筋承受，所需吊筋截面面积为

$$A_{sb} = \frac{F}{2f_y\sin\alpha} = \frac{191\,400}{2 \times 300 \times 0.707} = 451.2\text{mm}^2$$

吊筋采用 $2 \oplus 18$，$A_{sb} = 509\text{mm}^2$。

（9）主梁配筋图。

主梁纵向钢筋的弯起和切断，应根据弯矩包络图来确定，主梁配筋图见图 8-27。

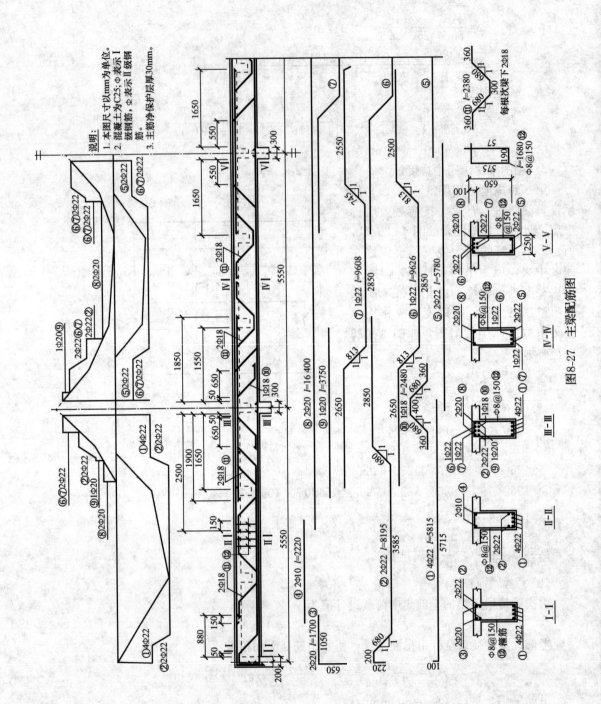

图 8-27　主梁配筋图

第三节　现浇双向板肋梁板结构

　　从理论上讲，凡纵横两个方向上的受力都不能忽略的板，称为双向板。当四边支承板的长边与短边之比小于或等于 2 时，应按双向板计算。由梁划分成多区格双向板的梁板结构，称为双向板肋形梁板结构。在双向板肋形梁板结构中，纵、横梁交点处一般都设置钢筋混凝土柱（图 8-28）。对于小容量的矩形贮液结构顶盖和底板以及普通快滤池的底板，常采用四边支承在壁板上的双向板。

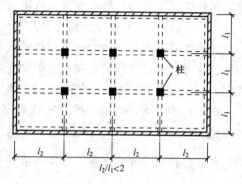

图 8-28　双向板结构布置

　　双向板在荷载作用下使板的四角向上翘起，由于受到梁或墙的约束，在板角处产生负弯矩。均布荷载作用下的正方形平面四边简支双向板，在混凝土裂缝出现之前，板处于弹性工作状态。随着荷载的增加，首先在板底中央处出现裂缝，然后裂缝沿对角线方向向板角处扩展，在板接近破坏时，板四角处板顶出现圆弧形裂缝，它促使板底对角线裂缝进一步扩展，最后由于对角线裂缝处截面受拉钢筋达到屈服，混凝土达到抗压强度导致双向板破坏，如图 8-29（a）所示。均布荷载作用下的矩形平面四边简支双向板，第一批裂缝出现在板底中部且平行于板的长边方向，随荷载增加，裂缝向板角处延伸。伸向板角处的裂缝与板边大体成 45°角，在接近破坏时，板四角处板顶出现圆弧形裂缝，最后由于跨中及 45°方向裂缝截面受拉钢筋达到屈服点，混凝土达到抗压强度导致双向板破坏，如图 8-29（b）所示。双向板的内力分析方法有弹性理论计算法和塑性理论计算法。对给水排水工程构筑物，一般不允许按塑性方法分析内力，以下将要介绍的内力计算方法，都属于弹性方法。

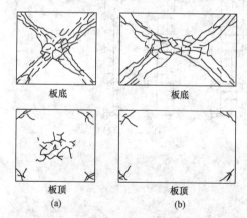

图 8-29　钢筋混凝土双向板的破坏裂缝

一、双向板的内力计算

1. 单区格双向板的内力计算

　　对于单区格板的内力，在实际设计工作中，常直接采用根据弹性薄板理论公式编制的实用内力系数表进行计算，附录 4、5 列出了不同边界条件的矩形板在均布荷载和三角形荷载作用下的弯矩系数。计算时，只需根据实际支承情况和短跨与长跨的比值，直接查出弯矩系数，即可算得有关弯矩

$$m = 表中系数 \times p l_{01}^2 \qquad (8-11)$$

式中：m 为跨中或支座单位板宽内的弯矩设计值；p 为均布荷载设计值；l_{01} 为短跨方向的计算跨度，计算方法同单向板。

　　附录 4、5 中的系数是有些取 $\mu=0$，有些则取 $\mu=\dfrac{1}{6}$。对于 $\mu=0$ 的表用于钢筋混凝土板

时，支座弯矩系数可直接采用，跨中可按下式计算

$$m_x^{\mu} = m_x + \mu m_y \qquad\qquad (8-12)$$

$$m_y^{\mu} = m_y + \mu m_x \qquad\qquad (8-13)$$

对于 $\mu = \dfrac{1}{6}$ 的表用于钢筋混凝土板时，支座弯矩系数和跨中弯矩系数均可直接采用。另外，当作用的荷载为梯形荷载时，可将荷载分解为均布和三角形两部分。

　　2. 多区格连续双向板的内力计算

　　多跨连续双向板的内力计算比单向板复杂，工程实用中多采用以单区格板计算为基础的实用计算方法。该法假定双向板支承梁受弯线刚度很大，不产生竖向位移且不受扭；同时还规定，双向板沿同一方向相邻跨度的比值 $l_{min}/l_{max} \geqslant 0.75$，以免计算误差过大。

　　（1）跨中最大正弯矩。欲求连续双向板某区格板跨中最大弯矩，活荷载应按棋盘式布置，见图 8-30（a），即在该区格布置活荷载，然后在其周边相邻跨每隔一区格布置活荷载。对这种荷载分布情况可以分解成满布对称荷载 $g + \dfrac{q}{2}$ 和间隔布置反对称荷载 $\pm\dfrac{q}{2}$ 两种情况，如图 8-30（c）、（d）所示。对于前一种荷载情况，可近似认为各区格板都固定支承在中间支承上；对于后一种情况，可近似认为各区格板在中间支承处都是简支的。沿板周边则根据实际支承情况确定。于是利用附录 4、5 分别求出单区格板两种情况下的跨中弯矩，叠加后即得各区格板的跨中最大弯矩。

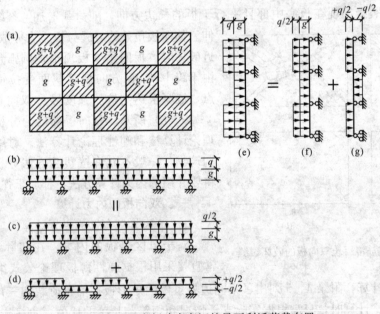

图 8-30　双向板跨中弯矩的最不利活荷载布置

　　（2）支座最大弯矩。通常按荷载满布所有区格，来近似计算支座最大负弯矩。这时，所有中间支座均可视为固定支座，沿板周边仍按实际支承情况确定。但对某个中间支座来说，由相邻两个区格求出的支座弯矩常常并不相等。这时，可近似取平均值作为该处的支座弯矩值。

　　【例 8-2】　一多区格连续双向板，周边简支，区格划分如图 8-31 所示，中间支座为

与板整体浇筑的梁，图中区格边长即为计算跨度。板上恒载设计值 $g=3.0\text{kN/m}^2$，活荷载设计值 $q=5.0$ kN/m^2。试计算 D 区格的跨中弯矩和 B、D 区格之间的支座弯矩。

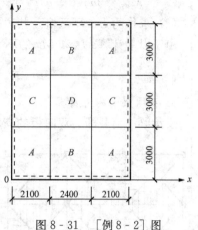

图 8 - 31　［例 8 - 2］图

解　1. D 区格跨中弯矩

（1）$g+\dfrac{q}{2}$ 作用下的跨中弯矩 M'_{Dx}、M'_{Dy}。

此时按四边固定的单区格板计算，$l_x/l_y=2.4/3.0=$ 0.8，由附录 4 可查得 $\mu=0$ 时的跨中弯矩系数，$m_x=$ $0.027\,1$，$m_y=0.014\,4$。取混凝土泊松比 $\mu=1/6$，则

$m_x^\mu=m_x+\mu m_y=0.027\,1+1/6\times0.014\,4=0.029\,5$
$m_y^\mu=m_y+\mu m_x=0.014\,4+1/6\times0.027\,1=0.018\,9$

跨中弯矩为

$$M'_{Dx}=m_x^\mu\left(g+\frac{q}{2}\right)l^2=0.029\,5\times\left(3.0+\frac{1}{2}\times5.0\right)\times2.4^2=0.857\text{kN}\cdot\text{m}$$

$$M'_{Dy}=m_y^\mu\left(g+\frac{q}{2}\right)l^2=0.018\,9\times\left(3.0+\frac{1}{2}\times5.0\right)\times2.4^2=0.599\text{kN}\cdot\text{m}$$

（2）$\pm\dfrac{q}{2}$ 作用下的弯矩 M''_{Dx}、M''_{Dy}。

此时按四边铰支的单区格板计算。由附录 4 可查得 $\mu=0$ 时的跨中弯矩系数，$m_x=$ $0.056\,1$，$m_y=0.033\,4$。取混凝土泊松比 $\nu=1/6$，则

$$m_x^\mu=m_x+\mu m_y=0.056\,1+1/6\times0.033\,4=0.061\,7$$
$$m_y^\mu=m_y+\mu m_x=0.033\,4+1/6\times0.056\,1=0.042\,8$$

跨中弯矩为

$$M''_{Dx}=m_x^\mu\left(\frac{q}{2}\right)l^2=0.061\,7\times\left(\frac{1}{2}\times5.2\right)\times2.4^2=0.924\text{kN}\cdot\text{m}$$

$$M''_{Dy}=m_y^\mu\left(\frac{q}{2}\right)l^2=0.042\,8\times\left(\frac{1}{2}\times5.2\right)\times2.4^2=0.641\text{kN}\cdot\text{m}$$

（3）将以上两项计算结果叠加，即得跨中最大弯矩 M_{Dx}、M_{Dy} 为
$$M_{Dx}=M'_{Dx}+M''_{Dx}=0.857+0.888=1.745\text{kN}\cdot\text{m}$$
$$M_{Dy}=M'_{Dy}+M''_{Dy}=0.599+0.616=1.215\text{kN}\cdot\text{m}$$

2. B、D 区格间的支座负弯矩

（1）按 D 区格计算 M^0_{Dy}。

在满布 $g+q$ 作用下，D 区格为四边固定板。由于固端弯矩与泊松比无关，故可直接用附表 4 - 4 的支座弯矩系数进行计算。当 $l_x/l_y=2.4/3.0=0.8$ 时，$m'_2=-0.055\,9$，故
$$M^0_{Dy}=m'_x(g+q)l^2=-0.055\,9\times(3.0+5.0)\times2.4^2=-2.576\text{kN}\cdot\text{m}$$

（2）按 B 区格计算 M^0_{By}。

在满布 $g+q$ 作用下，B 区格为沿 x 方向两对固定边，沿 y 方向外边缘铰支，内边缘固定，即为三边固定，一边铰支的板。从附表 4 - 6 可查得当 $l_x/l_y=2.4/3.0=0.8$ 时，$m'_2=$ -0.057，故

$$M_{By}^0 = m_y'(g+q)l^2 = -0.057 \times (3.0+5.0) \times 2.4^2 = -2.627\text{kN} \cdot \text{m}$$

（3）求作为 B、D 区格公共边的支座弯矩 $M_{BD,y}^0$。

由于以上计算 M_{Dy}^0 和 M_{By}^0 的不平衡，故近似地取其平均值作为公共支座弯矩，即

$$M_{BD,y}^0 = \frac{1}{2}(M_{Dy}^0 + M_{By}^0) = -2.60\text{kN} \cdot \text{m}$$

3. 支承梁的内力计算

支承梁的荷载即为双向板的支座反力，其分布比较复杂，实用计算时可近似把每一区格

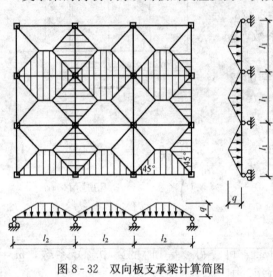

图 8-32　双向板支承梁计算简图

划分为四个小区格，如图 8-32 所示。沿短跨方向的支承梁承受板面传来的三角形分布荷载；沿长跨方向的支承梁承受板面传来的梯形分布荷载。

按弹性理论设计计算梁的支座弯矩时，可按支座弯矩等效的原则，按下式将三角形荷载和梯形荷载等效为均布荷载 p_e。

三角形荷载作用时

$$p_e = \frac{5}{8}p' \qquad (8-14)$$

梯形荷载作用时

$$p_e = (1 - 2\alpha_1^2 + \alpha_1^3)\ p' \qquad (8-15)$$

$$p' = p\frac{l_{01}}{2} = (g+q)\frac{l_{01}}{2} \qquad (8-16)$$

$$\alpha_1 = l_{01}/l_{02} \qquad (8-17)$$

式中：g、q 分别为板面的均布恒荷载和均布活荷载；l_{01}、l_{02} 分别为长跨和短跨的计算跨度。

双向板支承梁的截面设计及配筋构造与单向板肋形梁板结构中的梁没有差别，在此不再赘述。

二、双向板截面设计要点

在设计双向板时，一般应先按经验选定板厚及材料强度等级，然后根据所计算出的跨中和支座弯矩通过正截面承载力，计算求得各截面所需的钢筋面积。在计算跨中钢筋时，应注意两个方向的钢筋上下重叠，因此，所取的有效高度 h_0 不同，由于沿板的短边方向受力大，应将沿短边方向的钢筋放在外层，一般 h_0 应取为：

短边方向　　　　　　　　　　　　$h_0 = h - 20\text{mm}$

长边方向　　　　　　　　　　　　$h_0 = h - 30\text{mm}$

双向板的裂缝宽度验算可按第七章介绍的方法进行。由于双向板的刚度比单向板大，当板厚满足下面所述的构造要求时，通常可以不作挠度验算。

三、双向板的构造要求

双向板的跨度最大可达 $5.0 \sim 7.0\text{m}$，但对于有覆土的贮液结构顶盖，一个区格的平面面积以不超过 25m^2 为宜。

在房屋楼盖中，双向板的厚度应不小于 80mm，贮液结构顶盖则不宜小于 100mm。当四边

简支单区格双向板的厚度不小于 $l_1/45$，或多区格连续双向板的厚度不小于 $l_1/50$（l_1 为板的短边）时，可不作挠度验算。对于有覆土的贮液结构顶盖，由于恒载所占的比重较大，故板厚应适当增大，这时，四边简支单区格双向板的厚度不宜小于 $l_1/40$，多区格连续双向板的厚度则不宜小于 $l_1/45$。当板与水、土接触或处于高湿度环境时，其保护层的最小厚度为 25mm。

按弹性理论计算时，双向板跨中弯矩是板中间部分两个相互垂直方向的最大正弯矩值。但跨内弯矩由跨中向支座逐渐减小，故跨中钢筋也可向两边逐渐减小。在布置双向板跨中钢筋时，为了既节约钢材又便于施工，当短边长 $l_1 \geqslant 2500\text{mm}$ 时，可以沿板两个方向各分为三个板带（图 8 - 33），在中间板带内，按计算出的跨中正弯矩确定配筋数量，而在边板带中，配筋数量可减少一半，但每米宽度内不得少于 3 根钢筋。由支座最大负弯矩确定的支座配筋，则应沿整个支座宽度均匀配置，而不进行折减。

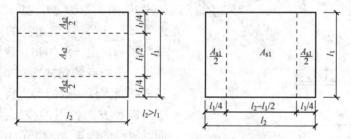

图 8 - 33　双向板跨中钢筋布置原则

双向板的配筋方式也有弯起式和分离式两种，分离式适用于板厚 h 小于等于 120mm 且不经常承受动荷载的板。

双向板中受力钢筋的直径、间距及弯起点、切断点的位置等规定与单向板相同，沿墙边、墙角处的构造筋也与单向板相同。多区格等跨连续板中间区格板的弯起式配筋，如图 8 - 34所示。

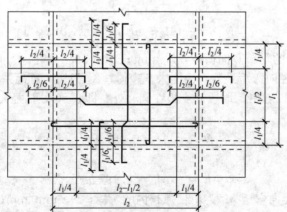

图 8 - 34　多跨连续双向板的弯起式配筋构造

第四节　圆形平板结构

圆形平板在给水排水工程结构中广泛应用，它主要用作圆形贮液结构、水塔、泵房的顶板、水柜的顶板和底板等。一般情况下，当贮液结构直径小于 6m 时，可采用无支柱圆板；当直径较大时，可在圆板中心加一支柱，成为有中心支柱的圆形平板，从而减小了圆板的厚度和配筋量。

一、无中心支柱的圆板

1. 内力计算

沿周边对称支承的圆板，在轴对称荷载作用下，其内力和变形是对称的。如图 8 - 35

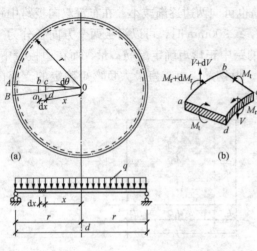

图 8 - 35　周边对称支承的无支柱圆板

(a) 所示的一半径为 r 的圆板，在均布荷载作用下，圆板内将产生两种弯矩：沿极径 r 方向的径向弯矩，用 M_r 来表示；沿极角 θ 切线方向的切向弯矩，用 M_t 来表示。若从圆板中取一微元体，该微元体中线段 ad 与线段 bc 的夹角为 $d\theta$，弧 ab 与弧 dc 半径之差为 dx，则其各截面上的内力如图 8 - 35 (b) 所示。由于结构和荷载均对称，则同一圆周上任一点的切向弯矩 M_t 均相等，且沿径向截面上任一点的剪力也必然为零，但由于沿极径方向各点的挠度及其倾角各不相同，故径向弯矩 M_r 和剪力 V 随半径 x 的变化而变化。限于篇幅，本节只给出等厚度圆形薄板的内力和挠度计算公式，至于如何运用弹性力学薄板理论求解圆板的内力和挠度，感兴趣的同学可查阅有关弹性力学书籍。

(1) 周边简支圆板。周边简支圆板在均布荷载作用下，半径 x 处的径向弯矩 M_r 和切向弯矩 M_t 的计算公式如下

$$\begin{cases} M_r = \dfrac{19}{96}(1-\rho^2)qr^2 = K_r qr^2 \\ M_t = \dfrac{1}{96}(19-9\rho^2)qr^2 = K_t qr^2 \end{cases} \tag{8-18}$$

式中：q 为单位面积上的均布竖向荷载，N/mm^2；r 为圆板的半径，mm；ρ 为距圆板中心为 x 的相对距离；K_r 为径向弯矩系数，由附录 6 查得；K_t 为切向弯矩系数，由附录 6 查得。

由式 (8 - 18) 可以看出，周边简支板在圆心处，即 $\rho=0$ 处，径向弯矩和切向弯矩均较大，且数值相等，即

$$M_r = M_t = 0.197\,9qr^2 \tag{8-19}$$

而在简支边上，由式 (8 - 18)，有

$$M_r = 0, M_t = 0.197\,9qr^2 \tag{8-20}$$

需要说明的是：径向弯矩 M_r 为单位弧长内的弯矩，N·mm/mm；切向弯矩 M_t 为沿半径单位长度内的弯矩，N·mm/mm。

(2) 周边固定的圆板。当柱壳与板整体连接且柱壳抗弯刚度远大于圆板的抗弯刚度时，圆板的周边可看作是固定的，此时径向弯矩 M_r 和切向弯矩 M_t 的计算公式如下

$$\begin{cases} M_r = \dfrac{1}{96}(7-19\rho^2)qr^2 = K_r qr^2 \\ M_t = \dfrac{1}{96}(7-9\rho^2)qr^2 = K_t qr^2 \end{cases} \tag{8-21}$$

由式（8-21）可以看出，周边固定板的边缘处，即 $\rho=1$ 处，径向弯矩的绝对值最大，即

$$M_r = -0.125qr^2 \tag{8-22}$$

而在圆心处，即 $\rho=0$ 处，径向弯矩和切向弯矩的值相等，即

$$M_r = M_t = 0.0729qr^2 \tag{8-23}$$

（3）周边弹性固定的圆板。当柱壳与圆板整体连接且柱壳的抗弯刚度与圆板的抗弯刚度相差不大时，则应考虑柱壳与板变形的连续性，即按周边弹性固定的圆板进行内力计算。这时可先假定圆板周边简支，由附录6及式（8-18）求出径向弯矩 M_{r1} 和切向弯矩 M_{t1}，然后视圆板的周边为固定，求出支座处单位宽度的径向固端弯矩 M_r^F，并同时考虑柱壳顶端单位宽度的固端弯矩 M_w^F（其计算见第九章），进行弯矩一次分配，从而得到圆板支座处径向弹性固定弯矩近似值 M_r^0，即

$$M_r^0 = M_r^F - (M_r^F - M_w^F)\frac{k_r}{k_r + k_w} \tag{8-24}$$

$$k_r = 0.1\frac{Eh_t^3}{r} \tag{8-25}$$

$$k_w = k_{m\beta}\frac{Eh_w^3}{H} \tag{8-26}$$

式中：k_r 为圆板沿周边单位宽度的边缘抗弯刚度，其值由式（8-25）确定，N·mm/mm；k_w 为单位宽度柱壳的边缘抗弯刚度，等厚度的柱壳线刚度值由式（8-26）确定，N·mm/mm；$k_{m\beta}$ 为柱壳的边缘刚度系数，可由附录8附表8-1（30）查得；E 为混凝土的弹性模量，N/mm²；h_w 为柱壳的厚度，mm；H 为柱壳的计算高度，mm。

将求得的 M_r^0 视作作用于简支圆板周边的外荷载，由此可得圆板内各点的径向弯矩 M_{r2} 和切向弯矩 M_{t2} 均等于 M_r^0，然后将径向弯矩 M_{r1}、M_{r2} 和切向弯矩 M_{t1}、M_{t2} 分别进行叠加，即

$$\begin{cases} M_r = M_{r1} + M_{r2} \\ M_t = M_{t1} + M_{t2} \end{cases} \tag{8-27}$$

上式即为圆板与柱壳为弹性固定时的弯矩。

另外，对于均布荷载作用下的圆板，不论周边是简支还是固定，根据平衡条件，沿周边总剪力等于圆板上的总荷载，即

$$V_{max}2\pi r = \pi r^2 q$$

所以

$$V_{max} = \frac{1}{2}qr \tag{8-28}$$

2. 截面设计及构造要求

圆板的厚度一般不应小于100mm，且支座截面应满足下式要求

$$V < 0.7f_t bh_0 \tag{8-29}$$

式中：V 为剪力设计值，N/mm；f_t 为混凝土的轴心抗拉强度设计值，N/mm²；b 为单位弧长（一般取1000mm），mm；h_0 为圆板截面的有效高度，mm。

如图8-36所示，圆板中的受力钢筋是由辐射钢筋和环形钢筋组成，其值分别由径向弯矩 M_r 和切向弯矩 M_t 确定。

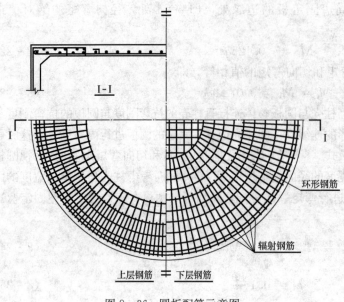

图 8-36　圆板配筋示意图

为便于布筋，辐射钢筋通常按整圈需要量计算，因此，在离圆心为 x 处的整圈钢筋需要量为

$$A_{sr} = \frac{2\pi x M_r}{f_y \gamma_s h_0} \qquad (8\text{-}30)$$

式中：f_y 为钢筋的屈服强度，N/mm^2；γ_s 为内力臂系数，当混凝土强度不大于 C50 时，其值可由式（3-18）确定。

由式（8-30）所计算的 A_{sr}，可以确定辐射钢筋的直径和整圈所需要的根数。由于辐射钢筋的直径和根数并不能随 x 的变化而随意改变。一般情况下，整个圆板的正弯矩辐射钢筋和负弯矩辐射钢筋，各只能采用一种直径的钢筋或两种不同直径的钢筋间隔布置，而根数则只能随着 x 由外向内减小。通常的作法是按 $x = 0.2r$、$0.4r$、$0.6r$…处的径向弯矩计算该处在直径一致时所需的钢筋根数，然后按根数最多处布置钢筋，再向外分批切断减少，两钢筋的间距不应大于 250mm。计算表明，对周边简支的等厚度圆板，径向正弯矩最大值在 $0.6r$ 处；对周边固定的等厚度圆板，径向正弯矩最大值在 $0.3r$ 处，在 $0.7r \sim 1.0r$ 处为负弯矩区，其最大值在支座截面处，即 $x = 1.0r$ 处。因此，负弯矩辐射钢筋总是由支座截面确定的。另外，负弯矩辐射钢筋宜与柱壳内抵抗同一弯矩的竖向钢筋连续布置。

沿径向每米长度内所需的环向钢筋截面面积由式（8-31）确定

$$A_{st} = \frac{M_t}{f_y \gamma_s h_0} \qquad (8\text{-}31)$$

为避免圆心处钢筋过密，通常在距圆心 0.5m 的范围内，将下层辐射钢筋弯折成正方形网格，如图 8-36 所示，该钢筋网每个方向的钢筋间距均按圆心处的切向弯矩确定，同时，在正方形网格范围内不再布置环形钢筋。

为方便施工，对于正方形网格以外的环向钢筋数量，可将半径划分为若干相等的线段，再按每段中的最大切向弯矩确定该段范围内的环向钢筋数量。

圆板配筋除要符合钢筋混凝土薄板的有关构造要求外，正弯矩辐射钢筋伸入支座的根数不应少于每米 2.5 根。

二、有中心支柱的圆板

当贮液结构直径大于 6m 时，为减小板厚，应在圆板中心处加设钢筋混凝土支柱，支柱的顶部扩大成为柱帽，以防板被冲切破坏，柱帽通常有以下两种形式：

（1）当板顶荷载较小时，采用无帽顶板柱帽，如图 8-37（a）所示；

（2）当板顶荷载较大时（如有覆土等），采用有帽顶板柱帽，如图 8-37（b）所示。

为便于施工，支柱和柱帽通常做成正方形截面，柱帽尺寸参照图 8-37。

1. 圆板内力计算及配筋形式

有中心支柱圆板的计算方法与无中心支柱圆板类似，在弹性力学中属于同一类问题，但有中心支柱圆板的内力计算公式十分繁琐，故在本教材中不做介绍，本教材仅介绍内力系数法。此时，距离圆心为 x 处单位长度上径向弯矩和切向弯矩为

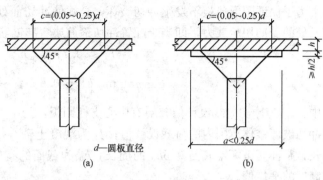

d—圆板直径

图 8 - 37　柱帽的形式

$$\begin{cases} M_r = \overline{K}_r q r^2 \\ M_t = \overline{K}_t q r^2 \end{cases} \quad (8-32)$$

式中：$\overline{K}_r$ 为径向弯矩系数，由附录 7 查得；$\overline{K}_t$ 为切向弯矩系数，由附录 7 查得。

当圆板周边为弹性固定时，其计算方法和步骤与无中心支柱周边弹性固定圆板的计算基本相同。需注意的是，有中心支柱圆板边缘单位弧长的抗弯刚度与无支柱的圆板不同，应按式 (8-33) 计算

$$k_r = k \frac{E h_t^3}{r} \quad (8-33)$$

式中，k 为有中心支柱圆板的边缘抗弯刚度系数，由附录 7 确定。

弯矩叠加公式 (8-27) 同样适用于有中心支柱的圆板，但对于周边简支的情况，均布荷载作用下的弯矩 M_{r1}、M_{t1} 应按式 (8-32) 计算，周边简支、周边弹性固定弯矩 M_r^0 作用下的 M_{r2}、M_{t2} 应按式 (8-34) 计算

$$\begin{cases} M_{r2} = \overline{K}_r M_r^0 \\ M_{t2} = \overline{K}_t M_r^0 \end{cases} \quad (8-34)$$

有中心支柱圆板的正截面承载力设计及配筋方式与无中心支柱圆板相同，但中心支柱上部为负弯矩，故该处主要受力钢筋为上层钢筋。中心支柱上辐射钢筋伸入支座的锚固长度，应从柱帽有效宽度 c 为直径的内切圆周算起。

2. 有中心支柱圆板的受冲切承载力计算

由于中心以支反力 N 向上支承圆板，在荷载作用下，圆板有可能沿柱帽周边发生冲切破坏，如图 8-38 所示。结合实验，冲切破坏面与水平面的夹角通常假定为 45°，当柱帽无帽顶板时，冲切破坏只沿着 Ⅰ - Ⅰ 截面发生，如图 8-39 所示；当有帽顶板时，冲切破坏既可能沿 Ⅱ - Ⅱ 截面（如图 8-40 所示）发生，也可能沿着帽顶板边缘 Ⅰ - Ⅰ 截面发生。

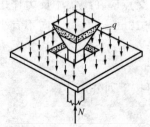　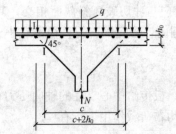　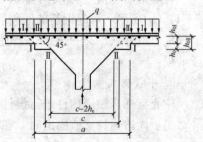

图 8-38　冲切破坏示意图　　图 8-39　无帽顶板柱帽的冲切破坏　　图 8-40　有帽顶板柱帽的冲切破坏

　　为了保证圆形薄板不发生冲切破坏，必须使冲切面处由荷载引起的冲切力 F_l 不大于冲切面处的受冲切承载力，即当未配置冲切箍筋或弯起钢筋时，应满足

$$F_l \leqslant 0.7 f_t \eta u_m h_0 \tag{8-35}$$

$$\eta = \min\left(1.6, 0.5 + \frac{10 h_0}{u_m}\right) \tag{8-36}$$

式中：F_l 为冲切荷载设计值，对有中心支柱圆板，为中心支柱对板的反力设计值 N 减去柱顶冲切破坏锥体范围内的荷载设计值；f_t 为混凝土轴心抗拉强度设计值；u_m 为临界截面的周长，距冲切破坏锥底面 $0.5 h_0$ 的周长；h_0 为截面的有效高度，取两个配筋方向的截面有效高度的平均值。

　　若 I-I 冲切面不满足式（8-35），一般宜增加板厚或适当扩大帽顶板尺寸 a；若 II-II 冲切面不满足式（8-35），则宜增加帽顶板厚度 h_c 或适当扩大柱帽有效宽度 c。当尺寸受到限制而不允许采用上述措施，可配置受冲切箍筋或弯起钢筋与混凝土共同抗冲切（见图 8-41），此时，冲切承载力应按下列公式计算：

　　当配置箍筋时

$$F_l \leqslant 0.35 \eta f_t u_m h_0 + 0.8 f_{yv} A_{svu} \tag{8-37}$$

　　当配置弯筋钢筋时

$$F_l \leqslant 0.35 f_t \eta u_m h_0 + 0.8 f_v A_{sbu} \sin\alpha \tag{8-38}$$

式中：A_{svu} 为与呈 $45°$ 冲切破坏锥体斜截面相交的全部箍筋截面面积；A_{sbu} 为与呈 $45°$ 冲切破坏锥体斜截面相交的全部弯筋的截面面积；α 为弯筋与板底面的夹角。

　　同时，考虑到应控制箍筋或弯筋数量不致过多，以避免其不能充分发挥作用和在正常使用条件下因冲切发生的斜裂缝过宽，配置了箍筋或弯起钢筋的受冲切截面，尚应符合

$$F_l \leqslant 1.05 f_t \eta u_m h_0 \tag{8-39}$$

　　对配置受冲切的箍筋或弯起钢筋的冲切破坏锥体以外的截面，尚应按式（8-35）进行受冲切承载力验算，此时 u_m 应取配置受冲切箍筋或弯起钢筋的冲切破坏锥体以外 $0.5 h_0$ 处的最不利周长。

　　受冲切的箍筋或弯起钢筋，应符合下列构造规定：

　　（1）板厚不应小于 150mm。

　　（2）按计算所需的箍筋截面面积与相应的架立钢筋应配置在与 $45°$ 冲切破坏锥体相交的范围内，且按相同的箍筋直径和间距，向外延伸配置的分布长度不应小于 $0.5 h_0$；箍筋应做成封闭式，并应箍住专门设置的架立钢筋，箍筋直径不应小于 6mm，间距不应大于 $h_0/3$，见图 8-41（a）。

　　弯起钢筋可由一排或两排组成，其弯起角度可根据板厚在 $30°\sim45°$ 之间选取，如图 8-41（b）所示，弯起钢筋的倾斜段应与冲切破坏斜截面相交，其交点应在距集中反力作用面积周边以外 $(1/2\sim2/3)h$ 的范围内，弯起钢筋的直径不宜小于 12mm，且每方向不宜少于 3 根。

　　3. 中心支柱设计

　　中心支柱按轴压构件进行设计，板传给中心支柱的轴向压力可按下列公式计算：

　　当板周边为铰支或固定时，在均布荷载作用下，有

$$N = K_N q r^2 \tag{8-40}$$

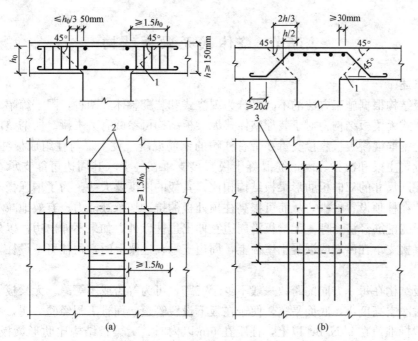

图 8‑41　板中冲切钢筋布置
(a) 用箍筋作抗冲切钢筋；(b) 用弯起钢筋作抗冲切钢筋
1—冲切破坏锥体截面；2—架立钢筋；3—弯起钢筋

式中：K_N 为中心支柱的荷载系数，可由附录 7 查得。

$$N = K_N M_r^0 \tag{8-41}$$

进行柱截面设计时，轴向压力尚应计入柱自重。柱的计算长度可按式 (8‑42) 近似计算

$$l_0 = 0.7\left(H - \frac{c_t + c_b}{2}\right) \tag{8-42}$$

式中：H 为柱的净高；c_t、c_b 分别为柱顶部柱帽和底部反向柱帽的有效宽度。

当底板为分离式时，则下部柱帽实际上是一底面与底板底面在同一标高处的锥形基础。支柱的柱帽应按图 8‑42 的规定设置构造钢筋。

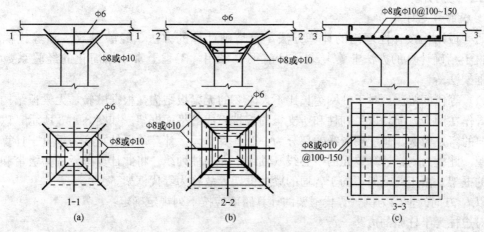

图 8‑42　柱帽构造配筋
(a) 无帽顶板柱帽；(b) 折线顶板柱帽；(c) 有帽顶板柱帽

第五节　整体式无梁板结构

一、概述

无梁板结构根据施工方法的不同可分为现浇式和装配整体式两种，限于篇幅，本节仅介绍现浇整体式无梁板结构，对于装配整体式无梁板结构可参阅有关书籍。所谓整体式无梁板结构，就是钢筋混凝土板直接支承在带有柱帽的钢筋混凝土柱上，与柱组成板柱结构体系，并完全不设置主梁和次梁。因钢筋混凝土板直接支承在柱上（其周边可能支承在壁板上），故与相同柱网尺寸的双向板肋形梁板结构相比，其板的厚度要大些。为了增强板与柱的整体连接，通常在柱顶设置柱帽，从而可提高柱顶处板的抗冲切承载能力，有效地减小板的计算跨度，使板的配筋经济合理。无梁板沿周边宜伸出边柱以外，如果不伸出边柱以外，则宜设置边梁或直接支承在砖墙或混凝土壁板上，周边支承在边梁上时，边柱可不设柱帽或设半边柱帽。

无梁板结构在每一方向的跨数一般不少于三跨，可为等跨或不等跨。无梁板结构的优点是结构所占净空高度小，底面平整，便于在板下设置管道，而且工程经验表明，当板上的设备等活荷载标准值在 $5kN/m^2$ 以上，柱距在 6m 以内时，无梁板结构比肋形梁板结构经济。因此，无梁板结构在多层厂房、多层仓库、书库、冷藏库、商场等工业与民用建筑中的应用已相当普遍，在大、中型贮液结构中，无梁顶盖是一种应用最多的传统结构形式。

无梁板结构的柱网可采用正方形，也可采用矩形，但从经济上来看，正方形较矩形经济。在有覆土的贮液结构顶盖中，正方形柱网的轴线距离 l 以 3.5～4.5m 为宜。柱及柱帽通常采用正方形截面，柱帽形式与有中心支柱圆板的柱帽相同，柱帽尺寸参照图 8 - 43 确定。有覆土贮液结构顶盖的柱帽，宜采用有帽顶板或折线顶板的柱帽，根据经验，当帽顶板宽度 a 在 $0.35l$ 左右，柱帽计算宽度 c 在 $0.22l$ 左右时，较为经济合理。无梁板的厚度，当采用无帽顶板柱帽时，不宜小于 $l/32$；当采用有帽顶板柱帽时，不宜小于 $l/35$；无柱帽时，柱上板带可适当加厚，加厚部分的宽度可取相应跨度的 0.3。当柱网为矩形且 l 较大时，无梁板的厚度不宜小于 120mm。

二、内力计算

1. 板的弯矩计算

无梁板结构按弹性理论的计算方法，有精确计算的方法、经验系数法和等代框架法等。由于精确计算的方法非常复杂，目前很少采用，工程上常采用简化的经验系数法和等代框架法等。

（1）等代框架法。对于柱网边长比不大于 2 的无梁板结构，根据试验，无梁板结构可近似地看作在两个方向均以每列柱和所支承的板带组成的平面框架。如图 8 - 43 所示，以计算 l_1 方向的弯矩为例，画了阴影线的部分为一个计算单元。计算单元的宽度为垂直于计算方向的柱距，此处为 l_2，计算单元的中心线（轴线）即为柱列线。将此计算单元视为板带和柱所组成的框架，由于此框架不同于普通的梁柱框架，故称为等代框架。

以 l_1 方向的框架为例，等代框架的计算跨度应按下列规定确定：

对边柱无半柱帽的边跨

$$l_{01} = l_1 - \frac{1}{3}c \tag{8 - 43}$$

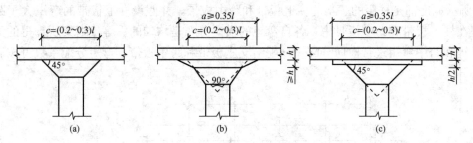

图 8 - 43　柱帽尺寸示意图

(a) 无帽顶板；(b) 折线顶板；(c) 有帽顶板

对中跨及边柱有半柱帽的边跨

$$l_{01} = l_1 - \frac{2}{3}c \qquad\qquad (8-44)$$

如图 8 - 44 所示，由于柱对无梁板的支承反力不集中在一点，而是分布在柱帽的有效宽度 c 内。并假设柱帽对一侧板的支承反力按三角形分布，其合力作用点在离柱中心为 $c/3$ 处。框架柱的计算高度，对于贮液结构顶盖可取贮液结构内净高减去柱帽高度。当上下柱帽高度不同时，可取为 $H - \frac{1}{2}(c_t + c_b)$。

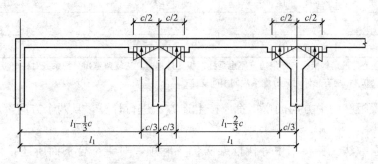

图 8 - 44　无梁板的计算跨度

等代框架的跨度和柱高确定以后，即可用普通框架的分析方法，计算其横梁的各跨跨中弯矩和支座弯矩值。需注意的是，此时等代框架横梁上的线分布荷载值为 ql_2，q 为无梁板上单位面积内的荷载值。

另外，按等代框架算得的板内弯矩都是计算单元宽度 l_2 内的总弯矩。由于柱对板的支承在计算单元宽度内是局部支承，故使算得的等代框架横梁的跨中弯矩和支座弯矩，在计算单元宽度 l_2 内的分布不是均匀的。弯矩沿横向的分布状态与无梁板的挠度沿横向不等有关，等代框架横梁无梁板的跨中挠度，在柱列线上为最小，而在两列柱之间，即计算单元的两侧边处为最大。在等代框架的支柱处，柱列线上挠度为零，而在计算单元的两侧边处则挠度存在。这种位移分布状态使等代框架横梁中弯矩的横向分布，呈柱列线上最大而向两侧逐渐减小，且支座弯矩横向分布的不均匀性比跨中弯矩更为显著。如果要精确考虑这种分布状态，将使计算和配筋复杂化，故为了简化，将计算单元沿横向再分为柱上板带和跨中板带两种板带（如图 8 - 45 所示）。柱上板带以柱列线为中心线，其宽度为 $l_2/2$（即计算单元宽度的一半），跨中板带则为计算单元两侧各 $l_2/4$ 的宽度。这样，对整个无梁板而言，则形成了如图

8 - 45 所示宽度都是柱距的一半的柱上板带和跨中板带，并假设柱上板带的弯矩大于跨中板带，但在柱上板带和跨中板带中，各自弯矩的横向分布是均匀的。等代框架所算得的无梁板支座弯矩和跨中弯矩进行横向分配，分配给支座板带和跨中板带，弯矩分配系数可按表8 - 9采用。

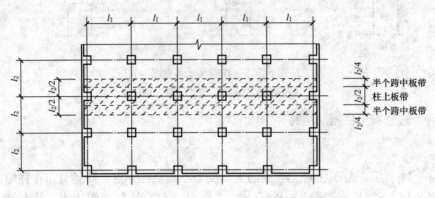

图 8 - 45　无梁板的柱上板带和跨中板带

表 8 - 9　　　　　　　　　　　　　　　**板带的弯矩分配系数**

板 带 部 位	各中间支座弯矩	各跨跨中弯矩	边支座弯矩
柱上板带	0.75	0.55	0.5
跨中板带	0.25	0.45	0.5

注　表中边支座为贮液结构壁板，如果边支座也是柱，板无悬伸时，边支座弯矩分配系数对柱上板带可取 0.9；对跨中板带可取 0.1；板有悬伸时，分配系数同中间支座。

最后，无梁板在两个方向的弯矩都应按上述方法进行计算，且两个方向都应按全部荷载计算。

（2）经验系数法。在实用中等代框架法仍感麻烦，对于符合下面所述条件的无梁板结构，还可进一步简化，采用所谓经验系数法进行计算。这些条件是：

1）每个方向至少有三个连续跨；

2）同一方向各跨跨度相差不超过 20%，且边跨跨度不大于相邻的内跨；

3）任一区格长、短跨的比值不应大于 1.5；

4）活荷载不大于恒载的 3 倍，且无侧向荷载作用，或虽有侧向荷载，但应在该结构体系中设置抗侧力支撑等。

对于符合这些条件的无梁板，可以在等代框架法的基础上采用下列进一步简化的假定，即：

1）不考虑活荷载的最不利布置，对两个方向均按活荷载布满所有各跨计算；

2）无梁板在各中间支座处的转角为零；

3）边支座结点的弹性转角不能忽略，但仅考虑其对边支座、边跨及第一中间支座的影响。

经验系数法计算单元和计算跨度的取法，板带的划分均与等代框架法相同。

图 8 - 45 所示为一无梁板结构的板带划分和弯矩编号（两个方向相同），将其在每一方向均划分成 4 种板带，即：中间区格柱上板带、中间区格跨中板带、边缘区格半边柱上板

和边缘区格跨中板带。由于在无梁板结构的周边通常设有边梁（或构造圈梁），边列柱上的柱上板带因为有边梁参与共同抗弯，而板所承受的弯矩将小于中间柱列上的柱上板带。与边列柱柱上板带相邻的跨中板带也会受到边梁的影响，而使其所承受的弯矩比中间区格跨中板带的弯矩小，因此将这两种板带称为边缘区格板带，以与不受边梁影响的其他（中区格）板相区别。严格地说，边梁的影响是由边向中逐渐衰减的，只是为了简化计算才近似地假设它只影响到邻近的两条板带，至于边缘区格半边柱上板带，是为了说明该处柱上板带的实际宽度只有中间区格柱上板带的一半，但在按经验系数法计算弯矩时，为了方便，我们还是先将边列柱看成具有一条完整的柱上板带进行计算，到配筋计算时，再折算成半条板带中的弯矩。

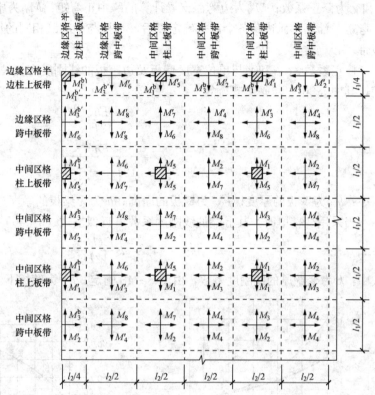

图 8-46　无梁板结构的板带划分和弯矩编号

仍以沿 l_1 方向的计算单元为例，用经验系数法计算无梁板的弯矩时，图 8-46 所示的任一种板带的任一种弯矩，都可以用相应的经验系数乘以板带所在计算单元，按简支梁计算的跨中最大弯矩 M_0 来表示。跨中最大弯矩 M_0 可按下列公式计算：

对所有中间跨及边柱有半柱帽的边跨

$$M_0 = \frac{1}{8} q l_2 \left(l_1 - \frac{2}{3} \right)^2 \tag{8-45}$$

对边柱无半柱帽的边跨

$$M_0^b = \frac{1}{8} q l_2 \left(l_1 - \frac{2}{3} c \right)^2 \tag{8-46}$$

由假设，所有中间支座处转角为零，故所有中间跨均可视为两端固定的梁，则其跨中弯矩应为简支梁跨中弯矩的三分之一，即 $0.33 M_0$；其两端支座弯矩的绝对值，均为简支梁跨中弯矩的三分之二，即 $0.67 M_0$。再将由此确定的计算单元的跨中弯矩和支座弯矩，按与等代框架法相同的比例（见表 8-9）分配给柱上板带，即可得到中间区格柱上板带和跨中板带，各中间跨的支座负弯矩和跨中正弯矩，如 $M_1 = -0.75 \times 0.67 M_0 = -0.5 M_0$；$M_2 = -0.25 \times 0.67 M_0 = -0.16 M_0$，实用取 $-0.15 M_0$；$M_3 = 0.55 \times 0.33 M_0 = 0.182 M_0$，实用取 $-0.2 M_0$；$M_4 = 0.45 \times 0.33 M_0 = 0.15 M_0$。

对计算单元的边跨，应考虑边支座结点弹性转角的影响，具体作法是先按边支座转角为零求出支座弯矩和跨中弯矩，再乘以考虑结点转角影响的修正系数，即边支座负弯矩为 $\gamma \times 0.67M_0^b$，边跨跨中正弯矩为 $\beta \times 0.33M_0^b$，第一中间支座负弯矩为 $0.67\alpha\left(\dfrac{M_0^b + M_0}{2}\right)$。$\alpha$、$\beta$ 和 γ 为修正系数；M_0^b 为边跨简支梁计算的跨中正弯矩；M_0 为中间跨按简支梁计算的跨中正弯矩。计算单元边跨各个弯矩确定以后，再按与中间跨相同的比例分配给柱上板带和跨中板带。

修正系数 α、β 和 γ 与单位宽度壁板及边跨板的线刚度有关，可根据 i_w/i_r 查图 8-47 确定，其中 i_w 和 i_r 可按下式确定

$$i_w = \frac{Eh_w^3}{12H_w} \tag{8-47}$$

$$i_r = \frac{Eh^3}{12\left(l_1 - \dfrac{1}{3}c\right)} \tag{8-48}$$

式中：h_w 为壁板的厚度；H_w 为壁板的净高；h 为无梁板的厚度。

当采用变壁厚时，其上端的线刚度系数可近似按式（8-49）计算

$$i_w^u = k\frac{E(h_w^d)^3}{12H_w} \tag{8-49}$$

式中：k 为变壁厚的线刚度系数，由图 8-48 确定；h_w^d 为壁板下端厚度。

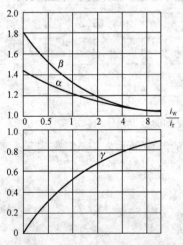

图 8-47　α、β 和 γ 与 i_w/i_r 的关系

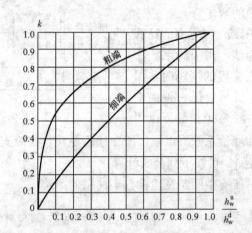

图 8-48　变壁厚线刚度系数与 h_w^u/h_w^d 的关系

h_w^u—壁板上端厚度；h_w^d—壁板下端厚度

当无梁板结构与壁板铰接时，相当于 $i_w/i_r = 0$，故由图 8-47 查得系数 $\alpha = 1.45$、$\beta = 1.8$、$\gamma = 0$。

以上是针对中间区格板带的计算，对于边缘区格的板带，由于边梁（一般为暗梁）的影响，可将中间区格板带的各弯矩乘以折减系数得到，即柱上板带的弯矩值为中间区格板带相应弯矩的 50%；跨中板带的弯矩值为中间区格跨中板带相应弯矩的 80%。

对于以 l_1 方向的计算单元，只需将上面所有式中的 l_1 和 l_2 互换即可。

综上所述，对于边跨与内跨计算跨度相同的无梁板结构，按经验系数法计算的弯矩公式见表 8-10。

表 8 - 10　　　　　　　　　　　　　　无梁板结构各板带弯矩

板带		中间支座负弯矩	中间跨中正弯矩	第一中间支座负弯矩	边跨中正弯矩	边支座负弯矩
中间区格	柱上板带	$M_1=0.5M_0$	$M_2=0.2M_0$	$M_5=\alpha M_1$	$M_6=\beta M_2$	$M_1^b=\gamma M_1$
	跨中板带	$M_3=0.15M_0$	$M_4=0.15M_0$	$M_7=\alpha M_3$	$M_8=\beta M_4$	$M_3^b=\gamma M_3$
边缘区格跨中板带		$M_3'=0.8M_3$	$M_4'=0.8M_4$	$M_7'=\alpha M_3$	$M_8'=\beta M_4'$	$M_3^{b\prime}=\gamma M_3'$

需注意的是，由无梁板结构直接支承在壁板上，边缘区格上垂直于板带方向的边支座负弯矩均为零，且各板带垂直于壁板方向（即板带方向）的边支座负弯矩，沿壁板方向均匀分布。因此，中间区格的柱上板带和跨中板带的边支座负弯矩均为它们的平均值，而边缘区格的跨中板带的边支座负弯矩为该平均值的 80%。

对于圆形贮液结构，上面所述的矩形贮液结构无梁板结构的计算原则仍然适用，板带的划分及弯矩编号如图 8 - 49 所示。

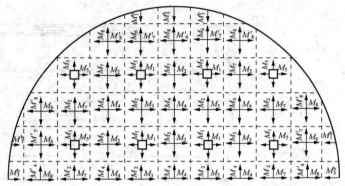

图 8 - 49　圆形无梁板的弯矩编号

2. 支柱内力计算

无梁顶盖支柱可按轴心受压构件计算，由顶盖传给每根柱子的轴心压力可取为

$$N = ql_1l_2 \qquad (8 - 50)$$

式中：q 为均布荷载设计值，kN/mm^2。

三、截面设计及构造要求

各板带支座及跨中钢筋截面面积可近似按式（8 - 51）计算

$$A_s = \frac{0.8M}{\frac{7}{8}f_yh_0} \qquad (8 - 51)$$

式中：M 为各截面板带宽度内的弯矩值；0.8 为考虑板的压力穹顶效应等有利影响的弯矩降低系数；7/8 为内力臂系数的近似值。

当有帽顶板时，柱上板带支座截面有效高度，取等于板的有效高度加帽顶板厚度。

由于无梁板的钢筋需要量是柱上板带和跨中板带分别计算确定的，故实际配筋时也要按柱上板带和跨中板带分别配置。

一般情况下，柱上板带中由于支座负弯矩钢筋较跨中正弯矩钢筋多得多，故通常采用分离式配筋，见图 8 - 50（a），为了保证施工时柱帽上部负弯矩钢筋不致弯曲变形，以及便于柱帽混凝土的浇筑，其直径不宜小于 12mm。跨中板带负弯矩钢筋与正弯矩钢筋的数量基本相同，故既可采用分离式配筋，也可采用弯起式配筋，见图 8 - 50（b）。在同一区格内，两个方向弯矩同号时，应将较大弯矩方向的受力钢筋布置在外层。

受力钢筋的弯起和切断位置，可按图 8 - 50 的统一模式确定，还应注意到分布钢筋的配置。

　　对无梁板的柱帽周边，尚应进行受冲切承载力计算，其计算方法与有中心支柱的圆板相同，这里不再介绍。需说明的是，冲切破坏面所承受的冲切力设计值，应扣除冲切破坏锥体范围内的荷载设计值。

　　无梁板裂缝宽度验算方法与其他梁板结构没有区别。作为贮液结构顶盖，可仅验算荷载准永久组合作用下的裂缝宽度。无梁板的挠度难以较准确地计算，通常只要满足前面概述中所述的最小厚度要求，就不必进行挠度验算。

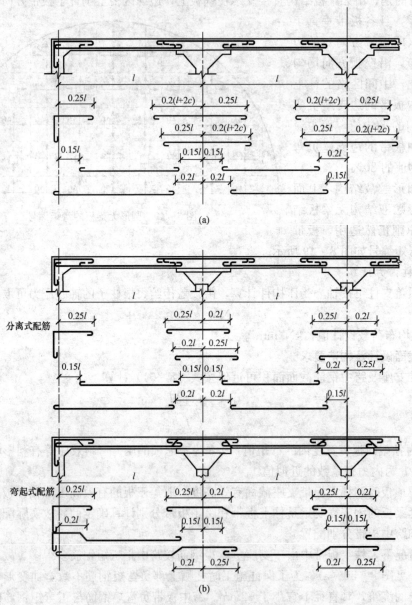

图 8 - 50　无梁板配筋模式

(a) 柱上板带；(b) 跨中板带

无梁板结构的支柱设计方法（包括柱帽）与有中心支柱圆板的支柱相同，这里不再介绍。

【例 8 - 3】 现有一容量为 1000m³ 的圆形贮液结构，外径为 19mm，净高 4m。顶盖采用钢筋混凝土无梁板结构，柱网尺寸为 3750mm×3750mm，顶板厚为 120mm，柱帽计算宽度 $c=1.02m$。顶板与柱壳整体连接。顶盖覆土厚度为 700mm，顶板下面抹 20mm 厚水泥砂浆，活荷载标准值为 2.0kN/m²，混凝土采用 C30，钢筋采用 HPB235 级钢，试计算顶板配筋。

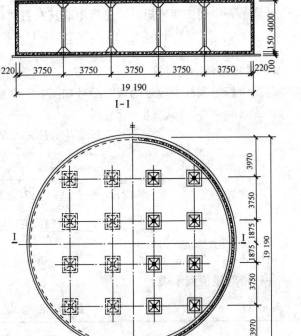

图 8 - 51 圆形贮液结构平面图

解 1. 基本数据

柱网布置及尺寸，如图 8 - 51 所示；

柱帽尺寸，如图 8 - 52 所示。

柱帽计算宽度 $\quad c=1020mm$

$$=\frac{1020}{3750}l$$

$$=0.272l$$

帽顶板宽度 $\quad a=1400mm>0.35l$

$$=0.35\times3750$$

$$=1312.5mm$$

混凝土 C30 $\quad f_c=14.3N/mm^2$

$$f_t=1.43N/mm^2 \quad E_c=2.55\times10^4N/mm^2$$

HPB235 级钢筋 $f_y=210N/mm^2$；钢筋混凝土重度 $\gamma=25kN/mm^3$；覆土重度 $\gamma=18kN/mm^3$；水泥砂浆重度 $\gamma=20kN/mm^3$。

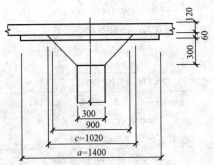

图 8 - 52 柱帽尺寸示意图

2. 荷载计算

覆土重 $\quad 18\times0.7=12.6kN/mm^2$

板自重 $\quad 25\times0.12=3.0kN/mm^2$

粉刷重 $\quad \underline{25\times0.02=0.4kN/mm^2}$

恒载标准值 $\quad g_k=16kN/mm^2$

活载标准值 $\quad q_k=2.0kN/mm^2$

总荷载设计值

$$g+q=1.2\times16+1.4\times2.0=22kN/mm^2$$

3. 总弯矩计算

中间跨
$$M_0=\frac{1}{8}(g+q)l^3\left(1-\frac{2c}{3l}\right)^2$$

$$=\frac{1}{8}\times22\times3.75^3\left(1-\frac{2\times1.02}{3\times3.75}\right)^2=97.5\times10^6kN\cdot m$$

边跨　　　　　　$M_0^b = \dfrac{1}{8}(g+q)l^3\left(1-\dfrac{c}{3l}\right)^2$

$$= \dfrac{1}{8} \times 22 \times 3.75^3 \times \left(1-\dfrac{1.02}{3\times 3.75}\right)^2 = 119.8 \times 10^6 \, kN \cdot m$$

计算第一中间支座弯矩时，总弯矩取其左右两跨的平均值 M_{0m}，即

$$M_{0m} = \dfrac{M_0 + M_0^b}{2} = \dfrac{97.5 \times 10^6 + 119.8 \times 10^6}{2} = 108.7 \times 10^6 \, N \cdot mm$$

4. 各板带弯矩的计算

各跨中板带和柱上板带的弯矩编号如图 8 - 49 所示，弯矩计算按表 8 - 10 进行。

由式（8 - 47）和式（8 - 48）得

$$i_w = \dfrac{Eh_w^3}{12H_w} = \dfrac{E \times 220^3}{12 \times 4000} = 221.8E$$

$$i_r = \dfrac{Eh^3}{12\left(l_1 - \dfrac{1}{3}c\right)} = \dfrac{E \times 120^3}{12\left(l_1 - \dfrac{1}{3}c\right)} = 42.2E$$

$$\dfrac{i_w}{i_r} = \dfrac{221.8E}{42.2E} = 5.25$$

由图 8 - 47 查得 $\alpha = 1.08$、$\beta = 1.1$、$\gamma = 0.83$。

各板带弯矩值列于表 8 - 11。

表 8 - 11　　　　　　　　　　　　　　　　**各 板 带 弯 矩 值**

		柱 上 板 带	跨 中 板 带
中间区格	中间支座负弯矩	$M_1 = -0.5\alpha = -0.5\times 97.5\times 10^6$ $= -48.75\times 10^6 \, N \cdot mm$	$M_3 = -0.15M_0 = -0.15\times 97.5\times 10^6$ $= -14.6\times 10^6 \, N \cdot mm$
	中间跨中正弯矩	$M_2 = 0.2M_0 = 0.2\times 97.5\times 10^6$ $= 19.5\times 10^6 \, N \cdot mm$	$M_4 = 0.15M_0 = 0.15\times 97.5\times 10^6$ $= 14.6\times 10^6 \, N \cdot mm$
	第一中间支座负弯矩	$M_5 = \alpha M_1 = -\alpha 0.5\times M_{0m}$ $= -1.08\times 0.5\times 108.7\times 10^6$ $= -58.7\times 10^6 \, N \cdot mm$	$M_7 = \alpha M_3 = -\alpha 0.15\times M_{0m}$ $= -1.08\times 0.15\times 108.7\times 10^6$ $= -17.6\times 10^6 \, N \cdot mm$
	边跨跨中正弯矩	$M_6 = \beta M_2 = \beta 0.2\times M_0^b$ $= 1.1\times 0.2\times 119.8\times 10^6$ $= 26.4\times 10^6 \, N \cdot mm$	$M_8 = \beta M_4 = \beta 0.15\times M_0^b$ $= 1.1\times 0.15\times 119.8\times 10^6$ $= 19.8\times 10^6 \, N \cdot mm$
	边支座负弯矩	$M_1^b = M_3^b = -0.325\gamma M_0^b = -0.325\times 0.83\times 119.8\times 10^6 = -32.3\times 10^6 \, N \cdot mm$	
边缘区格	中间跨中正弯矩	—	$M_7' = 0.8\times M_4 = 0.8\times 0.15\times M_0^b$ $= 0.8\times 0.15\times 119.8\times 10^6$ $= 14.4\times 10^6 \, N \cdot mm$
	第一中间支座负弯矩	—	$M_4' = \alpha M_3' = -\alpha 0.12\times M_{0m}$ $= -1.08\times 0.12\times 108.7\times 10^6$ $= -14.1\times 10^6 \, N \cdot mm$
	边跨跨中正弯矩		$M_8' = \beta M_4' = 1.1\times 14.4\times 10^6$ $= 15.8\times 10^6 \, N \cdot mm$

5. 截面选择

截面的有效高度：

柱上板带支座截面　　　　　$h_0 = 120 + 60 - 15 - 25 = 140\text{mm}$
跨中板带跨中截面　　　　　$h_0 = 120 - 15 - 25 = 80\text{mm}$
其余截面　　　　　　　　　$h_0 = 120 - 5 - 25 = 90\text{mm}$

钢筋面积按式（8-51）计算

$$A_s = \frac{0.91M}{f_y h_0} = \frac{M}{230.8 h_0}$$

各截面配筋的计算结果和实配情况见表 8-12。

表 8-12　　　　　　　　　　　　　　　　计算结果和实配情况

弯矩值 (N·mm)	h_0 (mm)	所需钢筋数量 (mm²)	选用钢筋	实际配筋数量 (mm²)
$M_1 = -48.75 \times 10^6$	140	1509	$\Phi 12@145$	1469
$M_2 = 19.5 \times 10^6$	90	939	$\Phi 10@155$	942
$M_3 = -14.6 \times 10^6$	90	703	$\Phi 8@135$	704
$M_4 = 14.6 \times 10^6$	80	791	$\Phi 8@125$	755
$M_5 = -58.7 \times 10^6$	140	1817	$\Phi 12@115$	1808
$M_6 = 26.4 \times 10^6$	90	1271	$\Phi 12@170$	1243
$M_7 = -17.6 \times 10^6$	90	847	$\Phi 10@170$	864
$M_8 = 19.8 \times 10^6$	80	1072	$\Phi 10@145$	1021
$M_4' = -48.75 \times 10^6$	80	780	$\Phi 8@125$	755
$M_7' = -48.75 \times 10^6$	90	679	$\Phi 8@135$	704
$M_8' = -48.75 \times 10^6$	80	855	$\Phi 10@170$	864

6. 受冲切承载力验算

(1) 沿帽顶板周边的受冲切面（图 8-40 的截面 Ⅰ-Ⅰ）。

由图 8-52，有

$$F_l = (g + q)\left[l_1 l_2 - (a + 2h_{0\,\mathrm{I}})^2\right]$$
$$= 22 \times \left[3.75^2 - (1.4 + 2 \times 0.08)^2\right] = 255.8 \times 10^3 \text{N}$$

破坏锥体的平均周长 u_m 为

$$u_m = 4(a + 2h_{0\,\mathrm{I}}) = 4 \times (1400 + 80) = 5920\text{mm}$$

受冲切承载力为

$$\eta = \min\left(1.6, 0.5 + \frac{10h_0}{u_m}\right) = \min\left(1.6, 0.5 + \frac{10 \times 80}{5920}\right) = 0.635$$

$$0.7 f_t \eta u_m h_0 = 0.7 \times 1.43 \times 0.635 \times 5920 \times 80 = 301 \times 10^3 \text{N} > F_l = 255.8 \times 10^3 \text{N}$$

(2) 沿柱帽周边的冲切面（图 8-39 的截面 Ⅱ-Ⅱ）。

由图 8-52，有

$$F_l = (g + q)\left[l_1 l_2 - (c + 2h_{0\,\mathrm{I}})^2\right]$$
$$= 22 \times \left[3.75^2 - (1.02 + 2 \times 0.08)^2\right] = 278.7 \times 10^3 \text{N}$$

破坏锥体的平均周长 u_m 为

$$u_m = 4(c - 2h_c + 2h_{0\,\mathrm{II}}) = 4 \times (1020 - 2 \times 60 + 140) = 4160\text{mm}$$

受冲切承载力为

$$\eta = \min\left(1.6, 0.5 + \frac{10h_0}{u_m}\right) = \min\left(1.6, 0.5 + \frac{10 \times 140}{5920}\right) = 0.736$$

$$0.7f_t\eta u_m h_0 = 0.7 \times 1.43 \times 0.736 \times 4160 \times 140 = 429.1 \times 10^3 \text{N} > F_l = 278.7 \times 10^3 \text{N}$$

7. 裂缝宽度验算从略。

8. 顶板配筋图详见图 8-53。

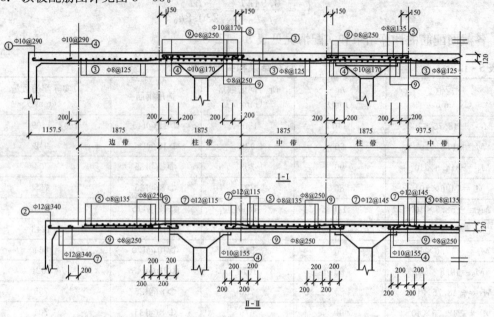

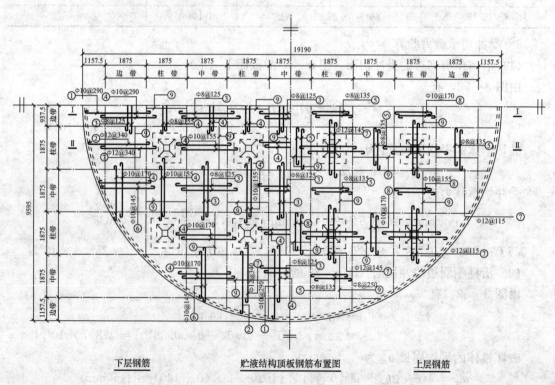

图 8-53 顶板配筋图

第六节　板上开洞的构造处理

因工艺上的要求，贮液结构的顶板、壁板和底板上往往要开洞，比如顶板上的检修孔、管道孔、底板上的集水坑等。因此，对开洞处应按下列规定采取加强措施：

1. 洞口位置的限制

在整体式肋梁楼盖中，只要不影响梁的截面，孔洞在各区格板面上的位置和大小一般不受限制，当孔洞较大时，布置洞口时可以截断单向板肋梁顶板的个别次梁。在整体式无梁顶板中，孔洞直径应不大于板带宽度的一半，并且最好设置在区格间的部位。

壁板上开洞应尽可能设计成圆形，以避免应力集中，而且圆洞口直径 d 和矩形孔洞的宽度尺寸 b 不宜超过 1.2m。

2. 洞口处的构造措施

(1) 当圆洞口直径 d，或矩形孔垂直于板跨度方向的宽度 b 不大于 300mm 时，板上的受力钢筋可绕过洞边，一般不需切断，在洞边上无需采取其他构造措施。洞的宽度尺寸 b 不宜超过 1.2m。

(2) 当圆洞口直径 d，或矩形孔的宽度 b 大于 300mm 但不超过 1000mm 时，则应将 d 或 b 范围内的钢筋切断，并在大洞口的每侧，沿受力钢筋方向应配置加强钢筋（如图 8-54 所示），其钢筋截面面积，不应小于因开孔切断的受力钢筋截面积的 75%；对矩形洞口的四周尚应加设斜筋；对圆形洞口尚应加设环向钢筋。

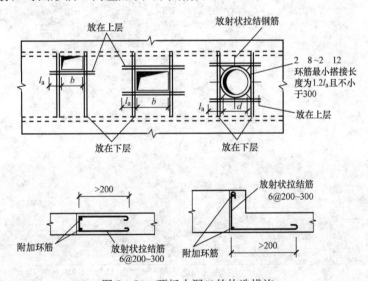

图 8-54　顶板小洞口的构造措施

(3) 当圆洞口直径 d 或矩形孔的宽度 b 大于 1000mm 时，宜孔口四周加设肋梁，如图 8-55 所示；当开孔的直径或宽度大于构筑物壁、板计算跨度的 1/4 时，宜对孔口设置边梁，梁内配筋应按计算确定。

(4) 刚性连接的管道穿过钢筋混凝土壁板时，应视管道可能产生变位的条件，对洞口周边进行适当加固。当管道直径 d 不大于 300mm，可仅在洞边设置 $2\phi12$ 的加固环筋；当管道直径 d 大于 300mm，壁板厚度不小于 300mm 时，除加固环筋外，尚应设置放射状拉结筋

Φ6@200～300；当管道直径 d 大于 300mm，壁板厚度小于 300mm 时，应在孔边壁厚局部加厚的基础上再设置孔边加固钢筋，如图 8 - 56 所示。

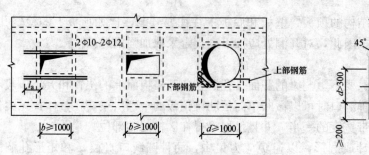

图 8 - 55 顶板大洞口的构造措施

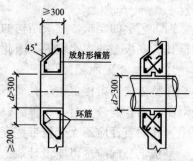

图 8 - 56 壁板穿管刚性连接

第九章 钢筋混凝土贮液结构设计

第一节 贮液结构的结构形式

给水排水工程中的贮液结构,从用途上可以分为两大类:一类是水处理贮液结构,如沉淀池、过滤池、化粪池、曝气池等;另一类是贮水贮液结构,如清水池、高位水池、调节池等。水处理贮液结构的容量、型式和空间尺寸主要由工艺条件确定;贮水贮液结构的容量、标高和水深由工艺确定,贮水贮液结构的型式和尺寸则由结构的经济性和场地、施工条件等因素综合来确定。

按照建造在地面上下的位置不同,贮液结构又可分为地下式、半地下式及地上式。为了避免贮液结构因日照所引起的温度变化而产生温度应力的不利影响,贮液结构应优先采用地下式和半地下式。对于有顶盖的贮液结构,顶盖以上应设覆土保温。另外,贮液结构的底面标高应尽可能高于地下水位,以避免地下水对贮液结构的浮托作用,当必须建造在地下水位以下时,应进行贮液结构的抗浮稳定性验算。

贮液结构常用的平面形状为圆形和矩形,一般是由壳壁(由于其厚度远小于贮液结构的半径 r,故又称为柱壳,下同)或壁板、顶板(壳)和底板(壳)三部分构成。按照工艺上的要求,又可分为有顶盖(封闭式贮液结构)和无顶盖(开敞式贮液结构)两类。给水工程中的贮液结构多数是有顶盖的(图 9-1),而其他贮液结构则多不设顶盖。

实践经验表明,当容量在 3000m³ 以内时,同容量的圆形贮液结构和矩形贮液结构相比,圆形贮液结构具有更好的技术经济指标。圆形贮液结构在结构内水压力或结构外土压力作用下,柱壳(壁板)在环向处于轴心受拉或轴心受压状态,在竖向处于受弯状态,受力较为明确。而矩形贮液结构的壁板则为以受弯为主的拉弯或压弯构件,当容量在 200m³ 以上时,壁板的长高比将大于 2 而主要靠竖向受弯来传递侧压力,因此柱壳(壁板)厚度常比圆形贮液结构大。当贮液结构容量大于 3000m³ 时,若水深一定,则圆形贮液结构中水压力使柱壳(壁板)产生过大的环向拉力,从而使贮液结构不够经济。但对矩形贮液结构而言,贮液结构平面尺寸的扩大不会影响壁板的厚度,所以,容量大于 3000m³ 的贮液结构,矩形比圆形经济。另外,矩形贮液结构与圆形贮液结构相比,具有如下特点:

(1)便于节约用地,在需要几个贮液结构并列布置时,此优点更为显著;

(2)便于工艺设备的布置和操作,可以灵活地划分空间,设置隔墙和分层分隔;

(3)构件分类易于模数化,施工简单;

(4)结构的整体性较差,结点设计及构造较为复杂;

(5)在一般情况下,材料消耗及施工费用较大;

(6)对地基的不均匀沉降反应敏感。

贮液结构柱壳(壁板)根据其内力大小及其分布情况,可以做成等壁厚的或变壁厚的。变壁厚贮液结构的厚度按直线变化,变化以 2%~5% 为宜。无顶盖贮液结构柱壳(壁板)厚的变化率可适当加大。

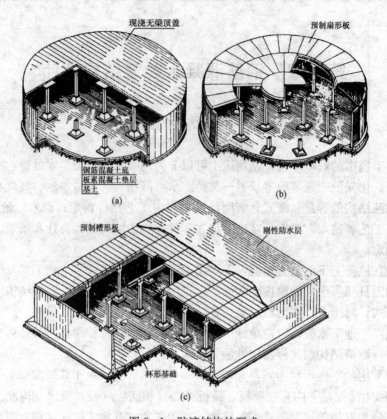

图 9-1　贮液结构的型式
(a) 整体式无梁顶的贮液结构；
(b) 装配式扇形板、弧形梁顶盖的装配式预应力贮液结构；
(c) 装配式肋形梁板顶盖的矩形贮液结构

　　由于工具化钢模在混凝土工程中的应用越来越普遍，现浇混凝土结构已成为主流，限于篇幅，本章仅对现浇钢筋混凝土贮液结构进行介绍。

　　贮液结构的顶盖和底板大多采用平顶和平底。在第八章所介绍的各种结构形式中，整体式无梁板结构应用较为广泛。当贮液结构底板位于地下水位以下或地基较弱时，贮液结构的底板通常做成整体式反无梁底板。当底板位于地下水位以上，且地基土较坚实，持力层承载力标准值不低于 $100kN/m^2$ 时，底板与柱壳（壁板）、支柱基础则可以分开考虑。此时柱壳（壁板）、支柱基础按独立基础设计，底板的厚度和配筋均由构造确定，这种底板称为分离式底板。分离式底板可设置分离缝，也可不设分离缝，后者在外观上与整体式反无梁底板无异，但计算时不考虑底板的作用，柱下基础及柱壳（壁板）基础均单独计算。有分离缝时，分离缝处应有止水措施。

　　当圆形贮液结构的顶盖和底面采用球形或锥形薄壳结构时，壳体厚度可以做得很薄，在混凝土和钢材用量上往往比平面结构经济。同时可以跨越很大的空间而不必设置中间支柱。缺点是模板制作费工费料，施工要求较高，而且贮液结构净空高度不必要地增大。当贮液结构为地下式或半地下式时，土方开挖和顶壳覆土的工作量也因而增大，为了克服后一缺点，可以尽量压低柱壳的高度，甚至完全不用直线形壳壁而由薄壳顶和底直接相接组成蚌壳式贮液结构。如图 9-2 所示，由于工艺上的特殊要求，贮液结构的底面常做成倒锥壳和倒球壳等组成的复杂形状。

限于篇幅，本节仅介绍平顶、平底的钢筋混凝土贮液结构。

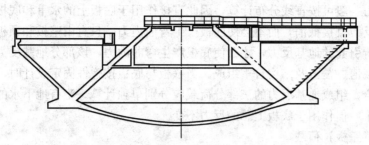

图 9-2　蚌壳式贮液结构示意图

第二节　贮液结构荷载

如图 9-3 所示，根据作用位置不同，作用在贮液结构上的荷载可分为顶板荷载、底板荷载、柱壳（壁板）荷载及其他作用。

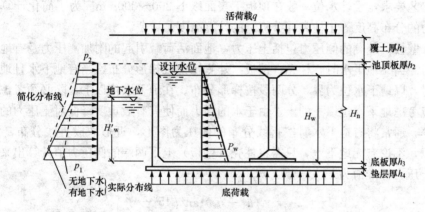

图 9-3　贮液结构的作用荷载

一、顶板（壳）荷载

作用在水池顶板上的竖向荷载，包括顶板自重、抹灰自重、防水层自重、覆土自重、雪荷载和活荷载等。顶板自重、抹灰自重及防水层自重按实际计算。顶板覆土的作用主要是保温与抗浮。保温要求的覆土厚度根据室外计算最低气温来确定。当计算最低气温在 $-10℃$ 以上时，覆土厚度取 300mm；$-10 \sim -20℃$ 时，可取 500mm；$-20 \sim -30℃$ 时，可取 700mm；低于 $-30℃$ 时，应取 1000mm。覆土重度一般取 $18kN/m^3$。

活荷载是考虑上人、临时堆放少量材料、施工及检修荷载等的重量，活荷载标准值一般可取 $2.0kN/m^2$。建造在靠近道路处的地下式贮液结构，应使覆土顶面高出附近地面至少 $300 \sim 500mm$，或采取其他措施以避免车辆开上顶板。

根据《建筑结构荷载规范》（GB 50009—2002）的全国基本雪压分布图及计算雪荷载的有关规定，雪荷载值均小于 $2.0kN/m^2$，故设计时不考虑雪荷载的影响。

二、底板荷载

当柱壳（壁板）和底板整体浇筑时，底板就相当于一个筏板基础。对于大型贮液结构，底板通常采用反无梁板，其设计计算方法与一般无梁板相同。底板荷载就是指将使底板（壳）产生弯矩和剪力的那一部分地基反力或地下水的浮力。对于底板，为简化计算，贮液结构的地基反力一般可按直线分布计算，因此直接作用于底板上的水重和底板自重将与其引起的部分地基反力直接抵消，而不会使底板产生弯曲内力。只有由壁板和顶板支柱作用在底板上的集中力所引起的地基反力，才会使底板产生弯曲内力，该部分地基反力由单位底面积上的顶板活荷载值、覆土及结构自重组成。当壁板与底板按弹性固定设计时，为了便于进行最不利内力组合，组成地基反力的三部分荷载应分别单独计算。当有地下水的浮力时，地基土的应力将减小，但作用于底板上总的反力不变。

三、柱壳（壁板）荷载

柱壳（壁板）承受的荷载，除柱壳（壁板）自重及顶板荷载引起的竖向压力和可能的端弯矩外，主要是作用于水平方向的水压力和土压力。

水压力按三角形分布，贮液结构内底面处的最大水压力标准值为

$$p_{wk} = \gamma_w H_w \tag{9-1}$$

式中：γ_w 为水的重度，可取 $10kN/m^3$；对污水，可取 $10 \sim 10.8kN/m^3$；H_w 为设计水位，m。

根据工艺要求，设计水位一般在顶板下表面以下 $200 \sim 300mm$。为了简化计算，计算时常取水压力的分布高度等于柱壳（壁板）的计算高度。

柱壳（壁板）外侧的侧压力包括土压力，地面活荷载引起的附加侧压力及有地下水时的地下水压力。当无地下水时，柱壳（壁板）外侧压力按梯形分布，当有地下水且地下水位在顶板以下时，以地下水位为界，分两段按梯形分布。在地下水位以下，除必须考虑地下水压力外，还应考虑地下水位以下的土，由于水的浮力而使其有效重度降低对土压力的影响。为了简化计算，通常将有地下水时按折线分布的侧压力图形，近似取成直线分布，如图 9-3 所示。所以，不论有无地下水，只需将柱壳（壁板）上下两端的侧压力值计算出来即可。

顶板土压力标准值为

$$p_{epk2} = \gamma_s (h_1 + h_2) \tan^2 \left(45° - \frac{\varphi}{2}\right) \tag{9-2}$$

式中：γ_s 为回填土重度，一般可取 $18kN/m^3$；h_1、h_2 分别为顶板覆土厚度、顶板厚度，m；φ 为回填土的内摩擦角，根据土壤试验确定，当缺乏试验资料时，可取 $30°$。

底板土压力标准值为：

当无地下水时， $p_{epk2} = \gamma_s (h_1 + h_2 + H_n) \tan^2 \left(45° - \frac{\varphi}{2}\right) \tag{9-3}$

当有地下水时， $p_{epk1} = \left[\gamma_s (h_1 + h_2 + H_n - H'_w) + \gamma'_s H'_w\right] \tan^2 \left(45° - \frac{\varphi}{2}\right) \tag{9-4}$

式中：H_n 为柱壳（壁板）净高，m；H'_w 为地下水位至柱壳（壁板）底部的距离，m；γ'_s 为地下水位以下回填土的有效重度，一般可取 $10kN/m^3$。

地面活荷载引起的附加侧压力沿柱壳（壁板）高度为一常数，其标准值可按式（9-5）计算

$$p_{qk} = q_k \tan^2 \left(45° - \frac{\varphi}{2}\right) \tag{9-5}$$

式中：q_k 为地面活荷载标准值，一般取 $2.0kN/m^2$，当柱壳（壁板）外侧地面可能有堆积荷

载时，应取堆积荷载标准值，一般可取 $10kN/m^2$。

地下水压力按三角形分布，柱壳（壁板）底端的地下水压力标准值为

$$p'_{wk} = \gamma_w H'_w \tag{9-6}$$

根据实际情况，柱壳（壁板）两端的外部侧压力，应取上述各种侧压力的组合值。一般来说，当贮液结构位于地下水位以上时，顶板外侧压力组合标准值为

$$p_{k2} = p_{qk} + p_{epk2} \tag{9-7}$$

柱壳（壁板）底端外侧压力组合标准值为

$$p_{k1} = p_{qk} + p_{epk1} \tag{9-8a}$$

当贮液结构底端位于地下水位以下时，柱壳（壁板）底端外侧压力组合标准值为

$$p_{k1} = p_{qk} + p'_{epk1} + p'_{wk} \tag{9-8b}$$

四、贮液结构结构上的作用

除上述荷载以外，温（湿）度变化、地震作用等也将在贮液结构中引起附加内力，在设计时必须予以考虑。

就温度变化而言，一是由于贮液结构内水温与贮液结构外气温或土温的不同而形成的壁面温差；二是由于贮液结构施工期间混凝土浇筑完毕时的温度与使用期间的季节最高或最低温度之差，这种温差沿壁厚不变，可用柱壳（壁板）中面处的温差来代表，故称为中面季节平均温差。至于湿差，也可分为壁面湿差和中面平均湿差两种情况。壁面温差是指贮液结构开始注水或放空一段时间后再注水时，柱壳（壁板）内、外侧混凝土的湿度差；中面平均湿差则是指在贮液结构尚未注水或放空一段时间后，相对于贮液结构内有水时柱壳（壁板）混凝土中面平均湿度的降低值。温差和湿差对结构的作用是相似的，故可将湿差换算成等效温差来进行计算，等效温差也称为当量温差。

结构设计时，一方面可通过设置伸缩缝、后浇带或配置适量的构造钢筋等措施，以减少温（湿）差对结构的不利影响；另一方面通过计算来确定温（湿）差引成的内力，这一点在承载力和抗裂计算中加以考虑。

除此之外，通过合理地选择结构型式；采用保温隔热措施，如用水泥砂浆抹面、用轻质保温材料或覆土保温，对地面式贮液结构的外壁面涂以白色反射层或用白色磁砖贴面；注意水泥品种和集料性质，如选用水化热低的水泥和热膨胀系数较低的集料，避免使用收缩性集料；严格控制水泥用量和水灰比；保证混凝土施工质量，特别是要加强养护，避免混凝土干燥失水等等，以减少温度和湿度变形的不利影响。

采用设缝方法，主要是减少中面季节温差和中面湿差对矩形贮液结构的影响，以避免因贮液结构平面尺寸过大而可能出现的温度和收缩裂缝。对于壁面温（湿）差所引起的内力则一般通过计算加以考虑。当壁面温差（或当量温差）大于5℃时，宜进行温度内力计算。

圆形贮液结构不宜设置伸缩缝，其中面平均温（湿）差和壁面温（湿）差的作用，原则上应通过计算来确定。但经验表明，在一般情况下中面温（湿）差引起的内力，在最不利内力组合中并不起控制作用，因此圆形贮液结构也可以只考虑壁面温（湿）差所引起的内力。

对于地下式贮液结构或已采用了保温措施的地面贮液结构，一般可不考虑温（湿）度作用，对于直接暴露在大气中的贮液结构壁板，应考虑壁面温差或当量温差的作用。壁面温差可按下式进行计算

$$\Delta T = \frac{T_w - T_a}{\frac{1}{\alpha_1} + \sum_{i=1}^{n} \frac{h_i}{\lambda_i} + \frac{1}{\alpha_2}} \frac{h_1}{\lambda_1} \qquad (9-9)$$

$$T_a = T_d + \rho' \frac{I\varepsilon}{\alpha_2} - \frac{\Delta R}{\alpha_2}, \ T_d = T_{wp} + \beta \Delta t r \qquad (9-10)$$

式中：T_w 为贮液结构内液体的温度，℃；T_a 为贮液结构外空气的综合温度，℃；T_d 为贮液结构外空气的计算温度，℃；T_{wp} 为夏季贮液结构外空气计算日平均温度，℃；β 为贮液结构外温度逐时变化系数；Δtr 为夏季贮液结构外计算平均日较差，℃；ε 为围护结构外表面的长波辐射系数；ΔR 为围护结构外表面，向外界发射的长波辐射和由天空及周围物体，向围护结构外表面的长波辐射之差，夏季：$\Delta R/\alpha_2 = 3.5 \sim 4$℃，冬季：$\Delta R = 0$；$\alpha_1$ 为内表面与液体的换热系数；α_2 为外表面与空气的换热系数；ρ' 为外表面对太阳辐射的吸收系数；I 为太阳辐射强度；λ_1 为柱壳（壁板）的导热系数，对混凝土柱壳（壁板）取 1.75W/（m·℃）；h_1 为柱壳（壁板）的厚度。

壁面当量温差可按 10℃ 采用。这两种壁面温差不需同时考虑，应取较大值进行计算。

建设在地震区的贮液结构，应根据所在地区的抗震设防烈度，进行必要的抗震设计。计算表明，对贮液结构具有破坏性的地震作用主要是水平地震作用。一般来说，钢筋混凝土贮液结构本身具有相当好的抗震能力。因此，对于设防烈度为 7 度的各种结构形式不设变形缝、单层贮液结构；设防烈度为 8 度的地下式敞口钢筋混凝土圆形贮液结构；设防烈度为 8 度的地下式，平面长宽比小于 1.5、无变形缝构造的钢筋混凝土有盖矩形贮液结构，只需采取一定的抗震构造措施，而可不作抗震计算。只有不属于上述情况的，才应作抗震计算。贮液结构的抗震设计不属于本书讨论的范畴，具体可参阅有关专门资料及抗震设计规范。

五、荷载分项系数及荷载组合

按照《建筑结构荷载规范》规定：结构和永久设备的自重、土的竖向压力和侧压力、贮液结构内部盛水压力等属于永久荷载，当其效应对结构不利时，对结构和永久设备的自重荷载分项系数取 1.2，其他永久作用应取 1.27，当其效应对结构有利时，均应取 1.0；地表水或地下水压力（侧压力、浮托力）、流水压力、顶盖活荷载、温度和湿度的变化等属于可变荷载，对地表水或地下水压力（侧压力、浮托力）的作用应作为第一个可变作用取 1.27，其他可变作用应取 1.4；在验算抗倾浮、抗浮和抗滑移时，抵抗力应只计入永久作用，荷载分项系数取 1.0，可变作用和侧壁上的摩擦力不应计入。

地下式贮液结构在进行承载能力极限状态设计时，一般应根据下列三种不同的荷载组合分别计算内力：

（1）贮液结构内满水，贮液结构外无土；

（2）贮液结构内无水，贮液结构外有土；

（3）贮液结构内满水，贮液结构外有土。

第一种荷载组合出现在回填土以前的试水阶段，第二、三两种组合是使用阶段的放空和满水时的荷载状态。在任何一种荷载组合中，结构自重总是存在的。对第二、三两种荷载组合，应考虑活荷载和贮液结构外地下水的压力。

一般来说，第一、二两种荷载组合是引起相反的最大内力的两种最不利状态。但是，如果绘制柱壳（壁板）最不利内力包络图，则在包络图极值点以外的某些区段内，第三种荷载组合很可能起控制作用，这对柱壳（壁板）的配筋会有影响。这种情况往往发生在柱壳（壁板）两端为弹性固结的贮液结构中，对于柱壳（壁板）两端支承条件为自由、铰支或固定时，计算中可以不考虑第三种荷载组合。

对于无保温措施的地面式贮液结构，在进行承载能力极限状态设计时，一般应根据下列两种不同的荷载组合分别计算内力：

（1）贮液结构内满水；

（2）贮液结构内满水及温（湿）差作用。

第二种荷载组合中的温（湿）差作用，应取壁面温差和当量温差中的较大者进行计算。对于有顶盖的地面式贮液结构，应该考虑顶盖活荷载的组合。对于有保温措施的地面式贮液结构，只需考虑第一种荷载组合。对于贮液结构的底板，不论贮液结构是否采取了保温措施，都可不计温度作用。

除进行承载能力极限状态设计外，还应进行正常使用极限状态设计。贮液结构结构构件正常使用极限状态的设计要求主要是裂缝控制。当荷载效应为轴心受拉或小偏心受拉时，其裂缝控制应按不允许开裂考虑，并应取作用短期效应的标准组合进行验算；当荷载效应为受弯、大偏心受压或大偏心受拉时，裂缝控制按限制裂缝宽度考虑，并应取作用长期效应的标准组合进行验算。

对于多格的矩形贮液结构，还必须考虑可能某些格充水，某些格放空，类似于连续梁活载最不利布置的荷载组合。

第三节　地基承载力及抗浮稳定性验算

一、地基承载力验算

当贮液结构的底面采用分离式底板时，地基承载力按柱壳（壁板）下条形基础及柱下单独基础验算；当采用整体式底板时，应按筏板基础验算。除了比较大型的无中间支柱贮液结构，在地基土比较软弱的情况下宜按弹性地基上的板考虑外，一般可假设地基反力为均匀分布，此时底板底面处的荷载效应按正常使用极限状态下荷载效应的标准组合，组合后所得的基础底面平均压力标准值 p_k 应不大于修正后的地基承载力特征值 f_a。f_a 的值按《建筑地基基础设计规范》（GB 50007—2002）的规定确定。

二、贮液结构的抗浮稳定性验算

当贮液结构底面标高在地下水位以下，或位于地表滞水层内而又无排除上层滞水措施时，地下水或地表滞水就会对贮液结构产生浮力。当贮液结构处于放空状态时，就有被浮托起来或池底板和顶板被浮力顶裂的危险。此时，应对贮液结构进行抗浮稳定性验算。

贮液结构的抗浮稳定性验算，一般包括整体抗浮和局部抗浮两个方面。进行贮液结构整体抗浮稳定性验算是为了使贮液结构不至于整体向上浮动。其验算公式为

$$\frac{G_{tk}+G_{sk}+G_{dk}}{A(H_w+h_1+h_2)\gamma_w} \geqslant 1.05 \tag{9-11}$$

式中：G_{tk} 为贮液结构自重标准值，kN；G_{sk} 为池顶覆土重标准值，kN；G_{dk} 为垫层自重标准值，kN；A 为贮液结构底面积，必须算至最外周边，m^2；H_w 为地下水位至底板面层的高度，m；h_1 为底板厚度，m；h_2 为垫层厚度，m。

对有中间支柱的封闭式贮液结构，如果式（9-11）得到满足，但抗浮力分布不够均匀，

通过柱壳（壁板）传递的抗浮力在总抗浮力中所占比例过大，每个支柱所传递的抗浮力过小，则均匀分布在底板下的地下水浮力，有可能使中间支柱发生轴向上移，这就相当于顶板和底板的中间支座产生了位移，必将引起计算中未曾考虑的附加内力，很可能使底板和顶板被顶裂甚至破坏。为了避免这种危险，对有中间支柱的封闭式贮液结构，除了按式（9-11）验算整体抗浮稳定性以外，尚应按式（9-12）进行局部抗浮稳定性验算

$$\frac{g}{(H_w + h_1 + h_2)\gamma_w} \geqslant 1.0 \qquad (9-12)$$

式中：g 为顶盖、中间支柱、底板、垫层等自重及覆土重传给贮液结构底面单位面积上的抗浮力，kN。

当整体抗浮和局部抗浮不能满足时，应采取以下抗浮措施：

（1）封闭式贮液结构可用增大覆土厚度的办法来解决；

（2）开敞式贮液结构的整体抗浮不能满足时，可将底板挑出柱壳（壁板）以外，在上面压土或块石以增大抗浮力（这种方法同样适用于封闭贮液结构），此时底板应以浮力作为均布荷载进行强度及抗裂计算；

（3）在地形受到限制而不能用上述两种方法时，可采用锚桩抗浮。

凡采用覆土抗浮的贮液结构，在施工阶段尚未覆土以前，应采取降低地下水位或排除地表滞水的措施；也可采用将贮液结构临时灌满水的办法，以避免可能发生的放空浮起，但后一种方法只宜在闭水试验之后采用。

第四节　钢筋混凝土圆形贮液结构设计

由于钢筋混凝土平板的设计已在第八章作了介绍，本节的重点就放在柱壳的计算和构造方面，包括如何考虑柱壳与顶板和底板的共同作用等问题。同时，本节仅对等厚柱壳的情况进行介绍。

一、圆形贮液结构的主要尺寸和计算简图

圆形贮液结构的主要尺寸包括直径、高度、柱壳厚度及顶盖、底板的结构尺寸等，这些几何尺寸必须在贮液结构结构的内力计算前加以初步确定。圆形贮液结构的高度一般为 3.5～6.0m。高度确定后可由设计容量推算直径。柱壳的厚度主要取决于环向拉力作用下的抗裂要求。从构造来看，柱壳厚度不宜小于 200mm（对单面配筋的小贮液结构，不宜小于 120mm）。

计算柱壳内力时，贮液结构的计算直径 d 应按柱壳截面轴线确定；柱壳的计算高度 H 则应根据柱壳与顶盖和底板的连接方式来确定。当上、下端均为整体连接，上端按弹性固结，下端按固定计算时，H 取柱壳净高 H_n 加顶板厚度的一半，如图 9-4（a）所示；当两

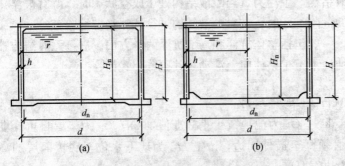

图 9-4　圆形贮液结构示意图

端均按弹性固定计算时，H 取柱壳净高加顶板厚度的一半及底板厚度的一半；当柱壳与顶板和底板采用非整体连接时，H 应取至连接面处，如图 9-4（b）所示；当采用铰接构造时，计算高度取至铰接中心处。

对于柱壳两端的支承条件，应根据实际采用的连接构造方案确定。

当柱壳底端与底板整体连接，且能满足下面两个条件时，可作为固定支承计算。

（1）如图 9-5 所示，$h_1 \geqslant h$，$a_1 > h$，$a_2 > a_1$；

（2）地基良好，地基土壤为低压缩性或中压缩性土（压缩系数 $a_{12} < 0.5$）。

当虽为整体连接但不能满足上述要求时，应按弹性固结计算，即考虑柱壳与底板的变形连续性，将柱壳与底板的连接看成是可以产生弹性转动的刚性结点。

柱壳的顶端通常只有自由、铰接或弹性固结三种边界条件。无顶盖或顶板自由搁置在柱壳上时，属于自由边界。但如图 9-6 所示的情况，则在贮液结构内水压力作用下按自由端计算，在贮液结构外土压力作用下按铰支计算。柱壳与顶板整体连接，且配筋可以承受端弯矩时，应按弹性固结计算，如果只配置了抗剪钢筋，则应按铰接计算。

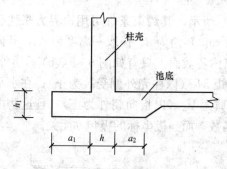

图 9-5　柱壳与底板连接示意图

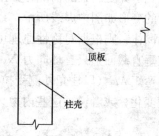

图 9-6　柱壳与顶板连接示意图

二、柱壳内力计算

1. 基本原理

由于是薄壳，故在计算内力和变形时，忽略混凝土材料的非均匀性、塑性和裂缝的影响，假设混凝土材料为各向同性的匀质连续弹性体。

由于顶盖传来的竖向压力不会影响柱壳侧向压力（诸如水压力和土压力）作用下的内力，因此在分析侧压力引起的柱壳内力时，不考虑竖向压力。一般情况下，圆形贮液结构所承受的侧压力是轴对称的，在这种轴对称荷载作用下，柱壳只会产生轴对称的变形和内力。

由于各种圆形贮液结构柱壳两端的边界条件和荷载分布一般不同，因而内力和变形也不相同，为简单起见，如图 9-7 所示，我们先分析柱壳两端自由承受线性分布荷载的情况。这种柱壳是一静定圆筒，筒中除了环向力以外，不会产生任何其他内力。离柱壳顶端为 x 高度处的环向力 $\overline{N}_\theta$ 可以通过静力平衡条件求得。如图 9-7（b）所示，取单位高度的半圆环作为隔离体，由 $\sum x = 0$ 得

$$\overline{N}_\theta = \int_0^{\frac{\pi}{2}} p_x r \sin\theta \mathrm{d}\theta = p_x r \int_0^{\frac{\pi}{2}} \sin\theta \mathrm{d}\theta = p_x r \tag{9-13}$$

式中：$\overline{N}_\theta$ 为两端自由时，柱壳任意高度处的环向力（以受拉为正），kN/m；p_x 为任意高度处的侧向荷载（以由内向外压为正），kN/m²；r 为柱壳的计算半径，m。

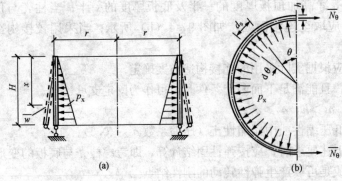

图 9-7 柱壳内力计算简图

如图 9-7（a）所示，距离柱壳顶端 x 高度处的径向位移 $\overline{w}$，可以根据应力应变关系和几何关系确定。在 $\overline{N}_\theta$ 作用下，柱壳的环向伸长为

$$\Delta l = 2\pi r \frac{\overline{N}_\theta}{Eh}$$

$$(9-14a)$$

另外，径向位移 $\overline{w}$ 和 Δl 具有如下几何关系

$$\Delta l = 2\pi r(r+\overline{w}) - 2\pi r = 2\pi \overline{w} \tag{9-14b}$$

比较式（9-14a）和式（9-14b）得

$$\overline{w} = \frac{\Delta l}{2\pi} = \frac{\overline{N}_\theta r}{Eh} = \frac{p_x r^2}{Eh} \tag{9-15}$$

对于柱壳边界受约束的情况，如图 9-8（a）所示，其约束条件可用边界力来代替，并假设受力后的变形如图中虚线所示，径向位移为 w，转角为 β。任取一高度为 $\mathrm{d}x$，环向为单位弧长的隔离体，则根据对称性原理可知，隔离体各截面上只有如图 9-8（b）所示的内力作用，即在垂直截面上只有环向力 N_θ 和环向弯矩 M_θ（以柱壳外侧受拉为正）；在水平截面上只有竖向弯矩 M_x（以柱壳外侧受拉为正）和剪力 V_x（以指向朝外为正），且这些内力只沿柱壳高度变化，或者说，这些内力只是 x 的函数，而与极坐标的极角 θ 无关。

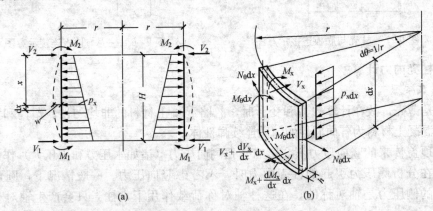

图 9-8 柱壳受力示意图

由假设，对于有轴对称线性分布侧压力的圆柱壳壁，如果将边界约束力也看作是外力，则径向位移、转角和环向力都可看作是两部分的叠加：一部分是由侧压力在两端自由的圆筒中所引起的径向位移 $\overline{w}$、转角 $\dfrac{\mathrm{d}\overline{w}}{\mathrm{d}x}$ 和环向力 $\overline{N}_\theta$；另一部分是由边界约束力所引起的。需要说明的是，边界约束力本身取决于支承条件的荷载情况。

由于柱壳边界受有某种约束时，其变形和内力的计算相当复杂，而且要用到弹性力学的内容，故本教材不作详细说明。附录 8 给出了底端固定、顶端自由，底端铰支、顶端自由，两端固定，两端铰支和底端固定、顶端铰支等五种边界条件，在三角形荷载、矩形荷载和几种常见边缘力作用下的柱壳内力系数。因此，工程上可能遇到的各种边界条件和荷载状态的等厚壳壁圆柱形贮液结构的柱壳内力计算，基本上都可以利用附录 8 的内力系数来解决。对于梯形分布荷载，可将荷载分为两部分，一部分为三角形荷载，另一部分为矩形荷载，利用附录 8 分别计算这两部分荷载所引起的内力，叠加以后是梯形荷载所引起的柱壳内力。

由附录 8 可以看出，内力沿柱壳高度方向的分布具有一个共同特点，即边缘约束力的影响区域随着 $\frac{H^2}{dh}$ 值的增大而迅速缩小。下面以顶端自由、底端固定的柱壳为例来说明这一规律。

在顶端作用沿圆周均布的边缘力矩 M_0 的情况下，可根据附表 8 - 1（26）的系数画出 M_0 作用下柱壳内所产生的竖向弯矩相对值 $\frac{M_x}{M_0}$ 的分布图形。图 9 - 9 画出了几种不同的 $\frac{H^2}{dh}$ 值时，柱壳 $\frac{M_x}{M_0}$ 的分布曲线。从图中可以看出，当 $\frac{H^2}{dh} \geqslant 8$ 时，M_0 的主要影响区在 M_0 作用端的约 0.4 范围以内，而远端弯矩接近于零，这说明 M_0 基本上不会传递到另一端去。

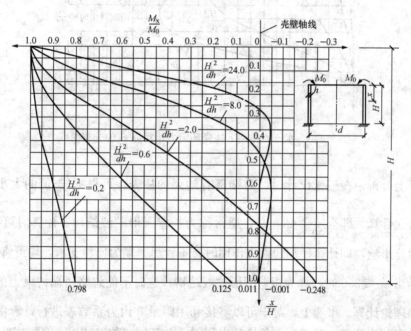

图 9 - 9　$\frac{H^2}{dh}$ 与 $\frac{M_x}{M_0}$ 的关系曲线

另外，图 9 - 10 所示为在贮液结构内水压力作用下柱壳环向力的相对值 $\frac{N_\theta}{pr}$ 的分布曲线，图中虚线为两端自由时环向力分布线，将底端固定时的各条分布曲线与这条虚线比较，可以看出底部固定约束的影响区域同样表现出随 $\frac{H^2}{dh}$ 值的增大而缩小的趋势。当 $\frac{H^2}{dh}=8$ 时，底部固定的影响仅及下端约 0.4H 的范围内，而上端 0.6H 范围内的环向力分布曲线，非常接近于两端自由时的分布线，这说明在这一区段内的环向力并不（或很少）受底端固定的影响。当 $\frac{H^2}{dh}=24$ 时，固定端的影响区更进一步缩小到 0.25H 的范围内；反之，当 $\frac{H^2}{dh}$ 值很小时

$\left(\text{如}\dfrac{H^2}{dh}=0.2\right)$，端部约束将影响到柱壳整个高度范围而使环向力大为减小，竖向弯矩则相应增大，可见此时荷载主要由竖向承受，环向的作用则明显减弱。

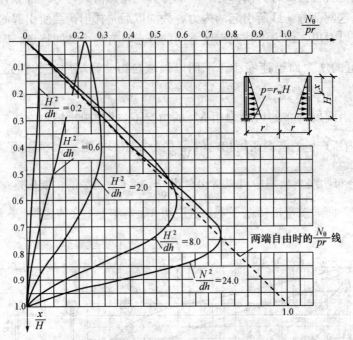

图 9-10　水压力作用下柱壳环向力相对值 $\dfrac{N_\theta}{pr}$ 的分布曲线

　　根据以上分析，在工程设计时，对端部有约束的柱壳，可根据 $\dfrac{H^2}{dh}$ 值的大小分为两类，以便进行简化计算。即当 $\dfrac{H^2}{dh}>2.0$ 时，通常称为长壁圆形贮液结构，计算时可以忽略两端约束力的相互影响，即计算一端约束力作用时，不管另一端为何种支承，均可将另一端假设为自由端；当 $\dfrac{H^2}{dh}\leqslant 2.0$ 时，称为短壁圆形贮液结构，这时不能忽略两端约束力的相互影响，必须按精确理论计算。事实上，对于可以直接利用附录 8 内力系数表进行计算的贮液结构，这种划分没有什么意义。对于支承条件超出了附录 8 范围的贮液结构，例如端部为弹性固定的贮液结构，如果为长壁贮液结构，则计算可以大为简化，工程中大多数圆形贮液结构属于长壁贮液结构。

　　附录 8 的内力系数表只列出 $\dfrac{H^2}{dh}\leqslant 56$ 的内力系数，对于 $\dfrac{H^2}{dh}>56$ 的圆形贮液结构，可以利用附录 8 的内力系数表进行计算，但建立最好采用弹性力学的方法作比较精确的计算。通过分析附录 8 的内力系数，发现对 $\dfrac{H^2}{dh}=28\sim56$ 的柱壳，约束端的影响已相当稳定地局限于离约束端 $0.25H$ 的高度范围内。在此范围以外，侧压力引起的环向力基本上等于静定圆环的环向力，竖向弯矩则等于或接近于零。由此可知，$\dfrac{H^2}{dh}>56$ 的柱壳，端部约束的影响也不

会超出 $0.25H$ 的范围，在此范围以外，可以只按静定圆环计算环向力；在此范围以内则应按约束端的实际边界条件计算柱壳内力。这一部分柱壳内力可取约束端高度 $H=\sqrt{56dh}$ 的一段贮液结构，按一端有约束，另一端为自由的柱壳，用附录 8 中相应边界条件和荷载状态下 $\dfrac{H^2}{dh}=56$ 的内力系数进行计算。

2. 柱壳端部弹性固定时的内力计算

弹性固定与固定的不同之处，在于前者的端结点可以产生一定的弹性转动，此时，边界约束力不仅与侧向荷载有关，而且和与之连接的顶板（或底板）所承受的垂直荷载，以及柱壳及顶板或底板的抗弯刚度有关。因此，边端为弹性固定的柱壳内力计算，关键在于如何确定其边界力。边界力确定以后，就可以将其视为外力，分别计算边界力和侧向荷载所引起的内力，叠加后就得到了在侧向荷载作用下，边端为弹性固定的柱壳内力。

（1）弹性固定端边界力的确定。弹性固定端的边界力包括边界弯矩和边界剪力两项。对平顶和平底圆形贮液结构，可以认为结点无侧移，边界弯矩可以用力矩分配法进行计算。

柱壳两端都是弹性固定的有盖圆形贮液结构，绝大部分为长壁圆形贮液结构，此时可以忽略两端边界力的相互影响，即在力矩分配法中，不必考虑结点间的传递，这就使力矩分配法的整个过程，简化为只需对各个结点的不平衡弯矩进行一次分配。因此，柱壳边界力可按下列公式计算

$$M_i=\overline{M}_i-(\overline{M}_i+\overline{M}_{sl,i})\frac{i_{\mathrm{w}}}{i_{\mathrm{w}}+i_{sl,i}} \tag{9-16}$$

$$i_{\mathrm{w}}=k_{\mathrm{M}\beta}\frac{Eh^3}{H} \tag{9-17}$$

式中：M_i 为柱壳底端（$i=1$）或顶端（$i=2$）的边缘弯矩，$\mathrm{N\cdot mm/mm}$；$\overline{M}_i$ 为柱壳底端（$i=1$）或顶端（$i=2$）的固端弯矩，$\mathrm{N\cdot mm/mm}$，可利用附录 8 中端部为固定时在侧压力作用下的弯矩系数确定。对底端，取 $x=1.0H$，对顶端，取 $x=0.0H$；$\overline{M}_{sl,i}$ 为底板（$i=1$）或顶板（$i=2$）的固端弯矩，$\mathrm{N\cdot mm/mm}$；$i_{sl,i}$ 为柱壳单位宽度的边缘抗弯刚度，$\mathrm{N\cdot mm/rad}$，见第八章；i_{w} 为柱壳单位宽度的边缘抗弯刚度，$\mathrm{N\cdot mm/rad}$；$k_{\mathrm{M}\beta}$ 为柱壳的刚度系数，由附表 8-1（30）查得。

需注意的是：式（9-16）中各项弯矩的符号均以使结点逆时针方向转动为正；利用附录 8 的内力系数计算长壁圆形贮液结构时，不必在内力计算以前算出边界剪力。

（2）柱壳内力计算。边界弯矩确定以后，可将弹性固定支承撤掉，代之以铰接和边界弯矩，柱壳内力即可三项叠加而求得。

以两端均为弹性固定、贮液结构内作用有水压力的长壁圆形贮液结构为例，其内力计算过程可用图 9-11 来表示。

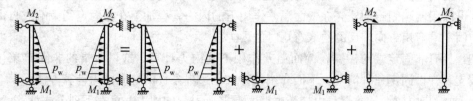

图 9-11　水压力作用下长壁圆形贮液结构内力计算简图

如图 9-11 所示，根据长壁圆形贮液结构的特点，忽略远端影响，因此在等号右边的第二、三两项中，把没有边界力作用的一端看成是自由端。第一、二两项计算简图在附录 8 中，均有现成的内力系数表可以直接利用，第三项计算简图只需将附录 8 中附表 8-1（24）和附表 8-1（25）倒转使用，即 x 由底端向上量起。

需注意的是，在用力矩分配法计算边界力矩时，力矩的符号是以使结点逆时针转动为正，在计算内力时，必须回复到以使柱壳外侧受拉为正。

对于两端都是弹性固定的短壁圆形贮液结构，边界力的相互影响使计算复杂化，但这种情况很少遇到，这里不再阐述。

3. 壁面温差作用下的柱壳内力计算

计算柱壳由于壁面温差引起的内力时，除了前面计算由于侧压力引起的内力所采用的基本假设外，还基于下列假设：

（1）柱壳处于稳定温度场，即柱壳内外介质温度为恒定而与时间无关，且内部或外部介质的温度处处相同；

（2）温度沿柱壳厚度的分布为线性（不考虑混凝土凝结硬化时的发热）；

（3）不考虑可能同时存在的季节温差作用所引起的变形和内力。

根据以上假定，作为柱壳的圆柱壳仍具有轴对称的变形与内力状态，如图 9-8 所示，只是不存在侧向荷载 p_x。

对于常见的边界条件，从设计实用出发，只要建立了两端固定柱壳在壁面温差作用下的内力计算公式，其他边界条件的柱壳，就可以利用这些公式和附录 8 的有关内力系数表进行计算，而不必将各种边界条件的柱壳计算公式都推导出来。

（1）两端固定的柱壳在壁面温差作用下的内力计算。通过推导（推导从略）可知，沿柱壳高度任一点处的环向力 N_θ 和剪力 V_x 均为零，而竖向弯矩和环向弯矩则为

$$M_x = M_\theta = -D(1+\mu)\alpha_\mathrm{T}\frac{\Delta T}{h} \tag{9-18}$$

式中：D 为板的抗弯刚度，即 $D=\dfrac{Eh^3}{12\,(1-\mu^2)}$，N·mm²/mm；$\mu$ 为混凝土材料的泊松比，对混凝土材料取为 1/6；ΔT 为壁面温差或壁面湿度当量温差，当柱壳外表面温度高于柱壳内表面温度时，取正值，反之取负值，℃；α_T 为材料的线膨胀系数，对混凝土取 $1.0\times10^{-5}/℃$。

如令 $M_\mathrm{T}=0.1Eh^2\alpha_\mathrm{T}\Delta T$，则式（9-18）变为

$$M_x = M_\theta = -M_\mathrm{T} \tag{9-19}$$

式（9-19）表明，两端固定的圆柱壳在轴对称的壁面温差作用下，处于完全约束状态，不可能产生任何变形，而使筒壁产生纯弯曲温度内力，因此，壁面温差作用下，两端固定的柱壳处于最简单的内力状态。对于壁面温差作用下，两端有非固定约束或自由端的柱壳内力，则可以用两端固定的柱壳在壁面温差作用下的内力，叠加上在非固定约束端或自由端作用有与固定端弯矩方向相反的边缘弯矩时的内力。

（2）具有非固定端的柱壳在壁面温差作用下的内力计算。这里所指的非固定端包括自由、铰支和弹性固定三种情况。下面介绍几种常见边界条件的柱壳内力计算方法。

1）两端自由情形。两端自由柱壳由壁面温差所引起的内力，可按下列公式计算

$$M_x = -M_\mathrm{T} + k_{Mx,1}M_\mathrm{T} + k_{Mx,2}M_\mathrm{T} = (k_{Mx,1}+k_{Mx,2}-1)M_\mathrm{T} \tag{9-20}$$

$$M_\theta = -M_T + \mu(k_{Mx,1}M_T + k_{Mx,2}M_T)$$

$$= \frac{1}{6}(k_{Mx,1} + k_{Mx,2} - 6)M_T \qquad (9-21)$$

$$N_\theta = (k_{N\theta,1} + k_{N\theta,2})\frac{M_T}{h} \qquad (9-22)$$

式中：$k_{Mx,1}$、$k_{Mx,2}$分别为底端和顶端作用有 M_T 时柱壳的弯矩系数，由附表 8-1（20）查得；$k_{N\theta,1}$、$k_{N\theta,2}$分别为底端和顶端作用有 M_T 时柱壳的环向内力系数，由附表 8-1（21）查得。

需注意的是，附表 8-1（20）和附表 8-1（21）是弯矩作用在底端的内力系数，$k_{Mx,1}$、$k_{N\theta,1}$可直接查得，$k_{Mx,2}$、$k_{N\theta,2}$则应将坐标倒转，即底端为 $0.0H$，这样，如果以顶端为 $0.0H$ 时某一点的坐标为 x，则该点对底端为 $0.0H$ 时的坐标为 $x' = H - x$。

2）顶端自由、底端固定。柱壳的弯矩和环向力仍按式（9-20）～式（9-22）计算，但应取 $k_{Mx,1}$、$k_{N\theta,1}$为零，$k_{Mx,2}$、$k_{N\theta,2}$可直接从附表 8-1（26）和附表 8-1（27）查用。柱壳底端的剪力可按式（9-23）计算

$$V_x = k_{Vx}\frac{M_T}{H} \qquad (9-23)$$

式中：k_{Vx}为剪力系数，由附表 8-1（27）查得。

3）顶端自由、底端铰接，顶端铰接、底端固定，两端铰接。对于这三种边界条件的柱壳，理论上也可按式（9-20）～式（9-22）计算，但附录 8 并未列出这三种边界条件的柱壳，在边界内力作用下的内力系数表。只有对长壁圆形贮液结构才可利用附表 8-1（20）～附表 8-1（25）的内力系数进行计算。例如顶端自由、底端铰接的长壁圆形贮液结构，叠加过程如图 9-12 所示。

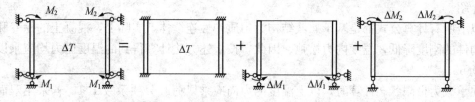

附表 8-1（20）、（21）　　　　附表 8-1（24）、（25）

图 9-12　顶端自由、底端铰接柱壳在壁面温差作用下的内力计算简图

顶端或底端的剪力可按式（9-24）计算

$$V_x = (k_{Vx,1} + k_{Vx,2})\frac{M_T}{H} \qquad (9-24)$$

4）具有弹性固定端的柱壳。具有弹性固定端的柱壳仍可按上述叠加法进行计算。例如对两端均为弹性固定的长壁圆形贮液结构，其叠加过程如图 9-13 所示。

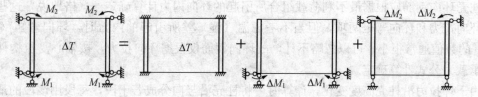

图 9-13　两端弹性固定柱壳在壁面温差作用下的内力计算简图

在图 9 - 13 等号左边的计算简图中，用作用有弹性约束弯矩 M_i（$i=1$，2）的铰支座代替实际的弹性支座，边缘弯矩由式（9 - 16）确定。底板不考虑板面温差，故底板的固端弯矩为零。至于顶板的固端弯矩，由弹性力学知，顶板在横向变温作用下的固端弯矩为

$$\overline{M}_{sl,2} =- M_{T,sl,2} = D(1+\mu)\alpha_T \frac{\Delta T}{h} \tag{9 - 25}$$

式中："一"号表示弯矩作用的方向与温度应变引起的弯曲方向相反。

在图 9 - 13 中，等号右边三项叠加的结果应满足实际的边界条件，因此第二项和第三项中的边界力 ΔM_1 和 ΔM_2 应分别为通过力矩分配法，分配给柱壳底端和顶端的结点不平衡弯矩，即为式（9 - 16）中等号右边的第二项。

综上所述，对两端为弹性固定的贮液结构，其在壁面温差作用下的柱壳内力可按下列公式计算

$$M_x =- M_T + k_{Mx,1}\Delta M_1 + k_{Mx,2}\Delta M_2 \tag{9 - 26}$$

$$M_\theta =- M_T + \mu(k_{Mx,1}\Delta M_1 + k_{Mx,2}\Delta M_2) \tag{9 - 27}$$

$$N_\theta = k_{N\theta,1}\frac{\Delta M_1}{h} + k_{N\theta,2}\frac{\Delta M_2}{h} \tag{9 - 28a}$$

$$V_x = k_{Vx,1}\frac{\Delta M_1}{h} + k_{Vx,2}\frac{\Delta M_2}{h} \tag{9 - 28b}$$

式中：ΔM_i（$i=1$，2）按式（9 - 29）确定

$$\Delta M_i = (M_T - M_{T,sl,i})\frac{i_w}{i_w + i_{sl,i}} \tag{9 - 29}$$

对底板，取 $M_{T,sl,i}=M_{T,sl,1}=0$。

对只有一端为弹性固定，另一端为其他边界条件的柱壳，其计算方法可仿照推出，这里不做介绍。

以上所有计算公式都是基于贮液结构为匀质弹性连续体，实际上，混凝土的徐变和裂缝将使构件的刚度降低，温度内力松弛。因此，按上述方法计算得到的温度内力均应乘以折减系数 0.65。

在承载力极限状态计算时，以上温度内力尚应乘以荷载分项系数 1.4。若采用双面对称配筋，可乘以 0.7。

三、柱壳的截面设计

柱壳截面设计包括：

（1）计算所需的环向钢筋和竖向钢筋；

（2）按环拉力作用下不允许出现裂缝的要求验算柱壳厚度；

（3）验算竖向弯矩作用下的裂缝宽度；

（4）按斜截面受剪承载力要求验算柱壳厚度。

柱壳环向钢筋应根据最不利荷载组合所引起的环向内力计算确定。严格地说，这些内力包括环向拉力和环向弯矩两项，但当不考虑温（湿）差所引起的内力时，环向弯矩（$M_\theta=\mu M_x$）的数值通常很小，可以忽略不计，故环向钢筋仅根据环向拉力，按轴心受拉构件的正截面承载力公式计算确定。

由于环拉力沿柱壳高度变化，计算时可将柱壳沿竖向分成若干段，每段用该段的最大环向拉力来确定单位高度所需要的钢筋截面面积，最后选定的钢筋应对称分布于柱壳的内外两

侧。当考虑温（湿）差引起的内力时，环向弯矩 M_θ 不可忽略，则环向钢筋应按偏心受拉正截面承载力的公式进行计算。

竖向钢筋一般按竖向弯矩计算确定，如果顶盖传给柱壳的轴向压力 N_x 较大，又 $\frac{e_0}{h} = \frac{M_x}{N_x h} < 2.0$ 时，则应考虑 N_x 的作用，并按偏心受压构件进行计算（但不考虑纵向弯曲影响）。柱壳顶端、底端和中间应分别根据其最不利正、负弯矩，计算外侧和内侧的竖向钢筋。根据弯矩分布情况，两端的竖向钢筋可在离端部一定距离处切断一部分。

柱壳底端如果做成滑动连接而按底端自由计算柱壳内力时，考虑到实际上必然存在摩擦约束作用，可能使柱壳内产生一定的竖向弯矩，故柱壳可根据滑动程度按底端为铰支时，竖向弯矩的 $50\% \sim 70\%$ 来选择确定竖向钢筋。

当柱壳在环向按轴心受拉或偏心受拉验算抗裂不能满足要求时，应增大柱壳厚度或提高混凝土的强度等级。通常，对柱壳厚度起控制作用的主要是环向抗裂，故为避免设计计算时返工，一般在设计开始阶段确定贮液结构的结构尺寸时，就按环向抗裂要求对柱壳厚度作初步估算。

柱壳竖向弯矩作用下允许开裂，但最大裂缝宽度计算值应不超过《给水排水工程构筑物结构设计规范》（GB 50069—2002）所规定的数值。

四、底板设计

贮液结构的底板有整体式和分离式两种。整体式的整个底板也就相当于贮液结构的基础，贮液结构的全部重量和荷载都是通过底板传给地基的。对于有支柱的贮液结构底板，通常假设地基反力为均匀分布，故其计算与顶板没有差别。对于无支柱的圆板，当直径不大时，也可按地基反力均匀计算；但当直径较大时，则应根据有无地下水来确定计算。当无地下水时，贮液结构底板荷载为地基反力，这时应按弹性地基上的圆板，来确定贮液结构底板地基反力的分布规律，当有地下水且底板荷载主要是地下水的浮力时，则应按均匀分布的荷载计算，当底板处于地下水位变化幅度内时，圆板应按弹性地基（地下水位低于底板）和均布反力（地下水位高于底板）两种情况分别计算，并取两种计算结果中的最不利情况进行设计。

分离式底板不参与贮液结构主体结构的受力工作，而只是将其本身重量及直接作用在它上面的水重传给地基，通常可以认为在这种底板内不会产生弯矩和剪力，其厚度和配筋均由构造确定。

当采用分离式底板时，圆形贮液结构柱壳的基础为一圆环，原则上应作为支承在弹性地基上的环形基础来计算。但当贮液结构直径较大，地基良好，且分离式底板与环形基础之间未设置分离缝时，可近似地将环形基础展开成为直的条形基础进行计算。但此时，在基础内宜按偏心受拉构件受拉钢筋的最小配筋率配置环向钢筋，且这种环向钢筋在基础截面上部及下部均应配置。

五、构造要求

1. 构件最小厚度

柱壳厚度不宜小于 200mm，但对采用单面配筋的小型贮液结构柱壳，可不小于120mm。现浇整体式顶板的厚度，当采用肋梁楼盖时，不宜小于 100mm；采用无梁板时，不宜小于 120mm。底板的厚度，当采用肋梁底板时，不宜小于 120mm；采用平板或无梁板时，不宜小于 150mm。

2. 钢筋和保护层厚度

（1）钢筋。

1）钢筋混凝土贮液结构各部位构件的受力钢筋，应符合下列规定：

（a）受力钢筋的最小配筋百分率，应符合现行《混凝土结构设计规范》（GB 50010—2002）的有关规定；

（b）受力钢筋宜采用直径较小的钢筋配置，通常直径不宜小于 8mm；每米宽度的墙、板内，受力钢筋不宜少于 4 根，且不超过 10 根。

2）钢筋混凝土贮液结构各部位构件的水平向构造钢筋，应符合下列规定：

（a）当构件的截面厚度小于等于 500mm 时，其里、外侧构造钢筋的配筋百分率均不应小于 0.15%；

（b）当构件的截面厚度大于 500mm 时，其里、外侧均可按截面厚度 500mm 配置0.15% 的构造钢筋。

另外，在任何情况下，钢筋最大间距不应超过 250mm。

3）钢筋的接头应符合下列要求：

（a）对具有抗裂性要求的构件（处于轴心受拉或小偏心受拉状态），其受力钢筋不应采用非焊接的搭接接头；

（b）受力钢筋的接头应优先采用焊接接头，非焊接的搭接接头应设置在构件受力较小处；

（c）受力钢筋的接头位置，应按现行《混凝土结构设计规范》（GB 50010—2002）的规定相互错开；如必要时，同一截面处的绑扎钢筋的搭接接头面积百分率可加大到 50%，相应的搭接长度应增加 30%。

（2）保护层厚度。受力钢筋的混凝土保护层最小厚度，应符合表 7-5 的规定。

3. 柱壳与顶板的连接构造

柱壳两端连接的一般作法，如图 9-14 和图 9-15 所示。

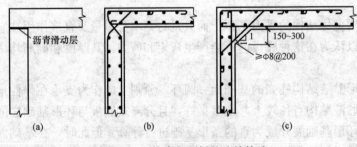

沥青滑动层

1 150~300

≥Φ8@200

(a)　　　　　(b)　　　　　(c)

图 9-14　柱壳与顶板的连接构造
(a) 自由；(b) 铰接；(c) 弹性固定

柱壳和底板的连接，既要尽量符合计算假定，又要保证足够的抗渗漏能力。一般以采用固定或弹性固定较好。但对于大型贮液结构，采用这两种连接，可能使柱壳产生过大的竖向弯矩，此外当地基较弱时，这两种连接的实际工作性能与计算假定的差距可能较大，因此最好采用铰接。

图 9-15 所示为柱壳与底板连接的常见形式。图 9-15（a）所示的采用橡胶垫及橡胶止水带的铰接构造，这种作法的实际工作性能与计算假定比较一致，而且其防渗漏性也比较好，但胶垫及止水带必须用抗老化橡胶（如氯丁橡胶）特制，造价较高。当地基良好，不会

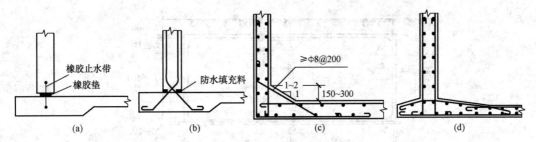

图 9 - 15 柱壳与底板的连接构造

(a)、(b) 铰接；(c) 弹性固定；(d) 固定

产生不均匀沉陷时，可不用止水带而只用橡胶垫。图 9 - 15 (b) 所示为一种简易的铰接构造，可用于抗渗漏要求不高的贮液结构。

4. 地震区贮液结构的抗震构造要求

贮液结构顶盖与柱壳的连接，应符合下列要求：

(1) 当顶盖与柱壳非整体连接时，顶盖在柱壳上的支承长度不应小于 200mm；

(2) 当设防烈度为 7 度且场地为Ⅲ、Ⅳ类，设防烈度为 8 度、9 度时，钢筋混凝土柱壳的顶部，应设置预埋件与顶盖内预埋件焊连；

(3) 设防烈度为 8 度、9 度时，有盖贮液结构的内部立柱应采用钢筋混凝土结构；其纵向钢筋的总配筋率分别不宜小于 0.6%、0.8%；柱上、下两端 1/8、1/6 高度范围内的箍筋应加密，间距不应大于 100mm；立柱与梁或板应整体连接；

(4) 设防烈度为 8 度且位于Ⅲ、Ⅳ类场地上的有盖贮液结构，柱壳高度应根据规范留有足够的干弦。

【例 9 - 1】 一容量为 200m³ 的圆形贮液结构，如图 9 - 16 所示。贮液结构顶覆土厚 1000mm，地下水位在贮液结构底以上 1.8m 处，地基土壤为亚粘土，内摩擦角 $\psi = 30°$，修正后的地基承载力特征值 $f_a = 100kN/m^2$，贮液结构顶活荷载 $q_k = 2kN/m^2$。C30 混凝土，HPB235 级钢筋。底板下设置 100 厚 C15 素混凝土垫层。贮液结构柱壳内、顶、底板以及支柱表面均用 20 厚 1：2 水泥砂浆抹面。试对该贮液结构进行结构设计。

解 1. 贮液结构自重标准值计算及抗浮验算

(1) 贮液结构自重标准值由下列各部分组成

顶盖重（包括粉刷）$= 25 \times \left(\dfrac{\pi d_n^2}{4} \times h_2 \right) + 20 \times \left(\dfrac{\pi d_n^2}{4} \times 0.02 \right)$

$= 25 \times \left(\dfrac{\pi}{4} \times 9.0^2 \times 0.15 \right) + 20 \times \left(\dfrac{\pi}{4} \times 9.0^2 \times 0.02 \right)$

$= 264.01 kN$

柱壳重（包括粉刷）$= 25 \times \left[\pi (d_n + h) h (H_n + h_1 + h_2) \right] + 20 \times (\pi d_n H_n \times 0.02)$

$= 25 \times \left[\pi (9.0 + 0.2) \times 0.2 \times (3.5 + 0.15 + 0.25) \right]$
$\quad + 20 \times (\pi \times 9.0 \times 3.5 \times 0.02)$

$= 603.18 kN$

底板重（包括粉刷）$= 25 \times \left(\dfrac{\pi}{4} d_n^2 h_1 \right) + 20 \times \left(\dfrac{\pi}{4} d_n^2 \times 0.02 \right)$

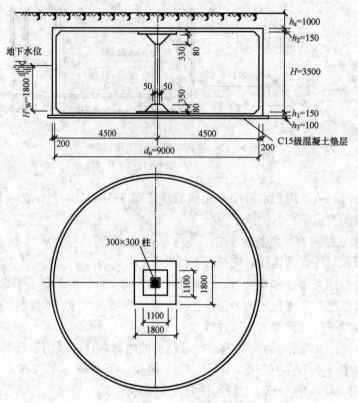

图 9-16　结构布置示意图

$$=25 \times \left(\frac{\pi}{4} \times 9.0^2 \times 0.15 \right) + 20 \times \left(\frac{\pi}{4} \times 9.0^2 \times 0.02 \right)$$

$$=264.01 \text{kN}$$

支柱重（包括粉刷）
$$=25 \times \Big[(0.08+0.08) \times 1.8^2 + (3.5-0.35-0.33-2 \times 0.08) \times 0.3^2$$
$$+ \frac{0.33}{3} \times (0.34^2+1.12^2+\sqrt{1.12 \times 0.34}) + \frac{0.35}{3} \times (0.44^2$$
$$+1.26^2+\sqrt{0.44 \times 1.26}) \Big] + 20 \times \Big[(3.5-0.35-0.33$$
$$-0.08 \times 2) \times 0.30 \times 4 \times 0.02 \Big]$$

$$=29.13+1.28=30.51 \text{kN}$$

贮液结构总自重标准值 $G_{tk}=264.01+603.18+264.01+30.51=1161.71 \text{kN}$

（2）垫层自重标准值

$$G_{dk} = 20 \times \frac{\pi}{4} \times 9.6^2 \times 0.1 = 144.76$$

（3）整体抗浮验算

总浮托力 $= \gamma_w (H'_w + h_1) A$

$$= 10 \times (1.8+0.15+0.1) \times \frac{\pi}{4} \times (9.0+2 \times 0.2+2 \times 0.1)^2$$

$$= 1483.84 \text{kN}$$

顶盖覆土自重标准值

$$G_{sk} = \gamma_s \times \frac{\pi}{4}(d_n + 2h)^2 h_s = 18 \times \frac{\pi}{4}(9.0 + 2 \times 0.2)^2 \times 1.0$$

$$= 1249.16\text{kN}$$

整体抗浮验算结果

$$\frac{G_{tk} + G_{sk} + G_{dk}}{\text{总浮托力}} = \frac{1161.71 + 1249.16 + 144.76}{1483.84} = 1.72 > 1.05(满足要求)。$$

（4）局部抗浮验算。

顶板单位面积覆土重标准值

$$q_{sk} = 18 \times 1.0 = 18\text{kN/m}^2$$

底板单位面积自重标准值

$$g_{sl,1k} = 15 \times 0.15 + 20 \times 0.02 = 4.15\text{kN/m}^2$$

顶板单位面积自重标准值

$$g_{sl,2k} = 25 \times 0.15 + 20 \times 0.02 = 4.15\text{kN/m}^2$$

垫层单位面积自重标准值

$$g_{sl,3k} = 20 \times 0.01 = 0.2\text{kN/m}^2$$

按底面积每平方米计算的柱重标准值

$$\frac{G_{ck}}{A_{cal}} = \frac{30.51}{\frac{\pi}{4} \times 4.5^2} = 1.92\text{kN/m}^2$$

上式中近似地取中心支柱自重分布在直径为 $\frac{d_n}{2}$ 的中心区域。

局部抗浮验算结果

$$\frac{g_{sk} + g_{sl,1k} + g_{sl,2k} + g_{sl,3k} + \frac{G_{ck}}{A_{cal}}}{\gamma_w(H'_w + h_1 + h_2)}$$

$$= \frac{18 + 4.15 + 4.15 + 1.92 + 0.2}{10 \times (1.8 + 0.15 + 0.1)} = 1.386 > 1.05(满足要求)$$

2. 地基承载力验算

$$\sigma = \frac{1.2G_{tk}}{\frac{\pi}{4}(d_n + 2h)^2} + 1.2\gamma_s h_s + 1.4q_k + 1.2\gamma_w H_w + 1.2\gamma_c h_3$$

$$= \frac{1.2 \times 1161.7}{\frac{\pi}{4}(9.0 + 2 \times 0.2)^2} + 1.2 \times 18 \times 1.0 + 1.4 \times 2.0 + 1.2 \times 10 \times 3.5 + 1.2 \times 20 \times 0.10$$

$$= 88.89\text{kN/m}^2 < f_a = 100\text{kN/m}^2(满足要求)。$$

3. 结构内力计算

（1）计算简图的确定。

如图 9-17 所示，柱壳的计算高度为

$$H = H_n + \frac{h_1}{2} + \frac{h_2}{2} = 3.5 + \frac{0.15}{2} + \frac{0.15}{2} = 3.7\text{m}$$

贮液结构的计算直径为

$$d = d_n + h = 9.0 + 0.2 = 9.2\text{m}$$

顶板及底板均按有中心支座的圆板计算，顶板中心支柱的柱帽计算宽度为

$$C_t = 0.96 + 2 \times 0.08 = 1.12\text{m}$$

底板中心支柱的柱帽计算宽度为

$$C_b = 1.10 + 2 \times 0.08 = 1.26\text{m}$$

贮液结构计算简图如图 9 - 17 所示。

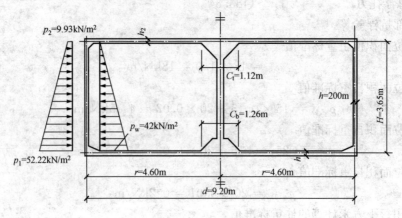

图 9 - 17　计算简图

（2）荷载计算。

1）顶板均布荷载设计值。

板自重　　　　　　　　　　$1.2 \times 4.15 = 4.98\text{kN/m}^2$

覆土重　　　　　　　　　　$1.2 \times 19.64 = 23.57\text{kN/m}^2$

顶板活荷载　　　　　　　　$1.4 \times 2 = 2.8\text{kN/m}^2$

考虑无覆土和有覆土两种荷载组合。无覆土时，顶板荷载仅考虑上列第一项，即

$$g_{sl,2} = 4.98\text{kN/m}^2$$

有覆土时，应为上列各项之和，即

$$g_{sl,2} + q_{sl,2} = (4.98 + 23.57) + 2.8 = 31.35\text{kN/m}^2$$

2）底板均布荷载设计值。

顶板无覆土时，底板均布荷载为

$$g_{sl,1} = 4.98 + \frac{603.18 \times 1.2 + 30.51 \times 1.2}{\frac{\pi}{4}(9.0 + 2 \times 0.2)^2}$$

$$= 15.94\text{kN/m}^2$$

顶板有覆土时，底板均布荷载应考虑顶板活荷载及覆土重，使地基土壤产生的反力，底板均布荷载为

$$g_{sl,1} + g_{sl,2} = (4.98 + 23.57 + 10.96) + 2.8 = 42.31\text{kN/m}^2$$

3）柱壳水压力及土压力设计值：

底板处的最大水压力设计值为

$$p_w = 1.4\gamma_w H_w = 1.4 \times 10 \times 3.5 = 49\text{kN/m}^2$$

柱壳顶端土压力设计值为

$$p_{ep,2} = -1.2\gamma_s(h_s + h_2)\tan^2\left(45° - \frac{\varphi}{2}\right)$$

$$=-1.2 \times 18 \times (1.0+0.25) \tan^2\left(45°-\frac{30°}{2}\right)$$

$$=-1.2 \times 7.5 = -9 \text{kN/m}^2$$

底端土压力设计值为

$$p_{ep,1}=-1.2\left[\gamma_s(h_s+h_2+H_n-H'_w)+\gamma'_s H'_w\right]\tan^2\left(45°-\frac{\varphi}{2}\right)$$

$$=-1.2 \times \left[18 \times (1.0+0.15+3.5-1.8)+10 \times 1.8\right] \times 0.333$$

$$= 29.69 \text{kN/m}^2$$

地面活荷载引起的柱壳附加侧压力，沿柱壳高度为一常数，其设计值为

$$p_q=-1.4 \times q_k \times \tan^2\left(45°-\frac{\varphi}{2}\right)$$

$$=-1.4 \times 2.0 \times 0.333 = -0.93 \text{kN/m}^2$$

地下水压力按三角形分布，柱壳底端处的地下水压力设计值为

$$p'_w=-1.2\gamma_w H'_w=-1.2 \times 10 \times 1.8 = -21.6 \text{kN/m}^2$$

故顶板外侧的压力为

$$p_2 = p_q + p_{eq,2} = -0.93 - 9 = -9.93 \text{kN/m}^2$$

底板外侧的压力为

$$p_1 = p_q + p_{ep,1} + p'_w = -0.93 - 29.69 - 21.6 = -52.22 \text{kN/m}^2$$

(3) 顶板、底板及柱壳的固端弯矩设计值。

1) 顶板固端弯矩：

由附表 7-1 (1) 查得当 $\beta=\dfrac{c_t}{d}=\dfrac{1.12}{9.20}=0.122$，$\xi=\dfrac{x}{r}=1.0$ 时，顶板固端弯矩系数为 -0.0519，当无覆土时，顶板固端弯矩为

$$\overline{M}_{sl,2}=-0.0519 g_{sl,2} r^2 = -0.0519 \times 4.98 \times 4.6^2$$

$$=-5.47 \text{kN} \cdot \text{m/m（板外受拉）}$$

有覆土时的固端弯矩为

$$\overline{M}_{sl,2}=-0.0519(g_{sl,2}+q_{sl,2})r^2 = -0.0519 \times 31.35 \times 4.6^2$$

$$=-34.43 \text{kN} \cdot \text{m/m（板外受拉）}$$

2) 底板固端弯矩。

由 $\beta=\dfrac{c_b}{d}=\dfrac{1.26}{9.20}=0.137$ 及 $\xi=\dfrac{x}{r}=1.0$ 查得，底板固端弯矩系数为 -0.0502。无覆土时，底板固端弯矩为

$$\overline{M}_{sl,1}=-0.0502 g_{sl,1} r^2 = -0.0502 \times 15.94 \times 4.6^2$$

$$=-16.93 \text{kN} \cdot \text{m/m（板外受拉）}$$

有覆土时的固端弯矩为

$$\overline{M}_{sl,1}=-0.0502(g_{sl,1}+q_{sl,1})r^2 = -0.0502 \times 42.06 \times 4.6^2$$

$$=-44.68 \text{kN} \cdot \text{m/m（板外受拉）}$$

3) 柱壳固端弯矩。

柱壳特征常数为

$$\frac{H^2}{dh}=\frac{3.65^2}{9.2 \times 0.2}=7.24$$

当贮液结构内满水，贮液结构外无土时，柱壳固端弯矩可利用附表 8-1（3）进行计算，即底端（$x = 1.0H$）

$$\overline{M}_1 = -0.016\,3p_w H^2 = -0.016\,3 \times 49 \times 3.65^2$$
$$= -10.64\text{kN} \cdot \text{m/m}（柱壳内受拉）$$

顶端（$x = 0.0H$）

$$\overline{M}_2 = -0.004\,56p_w H^2 = -0.004\,56 \times 49 \times 3.65^2$$
$$= -2.98\text{kN} \cdot \text{m/m}（柱壳内受拉）$$

当贮液结构内无水，贮液结构外有土时，将梯形分布的外侧压力分解成两部分，一部分为三角形荷载，另一部分为矩形荷载，然后利用附表 8-1（3）和附表 8-1（14），用叠加法计算柱壳固端弯矩，即：

底端（$x = 1.0H$）

$$\overline{M}_1 = -0.016\,3(p_1 - p_2)H^2 - 0.021\,5p_2 H^2$$
$$= -0.016\,3 \times (-52.22 + 9.93) \times 3.65^2 + 0.021\,5 \times 9.93 \times 3.65^2$$
$$= 12.03\text{kN} \cdot \text{m/m}（柱壳受拉）$$

顶端（$x = 0.0H$）

$$\overline{M}_2 = -0.004\,56(p_1 - p_2)H^2 - 0.018\,6p_2 H^2$$
$$= -0.004\,56(-52.22 + 9.93) \times 3.65^2 + 0.021\,5 \times 9.93 \times 3.65^2$$
$$= 5.41\text{kN} \cdot \text{m/m}（柱壳外受拉）$$

将上述两种荷载组合的固端弯矩叠加，即可得到贮液结构内满水、贮液结构外有土时的固端弯矩，即：

底端 $\overline{M}_1 = -10.64 + 12.03 = 1.39\text{kN} \cdot \text{m/m}$（柱壳外受拉）

顶端 $\overline{M}_2 = -2.98 + 5.41 = 2.43\text{kN} \cdot \text{m/m}$（柱壳外受拉）。

（4）顶板、底板及柱壳的弹性固定边界弯矩。

柱壳特征常数 $\dfrac{H^2}{dh} = 7.24$，属于长壁圆形贮液结构范畴，计算边界弯矩时，可忽略两端边界力的相互影响。边界弯矩用式（9-16）计算确定。

各构件的边缘抗弯刚度为：

底板 $i_{sl,1} = k_{sl,1}\dfrac{Eh_1^3}{r} = 0.326 \times \dfrac{E \times 0.25^3}{4.6} = 3.61E \times 10^{-4}$

顶板 $i_{sl,2} = k_{sl,2}\dfrac{Eh_2^3}{r} = 0.319 \times \dfrac{E \times 0.15^3}{4.6} = 2.34E \times 10^{-4}$

式中系数 $k_{sl,1}$、$k_{sl,2}$ 分别由 $\dfrac{c_b}{d} = 0.137$ 及 $\dfrac{c_t}{d} = 0.122$ 从附表 7-1（4）查得。

柱壳 $i_w = k_{M\beta}\dfrac{Eh^3}{H} = 0.852\,4 \times \dfrac{E \times 0.2^3}{3.65} = 1.868E \times 10^{-3}$

式中系数 $k_{M\beta}$ 由 $\dfrac{H^2}{dh} = 7.24$ 从附表 8-1（30）两端固定栏查得。

1）第一种荷载组合（贮液结构内满水，贮液结构外无土）时的边界弯矩。

各构件固端弯矩为

$$\overline{M}_1 = +10.64\text{kN} \cdot \text{m/m}, \quad \overline{M}_2 = -2.98\text{kN} \cdot \text{m/m}$$

$$\overline{M}_{sl,1} = +16.93\text{kN} \cdot \text{m/m}, \quad \overline{M}_{sl,2} = -5.47\text{kN} \cdot \text{m/m}$$

注意上列弯矩符号已按力矩分配法的规则作了调整，即以使结点逆时针转动为正。

各构件的弹性固定边界弯矩可计算如下：

底端　　$M_1 = \overline{M}_1 - (\overline{M}_1 + \overline{M}_{sl,1}) \dfrac{i_{\mathrm{w}}}{i_{\mathrm{w}} + i_{sl,1}}$

$$= 10.64 - (10.64 + 16.93) \times \frac{1.868E \times 10^{-3}}{1.868E \times 10^{-3} + 3.61E \times 10^{-4}}$$

$$= -12.46\text{kN} \cdot \text{m/m（柱壳外受拉）}$$

$M_{sl,1} = \overline{M}_{sl,1} - (\overline{M}_{sl,1} + \overline{M}_1) \dfrac{i_{sl,1}}{i_{sl,1} + i_{\mathrm{w}}}$

$$= 16.93 - (16.93 + 10.64) \times \frac{3.61E \times 10^{-4}}{3.61E \times 10^{-4} + 1.868E \times 10^{-3}}$$

$$= +12.46\text{kN} \cdot \text{m/m（底板外受拉）}$$

顶端　　$M_2 = \overline{M}_2 - (\overline{M}_2 + \overline{M}_{sl,1}) \dfrac{i_{\mathrm{w}}}{i_{\mathrm{w}} + i_{sl,2}}$

$$= -2.96 - (-2.96 - 5.47) \times \frac{1.868E \times 10^{-3}}{1.868E \times 10^{-3} + 2.34E \times 10^{-4}}$$

$$= +4.53\text{kN} \cdot \text{m/m（柱壳外受拉）}$$

$M_{sl,2} = \overline{M}_{sl,2} - (\overline{M}_{sl,2} + \overline{M}_2) \dfrac{i_{sl,2}}{i_{sl,2} + i_{\mathrm{w}}}$

$$= -5.47 - (-5.47 - 2.96) \times \frac{2.34E \times 10^{-4}}{2.34E \times 10^{-4} + 1.868E \times 10^{-3}}$$

$$= -4.53\text{kN} \cdot \text{m/m（顶板外受拉）}$$

2）第二种荷载组合（贮液结构内无水，贮液结构外有土）时的边界弯矩。

此时各构件的固端弯矩为

$$\overline{M}_1 = -12.03\text{kN} \cdot \text{m/m}, \quad \overline{M}_2 = 5.41\text{kN} \cdot \text{m/m}$$

$$\overline{M}_{sl,1} = 44.68\text{kN} \cdot \text{m/m}, \quad \overline{M}_{sl,2} = -34.43\text{kN} \cdot \text{m/m}$$

计算得各构件的弹性固定边界弯矩如下（计算过程从略）：

底端　　　　　　　$\overline{M}_1 = -39.39\text{kN} \cdot \text{m/m（柱壳外受拉）}$

　　　　　　　　　$\overline{M}_{sl,1} = +39.39\text{kN} \cdot \text{m/m（底板外受拉）}$

顶端　　　　　　　$\overline{M}_2 = +31.20\text{kN} \cdot \text{m/m（柱壳外受拉）}$

　　　　　　　　　$\overline{M}_{sl,2} = -31.20\text{kN} \cdot \text{m/m（顶板外受拉）}$

3）第三种荷载组合（贮液结构内有水，贮液结构外有土）时的边界弯矩。

各构件的固端弯矩为

$$\overline{M}_1 = -1.39\text{kN} \cdot \text{m/m}, \quad \overline{M}_2 = 2.43\text{kN} \cdot \text{m/m}$$

$$\overline{M}_{sl,1} = 44.68\text{kN} \cdot \text{m/m}, \quad \overline{M}_{sl,2} = -34.43\text{kN} \cdot \text{m/m}$$

各构件的弹性固定边界弯矩如下：

底端　　　　　　　$\overline{M}_1 = -37.67\text{kN} \cdot \text{m/m（柱壳外受拉）}$

　　　　　　　　　$\overline{M}_{sl,1} = +37.67\text{kN} \cdot \text{m/m（底板外受拉）}$

顶端　　　　　　　$\overline{M}_2 = +30.87\text{kN} \cdot \text{m/m（柱壳外受拉）}$

$$\overline{M}_{sl,2} = -30.87 \text{kN} \cdot \text{m/m}(\text{顶板外受拉})$$

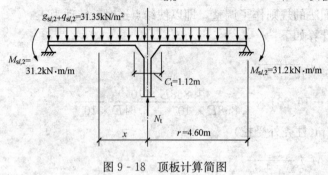

图 9-18　顶板计算简图

（5）顶板结构内力计算。

1）顶板弯矩。从以上计算结果可以看出，使板顶产生最大跨中正弯矩的应是第一种荷载组合，而使顶板产生最大边缘负弯矩的应是第二种荷载组合。作为算例，考虑第二种荷载组合。此时，顶板可取如图 9-18 所示的计算简图。

利用附表 7-1（2）和附表 7-1（3）以叠加法求得顶板弯矩。径向弯矩和切向弯矩的设计值分别见表 9-1 和表 9-2，径向弯矩和切向弯矩的分布见图 9-19。

表 9-1　　　　　　　　　　　　　　　顶板的径向弯矩 M_r

计算截面 $\xi = \dfrac{x}{r}$	$g_{sl,2}+q_{sl,2}$ 作用下的 M_r (kN·m/m)		$M_{sl,2}$ 作用下的 M_r (kN·m/m)		M_r (kN·m/m)	$M_r \times 2\pi x$ (kN·m)
	$\overline{K}_r$ ①	$\overline{K}_r(g_{sl,2}+q_{sl,2})r^2$ ②	$\overline{K}_r$ ③	$\overline{K}_r(g_{sl,2}+q_{sl,2})r^2$ ④	⑤=②+④	⑤×$2\pi x$
0.122	−0.222 4	−147.53	−1.810 7	+56.49	−91.04	−321.02
0.200	−0.072 9	−48.36	−0.730 0	+22.78	−25.58	−147.87
0.400	+0.034 1	+22.62	+0.149 1	−4.65	+17.97	+207.75
0.600	+0.055 4	+36.75	+0.543 9	−16.97	+19.78	+343.02
0.800	+0.040 6	+26.93	+0.804 2	−25.09	+1.84	+42.54
1.000	0	0	+1.000 0	−31.20	−31.20	−901.76

注　$(g_{sl,2}+q_{sl,2}) \times r^2 = 31.35 \times 4.6^2 = 663.37 \text{kN} \cdot \text{m/m}$，$M_{sl,2} = -31.20 \text{kN} \cdot \text{m/m}$。

表 9-2　　　　　　　　　　　　　　　顶板的切向弯矩 M_r

计算截面 $\xi = \dfrac{x}{r}$	$g_{sl,2}+q_{sl,2}$ 作用下的 M_p (kN·m/m)		$M_{sl,2}$ 作用下的 M_t (kN·m/m)		M_r (kN·m/m)
	$\overline{K}_t$ ①	$\overline{K}_t(g_{sl,2}+q_{sl,2})r^2$ ②	$\overline{K}_t$ ③	$\overline{K}_t M_{sl,2}$ ④	②+④
0.122	−0.037 1	−24.61	−0.301 8	+9.42	−15.19
0.200	−0.059 0	−39.14	−0.531 8	+16.59	−22.55
0.400	−0.017 6	−11.68	−0.250 0	+7.80	−3.88
0.600	+0.010 0	+6.63	+0.034 3	−1.07	+5.56
0.800	+0.019 2	+12.74	+0.255 8	−7.98	+4.76
1.000	+0.013 9	+9.22	+0.433 7	−13.53	−4.31

注　$(g_{sl,2}+q_{sl,2}) \times r^2 = 31.35 \times 4.6^2 = 663.37 \text{kN} \cdot \text{m/m}$，$M_{sl,2} = -31.20 \text{kN} \cdot \text{m/m}$。

2）顶板传给中心支柱的轴向压力。顶板传给中心支柱的轴向压力可以利用附表 7-1（4）的系数按下式计算

$$N_t = 1.42(g_{sl,2}+q_{sl,2})r^2 + 8.94 M_{sl,2}$$

$$= 1.42 \times 663.37 + 8.94 \times (-31.2) = 663.06 \text{kN}$$

3）顶板周边剪力。沿顶板周边单位弧长上的剪力可按下式计算

$$V_{sl,2} = \frac{(g_{sl,2}+q_{sl,2})\times\frac{\pi d_n^2}{4}-N_t}{\pi d_n} = \frac{31.35\times\frac{\pi\times 9.0^2}{4}-663.06}{\pi\times 9.0} = 47.09\text{kN}$$

（6）底板内力计算。

1）底板弯矩。如图 9-20 所示，以第二种组合为例，荷载组合值为

$$g_{sl,1}+q_{sl,1} = 42.31\text{kN/m}^2, \quad M_{sl,1} = -39.39\text{kN}\cdot\text{m/m（底板外受拉）}$$

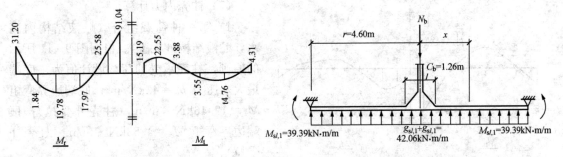

图 9-19　顶板弯矩图　　　　　　　　图 9-20　底板计算简图

底板的径向弯矩和切向弯矩设计值，分别见表 9-3 和表 9-4。弯矩图见图 9-21。

表 9-3　　　　　　　　　　　　　　　底板的径向弯矩 M_r

计算截面 $\xi=\frac{x}{r}$	$g_{sl,1}+q_{sl,1}$ 作用下的 M_r (kN·m/m)		$M_{sl,2}$ 作用下的 M_r (kN·m/m)		M_r (kN·m/m)	$M_r\times 2\pi x$ (kN·m)
	$\overline{K}_r$ ①	$\overline{K}_r(g_{sl,1}+q_{sl,1})r^2$ ②	$\overline{K}_r$ ③	$\overline{K}_r M_{sl,1}$ ④	⑤=②+④	⑤$\times 2\pi x$
0.137	−0.203 7	−182.37	−1.701 9	+67.04	−115.33	−456.67
0.200	−0.085 8	−76.82	−0.836 4	+32.95	−43.87	−253.59
0.400	+0.030 2	+27.04	+0.116 1	−4.57	+22.47	+259.78
0.600	+0.053 6	+47.99	+0.529 3	−20.85	+27.14	+470.65
0.800	+0.039 9	+35.72	+0.798 5	−31.45	+4.27	+98.73
1.000	0	0	+1.000 0	−39.39	−39.39	−1138.48

注　$(g_{sl,1}+q_{sl,1})\times r^2 = 42.31\times 4.6^2 = 895.28\text{kN}\cdot\text{m/m}, M_{sl,1} = -39.39\text{kN}\cdot\text{m/m}$。

表 9-4　　　　　　　　　　　　　　　底板的切向弯矩 M_t

计算截面 $\xi=\frac{x}{r}$	$g_{sl,1}+q_{sl,1}$ 作用下的 M_t (kN·m/m)		$M_{sl,1}$ 作用下的 M_t (kN·m/m)		M_r (kN·m/m)
	$\overline{K}_t$ ①	$\overline{K}_t(g_{sl,1}+q_{sl,1})r^2$ ②	$\overline{K}_t$ ③	$\overline{K}_t M_{sl,1}$ ④	②+④
0.137	−0.034 0	−30.26	−0.283 6	+11.17	−19.09
0.200	−0.053 5	−47.61	−0.486 2	+19.15	−28.46
0.400	−0.018 2	−16.20	−0.254 1	+10.01	−6.19
0.600	+0.009 0	+8.01	+0.025 7	−1.01	+7.00
0.800	+0.018 3	+16.29	+0.248 1	−9.77	+6.52
1.000	+0.013 2	+11.75	+0.428 0	−16.86	−5.11

注　$(g_{sl,1}+q_{sl,1})\times r^2 = 42.31\times 4.6^2 = 895.28\text{kN}\cdot\text{m/m}, M_{sl,1} = -39.39\text{kN}\cdot\text{m/m}$。

2）底板周边剪力。

设 N_b 为中心支柱底端对底板的压力，其值为

$$N_b = N_t + 柱自重设计值 = 663.06 + 1.2 \times 30.51 = 699.67 \text{kN}$$

则

$$V_{sl,1} = \frac{(g_{sl,1} + q_{sl,1}) \times \frac{\pi d_n^2}{4} - N_b}{\pi d_n} = \frac{42.06 \times \frac{\pi \times 9.0^2}{4} - 699.67}{\pi \times 9.0} = 69.89 \text{kN/m}$$

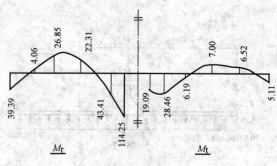

图 9-21　底板弯矩图

（7）柱壳内力计算。

1）第一种荷载组合（贮液结构内满水，贮液结构外无土）。根据图 9-11 所示的原则，柱壳承受的荷载设计值为　底端最大水压力 $p_w = 42 \text{kN/m}^2$；底端边界弯矩 $M_1 = 12.46 \text{kN} \cdot \text{m/m}$（柱壳外受拉）；顶端边界弯矩 $M_2 = 4.53 \text{kN} \cdot \text{m/m}$（柱壳外受拉）。

柱壳环向力的计算见表 9-5，其中系数由附表 8-1（6）和附表 8-1（25）查得；柱壳竖向弯矩的计算见表 9-6，其中系数由附表 8-1（5）和 8-1（24）查得。柱壳特征常数 $\frac{H^2}{dh} = 7.24$。

表 9-5　第一种荷载组合（贮液结构内满水，贮液结构外无土）下的环向力 N_θ

$\frac{x}{H}$	x (m)	水压力作用		底端 M_1 作用		顶端 M_2 作用		N_θ (kN/m)
		$k_{N\theta}$ ①	$k_{N\theta}p_w r$ ②	$k_{N\theta}$ ③	$k_{N\theta}M_1/h$ ④	$k_{N\theta}$ ⑤	$k_{N\theta}M_2/h$ ⑥	②+④+⑥
0.0	0.000	0.000	0	−0.035	−2.181	0.000	0	−2.181
0.1	0.365	0.107	20.672	−0.046	−2.866	1.012	22.922	40.728
0.2	0.730	0.215	41.538	−0.051	−3.177	1.060	24.009	62.370
0.3	1.095	0.331	63.949	−0.035	−2.181	0.767	17.373	79.141
0.4	1.460	0.451	87.133	0.029	1.807	0.429	9.717	98.657
0.5	1.825	0.566	109.351	0.175	10.902	0.175	3.964	124.217
0.6	2.190	0.655	126.546	0.429	26.727	0.029	0.657	153.930
0.7	2.555	0.682	131.762	0.767	47.784	−0.035	−0.793	177.143
0.8	2.920	0.598	115.534	1.060	66.038	−0.051	−1.155	178.191
0.9	3.285	0.360	69.552	1.012	63.048	−0.046	−1.042	131.558
1.0	3.650	0.000	0	0.000	0	−0.035	−0.793	−0.793

注　1. x 从顶端算起。

2. 表中 $p_w r = 42 \times 4.6 = 193.2 \text{kN} \cdot \text{m/m}$；$\frac{M_1}{h} = \frac{12.46}{0.2} = 62.30 \text{kN/m}$；$\frac{M_2}{h} = \frac{4.53}{0.2} = 22.65 \text{kN/m}$。

柱壳两端剪力计算如下：

底端
$$V_1 = -0.101 p_w H + 4.971 \frac{M_1}{H}$$
$$= -0.101 \times 42 \times 3.65 + 4.971 \times \frac{12.46}{3.65}$$
$$= 1.49 \text{kN/m（向外）}$$

顶端
$$V_2 = 0.002 p_w H + 4.971 \frac{M_2}{H}$$
$$= 0.002 \times 42 \times 3.65 + 4.971 \times \frac{4.53}{3.65}$$
$$= 6.48 \text{kN/m（向外）}$$

表 9-6　　第一种荷载组合（贮液结构内满水，贮液结构外无土）下的竖向弯矩 M_x

$\frac{x}{H}$	x (m)	水压力作用		底端 M_1 作用		顶端 M_2 作用		M_x (kN/m)
		k_{Mx} ①	$k_{Mx} p_w H^2$ ②	k_{Mx} ③	$k_{Mx} M_1$ ④	k_{Mx} ⑤	$k_{Mx} M_2$ ⑥	②+④+⑥
0.0	0.000	0	0	0	0	1.000	4.53	4.530
0.1	0.365	−0.000 2	−0.112	−0.002	−0.025	0.535	2.424	2.287
0.2	0.730	−0.000 3	−0.168	−0.012	−0.149	0.202	0.915	0.598
0.3	1.095	−0.000 2	−0.112	−0.028	−0.349	0.018	0.082	−0.379
0.4	1.460	0.000 2	0.112	−0.049	−0.611	−0.055	−0.249	−0.748
0.5	1.825	0.001 1	0.616	−0.065	−0.810	−0.065	−0.294	−0.488
0.6	2.190	0.002 5	1.399	−0.055	−0.685	−0.049	−0.222	0.687
0.7	2.555	0.004 6	2.574	0.018	0.224	−0.028	−0.127	2.671
0.8	2.920	0.006 3	3.525	0.202	2.517	−0.012	−0.054	5.988
0.9	3.285	0.005 9	3.301	0.535	6.666	−0.002	0.009	9.976
1.0	3.650	0	0	1.000	12.250	0	0	12.25

注　1. x 从顶端算起。

2. 表中 $p_w H^2 = 42 \times 3.65^2 = 559.55 \text{kN·m/m}$；$M_1 = 12.46 \text{kN·m/m}$；$M_2 = 4.53 \text{kN·m/m}$。

2）第二种荷载组合（贮液结构内无水，贮液结构外有土）。

$p_1 = -52.22 \text{kN/m}^2$，$p_2 = -9.93 \text{kN/m}^2$；底端边界弯矩 $M_1 = 39.39 \text{kN·m/m}$（柱壳外受拉），顶端边界弯矩 $M_2 = 31.20 \text{kN·m/m}$（柱壳外受拉）。

根据附录 8 的荷载条件，必须将梯形分布荷载分解成两部分，其中三角形部分的底端最大值为
$$q = p_1 - p_2 = -52.22 - (-9.93) = -42.29 \text{kN/m}^2$$

矩形部分为
$$p = p_2 = -9.93 \text{kN/m}^2$$

这种荷载组合下的环向力计算见表 9-7，竖向弯矩计算见表 9-8。

表 9-7　　第二种荷载组合（贮液结构内无水，贮液结构外有土）下的环向力 N_θ

$\frac{x}{H}$	x (m)	三角形荷载作用		矩形荷载作用		底端 M_1 作用		顶端 M_2 作用		N_θ (kN/m)
		$K_{N\theta}$ ①	$K_{N\theta} qr$ ②	$K_{N\theta}$ ③	$K_{N\theta} pr$ ④	$k_{N\theta}$ ⑤	$k_{N\theta} M_1/h$ ⑥	$k_{N\theta}$ ⑦	$k_{N\theta} M_2/h$ ⑧	②+④+⑥+⑧
0.0	0.000	0	0	0	0	−0.035	−6.89	0	0	−6.89
0.1	0.365	0.107	−20.81	0.471	−21.52	−0.046	−9.06	1.012	157.87	106.48
0.2	0.730	0.215	−41.82	0.813	−37.14	−0.051	−10.04	1.060	165.36	76.36
0.3	1.095	0.331	−64.39	1.012	−46.23	−0.035	−6.89	0.767	119.65	2.14
0.4	1.460	0.451	−87.73	1.106	−50.52	0.029	5.71	0.429	66.92	−65.62
0.5	1.825	0.566	−110.10	1.132	−51.71	0.175	34.47	0.175	27.30	−106.04
0.6	2.190	0.655	−127.42	1.106	−50.52	0.429	84.49	0.029	4.52	−88.93

$\dfrac{x}{H}$	x (m)	三角形荷载作用		矩形荷载作用		底端 M_1 作用		顶端 M_2 作用		N_θ (kN/m)
		$K_{N\theta}$ ①	$K_{N\theta}qr$ ②	$K_{N\theta}$ ③	$K_{N\theta}pr$ ④	$k_{N\theta}$ ⑤	$k_{N\theta}M_1/h$ ⑥	$k_{N\theta}$ ⑦	$k_{N\theta}M_2/h$ ⑧	②+④+⑥+⑧
0.7	2.555	0.682	−132.67	1.012	−46.23	0.767	151.06	−0.035	−5.46	−33.30
0.8	2.920	0.598	−116.33	0.813	−37.14	1.060	208.77	−0.051	−7.96	47.34
0.9	3.285	0.360	−70.03	0.471	−21.52	1.012	199.31	−0.046	−7.18	100.58
1.0	3.650	0.000	0	0.000	0	0	0	−0.035	−5.46	−5.46

注 1. x 从顶端算起。

2. 表中 $qr = -42.09 \times 4.6 = -194.53$kN/m; $pr = -9.93 \times 4.6 = -45.68$kN/m;

$\dfrac{M_1}{h} = \dfrac{39.39}{0.2} = 196.95$kN/m; $\dfrac{M_2}{h} = \dfrac{31.20}{0.2} = 156$kN/m。

表9-8　第二种荷载组合（贮液结构内无水，贮液结构外有土）下的竖向弯矩 M_x

$\dfrac{x}{H}$	x (m)	三角形荷载作用		矩形荷载作用		底端 M_1 作用		顶端 M_2 作用		N_θ (kN·m/m)
		k_{Mx} ①	$k_{Mx}qH^2$ ②	k_{Mx} ③	$k_{Mx}pH^2$ ④	k_{Mx} ⑤	$k_{Mx}M_1$ ⑥	k_{Mx} ⑦	$k_{Mx}M_2$ ⑧	②+④+⑥+⑧
0.0	0.000	0	0	0	0	0	0	1.000	31.200	31.200
0.1	0.365	−0.000 2	0.113	0.005 8	−0.767	−0.002	−0.079	0.535	16.692	15.959
0.2	0.730	−0.000 3	0.169	0.006 1	−0.807	−0.012	−0.473	0.202	6.302	5.191
0.3	1.095	−0.000 2	0.113	0.004 4	−0.582	−0.028	−1.103	0.018	0.562	−1.010
0.4	1.460	0.000 2	−0.113	0.002 8	−0.370	−0.049	−1.930	−0.055	−1.716	−4.129
0.5	1.825	0.001 1	−0.620	0.002 1	−0.278	−0.065	−2.560	−0.065	−2.028	−5.486
0.6	2.190	0.002 5	−1.409	0.002 8	−0.370	−0.055	−2.166	−0.049	−1.529	−5.474
0.7	2.555	0.004 6	−2.592	0.004 4	−0.582	−0.018	0.709	−0.028	−0.874	−3.339
0.8	2.920	0.006 3	−3.549	0.006 1	−0.807	0.202	7.957	−0.012	−0.374	3.227
0.9	3.285	0.005 9	−3.324	0.005 8	−0.767	0.535	21.074	−0.002	−0.062	16.921
1.0	3.650	0	0	0	0	1.000	39.39	0.000	0	39.390

注 1. x 从顶端算起。

2. 表中 $qH^2 = -42.09 \times 3.65^2 = -563.41$kN·m/m; $pH^2 = -9.93 \times 3.65^2 = -132.29$kN·m/m;
$M_1 = 39.39$kN·m/m; $M_2 = 31.20$kN·m/m。

3. 表中矩形荷载作用下的环向力系数 $k_{N\theta}$ 和竖向弯矩系数 k_{Mx}，分别由附表8-1 (17) 和附表8-1 (16) 查得。

矩形荷载作用下的剪力系数由附表8-1 (17) 查得。柱壳两端剪力计算如下：

底端　$V_1 = -0.101qH - 0.099pH + 4.971\dfrac{M_1}{H}$

$= 0.101 \times 42.29 \times 3.65 + 0.099 \times 9.93 \times 3.65 + 4.971 \times \dfrac{39.39}{3.65}$

$= 72.82$kN/m（向外）

顶端　$V_2 = 0.002qH - 0.099pH + 4.971\dfrac{M_2}{H}$

$= -0.002 \times 42.29 \times 3.65 + 0.099 \times 9.93 \times 3.65 + 4.971 \times \dfrac{31.2}{3.65}$

$= 45.77$kN/m（向外）

3）第三种荷载组合（贮液结构内满水，贮液结构外有土）。这时柱壳同时承受水压力和土压力，其两端边界弯矩为 $M_1 = 37.67$kN·m/m（柱壳外受拉），$M_2 = 30.87$kN·m/m（柱壳外受拉)。

利用叠加原理,水压力和土压力同时作用所引起的那部分内力,可以利用前两种组合的计算结果,边界弯矩所引起的那部分内力则必须另行计算。

柱壳环向力和竖向弯矩的计算,分别见表 9-9 和表 9-10。

柱壳两端剪力计算如下:

底端　$V_1 = 0.101(p_w + q)H - 0.099pH + 4.971\dfrac{M_1}{H}$

$= -0.101 \times (42.0 - 42.29) \times 3.65 + 0.099 \times 9.93 \times 3.65$

$\qquad + 4.971 \times \dfrac{37.67}{3.65}$

$= 55.0\text{kN/m}$（向外）

顶端　$V_2 = 0.002(p_w + q)H - 0.099pH + 4.971\dfrac{M_2}{H}$

$= 0.002 \times (42.0 - 42.29) \times 3.65 + 0.099 \times 9.93 \times 3.65$

$\qquad + 4.971 \times \dfrac{30.87}{3.65}$

$= 41.40\text{kN/m}$（向外）

表 9-9　　第三种荷载组合（贮液结构内有水,贮液结构外有土）下的环向力 N_θ

$\dfrac{x}{H}$	x (m)	水压力作用 (表 9-5②) ①	土压力作用 三角形荷载 (表 9-7②) ②	矩形荷载 (表 9-7④) ③	底端 M_1 作用 $k_{N\theta}$ ④	$k_{N\theta}M_1/h$ ⑤	顶端 M_2 作用 $k_{N\theta}$ ⑥	$k_{N\theta}M_2/h$ ⑦	N_θ (kN/m) ①+②+③+⑤+⑦
0.0	0.000	0	0	0	-0.035	-6.59	0	0	-6.59
0.1	0.365	20.672	-20.81	-21.52	-0.046	-8.66	1.012	156.20	125.882
0.2	0.730	41.538	-41.82	-37.14	-0.051	-9.61	1.060	163.61	116.578
0.3	1.095	63.949	-64.39	-46.23	-0.035	-6.59	0.767	118.39	65.129
0.4	1.460	87.133	-87.73	-50.52	0.029	5.46	0.429	66.22	20.563
0.5	1.825	109.351	-110.10	-51.71	0.175	32.96	0.175	27.01	7.511
0.6	2.190	126.546	-127.42	-50.52	0.429	80.80	0.029	4.48	33.886
0.7	2.555	131.762	-132.67	-46.23	0.767	144.46	-0.035	-5.40	91.922
0.8	2.920	115.534	-116.33	-37.14	1.060	199.65	-0.051	-7.87	153.844
0.9	3.285	69.552	-70.03	-21.52	1.012	190.61	-0.046	-7.10	161.512
1.0	3.650	0.000						-5.40	-5.40

注　1. x 从顶端算起。

　　2. 表中 $\dfrac{M_1}{h} = \dfrac{37.67}{0.2} = 188.35\text{kN/m}$; $\dfrac{M_2}{h} = \dfrac{30.87}{0.2} = 154.35\text{kN/m}$。

表 9-10　　第三种荷载组合（贮液结构内有水,贮液结构外有土）下的竖向弯矩 M_x

$\dfrac{x}{H}$	x (m)	水压力作用 (表 9-6②) ①	土压力作用 三角形荷载 (表 9-8②) ②	矩形荷载 (表 9-8④) ③	底端 M_1 作用 k_{Mx} ④	$k_{Mx}M_1$ ⑤	顶端 M_2 作用 k_{Mx} ⑥	$k_{Mx}M_2$ ⑦	M_x (kN·m/m) ①+②+③+⑤+⑦
0.0	0.000	0	0	0	0	0	1.000	30.870	30.87
0.1	0.365	-0.112	0.113	-0.767	-0.002	-0.075	0.535	16.515	15.73

续表

$\dfrac{x}{H}$	x (m)	水压力作用 (表 9-6②) ①	土压力作用		底端 M_1 作用		顶端 M_2 作用		M_x (kN·m/m) ①+②+③+⑤+⑦
			三角形荷载 (表 9-8②) ②	矩形荷载 (表 9-8④) ③	k_{Mx} ④	$k_{Mx}M_1$ ⑤	k_{Mx} ⑥	$k_{Mx}M_2$ ⑦	
0.2	0.730	−0.168	0.169	−0.807	−0.012	−0.452	0.202	6.236	4.98
0.3	1.095	−0.112	0.113	−0.582	−0.028	−1.055	0.018	0.556	−1.08
0.4	1.460	0.112	−0.113	−0.370	−0.049	−1.846	−0.055	−1.698	−3.92
0.5	1.825	0.616	−0.620	−0.278	−0.065	−2.449	−0.065	−2.007	−4.74
0.6	2.190	1.399	−1.409	−0.370	−0.055	−2.072	−0.049	−1.513	−3.97
0.7	2.555	2.574	−2.592	−0.582	−0.018	0.678	−0.028	0.864	−0.79
0.8	2.920	3.525	−3.549	−0.807	0.202	7.609	−0.012	−0.370	−6.41
0.9	3.285	3.301	−3.324	−0.767	0.535	20.153	−0.002	−0.062	−19.30
1.0	3.650	0	0	0		37.67	0.000	0	37.67

注　1. x 从顶端算起。

　　　2. 表中 $M_1 = 37.67 \text{kN·m/m}$；$M_2 = 30.87 \text{kN·m/m}$。

4）柱壳最不利内力的确定。根据以上计算结果可绘出环向力和竖向弯矩的叠合图，如图 9-22 所示。叠合图的外包线即为最不利内力图，由图中可以看出，环拉力由第一、三两种荷载组合控制，竖向弯矩主要由第二种荷载组合控制。

剪力只需选择绝对值最大者作为计算依据。比较前面的计算结果，可知最大剪力产生于第二种荷载组合下的底端，即 $V_{max} = 72.82 \text{kN/m}$。

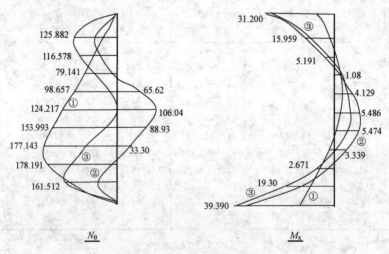

图 9-22　柱壳内力叠合图

①第一种荷载组合；②第二种荷载组合；③第三种荷载组合

4. 截面设计

（1）顶盖结构。

1）顶板钢筋计算。采用径向钢筋和环向钢筋来抵抗两个方向的弯矩，为了便于排列，径向钢筋按计算点处整个圆周上所需要钢筋截面面积来计算。

取钢筋净保护层为 25mm。径向钢筋置于环向钢筋的外侧，则径向钢筋的 a_s 取 30mm，在顶板边缘及跨间，截面有效高度均为 $h_0 = 150 - 30 = 120 \text{mm}$；在中心支柱柱帽周边处，板厚应包括帽顶板厚在内，则 $h_0 = 230 - 30 = 200\text{mm}$。

径向钢筋的计算见表 9-11，表中

$$a_\text{s} = \frac{M_\text{r}}{f_\text{c}bh_0^2} = \frac{M_\text{r}}{14.3 \times 1000 \times h_0^2} = \frac{M_\text{r}}{1.43 \times 10^4 \times h_0^2}$$

$$A_\text{s} = \xi bh_0 \frac{f_\text{c}}{f_\text{y}} = \xi \times 2\pi x \times h_0 \times \frac{14.3}{210} = 0.428\xi xh_0$$

式中：A_s 为半径为 x 的整个圆周上所需钢筋面积。

当混凝土强度等级为 C30 时，板的最小配筋百分率为 0.2 和 $45f_\text{c}/f_\text{y}$ 中的较大值，故对应的 $A_\text{s,min}$ 为

$$A_\text{s} = 0.306\% \times 2\pi x \times h_0 = 0.019\,23xh_0$$

因此，当 $\xi < 0.019\,23/0.428 = 0.044\,9$ 时，应按上式确定钢筋截面面积。

表 9-11　　　　　　　　　　　　　　　　径向钢筋计算表

截面		M_r	h_0	$a_\text{s} = \dfrac{M_\text{r}}{1.43 \times 10^4 h_0^2}$	ξ	$A_\text{s} = 0.428\xi xh_0$	选筋
$\dfrac{x}{r}$	x (m)	$(10^6\text{N} \cdot \text{mm/m})$	(mm)			(mm^2)	
0.122	561	−91.04	200	0.159	0.174	8355	34 Φ 18，$A_\text{s} = 8636\text{mm}^2$
0.2	920	−25.58	120	0.124	0.133	6284	
0.4	1840	17.97	120	0.087	0.091	8581	56 Φ 14，$A_\text{s} = 8624\text{mm}^2$
0.6	2760	19.78	120	0.096	0.1	14 175	
0.8	3680	1.84	120	0.009	0.009	1701	112 Φ 14/12，$A_\text{s} = 14\,952\text{mm}^2$
1.0	4600	−31.20	120	0.152	0.166	39 218	255 Φ 14，$A_\text{s} = 39\,270\text{mm}^2$

环向钢筋的计算见表 9-12。表中 A_s 为每米宽度内的钢筋截面面积。环向钢筋置于径向钢筋内侧，取 $a_\text{s} = 45\text{mm}$，各截面的有效高度 $h_0 = 150 - 45 = 105\text{mm}$，有

$$a_\text{s} = \frac{M_\text{t}}{f_\text{c}bh_0^2} = \frac{M_\text{t}}{14.3 \times 1000 \times 105^2} = \frac{M_\text{t}}{1.577 \times 10^8}$$

$$A_\text{s} = \xi bh_0 \frac{f_\text{c}}{f_\text{y}} = \xi \times 1000 \times 105 \times \frac{14.3}{210} = 7150\xi$$

根据最小配筋率 $\rho_\text{min} = 0.306\%$，应满足 $A_\text{s} \geqslant 321.3\text{mm}^2$。

表 9-12　　　　　　　　　　　　　　　　环向钢筋计算表

截面		M_t	h_0	$a_\text{s} = \dfrac{M_\text{t}}{1.577 \times 10^8}$	ξ	$A_\text{s} = 7150\xi$	选筋
$\dfrac{x}{r}$	x (m)	$(10^6\text{N} \cdot \text{mm/m})$	(mm)			(mm^2/m)	
0.122	561	−15.19	200	0.096	0.101	722	Φ 12@100，$A_\text{s} = 1130\text{mm}^2/\text{m}$
0.2	920	−22.55	120	0.143	0.154	1122	
0.4	1840	−3.88	120	0.025	0.025	8581	Φ 8@150，$A_\text{s} = 335\text{mm}^2/\text{m}$
0.6	2760	5.56	120	0.035	0.036	321.3	Φ 8@150，$A_\text{s} = 335\text{mm}^2/\text{m}$
0.8	3680	4.76	120	0.030	0.03	321.3	
1.0	4600	−4.31	120	0.028	0.028	321.3	Φ 8@150，$A_\text{s} = 335\text{mm}^2/\text{m}$

2）顶板裂缝宽度验算。

①径向弯矩作用下的裂缝宽度验算。

（a）$x = 0.122r = 0.56\text{m}$ 处，$M_\text{r} = -91.04\text{kN} \cdot \text{m/m}$。全圈配置 33 Φ 18，相当于每米弧长内的钢筋截面面积为

$$A_\text{s} = \frac{8382}{2\pi \times 0.561} = 2382.2\text{mm}^2/\text{m}$$

有效受拉混凝土截面面积为

$$A_{te} = 0.5bh = 0.5 \times 1000 \times 230 = 115\,000 \text{mm}^2$$

按 A_{te} 计算的配筋率为

$$\rho_{te} = \frac{A_s}{A_{te}} = \frac{2382.2}{115\,000} = 0.020\,7$$

顶板荷载设计值与标准值的比值为

$$\gamma = \frac{31.35}{4.15 + 19.64 + 2} = 1.216$$

则按荷载标准效应组合计算的径向弯矩值 $M_{r,k}$ 可按下式计算

$$M_{r,k} = \frac{M_r}{\gamma} = \frac{-91.04}{1.216} = -74.87 \text{kN} \cdot \text{m/m}$$

裂缝截面的钢筋拉应力为

$$\sigma_{sk} = \frac{M_{r,k}}{0.87h_0A_s} = \frac{74.87 \times 10^6}{0.87 \times 200 \times 2382.2} = 180.6 \text{N/mm}^2$$

钢筋应变不均匀系数为

$$\psi = 1.1 - \frac{0.65f_{tk}}{\rho_{te}\sigma_{sk}} = 1.1 - \frac{0.65 \times 2.01}{0.020\,7 \times 179.2} = 0.748$$

裂缝宽度验算如下

$$w_{max} = 2.1\psi\frac{\sigma_{sk}}{E_s}\left(1.9c + 0.08\frac{d_{eq}}{\rho_{te}}\right)$$

$$= 2.1 \times 0.748 \times \frac{180.6}{2.1 \times 10^5} \times \left(1.9 \times 25 + 0.08 \times \frac{16}{0.020\,7}\right)$$

$$= 0.148 \text{mm} < 0.2 \text{mm}（满足要求）$$

（b）$x = 0.4r = 1.84$m、$x = 1.0r = 4.6$m 等截面经验算，裂缝宽度均未超过允许值，其验算过程从略。

②切向弯矩作用下的裂缝宽度计算。

从表 9 - 12 可以看出，只需验算 $x = 0.2r = 0.92$m 处的裂缝宽度，该处 $M_t = -22.55$kN · m/m，按荷载标准效应组合计算的切向弯矩值 $M_{t,k} = M_t/\gamma = -22.55/1.216 = -18.54$kN · m/m，每米宽度内的钢筋截面积为 $A_s = 1130 \text{mm}^2/\text{m}$（Φ 12 @ 100），$\rho_{te} 1130/(0.5 \times 1000 \times 150) = 0.015\,1$，则

$$a_{sk} = \frac{M_{t,k}}{0.87h_0A_s} = \frac{18.54 \times 10^6}{0.87 \times 105 \times 1130} = 179.6 \text{N/mm}^2$$

$$\psi = 1.1 - \frac{0.65f_{tk}}{\rho_{te}\sigma_{sk}} = 1.1 - \frac{0.65 \times 2}{0.015\,1 \times 178.2} = 0.617$$

$$w_{max} = 2.1\psi\frac{\sigma_{sk}}{E_s}\left(1.9c + 0.08\frac{d_{eq}}{\rho_{te}}\right)$$

$$= 2.1 \times 0.617 \times \frac{179.6}{2.1 \times 10^5} \times \left(1.9 \times 40 + 0.08 \times \frac{12}{0.015\,1}\right)$$

$$= 0.154 \text{mm} < 0.2 \text{mm}（满足要求）$$

3）顶板边缘受剪承载力验算。

顶板边缘每米弧长内的剪力设计值为 $V_{sl,2} = 47.25 \text{kN/m}$，顶板边缘每米弧长内的受剪

承载力为

$$V_u = 0.7 f_t b h_0 = 0.7 \times 1.43 \times 1000 \times 120$$
$$= 120\ 120\text{N/m}$$
$$= 120.12\text{kN/m} > 47.09\text{kN/m（满足要求）}$$

4）顶板受冲切承载力验算。

顶板在中心支柱的反力作用下，应按图 9-23 所示，验算是否可能沿Ⅰ-Ⅰ截面或Ⅱ-Ⅱ截面发生冲切破坏。

①Ⅰ-Ⅰ截面验算。

有中心支柱圆板的受冲切承载力，当未配置抗冲切钢筋时，应按第八章式（8-35）进行验算。对Ⅰ-Ⅰ截面

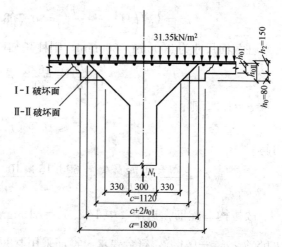

图 9-23　柱帽处受冲切承载力计算简图

$$F_l = N_t - (g_{sl,2} + q_{sl,2})(a + 2h_{0\mathrm{I}})^2$$

通过前面的计算，可知支柱顶端所承受轴向压力 $N_t = 471.88\text{kN}$，顶板荷载（$g_{sl,2} + q_{sl,2}$）$= 31.35\text{kN/m}^2$，而 $a = 1800\text{mm}$，$h_{0\mathrm{I}} = 120\text{mm}$，则

$$F_l = 663.06 - 31.35 \times (1.8 + 2 \times 0.12)^2 = 532.6\text{kN}$$

Ⅰ-Ⅰ截面的计算周长为

$$u_m = 4(a + h_{0\mathrm{I}}) = 4 \times (1800 + 120) = 7680\text{mm}$$

$$\eta = \min\left(1.6, 0.5 + \frac{10h_{0\mathrm{I}}}{u_m}\right) = \min\left(1.6, 0.5 + \frac{10 \times 120}{7680}\right) = 0.656$$

Ⅰ-Ⅰ截面的受冲切承载力为

$$0.7 f_t \eta u_m h_{0\mathrm{I}} = 0.7 \times 1.43 \times 0.656 \times 7680 \times 120 = 605\ 174\text{N}$$
$$= 605.17\text{kN} > F_l = 532.6\text{kN（满足要求）}$$

②Ⅱ-Ⅱ截面验算。

Ⅱ-Ⅱ截面的冲切力为

$$F_l = N_t - (g_{sl,2} + q_{sl,2})(a + 2h_{0\mathrm{II}})^2$$
$$= 663.06 - 31.35 \times (1.12 + 2 \times 0.12)^2 = 605.08\text{kN}$$

Ⅱ-Ⅱ截面的计算周长为

$$u_m = 4(c - 2h_c + h_{0\mathrm{II}}) = 4 \times (1120 - 2 \times 80 + 200) = 4640\text{mm}$$

$$\eta = \min\left(1.6, 0.5 + \frac{10h_{0\mathrm{II}}}{u_m}\right) = \min\left(1.6, 0.5 + \frac{10 \times 200}{4640}\right) = 0.931$$

Ⅱ-Ⅱ截面的受冲切承载力为

$$0.7 f_t \eta u_m h_{0\mathrm{II}} = 0.7 \times 1.43 \times 0.931 \times 4640 \times 200 = 864\ 832\text{N}$$
$$= 864.83\text{kN} > F_l = 532.6\text{kN（满足要求）}$$

5）中心支柱配筋计算。

轴向压力设计值为

$$N = N_t + \text{柱重设计值} = 663.06 + 30.51 \times 1.2 = 699.67\text{kN}$$

式中为简化计算，未予扣除下端柱帽及帽顶板的重量。

支柱计算长度近似取为

$$l_0 = 0.7\left(H - \frac{c_t + c_b}{2}\right) = 0.7\left(3.5 - \frac{1.12 + 1.26}{2}\right) = 1.62\text{m}$$

柱截面尺寸为 300mm×300mm，则柱长细比为

$$\frac{l_0}{b} = \frac{1620}{300} = 5.4 < 8.0$$

可取 $\varphi = 1.0$，则由

$$N \leqslant 0.9\varphi(f'_y A'_s + f_c A)$$

可得

$$A'_s = \frac{N - 0.9\varphi f_c A}{0.9\varphi f'_y} = \frac{695.15 \times 10^3 - 0.9 \times 1.0 \times 14.3 \times 300^2}{0.9 \times 1.0 \times 210} < 0$$

故按构造配筋，选用 4 Φ 14，$A'_s = 616\text{mm}^2$；配筋率 $\rho' = \dfrac{A'_s}{bh} = \dfrac{616}{300 \times 300} = 0.006\ 8 = 0.68\% > \rho'_{min} = 0.6\%$，符合要求。箍筋采用 Φ 8@200。

（2）底板的截面设计和验算。这一部分内容和方法均与顶板相同，故从略。

（3）柱壳。

1）环向钢筋计算。根据图 9-22 的 N_θ 叠合图，考虑环向钢筋沿柱壳高度分为三段配置，即：

①0.0~0.6H（顶部 0~1.46m），N_θ 按 125.882kN/m 计算。每米高所需要的环向钢筋截面积为

$$A_s = N_\theta / f_y = 125.882 \times 10^3 / 210 = 599.4\text{mm}^2/\text{m}$$

分内外两排配置，每排用 Φ 8@160，$A_s = 628.8\text{mm}^2/\text{m}$。

②0.4H~0.6H（中部 1.46~2.19m），N_θ 按 153.93kN/m 计算，则

$$A_s = \frac{N_\theta}{f_y} = \frac{153.93 \times 10^3}{210} = 733\text{mm}^2/\text{m}$$

每排用 Φ 8@130，$A_s = 773.8\text{mm}^2/\text{m}$。

③0.6H~1.0H（底部 2.19~3.65m），N_θ 按 178.191kN/m 计算，则

$$A_s = \frac{N_\theta}{f_y} = \frac{178.191 \times 10^3}{210} = 848.5\text{mm}^2/\text{m}$$

每排用 Φ 8@110，$A_s = 914\text{mm}^2/\text{m}$。

2）按环拉力作用下的抗裂要求验算柱壳厚度。

柱壳的环向抗裂验算属正常使用极限状态验算，应按荷载标准效应组合计算的最大环拉力 $N_{\theta k,max}$ 进行。$N_{\theta k,max}$ 可用最大环拉力设计值 $N_{\theta max}$ 除以一个综合的荷载分项系数 γ 来确定。通过比较，由第一种荷载组合所引起的 $N_{\theta max} = 178.191\text{kN/m}$。根据前面的荷载分项系数取值情况，可取 $\gamma = 1.2$，则

$$N_{\theta k,max} = \frac{178.191}{1.2} = 148.49\text{kN/m}$$

由 $N_{\theta k,max}$ 引起的柱壳环向拉应力为

$$\sigma_{ck} = \frac{N_{\theta k,max}}{A_c + 2\alpha_E A_s} = \frac{148.49 \times 10^3}{200 \times 1000 + 2 \times \dfrac{2.1 \times 10^5}{3.0 \times 10^4} \times 914}$$

$$= 0.698\text{N/mm}^2 < f_{tk} = 2.01\text{N/mm}^2$$

抗裂符合要求，说明柱壳厚度足够。

3）斜截面受剪承载力验算。

已知 $V_{max}=72.82kN/m$，柱壳钢筋净保护层厚取 25mm，则对竖向钢筋可取 $a_s=30mm$，$h_0=h-a_s=180-30=150mm$，受剪承载力为

$$0.7f_tbh_0 = 0.7\times1.43\times1000\times150 = 150\,150N/m$$
$$= 150.15kN/m > V_{max} = 72.82kN/m（满足要求）$$

4）竖向钢筋计算。

①顶端 $M_2=+31.2kN\cdot m/m$（柱壳外受拉），该值由第二种荷载组合所引起，相应地，每米宽柱壳轴向压力设计值即为顶板周边每米弧长的剪力设计值，即 $N_{x2}=V_{sl,2}=47.25kN/m$。相对偏心距为

$$\frac{e_0}{h} = \frac{M_2}{N_{x2}h} = \frac{31.2}{47.25\times0.2} = 3.30 > 2.0$$

在这种情况下，通常可以忽略轴向压力的影响，而按受弯构件计算，则

$$a_s = \frac{M_2}{f_cbh_0^2} = \frac{31.2\times10^6}{14.3\times1000\times150^2} = 0.097$$

通过计算，$\gamma_s=0.95$，则

$$A_s = \frac{M_2}{\gamma_sh_0f_y} = \frac{31.2\times10^6}{0.95\times150\times210} = 1043mm^2/m$$

考虑到顶板和柱壳顶端的配筋连续性，柱壳顶端也和顶板边缘抗弯钢筋一样，采用Φ12@100，$A_s=1130mm^2/m$，配筋率为 $\rho=A_sbh_0=1027/(1000\times150)=0.006\,85=0.685\% > \rho_{min}=0.306\%$。

②底端 $M_1=+39.39kN\cdot m/m$（柱壳外受拉），由第二种荷载组合引起，相应的每米宽柱壳轴向压力可按下式计算确定

$$N_{x1} = V_{sl,2} + 每米宽柱壳自重设计值$$
$$= 47.25 + \frac{603.18\times1.2}{\pi\times9.2} = 72.29kN/m$$

相对偏心距为

$$\frac{e_0}{h} = \frac{M_1}{N_{x1}h} = \frac{39.39}{72.29\times0.2} = 2.72 > 2.0$$

故按受弯构件计算

$$a_s = \frac{M_1}{f_cbh_0^2} = \frac{39.39\times10^6}{14.3\times1000\times150^2} = 0.122\,4$$

通过计算，$\gamma_s=0.934\,5$，则

$$A_s = \frac{M_1}{\gamma_sh_0f_y} = \frac{39.39\times10^6}{0.934\,5\times150\times210} = 1338.1mm^2/m$$

选用Φ14/12@100，$A_s=1335mm^2/m$，置于柱壳外侧。

③外侧跨中及内侧钢筋。

外侧跨中钢筋按构造配置，可将两端按计算确定的钢筋，中部用Φ12@250沿柱壳高通长布置，其余部分按弯矩图截断；也可将两端按计算确定的受力钢筋全部按弯矩图截断，而中部另配Φ12@250构造钢筋搭接于两端的受力钢筋上。但当两端受力钢筋的实际截断点距

离很近时，后一种配筋方式不见得经济，反而会增加构造上的麻烦。柱壳内侧钢筋由使内侧受拉的弯矩计算确定。从图 9 - 22 可以看出，使内侧受拉的弯矩最大值位于 $x = 0.6H(x = 2.19\text{m})$ 处，其值为 $M_x = -5.474\text{kN} \cdot \text{m/m}$。该处相应的轴向压力可取 $V_{sl,2}$ 加 $0.6H$ 的一段柱壳自重设计值，即

$$N_x = 47.25 + \frac{603.18 \times 1.2}{\pi \times 9.2} \times 0.6 = 62.28\text{kN}$$

相对偏心距为

$$\frac{e_0}{h} = \frac{M_x}{N_x h} = \frac{5.474}{62.28 \times 0.2} = 0.439 < 2.0$$

应按偏心受压构件计算，由于 $\frac{e_0}{h} = 0.439 > 0.3$，可先按大偏心受压计算。

对于 $b \times h_0 = 1000 \times 150$ 的截面来说，N_x 及 M_x 值均很小，故可先按构造配筋，只需复核截面承载力，如果承载力足够，即证明按构造配筋成立。根据偏心受压构件受拉钢筋配筋百分率不应小于 0.2 和 $45f_t/f_y$ 中的较大值，受拉一侧（柱壳外侧）钢筋截面积应不小于 $A_{s,\min} = 0.00306bh_0 = 0.00306 \times 1000 \times 150 = 459\text{mm}^2/\text{m}$，故采用 $\Phi 12@250$，$A_s = 452\text{mm}^2$。受压钢筋的最小配筋率为 $\rho'_{\min} = 0.2\%$，故受压钢筋（柱壳外侧）截面积应不小于 $A'_{s,\min} = 0.002 \times 1000 \times 150 = 300\text{mm}^2$，采用前面所述第一种配筋方式，$A'_s = 452\text{mm}^2$，现按此配筋验算截面承载力。

将 N_x 作用点转换到能产生偏心力矩 M_x 的地方，N_x 对受拉钢筋合力作用点的偏心距为

$$e = e_0 + \frac{h}{2} - a_s = \frac{M_x}{N_x} + \frac{h}{2} - a_s$$

$$= \frac{5.474 \times 10^6}{61.92 \times 10^3} + \frac{200}{2} - 30 = 158.4\text{mm}$$

考虑到内力甚小，首先按不考虑受压钢筋的作用验算，即式（5 - 12）和式（5 - 13）中忽略了 A'_s 的作用

$$x = (h_0 - e) + \sqrt{(h_0 - e)^2 + \frac{2f_y A_s e}{f_c b}}$$

$$= (150 - 158.4) + \sqrt{(150 - 158.4)^2 + \frac{2 \times 210 \times 452 \times 158.4}{14.3 \times 1000}}$$

$$= 38.2\text{mm} < 2a'_s = 60\text{mm}$$

说明不考虑受压钢筋作用成立，则截面承载力为

$$N_u = f_c bx - f_y A_s = 14.3 \times 1000 \times 38.2 - 210 \times 452$$

$$= 451\,340\text{N/m} = 451.34\text{kN/m} > N_x = 61.92\text{kN/m}$$

说明按构造配筋成立。

5）竖向弯矩作用下的裂缝宽度验算。柱壳顶部弯矩与配筋均与顶板边缘相同，顶板边缘经验算裂缝宽度未超过允许值，故可以判断柱壳顶部裂缝宽度也不会超过允许值。柱壳中部弯矩值甚小，配筋由构造控制，超出受力甚多，裂缝宽度不必验算。

在底端，为了确定按荷载标准效应组合计算的弯矩值 M_{1k}，近似且偏于安全地取综合荷载分项系数 $\gamma = 1.2$，则

$$M_{1k} = \frac{M_1}{\gamma} = \frac{39.39}{1.2} = 32.83\text{kN} \cdot \text{m/m}$$

裂缝截面处钢筋应力

$$a_{sk} = \frac{M_{1k}}{0.87h_0A_s} = \frac{32.83 \times 10^6}{0.87 \times 150 \times 1400} = 179.69 \text{N/mm}^2$$

按混凝土有效受拉区面积计算的受拉钢筋配筋率为

$$\rho_{te} = \frac{A_s}{A_{te}} = \frac{1400}{0.5 \times 1000 \times 200} = 0.014 > 0.01$$

钢筋应变不均匀系数为

$$\psi = 1.1 - \frac{0.65f_{tk}}{\rho_{te}\sigma_{sk}} = 1.1 - \frac{0.65 \times 2}{0.014 \times 179.69} = 0.583$$

最大裂缝宽度

$$w_{max} = 2.1\psi\frac{\sigma_{sk}}{E_s}\left(1.9c + 0.08\frac{d}{\rho_{te}}\right)$$

$$= 2.1 \times 0.583 \times \frac{179.69}{2.1 \times 10^5} \times \left(1.9 \times 25 + 0.08 \times \frac{14}{0.014}\right)$$

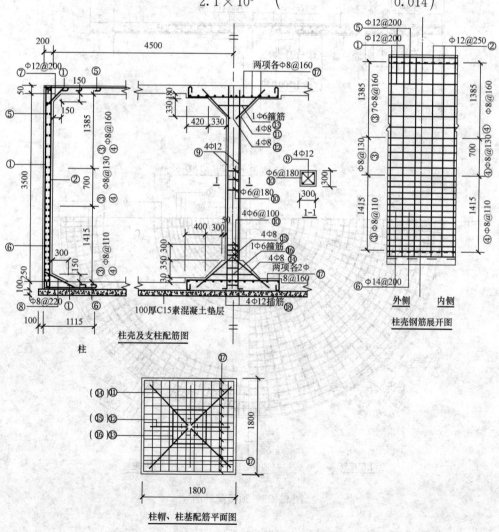

图 9-24　柱壳及支柱配筋图

$$= 0.013 < 0.25\text{mm}(\text{满足要求})$$

5. 绘制施工图

顶板内径向钢筋及柱壳内竖向钢筋的截断点位置，可以通过绘制材料图并结合构造要求来确定。在确有把握的情况下，钢筋切断点也可根据经验来确定而不必绘制材料图。

由于径向钢筋是按整个周长上的总量考虑的，故最不利弯矩图也不必是按周长计算的全圈总径向弯矩图，即 $2\pi x M_r$ 的分布图，$2\pi x M_r$ 值已列在表 9-1 的最后一栏。

根据材料图，图 9-24 给出了柱壳及支柱的配筋图，柱帽钢筋和柱壳上下端腋角处的钢筋是按构造配置的。另外，图 9-25 给出了顶板的配筋图。

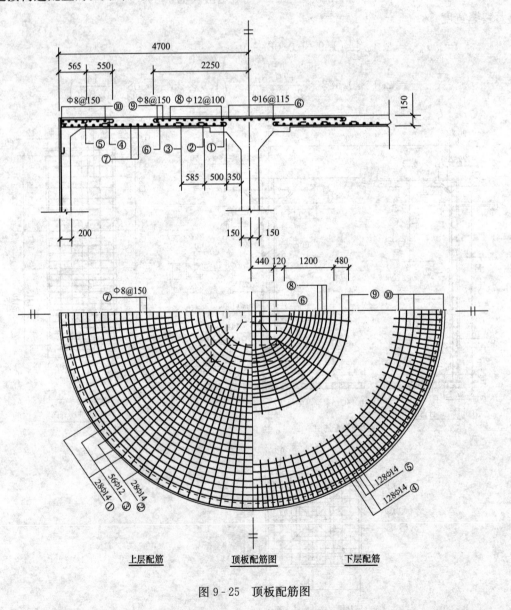

图 9-25　顶板配筋图

第五节　钢筋混凝土矩形贮液结构设计

一、计算假设

所谓钢筋混凝土矩形贮液结构，就是由钢筋混凝土矩形薄板组合而成的结构。这些薄板，不外乎有四边支承板和三边支承一边自由的板，从弹性力学角度来看，这些板都是双向板。但是为了简化计算，组成矩形贮液结构的薄板，可根据长宽比值划分为双向板和单向板来进行计算。矩形贮液结构的壁板在侧向荷载（水压力或土压力）作用下，按单向或双向受力计算的区分条件，可根据表 9-13 来确定。

表 9-13　　　　　　　　壁板在侧向荷载作用下单向或双向受力计算的区分条件

壁板的边界条件	$\dfrac{l}{H}$	板的受力情况
四边支承	$\dfrac{l}{H}<0.5$	$H>2l$ 部分按水平单向计算；板端 $H=2l$ 部分按双向计算，$H=2l$ 处可视为自由端
	$0.5\leqslant\dfrac{l}{H}\leqslant2$	按双向计算
	$\dfrac{l}{H}>2$	按竖向单向计算，水平向角隅处应考虑角隅效应引起的水平向负弯矩
三边支承，顶端自由	$\dfrac{l}{H}<0.5$	$H>2l$ 部分按水平向单向计算；底部 $H=2l$ 部分按双向计算，$H=2l$ 处可视为自由端
	$0.5\leqslant\dfrac{l}{H}\leqslant3$	按双向计算
	$\dfrac{l}{H}>3$	按竖向单向计算，水平向角隅处应考虑角隅效应引起的水平向负弯矩

注　表中 l 为壁板长度；H 为壁板的高度。

由三边支承一边自由的薄板所组成的贮液结构，称为开敞式贮液结构。当壁板按竖向单向计算时，通常称为挡土（水）墙式贮液结构；当壁板按水平向单向计算时，通常称为水平框架式贮液结构；当壁板按双向计算时，通常称为双向板式贮液结构。

二、壁板边界条件的确定

开敞式挡土（水）墙式贮液结构的底端，应从构造上来保证底端具有足够的嵌固刚度。当底板较薄时，应将与壁板连接的部分底板局部加厚，使之成为壁板的条形基础。当有顶板时，壁板顶端的边界条件应根据顶板与壁板的连接构造来确定。当壁板与顶板连成整体时，边界条件应根据两者线刚度的比值来确定，即当壁板线刚度为顶板线刚度的三倍以上时，可假设壁板顶端为铰接；否则应按弹性固定计算。

双向板式贮液结构的壁板，当为开敞式时，顶端按自由计算；当为封闭式时，顶端边界条件的确定原则与上述封闭式挡土（水）墙式贮液结构相同，底端一般可视为弹性固定。相邻壁板间的连接应按弹性固定考虑。

水平框架式贮液结构的壁板，与相邻壁板的连接应按弹性固定考虑，与底板的连接一般可按固定考虑；当为封闭式时，与顶板的连接应根据构造及刚度关系，按铰接或弹性固定考虑。

三、矩形贮液结构的布置原则

矩形贮液结构的布置原则是：在满足工艺要求的前提下应注意利用地形，减少用地面积，结构受力明确，内力分布尽可能均匀。

矩形贮液结构对混凝土收缩及温度变化比较敏感,故当任一个方向的长度超过一定限制时,均应设置伸缩缝。对于现浇钢筋混凝土贮液结构,当地基为土基时,温度区段的长度不宜超过 20m;当地基为岩基时不宜超过 15m。当为地下式或有保温措施,且施工条件良好,施工期间外露时间不长时,上述限制可分别放宽到 30m(土基)和 20m(岩基)。

伸缩缝宜将壁板、顶板和底板同时断开,缝宽不宜小于 20mm。贮液结构的伸缩缝可采用金属、橡胶或塑胶止水带止水。由于止水带毕竟是一个薄弱环节,故在设计时应合理布置且尽可能减少伸缩缝,避免伸缩缝的交叉。对多格贮液结构,宜将伸缩缝设置在分格墙处,并做成双壁式。

中等容量的贮液结构,平面尺寸应尽可能控制在不需设置伸缩缝的范围内。对平面尺寸超过温度区段长度限制不太多的贮液结构,也可采用设置后浇带的办法来处理。当要求的贮液量很大时,宜采用多个贮液结构的组合;当场地受到限制时,必须采用单个或由多个贮液结构连成整体的大型贮液结构时,宜用横向和纵向伸缩缝将贮液结构划分成平面尺寸相同的单元,并尽可能使各单元的结构布置统一化,以减少单元的类型而有利于设计、施工,同时结构的受力趋于一致。

贮液结构的埋置深度,一般由生产工艺条件确定。从减少温、湿度变化对贮液结构的不利影响及抗震的角度来看,宜优先采用地下式。但对开敞式贮液结构的埋深应适当考虑地下水位的影响,这是因为平面尺寸较大的开敞式贮液结构如果埋置较深,地下水位又较高时,往往为了抗浮要将底板做得很厚或需设置锚桩等,从而不经济。

挡土(水)墙式贮液结构的平面尺寸往往比较大,当地基良好、地下水位低于贮液结构底面时,通常采用在壁板下设置条形基础,底板采用构造底板。壁板基础与底板之间的连接必须是不透水的。一般可不留分离缝。当地下水位高于贮液结构底面时,如果采取有效措施来消除地下水压力,则也可以采用构造底板,否则应设计成能够承受地下水压力的整体式底板。若平面尺寸较大,底板做成整体式肋形底板。

双向板式贮液结构及水平框架式贮液结构的平面尺寸一般不会太大,底板通常做成平板。

封闭式矩形贮液结构的顶盖,当平面尺寸不大时,一般采用现浇平板;平面尺寸较大时,则多采用现浇无梁板体系,也可采用预制梁板体系。

无顶盖挡土(水)墙式贮液结构,壁板顶端一般为自由,壁板内弯矩由底向顶迅速减小,故壁板宜做成变厚度,底端厚度可取顶端厚度的 1.5 倍左右。如果能在顶端增加一铰支承,则壁板内弯矩可大为降低。当贮液结构的平面尺寸不太大,或有一个方向的壁长较小(如狭长式矩形贮液结构)时,可以考虑在壁板顶设置水平框梁和拉梁(图 9-26)。如果壁板顶本来就需要设置走道板,则更可以利用走道板来形成水平框梁。水平框梁作为壁顶的抗侧移支座,可使壁板底端弯矩较之顶端为自由时人为减小,壁板内弯矩沿高度分布也较均匀,这样可使壁板减薄,且钢筋用量减少。对于采用预制梁板顶盖的封闭式贮液结构,应注意梁板与壁板的拉结及梁板间的构造连接,以使顶盖能成为壁板的侧向支承。

如图 9-27 所示,对于 $H>5m$ 的挡土(水)墙式壁板,可以采用设置扶壁的办法来减小壁板厚度。扶壁间距通常取 $(1/2\sim1/3)H$。扶壁可以看作是壁板及扶壁所在一侧基础板的支承肋,它将壁板和基础板分隔成双向板或沿壁板长度方向传力的多跨单向板,因而使壁板及基础板的弯矩大为减小。在竖向,扶壁则与壁板共同组成 T 形截面的悬臂结构。对于地上式贮液结构,为了使 T 形截面的翼缘处于受压区,宜将扶壁设置在壁板的内侧。

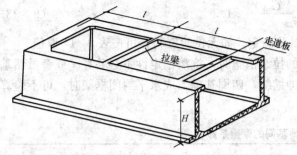
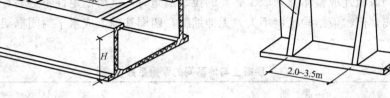

图 9-26　走道板和拉梁示意图　　　　　图 9-27　挡土（水）墙式壁板示意图

双向板式贮液结构的壁板一般作成等厚度的。当 l/H 在 1.5～3.0 之间，且顶边自由时，可以作成变壁厚的。深度较大的水平框架式贮液结构壁板，可以沿高度方向分段改变壁板厚度，以形成阶梯形的变厚壁板。

四、矩形贮液结构的计算

1. 概述

对地下式矩形贮液结构通常只考虑贮液结构内满水、贮液结构外无土和贮液结构内无水、贮液结构外有土两种荷载组合。对无保温措施的地面矩形式贮液结构，则只考虑贮液结构内满水及壁面温差作用两种荷载组合。

矩形贮液结构的壁板、底板等的受力性质，一般有受弯、偏心受拉和偏心受压三种情况。

矩形贮液结构的壁板及底板处于受弯、大偏心受压或大偏心受拉状态时，允许出现裂缝，但应限制其最大裂缝宽度。处于小偏心受拉状态时，不允许出现裂缝；而处于小偏心受压状态时，则不必考虑裂缝问题。

无顶盖的挡土（水）墙式贮液结构采用分离式底板时，当地下水位高于底板底面时，应验算壁板的抗倾覆稳定性及抗滑移稳定性。

采用整体式底板的地下式矩形贮液结构，应进行抗浮验算。

2. 挡土（水）墙式贮液结构的计算

（1）抗倾覆及抗滑移稳定性验算。如图 9-28
所示，取 1m 宽的竖条作为计算单元，在贮液结
构内满水、贮液结构外无土的情况下，壁板对 A
点的抗倾覆稳定性可按下式验算

$$\frac{M_{AG}}{M_{AP}} \geqslant 1.5 \qquad (9-30)$$

$$M_{AG} = G_{Bk}a_B + G_{wk}a_w \qquad (9-31)$$

$$M_{AP} = P_{wk}\left(\frac{H_w}{3} + h_1\right) \qquad (9-32)$$

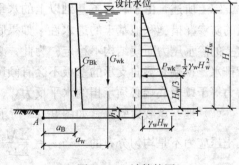

图 9-28　计算简图

式中：M_{AG} 为抗倾覆力矩，即壁板自重、基础自重和基础内伸入长度以上的水重等重力，对 A 点所产生的力矩，$kN \cdot m/m$；M_{AP} 为倾覆力矩，即壁板侧向推力对 A 点所产生的力矩，$kN \cdot m/m$；a_B、a_w 分别为 G_{Bk}、G_{wk} 作用中心至 A 点的水平距离，m。

当贮液结构被贯通的伸缩缝分割成若干区段，且采用分离式底板，底板与基础间设有分离缝时，应按式（9-33）验算壁板的抗滑移稳定性

$$\frac{\mu(G_{Bk}+G_{wk})}{P_{wk}} \geqslant 1.3 \qquad (9-33)$$

式中：μ 为基础底面的摩擦系数，应根据试验确定。如无试验资料，可按表 9-14 取值。

当基础与底板连成整体并采取了必要的拉结措施时，抗滑稳定性不必验算。或者虽然基础与底板分离，但贮液结构长度不大，无伸缩缝，四周基础形成水平封闭框架时，可不验算抗滑稳定性。

表 9-14   **混凝土与地基间的摩擦系数 μ**

土 的 类 别		摩擦系数 μ
粘性土	可塑	0.25～0.30
	硬塑	0.30～0.35
	坚硬	0.35～0.45
粉土	$S_t \leqslant 0.5$	0.30～0.40
砂土		0.40～0.50
碎石土		0.40～0.60
软质岩石		0.40～0.60
表面粗糙的硬质岩石		0.65～0.75

注 S_t 为土的饱和度，$S_t \leqslant 0.5$，稍湿；$0.5 < S_t \leqslant 0.8$，很湿；$S_t > 0.8$，饱和。

当抗倾覆稳定性不足时，可以增大壁板内侧的基础悬挑长度，以增大 $G_{wk}a_w$ 的值来加强抗倾覆力矩。增大壁板和基础厚度当然也可以增加抗倾覆稳定性，但这样做是不经济的，除非改为素混凝土重力式挡土（水）墙结构。

抗滑稳定性不足够时，也可采用增大基础内悬挑长度，以加大 G_{wk} 值的办法来提高其抗滑稳定性。除此之外，还可在两相对的壁板基础之间，每隔一定距离设置钢筋混凝土拉杆来避免滑移。

对贮液结构内无水、贮液结构外有土的情况，抗倾覆稳定性一般问题不大。但基础在壁板内外两侧的悬挑长度都不大且近乎相等时，则必须验算。在这种荷载组合下不必验算抗滑稳定性。

综上所述，由于利用了基础以上的水重来抗倾覆和抗滑移，则在设计时必须特别注意底板的防渗漏措施和地基土的透水性。如果底板漏水而地基土又不透水，则很可能在基底形成向上的渗水压力而使结构不稳定。为此，必要时可在底板下铺设砾石透水层并用盲沟或排水管排水。顶端有侧向支承的壁板不会有倾覆的危险，但抗滑稳定性仍需验算，此时引起滑移的力等于壁板底端必须承担的水平反力。

（2）地基承载力验算。如图 9-29 所示，壁板基础在竖向压力和力矩的共同作用下，基底土压应力不是均匀分布的。当 $e_0 = \dfrac{\sum M_k}{\sum G_k} \leqslant \dfrac{a}{6}$ 时，基底应力的分布图形为梯形或底宽为 a 的三角形，基底边缘处的应力值按式（9-34）计算

$$\begin{cases} p_{kmax}=\dfrac{\sum G_k}{a}+\dfrac{\sum M_k}{W}=\dfrac{\sum G_k}{a}\left(1+\dfrac{6e_0}{a}\right) \\ p_{kmin}=\dfrac{\sum G_k}{a}-\dfrac{\sum M_k}{W}=\dfrac{\sum G}{a}\left(1-\dfrac{6e_0}{a}\right) \end{cases} \qquad (9-34)$$

式中：p_{kmax}、p_{kmin} 分别为相应于荷载效应标准组合时，基础底面边缘的最大、最小压力值，kN/m^2；$\sum M_k$ 为所有垂直荷载及水平荷载（水压力或土压力）对基础底面中心轴的弯矩标

准值，kN·m；W 为基础底面的抵抗矩，m³；$\sum G_k$ 为基底以上的总垂直荷载标准值，包括壁板和基础自重及基础以上的水重或土重，kN。

如图 9-29（b）所示，当 $e_0 > a/6$ 时，基底的实际受力宽度将小于 a，此时，p_{kmax} 应按式（9-35）计算

$$p_{kmax} = \frac{2\sum G_k}{3c} \qquad (9-35)$$

式中：c 为合力作用点至基础底面最大压力边缘的距离，m。

以上算得的基础底面的压力应满足下列条件

$$\begin{cases} \dfrac{p_{kmax} + p_{kmin}}{2} \leqslant f_a \\ p_{kmax} \leqslant 1.2 f_a \end{cases} \qquad (9-36)$$

式中：f_a 为修正后的地基承载力特征值，由《建筑地基基础设计规范》（GB 50007—2002）确定，kN/m²。

（3）壁板的内力计算和截面设计。

1）侧压力引起的竖向弯矩和剪力。

①等厚度和顶端无约束的变厚度壁板。对等厚度和顶端自由、底端固定变厚度的挡土墙式壁板，侧压力引起的竖向弯矩和剪力可查阅一般力学手册，表 9-15 给出了两种常见支承条件的内力计算公式，可供选用。

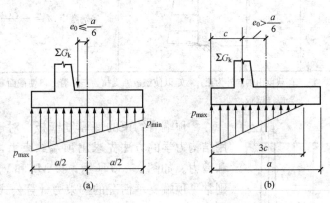

图 9-29　壁板基础计算简图

表 9-15　　　等厚度和顶端自由、底端固定的变厚度挡土墙式壁板的内力计算公式

序号	计 算 简 图	计 算 公 式
1		底端剪力 $V_B = -\dfrac{pH}{2}$ 任意点弯矩 $M_x = -\dfrac{px^3}{6H}$ 底端弯矩 $M_B = -\dfrac{pH^2}{6}$
2		底端剪力 $V_B = -\dfrac{1}{2}(p_1 + p_2)H$ 任意点弯矩 $M_x = -\dfrac{p_2 x^2}{2} - \dfrac{p_0 x^3}{6H}$ 底端弯矩 $M_B = -\dfrac{1}{6}(p_1 + 2p_2)H^2$ 式中，$p_0 = p_1 - p_2$

续表

序号	计 算 简 图	计 算 公 式
3		两端剪力 $V_A=\dfrac{pH}{10}$；$V_B=-\dfrac{2pH}{5}$ 任意点弯矩 $M_x=-\dfrac{pHx}{30}(3-5\zeta^2)$ 当 $x=0.447H$ 时，$M_{max}=0.029\,8pH^2$ 底端弯矩 $M_B=-\dfrac{pH^2}{15}$ 式中，$\zeta=x/H$
4		两端剪力 $V_A=\dfrac{(11p_2+4p_1)H}{40}$；$V_B=-\dfrac{(9p_2+16p_1)H}{40}$ 任意点弯矩 $M_x=V_Ax-\dfrac{p_2x^2}{2}-\dfrac{p_0x^3}{6H}$ 当 $x_0=\dfrac{\nu-\mu}{1-\mu}H$ 时，$M_{max}=V_Ax_0-\dfrac{p_2x_0^2}{2}-\dfrac{p_0x_0^3}{6H}$ 底端弯矩 $M_B=-\dfrac{(7p_2+8p_1)H^2}{120}$ 式中，$p_0=p_1-p_2$；$\mu=p_2/p_1$；$\nu=\sqrt{\dfrac{9\mu^2+7\mu+4}{20}}$

注   荷载以由内向外为正；弯矩以使壁板外受拉为正；剪力以使截面顺时针旋转为正。序号 3 和 4 的公式只适用于等厚度壁板。

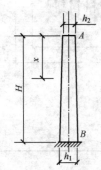

图 9 - 30   变厚度
壁板示意图

②顶端有约束的变厚度壁板。对于顶端有约束的变厚度壁板，可利用结构力学的方法先求出顶端约束力，然后计算壁板任一高度处的弯矩和剪力。如图 9 - 30 所示，设 M_A 和 V_A 分别表示壁板顶端的弯矩和剪力，则常见顶端支承情况的约束力计算公式如下：

（a）两端固定情况

$$\begin{cases} V_A=k_V pH \\ M_A=k_M pH^2 \end{cases} \tag{9-37}$$

式中：k_V 和 k_M 分别为顶端的剪力系数和弯矩系数，该值由表 9 - 16 确定。

表 9 - 16   两端固定壁板的顶端约束力系数 k_V、k_M

$\beta=h_2/h_1$		0.2	0.3	0.4	0.5	0.6	0.7	0.8	0.9
三角形荷载	k_V	0.083 3	0.097 3	0.108 4	0.117 7	0.125 7	0.132 8	0.139 1	0.144 8
	k_M	−0.008 0	−0.011 9	−0.015 6	−0.019 0	−0.022 2	−0.025 2	−0.028 1	−0.030 8
矩形荷载	k_V	0.346 5	0.382 8	0.409 8	0.431 3	0.449 2	0.464 4	0.477 7	0.489 5
	k_M	−0.025 9	−0.036 1	−0.045 0	−0.052 9	−0.060 1	−0.066 6	−0.072 6	−0.078 2

（b）顶端弹性固定、底端固定情况。

在实际工程中，壁板顶端一般不可能形成固定支承。对于有顶盖的贮液结构，当顶板与壁板的连接设计成刚结时，壁板顶端应按弹性固定来计算。此时，顶端的弯矩可用力矩分配法求得。壁板顶端的边缘抗弯刚度按式（9 - 38）计算

$$i_{w,2} = k_{M\beta} \frac{EI_1}{H} \qquad (9-38)$$

式中：I_1 为壁板底端单位宽截面的惯性矩，即 $I_1 = \frac{h_1^3}{12}$；$k_{M\beta}$ 为壁板顶端的边缘抗弯刚度系数，由表 9-17 确定。

表 9-17　　　　　　变厚度壁板顶端边缘刚度系数 $k_{M\beta}$

$\beta = h_2/h_1$	0.2	0.3	0.4	0.5	0.6	0.7	0.8	0.9
$k_{M\beta}$	0.118	0.282	0.527	0.858	1.281	1.803	2.426	3.157

（c）顶端铰接、底端固定情况。

顶端铰接、底端固定时，可知 $M_A = 0$，V_A 由式（9-39）确定

$$V_A = k_V pH \qquad (9-39)$$

式中：k_V 为剪力系数，由表 9-18 确定。

表 9-18　　　　　顶端铰接、底端固定壁板的顶端约束力系数 k_V

$\beta = h_2/h_1$	0.2	0.3	0.4	0.5	0.6	0.7	0.8	0.9
三角形荷载	0.062 5	0.071 1	0.077 6	0.082 9	0.087 3	0.091 1	0.094 4	0.097 4
矩形荷载	0.278 8	0.303 2	0.320 7	0.334 3	0.345 3	0.354 3	0.362 4	0.368 9

如图 9-26 所示，当壁板顶端的侧向支承为水平框架梁或利用走道板时，事先应判别所提供的支承刚度能否满足形成不动铰支承的要求。只有当满足下列条件时，顶端才能按不动铰支承来计算，即

$$\beta_1 \geqslant \psi \xi^4 H \qquad (9-40)$$

式中：β_1 为水平框架梁截面绕竖轴的惯性矩与单位宽壁板底端的截面惯性矩之比，即 $\beta_1 = I_b/I_1$；ξ 为水平框架梁的计算跨度 l 与壁板高度 H 的比值；ψ 为壁板顶端与底端的厚度之比、侧压力分布状态及壁板顶水平框架梁的支承状态等因素有关的系数，可由表 9-19 查得。

表 9-19　　　　　　　　ψ 系　数　表

β \ p_2/p_1	0.0	0.1	0.2	0.3	0.4	0.5	0.6	0.7	0.8	0.9	1.0
0.2	0.030 0	0.036 8	0.042 4	0.047 1	0.051 0	0.054 4	0.057 3	0.059 9	0.062 1	0.064 1	0.065 9
0.3	0.047 9	0.058 1	0.066 5	0.073 6	0.079 6	0.084 8	0.089 3	0.093 3	0.096 8	0.099 9	0.102 7
0.4	0.067 8	0.081 6	0.093 1	0.102 8	0.111 1	0.118 3	0.124 5	0.130 1	0.135 0	0.139 3	0.143 3
0.5	0.089 8	0.107 5	0.122 3	0.134 8	0.145 6	0.155 0	0.153 2	0.170 4	0.176 9	0.182 7	0.187 9
0.6	0.113 4	0.135 2	0.153 6	0.169 2	0.182 7	0.194 0	0.204 7	0.213 9	0.222 1	0.229 4	0.236 0
0.7	0.139 1	0.165 1	0.187 0	0.205 8	0.222 0	0.236 1	0.248 5	0.259 6	0.269 5	0.278 3	0.286 3
0.8	0.166 4	0.197 1	0.223 1	0.245 4	0.264 8	0.281 7	0.296 6	0.309 9	0.321 8	0.332 5	0.342 2
0.9	0.195 7	0.231 0	0.260 9	0.286 4	0.308 9	0.328 5	0.345 8	0.361 2	0.374 9	0.387 4	0.398 6
1.0	0.226 8	0.266 3	0.299 6	0.328 2	0.352 9	0.374 6	0.393 6	0.410 6	0.425 8	0.439 4	0.451 7

设计时应注意满足水平框架梁的支承条件，其纵筋应锚固在垂直方向的相邻壁板中。如果为了减小水平框架梁的跨度而设置拉梁时，拉梁应等间距布置。

当利用走道板作水平框架梁时，走道板的厚度不宜小于走道板挑出长度的 1/6，也不宜小于 150mm。水平框架梁的纵向和横向受力钢筋均按计算确定。

当式（9-40）不能满足时，壁板顶端只能按弹性支承来考虑，此时壁板顶端的弹性支承反力可由式（9-41）确定

$$V_A^e = \eta V_A \tag{9-41}$$

式中：η 为壁板顶端弹性支承时的支座位移影响系数，由式（9-42）确定

$$\eta = \frac{1}{1 + \dfrac{H}{\rho \beta_1} \xi^4} \tag{9-42}$$

式中：ρ 为系数，由表 9-20 确定。

表 9-20　ρ 为 系 数 表

$\beta = h_2/h_1$	0.2	0.3	0.4	0.5	0.6	0.7	0.8	0.9	1.0
ρ	367	290	242	209	185	166	151	138	128

2）壁面温差引起的竖向弯矩和剪力。

①等厚度壁板在壁面温差作用下引起的竖向弯矩和剪力。当两端固定时，壁面温差不会使之产生剪力，壁板任一高度处的弯矩等于顶端约束弯矩，即

$$M_x^T = \frac{\alpha_T \Delta TEh^2}{12} \tag{9-43}$$

当顶端铰支、底端固定时，壁面温差使顶端产生的反力为

$$V_A^T = \frac{1}{8} \times \frac{\alpha_T \Delta TEh^2}{H} \tag{9-44}$$

则取杆件为隔离体，可得壁板任一高度 x 处的弯矩为

$$M_x^T = \frac{\alpha_T \Delta TEh^2}{8} \times \frac{x}{H} \tag{9-45}$$

②变厚度壁板在壁面温差作用下引起的竖向弯矩和剪力。当两端固定时，壁板任一高度 x 处的弯矩为

$$M_x^T = k_{Mx}^T \frac{\alpha_T \Delta TEI_1}{h_1} \tag{9-46}$$

式中：k_{Mx}^T 为计算系数，可由表 9-21 查得。

当顶端铰支、底端固定时，壁面温差使顶端产生的反力为

$$V_A^T = k_V^T \frac{\alpha_T \Delta TEI_1}{Hh_1} \tag{9-47}$$

式中：k_V^T 为计算系数，可由表 9-22 查得。

需要注意的是，变厚度两端固定时的剪力及顶端铰支、底端固定时的弯矩可通过取平衡条件求得。

另外，按以上方法计算所得的温度应力，均应乘以折减系数 0.65；在承载力极限状态计算时，还应乘以荷载分项系数。与其他内力叠加时，还应注意温度应力的方向，一般情况下，温度较低的一侧受拉。

表 9 - 21　　　　　　　　　　　　　　　　k_{Mx}^T 系 数 表

x/H β	0.0	0.1	0.2	0.3	0.4	0.5	0.6	0.7	0.8	0.9	1.0
0.2	0.006 9	0.083 2	0.159 6	0.235 9	0.312 3	0.388 6	0.465 0	0.541 3	0.617 7	0.694 0	0.770 4
0.3	0.054 7	0.134 2	0.213 7	0.293 2	0.372 7	0.452 2	0.531 7	0.611 3	0.690 8	0.770 3	0.849 8
0.4	0.127 6	0.205 1	0.282 6	0.360 1	0.437 6	0.515 1	0.592 7	0.670 2	0.747 7	0.825 2	0.902 7
0.5	0.223 5	0.295 1	0.366 7	0.438 2	0.509 8	0.581 4	0.652 9	0.724 5	0.796 1	0.867 6	0.939 2
0.6	0.340 8	0.403 2	0.465 5	0.527 9	0.590 3	0.652 6	0.715 0	0.777 4	0.839 8	0.902 1	0.964 5
0.7	0.478 0	0.528 4	0.578 7	0.629 1	0.679 5	0.729 8	0.780 2	0.830 5	0.880 9	0.931 2	0.981 6
0.8	0.634 2	0.670 0	0.705 8	0.741 7	0.777 5	0.813 3	0.849 1	0.884 9	0.920 8	0.956 6	0.992 4
0.9	0.808 4	0.827 4	0.846 4	0.865 4	0.884 4	0.903 3	0.922 3	0.941 3	0.960 3	0.979 2	0.998 2
1.0	1.000 0	1.000 0	1.000 0	1.000 0	1.000 0	1.000 0	1.000 0	1.000 0	1.000 0	1.000 0	1.000 0

注　$x/H=0.0$ 为顶端。

表 9 - 22　　　　　　　　　　　　　　　　k_V^T 系 数 表

β	0.2	0.3	0.4	0.5	0.6	0.7	0.8	0.9
k_V^T	0.781 6	0.915 8	1.028 1	1.125 6	1.213 2	1.293 2	1.367 0	1.435 8

3）水平向角隅处的局部负弯矩和剪力。挡土墙式壁板在端部与相邻壁板相连的角隅处，壁板的位移受到约束，其传力已不再是沿竖向单向，而是在水平向和竖向共同传力。通常把这种角隅处的双向板效应称为角隅效应。角隅处的水平向局部负弯矩可按式（9-48）计算

$$M_c = \alpha_c p H^2 \tag{9-48}$$

式中：M_c 为壁板角隅处的局部水平弯矩，kN·m/m；p 为壁板侧向均布荷载或三角形分布荷载的最大值，kN/m；α_c 为角隅处最大水平弯矩系数，由表 9-23 确定。

表 9 - 23　　　　　　　　　　　　　　　　α_c 系 数 表

荷载类别	池壁　端支承条件	壁板厚度	α_c
均布荷载	自由	$h_1 = h_2$	-0.426
		$h_1 = 1.5 h_2$	-0.218
	铰支	$h_1 = h_2$	-0.076
		$h_1 = 1.5 h_2$	-0.072
	弹性固定	$h_1 = h_2$	-0.053
三角形荷载	自由	$h_1 = h_2$	-0.104
		$h_1 = 1.5 h_2$	-0.054
	铰支	$h_1 = h_2$	-0.035
		$h_1 = 1.5 h_2$	-0.032
	弹性固定	$h_1 = h_2$	-0.029

注　1. 表中 h_1、h_2 分别为池壁底端及顶端厚度。
　　2. 系数的"-"号表示弯矩使受拉面受拉。

角隅处弯矩的分布状态如图 9-31 所示。可以看出，角隅处的弯矩沿水平向逐渐减小。角隅处的剪力一般对壁板的截面设计不起控制作用，但使垂直于该壁板方向的相邻壁板

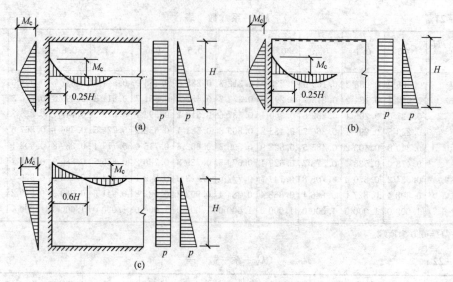

图 9-31 角隅处弯矩的分布状态

(a) 顶边弹性固定；(b) 顶边铰支；(c) 顶边自由

产生拉力或压力，故仍进行计算。对于顶边自由的壁板，可近似按 $l/H=3.0$ 的双向板计算；对于顶边铰支的壁板，可近似按 $l/H=2.0$ 的双向板计算。

4）截面设计。对于挡土（水）墙式贮液结构的壁板厚度，当采用等厚度壁板时，可取 $\left(\dfrac{1}{10}\sim\dfrac{1}{20}\right)H$；当采用变厚度壁板时，可取 $h_1=\left(\dfrac{1}{10}\sim\dfrac{1}{20}\right)$，$h_2=\left(\dfrac{1}{20}\sim\dfrac{1}{30}\right)$。壁板的最小厚度不小于 200mm。对壁面温差作用下的贮液结构，壁板厚度宜取较小值。

壁板竖向钢筋根据不同荷载组合下的弯矩和相应的竖向压力计算确定。对于开敞式贮液结构，可以忽略壁板的自重压力，而按受弯构件计算；对于封闭式贮液结构，应考虑顶板传来的压力，按偏心受压构件计算；对于等厚度壁板，可只取支座负弯矩截面和跨中最大正弯矩截面，作为计算配筋量的控制截面；对变厚度壁板，一般取 $H/4$、$H/2$、$3H/4$ 和底端等 4 个控制截面来进行配筋计算，如贮液结构较大，可适当增加控制截面。

壁板的水平钢筋，在角隅处应根据角隅弯矩及相邻壁板传来的拉（压）力按偏心受拉（压）计算确定，当相邻壁板的角隅弯矩不相等时，可取较大值计算各相邻壁板的钢筋需要量。在沿壁长的中部区段，虽在计算上没有或只有很小的水平弯矩，但也仍然需要配一定数量的水平钢筋，来抵抗主要由温、湿度变化所引起的次应力，并起分布钢筋的作用，这种温度钢筋的截面面积，一般在壁板每侧应不少于壁板截面积的 0.15%。

壁板转角处的水平钢筋，首先应考虑将中间区段内的温度钢筋伸过来锚入相邻壁板，不够时再补充附加钢筋。对顶端自由的壁板，附加水平钢筋可在离侧端 $H/4$ 处切断；对顶端铰支的壁板，附加水平钢筋可在离侧端 $H/6$ 处切断。

（4）基础内力计算和截面设计。壁板基础同样应根据不同的荷载组合分别进行计算。基础的内挑部分和外挑部分均视为悬臂板进行计算。条形基础不必作抗冲切验算，但应选取内外两侧剪力中的较大值来验算基础的斜截面受剪承载力。壁板基础的厚度应不小于壁板底端厚度，基础的宽度常取 $(0.4\sim0.8)H$。

3. 双向板式贮液结构的计算

由双向板所组成的矩形贮液结构是一种盒子式的空间结构。其内力的精确计算十分复杂。虽然采用有限单元法通过电子计算机计算，可以获得相当精度的解答，但一般双向板式贮液结构的容量都不太大，手算较为方便，故传统的简化计算方法仍广泛采用。

常用的简化计算方法是基于力矩分配法的原理，先按单块双向板计算各块板的边缘固端弯矩，然后对各公共棱边的不平衡弯矩进行一次分配，并对跨中弯矩作相应地调整。

单块双向板的边界条件，对于壁板，底边及两侧边按固定考虑，顶边根据有无顶板及顶板与地壁的连接构造，按自由、铰支或固定考虑。底板按四边固定考虑。

壁板按单块双向板计算时，在侧压力作用下的弯矩，可利用附录4-4的系数表进行计算；在壁面温差作用下的弯矩。可按式（9-49）计算

$$\begin{cases} M_x^T = 0.65 k_x^T \alpha_T \Delta T E h^2 \\ M_y^T = 0.65 k_y^T \alpha_T \Delta T E h^2 \end{cases} \qquad (9-49)$$

式中：M_x^T、M_y^T 分别为壁面温差使板产生的水平向弯矩和竖向弯矩，kN·m/m；k_x^T、k_y^T 分别为壁板水平向和竖向的弯矩系数，对四边固定的壁板，板上任一点均为0.1，对其他边界条件的双向板，由附录8查得；h 为壁板的厚度，m。

考虑相邻薄板之间的变形连续性而对弯矩进行调整的常用简化方法，有线刚度调整弯矩法和连续双向板弯矩分配法两种，本书只介绍按线刚度调整弯矩的简化方法。

这种方法仅对薄板相交的结点同向不平衡弯矩，按薄板的同向线刚度进行一次分配，不考虑分配弯矩向远端传递。结点弯矩的分配系数 $\mu = \dfrac{i}{\sum i}$，i 为所计算的薄板单位宽度截条的线刚度，即 $i = \dfrac{Eh^3}{13l}$；$\sum i$ 为汇交于同一结点各薄板同向线刚度之和。

双向板式壁板在水平方向，必须考虑贮液结构内水压力引起的轴向拉力或贮液结构外土压引起的轴向压力，此轴向力等于相邻壁板的侧边反力。双向板的边缘反力沿边缘的分布是不均匀的，设计时可采用平均值也可采用最大值，不过要在配筋上作相应地调整。如果采用平均值，则在可能大于平均值的区段适当加强配筋；如果采用最大值，则在靠近相邻约束边处的配筋适当减少。双向板的边缘反力平均值和最大值按附录5-4计算。

计算多格贮液结构时，应考虑水压力的最不利分布。

4. 水平框架式贮液结构的计算

如图9-32所示，水平框架式贮液结构的水平向传力部分，一般截取单位高度的壁板按水平封闭框架计算。

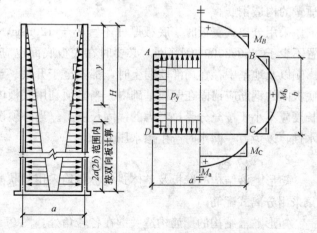

图9-32　水平框架式贮液结构的计算简图

可将高度分成若干段，每段取该段下端的最大水压力或土压力作为计算荷载。

单格贮液结构的水平弯矩可按下列公式进行计算：

结点弯矩

$$M_A = M_B = M_C = M_D = -\frac{p_y(b^2\lambda_k + a^2)}{12(\lambda_k + 1)} \tag{9-50}$$

跨中弯矩

$$M_a = \frac{p_y a^2}{8} - \frac{p_y(b^2\lambda_k + a^2)}{12(\lambda_k + 1)} \tag{9-51}$$

$$M_b = \frac{p_y b^2}{8} - \frac{p_y(b^2\lambda_k + a^2)}{12(\lambda_k + 1)} \tag{9-52}$$

$$\lambda_k = \frac{b}{a} \times \frac{I_a}{I_b} \tag{9-53}$$

式中：I_a、I_b 分别为长边与短边的截面惯性矩。

壁板的水平轴向力可近似地按式（9-54）计算

$$\begin{cases} N_a = \dfrac{p_y b}{2} \\[2mm] N_b = \dfrac{p_y a}{2} \end{cases} \tag{9-54}$$

对于多格水平框架式贮液结构的壁板弯矩，可利用弯矩分配法进行计算。

五、构造要求

1. 一般构造要求

矩形贮液结构各部分的截面最小尺寸、钢筋的最小直径、钢筋的最大和最小间距、受力钢筋的净保护层厚度等基本构造要求，均与圆形贮液结构相同。

对于顶端自由的挡土（水）墙式壁板，除了按前面的要求配置水平钢筋外，顶部还宜设置水平向加强钢筋，其直径不应小于壁板竖向受力钢筋的直径，且不小于 12mm，一般内、外两侧各设置两根。

壁板的转角以及壁板与底板的连接处，凡按固定或弹性固定设计的，均宜加腋，并配置适量的构造钢筋。

采用分离式底板时，底板厚度不宜小于 120mm，常用 150～200mm，并在底板顶面配置不少于Φ8@200 的钢筋网。必要时在底板底面也应配置钢筋网，使底板在温、湿度变化影响以及地基中存在局部软弱土时，都不至于开裂。当分离式底板与壁板基础连成整体时，底板内的钢筋应锚固在壁板基础内。当必须利用底板内的钢筋来抵抗基础的滑移时，其锚固长度应不小于按充分受拉考虑的锚固长度 l_a。当必须设置分离缝时，应切实保证填缝的不透水性，以免万一漏水时产生渗水压力。

2. 配筋方式

矩形贮液结构的壁板及整体式底板中均采用网状配筋，配筋原则与双向板相同，但通常只采用分离式配筋。

矩形贮液结构的配筋构造关键在各转角处，图 9-33 所示为壁板转角处水平钢筋布置的几种方式。总的原则是钢筋类型要少，避免过多的交叉重叠，并保证钢筋的锚固长度。特别要注意转角处的内侧钢筋，如果它必须承担贮液结构内水压力引起的边缘负弯矩，则其伸入支承边内的锚固长度不应小于 l_a。为了满足这一要求，常常必须将其弯入相邻壁板，见图 9-33（b），此时应将它伸至受压区，即壁板外侧后再行弯折。如果两相邻壁板的内侧水平钢筋采用连续配筋时，则应采用图 9-33（c）所示的弯折方式。

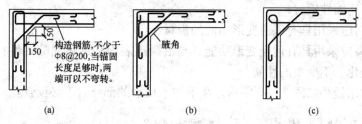

图 9-33　壁板转角处的水平钢筋布置

对于壁板与基础的固定连接构造，一般采用如图 9-34 或图 9-15（d）所示的形式；壁板顶端以水平框架梁作为壁板的侧向支承时，一般采用如图 9-35 所示的形式。

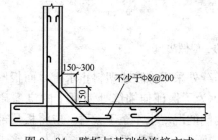

图 9-34　壁板与基础的连接方式

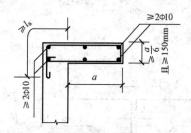

图 9-35　壁板顶水平框梁截面配筋方式

3. 变形缝和施工缝

大型贮液结构的长度、宽度较大时，应设置适应温度变化作用的伸缩缝，伸缩缝的间距可按表 9-24 的规定采用。

表 9-24　　　　　　　　　　矩形贮液结构的伸缩缝最大间距

结构类别	地基类别 工作条件	岩　基		土　基	
		露天	地下式或有保温措施	露天	地下式或有保温措施
砌体	砖	30		40	
	石	10		15	
钢筋混凝土	现浇混凝土	5	8	8	15
	装配整体式	20	30	30	40
	现浇	15	20	20	30

注　对于地下式或有保温措施的贮液结构，应考虑施工条件、温度和湿度等因素，外露时间较短时，应按露天条件设置伸缩缝。

当贮液结构的地基土有显著变化或承受的荷载差别较大时，应设置沉降缝加以分割。另外，贮液结构的伸缩缝或沉降缝应做成贯通式，在同一剖面上连同基础或底板断开。伸缩缝的缝宽不宜小于 20mm；沉降缝的缝宽不应小于 30mm。

钢筋混凝土贮液结构的伸缩缝和沉降缝的构造，应符合下列要求：

1）缝处的防水构造应由止水板材、填缝材料和嵌缝材料组成；

2）止水板材宜采用橡胶或塑料止水带，止水带与构件混凝土表面的距离不宜小于止水带埋入混凝土内的长度，当构件的厚度较小时，宜在缝的端部局部加厚，并宜在加厚截面的突缘外侧设置可压缩性板材；

3）填缝材料应采用具有适应变形功能的板材；

4）嵌缝材料应采用具有适应变形功能、与混凝土表面粘结牢固的柔性材料，并具有在环境介质中不老化、不变质的性能。

伸缩缝的常用做法如图 9-36 所示。在不与水接触的部分，不必设置止水片。

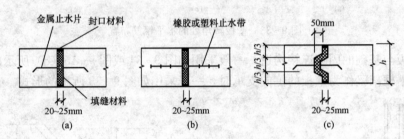

图 9-36 伸缩缝的一般做法

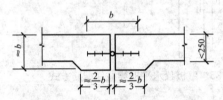

图 9-37 施工缝局部加厚构造

当伸缩缝处采用橡胶或塑料止水带，而板厚小于 250mm 时，为了保证伸缩缝处混凝土的浇灌质量及使止水带两侧的混凝土不至于太薄，应将板局部加厚（如图 9-37 所示）。加厚部分的板厚以与止水带宽相等为宜，每侧局部加厚的宽度以 2/3 止水带宽度为宜，加厚处应增设构造钢筋。

混凝土或钢筋混凝土构筑物的施工缝设置要求如下：

1）施工缝宜设置在构件受力较小的截面处；

2）施工缝处应有可靠的措施，保证先后浇筑的混凝土能良好固结，必要时宜加设止水构造；

3）为减少施工缝带来的不利影响，壁板宜连续施工，同时支模板时应注意钢模与木模的结合，具体参见参考文献 [26]、[27]。

4. 抗震构造要求

除满足圆形贮液结构的抗震构造措施外，对钢筋混凝土结构，当设防烈度为 8 度、9 度时，壁板拐角处里、外层水平向钢筋的配筋率均不宜小于 0.3%，伸入两侧壁板内的长度不应小于 1/2 壁板高度。另外，设防烈度为 8 度且位于 Ⅲ、Ⅳ 类场地上的有盖贮液结构，壁板高度应根据规范留有足够的干弦。

【例 9-2】 一无顶盖的地上式矩形贮液结构的平面净空尺寸为 $6.6m \times 18.0m$，壁板净高 4.2m，设计水深 4.0m，沿四周壁板顶部设置宽度为 700mm 的走道板。壁板除考虑水压力作用外，尚应考虑壁面当量温差 $\Delta T = 10℃$ 的作用。材料采用 C30 混凝土和 HPB235 级钢筋。地基土层为粘土，无地下水。地基承载力设计值 $f = 150kN/m^2$。底板内表面相对标高 -0.5m（地面相对标高为 ±0.000）。试对该贮液结构进行设计。

解 （一）结构布置及计算假定

1. 基本原则

（1）利用走道板作为壁板顶端的铰支承。

（2）长向壁板的长高比 $l/H=18/4.2=4.29>2.0$，故可取 1.0m 宽竖条作为计算单元，按顶部铰接、底部固定的梁式构件作竖向计算。

（3）短向壁板的长高比 $l/H=6.6/4.2=1.57$，在 0.5 与 2.0 之间，属双向板壁板。

（4）由于无地下水作用，底板可采用分离式，壁板下设条形基础，与底板连成整体。底板厚 150mm，内配 Φ8@200 双层钢筋网。

2. 初步确定截面尺寸

（1）长向壁板厚度及基础尺寸。在贮液结构内水压力作用下，壁板底端的最大负弯矩设计值为

$$M=-\frac{1}{15}P_{\mathrm{w}}H^2=-\frac{1}{15}\times1.2\times4.0\times10\times4.0^2=-51.2\mathrm{kN}\cdot\mathrm{m}$$

假设配筋率为 $\rho=\dfrac{A_{\mathrm{s}}}{bh_0}=0.5\%$，则相对受压区高度为

$$\xi=\rho\frac{f_{\mathrm{y}}}{\alpha_1 f_{\mathrm{c}}}=0.005\times\frac{210}{1.0\times14.3}=0.073\,4$$

相应的内力臂系数 $\gamma_{\mathrm{s}}=1-0.5\xi=0.963\,3$，则截面的有效高度 h_0 为

$$h_0=\sqrt{\frac{M}{\alpha_1 f_{\mathrm{c}}b\xi\gamma_{\mathrm{s}}}}=\sqrt{\frac{51.2\times10^6}{1.0\times14.3\times1000\times0.073\,4\times0.963\,3}}=225.0\mathrm{mm}$$

由此，初步选定长向壁板厚度为 250mm，且采用等厚度壁板。基础高度取 300mm，基础宽度经试算采用 2.2m，向壁板外侧挑出 0.5m，向壁板内侧挑出 1.45m，如图 9-38 所示。

（2）短向壁板厚度。取底端竖向弯矩作为估算短向壁板厚度的依据。由附表 5 查得，当 $l_{\mathrm{y}}/l_{\mathrm{x}}=0.64$ 时
$M_{\mathrm{y}}^0=-0.054\,9p_{\mathrm{w}}l_{\mathrm{y}}^2=-0.054\,9\times1.2\times40\times4.2^2$
$=-46.485\mathrm{kN}\cdot\mathrm{m/m}$

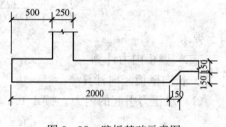

图 9-38　壁板基础示意图

同上，假设配筋率为 $\rho=0.5\%$，则 $\xi=0.073\,4$，$\gamma_{\mathrm{s}}=0.963\,3$，则截面的有效高度为

$$h_0=\sqrt{\frac{M}{\alpha_1 f_{\mathrm{c}}b\xi\gamma_{\mathrm{s}}}}=\sqrt{\frac{46.485\times10^6}{1.0\times14.3\times1000\times0.073\,4\times0.963\,3}}=214.4\mathrm{mm}$$

由此，短向壁板厚度同样取 250mm。

（3）走道板的布置及截面尺寸。走道板除四周壁板布置外，考虑到需作为壁板顶部的侧向铰支承，故对两长向壁板上的走道板每隔 4.5m 设置一道拉梁，并将拉梁断面设计成 T 形，使之也能起到走道板的作用。四周走道板的厚度采用 150mm。走道板及拉梁的布置如图 9-39 所示。

现根据以上布置及所确定的构件截面尺寸，验算走道板是否满足作为壁板顶端侧向铰支承的条件式（9-40）。此时

$$\beta_1=\frac{I_{\mathrm{b}}}{I_1}=\frac{0.15\times0.7^3}{1\times0.25^3}=3.29$$

壁板的计算高度由基础顶面取至走道板厚度中心处，即

$$H=4.2-\frac{0.15}{2}=4.125\mathrm{m}$$

由表 9-19 查得 $\psi=0.226\,8$。对于长向壁板，走道板的水平向计算跨度可取为 $l=4.5\mathrm{m}$；

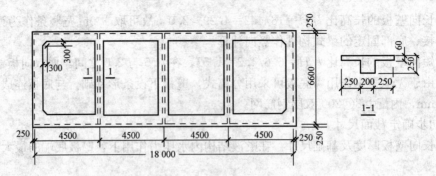

图 9-39　走道板布置图

对于短向壁板，可取两长向走道板宽度中心到中心的距离，即 $l = 6.6 + 2 \times 0.25 - 0.7 = 6.4\text{m}$。由此可见，只要短向壁板符合要求，则长向壁板亦符合要求。对短向壁板，因

$$\xi = \frac{l}{H} = \frac{6.4}{4.125} = 1.55$$

则

$$\psi\xi^4 H = 0.226\ 8 \times 1.55^4 \times 4.125 = 5.40 > \beta_1 = 3.29$$

不符合作为侧向不动铰支承的条件。现将走道板的宽度增大为 0.85m，则

$$\beta_1 = \frac{I_b}{I_1} = \frac{0.15 \times 0.85^3}{1 \times 0.25^3} = 5.90 > \psi\xi^4 H = 5.40$$

符合要求。

（二）壁板内力计算

1. 长向壁板竖向计算

（1）水压力引起的内力。按 4.0m 水深计算的壁板底端最大水压力设计值为

$$p_w = 1.2 \times 10 \times 4.0 = 48.0\text{kN/m}$$

壁板计算简图如图 9-40（a）所示。壁板内力按表 9-15 序号 3 的公式计算，所得弯矩 M_x 如图 9-40（b）所示，计算过程从略。弯矩图上注明的弯矩是与相对坐标 $\frac{x}{H} = 0.2$、0.4、0.6、0.8 和 1.0 相对应的。

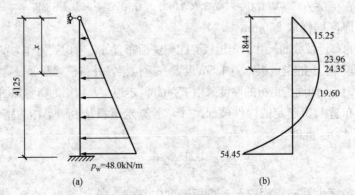

图 9-40　壁板计算简图及弯矩图

壁板上、下端的剪力分别为

$$V_2 = \frac{1}{10} p_w H = \frac{1}{10} \times 48.0 \times 4.125 = 19.80 \text{kN/m（指向壁板内）}$$

$$V_1 = -\frac{2}{5} p_w H = -\frac{2}{5} \times 48.0 \times 4.125 = -79.20 \text{kN/m（指向壁板内）}$$

严格地说，尚应考虑走道板作为悬壁板对壁板的影响，但因此处影响很小，故可忽略不计。

（2）壁面温差引起的内力。由壁面当量温差引起的壁板弯矩 M_x^T 按式（9-45）计算，并应乘以折减系数 0.65 和荷载分项系数 $\gamma_T = 1.2$，即

$$M_x^T = 0.65\gamma_T \frac{\alpha_T \Delta T E h^2}{8} \times \frac{x}{H} = 1.2 \times 0.65 \times \frac{1 \times 10^{-5} \times 10 \times 3.00 \times 10^4 \times 250^2}{8} \times \frac{x}{H}$$

$$= 0.018\,3 \times 10^6 \frac{x}{H} \text{ N} \cdot \text{mm/mm} = 18.3 \frac{x}{H} \text{ kN} \cdot \text{m/m}$$

需注意的是，M_x^T 是壁板底部最大的线性变化弯矩，其正负号与 ΔT 的正负号有关，M_x^T 将使湿度（温度）低的一侧壁面受拉。地上式贮液结构一般总是壁板内侧的湿度高于壁外侧，故当 M_x^T 采用与水压力引起的弯矩 [图 9-40（b）] 一致的符号规则时，M_x^T 应为使壁板外侧受拉的正号弯矩。沿壁板高度各点的 M_x^T 值计算结果列于表 9-25 中。

表 9-25　　　　　　　　　　　　　　M_x^T　值

x/H	0.2	0.4	0.447	0.6	0.8	1.0
x(m)	0.825	1.650	1.845	2.475	3.300	4.125
M_x^T(kN·m/m)	3.66	7.32	8.18	10.98	14.64	18.30

ΔT 使壁板两端产生的剪力为

$$V_1^T = V_2^T = 0.65\gamma_T \frac{\alpha_T \Delta T E h^2}{8H} = 1.2 \times 0.65 \times \frac{1 \times 10^{-5} \times 10 \times 3.00 \times 10^4 \times 250^2}{8 \times 4125}$$

$$= 4.43 \text{N/mm} = 4.43 \text{kN/m}　（V_1^T \text{指向壁板外}, V_2^T \text{指向壁板内}）$$

（3）内力组合。根据以上计算，图 9-40（b）所示弯矩为第一种组合（贮液结构内满水）下的弯矩设计值；第二种组合（贮液结构内满水及壁面当量温差作用）下的弯矩设计值为图 9-40（b）与表 9-25 所列弯矩值的叠加。现将两种弯矩组合值列于表 9-26 中。壁板最不利弯矩包络图见图 9-41。

壁板上下端的剪力组合值：

第一种组合　　　　　$V_2 = 19.80 \text{kN/m}$　　（指向壁板内）

　　　　　　　　　　$V_1 = -79.20 \text{kN/m}$　　（指向壁板内）

第二种组合　　　　　$V_2 = 24.23 \text{kN/m}$　　（指向壁板内）

　　　　　　　　　　$V_1 = -74.77 \text{kN/m}$　　（指向壁板内）

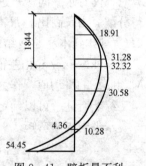

图 9-41　壁板最不利弯矩包络图

表 9-26　　　　　　　　　　　　　　长向壁板竖向弯矩组合值

x/H		0.2	0.4	0.447	0.6	0.8	1.0
x(m)		0.825	1.650	1.845	2.475	3.300	4.125
M_x^T	第一种组合	15.25	23.96	24.35	19.60	−4.36	−54.45
(kN·m/m)	第二种组合	18.91	31.28	32.53	30.58	10.28	−36.15

2. 短向壁板内力及长向壁板角隅水平弯矩、水平拉力计算

计算短向壁板内力及长向壁板角隅水平弯矩、水平拉力时，应考虑相邻壁板的相互影响。现按简化的力矩分配法进行计算。

(1) 短向壁板在水压力作用下按顶部铰支、其他三边固定的双向板计算弯矩。短向壁板竖向计算高度取 $l_y = 4.125\text{m}$，水平向计算高度取 $l_x = 6.6 + 0.25 = 6.85\text{m}$，则 $l_y/l_x = 0.60$，弯矩系数可由附表 5 查出。各项弯矩计算如下：

水平向固端弯矩

$$\overline{M}_x = -0.036\,2p_w l_y^2 = -0.036\,2 \times 48 \times 4.125^2 = -29.57\text{kN} \cdot \text{m/m}$$

竖向底端固端弯矩

$$\overline{M}_y^0 = -0.057\,2p_w l_y^2 = -0.057\,2 \times 48 \times 4.125^2 = -46.72\text{kN} \cdot \text{m/m}$$

水平向跨中弯矩

$$\overline{M}_x = \left(0.006\,8 + \frac{1}{6} \times 0.021\,7\right)p_w l_y^2 = 0.010\,4 \times 48 \times 4.125^2 = 8.49\text{kN} \cdot \text{m/m}$$

竖向跨中弯矩

$$\overline{M}_y = \left(0.021\,7 + \frac{1}{6} \times 0.006\,8\right)p_w l_y^2 = 0.022\,8 \times 48 \times 4.125^2 = 18.62\text{kN} \cdot \text{m/m}$$

在计算跨中弯矩时，考虑了泊松效应，即弯矩系数是按式 (8-12)、式 (8-13) 确定的，计算时取混凝土的泊松系数 $\mu = \dfrac{1}{6}$。

(2) 水压力作用下长向壁板按固定棱边计算角隅水平弯矩。此时角隅弯矩按式 (9-48) 计算，弯矩系数可由表 9-23 查得，即

$$\overline{M}_c = -0.035p_w H^2 = -0.035 \times 48 \times 4.125^2 = -28.59\text{kN} \cdot \text{m/m}$$

(3) 水压力作用下考虑相邻壁板相互影响的短向壁板弯矩。按简化的力矩分配法进行计算时，仅对水平向弯矩进行分配调整。结点不平衡弯矩按汇交于同一结点各壁板的线刚度进行分配。当长高比 $l/H > 2.0$ 时，长向壁板的水平向线刚度可近似地取有效壁板长为 $l = 2H$。具体到本题贮液结构，由于结点不平衡弯矩很小，即 $\overline{M}_x = -29.57\text{kN} \cdot \text{m/m}$，$\overline{M}_c = -28.59\text{kN} \cdot \text{m/m}$ 相差很小，故可不严格按照线刚度进行不平衡弯矩的分配，而近似地取 $\overline{M}_x$ 和 $\overline{M}_c$ 的平均值，作为短向壁板的水平向端弯矩和长向壁板的角隅弯矩。

综上所述，可以确定短向壁板在水压力作用下的各项弯矩设计值。

水平向支座弯矩

$$M_x^0 = \frac{\overline{M}_x + \overline{M}_c}{2} = -\frac{29.57 + 28.59}{2} = -29.08\text{kN} \cdot \text{m/m}$$

水平向跨中弯矩

$$M_x = \overline{M}_x + \Delta M_x = 8.49 + (29.57 - 29.08) = 8.98\text{kN} \cdot \text{m/m}$$

竖向底端弯矩

$$M_y^0 = \overline{M}_y^0 = -46.72\text{kN} \cdot \text{m/m}$$

竖向跨中弯矩

$$M_y = \overline{M}_y = 18.62\text{kN} \cdot \text{m/m}$$

(4) 水压力作用下短向壁板的周边剪力。短向壁板的周边剪力沿边长是不均匀分布的，计算时可取平均值。各边剪力平均值利用附录 8 的公式及四边铰支板作用有三角形荷载和周

边弯矩的反力系数，用叠加法求得。三角形荷载作用下的反力系数按$\dfrac{l_x}{l_y}=\dfrac{6.85}{4.125}=1.66$查附表 8-4（2）求得，侧边作用有边缘弯矩时的反力系数按$\dfrac{l_x}{l_y}=\dfrac{6.85}{4.125}=1.66$查附表 8-4（5）求得，底边作用有边缘弯矩时的反力系数应以壁高为l_x，壁长为l_y，即$\dfrac{l_y}{l_x}=\dfrac{4.125}{6.85}=0.60$查附表 8-4（5）求得。

顶边剪力平均值

$$V_{y0,2}=0.124\,2p_wl_y-2\times0.863\,0\frac{M_x^0}{l_y}-0.519\,8\frac{M_y^0}{l_x}$$

$$=0.124\,2\times48\times4.125-2\times0.863\,0\times\frac{29.08}{4.125}-0.519\,8\times\frac{46.72}{6.85}$$

$$=8.879\text{kN/m}\quad（指向壁板内）$$

底边剪力平均值

$$V_{y0,1}=0.277\,1p_wl_y-2\times0.863\,0\frac{M_x^0}{l_y}+0.833\,6\frac{M_y^0}{l_x}$$

$$=0.277\,1\times48\times4.125-2\times0.863\,0\times\frac{29.08}{4.125}+0.833\,6\times\frac{46.72}{6.85}$$

$$=48.384\text{kN/m}\quad（指向壁板内）$$

侧边剪力平均值

$$V_{x0}=0.113\,1p_wl_x+(1.937\,9-0.102\,2)\frac{M_x^0}{l_y}-2.046\,2\frac{M_y^0}{l_x}$$

$$=0.113\,1\times48\times6.85+(1.937\,9-0.102\,2)\times\frac{29.08}{4.125}-2.046\,2\times\frac{46.72}{6.85}$$

$$=36.172\text{kN/m}\quad（指向壁板内）$$

（5）水压力作用下长向壁板角隅水平弯矩及水平拉力。相邻壁板相互影响的长向壁板角隅水平弯矩，即等于短向壁板的M_x^0，故

$$M_c=M_x^0=-29.08\text{kN·m/m}$$

长向壁板在角隅处的水平拉力等于相邻短向壁板的边缘剪力，即

$$N_{c0}=V_{x0}=36.172\text{kN/m}$$

式中：N_{c0}为长向壁板角隅水平拉力的平均值，kN/m。

（6）水压力作用下短向壁板的水平拉力。短向壁板的水平拉力等于长向壁板的侧边剪力。四边支撑的长向壁板的侧边剪力，可近似地按$\dfrac{l_x}{l_y}=2.0$的双向板计算，因此，短向壁板的水平拉力平均值可按下式计算

$$N_{x0}=0.095\,1p_w(2l_y)+(2.333\,5-0.047\,8)\frac{M_c}{l_y}-2.231\,1\frac{M_{x1}}{2l_y}$$

$$=0.095\,1\times48.0\times(2\times4.125)+(2.333\,5-0.047\,8)\times\frac{29.08}{4.125}$$

$$-2.231\,1\times\frac{54.45}{2\times4.125}=39.048\text{kN/m}$$

式中：M_c为长向壁板的角隅弯矩，kN·m/m；M_{x1}为长向壁板按竖向单向计算的底端弯矩，

kN・m/m。在代入上式计算时，M_c 和 M_{x1} 均取正号。

（7）壁面温差作用下的短向壁板内力，长向壁板角隅弯矩及水平拉力。短向壁板按顶边铰支、三边固定计算时，壁面温差引起的弯矩可按式（9-49）计算，并乘以荷载分项系数 $\gamma_T = 1.2$，弯矩系数由附录 8-2 查得。各项弯矩计算如下。

底端竖向弯矩

$$\overline{M}_y^{0T} = 0.65 \times 0.132\,3\alpha_T \Delta TEh^2 \gamma_T$$

$$= 0.65 \times 0.132\,3 \times 1 \times 10^{-5} \times 10 \times 3.00 \times 10^4 \times 250^2 \times 1.2$$

$$= 0.019\,3 \times 10^6 \text{N} \cdot \text{mm/mm} = 19.3 \text{kN} \cdot \text{m/m}（壁板外受拉）$$

跨中竖向弯矩

$$\overline{M}_y^T = 0.65 \times 0.084\,5\alpha_T \Delta TEh^2 \gamma_T$$

$$= 0.65 \times 0.084\,5 \times 1 \times 10^{-5} \times 10 \times 3.00 \times 10^4 \times 250^2 \times 1.2$$

$$= 0.012\,4 \times 10^6 \text{N} \cdot \text{mm/mm} = 12.4 \text{kN} \cdot \text{m/m}（壁板外受拉）$$

侧边水平弯矩

$$\overline{M}_x^{0T} = 0.65 \times 0.133\,4\alpha_T \Delta TEh^2 \gamma_T$$

$$= 0.133\,4 \times 1 \times 10^{-5} \times 10 \times 3.00 \times 10^4 \times 250^2 \times 0.65 \times 1.2$$

$$= 0.019\,5 \times 10^6 \text{N} \cdot \text{mm/mm} = 19.5 \text{kN} \cdot \text{m/m}（壁板外受拉）$$

跨中水平弯矩

$$\overline{M}_x^T = 0.65 \times 0.086\,8\alpha_T \Delta TEh^2 \gamma_T$$

$$= 0.65 \times 0.086\,8 \times 1 \times 10^{-5} \times 10 \times 3.00 \times 10^4 \times 250^2 \times 1.2$$

$$= 0.012\,7 \times 10^6 \text{N} \cdot \text{mm/mm} = 12.7 \text{kN} \cdot \text{m/m}（壁板外受拉）$$

长向壁板在壁面温差作用下的固定棱边角隅弯矩，可近似地将长壁取为 $\dfrac{l_x}{l_y} = 2.0$ 的三边固定、顶边铰支的双向板，利用附录 8-2 进行计算。以 $\overline{M}_c^T$ 表示壁面温差引起的长壁固定棱边角隅弯矩，则

$$\overline{M}_c^T = 0.65 \times 0.132\,4\alpha_T \Delta TEh^2 \gamma_T$$

$$= 0.65 \times 0.132\,4 \times 1 \times 10^{-5} \times 10 \times 3.00 \times 10^4 \times 250^2 \times 1.2$$

$$= 0.019\,4 \times 10^6 \text{N} \cdot \text{mm/mm} = 19.4 \text{kN} \cdot \text{m/m}（壁板外受拉）$$

$\overline{M}_c^T$ 与短壁的 $\overline{M}_x^{0T}$ 基本相等，取平均值即为 19.45kN・m/m，因此，短向壁板的跨中弯矩可以不调整。考虑相邻壁板相互影响后的各项弯矩为

$$M_y^{0T} = \overline{M}_y^{0T} = 19.3 \text{kN} \cdot \text{m/m}（壁板外受拉）$$

$$M_y^T = \overline{M}_y^T = 12.4 \text{kN} \cdot \text{m/m}（壁板外受拉）$$

$$M_x^{0T} = (\overline{M}_x^{0T} + \overline{M}_c^T)/2 = 19.45 \text{kN} \cdot \text{m/m}（壁板外受拉）$$

$$M_x^T = \overline{M}_x^T = 12.7 \text{kN} \cdot \text{m/m}（壁板外受拉）$$

长壁角隅水平弯矩 $M_c^T = \overline{M}_x^{0T} = 19.45 \text{kN} \cdot \text{m/m}（壁外受拉）$

利用以上计算所得边缘弯矩，可以按附录 8-4 计算壁板的边缘剪力平均值。

对于短向壁板

$$V_{y0,2}^T = -2 \times 0.863\,0\,\frac{M_x^{0T}}{l_y} - 0.519\,8\,\frac{M_y^{0T}}{l_x}$$

$$= -2 \times 0.863\,0 \times \frac{-19.45}{4.125} - 0.519\,8 \times \frac{-19.3}{6.85}$$

$$= 9.603 \text{kN} \cdot \text{m/m}（指向壁板内）$$

$$V_{y0,1}^{\text{T}} = -2 \times 0.863\,0\,\frac{M_x^{0\text{T}}}{l_y} + 0.833\,6\,\frac{M_y^{0\text{T}}}{l_x}$$

$$= -2 \times 0.863\,0 \times \frac{-19.45}{4.125} + 0.833\,6 \times \frac{-19.3}{6.85}$$

$$= 5.790 \text{kN} \cdot \text{m/m}（指向壁板内）$$

$$V_{x0}^{\text{T}} = (1.937\,9 - 0.102\,2)\,\frac{M_x^{0\text{T}}}{l_y} - 2.046\,2\,\frac{M_y^{0\text{T}}}{l_x}$$

$$= (1.937\,9 - 0.102\,2) \times \frac{-19.45}{4.125} - 2.046\,2 \times \frac{-19.3}{6.85}$$

$$= -2.890 \text{kN} \cdot \text{m/m}（指向壁外）$$

以上计算中所有边缘弯矩都取"一"号，是因为这些弯矩的作用方向和附录 8-4（2）所示边缘弯矩（使壁板内受拉）的作用方向相反。

长向壁板的侧边剪力平均值，可将长向壁板视为 $\frac{l_x}{l_y} = 2.0$ 的三边固定、顶边铰支双向板进行近似计算，计算此剪力是为了确定短壁的水平轴向力 N_{x0}^{T}，故直接用此符号表示，即

$$N_{x0}^{\text{T}} = (2.333\,5 - 0.047\,8)\,\frac{M_c^{\text{T}}}{l_y} - 2.231\,1\,\frac{M_{x1}^{\text{T}}}{2l_y}$$

$$= (2.333\,5 - 0.047\,8) \times \frac{-19.45}{4.125} - 2.231\,1 \times \frac{-18.30}{2 \times 4.125}$$

$$= -5.828 \text{kN/m}（压力）$$

式中：M_{x1}^{T} 为壁面温差引起的长壁底端弯矩，kN · m/m。

（8）内力组合。根据以上计算的计算，现将截面设计所需要的内力组合值列于表 9-27 中。第一种组合为仅有贮液结构内水压力作用；第二种组合为贮液结构内水压力和壁面当量温差共同作用。由于短向壁板的斜截面受剪承载力不起控制作用，故短壁的剪力组合值未列出。

表 9-27　　　　　　　　　　短壁内力及长壁角隅内力组合值

内力	短 向 壁 板					长 向 壁 板	
	M_y^0	M_y	M_x^0	M_x	N_{x0}	M_c	N_{c0}
第一种组合	-46.72	18.62	-29.08	8.98	30.992	-29.08	31.024
第二种组合	-27.42	31.02	-9.63	21.68	30.552	-9.63	31.577

注　弯矩以 kN · m/m 为单位，轴向力以 kN/m 为单位。正弯矩使壁外受拉，轴向力为拉力。

（三）壁板截面设计

1. 长向壁板

（1）竖向钢筋计算。壁板竖向按受弯构件计算，内侧钢筋由底端负弯矩确定。由表 9-26 可知，起控制作用的为第一种内力组合值，即 $M_{x1} = -54.45 \text{kN} \cdot \text{m/m}$。取 $h_0 = h - 35 = 250 - 35 = 215 \text{mm}$，则

$$\alpha_s = \frac{M}{\alpha_1 f_c b h_0^2} = \frac{54.45 \times 10^6}{1.0 \times 14.3 \times 1000 \times 215^2} = 0.082\,4$$

相应的 $\xi=0.086<\xi_b=0.614$。$\rho=\xi\dfrac{f_c}{f_y}=0.086\times14.3/210=0.59\%>\rho_{min}=0.45\dfrac{f_t}{f_y}=0.306\%$。
需要的钢筋截面面积为

$$A_s=\rho bh_0=0.005\,9\times1000\times215=1268.5\text{mm}^2$$

选用 $\phi\,12/14@100$，$A_s=1335\text{mm}^2$。

外侧钢筋由竖向跨中最大弯矩确定，起控制作用的为第二种内力组合值。即 $M_{x,max}=32.53\text{kN}\cdot\text{m/m}$。
则

$$\alpha_s=\frac{M}{\alpha_1f_cbh_0^2}=\frac{32.53\times10^6}{1.0\times14.3\times1000\times215^2}=0.049$$

相应的 $\xi=0.05$，$\rho=\xi\dfrac{f_c}{f_y}=0.05\times14.3/210=0.34\%>0.306\%$，故

$$A_s=\rho bh_0=0.003\,4\times1000\times215=731\text{mm}^2$$

选用 $\phi\,10@100$，$A_s=785\text{mm}^2$。

(2) 水平钢筋计算。长向壁板中间区段的水平钢筋根据构造，按总配筋率 $\dfrac{A_s}{\rho h}=0.4\%$ 配置，则每米高内所需钢筋面积为 $A_s=0.004\times1000\times250=1000\text{mm}^2$。现采用内外侧均配 $\phi\,12@200$，则 $A_s=1131\text{mm}^2$。

角隅处水平钢筋应根据角隅水平弯矩及水平拉力，按偏心受拉构件计算确定。由表 9-27可知，起控制作用的是第一种组合内力值，即 $M_c=-29.08\text{kN}\cdot\text{m/m}$，$N_{c0}=31.024\text{kN/m}$。此时偏心距为

$$e_0=\frac{M}{N}=\frac{29.08}{36.172}=0.804\text{m}=804\text{mm}>\frac{h}{2}-a_s=\frac{250}{2}-40=85\text{mm}$$

故属于大偏心受拉构件。上式中取 $a_s=40\text{mm}$，系考虑水平钢筋置于竖向钢筋内侧。
偏心拉力至受拉钢筋合力作用点的距离为

$$e=e_0-\frac{h}{2}+a_s=804-\frac{250}{2}+40=719\text{mm}$$

则

先取 $\xi=\xi_b=0.614$，则

$$A_s'=\frac{N_ue-\alpha_1f_cbh_0^2(\xi_b-0.5\xi_b^2)}{f_y'(h_0-a_s')}$$

$$=\frac{36.172\times10^3\times719-14.3\times1000\times210^2\times(0.614-0.5\times0.614^2)}{210\times(210-40)}$$

$$=-6788\text{mm}^2<0$$

取 $A_s'=\rho_{min}'bh=0.002\times1000\times250=500\text{mm}^2$。选用 $\phi\,12@200$，$A_s'=565\text{mm}^2$。
此时，问题变为已知 A_s' 求 A_s。因为

$$N_ue=\alpha_1f_cbx\left(h_0-\frac{x}{2}\right)+f_y'A_s'(h_0-a_s')$$

$$=\alpha_1f_cbh_0^2\left(\xi-\frac{1}{2}\xi^2\right)+f_y'A_s'(h_0-a_s')$$

故将 A_s' 代入上式，有

$$36.172 \times 10^3 \times 719 = 14.3 \times 1000 \times 210^2 \times \left(\xi - \frac{1}{2}\xi^2\right) + 210 \times 565 \times (210 - 40)$$

整理后得到

$$\xi^2 - 2\xi + 0.0185 = 0$$

解得　$\xi = 0.00929$，$x = \xi h_0 = 2.0\text{mm} < 2a_s' = 80\text{mm}$，故取 $x = 80\text{mm}$，因为

$$e' = \frac{h}{2} + e_0 - a_s' = \frac{250}{2} + 804 - 40 = 889\text{mm}$$

则

$$A_s = \frac{N_u e'}{f_y(h_0' - a_s)} = \frac{36.172 \times 10^3 \times 889}{210 \times (210 - 40)} = 900.8\text{mm}^2$$

$$> 0.45 \frac{f_t}{f_y} bh = 0.45 \times \frac{1.43}{210} \times 1000 \times 250 = 766\text{mm}^2（满足要求）。$$

选用 $\Phi 10/12@100$，$A_s' = 958\text{mm}^2$。即除将中段内侧钢筋 $\Phi 12@200$ 伸入支座外，另增加 $\Phi 10@200$ 短钢筋。受压钢筋 A_s' 则将中段外侧钢筋 $\Phi 12@200$ 伸入支座。

（3）裂缝宽度验算。

1）竖向壁底截面。该处按荷载标准效应组合计算的弯矩值为

$$M_k = \frac{54.45}{1.2} = 45.38\text{kN} \cdot \text{m/m}$$

裂缝截面的钢筋应力为

$$\sigma_{sk} = \frac{M_k}{0.87 h_0 A_s} = \frac{45.38 \times 10^6}{0.87 \times 215 \times 1335} = 181.7\text{N/mm}^2$$

按有效受拉区计算的受拉钢筋配筋率

$$\rho_{te} = \frac{A_s}{0.5bh} = \frac{1335}{0.5 \times 1000 \times 250} = 0.0107$$

钢筋应变不均匀系数

$$\psi = 1.1 - \frac{0.65 f_{tk}}{\rho_{te}\sigma_{sk}} = 1.1 - \frac{0.65 \times 2.01}{0.0107 \times 181.7} = 0.428$$

受拉钢筋的换算直径为

$$d_{eq} = \frac{5 \times 12^2 + 5 \times 14^2}{5 \times (12 + 14)} = 13.1\text{mm}$$

最大裂缝宽度为

$$w_{max} = 2.1\psi \frac{\sigma_{sk}}{E_s}\left(1.9c + 0.08\frac{d_{eq}}{\rho_{te}}\right)$$

$$= 2.1 \times 0.428 \times \frac{181.7}{2.1 \times 10^5} \times \left(1.9 \times 25 + 0.08 \times \frac{13.1}{0.0107}\right)$$

$$= 0.113\text{mm} < 0.25\text{mm}（符合要求）$$

2）竖向跨中截面

$$M_k = \frac{32.53}{1.2} = 27.11\text{kN} \cdot \text{m/m}$$

$$\sigma_{sk} = \frac{M_k}{0.87 h_0 A_s} = \frac{27.11 \times 10^6}{0.87 \times 215 \times 785} = 184.6\text{N/mm}^2$$

$$\rho_{te} = \frac{A_s}{0.5bh} = \frac{785}{0.5 \times 1000 \times 250} = 0.0063 < 0.01$$

取 $\rho_{te}=0.01$。

$$\psi = 1.1 - \frac{0.65 f_{tk}}{\rho_{te}\sigma_{sk}} = 1.1 - \frac{0.65 \times 2.01}{0.01 \times 184.6} = 0.392$$

$$w_{max} = 2.1\psi\frac{\sigma_{sk}}{E_s}\left(1.9c + 0.08\frac{d_{eq}}{\rho_{te}}\right)$$

$$= 2.1 \times 0.392 \times \frac{184.6}{2.1 \times 10^5} \times \left(1.9 \times 25 + 0.08 \times \frac{10}{0.01}\right)$$

$$= 0.09\text{mm} < 0.20\text{mm}(符合要求)$$

3）角隅边缘截面。该处按荷载标准效应组合计算的弯矩和轴向拉力分别为

$$M_k = \frac{29.08}{1.2} = 24.23\text{kN} \cdot \text{m/m}$$

$$N_k = \frac{36.172}{1.2} = 30.143\text{kN} \cdot \text{m/m}$$

轴向拉力 N_s 相当于具有偏心距

$$e_{0k} = \frac{M_k}{N_k} = \frac{24.23}{30.143} = 0.804\text{m} = 804\text{mm}$$

N_k 至受压钢筋合力作用点的距离为

$$e' = e_{0k} + \frac{h}{2} - a_s' = 804 + \frac{250}{2} - 40 = 889\text{mm}$$

$$\sigma_{sk} = \frac{N_s e'}{A_s(h_0 - a_s')} = \frac{30\ 143 \times 889}{958 \times (210 - 40)} = 165\text{N/mm}^2$$

$$\rho_{te} = \frac{A_s}{0.5bh} = \frac{958}{0.5 \times 1000 \times 250} = 0.007\ 7 < 0.01$$

取 $\rho_{te}=0.01$。

$$\psi = 1.1 - \frac{0.65 f_{tk}}{\rho_{te}\sigma_{sk}} = 1.1 - \frac{0.65 \times 2.01}{0.01 \times 165} = 0.308\ 2$$

受拉钢筋的换算直径为

$$d_{eq} = \frac{5 \times 10^2 + 5 \times 12^2}{5 \times (10 + 12)} = 11.09\text{mm}$$

由于水平钢筋置于竖向钢筋内侧，故水平钢筋净保护层厚度 $c=35\text{mm}$。
最大裂缝宽度

$$w_{max} = 2.4\psi\frac{\sigma_{sk}}{E_s}\left(1.9c + 0.08\frac{d_{eq}}{\rho_{te}}\right)$$

$$= 2.4 \times 0.308\ 2 \times \frac{165}{2.1 \times 10^5} \times \left(1.9 \times 35 + 0.08 \times \frac{11.9}{0.01}\right)$$

$$= 0.094\text{mm} < 0.25\text{mm}(符合要求)$$

2. 短向壁板

（1）竖向钢筋计算。竖向钢筋按受弯构件计算，内侧钢筋按底端负弯矩确定。由表 9 - 27可知，起控制作用的为第一种组合弯矩值 $M_y^0 = -46.72\text{kN} \cdot \text{m/m}$。钢筋面积计算如下

$$\alpha_s = \frac{M}{\alpha_1 f_c b h_0^2} = \frac{46.72 \times 10^6}{1.0 \times 14.3 \times 1000 \times 215^2} = 0.071$$

相应的 $\xi=0.073<\xi_b=0.614$。$\rho=\xi\frac{f_c}{f_y}=0.073\times14.3/210=0.497\%>\rho_{min}=0.306\%$，则

$$A_s = \rho b h_0 = 0.004\ 97 \times 1000 \times 215 = 1068.6\text{mm}^2$$

选用Φ 12@100，$A_s = 1131\text{mm}^2$。

外侧钢筋按竖向跨中正弯矩确定。由表 9 - 27 可知，起控制作用的是第二种组合弯矩值 $M_y = 31.02\text{kN} \cdot \text{m/m}$。钢筋面积计算如下

$$\alpha_s = \frac{M}{\alpha_1 f_c b h_0^2} = \frac{31.02 \times 10^6}{1.0 \times 14.3 \times 1000 \times 215^2} = 0.047$$

相应的 $\xi = 0.048 < \xi_b = 0.614$。$\rho = \xi \dfrac{f_c}{f_y} = 0.048 \times 14.3/210 = 0.327\% > \rho_{\min} = 0.306\%$，则

$$A_s = \rho b h_0 = 0.003\ 27 \times 1000 \times 215 = 703\text{mm}^2$$

选用Φ 10@100，$A_s = 785\text{mm}^2$。

（2）水平钢筋计算。水平钢筋按偏心受拉构件计算，支座钢筋取决于支座负弯矩及相应的水平拉力。由表 9 - 27 可知，起控制作用的是第一种组合的 $M_x' = -29.08\text{kN} \cdot \text{m/m}$ 及 $N_{x0} = 39.048\text{kN/m}$。考虑到 M_x' 与长壁角隅弯矩 M_c 相等，N_{x0} 与长壁的角隅水平拉力 $N_{c0} = 36.172\text{kN/m}$ 也非常接近，故短壁的侧边支座水平钢筋，可以采用与长壁角隅处水平钢筋相同的配筋，即内侧用Φ 10/12@100，$A_s = 958\text{mm}^2$；外侧用Φ 12@200，$A_s' = 565\text{mm}^2$。

跨中水平钢筋（外侧受拉）由水平向跨中弯矩及相应的水平拉力（与支座截面处相等）确定。由表 9 - 27 可知，起控制作用的是第二种组合的 $M_x = 21.68\text{kN} \cdot \text{m/m}$，$N_{x0} = 30.552\text{kN/m}$。轴向拉力相当于具有偏心距

$$e_0 = \frac{M}{N} = \frac{21.68}{30.344} = 0.714\text{m} = 714\text{mm}$$

而 $\dfrac{h}{2} - a_s = \dfrac{250}{2} - 40 = 85\text{mm} < e_0$，故属于大偏心受拉构件。

偏心拉力对受拉钢筋合力作用点的距离为

$$e = e_0 - \frac{h}{2} + a_s = 714 - \frac{250}{2} + 40 = 629\text{mm}$$

则

先取 $\xi = \xi_b = 0.614$

则

$$\begin{aligned}
A_s' &= \frac{N_u e - \alpha_1 f_c b h_0^2 (\xi_b - 0.5\xi_b^2)}{f_y'(h_0 - a_s')} \\
&= \frac{30.344 \times 10^3 \times 629 - 1.0 \times 14.3 \times 1000 \times 210^2 \times (0.614 - 0.5 \times 0.614^2)}{210 \times (210 - 40)} \\
&= -6982\text{mm}^2 < 0
\end{aligned}$$

取　$A' = \rho_{\min}' b h = 0.002 \times 1000 \times 250 = 500\text{mm}^2$

内侧选用Φ 12@200，$A_s' = 565\text{mm}^2$。

此时，问题变为已知 A_s' 求 A_s。由

$$N_u e = \alpha_1 f_c b h_0^2 \left(\xi - \frac{1}{2}\xi^2\right) + f_y' A_s'(h_0 - a_s')$$

故将 A_s' 代入上式，有

$$30.344 \times 10^3 \times 629 = 1.0 \times 14.3 \times 1000 \times 210^2 \times \left(\xi - \frac{1}{2}\xi^2\right) + 210 \times 565 \times (210 - 40)$$

整理后得到

$$\xi^2 - 2\xi - 0.003\,44 = 0$$

解得　$\xi = -0.001\,72$，$x = \xi h_0 = 0.362\,0 < 2a'_s = 80\text{mm}$。故取 $x = 2a'_s = 80\text{mm}$。

$$e' = \frac{h}{2} + e_0 - a'_s = \frac{250}{2} + 714 - 40 = 799\text{mm}$$

则

$$A_s = \frac{N_u e'}{f_y(h'_0 - a_s)} = \frac{30.344 \times 10^3 \times 799}{210 \times (210 - 40)} = 679\text{mm}^2$$

$$< 0.45\frac{f_t}{f_y}bh = 0.45 \times \frac{1.43}{210} \times 1000 \times 250 = 766\text{mm}^2$$

故取　$A_s = 0.45\frac{f_t}{f_y}bh = 766\text{mm}^2$。外侧选用 $\Phi\,10/12@100$，$A_s = 958\text{mm}^2$。

（3）裂缝宽度验算。短向壁板各控制截面经验算裂缝宽度均未超过允许值，验算过程从略。

3. 按斜截面受剪承载力验算壁板厚度

壁板最大剪力为第一种荷载组合下长向壁板的底端剪力，$V_1 = 79.20\text{kN/m}$。壁板的受剪承载力为

$$\begin{aligned}
V_u &= 0.07 f_c b h_0 \\
&= 0.07 \times 14.3 \times 1000 \times 215 = 215.2 \times 10^3\text{N/m} \\
&= 215.2\text{kN/m} > 79.20\text{kN/m}
\end{aligned}$$

说明壁板厚度满足抗剪承载力的要求。

（四）走道板及拉梁设计

1. 计算简图及荷载

走道板及拉梁共同组成一封闭水平框架。取构件中轴线代表各杆件，则各杆件的计算长度和框架的计算简图如图 9-42 所示。作用于长向壁板走道板上的水平荷载为长向壁板顶端剪力 $V_2 = 24.23\text{kN/m}$；短向壁板走道板上的水平荷载为短向壁板顶端剪力 $V_{y0.2} = 8.879 + 9.603 = 18.482\text{kN/m}$，其中 8.879kN/m 由水压力引起，9.603kN/m 由壁面当量温差引起。两个方向走道板的水平荷载，均由第二种荷载组合引起。

走道板和拉梁在垂直方向，尚应考虑使用荷载和自重引起的弯矩和剪力。走道板和拉梁上的使用荷载标准值取 2kN/m²，荷载分项系数 $\gamma_q = 1.4$。走道板按悬臂板计算，拉梁按简支梁计算，其计算跨度取 6.85m。

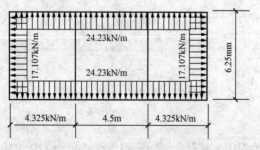

图 9-42　走道板及拉梁计算简图

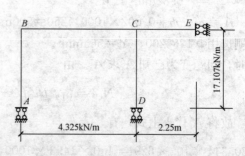

图 9-43　内力计算简图

2. 内力计算

考虑到封闭框架及其荷载在两个方向均对称，故可取四分之一个框架，按图 9-43 所示的简化图进行计算。

根据前面已经确定的走道板截面尺寸（厚 150mm，宽 850mm）和拉梁截面尺寸（见图 9-39 截面 1-1），各杆件的线刚度为

$$i_{AB} = \frac{EI_{AB}}{l_{AB}} = \frac{0.15 \times 0.85^3}{12 \times 3.125} E = 2.46 \times 10^{-3} E \text{kN} \cdot \text{m}$$

$$i_{BC} = \frac{EI_{BC}}{l_{BC}} = \frac{0.15 \times 0.85^3}{12 \times 4.325} E = 1.77 \times 10^{-3} E \text{kN} \cdot \text{m}$$

$$i_{CD} = \frac{EI_{CD}}{l_{CD}} = \frac{0.06 \times 0.7^3 + 0.19 \times 0.2^3}{12 \times 3.125} E = 0.589 \times 10^{-3} E \text{kN} \cdot \text{m}$$

$$i_{CE} = \frac{EI_{CE}}{l_{CE}} = \frac{0.15 \times 0.85^3}{12 \times 2.25} E = 3.412 \times 10^{-3} E \text{kN} \cdot \text{m}$$

各杆件的分配系数和传递系数为

AB 杆　$\mu_{BA} = \dfrac{i_{AB}}{i_{AB} 4 i_{BC}} = \dfrac{2.46 \times 10^{-3} E}{2.46 \times 10^{-3} E + 4 \times 1.77 \times 10^{-3} E} = 0.258$

　　　　$C_{BA} = -1$

BC 杆　$\mu_{BC} = \dfrac{4 i_{BC}}{i_{AB} + 4 i_{BC}} = \dfrac{4 \times 1.77 \times 10^{-3} E}{2.46 \times 10^{-3} E + 4 \times 1.77 \times 10^{-3} E} = 0.742$

　　　　$\mu_{CB} = \dfrac{4 i_{BC}}{i_{AB} + i_{CD} + i_{CE}} = \dfrac{4 \times 1.77 \times 10^{-3} E}{4 \times 1.77 \times 10^{-3} E + 0.589 \times 10^{-3} E + 3.412 \times 10^{-3} E}$

　　　　　　$= 0.639$

　　　　$C_{BA} = C_{AB} = 0.5$

CD 杆　$\mu_{CD} = \dfrac{i_{CD}}{4 i_{BC} + i_{CD} + i_{CE}} = \dfrac{0.589 \times 10^{-3} E}{4 \times 1.77 \times 10^{-3} E + 0.589 \times 10^{-3} E + 3.412 \times 10^{-3} E}$

　　　　　　$= 0.053$

　　　　$C_{BA} = -1$

CE 杆　$\mu_{CE} = \dfrac{i_{CE}}{4 i_{BC} + i_{CD} + i_{CE}} = \dfrac{3.412 \times 10^{-3} E}{4 \times 1.77 \times 10^{-3} E + 0.589 \times 10^{-3} E + 3.412 \times 10^{-3} E}$

　　　　　　$= 0.308$

　　　　$C_{CE} = -1$

各杆件的固端弯矩：

AB 杆　$M_{AB}^{F} = \dfrac{1}{6} \times q_{AB} l_{AB}^2 = \dfrac{1}{6} \times 17.107 \times 3.125^2 = 27.84 \text{kN} \cdot \text{m}$

　　　　$M_{BA}^{F} = \dfrac{1}{3} \times q_{AB} l_{AB}^2 = \dfrac{1}{3} \times 17.107 \times 3.125^2 = 55.68 \text{kN} \cdot \text{m}$

BC 杆　$M_{BC}^{F} = -M_{CB}^{F} = -\dfrac{1}{12} q_{BC} l_{BC}^2 = -\dfrac{1}{12} \times 24.23 \times 4.325^2 = -37.77 \text{kN} \cdot \text{m}$

CD 杆　$M_{CD}^{F} = M_{DC}^{F} = 0$

CE 杆　$M_{CE}^{F} = -\dfrac{1}{3} \times q_{CE} l_{CE}^2 = -\dfrac{1}{3} \times 24.23 \times 2.25^2 = -40.89 \text{kN} \cdot \text{m}$

$$M_{BC}^{F} = -\frac{1}{6} \times q_{CE} l_{CE}^{2} = -\frac{1}{6} \times 24.23 \times 2.25^{2} = -20.44 \text{kN} \cdot \text{m}$$

以上弯矩的符号，以使结点顺时针方向转动为正。

按力矩分配法计算各杆端弯矩的过程列于表 9-28 中。

表 9-28   **杆端弯矩的计算**

节点 杆端	$\dfrac{A}{AB}$	$\dfrac{B}{BA}$	BC	$\dfrac{C}{CB}$	CD	CE	$\dfrac{D}{DC}$	$\dfrac{E}{CE}$
分配系数	定向端	0.258	0.742	0.639	0.053	0.308	定向端	定向端
固端弯矩	+27.84	+55.68	-37.77	+37.77	0	-40.89	0	-20.44
B 分配传递	+4.62	-4.62	-13.29	-6.65				
C 分配传递			+3.12	+6.24	+0.52	+3.01	-0.52	-3.01
B 分配传递	+0.80	-0.80	-2.32	-1.16				
C 分配传递			+0.37	+0.74	+0.06	+0.36	-0.06	-0.36
B 分配传递	+0.10	-0.10	-0.27	-0.135				
C 分配传递			+0.043	+0.086	+0.007	+0.042	-0.007	-0.042
最终弯矩	+33.36	+50.16	-50.12	+36.89	+0.59	-37.48	-0.59	-23.85

以上计算所得 M_{AB} 和 M_{BC}，分别为短向壁板上走道板的水平跨中弯矩和长向壁板上走道板水平向中间跨的跨中弯矩。长向壁板上走道板水平向边跨（即 BC 跨）的跨中弯矩可按下式计算确定

$$M = \frac{1}{8} q_{BC} l_{BC}^{2} - \frac{|M_{BC}| + |M_{CB}|}{2} = \frac{1}{8} \times 24.23 \times 4.325^{2} - \frac{50.12 + 36.89}{2} = 13.15 \text{kN} \cdot \text{m}$$

水平封闭框架的杆端剪力为

$$V_{BA} = 18.482 \times 3.125 = 57.76 \text{kN}$$

$$V_{BC} = 24.23 \times \frac{4.325}{2} + \frac{50.12 - 36.89}{4.325} = 55.46 \text{kN}$$

$$V_{CB} = -24.23 \times \frac{4.325}{2} + \frac{50.12 - 36.89}{4.325} = -49.34 \text{kN}$$

$$V_{CE} = 24.23 \times 2.25 = 54.52 \text{kN}$$

$$V_{CD} = V_{DC} = 0$$

水平框架的杆件拉力为：

短向走道板 $N_{AB} = V_{BC} = 55.46 \text{kN}$

长向走道板 $N_{BC} = N_{CE} = V_{AB} = 57.76 \text{kN}$

拉梁 $N_{CD} = -V_{CB} + V_{CE} = 49.34 + 54.52 = 103.86 \text{kN}$

周边走道板的悬臂固端弯矩

$$M^{F} = -\frac{1}{2}(g+q)l^{2} = -\frac{1}{2}(1.2 \times 0.15 \times 25 + 1.4 \times 2) \times 0.6^{2}$$

$$= -1.314 \text{kN} \cdot \text{m/m}$$

拉梁在竖平面内的跨中弯矩设计值

$$M = \frac{1}{8}(g+q)l^2 = \frac{1}{8}[1.2 \times (0.06 \times 0.7 + 0.19 \times 0.2) \times 25 + 1.4 \times 0.7 \times 2] \times 6.85^2$$

$$= 25.57\text{kN} \cdot \text{m}$$

拉梁支座边缘截面剪力设计值

$$V = \frac{1}{2}(g+q)l_n = \frac{1}{2}[1.2 \times (0.06 \times 0.7 + 0.19 \times 0.2) \times 25 + 1.4 \times 0.7 \times 2] \times 6.6$$

$$= 14.39\text{kN}$$

3. 构件截面设计

（1）水平封闭框架周边梁（走道板）。按偏心受拉构件计算，考虑到对称性，仍以图 9-43 所示结点编号表示各杆件的编号。

1）AB 杆。B 端截面：此端为实际的支座端，截面配筋计算应以支座边缘截面为准，该截面的弯矩和剪力设计值为

$$M_{BA,\text{e}} = M_{BA} - \frac{1}{2}V_{BA}b + \frac{1}{4}q_{AB}b^2$$

$$= 50.16 - \frac{1}{2} \times 57.76 \times 0.85 + \frac{1}{4} \times 18.482 \times 0.85^2$$

$$= 28.95\text{kN} \cdot \text{m}(\text{内侧受拉})$$

$$V_{BA,\text{e}} = V_{BA} - \frac{1}{2}q_{AB}b = 57.76 - \frac{1}{2} \times 18.482 \times 0.85 = 49.91\text{kN}$$

AB 杆的轴向拉力设计值 $N_{AB} = 55.46\text{kN}$，偏心距为

$$e_0 = \frac{M_{BA,\text{e}}}{N_{AB}} = \frac{28.95}{55.46} = 0.522\text{m} = 522\text{mm}$$

纵向钢筋的净保护层厚度取 30mm，a_s 和 a_s' 估计为 40mm，则 $h_0 = 850 - 40 = 810\text{mm}$。因为

$$\frac{h}{2} - a_s = \frac{850}{2} - 40 = 385\text{mm} < e_0$$

故属于大偏心受拉构件。偏心拉力至受拉钢筋合力作用点的距离为

$$e = e_0 - \frac{h}{2} + a_s = 522 - \frac{850}{2} + 40 = 137\text{mm}$$

若取 $\xi = \xi_b = 0.614$，则

$$A_s' = \frac{55.46 \times 10^3 \times 137 - 1.0 \times 14.3 \times 150 \times 810^2 \times (0.614 - 0.5 \times 0.614^2)}{210 \times (810 - 40)}$$

$$= -3656\text{mm}^2 < 0$$

故取 $A_s' = \rho_{\min}'bh = 0.002 \times 150 \times 850 = 255\text{mm}^2$，选用 2 Φ 14，$A_s' = 308\text{mm}^2$。此时，问题变为已知 A_s' 求 A_s。由

$$N_u e = \alpha_1 f_c b h_0^2 \left(\xi - \frac{1}{2}\xi^2\right) + f_y' A_s'(h_0 - a_s')$$

故将 A_s' 代入上式并整理后得到

$$\xi^2 - 2\xi + 0.0578 = 0$$

解得 $\xi = -0.0293$，$x = \xi h_0 = 0.0293 \times 810 = 23.73\text{mm} < 2a_s' = 80\text{mm}$。取 $x = 2a_s' = 80\text{mm}$，又

$$e' = \frac{h}{2} + e_0 - a_s' = \frac{850}{2} + 522 - 40 = 907\text{mm}$$

则

$$A_s = \frac{N_u e'}{f_y(h'_0 - a_s)} = \frac{55.46 \times 10^3 \times 907}{210 \times (810 - 40)} = 311 \text{mm}^2$$

$$< 0.45 \frac{f_t}{f_y} bh = 0.45 \times \frac{1.43}{210} \times 150 \times 850 = 391 \text{mm}^2$$

故取 $A_s = 0.45 \frac{f_t}{f_y} bh = 391 \text{mm}^2$，选用 3 Φ 14，$A_s = 461 \text{mm}^2$。

根据斜截面受剪承载力要求计算箍筋。因为

$$V = 49.91 \text{kN} < 0.25 f_c bh_0 = 0.25 \times 14.3 \times 150 \times 810 = 434.36 \text{kN}$$

所以截面尺寸符合要求。

由于构件横向荷载为均布荷载，故取计算剪跨比 $\lambda = 1.5$。混凝土所能抵抗的剪力为

$$V_c = \frac{1.75}{1.5 + 1.0} f_t bh_0 - 0.2 N_u = \frac{1.75}{2.5} \times 1.43 \times 150 \times 810 - 0.2 \times 55.46 \times 10^3$$

$$= 110.5 \times 10^3 \text{N} > V = 49.91 \times 10^3 \text{N}$$

故箍筋可按构造要求配置，即

$$\frac{A_{sv}}{s} \geq 0.24 b \frac{f_t}{f_{yv}} = 0.24 \times 150 \times \frac{1.43}{210} = 0.245$$

考虑到箍筋还应参与抵抗走道板的垂直悬臂弯矩，故初步确定箍筋间距 $s = 200 \text{mm}$，则受剪需要的箍筋截面积为 $A_{sv} = 0.245s = 0.245 \times 200 = 49.0 \text{mm}^2$。采用 Φ 8 双肢钢筋，$A_{sv} = 101 \text{mm}^2$，其中靠近走道板底顶面的一肢，可以认为尚有 $(101 - 49.0)/2 = 26 \text{mm}^2$ 可以参与抵抗悬臂弯矩。计算结果表明，抵抗悬臂弯矩 $M = -1.314 \text{kN} \cdot \text{m/m}$ 的钢筋只需按最小配筋率配置，即每米宽度需要的钢筋截面积为 $A_s = 0.002bh = 0.002 \times 1000 \times 150 = 300 \text{mm}^2$。如果在利用箍筋的基础上再增配 Φ 8@200 的受弯钢筋，则每米板宽内的实际钢筋截面面积可达 $A_s = 5 \times 26 + 251 = 381 \text{mm}^2$，满足 $A_s = 300 \text{mm}^2$ 的要求。

A 截面（实际的跨中截面）：按 $M_{AB} = 33.36 \text{kN} \cdot \text{m}$（外侧受拉），$N_{AB} = 55.46 \text{kN}$ 计算。

$$e_0 = \frac{M_{AB}}{N_{AB}} = \frac{33.36}{55.46} = 0.60 \text{m} = 600 \text{mm} > \frac{h}{2} - a_s = \frac{850}{2} - 40 = 385 \text{mm}$$

属于大偏心受拉。

$$e = e_0 - \frac{h}{2} + a_s = 600 - \frac{850}{2} + 40 = 215 \text{mm}$$

若取 $\xi = \xi_b = 0.614$，则

$$A'_s = \frac{55.46 \times 10^3 \times 215 - 1.0 \times 14.3 \times 150 \times 810^2 \times (0.614 - 0.5 \times 0.614^2)}{210 \times (810 - 40)}$$

$$= -3630 \text{mm}^2 < 0$$

故取 $A'_s = \rho'_{min} bh = 0.002 \times 150 \times 850 = 255 \text{mm}^2$，选用 2 Φ 14，$A'_s = 308 \text{mm}^2$。

此时，问题变为已知 A'_s 求 A_s。由

$$N_u e = \alpha_1 f_c bh_0^2 \left(\xi - \frac{1}{2}\xi^2\right) + f'_y A'_s (h_0 - a'_s)$$

故将 A'_s 代入上式并整理后得

$$\xi^2 - 2\xi - 0.0538 = 0$$

解得 $\xi = -0.027$，$x = \xi h_0 < 0$。取 $x = 2a'_s = 80 \text{mm}$，又

$$e' = \frac{h}{2} + e_0 - a'_s = \frac{850}{2} + 600 - 40 = 985\text{mm}$$

则

$$A_s = \frac{N_u e'}{f_y(h'_0 - a_s)} = \frac{55.46 \times 10^3 \times 985}{210 \times (810-40)} = 338\text{mm}^2$$

$$< 0.45 \frac{f_t}{f_y}bh = 0.45 \times \frac{1.43}{210} \times 150 \times 850 = 391\text{mm}^2$$

所以，取 $A_s = 0.45 \frac{f_t}{f_y}bh = 391\text{mm}^2$，选用 $3 \Phi 14$，$A_s = 461\text{mm}^2$。

2）BC 杆及 CE 杆。BC 杆的 B 端采用与 AB 杆 B 端同样的配筋；BC 杆及 CE 杆的 C 端采用同样的配筋，根据 CE 杆 C 端内力确定，$M_{CE} = -37.48\text{kN}\cdot\text{m}$，$N_{CE} = 53.46\text{kN}$。由于 C 支座宽度 b 只有 200mm，相对较窄，故支座边缘弯矩可按式（8-3）确定，即

$$M_{CE,e} = M_{CE} - \frac{1}{2}V_{CE}b = 37.48 - \frac{1}{2} \times 54.52 \times 0.2$$
$$= 32.03\text{kN}\cdot\text{m}$$

则

$$e_0 = \frac{M_{CE,e}}{N_{CE}} = \frac{32.03}{57.76} = 0.554\text{m} = 554\text{mm} > \frac{h}{2} + a_s = 385\text{mm}$$

属于大偏心受拉。

$$e = e_0 - \frac{h}{2} + a_s = 554 - \frac{850}{2} + 40 = 169\text{mm} < \frac{h}{2} + a_s = 385\text{mm}$$

若取 $\xi = \xi_b = 0.614$

则

$$A'_s = \frac{57.76 \times 10^3 \times 169 - 1.0 \times 14.3 \times 150 \times 810^2 \times (0.614 - 0.5 \times 0.614^2)}{210 \times (810-40)}$$
$$= -3642\text{mm}^2 < 0$$

取 $A'_s = \rho'_{min}bh = 0.002 \times 150 \times 850 = 255\text{mm}^2$，选用 $2 \Phi 14$，$A'_s = 308\text{mm}^2$。

此时，问题变为已知 A'_s 求 A_s。由

$$N_u e = \alpha_1 f_c bh_0^2\left(\xi - \frac{1}{2}\xi^2\right) + f'_y A'_s(h_0 - a'_s)$$

故将 A'_s 代入上式并整理后得

$$\xi^2 - 2\xi + 0.055 = 0$$

解得 $\xi = -0.027$，$x = \xi h_0 < 0$。取 $x = 2a'_s = 80\text{mm}$，又

$$e' = \frac{h}{2} + e_0 - a'_s = \frac{850}{2} + 599 - 40 = 939\text{mm}$$

则

$$A_s = \frac{N_u e'}{f_y(h'_0 - a_s)} = \frac{57.76 \times 10^3 \times 939}{210 \times (810-40)} = 335\text{mm}^2$$

$$< 0.45 \frac{f_t}{f_y}bh = 0.45 \times \frac{1.43}{210} \times 150 \times 850 = 391\text{mm}^2$$

故取 $A_s = 0.45 \frac{f_t}{f_y}bh = 391\text{mm}^2$，选用 $3 \Phi 14$，$A_s = 461\text{mm}^2$。

BC 杆及 CE 杆的跨中截面配筋，统一按 CE 杆的 E 截面内力计算确定，$M_{EC}=-23.85\text{kN}\cdot\text{m}$，$N_{CE}=57.76\text{kN}$。

$$e_0=\frac{M_{EC}}{N_{CE}}=\frac{23.85}{57.76}=0.413\text{m}=413\text{mm}>385\text{mm}$$

属于大偏心受拉。

$$e=e_0-\frac{h}{2}+a_s=413-\frac{850}{2}+40=28\text{mm}$$

若取 $\xi=\xi_b=0.614$，则

$$A'_s=\frac{57.76\times10^3\times28-1.0\times14.3\times150\times810^2\times(0.614-0.5\times0.614^2)}{210\times(810-40)}$$

$$=-3693\text{mm}^2<0$$

取 $A'_s=\rho'_{\min}bh=255\text{mm}^2$，选用 $2\Phi14$，$A'_s=308\text{mm}^2$。

此时，问题变为已知 A'_s 求 A_s。由

$$N_u e=\alpha_1 f_c bh_0^2\left(\xi-\frac{1}{2}\xi^2\right)+f'_y A'_s(h_0-a'_s)$$

故将 A'_s 代入上式并整理后得

$$\xi^2-2\xi+0.066=0$$

解得　$\xi=-0.033$，$x=\xi h_0<0$。取 $x=2a'_s=80\text{mm}$，又

$$e'=\frac{h}{2}+e_0-a'_s=\frac{850}{2}+413-40=798\text{mm}$$

则

$$A_s=\frac{N_u e'}{f_y(h'_0-a_s)}=\frac{57.76\times10^3\times798}{210\times(810-40)}=285\text{mm}^2$$

$$<0.45\frac{f_t}{f_y}bh=391\text{mm}^2$$

取 $A_s=0.45\dfrac{f_t}{f_y}bh=391\text{mm}^2$，选用 $3\Phi14$，$A_s=461\text{mm}^2$。

BC 杆及 CE 杆的箍筋和悬臂受弯钢筋的采用与 AB 杆一致。

（2）拉梁（CD 杆）。拉梁的水平弯矩很小（$M_{CD}+M_{DC}=0.59\text{kN}\cdot\text{m}$），可以忽略不计，故拉梁按垂直水平面内的偏心受拉构件计算。已算得 $M=25.57\text{kN}\cdot\text{m}$，$N=103.86\text{kN}$。所以

$$e_0=\frac{M}{N}=\frac{25.57}{103.86}=0.246\text{m}=246\text{mm}$$

根据图 9-39 所示的截面形状和尺寸，可算得截面形心至底边的距离为

$$y=\frac{0.06\times0.7\times(0.25-0.03)+(0.25-0.06)\times0.2\times(0.25-0.06)/2}{0.06\times0.7+(0.25-0.06)\times0.2}$$

$$=0.161\text{m}=161\text{mm}$$

钢筋净保护层厚度取 30mm，估计 $a_s=a'_s=40\text{mm}$。

$$y-a_s=161-40=121\text{mm}<e_0$$

故属于大偏心构件。因

$$e=e_0-y+a_s=246-161+40=125\text{mm}$$

$$N_u e=103.86\times10^3\times125=12.98\times10^6\text{N}\cdot\text{mm}$$

$$< f_c b'_f h'_f \left(h_0 - \frac{h'_f}{2} \right) = 14.3 \times 700 \times 60 \times \left(210 - \frac{60}{2} \right) = 108.11 \times 10^6 \text{N} \cdot \text{mm}$$

故属于第一类 T 形截面，可按宽度为 b'_f 的矩形截面计算。

由于 $2a'_s = 2 \times 40 = 80 \text{mm} > h'_f = 60 \text{mm}$，故不必考虑受压钢筋的作用。因为

$$\alpha_s = \frac{Ne}{f_c b'_f h_0^2} = \frac{12.98 \times 10^6}{14.3 \times 850 \times 210^2} = 0.024 \, 2$$

$$\gamma_s = 0.987 \, 7$$

$$A_s = \frac{N}{f_y} \left(\frac{e}{\gamma_s h_0} + 1 \right) = \frac{103.86 \times 10^3}{210} \times \left(\frac{125}{0.987 \, 7 \times 210} + 1 \right) = 792.6 \text{mm}^2$$

$$> 0.45 \frac{f_t}{f_y} bh = 0.45 \frac{1.43}{210} \times 200 \times 250 = 153.2 \text{mm}^2$$

故选用 $2\Phi 20 + 1\Phi 18$，$A_s = 882.5 \text{mm}^2$。

受压钢筋按最小配筋率确定，即

$$A'_s = 0.002 \times [(b'_f - b)h'_f + bh]$$
$$= 0.002 \times [(850 - 200) \times 60 + 200 \times 250] = 178 \text{mm}^2$$

选用 $2\Phi 12$，$A'_s = 226 \text{mm}^2$。

根据斜截面受剪承载力要求计算箍筋。已算得支座边缘剪力设计值 $V = 14.39 \text{kN}$。由于拉梁承受均布荷载，取 $\lambda = 1.5$。因为

$$0.25 f_c bh_0 = 0.25 \times 14.3 \times 200 \times 210 = 150.15 \text{kN} > V = 14.39 \text{kN}$$

故截面尺寸符合要求。

混凝土所能抵抗的剪力为

$$V_c = \frac{1.75}{2.5} f_t bh_0 - 0.2N_t = \frac{1.75}{2.5} \times 1.43 \times 200 \times 210 - 0.2 \times 103.86 \times 10^3$$
$$= 21.27 \times 10^3 \text{N} = 21.27 \text{kN} > V = 14.39 \text{kN}$$

故箍筋可按构造要求配置，即

$$\frac{A_{sv}}{s} \geqslant 0.24b \frac{f_t}{f_{yv}} = 0.24 \times 200 \times \frac{1.43}{210} = 0.326 \, 9$$

采用 $\Phi 8$ 双肢钢筋，取箍筋间距 $s = 200 \text{mm}$，$\frac{A_{sv}}{s} = \frac{101}{200} = 0.505 > 0.326 \, 9$（满足要求）。

截面翼缘应按悬臂板计算所需的受弯钢筋。悬臂弯矩为

$$M = -\frac{1}{2}(g + q)l^2 = -\frac{1}{2} \times (1.2 \times 0.06 \times 25 + 1.4 \times 2.0) \times 0.25^2$$
$$= -0.144 \text{kN} \cdot \text{m/m}$$

取 $a_s = 30 \text{mm}$，则 $h_0 = h - a_s = 60 - 30 = 30 \text{mm}$

$$a_s = \frac{M}{f_c bh_0^2} = \frac{0.144 \times 10^6}{14.3 \times 1000 \times 30^2} = 0.011$$

$$\xi = 0.011$$

$$\rho = \xi \frac{f_c}{f_y} = 0.011 \times \frac{14.3}{210} = 0.075\% < 0.45 \frac{f_t}{f_y} = 0.306\%$$

故按最小配筋率确定 A_s，即

$$A_s = 0.003 \, 06bh = 0.003 \, 06 \times 1000 \times 60 = 183.6 \text{mm}^2$$

根据构造采用$\Phi 8@200$，$A_s = 251 \text{mm}^2$。

（3）所有的构件的控制截面经裂缝宽度验算，最大裂缝宽度都未超过允许值。验算过程从略。

（五）基础设计

壁板条形基础的尺寸已初步确定，如图9-38所示。现沿长向壁板取1m长基础进行计算。

1. 地基承载力计算

每米长度基础底面以上的垂直荷载设计值为：

走道板自重　　　　　$1.2 \times 25 \times 0.15 \times 0.85 = 3.825 \text{kN}$

壁板自重　　　　　　$1.2 \times 25 \times 0.25 \times 4.2 = 31.5 \text{kN}$

以上两项之和　　　　　　　$G_b = 35.325 \text{kN}$

基础板自重　　　　$G_f = 1.2 \times 25 \times 0.3 \times 2.2 = 19.8 \text{kN}$

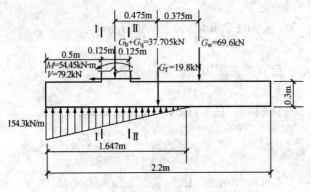

图9-44　壁板条形基础示意图

作用于壁板内侧基础板上之水重

$G_w = 1.2 \times 10 \times 4.0 \times 1.45 = 69.6 \text{kN}$

走道板上活荷载

$G_q = 1.4 \times 2 \times 0.85 = 2.38 \text{kN}$

G_b、G_f、G_w、G_q 的作用位置见图9-44。

如图9-44所示，壁板底部传给基础板顶面的弯矩和剪力分别为 $M = 54.45 \text{kN} \cdot \text{m}$ 和 $V = 79.2 \text{kN}$。

各作用力对基础底面中心线产生的力矩为

$$\sum M = 54.45 + 79.2 \times 0.3 + (35.325 + 2.38) \times 0.475 - 69.6 \times 0.375 = 70.02 \text{kN} \cdot \text{m}$$

基础底面垂直荷载的合力为

$$\sum G = G_b + G_q + G_f + G_w = 35.325 + 2.38 + 19.8 + 69.6 = 127.105 \text{kN}$$

将 $\sum G$ 和 $\sum M$ 的共同作用用一等效偏心力代替，则等效偏心力的偏心距为

$$e_0 = \frac{\sum M}{\sum G} = \frac{70.02}{127.105} = 0.551 \text{m} > \frac{a}{6} = \frac{2.2}{6} = 0.367 \text{m}$$

说明基础底面压应力分布状态，为分布宽度小于基础宽度的三角形。

基础外边缘处的地基最大压应力应按式（9-36）计算，即

$$p_{max} = \frac{2 \sum G}{3\left(\dfrac{a}{2} - e_0\right)} = \frac{2 \times 127.105}{3 \times \left(\dfrac{2.2}{2} - 0.551\right)} = 154.3 \text{kN/m}^2$$

地基承载力特征值 $f_a = 150 \text{kN/m}^2$，则

$$p_{max} = 154.3 \text{kN/m}^2 < 1.2 f_a = 1.2 \times 150 = 180 \text{kN/m}^2$$

$$\frac{p_{max} + p_{min}}{2} = \frac{154.3}{2} = 77.17 \text{kN/m}^2 < f_a = 150 \text{kN/m}^2$$

基础宽度满足要求。

2. 基础板配筋计算

相对壁板而言，基础板为悬臂板，受力钢筋取决于悬臂板的固端弯矩，即图 9-44 中 I-I 截面和 II-II 截面的弯矩。

使 I-I 截面产生弯矩的荷载，为向下作用的基础板自重和向上作用的地基反力。地基反力的分布宽度为

$$3c = 3\left(\frac{a}{2} - e_0\right) = 3 \times \left(\frac{2.2}{2} - 0.551\right) = 1.647\text{m}$$

I-I 截面处的地基应力为

$$\sigma_{\text{I-I}} = \sigma_{\max} \frac{1.647 - 0.5}{1.647} = 154.3 \times \frac{1.647 - 0.5}{1.647} = 107.5\text{kN/m}^2$$

I-I 截面的弯矩为

$$M_{\text{I-I}} = \frac{1}{2} \times 107.5 \times 0.5^2 + \frac{1}{3} \times (154.3 - 107.5) \times 0.5^2$$
$$- \frac{1}{2} \times (1.2 \times 25 \times 0.3) \times 0.5^2 = 16.21\text{kN} \cdot \text{m（使底板下面受拉）}$$

I-I 截面的钢筋计算

$$\alpha_s = \frac{M_{\text{I-I}}}{f_c b h_0^2} = \frac{16.21 \times 10^6}{14.3 \times 1000 \times 260^2} = 0.016\ 8$$

此处 $h_0 = 260\text{mm}$［受力钢筋净保护层厚为 35mm（有垫层），估计 $a_s = 40\text{mm}$］。由于 $\alpha_s = 0.016\ 8$ 可计算得 $\xi = 0.016\ 9$，则需要的配筋率为

$$\rho = \xi \frac{f_c}{f_y} = 0.016\ 9 \times \frac{14.3}{210} = 0.115\% < 0.45 \frac{f_t}{f_y} = 0.306\%$$

故按最小配筋率配筋，则

$$A_s = \rho_{\min} b h = 0.003\ 06 \times 1000 \times 300 = 918\text{mm}^2$$

选用 Φ 16@200，$A_s = 1005\text{mm}^2$，置于基础板底面。

使用 II-II 截面产生弯矩的荷载，为向下作用的基础板上水重和基础板自重及向上作用的地基反力。II-II 截面处的地基应力为

$$\sigma_{\text{II-II}} = \sigma_{\max} \frac{1.647 - 0.75}{1.647} = 154.3 \times \frac{0.897}{1.647} = 84.036\text{kN/m}^2$$

则

$$M_{\text{II-II}} = \frac{1}{6} \times 84.036 \times (1.647 - 0.75)^2 - \frac{1}{2} \times (1.2 \times 25 \times 0.3$$
$$+ 1.2 \times 10 \times 4.0) \times 1.45^2 = -48.65\text{kN} \cdot \text{m（使底板顶面受拉）}$$

$$\alpha_s = \frac{M_{\text{II-II}}}{f_c b h_0^2} = \frac{48.65 \times 10^6}{14.3 \times 1000 \times 260^2} = 0.050$$

$$\xi = 0.052$$

$$\rho = \xi \frac{f_c}{f_y} = 0.052 \times \frac{14.3}{210} = 0.354\% > 0.45 \frac{f_t}{f_y} = 0.306\%$$

$$A_s = \rho b h_0 = 0.003\ 54 \times 1000 \times 300 = 1062.3\text{mm}^2$$

选用 Φ 12@100，$A_s = 1131\text{mm}^2$，置于基础板顶面。

3. 基础板的斜截面受剪承载力验算

I-I 截面的剪力设计值为

$$V_{\text{I-I}} = \frac{1}{2} \times (154.3 + 107.5) \times 0.5 - 1.2 \times 25 \times 0.3 \times 0.5 = 60.95\text{kN}$$

Ⅱ-Ⅱ截面的剪力设计值为

$$V_{\text{II-II}} = \frac{1}{2} \times 84.036 \times (1.647 - 0.75) - 1.2 \times 25 \times 0.3 \times 1.45 - 1.2 \times 10 \times 4.0 \times 1.45$$

$$= -44.96\text{kN}$$

故起控制作用的为Ⅰ-Ⅰ截面。受剪承载力为

$$V_{\text{u}} = 0.07 f_c bh_0^2 = 0.07 \times 14.3 \times 1000 \times 260 = 260.3 \times 10^3 \text{N} = 260.3\text{kN}$$

$$> V_{\text{I-I}} = 60.95\text{kN}(\text{符合要求})。$$

4. 经验算，最大裂缝宽度未超过允许值。验算过程从略。

（六）构件配筋图

1. 长向壁板及基础板配筋图

根据长向壁板的竖向弯矩包络图，壁板内侧钢筋的理论截断点，在离壁板底端以上约1m处，故将Φ14钢筋在离底端1250mm处截断。Φ12钢筋则伸至贮液结构顶。基础板的上层钢筋也没有必要全部贯通整个基础板宽度，故采用交替截断的配筋方式，即图9-45中的⑥号钢筋和⑦号钢筋。⑥号钢筋在离壁板内侧750mm处截断，截断点以外用⑦号钢筋已足够抵抗弯矩。⑦号钢筋在壁板外侧50mm处截断，这是由该钢筋从Ⅱ-Ⅱ截面算起的锚固长度确定的。⑥号钢筋延伸到基础板在壁板外侧的悬臂端，是出于构造上的考虑。基础板沿长度方向的钢筋（⑩号钢筋）由构造确定，为了抵抗可能出现的收缩应力，采用Φ10@200，总配筋率基本上满足0.3%。

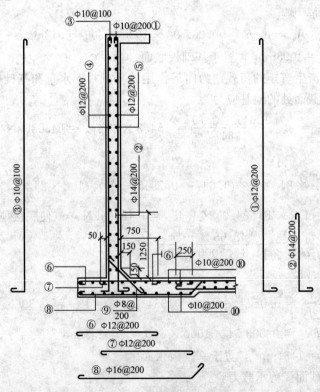

图9-45　长向壁板和基础配筋图

2. 短向壁板配筋图及壁板转角配筋构造

短向壁板的配筋如图 9-46 所示。壁板转角处的配筋构造如图 9-47 所示。长向壁板内侧为抵抗角隅水平弯矩和拉力，而增加的附加水平钢筋（即图中⑭号钢筋）的切断点，是根据图 9-31（b）所示角隅弯矩在水平方向的反弯点位置确定的，通常可以在反弯点处将附加水平钢筋截断。

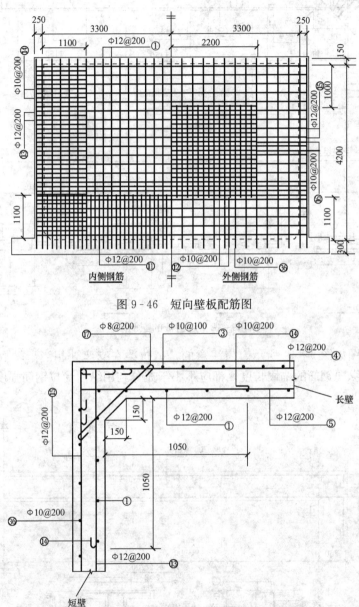

图 9-46　短向壁板配筋图

图 9-47　壁板转角处配筋图

3. 走道板及拉梁配筋图

周边走道板的配筋图如图 9-48 所示。作为水平封闭框架杆件的受力钢筋，外侧钢筋全部伸入支座。内侧抵抗结点（支座）负弯矩的钢筋，则在相当于净跨的 1/3 处切断一根。图中的㉕号钢筋为构造钢筋，应沿四周贯通。

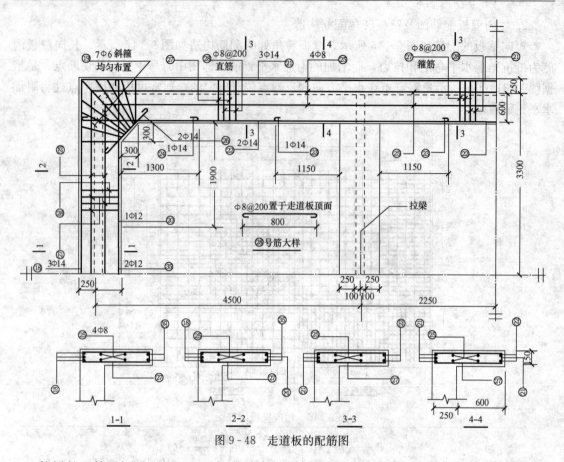

图 9-48　走道板的配筋图

　　拉梁的配筋图如图 9-49 所示。需注意的是，拉梁在支座处相当于轴心受拉构件，故上、下部的所有纵向钢筋的锚固长度，都应不小于充分利用纵向受拉钢筋强度时规定的锚固长度最小值。

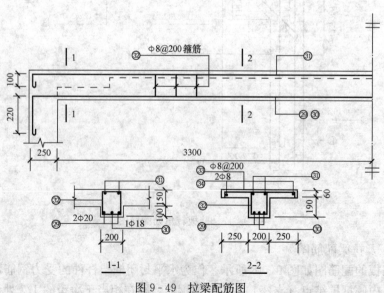

图 9-49　拉梁配筋图

第三篇　砌体结构的设计简介

第十章　砌体结构的基本理论

由块体和砂浆砌筑而成的结构，称为砌体结构。块体包括砖、石材和各种砌块。砌体结构所用的材料，如粘土、砂、石等都是地方材料，符合因地制宜，就地取材的原则，能节约钢材、水泥、木材等重要材料，降低工程造价。砌体材料具有良好的耐火性，以及良好的化学稳定性和大气稳定性。在施工方面，砌体砌筑时不需要特殊的技术设备。由于上述这些优点，砌体结构得到了广泛的应用，并且历史悠久。

我国《砌体结构设计规范》（GB 50003—2011）（在本篇中简称《规范》）规定：块体材料的强度等级是根据标准试验方法得到的砖的抗压强度来确定的，用符号 MU 表示，单位为 MPa（N/mm²）。承重结构块体的强度等级应按下列规定：①烧结普通砖、烧结多孔砖的强度等级分为 MU30、MU25、MU20、MU15 和 MU10。②蒸压灰普通砂砖、蒸压粉煤灰普通砖的强度等级分为 MU25、MU20 和 MU15。③混凝土普通砖、混凝土多孔砖的强度等级分为 Mu30、Mu25、Mu20 和 Mu15。④混凝土砌块、轻集料混凝土砌块的强度等级分为 Mu20、Mu15、Mu10、Mu7.5 和 Mu5。⑤石材的强度等级分为 MU100、MU80、MU60、MU50、MU40、MU30 和 MU20。

砂浆的强度等级是用边长为 70.7mm 的立方体试块，在温度 15～25℃的室内自然条件下养护 24h，拆模后再在同样条件下养护 28 天，测得的抗压强度来划分的。砂浆的强度等级用符号"M"表示，单位为 MPa（N/mm²），其强度等级按下列规定采用：

（1）烧结普通砖、烧结多孔砖、蒸压灰砂普通砖和蒸压粉煤灰普通砖砌体采用的普通砂浆强度等级：M15、M10、M7.5、M5 和 M2.5；蒸压灰砂普通砖和蒸压粉煤灰普通砖砌体采用的专用砌筑砂浆强度等级：Ms15、Ms10、Ms7.5、Ms5.0；

（2）混凝土普通砖、混凝土多孔砖、单排孔混凝土砌块和煤矸石混凝土砌块砌体采用的砂浆强度等级：Mb20、Mb15、Mb10、Mb7.5 和 Mb5；

（3）双排孔或多排孔轻集料混凝土砌块砌体采用的砂浆强度等级：Mb10、Mb7.5 和 Mb5；

（4）毛料石、毛石砌体采用的砂浆强度等级：M7.5、M5 和 M2.5。

自承重结构砌块的强度等级应按下列规定采用：

空心砖的强度等级分为：Mu10、Mu7.5、Mu5 和 Mu3.5。

轻集料混凝土砌块的强度等级分为：Mu10、Mu7.5、Mu5 和 Mu3.5。

限于篇幅，仅对普通粘土砖砌筑的构件进行介绍。

第一节　砌体构件的力学性能

一、砌体的抗压强度

1. 砌体的受压破坏特征

砌体轴心受压从加荷开始直到破坏，按照裂缝出现和发展的特点，可分为以下三个阶段。

第一阶段。从砌体受压到个别砖出现裂缝，如图10-1（a）所示。在此阶段，随着压力的增大，单块砖内产生细小裂缝。如果不再增加压力，单块砖内的裂缝也不再发展。砖砌体产生裂缝时的荷载大致为砌体极限荷载的50%～70%。

第二阶段。随着压力的增加，单块砖内有些裂缝连通起来，沿竖向贯通若干皮砖，见图10-1（b）。此时，即使不再加载，裂缝仍会继续扩展。实际上因为房屋是在长期荷载的作用下，应认为这一阶段就是砌体的实际破坏阶段。其荷载约为极限荷载的80%～90%。

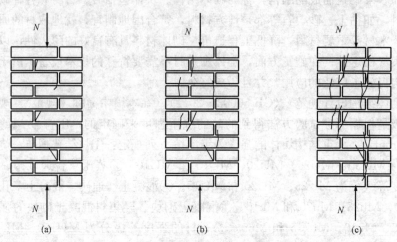

图10-1 砖砌体的受压破坏特征

(a) $N = (0.5 \sim 0.7) N_u$；(b) $N = (0.8 \sim 0.9) N_u$；(c) $N = N_u$

第三阶段。当压力继续增加，砌体中裂缝迅速扩展和贯通，将砌体分成若干个小柱体，各小柱体受力极不均匀，砌体最终因被压碎或丧失稳定而破坏，见图10-1（c）。

2. 砌体的受压应力状态

根据上述砌体的受压试验结果和相应的砖、砂浆的受压试验结果可知：砖的抗压强度和弹性模量分别为16MPa、1.3×10^4MPa；砂浆的抗压强度和弹性模量分别为$1.3 \sim 6$MPa、$(0.28 \sim 1.24) \times 10^4$MPa；砌体的抗压强度和弹性模量分别为$4.5 \sim 5.4$MPa、$(0.18 \sim 0.41) \times 10^4$MPa。可以发现：①砖的抗压强度和弹性模量值均高于砌体；②砂浆的抗压强度和弹性模量可能低于，也可能高于砌体相应的数值。

产生上述结果的原因可以用受压砌体内单块砖的复杂应力状态予以解释：

（1）砌体中的单砖处于压、弯、剪复合受力状态。由于砖的表面不平整，再加之铺设砂浆的厚度不很均匀，水平灰缝也不很饱满，造成单块砖在砌体内并非均匀受压，而是处于同时受压、受弯、受剪甚至受扭的复合受力状态。而砖的抗拉强度很低，一旦拉应力超过砖的抗拉强度，就会引起单块砖的开裂。

（2）砌体中的砖与砂浆的交互作用，使砖承受水平拉应力。砌体受压时要产生横向变形，而砖和砂浆的弹性模量及横向变形系数不同，当砂浆强度较低时，砖的横向变形比砂浆小，由于两者之间存在着粘结力，砖将阻止砂浆的横向变形，从而使砂浆受到横向压力，反之砖在横向受砂浆作用产生横向拉力，这样便加快了砖裂缝的出现。

（3）弹性地基梁作用。单块砖受弯、剪的应力值不仅与灰缝的厚度及密实性不均匀有关，而且还与砂浆的弹性性质有关。每块砖可视为作用在弹性地基上的梁，其下面的砌体即可视为弹性地基。地基的弹性模量愈小，砖的弯曲变形愈大，砖内发生的弯剪应力愈高。

（4）竖向灰缝处存在着应力集中。由于竖向灰缝往往不饱满以及砂浆收缩等原因，竖向灰缝内砂浆和砖的粘结力减弱，因此，在荷载作用下，位于竖向灰缝处的砖内产生了较大的横向拉应力和剪应力的集中，加速了砌体中单砖的开裂，降低了砌体的强度。

3. 各类砌体的抗压强度平均值

砌体的抗压强度受各种因素影响，主要有块体和砂浆的强度、块体的尺寸和形状、砌筑时砂浆的可塑性和保水性、灰缝的厚度以及砌筑质量等。根据我国近年来对各类砌体轴心抗压强度的试验结果，各类砌体抗压强度的平均值可用式（10-1）计算确定

$$f_{\mathrm{m}} = k_1 f_1^a (1 + 0.07 f_2) k_2 \qquad (10-1)$$

式中：f_{m} 为砌体抗压强度平均值，MPa；f_1、f_2 分别为用标准试验方法测得的块体、砂浆的抗压强度平均值，MPa；a，k_1 为不同类型砌体的块材形状、尺寸、砌筑方法等因素的影响系数，取值见表 10-1；k_2 为砂浆强度不同对砌体抗压强度的影响系数，取值见表 10-1；

用式（10-1）计算混凝土砌块砌体的轴心抗压强度平均值时，当 $f_2 > 10$MPa 时，应乘以系数 $1.1 \sim 0.01$；对 MU20 的砌体，应乘以系数 0.95；且满足 $f_1 \geqslant f_2$，$f_1 \leqslant 20$MPa。

表 10-1　　　　　　　　　　轴心抗压强度平均值 f_{m}（MPa）

砌 体 种 类	$f_{\mathrm{m}} = k_1 f_1^a (1 + 0.07 f_2) k_2$		
	k_1	a	k_2
烧结普通砖、烧结多孔砖、蒸压灰砂普通砖、蒸压粉煤灰普通砖、混凝土普通砖、混凝土多孔砖	0.78	0.5	当 $f_2 < 1$ 时，$k_2 = 0.6 + 0.4 f_2$
混凝土砌块、轻集料混凝土砌块	0.46	0.9	当 $f_2 = 0$ 时，$k_2 = 0.8$
毛料石	0.79	0.5	当 $f_2 < 1$ 时，$k_2 = 0.6 + 0.4 f_2$
毛石	0.22	0.5	当 $f_2 < 2.5$ 时，$k_2 = 0.4 + 0.24 f_2$

注　1. k_2 在表列条件以外时均等于1；

　　2. 式中 f_1 为块体（砖、石、砌块）的强度等级值；f_2 为砂浆抗压强度平均值。单位均以 MPa 计；

　　3. 混凝土砌块砌体的轴心抗压强度平均值，当 $f_2 > 10$MPa 时，应乘系数 $1.1 - 0.01 f_2$，MU20 的砌体应乘系数 0.95，且满足 $f_1 \geqslant f_2$，$f_1 \leqslant 20$MPa。

二、砌体的轴心抗拉强度

1. 砌体的轴心受拉破坏特征

按照力作用于砌体方向的不同，砌体可能发生如图 10-2 所示的三种破坏。

当轴向拉力与砌体的水平灰缝平行时，砌体可能发生沿竖向及水平向灰缝的齿缝截面破坏，见图 10-2（a）；砌体在竖向灰缝中砂浆不易填充饱满和密实，另外砂浆在硬化过程中会产生收缩，这大大削弱甚至完全破坏了法向粘结力。而水平灰缝在砌筑中容易饱满密实，虽然砂浆在硬化过程中也会发生收缩，但由于上部砌体对其的重力挤压作用，使切向粘结力非但未遭破坏，反而有所提高。由此可见，当砌体沿齿缝截面破坏时，起决定作用的是水平灰缝的切向粘结力。另外，砌体也可能发生沿块体和竖向灰缝的截面破坏，见图 10-2（b）。

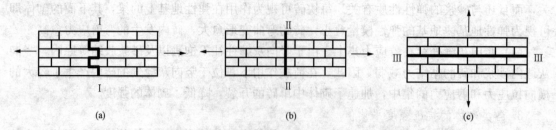

图 10-2　砌体轴心受拉破坏形态

(a) 沿齿缝截面破坏；(b) 沿块体和竖向通缝截面破坏；(c) 沿通缝截面破坏

当砌体沿块体和竖向灰缝截面破坏时，砌体的抗拉承载力取决于块体本身的抗拉强度。只有块体强度很低时，才会发生这种形式的破坏。《砌体结构设计规范》（GB50003—2011）对块体的最低强度作了限制后，实际上防止了这种破坏形态的发生。

当轴向拉力与砌体的水平灰缝垂直时，砌体可能发生沿通缝截面破坏，见图 10-2 (c)。很显然，砌体轴心受拉沿通缝截面破坏时，对抗拉承载力起决定作用的因素是法向粘结力，由于灰缝的法向粘结力很小且无可靠保证，所以在工程设计中不允许采用垂直于通缝受拉的轴心受拉构件。

2. 砌体的轴心抗拉强度平均值

我国长期以来对砌体轴心受拉试件进行了大量的试验研究，提出了对砌体的轴心抗拉强度只考虑沿齿缝截面破坏的情况，砌体轴心抗拉强度平均值按式（10-2）计算

$$f_{t,m} = k_3 \sqrt{f_2} \qquad\qquad (10-2)$$

式中：$f_{t,m}$ 为砌体轴心抗拉强度平均值，MPa；k_3 为与砌体种类有关的影响系数（取值见表 10-2）；f_2 为砂浆抗压强度平均值，MPa。

表 10-2　　　轴心抗拉强度平均值 $f_{t,m}$、弯曲抗拉强度平均值 $f_{tm,m}$ 和抗剪强度平均值 $f_{v,m}$ （MPa）

砌 体 种 类	$f_{t,m}=k_3\sqrt{f_2}$	$f_{tm,m}=k_4\sqrt{f_2}$		$f_{v,m}=k_5\sqrt{f_2}$
	k_3	k_4		k_5
		沿齿缝	沿通缝	
烧结普通砖、烧结多孔砖、混凝土普通砖、混凝土多孔砖	0.141	0.250	0.125	0.125
蒸压灰砂普通砖、蒸压粉煤灰普通砖	0.09	0.18	0.09	0.09
混凝土砌块	0.069	0.081	0.056	0.069
毛料石	0.075	0.113	—	0.188

如上所述，砌体竖向灰缝中的砂浆往往不饱满，且因收缩而与块体脱开，因此当砌体沿齿缝截面轴心受拉时，全部拉力只考虑由水平灰缝砂浆承担，其强度取决于水平灰缝的面积。另外，砌体沿齿缝截面破坏时，其轴心抗拉强度还与砌体的砌筑方式有关。当采用不同的砌筑方式时，块体搭接长度 l 与块体高度 h 的比值不同，该值实际上反映了承受拉力的水平灰缝面积的大小。试验研究表明，当采用三顺一丁和全部顺砖砌筑时，砌体沿齿缝截面的轴心抗拉强度可比一顺一丁砌合方式提高 20%～50%。设计时，一般可不考虑砌筑方式对

砌体轴心抗拉强度的影响；但当 l/h 值小于 1 时，《砌体结构设计规范》（GB 50003—2011）
规定，应将砌体沿齿缝截面破坏时的轴心抗拉强度乘以该比值予以降低。

三、砌体的弯曲抗拉强度

1. 砌体弯曲受拉破坏特征

砌体受弯破坏总是从受拉一侧开始，即发生弯曲受拉破坏。与轴心受拉相似，砌体弯曲
受拉时，也可能发生三种破坏形态：沿齿缝截面破坏 [见图 10 - 3（a）]，沿块体与竖向灰
缝截面破坏 [见图 10 - 3（b）]，以及沿通缝截面破坏 [见图 10 - 3（c）]。砌体的弯曲受拉破
坏形态也与块体和砂浆的强度等级有关。

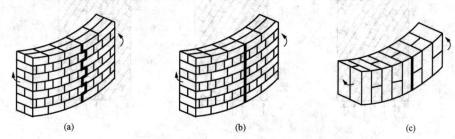

(a)　　　　　　　　　(b)　　　　　　　　　(c)

图 10 - 3　砖砌体弯曲受拉破坏形态

(a) 沿齿缝截面破坏；(b) 沿块体与竖向灰缝截面破坏；(c) 沿通缝截面破坏

2. 砌体的弯曲抗拉强度平均值

对砌体的弯曲受拉破坏，《规范》考虑了沿齿缝截面破坏和沿通缝截面破坏两种情况。
其弯曲抗拉强度平均值 $f_{tm,m}$ 按式（10 - 3）计算

$$f_{tm,m} = k_4 \sqrt{f_2} \qquad (10 - 3)$$

式中：$f_{tm,m}$ 为砌体弯曲抗拉强度平均值，MPa；k_4 为与砌体种类有关的影响系数（取值见
表 10 - 2）；f_2 为砂浆抗压强度平均值，MPa。

四、砌体的抗剪强度

1. 砌体受剪破坏特征

砌体的抗剪强度，确切的说是指砌体受纯剪作用时的强度，由于实际上砌体很难遇到承受
纯剪力的状态，因此只能采取一些近似试验方法进行测定。砌体结构在剪力的作用下，破坏形
态有三种：一种是沿通缝截面破坏 [见图 10 - 4（a）]；一种是沿齿缝截面破坏 [见图 10 - 4
（b）]；另一种是沿阶梯形截面破坏 [见图 10 - 4（c）]。其中沿阶梯形截面破坏是地震中墙体最
常见的破坏形式，沿齿缝截面破坏多发生在上下错缝很小，砌筑质量很差的砌体中。

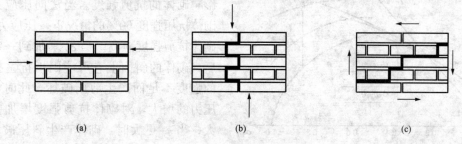

(a)　　　　　　　　　(b)　　　　　　　　　(c)

图 10 - 4　砌体受剪破坏特征

(a) 沿水平灰缝破坏；(b) 沿齿缝破坏；(c) 沿阶梯形缝破坏

通常，砌体截面上受到竖向压力和水平力的共同作用，所以需要研究砌体在压弯受力状态下的抗剪问题，其破坏特征与纯剪有很大的不同。对图 10-5 所示的砌体试件，砌体可能沿阶梯形截面破坏，其强度称为沿阶梯形截面的抗剪强度。由于砌体灰缝具有不同的倾斜度，在竖向压力的作用下，通缝截面上法向应力与剪应力之比（σ_y/τ）是不同的，可能的剪切破坏状态有三种（见图 10-5）。

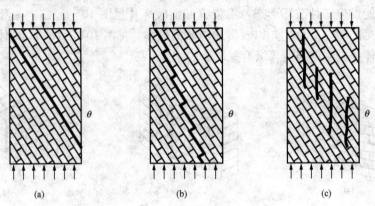

图 10-5　砌体剪切破坏形态
(a) 剪摩破坏；(b) 剪压破坏；(c) 斜压破坏

（1）剪摩破坏：当 σ_y/τ 较小，即通缝方向与作用力方向的夹角 $\theta \leqslant 45°$ 时，砌体将沿通缝受剪且在摩擦力作用下产生滑移而破坏，见图 10-5（a）。

（2）剪压破坏：当 σ_y/τ 较大，即 $45° < \theta \leqslant 60°$ 时，砌体将沿阶梯形裂缝破坏，见图 10-5（b）。

（3）斜压破坏：当 σ_y/τ 更大，即 $60° < \theta < 90°$ 时，砌体将沿压应力作用方向产生裂缝而破坏，见图 10-5（c）。

2. 影响砌体抗剪强度的因素

（1）块体和砂浆的强度。块体和砂浆的强度对砌体的抗剪强度均有影响，其影响程度与砌体受剪后可能产生的破坏形态有关，对于剪摩和剪压破坏形态，由于破坏沿砌体灰缝截面发生，所以砂浆强度提高，抗剪强度也随之增大，此时，块体强度影响很小。对于斜压破坏形态，由于砌体沿压力作用方向裂开，所以块体强度提高，抗剪强度亦随之提高，此时，砂浆强度影响很小。

（2）法向压应力。法向压应力（σ_y）的大小决定着砌体的剪切破坏形态，也直接影响砌体的抗剪强度。当法向压应力小于砌体抗压强度 60% 的情况下，压应力愈大，砌体抗剪强度愈高。当 σ_y 增加到一定数值后，砌体的斜面上有可能因抵抗主拉应力的强度不足而产生剪压破坏，此时，竖向压力的增大，对砌体抗剪强度增加幅度不大；当 σ_y 更大时，砌体产生斜压破坏。此时，随 σ_y 的增大，将使砌体抗剪强度降低（见图 10-6）。

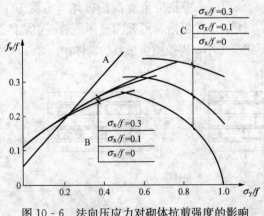

图 10-6　法向压应力对砌体抗剪强度的影响
A—剪摩破坏；B—剪压破坏；C—斜压破坏

（3）砌筑质量。砌体的灰缝饱满度及砌筑时块体的含水率，对砌体的抗剪强度影响很大。如对多孔砖砌体的抗剪试验表明：当水平和竖向的灰缝饱满度均为 80％ 时，与灰缝饱满度为 100％ 的砌体相比，抗剪强度降低约 26％。综合国内外的研究结果，砌筑时砖的含水率控制在 8％～10％ 时，砌体的抗剪强度最高。

另外，砌体抗剪强度还与试验方法、试件形状、尺寸及加载方式等因素有关。

3. 砌体的抗剪强度平均值

砌体的抗剪强度主要取决于水平灰缝中砂浆与块体的粘结强度，因此，《砌体结构设计规范》（GB 50003—2011）规定砌体抗剪强度按式（10-4）计算，且不分沿通缝截面或沿齿缝截面的抗剪强度。

砌体的抗剪强度平均值 $f_{v,m}$ 按式（10-4）计算

$$f_{v,m} = k_5 \sqrt{f_2} \tag{10-4}$$

式中：$f_{v,m}$ 为砌体抗剪强度平均值，MPa；k_5 为与砌体种类有关的影响系数（取值见表10-2）；f_2 为砂浆抗压强度平均值，MPa。

五、砌体强度设计值及调整

各类砌体的强度标准值（f_k）、设计值（f）的确定方法如下

$$f_k = f_m - 1.645\sigma_f = (1 - 1.645\delta_f)f_m \tag{10-5}$$

$$f = \frac{f_k}{\gamma_f} \tag{10-6}$$

式中：δ_f 为砌体强度的变异系数。

我国砌体施工质量控制等级分为 A、B、C 三级，在结构设计中通常按 B 级考虑，即取 $\gamma_f = 1.6$，当为 C 级时，取 $\gamma_f = 1.8$，即砌体强度设计值的调整系数 $\gamma_a = 1.6/1.8 = 0.89$；当为 A 级时，取 $\gamma_f = 1.5$，可取 $\gamma_a = 1.05$。砌体强度与施工控制等级的上述规定，旨在保证相同可靠度的要求下，反映管理水平、施工技术和材料消耗水平的关系。

烧结普通砖和烧结多孔砖砌体的抗压强度设计值见表10-3，沿砌体灰缝截面破坏时砌体的轴心抗拉强度设计值和弯曲抗拉强度设计值见表10-4。

表 10-3   烧结普通砖和烧结多孔砖砌体的抗压强度设计值（MPa）

砖强度等级	砂浆强度等级					砂浆强度 0
	M15	M10	M7.5	M5	M2.5	
MU30	3.94	3.27	2.93	2.59	2.26	1.15
MU25	3.60	2.98	2.68	2.37	2.06	1.05
MU20	3.22	2.67	2.39	2.12	1.84	0.94
MU15	2.97	2.31	2.07	1.83	1.60	0.82
MU10	—	1.89	1.69	1.50	1.30	0.67

工程上砌体使用情况多种多样，在某些情况下砌体强度可能降低，在有的情况下需要适当提高或降低结构构件的安全储备，因而在设计计算时需要考虑砌体强度的调整，即将上述砌体强度设计值乘以调整系数 γ_a。具体如下：

（1）对无筋砌体构件，其截面积小于 0.3m^2 时，γ_a 为其截面面积加 0.7。对配筋砌体构件，其截面面积小于 0.2m^2 时，γ_a 为其截面面积加 0.8。构件截面面积以"m^2"计。

（2）当砌体用强度等级小于 M5.0 的水泥砂浆砌筑时，对各类砌体抗压强度设计值，γ_a 为 0.9，对各类砌体轴心抗拉、弯曲抗拉和抗剪强度设计值，γ_a 为 0.8。

（3）当验算施工中房屋的构件时，γ_a 为 1.1。

表 10 - 4　　　　沿砌体灰缝截面破坏时砌体的轴心抗拉强度设计值、

弯曲抗拉强度设计值和抗剪强度设计值（MPa）

强度类别	破坏特征及砌体种类		砂浆强度等级			
			≥M10	M7.5	M5	M2.5
轴心抗拉	沿齿缝	烧结普通砖、烧结多孔砖	0.19	0.16	0.13	0.09
		混凝土普通砖、混凝土多孔砖	0.19	0.16	0.13	—
		蒸压灰砂普通砖、蒸压粉煤灰普通砖	0.12	0.10	0.08	—
		混凝土和轻集料混凝土砌块	0.09	0.08	0.07	—
		毛石	—	0.07	0.06	0.04
弯曲抗拉	沿齿缝	烧结普通砖、烧结多孔砖	0.33	0.29	0.23	0.17
		混凝土普通砖、混凝土多孔砖	0.33	0.29	0.23	—
		蒸压灰砂普通砖、蒸压粉煤灰普通砖	0.24	0.20	0.16	—
		混凝土和轻集料混凝土砌块	0.11	0.09	0.08	—
		毛石	—	0.11	0.09	0.07
	沿通缝	烧结普通砖、烧结多孔砖	0.17	0.14	0.11	0.08
		混凝土普通砖、混凝土多孔砖	0.17	0.14	0.11	—
		蒸压灰砂普通砖、蒸压粉煤灰普通砖	0.12	0.10	0.08	—
		混凝土和轻集料混凝土砌块	0.08	0.06	0.05	—
抗剪	烧结普通砖、烧结多孔砖		0.17	0.14	0.11	0.08
	混凝土普通砖、混凝土多孔砖		0.17	0.14	0.11	—
	蒸压灰砂普通砖、蒸压粉煤灰普通砖		0.12	0.10	0.08	—
	混凝土和轻集料混凝土砌块		0.09	0.08	0.06	—
	毛石		—	0.19	0.16	0.11

注　1. 对于用形状规则的块体砌筑的砌体，当搭接长度与块体高度的比值小于 1 时，其轴心抗拉强度设计值 f_t 和弯曲抗拉强度设计值 f_{tm} 应按表中数值乘以搭接长度与块体高度比值后采用；

2. 表中数值是依据普通砂浆砌筑的砌体确定，采用经研究性试验且通过技术鉴定的专用砂浆砌筑的蒸压灰砂普通砖、蒸压粉煤灰普通砖砌体，其抗剪强度设计值按相应普通砂浆强度等级砌筑的烧结普通砖砌体采用；

3. 对混凝土普通砖、混凝土多孔砖、混凝土和轻集料混凝土砌块砌体，表中的砂浆强度等级分别为：≥Mb10、Mb7.5 及 Mb5。

第二节　无筋砌体构件的承载力计算

一、受压构件的承载力计算

实际工程中的砌体构件大部分为受压构件。受压构件包括轴心受压和偏心受压两种情况。试验研究表明，随轴向荷载离开截面重心偏心距的增大，受压构件截面上的应力逐渐发生变化, 大致分为以下四种情况: ①轴心受压时, 截面压应力均匀分布, 见图 10 - 7; ②偏心距增大一些后, 截面压应力分布变得不均匀, 由于砌体的弹塑性性能, 截面压应力已呈曲线分布, 见图 10 - 7 (b); ③截面偏心距再增大, 远离轴向力的截面一侧边缘由压应力变为拉应力, 见图 10 - 7 (c); ④当拉应力达到砌体沿通缝截面的弯曲抗拉强度时, 就产生水平裂缝, 随着荷载的增大, 水平裂缝不断地沿截面高度延伸, 使受压区缩小, 截面破坏, 见图 10 - 7 (d)。

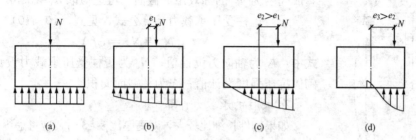

图 10 - 7 轴向压力在不同偏心距时砌体的受力情况

1. 短柱的承载力计算

(1) 短柱的偏心影响系数 φ。砌体结构中, 高厚比 $\beta \leqslant 3$ 的墙、柱称为短柱。试验表明, 短柱的受压承载力随其偏心距的增大而减小。用偏心影响系数 φ 表示, φ 值主要与偏心距 e 和截面回转半径 i 之比 $\left(\dfrac{e}{i}\right)$, 或截面高度之比 $\left(\dfrac{e}{h}\right)$ 有关, 见图 10 - 8。

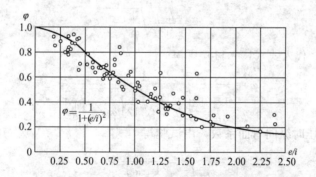

图 10 - 8 砌体偏心距影响系数

《砌体结构设计规范》(GB 50003—2011) 对图 10 - 8 的曲线均采用了同一个公式

$$\varphi = \frac{1}{1 + \left(\dfrac{e}{i}\right)^2} \tag{10-7}$$

式中: i 为截面的回转半径, $i = \sqrt{\dfrac{I}{A}}$; e 为荷载设计值产生的轴向力的偏心距; $e = \dfrac{M}{N}$; M、N 分别为截面承受的弯矩设计值和轴向力设计值。

对于矩形截面墙、柱, 有

$$\varphi = \frac{1}{1 + 12\left(\dfrac{e}{h}\right)^2} \tag{10-8}$$

式中：h 为矩形截面沿柱轴向力偏心方向的边长，当轴心受压时为截面较小边长。

对于 T 形截面或十字形截面，有

$$\varphi = \frac{1}{1 + 12\left(\dfrac{e}{h_T}\right)^2} \tag{10-9}$$

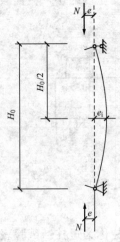

图 10-9　长细比较
大构件的偏心距

式中：h_T 为 T 形或十字形截面的折算厚度，即将非矩形截面折算成高度为 h_T 的等效矩形截面，可近似取 $h_T = 3.5i$。

（2）短柱受压承载力计算公式，见式（10-10）

$$N \leqslant N_u = \varphi f A \tag{10-10}$$

式中：N 为轴向力设计值；N_u 为短柱受压承载力设计值；f 为砌体抗压强度设计值；A 为柱截面面积。

2. 长柱的承载力计算

如果构件长细比较大，即高厚比 $\beta > 3$ 时，应考虑纵向弯曲的影响。同钢筋混凝土偏心受压构件一样，因为纵向弯曲使构件中间的偏心距由 e 增大到 $e + e_i$（见图 10-9），所以轴向力的影响系数可取式（10-11）

$$\varphi = \frac{1}{1 + \left(\dfrac{e + e_i}{i}\right)^2} \tag{10-11}$$

经过大量的试验，附加偏心距 e_i 可用式（10-12）表示

$$e_i = \frac{h}{\sqrt{12}}\sqrt{\frac{1}{\varphi_0} - 1} \tag{10-12}$$

将式（10-12）代入式（10-11）可得

$$\varphi = \frac{1}{1 + 12\left[\dfrac{e}{h} + \sqrt{\dfrac{1}{12}\left(\dfrac{1}{\varphi_0} - 1\right)}\right]^2} \tag{10-13}$$

式中：φ_0 为轴心受压时纵向弯曲系数，由试验得

$$\varphi_0 = \frac{1}{1 + \alpha\beta^2} \tag{10-14}$$

式中：α 为与砂浆强度等级有关的系数，当砂浆强度等级大于或等于 M5 时，$\alpha = 0.0015$，当砂浆强度等级为 M2.5 时，$\alpha = 0.002$，当砂浆强度等级为 M0 时，$\alpha = 0.009$；β 为高厚比，对矩形截面 $\beta = \dfrac{H_0}{h}$，对 T 形截面 $\beta = \dfrac{H_0}{h_T}$；H_0 为构件的计算高度，按表 10-5 采用。

表 10-5　　　　　　　　　　　受 压 构 件 计 算 高 度

房屋类别		柱		带壁柱墙或周边拉结的墙		
		排架方向	垂直排架方向	$s > 2H$	$2H \geqslant s > H$	$s \leqslant H$
单跨	弹性方案	$1.5H$	$1.0H$	$1.5H$		
	刚弹性方案	$1.2H$	$1.0H$	$1.2H$		

房屋类别		柱		带壁柱墙或周边拉结的墙		
		排架方向	垂直排架方向	$s>2H$	$2H \geqslant s>H$	$s \leqslant H$
多跨	弹性方案	$1.25H$	$1.0H$	$1.25H$		
	刚弹性方案	$1.10H$	$1.0H$	$1.1H$		
刚性方案		$1.0H$	$1.0H$	$1.0H$	$0.4s+0.2H$	$0.6s$

注　1. 表中数值表示无吊车的单层和多层房屋；

　　2. 对于上端为自由端的构件，$H_0=2H$；

　　3. 独立砖柱，当无柱间支承时，柱在垂直排架方向的 H_0，应按表中的数值乘以 1.25 后采用；

　　4. s 为房屋横墙间距；

　　5. 自承重墙的计算高度应根据周边支承或拉结条件确定。

根据以上分析，不论是长柱还是短柱，受压构件的承载力均可按式（10-15）计算

$$N \leqslant N_u = \varphi f A \tag{10-15}$$

式中：N 为轴向力设计值；N_u 为受压构件受压承载力设计值；φ 为高厚比 β 和轴向力的偏心距 e 对受压构件承载力的影响系数，按式（10-13）计算；f 为砌体抗压强度设计值；A 为构件截面面积。

在计算影响系数 φ 时，高厚比 β 应按式（10-16）、式（10-17）确定

$$\beta = \gamma_\beta \frac{H_0}{h} （对矩形截面） \tag{10-16}$$

$$\beta = \gamma_\beta \frac{H_0}{h_T} （对 T 形截面） \tag{10-17}$$

式中：H_0 为受压构件的计算高度，按表 10-5 采用；h 为矩形截面轴向力偏心方向的边长，当轴向受压时为截面较小边长；h_T 为 T 形截面的折算厚度，可近似取 $h_T=3.5i$。γ_β 为不同砌体材料的高厚比修正系数，按表 10-6 采用。

表 10-6　　　　　　　　　高 厚 比 修 正 系 数 γ_β

砌体材料类别	γ_β
烧结普通砖、烧结多孔砖	1.0
混凝土普通砖、混凝土多孔砖、混凝土及轻集料混凝土砌块	1.1
蒸压灰砂普通砖、蒸压粉煤灰普通砖、细料石	1.2
粗料石、毛石	1.5

注　对灌孔混凝土砌块砌体，γ_β 取 1.0。

偏心受压构件的偏心距过大，构件的承载力明显下降，从经济性和合理性角度看都不宜采用。此外，偏心距过大可能使截面受拉边出现过大的水平裂缝。因此，《砌体结构设计规范》（GB50003—2011）规定轴向力偏心距 e 不应超过 $0.6y$，y 是截面重心到受压边缘的距离。

二、局部受压构件的承载力计算

局部受压是砌体结构常见的受力形式，如砖柱对基础上产生的压力、梁端部对墙体产生

的压力等。砌体在局部范围内受到较大的荷载作用后，周围未直接承受压力作用的砌体会约束局部受压面积下砌体的横向变形，使得该处的砌体处于三向或双向受压状态，从而大大提高了局部受压面积处砌体的抗压强度。

试验表明砖砌体局部受压时的破坏形态有以下三种：①因竖向裂缝发展引起的破坏，当砌体局部受压时产生的横向拉应力超过砌体的抗拉强度时，会出现竖向裂缝。随着荷载的增加裂缝向上、向下发展，最后形成一条贯穿的主裂缝，引起墙体的破坏。在工程中这是一种基本的破坏形式。②劈裂破坏，当砌体面积与局部受压面积之比很大时，砌体在局部压力作用下一旦产生竖向裂缝，很快贯穿墙体，引起破坏。这种破坏开裂荷载与破坏荷载非常接近，破坏发生突然。③荷载作用面下砌体的局部破坏，当砌体的强度较低时，可能使砌体局部被压碎而引起破坏。

1. 局部均匀受压

当荷载均匀的作用在砌体的局部面积上时，称为砌体局部均匀受压，其承载力可按下列公式计算

$$N_l \leqslant \gamma f A_l \tag{10-18}$$

$$\gamma = 1 + 0.35 \sqrt{\frac{A_0}{A_l} - 1} \tag{10-19}$$

式中：N_l 为局部受压面积上荷载产生的轴向压力设计值；A_l 为局部受压面积；γ 为局部抗压强度提高系数；A_0 为影响局部抗压强度的计算面积，可按图 10-10 确定。

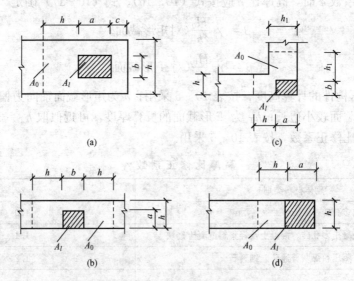

图 10-10   影响局部抗压强度的计算面积

试验分析表明，砌体结构的局部受压可以用力的扩散理论来解释，只要存在未直接受荷的面积就有力的扩散现象，也就能在不同程度上提高直接受荷部分的强度。

式（10-19）的物理意义：其第一项为砌体局部受压面积本身的抗压强度，第二项为非局部受压面积 A_0 所提供的侧压力的影响。

为了避免 A_0/A_l 超过某一限值时会出现危险的劈裂破坏，《砌体结构设计规范》（GB 50003—2011）对 γ 值作了上限规定：对于图 10-10（a）的情况，$\gamma \leqslant 2.5$；对于图

10 - 10（b）的情况，$\gamma \leqslant 2.0$；对于图 10 - 10（c）的情况，$\gamma \leqslant 1.5$；对于图 10 - 10（d）的情况，$\gamma \leqslant 1.25$；对于未灌实的混凝土小型空心砌块砌体，$\gamma = 1.0$。

2. 梁端支承处砌体的局部受压

（1）梁端有效支承长度。梁端支承在砌体上时，由于梁的挠曲变形（见图 10 - 11）和支承处砌体压缩变形的影响，在梁端实际支承长度 a 范围内，下部砌体并非全部起到有效支承的作用。因此梁端下部砌体局部受压的范围，应只在有效支承长度 a_0 范围内，砌体局部受压面积应为 $A_l = a_0 b$（b 为梁的宽度）。

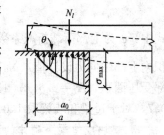

假定梁端砌体的变形和压应力按线性分布，则对砌体边缘的位移为 $y_{max} = a_0 \tan\theta$（θ 为梁端转角），其压应力为 $\sigma_{max} = k y_{max}$，k 为梁端支承处砌体的压缩刚度系数。梁端砌体内实际的压应力为曲线分布，设压应力图形的完整系数为 η，取平均压应力为 $\sigma = \eta k y_{max}$。按照竖向力的平衡条件得 $N_l = \eta k y_{max} a_0 b = \eta k a_0^2 b \tan\theta$。则 $a_0 = \sqrt{\dfrac{N_l}{\eta k b \tan\theta}}$。

图 10 - 11 梁端局部受压

由试验可知：ηk 与砌体强度设计值 f 的比值比较稳定，为了简化计算，考虑到砌体的塑性变形影响，取 $\eta k = 0.0007 f$，则当 N_l 的单位取 kN、f 的单位取 N/mm² 时，可得到

$$a_0 = 38 \sqrt{\frac{N_l}{b f \tan\theta}} \tag{10 - 20}$$

对于承受均布荷载 q 作用的钢筋混凝土简支梁，可取 $N_l = ql/2$，$\tan\theta \approx \theta = \dfrac{ql^3}{24 B_c}$（$B_c$ 为梁的刚度），$h_c/l = 1/11$（h_c 为梁的截面高度）。考虑到钢筋混凝土梁可能产生裂缝以及长期荷载效应的影响，取 $B_c \approx 0.3 E_c I_c$。I_c 为梁的惯性矩，E_c 为混凝土弹性模量。当采用强度等级为 C20 的混凝土时，$E_c = 25.5 \text{kN/mm}^2$。将上述各值代入式（10 - 20），可得

$$a_0 = 10 \sqrt{\frac{h_c}{f}} \tag{10 - 21}$$

式中：h_c 为梁的截面高度。按上述方法计算的 $a_0 > a$ 时，取 $a_0 = a$。考虑到式（10 - 20）和式（10 - 21）计算的结果不一样，容易在工程上引起争端，为此《砌体结构设计规范》（GB 50003—2011）明确采用式（10 - 21）。

（2）上部荷载对局部抗压强度的影响。梁端支承处砌体的局部受压属局部不均匀受压。作用在梁端砌体上的轴向力，除梁端支承压力 N_l 外，还有由上部荷载产生的轴向力 N_0，如图 10 - 12（a）所示。

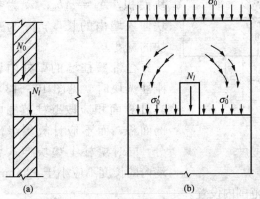

图 10 - 12 上部荷载对局部抗压的影响

对在梁上砌体作用有均匀压应力 σ_0 的试验结果表明，如果 σ_0 较小，当梁上荷载增加时，与梁端底部接触的砌体产生较大的压缩变形，梁端顶部与砌体的接触面将减小，甚至与砌体脱开。砌体形成内拱来传递上部荷

载［图10-12（b）］。此时，σ_0 的存在和扩散对下部砌体有横向约束作用，提高了砌体的局压承载力。这种有利作用应予以考虑。但如果 σ_0 较大，上部砌体的压缩变形增大，梁端顶部与砌体的接触面也增大，内拱作用逐渐减小，其有利效应也变小。这一影响用上部荷载的折减系数表示。此外，按试验结果，当 $A_0/A_l \geqslant 2$ 时，可不考虑上部荷载对砌体局部抗压强度的影响。为偏于安全，《砌体结构设计规范》（GB 50003—2011）规定当 $A_0/A_l \geqslant 3$ 时，不考虑上部荷载的影响。

梁端砌体的局部受压承载力，可按式（10-22）计算

$$\psi N_0 + N_l \leqslant \eta \gamma A_l f \tag{10-22}$$

式中：ψ 为上部荷载折减系数，$\psi = 1.5 - 0.5\dfrac{A_0}{A_l}$，当 $\dfrac{A_0}{A_l} \geqslant 3$ 时，取 $\psi = 0$；N_0 为局部受压面积内上部轴向力设计值，$N_0 = \sigma_0 A_l$；N_l 为梁端荷载设计值产生的支承压力设计值；A_l 为局部受压面积，$A_l = a_0 b$，a_0 按式（10-21）计算。η 为梁端底面应力图形的完整系数，取0.7，对于过梁和墙梁取1.0。

3. 垫块或垫梁下砌体的局部受压

当梁或屋架支承处砌体的局部受压承载力不够时，一般做法是在梁或屋架端部下面设置刚性垫块或垫梁，以扩大局部受压面积。

（1）梁端下部设置刚性垫块。梁端下设置垫块可使局部受压面积增大，是解决局部受压承载力不足的一个有效措施。当垫块的高度 $t_b \geqslant 180\text{mm}$，且垫块自梁边缘起挑出的长度不大于垫块的高度时，称为刚性垫块，它不但可以增大局部受压面积，还可使梁端压力能较好地传至砌体表面。试验表明，垫块底面积以外的砌体对局部抗压强度仍能提供有利的影响，但考虑到垫块底面压应力分布不均匀，为了偏于安全，取垫块外砌体面积的有利影响系数 $\gamma_1 = 0.8\gamma$（γ 为砌体的局部抗压强度提高系数）。计算分析表明，刚性垫块下砌体局部受压，可采用砌体偏心受压的计算模式进行计算。

在梁端下部设有刚性垫块的砌体局部受压承载力，按式（10-23）计算

$$N_0 + N_l \leqslant \varphi \gamma_1 f A_b \tag{10-23}$$

式中：N_0 为垫块面积 A_b 内上部轴向力设计值，$N_0 = \sigma_0 A_b$；φ 为垫块上 N_0 及 N_l 合力的影响系数，应采用表10-3中当 $\beta \leqslant 3$ 时的 φ 值；γ_1 为垫块外砌体面积的有利影响系数，$\gamma_1 = 0.8\gamma$，但不小于1。A_b 为垫块面积，$A_b = a_b b_b$；a_b 为垫块伸入墙内的长度；b_b 为垫块的宽度。

在带壁柱墙的壁柱内设刚性垫块时（见图10-13），其计算面积应取壁柱范围内的面积，而不应计算翼缘部分，同时壁柱上垫块伸入翼墙内的长度不应小于120mm；

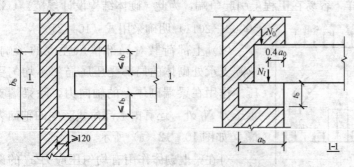

图10-13　壁柱上设有垫块时梁端局部受压

当现浇垫块与梁端整体浇筑时，垫块可在梁高范围内设置。

梁端设有刚性垫块时，梁端有效支承长度 a_0 按式（10-24）确定

$$a_0 = \delta_1 \sqrt{\frac{h_c}{f}} \qquad (10 - 24)$$

式中：δ_1 为刚性垫块的影响系数，可按表 10 - 7 采用。

表 10 - 7 系　数　δ_1　值　表

σ_0/f	0	0.2	0.4	0.6	0.8
δ_1	5.4	5.7	6.0	6.9	7.8

注　表中其间的数值可采用插入法求得。

垫块上 N_l 作用点的位置可取 $0.4a_0$ 处（如图 10 - 13 所示）。

（2）梁端设有长度大于 πh_0 的垫梁。当集中力作用于柔性的垫梁上时（如梁支承于钢筋混凝土圈梁），由于垫梁下砌体因局压荷载产生的竖向压应力分布在较大的范围内，其应力峰值 σ_{ymax} 和分布范围可按弹性半无限体上长梁求解（见图 10 - 14）。

$$\sigma_{ymax} = 0.306 \frac{N_l}{b_b} \sqrt[3]{\frac{Eh}{E_b I_b}} \qquad (10 - 25)$$

式中：E_b、I_b 分别为垫梁的弹性模量和截面惯性矩；b_b 为垫梁的宽度；E 为砌体的弹性模量；h 为墙厚。

为简化计算，现以三角形应力图来代替实际曲线分布应力图形，折算的应力分布长度取为 $s = \pi h_0$，则可由静力平衡条件求得

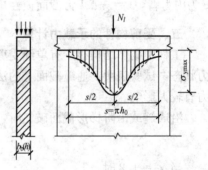

图 10 - 14　垫梁下砌体局部受压

$$N_l = \frac{1}{2} \pi h_0 b_b \sigma_{ymax} \qquad (10 - 26)$$

将式（10 - 26）代入式（10 - 25）则得到垫梁的折算高度 h_0 为

$$h_0 = 2 \sqrt[3]{\frac{E_b I_b}{Eh}} \qquad (10 - 27)$$

根据试验，垫梁下砌体局部受压最大应力值应符合下式要求

$$\sigma_{ymax} \leqslant 1.5f \qquad (10 - 28)$$

考虑垫梁 $\frac{\pi b_b h_0}{2}$ 范围内上部荷载设计值产生的轴力 N_0，则有

$$N_0 + N_l \leqslant \frac{\pi b_b h_0}{2} \times 1.5f \approx 2.4 b_b h_0 f$$

考虑到荷载沿墙方向分布不均匀的影响后，梁下设有长度大于 πh_0 的垫梁下的砌体的局部受压承载力应按式（10 - 29）计算

$$N_0 + N_l \leqslant 2.4 \delta_2 b_b h_0 f \qquad (10 - 29)$$

式中：N_0 为垫梁上部轴向力设计值，$N_0 = \frac{\pi b_b h_0}{2}$；$\delta_2$ 为垫梁底面压应力分布系数，当荷载沿墙厚方向均匀分布时，δ_2 取 1.0，不均匀时，δ_2 可取 0.8。

三、轴心受拉构件的承载力计算

轴心受拉构件的承载力按式（10 - 30）计算

$$N_t \leqslant f_t A \tag{10-30}$$

式中：N_t 为轴心拉力设计值；f_t 为砌体轴心抗拉强度设计值，应按表 10 - 4 采用；A 为轴心受拉构件截面面积。

四、受弯构件的承载力计算

受弯构件除受到弯矩作用外，通常还受到剪力作用，应分别对其受弯承载力和受剪承载力进行验算。

1. 受弯承载力

受弯构件的受弯承载力按式（10 - 31）进行计算

$$M \leqslant f_{tm} W \tag{10-31}$$

式中：M 为弯矩设计值；f_{tm} 为砌体的弯曲抗拉强度设计值，应按表 10 - 4 采用；W 为截面抵抗矩。

2. 受剪承载力

受弯构件的受剪承载力按式（10 - 32）进行计算

$$V \leqslant f_v bz \tag{10-32}$$

式中：V 为剪力设计值；f_v 为砌体的抗剪强度设计值，应按表 10 - 4 采用；b 为截面宽度；z 为内力臂，$z = \dfrac{I}{S}$；I 为截面惯性矩，S 为截面面积矩，当为矩形截面时，$z = \dfrac{2h}{3}$。

五、受剪构件的承载力计算

工程中砌体结构很少有单纯受剪状态，多为弯矩和剪力或剪力和轴力共同作用的复合受力状态，试验表明，通缝截面上的法向应力 σ 与剪应力 τ 的比值对剪切破坏形态和抗剪承载力有较大影响。

沿通缝或沿阶梯形截面破坏时，受剪构件的承载力应按式（10 - 33）计算

$$V \leqslant (f_v + \alpha \mu \sigma_0) A \tag{10-33}$$

当 $\gamma_G = 1.2$ 时，　　　　　　　　　$\mu = 0.26 - 0.082 \dfrac{\sigma_0}{f}$

当 $\gamma_G = 1.35$ 时，　　　　　　　　$\mu = 0.23 - 0.065 \dfrac{\sigma_0}{f}$

式中：V 为截面剪力设计值；A 为水平截面面积，当有孔洞时，取净截面面积；f_v 为砌体抗剪强度设计值；α 为修正系数，当 $\gamma_G = 1.2$ 时，砖砌体取 0.60，混凝土砌块砌体取 0.64，当 $\gamma_G = 1.35$ 时，砖砌体取 0.64，混凝土砌块砌体取 0.66；μ 为剪压复合受力影响系数，α 与 μ 的乘积可查表 10 - 8；σ_0 为永久荷载设计值产生的水平截面平均压力；f 为砌体的抗压强度设计值；$\dfrac{\sigma_0}{f}$ 为轴压比，且不大于 0.8。

表 10 - 8		当 $\gamma_G = 1.2$ 及 $\gamma_G = 1.35$ 时 $\alpha\mu$ 值							
γ_G	σ_0/f	0.1	0.2	0.3	0.4	0.5	0.6	0.7	0.8
1.2	砖砌体	0.15	0.15	0.14	0.14	0.13	0.13	0.12	0.12
	砌块砌体	0.16	0.16	0.15	0.15	0.14	0.13	0.13	0.12
1.35	砖砌体	0.14	0.14	0.13	0.13	0.13	0.12	0.12	0.11
	砌块砌体	0.15	0.14	0.14	0.13	0.13	0.13	0.12	0.12

第十一章　中小型地上式泵房的结构设计

第一节　中小型地上式泵房的组成

房屋的墙、柱用块体砌筑，而屋盖或楼盖采用钢筋混凝土或木结构，这种房屋称为混合结构房屋。泵房一般属于单层混合结构房屋。

单层混合结构房屋是由屋盖、墙柱和基础组成，其中屋盖结构可以采用有檩体系和无檩体系两种方案。无檩体系是指屋面梁（或屋架）上铺设屋面板，屋面板承受屋面活荷载、雪荷载、面层及板的自重等，并把这些荷载传给屋面梁，再由屋面梁传到墙柱上。如果采用瓦材屋面（粘土瓦、槽瓦、石棉瓦等），则屋盖结构中必须设置檩条，屋面荷载通过檩条传到屋面梁（或屋架）上，这种体系则称为有檩体系。房屋墙体主要承受屋面梁（或屋架）传来的竖向压力、墙体本身的自重和水平作用的荷载。当泵房内有吊车时，墙柱还要承担吊车引起的垂直及水平荷载。基础则主要承受墙柱传来的荷载，并将这些荷载传给地基。图 11-1 所示为某厂泵房的平面和剖面图，泵房中设有三台地面离心泵，在机房内设有手动单梁悬挂式起重机，供安装和检修设备用。房屋墙体采用砖砌体结构，屋盖采用预制薄腹梁和空心屋面板。

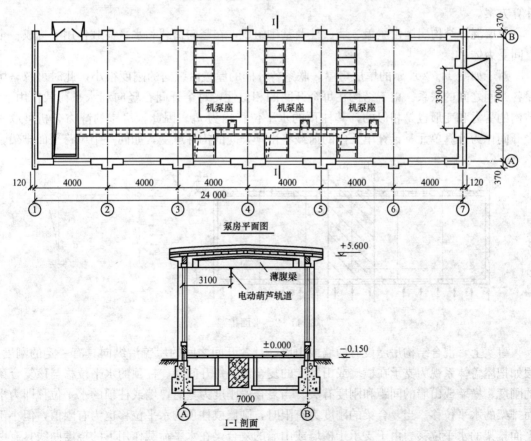

图 11-1　某厂泵房平面、剖面图

由此可见，由屋面板、梁（或屋架）等构件组成的屋盖以及墙柱、基础是混合结构房屋的主要承重构件。

第二节   墙、柱和基础的结构设计

一、墙、柱设计

1. 房屋的静力计算方案

墙体是泵房的主要承重构件，在使用过程中承受各种荷载的作用，其中包括竖向荷载（屋盖自重及屋面活荷载、吊车竖向荷载和墙体自重等）、水平荷载（风荷载、吊车水平荷载和地震作用等）以及地基不均匀沉降、温度变化和材料收缩引起的墙体内力等。在竖向及水平荷载作用下，墙体一般处于偏心受压状态，其结构承载力不仅取决于墙体的抗压强度，而且和墙体的稳定性有关。因此，设计墙体时除应保证建筑上的使用要求外，还必须保证墙体在承载力和稳定性两方面的要求。为此，在设计中应进行下述几项验算：①墙、柱高厚比验算；②根据房屋的静力计算结果对墙、柱进行承载力验算；③墙、柱在梁端支承处的局部受压承载力验算。砌体构件的承载力和梁端砌体的局部受压承载力已在第十章做了介绍，故本章只讨论墙、柱的高厚比和房屋的静力计算。

为设计混合结构房屋的墙、柱，首先应根据房屋结构的实际受力情况，确定房屋的静力计算方案。

单层混合结构房屋由屋盖、墙、柱及基础组成，在竖向荷载和水平荷载作用下构成一个空间受力体系。

对于如图 11-2 所示的单层房屋，联系各开间的屋盖沿纵向的刚度很小，此时可忽略房屋各开间之间的联系。由于结构在每个开间的相似性，每个开间在竖向和水平荷载作用下，结构的受力和变形也是相似的，其柱顶的水平位移均为 u_p。因此，房屋的静力分析可取一个开间作为计算单元，计算单元内的荷载将由本开间的构件承受，如同一个单跨平面排架。

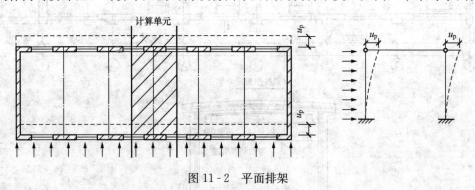

图 11-2   平面排架

事实上，混合结构房屋设有横墙或山墙，且各开间之间的屋盖沿纵向具有一定的刚度。假如把屋盖体系视为支承在横墙或山墙上的复合梁，每开间墙、柱顶的水平位移与该复合梁的刚度、横墙或山墙的间距和刚度有关。当复合梁刚度为零时，墙或柱顶的水平位移即为平面排架的水平位移。当复合梁的刚度为有限时，则墙或柱顶的水平位移也为有限值，但小于平面排架的水平位移。由于支承于横墙或山墙的复合梁在水平荷载作用下的挠度曲线具有两端小、中间大的特点，因此，每个开间墙或柱顶的水平位移也将随之不同，如图 11-3 所

示。若以单层房屋中间单元水平位移最大的墙或柱顶为例，其顶端水平位移为

$$u_\mathrm{s} = u + u_1 \leqslant u_\mathrm{p} \tag{11-1}$$

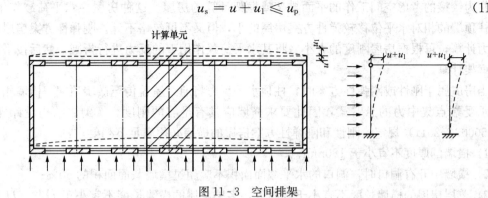

图 11-3　空间排架

式中：u_s 为中间计算单元墙柱顶点的水平位移；u 为山墙顶点的水平位移；u_1 为屋盖沿纵向复合梁的最大水平位移；u_p 为平面排架顶点的水平位移。

由此可以看出，设置横墙或山墙后，结构的变形已呈现空间排架的变形特性。

房屋的空间受力性能减少了房屋的水平位移。影响房屋空间受力性能的因素较多，其中屋盖复合梁在其自身平面内的刚度、横墙或山墙间距，以及横墙或山墙在其自身平面内的刚度是主要影响因素。屋盖复合梁在平面内刚度小时，其弯曲变形大；横墙或山墙间距大时，屋盖复合梁跨度大，受弯时挠度亦大；横墙或山墙刚度小时，横墙或山墙墙顶位移大，屋盖平移亦大。与上述情况相反时，墙、柱及屋盖的水平位移小，则房屋的空间受力性能好。

《砌体结构设计规范》（GB 50003—2011）根据影响房屋空间刚度的两个主要因素，即屋盖或楼盖的类别和横墙的间距，将混合结构房屋静力计算方案划分为三种。查表 11-1 确定。

表 11-1　　　　　　　　　　　　　房屋的静力计算方案

屋盖或楼盖类别	刚性方案	刚弹性方案	弹性方案
整体式、装配整体和装配式无檩体系钢筋混凝土屋盖或钢筋混凝土楼盖	$s<32$	$32\leqslant s\leqslant72$	$s>72$
装配式有檩体系钢筋混凝土屋盖、轻钢屋盖和有密铺望板的木屋盖或木楼盖	$s<20$	$20\leqslant s\leqslant48$	$s>48$
瓦材屋面的木屋盖和轻钢屋盖	$s<16$	$16\leqslant s\leqslant36$	$s>36$

注　1. 表中 s 为横墙间距，其长度单位为 m；
　　2. 对无山墙或伸缩缝处无横墙的房屋，应按弹性方案考虑。

（1）刚性方案房屋。刚性方案房屋是指在荷载作用下，房屋的水平位移很小，可忽略不计。墙、柱的内力按屋架、大梁与墙、柱为不动铰支承的竖向构件计算的房屋。这种房屋的横墙间距较小，楼盖和屋盖的水平刚度较大，房屋的空间刚度也较大，因而在水平荷载作用下房屋墙、柱顶端的相对位移 $\dfrac{u_\mathrm{s}}{H}$（H 为墙、柱高度）很小。

（2）弹性方案房屋。弹性方案房屋是指在荷载作用下，房屋的水平位移较大，不能忽略不计，墙、柱的内力按屋架、大梁与墙、柱为铰接的不考虑空间工作的平面排架或框架计算的房屋。这种房屋横墙间距较大，屋（楼）盖的水平刚度较小，房屋的空间刚度亦较小，因而在水平荷载作用下房屋墙柱顶端的水平位移较大。

（3）刚弹性方案房屋。刚弹性方案房屋是指在荷载作用下墙、柱的内力按屋架、大梁与墙、柱为铰接的考虑空间工作的平面排架或框架计算的房屋。这种房屋在水平荷载作用下，墙、柱顶端的相对水平位移较弹性方案房屋的小，但又不可忽略不计，刚弹性方案房屋墙柱的内力计算，可根据房屋刚度的大小，将其水平荷载作用下的反力进行折减，然后按平面排架或框架计算。

当房屋属于刚性或刚弹性方案时，柱顶水平反力将通过屋盖传至横墙顶端，横墙相当于一根承受端点集中力的悬臂梁，因此要求横墙应具有足够的刚度。《砌体结构设计规范》（GB 50003—2011）规定：刚性和刚弹性方案房屋的横墙必须满足下列要求：

1）横墙的厚度不宜小于 180mm；

2）横墙中开有洞口时，洞口的水平截面面积不应超过横墙截面面积的 50%；

3）单层房屋的横墙长度不宜小于其高度，多层房屋的横墙长度不宜小于 $H/2$（H 为横墙总高度）。

当横墙不能同时符合上述要求时，应对横墙的刚度进行验算。如其最大水平位移值 $u_{max} \leqslant H/4000$ 时，仍可视作刚性和刚弹性方案房屋的横墙。凡符合此刚度要求的一段横墙或其他结构构件（如框架等），也可视作刚性和刚弹性方案房屋的横墙。

2. 墙、柱的高厚比验算

在进行墙体设计时，承重墙、柱除了要满足承载力要求，还必须保证其稳定性。对于自承重墙，为防止其截面尺寸过小，也必须满足稳定性的要求。墙、柱的稳定性，主要是通过限制其高厚比来保证的。

（1）墙、柱的允许高厚比。墙、柱的允许高厚比用 $[\beta]$ 表示，按表 11 - 2 采用。

表 11 - 2　　　　　　　　墙、柱的允许高厚比 $[\beta]$ 值

砌体类型	砂浆强度等级	墙	柱
无筋砌体	M2.5	22	15
	M5.0 或 Mb5.0、Ms5.0	24	16
	≥M7.5 或 Mb7.5、Ms7.5	26	17
配筋砌块砌体		30	21

注　1. 毛石墙、柱的允许高厚比应按表中数值降低 20%；

　　2. 带有混凝土或砂浆面层的组合砖砌体构件的允许高厚比，可按表中数值提高 20%，但不得大于 28；

　　3. 验算施工阶段砂浆尚未硬化的新砌砌体构件高厚比时，允许高厚比对墙取 14，对柱取 11。

允许高厚比，主要是根据房屋中墙、柱的稳定性，依据工程实践经验从构造要求上确定的。墙、柱砌筑砂浆的强度等级愈高，$[\beta]$ 值愈大。

由于自承重墙是房屋中的次要构件，仅承受自重作用。所以自承重墙的 $[\beta]$ 可以适当放宽，即可将表 11 - 2 中的 $[\beta]$ 乘以一个大于 1 的修正系数 μ_1。当厚度 $h = 240mm$ 时，$\mu_1 = 1.2$；当 $h = 90mm$ 时，$\mu_1 = 1.5$；当 $90mm < h < 240mm$ 时，μ_1 在 $1.2 \sim 1.5$ 之间内插。

对上端自由的自承重墙，$[\beta]$ 值除按上述规定提高外，还可再提高 30%。

墙上开设洞口，对墙、柱的稳定性不利，$[\beta]$ 值需相应降低。将表 11 - 2 中的 $[\beta]$ 乘以修正系数 μ_2。

$$\mu_2 = 1 - 0.4 \frac{b_s}{s} \tag{11 - 2}$$

式中：b_s 为宽度 s 范围内的门窗洞口总宽度；s 为相邻窗间墙或壁柱之间的距离。

当按式（11-2）算得的 μ_2 值小于 0.7 时，应取 0.7。当洞口高度等于或小于墙高的1/5时，可取 $\mu_2=1.0$。

（2）墙、柱的高厚比验算。

1）矩形截面墙、柱高厚比验算。矩形截面墙、柱高厚比应按式（11-3）验算

$$\beta = \frac{H_0}{h} \leqslant \mu_1\mu_2[\beta] \tag{11-3}$$

式中：H_0 为墙、柱计算高度，查表 10-5 确定；h 为墙厚或矩形柱与 H_0 相对应的边长；$[\beta]$ 为墙、柱的允许高厚比，查表 11-2 确定；μ_1 为自承重墙允许高厚比修正系数；μ_2 有洞口墙允许高厚比修正系数，按式（11-2）计算。

2）带壁柱墙和构造柱墙的高厚比验算。对于带壁柱或带构造柱的墙体，需分别对整片墙和壁柱间墙，或构造柱间墙进行高厚比验算。

（a）整片墙的高厚比验算。对于带壁柱间墙，由于其截面为 T 形，故用式（11-3）验算高厚比时，式中 h 应该为带壁柱墙截面的折算厚度 h_T，即

$$\beta = \frac{H_0}{h_T} \leqslant \mu_1\mu_2[\beta] \tag{11-4}$$

式中：h_T 为带壁柱墙截面的折算厚度，$h_T=3.5i$。

确定带壁柱墙的计算高度 H_0 时，墙长 s 取相邻横墙间的距离。

计算截面回转半径 i 时，带壁柱墙计算截面的翼缘宽度 b_f，应按下列规定取用：

①对于多层房屋，当有门窗洞口时，取窗间墙宽度；当无门窗洞口时，每侧翼墙宽度可取壁柱高度的 1/3。

②对于单层房屋，壁柱翼缘宽度可取 $b_f=b+2H/3$（b 为壁柱宽度，H 为墙高），但 b_f 不大于相邻窗间墙或相邻壁柱间的距离。

对于带构造柱墙，当构造柱截面宽度不小于墙厚 h 时，可按式（11-4）验算

$$\beta = \frac{H_0}{h} \leqslant \mu_1\mu_2\mu_c[\beta] \tag{11-5}$$

由于钢筋混凝土构造柱可提高墙体使用阶段的稳定性和刚度，因此带构造柱墙的允许高厚比可乘以一个大于 1 的提高系数 μ_c，μ_c 可按式（11-5）计算

$$\mu_c = 1 + \gamma\frac{b_c}{l} \tag{11-6}$$

式中：γ 为系数，对细料石、半细料石砌体，$\gamma=0$；对混凝土砌块、粗料石、毛料石及毛石砌体，$\gamma=1.0$；其他砌体 $\gamma=1.5$；b_c 为构造柱沿墙长方向的宽度；l 为构造柱间距。

当 $\frac{b_c}{l}>0.25$ 时，取 $\frac{b_c}{l}=0.25$；当 $\frac{b_c}{l}<0.05$ 时，取 $\frac{b_c}{l}=0$。

确定式（11-4）中的墙体计算高度 H_0 时，s 取相邻横墙间的距离，h 取墙厚。

（b）壁柱间墙或构造柱间墙的高厚比验算。验算壁柱间墙或构造柱间墙的高厚比时，可将壁柱或构造柱视为壁柱间墙或构造柱间墙的不动铰支点，按矩形截面验算。因此，确定 H_0 时，墙长 s 应取壁柱间的距离，而且不论带壁柱墙体的房屋静力计算时属于何种方案，H_0 的值一律按表 10-4 中的刚性方案采用。

带壁柱墙内设有钢筋混凝土圈梁时，当圈梁的宽度 b 与相邻壁柱间的距离 s 之比不小于

1/30 时，圈梁可作为壁柱间墙的不动铰支点。若具体条件不允许增加圈梁宽度，可按等刚度原则（墙体平面外刚度相等）增加圈梁的高度，以满足圈梁作为壁柱间不动铰支点的要求。此时，墙的计算高度为圈梁之间的距离。

当与墙体的相邻横墙间的距离 $s \leqslant \mu_1 \mu_2 [\beta] h$，墙的计算高度可不受式（11-2）的限制。对于变截面柱，可按上下截面分别验算高厚比，且验算上柱的高厚比时，墙、柱的允许高厚比可按表 11-2 的数值乘以 1.30 后采用。

3. 单层刚性方案房屋墙、柱计算

一般中小型泵房由于屋盖采用钢筋混凝土无檩体系，房屋长度不大，且两端均有山墙，因而大多属于刚性方案。因此，这里只讨论刚性方案房屋墙、柱的内力分析和承载力计算。

图 11-4 为某单层刚性方案房屋计算单元（常取一个开间为计算单元）墙、柱的计算简图，墙、柱为上端不动铰支承于屋盖，下端嵌固于基础的竖向构件。

（1）内力分析。刚性方案房屋墙、柱，在竖向和风荷载作用下的内力按下述方法计算：

1）竖向荷载作用。竖向荷载包括屋盖自重、屋面活荷载或雪荷载以及墙、柱自重。屋面荷载通过屋架或大梁作用于墙体顶部，屋架或屋面大梁的支承反力 N_l 作用位置如图 11-4（b）所示，即 N_l 存在偏心距。墙、柱自重则作用于墙、柱截面的重心。

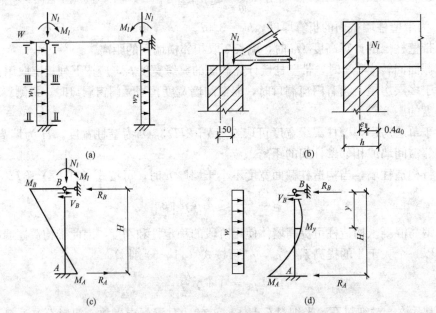

图 11-4　单层刚性方案房屋墙、柱内力计算

屋面荷载作用于墙、柱内力如图 11-4（c）所示，分别为

$$\left.\begin{array}{l} R_A = -R_B = -3M_l/2H \\ M_B = M_l \\ M_A = -M_l/2 \end{array}\right\} \tag{11-7}$$

2）风荷载作用。风荷载包括屋面风荷载和墙面风荷载两部分。由于屋面风荷载最后以集中力的形式通过屋架传递。在刚性方案房屋中通过不动铰支点由屋盖复合梁传给横墙，因此不会对墙、柱的内力造成影响。墙面风荷载作用于墙、柱的内力如图 11-4（d）所示，分别为

$$R_A = 5wH/8$$
$$R_B = 3wH/8$$
$$M_A = wH^2/8 \qquad\qquad (11-8)$$
$$M_y = -wHy(3-4y/H)/8$$
$$M_{max} = -9wH^2/128 \quad (y = 3H/8\text{时})$$

计算时，迎风面 $w=w_1$，背风面 $w=w_2$。

（2）内力组合。根据上述各种荷载单独作用下的内力，按照可能而又最不利的原则进行控制截面的内力组合，确定其最不利内力。通常控制截面有三个，即墙、柱的上端截面Ⅰ-Ⅰ、下端截面Ⅱ-Ⅱ和均布风荷载作用下的最大弯矩截面Ⅲ-Ⅲ，见图 11-4（a）。

（3）截面承载力验算。对截面Ⅰ-Ⅰ～Ⅲ-Ⅲ，按偏心受压进行承载力验算。对截面Ⅰ-Ⅰ即屋架或大梁支承处的砌体还应进行局部受压承载力验算。

二、基础设计

（一）基础的类型

根据建筑物的使用要求、地质条件和基础的受力情况，可以采用刚性基础或柔性基础。

1. 刚性基础

由砖、毛石、混凝土或毛石混凝土、灰土和三合土等材料组成的墙下条形基础或柱下独立基础，称为无筋扩展基础，习惯上也称刚性基础（见图 11-5），适用于多层民用住宅和轻型厂房。

（1）刚性基础的构造要求。在设计无筋扩展基础时应根据其材料的特点满足相应的构造要求。

1）砖基础。砖基础采用的砖强度等级不低于 MU10，砂浆强度等级应不低于 M5，在地下水位以下或地基土潮湿时应采用水泥砂浆砌筑。基础底面以下一般先做 100mm 厚的混凝土垫层。

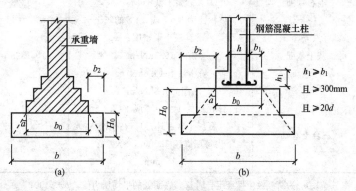

图 11-5　刚性基础构造示意

2）毛石基础。毛石基础采用的材料为未加工的或稍作修整的未风化的硬质岩石，其高度一般不小于 200mm。当毛石形状不规则时，其高度应不小于 150mm。

3）石灰三合土基础。石灰三合土基础是由石灰、砂和骨料（矿渣、碎砖或碎石）加适量的水充分搅拌均匀后，铺在基槽内分层夯实而成的。三合土的体积比为 1∶2∶4 或 1∶3∶6（石灰∶砂∶骨料），在基槽内每层虚铺 220mm，夯实至 150mm。

4）灰土基础。我国华北和西北地区，环境比较干燥，且冻胀性较小，常采用灰土基础。灰土基础由熟化后的石灰和粘土按比例拌和并夯实而成。常用的配合比（体积比）为 3∶7 或 2∶8，铺在基槽内分层夯实，每层虚铺 220~250mm，夯实至 150mm。

5）混凝土和毛石混凝土基础。混凝土的抗压强度、耐久性、抗冻性都较好，且便于机械化施工，但水泥耗量较大，造价稍高，且一般需要支模板，较多用于地下水位以下的基础。混凝土基础一般用 C15 以上的素混凝土做成。为了节约水泥用量，可以在混凝土基础中埋入 25%～30%（体积比）的毛石，形成毛石混凝土基础。用于砌筑的石块直径不宜大于 300mm。

（2）刚性基础的设计计算。由于刚性基础所用材料的共同特点是具有较大的抗压强度，而抗弯、抗剪强度较低。基础在外力作用下，在靠近柱、墙边或断面高度突然变化处，容易产生弯曲或剪切破坏。根据试验研究和工程实践经验，当基础底面的平均压应力确定后，只要控制 b_2/H_0 小于某一允许比值 $[b_2/H_0]$，就可以保证基础不会因受弯和受剪承载力不足而破坏。$[b_2/H_0]$ 称为台阶宽高比允许值，与 $[b_2/H_0]$ 相对应的角度 $[\alpha]$ 叫做基础的刚性角。台阶的宽高比不超过 $[b_2/H_0]$ 的基础称为刚性基础。刚性基础的质量要求及台阶宽高比允许值见表 11 - 3。

表 11 - 3　　　　　　　　　　　　　　刚性基础台阶宽高比允许值

基础材料	材料情况	台阶宽高比的允许值		
		$p_k \leqslant 100$	$100 < p_k \leqslant 200$	$200 < p_k \leqslant 300$
混凝土基础	C15 混凝土	1∶1.00	1∶1.00	1∶1.25
毛石混凝土基础	C15 混凝土	1∶1.00	1∶1.25	1∶1.50
砖基础	砖不低于 MU10 砂浆不低于 M5	1∶1.50	1∶1.50	1∶1.50
毛石基础	砂浆不低于 M5	1∶1.25	1∶1.50	—
灰土基础	体积比为 3∶7 或 2∶8 的灰土 其最小干密度： 粉土 15.5kN/m³ 粉质粘土 15.0kN/m³ 粘土 14.5kN/m³	1∶1.25	1∶1.50	—
三合土基础	体积比为 1∶2∶4 或 1∶3∶6 （石灰∶砂∶骨料），在基槽 内每层虚铺 220mm，夯实至 150mm	1∶1.50	1∶2.00	—

注　1. p_k 为荷载效应标准组合时基础底面处的平均压力值，$p_k \leqslant 100$；

2. 阶梯形毛石基础的每阶伸出宽度，不宜大于 200mm；

3. 当基础由不同材料叠合组成时，应对接触部分作抗压验算；

4. 对混凝土基础，当基础底面处的平均压力值超过 300N/mm² 时，还应进行抗剪验算。

刚性基础的底面尺寸应根据作用荷载的大小和地基承载力特征值计算确定，计算方法与前面有关章节所述的钢筋混凝土基础的底面尺寸确定方法完全相同，对于墙下条形基础，只要取 1m 长的一段作为计算单元即可。

2. 扩展基础

当刚性基础的尺寸不能同时满足地基承载力和基础埋深的要求时，则需要采用扩展基础，也称柔性基础。柱下钢筋混凝土独立基础和墙下钢筋混凝土条形基础，统称为钢筋混凝土扩展基础。钢筋混凝土扩展基础的抗弯和抗剪性能良好，高度不受台阶高宽比的限制，其高度比刚性基础小，适宜于需要宽基浅埋的情况。关于基础的受弯、受剪承载力计算方法以及有关构造要求，在前面的有关章节已有讲述，这里不再重复。

（二）基础的埋置深度

基础的埋置深度一般指基础底面距设计地面的距离。影响基础埋深的因素较多，设计时应根据工程地质条件和《建筑地基基础设计规范》（GB 50007—2002）的要求确定适宜的埋置深度。一般来说，在满足地基稳定和变形要求的前提下，基础应尽量浅埋，以减小基础工程量，降低造价。除岩石地基外，基础埋置的最小深度不宜小于 0.5m，基础顶面距室外设计地面应至少 0.15~0.2m，以确保基础不受外界的不利影响。

影响基础埋深的条件很多，应综合考虑以下因素：

（1）建筑物的用途，有无地下室、设备基础和地下设施，基础的形式和构造。当有地下室、设备基础和地下设施时，基础的埋深还要结合建筑设计标高的要求确定。基础的埋深还取决于基础的形式和构造，例如为了防止无筋扩展基础本身出现材料破坏，基础的构造高度往往很大，因此无筋扩展基础的埋深要大于扩展基础。

（2）作用在地基上的荷载大小和性质。基础埋置深度与作用在地基上的荷载大小和性质有关。对于作用有较大水平荷载的基础，还应满足稳定性要求，当这类基础建筑在岩石上时，基础的埋深还应满足抗滑要求。对于有上拔力结构的基础，也要求有较大的埋深，以满足抗拔的要求。

（3）工程地质条件和水文条件。根据工程地质条件选择合适的土层作为基础的持力层，是确定基础的重要因素。直接支承基础的土称为持力层，其下的各层土称为下卧层。必须选择强度足够、稳定可靠的土层作为持力层，才能保证地基的稳定性、减小建筑物的沉降。

当有地下水存在时，基础底面应尽量埋置在地下水位以上，以免地下水对基坑开挖施工质量的影响。若基础底面必须埋置在地下水位以下时，应考虑施工时的基坑排水、坑壁支护等措施，以及地下水是否有浸蚀性等因素，并采取相应的措施，防止地基土在施工时受到干扰。

（4）相邻建筑物的基础埋深。为了保证施工期间相邻的原有建筑物的安全和正常使用，新建建筑物的基础埋深不宜大于相邻原有建筑物的基础埋深。当新建建筑物的基础埋深必须超过原有建筑物的基础埋深时，为了避免新建建筑物对原有建筑物的影响，设计时应考虑与原有基础保持一定的净距。一般取相邻基础底面高差的 1~2 倍。

（5）地基土冻胀和融陷的影响。冬季时，土中含有的水会冻结形成冻土，细粒土层有冻胀的特点。当基础埋置于冻胀土内时，由于土体的膨胀会在基础周围和基础底部产生冻胀力使基础上抬。当温度升高土体解冻时，由于土中水分的高度集中，使土质变得十分松软而引起融陷，且建筑物各部分的融陷也是不均匀的。多次冻融会使建筑物遭受严重破坏。所以对于冻胀性地基。基础底面应处在冰冻线以下 100~200mm，以免冻胀融陷对建筑物的影响。在冻胀较大的地基上，还应根据情况采用相应的防冻害措施。

第三节　过梁和圈梁

一、过梁

1. 过梁的分类与构造

过梁是混合结构房屋中门窗洞口上的常用构件，主要用于承受洞口上部砌体重量和上部楼（屋）面梁板传来的荷载。

　　过梁按所用材料可分为砖砌过梁和钢筋混凝土过梁，其中砖砌过梁又可分为钢筋砖过梁、砖砌平拱和砖砌弧拱等形式，其中砖砌弧拱由于施工比较复杂，目前较少采用，见图11-6（d）。

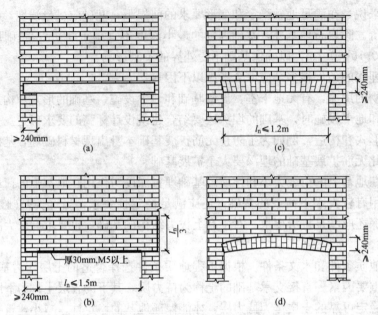

图 11-6　过梁的种类及构造

　　（1）砖砌平拱过梁。用砖竖立和侧立砌筑的过梁称为砖砌平拱过梁，截面计算高度内的砂浆不低于 M5，砖砌平拱竖砖砌筑部分的高度不应小于 240mm。砖砌平拱过梁的静跨不应超过 1.2m。

　　（2）钢筋砖过梁。在过梁底部水平灰缝中配置钢筋的过梁称为钢筋砖过梁。钢筋的直径不应小于 5mm，也不宜大于 8mm，钢筋间距不大于 120mm，钢筋伸入支座砌体内的长度不宜小于 240mm，砂浆层厚度不宜小于 30mm。钢筋砖过梁的静跨不应超过 1.5m。

　　（3）钢筋混凝土过梁。钢筋混凝土过梁端部伸入支座砌体内的长度不宜小于 240mm，其余构造与钢筋混凝土受弯构件相同。

　　2. 过梁上的荷载

　　过梁承受的荷载有砌体自重和过梁计算高度范围内梁、板荷载传来的荷载。试验表明，当砌筑过梁的砖不低于 MU10，砂浆不低于 M5 时，过梁上砌体的砌筑高度超过 $l_n/3$ 后，跨中的挠度增加极小，这是由于砌体砌筑到一定高度之后，即可起到拱的作用，使一部分荷载不传给过梁而直接传给支承过梁的砖墙（窗间墙）。试验还表明，当在砌体高度等于 $0.8l_n$ 左右的位置施加外荷载时，由于砌体的组合作用，过梁的挠度变化也极微小。

　　根据以上试验结果分析，《砌体结构设计规范》（GB 50003—2011）规定过梁上荷载按下列规定采用。

　　（1）对砖和砌块砌体，当梁、板下的墙体高度 h_w 小于过梁的净跨 l_n 时，过梁应计入梁、板传来的荷载，否则可不考虑梁、板荷载。

　　（2）对砖砌体，当过梁上的墙体高度 h_w 小于 $l_n/3$ 时，墙体荷载应按墙体的均布自重采用，否则应按高度为 $l_n/3$ 墙体的均布自重来采用。

（3）对砌块砌体，当过梁上的墙体高度 h_w 小于 $l_n/2$ 时，墙体荷载应按墙体的均布自重采用，否则应按高度为 $l_n/2$ 墙体的均布自重采用。

3. 过梁的受力特性

过梁承受荷载以后，和一般受弯构件一样，上部受压，下部受拉。随着荷载的增大，当跨中正截面的拉应力或支座斜截面的主拉应力大于砌体的抗拉强度时，将先在跨中受拉区出现竖向裂缝，然后在靠近支座处出现阶梯形斜裂缝（见图 11-7）。对钢筋砖过梁，过梁下部的拉力将由钢筋承受。对砖砌平拱，过梁下部的拉力将由两端砌体提供的推力来平衡，过梁如同一个三铰拱进行工作。

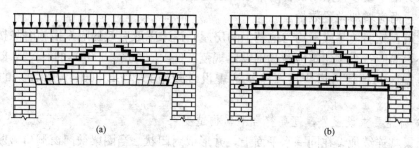

(a)　　　　　　　　　　　　　　(b)

图 11-7　过梁的破坏形态

过梁可能发生的破坏如下：

（1）过梁跨中正截面因受弯承载力不足而破坏；

（2）过梁支座附近斜截面因受剪承载力不足，沿灰缝产生 45°方向的阶梯形裂缝不断扩展而破坏；

（3）过梁支座处水平灰缝因受剪承载力不足而发生支座滑动破坏。

对于支座滑动破坏，比较可能出现在墙体端部门窗洞口上的砖砌平拱，或砖砌弧拱最外边的支承墙体上，可按前面章节介绍的方法进行验算。

4. 过梁的计算

（1）砖砌平拱过梁：跨中截面受弯承载力按式（10-32）计算，支座截面受剪承载力按式（10-33）计算。

（2）钢筋砖过梁：跨中截面受弯承载力按式（11-8）计算

$$M \leqslant 0.85 f_y A_s h_0 \tag{11-9}$$

式中：M 为按简支梁计算的由荷载设计值产生的跨中最大弯矩；f_y 为钢筋的抗拉强度设计值；A_s 为受拉钢筋的截面面积；h_0 为过梁截面的有效高度，$h_0 = h - a$；a 为受拉钢筋重心至截面下边缘的距离；h 为过梁的截面计算高度，取过梁底面以上的墙体高度，但不大于 $l_n/3$，当考虑梁、板传来的荷载时，则按梁、板下的高度采用。

（3）钢筋混凝土过梁：钢筋混凝土过梁可采用上述荷载取值，按钢筋混凝土受弯构件计算过梁的配筋。在验算梁端支承处砌体局部受压时，可不考虑上部荷载的影响。梁端底面压应力图形完整系数可取 1.0，梁端有效支承长度可取实际支承长度但不应大于墙厚。在实际工程设计中，钢筋混凝土过梁可以根据荷载等级直接从通用图中选用。

二、圈梁

在砌体结构房屋中，沿外墙四周及内墙水平方向设置连续封闭的钢筋混凝土梁，称为圈梁。圈梁在砌体结构房屋中的作用是多方面的。圈梁可加强墙体间的连接以及墙体与屋盖之间的连接；可以增强房屋的整体性和空间刚度；圈梁还可以约束墙体，限制裂缝的展开，提高墙体的稳定性，减轻地基不均匀沉降或较大振动荷载对墙体产生的不利影响。

1. 在单层混合结构房屋中，可参照下述方法设置圈梁

（1）比较空旷的单层房屋，如泵房、车间、仓库、食堂等。对于砖砌体房屋，檐口标高为5～8m时，应在檐口标高处设置圈梁一道，檐口标高大于8m时，应增加设置数量。对于砌块和料石砌体房屋，檐口标高为4～5m时，应在檐口标高处设置圈梁一道，檐口标高大于5m时，应增加设置数量。

（2）对有吊车或较大振动设备的单层工业房屋，除在檐口或窗顶标高处设置现浇钢筋混凝土圈梁外，尚应增加设置数量。

（3）建筑在软弱地基或不均匀地基上的房屋，尚未采取有效的隔振措施时除按上述规定设置圈梁外，尚应符合《建筑地基基础设计规范》（GB 50007—2002）的有关要求。

（4）地震区的单层房屋应按《建筑抗震设计规范》（GB 50011—2010）的要求设置圈梁。

2. 除按前述要求设置外，还要符合下列构造要求

（1）圈梁宜连续地设在同一水平面上，并形成封闭状。当圈梁被门窗洞口截断时，应在洞口上部增设相同截面的附加圈梁（见图11-8）。附加圈梁与圈梁的搭接长度不应小于高度方向中心距离的二倍，且不得小于1m。

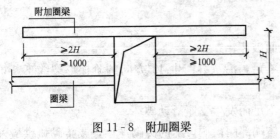

图11-8　附加圈梁

（2）纵横墙交接处的圈梁应有可靠的连接。刚弹性和弹性方案房屋，圈梁应与屋架、大梁等构件可靠连接。

（3）钢筋混凝土圈梁的宽度宜与墙厚相同，当墙厚$h \geqslant 240$mm时，其宽度不宜小于$2h/3$。圈梁高度不应小于120mm。纵向钢筋不应少于$4\Phi10$，绑扎接头的搭接长度按受拉钢筋考虑，箍筋间距不应大于300mm。

（4）圈梁兼作过梁时，过梁部分的钢筋应按计算用量另行增配。

附　　录

附录1　混凝土和钢筋的强度值

附表1-1　　　　　　　　混凝土强度标准值　　　　　　　（N/mm²）

强度种类	混凝土强度等级													
	C15	C20	C25	C30	C35	C40	C45	C50	C55	C60	C65	C70	C75	C80
f_{ck}	10.0	13.4	16.7	20.1	23.4	26.8	29.6	32.4	35.5	38.5	41.5	44.5	47.4	50.2
f_{tk}	1.27	1.54	1.78	2.01	2.20	2.39	2.51	2.64	2.74	2.85	2.93	2.99	3.05	3.11

附表1-2　　　　　　　　混凝土强度设计值　　　　　　　（N/mm²）

强度种类	混凝土强度等级													
	C15	C20	C25	C30	C35	C40	C45	C50	C55	C60	C65	C70	C75	C80
f_c	7.2	9.6	11.9	14.3	16.7	19.1	21.1	23.1	25.3	27.5	29.7	31.8	33.8	35.9
f_t	0.91	1.10	1.27	1.43	1.57	1.71	1.80	1.89	1.96	2.04	2.09	2.14	2.18	2.22

注　1. 计算现浇钢筋混凝土轴心受压及偏心受压构件时，如截面的长边或直径小于300mm，则表中的混凝土强度设计值应乘以系数0.8；当构件质量（如混凝土成型、截面和轴线尺寸等）确有保证时，可不受此限制；
　　2. 离心混凝土的强度设计值应按专门标准取用。

附表1-3　　　　　　　　普通钢筋强度标准值　　　　　　　（N/mm²）

种　类		符号	d（mm）	f_{yk}
热轧钢筋	HPB235（Q235）	Φ	8～20	235
	HRB335（20MnSi）	Φ	6～50	335
	HRB400（20MnSiV、20MnSiNb、20MnTi）	Φ	6～50	400
	RRB400（K20MnSi）	ΦR	8～40	400

注　1. 热轧钢筋直径d系指公称直径；
　　2. 当采用直径大于40mm的钢筋时，应有可靠的工程经验。

附表1-4　　　　　　　　预应力钢筋强度标准值　　　　　　　（N/mm²）

种　类		符号	d（mm）	f_{ptk}
钢绞线	1×3	ΦS	8.6、10.8	1860、1720、1570
			12.9	1720、1570
	1×7		9.5、11.1、12.7	1860
			15.2	1860、1720

续表

种　类		符号	d (mm)	f_{ptk}
消除应力钢丝	光面螺旋肋	Φ^P Φ^H	4、5	1770、1670、1570
			6	1670、1570
			7、8、9	1570
	刻痕	Φ^I	5、7	1570
热处理钢筋	40Si2Mn	Φ^{HT}	6	1470
	48Si2Mn		8.2	
	45Si2Cr		10	

注　1. 钢绞线直径 d 系指钢绞线外接圆直径，即现行国家标准《预应力混凝土用钢绞线》(GB/T 5224) 中的公称直径 D_g，钢丝和热处理钢筋的直径 d 均指公称直径；
　　2. 消除应力光面钢丝直径 d 为 4~9mm，消除应力螺旋肋钢丝直径 d 为 4~8mm。

附表 1-5　　　　　　　　普通钢筋强度设计值　　　　　　　　(N/mm²)

	种　类	符号	f_y	f'_y
热轧钢筋	HPB235 (Q235)	Φ	210	210
	HRB335 (20MnSi)	Φ	300	300
	HRB400 (20MnSiV、20MnSiNb、20MnTi)	Φ	360	360
	RRB400 (K20MnSi)	Φ^R	360	360

注　在钢筋混凝土结构中，轴心受拉和小偏心受拉构件的钢筋抗拉强度设计值大于 300N/mm² 时，仍应按 300N/mm² 取用。

附表 1-6　　　　　　　　预应力钢筋强度设计值　　　　　　　　(N/mm²)

种　类		符号	f_{ptk}	f_{py}	f'_{py}
钢绞线	1×3	Φ^S	1860	1320	390
			1720	1220	
			1570	1110	
	1×7		1860	1320	390
			1720	1220	
消除应力钢丝	光面螺旋肋	Φ^P Φ^H	1770	1250	410
			1670	1180	
			1570	1110	
	刻痕	Φ^I	1570	1110	410
热处理钢筋	40Si2Mn	Φ^{HT}	1470	1040	400
	48Si2Mn				
	45Si2Cr				

注　当预应力钢绞线、钢丝的强度标准值不符合附表 1-4 的规定时，其强度设计值应进行换算。

附录 2　混凝土和钢筋的弹性模量

附表 2-1　　　　　　　　　　　混凝土弹性模量　　　　　　　　　$(\times 10^4 \text{N/mm}^2)$

混凝土强度等级	C15	C20	C25	C30	C35	C40	C45	C50	C55	C60	C65	C70	C75	C80
E_c	2.20	2.55	2.80	3.00	3.15	3.25	3.35	3.45	3.55	3.60	3.65	3.70	3.75	3.80

附表 2-2　　　　　　　　　　　钢筋弹性模量　　　　　　　　　　$(\times 10^5 \text{N/mm}^2)$

种　类	E_s
HPB235 级钢筋	2.1
HRB335 级钢筋、HRB400 级钢筋、RRB400 级钢筋、热处理钢筋	2.0
消除应力钢丝（光面钢丝、螺旋肋钢丝、刻痕钢丝）	2.05
钢绞线	1.95

注　必要时钢绞线可采用实测的弹性模量。

附录 3　等截面等跨连续梁在常用荷载作用下的内力系数表

1. 在均布及三角形荷载作用下

$$M = \text{表中系数} \times ql^2 \ (\text{或} \ gl^2)$$
$$V = \text{表中系数} \times ql \ (\text{或} \ gl)$$

2. 在集中荷载作用下

$$M = \text{表中系数} \times Ql \ (\text{或} \ Gl)$$
$$V = \text{表中系数} \times Q \ (\text{或} \ G)$$

3. 内力正负号规定

M——使截面上部受压、下部受拉为正；

V——对邻近截面所产生的力矩沿顺时针方向者为正。

附表 3-1　　　　　　　　　　　　　　　　两　跨　梁

荷载图	跨内最大弯矩		支座弯矩	剪　力		
	M_1	M_2	M_B	V_A	V_{Bl} V_{Br}	V_C
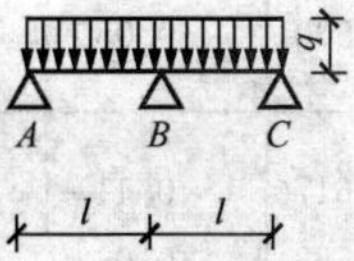	0.070	0.0703	−0.125	0.375	−0.625 0.625	−0.375

续表

荷载图	跨内最大弯矩		支座弯矩	剪 力		
	M_1	M_2	M_B	V_A	V_{Bl} V_{Br}	V_C
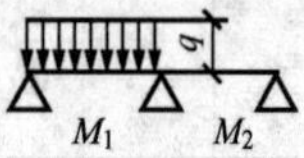	0.096	—	−0.063	0.437	−0.563 0.063	0.063
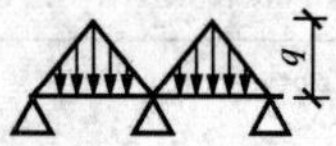	0.048	0.048	−0.078	0.172	−0.328 0.328	−0.172
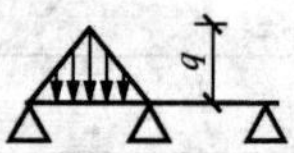	0.064	—	−0.039	0.211	−0.289 0.039	0.039
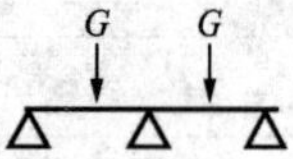	0.156	0.156	−0.188	0.312	−0.688 0.688	−0.312
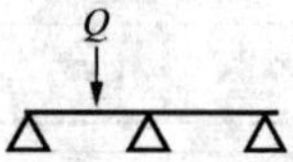	0.203	—	−0.094	0.406	−0.594 0.094	0.094
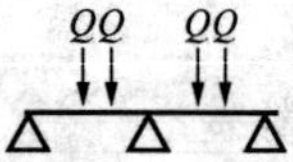	0.222	0.222	−0.333	0.667	−1.333 1.333	−0.667
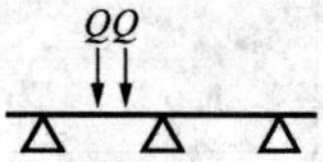	0.278	—	0.167	0.833	−1.167 0.167	0.167

附表 3-2   三 跨 梁

荷载图	跨内最大弯矩		支座弯矩		剪 力			
	M_1	M_2	M_B	M_C	V_A	V_{Bl} V_{Br}	V_{Cl} V_{Cr}	V_D
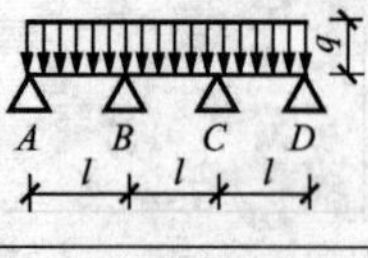	0.080	0.025	−0.100	−0.100	0.400	−0.600 0.500	−0.500 0.600	−0.400
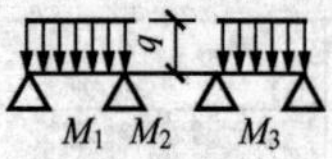	0.101	—	−0.050	−0.050	0.450	−0.550 0	0 0.550	−0.450
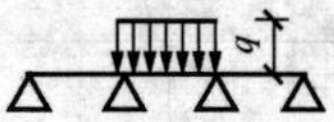	—	0.075	−0.050	−0.050	0.050	−0.050 0.500	−0.500 0.050	0.050
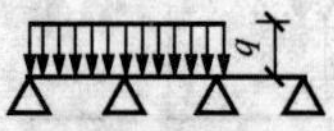	0.073	0.054	−0.117	−0.033	0.383	−0.617 0.583	−0.417 0.033	0.033

荷载图	跨内最大弯矩		支座弯矩		剪　力			
	M_1	M_2	M_B	M_C	V_A	V_{Bl} V_{Br}	V_{Cl} V_{Cr}	V_D
	0.094	—	−0.067	0.017	0.433	−0.567 0.083	0.083 −0.017	−0.017
	0.054	0.021	−0.063	−0.063	0.183	−0.313 0.250	−0.250 0.313	−0.188
	0.068	—	−0.031	−0.031	0.219	−0.281 0	0 0.281	−0.219
	—	0.052	−0.031	−0.031	0.031	−0.031 0.250	−0.250 0.051	0.031
	0.050	0.038	−0.073	−0.021	0.177	−0.323 0.302	−0.198 0.021	0.021
	0.063	—	−0.042	0.010	0.208	−0.292 0.052	0.052 −0.010	−0.010
	0.175	0.100	−0.150	−0.150	0.350	−0.650 0.500	−0.500 0.650	−0.350
	0.213	—	−0.075	−0.075	0.425	−0.575 0	0 0.575	−0.425
	—	0.175	−0.075	−0.075	−0.075	−0.075 0.500	−0.500 0.075	0.075
	0.162	0.137	−0.175	−0.050	0.325	−0.675 0.625	−0.375 0.050	0.050
	0.200	—	−0.100	0.025	0.400	−0.600 0.125	0.125 −0.025	−0.025
	0.244	0.067	−0.267	0.267	0.733	−1.267 1.000	−1.000 1.267	−0.733
	0.289	—	0.133	−0.133	0.866	−1.134 0	0 1.134	−0.866
	—	0.200	−0.133	0.133	−0.133	−0.133 1.000	−1.000 0.133	0.133
	0.229	0.170	−0.311	−0.089	0.689	−1.311 1.222	−0.778 0.089	0.089
	0.274	—	0.178	0.044	0.822	−1.178 0.222	0.222 −0.044	−0.044

四　跨　梁

附表 3-3

荷载图	跨内最大弯矩				支座弯矩			剪　力				
	M_1	M_2	M_3	M_4	M_B	M_C	M_D	V_A	V_{Bl} / V_{Br}	V_{Cl} / V_{Cr}	V_{Dl} / V_{Dr}	V_E
	0.077	0.036	0.036	0.077	−0.107	−0.071	−0.107	0.393	−0.607 / 0.536	−0.464 / 0.464	−0.536 / 0.607	−0.393
	0.100	—	0.081	—	−0.054	−0.036	−0.054	0.446	−0.554 / 0.018	0.018 / 0.482	−0.518 / 0.054	0.054
	0.072	0.061	0.056	0.098	−0.121	−0.018	−0.058	0.380	−0.620 / 0.603	−0.397 / −0.040	−0.040 / −0.558	−0.442
	—	0.056	—	—	−0.036	−0.107	−0.036	−0.036	−0.036 / 0.429	−0.571 / 0.571	−0.429 / 0.036	−0.036
	0.094	—	—	0.052	−0.067	0.018	−0.004	0.433	−0.567 / 0.085	0.085 / −0.022	0.022 / 0.004	0.004
	—	0.071	—	—	−0.049	−0.054	0.013	−0.049	−0.049 / 0.496	−0.504 / 0.067	0.067 / 0.013	−0.013
	0.062	0.028	0.028	0.066	−0.067	−0.045	−0.067	0.183	−0.317 / 0.272	−0.228 / 0.228	−0.272 / 0.317	−0.183
	0.067	—	0.055	—	−0.084	−0.022	−0.034	0.217	−0.234 / 0.011	0.011 / 0.239	−0.261 / 0.034	0.034
	0.049	0.042	—	—	−0.075	−0.011	−0.036	0.175	−0.325 / 0.314	−0.186 / −0.025	−0.025 / 0.286	−0.214
	—	0.040	0.040	—	−0.022	−0.067	−0.022	−0.022	−0.022 / 0.205	0.295 / 0.295	−0.205 / 0.022	0.022

荷载图	跨内最大弯矩 M_1	M_2	M_3	M_4	支座弯矩 M_B	M_C	M_D	剪力 V_A	V_{Bl} / V_{Br}	V_{Cl} / V_{Cr}	V_{Dl} / V_{Dr}	V_E
(荷载图)	0.088	—	—	—	−0.042	0.011	−0.003	0.208	−0.292 / 0.053	0.063 / −0.014	−0.014 / 0.003	0.003
(荷载图)	—	0.051	—	—	−0.031	−0.034	0.008	−0.031	−0.031 / 0.247	−0.253 / 0.042	0.042 / −0.008	−0.008
(荷载图)	0.169	0.116	0.116	0.169	−0.161	−0.107	−0.161	0.339	−0.661 / 0.554	−0.446 / 0.446	−0.554 / 0.661	−0.330
(荷载图)	0.210	—	0.183	—	−0.080	−0.054	−0.080	0.420	−0.580 / 0.027	0.027 / 0.473	−0.527 / 0.080	0.080
(荷载图)	0.159	0.146	0.142	0.206	−0.181	−0.027	−0.087	0.319	−0.681 / 0.654	−0.346 / −0.060	−0.060 / 0.587	−0.413
(荷载图)	—	0.142	—	—	−0.054	−0.161	−0.054	0.054	−0.054 / 0.393	−0.607 / 0.607	−0.393 / 0.054	0.054
(荷载图)	0.200	0.173	—	—	−0.100	−0.027	−0.007	0.400	−0.600 / 0.127	0.127 / −0.033	−0.033 / 0.007	0.007
(荷载图)	—	—	—	0.238	−0.074	−0.080	0.020	−0.074	−0.074 / 0.493	−0.507 / 0.100	0.100 / −0.020	−0.020
(荷载图)	0.238	0.111	0.111	0.238	−0.286	−0.191	−0.286	0.714	−1.286 / 1.095	−0.905 / 0.905	−1.095 / 1.286	−0.714
(荷载图)	0.286	—	0.222	—	−0.143	−0.095	−0.143	0.857	−1.143 / 0.048	0.048 / 0.952	−1.048 / 0.143	0.143

续表

荷载图	跨内最大弯矩				支座弯矩			剪 力				
	M_1	M_2	M_3	M_4	M_B	M_C	M_D	V_A	V_B V_{Br}	V_C V_{Cr}	V_D V_{Dr}	V_E
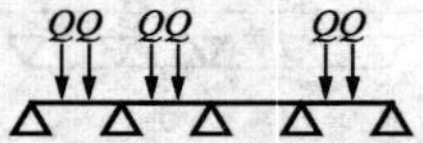	0.226	0.194	—	0.282	-0.321	-0.048	-0.155	0.679	-1.321 1.274	-0.726 -0.107	-0.107 1.155	-0.845
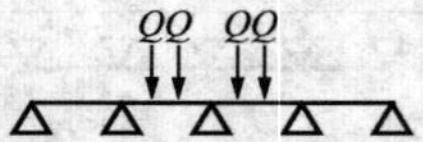	—	0.175	0.175	—	-0.095	-0.286	-0.095	-0.095	0.095 0.810	-1.190 1.190	-0.810 0.095	0.095
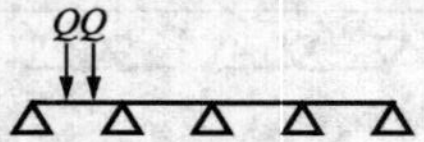	0.274	—	—	—	-0.178	0.048	-0.012	0.822	-1.178 0.226	0.226 -0.060	-0.060 0.012	0.012
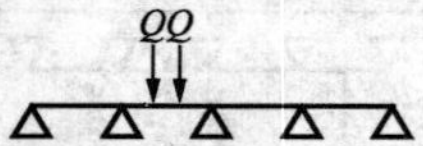	—	0.198	—	—	-0.131	-0.143	0.036	-0.131	-0.131 0.988	-1.012 0.178	0.178 -0.036	-0.036

五 跨 梁

附表 3 - 4

荷载图	跨内最大弯矩			支座弯矩				剪 力					
	M_1	M_2	M_3	M_B	M_C	M_D	M_E	V_A	V_B V_{Br}	V_C V_{Cr}	V_D V_{Dr}	V_E V_{Er}	V_F
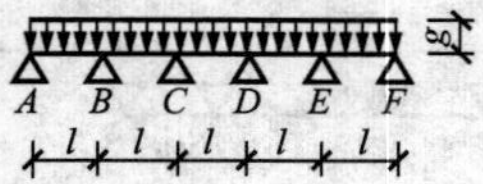	0.078	0.033	0.046	-0.105	-0.079	-0.079	-0.105	0.394	-0.606 0.526	-0.474 0.500	-0.500 0.474	-0.526 0.606	0.394
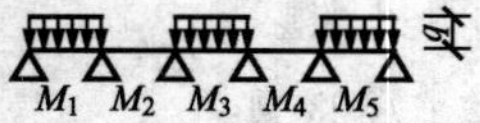	0.100	—	0.085	-0.053	-0.040	-0.040	-0.053	0.447	-0.553 0.013	0.013 0.500	-0.500 -0.013	-0.013 0.553	-0.447
	—	0.079	—	-0.053	-0.040	-0.040	-0.053	-0.053	-0.053 0.513	-0.487 0	0 0.487	-0.513 0.053	0.053

续表

荷载图	跨内最大弯矩			支座弯矩				剪力					
	M_1	M_2	M_3	M_B	M_C	M_D	M_E	V_A	V_{Bl} / V_{Br}	V_{Cl} / V_{Cr}	V_{Dl} / V_{Dr}	V_{El} / V_{Er}	V_F
	0.073	②0.059 / 0.078	—	-0.119	-0.022	-0.044	-0.051	0.380	-0.620 / 0.598	-0.402 / -0.023	-0.023 / 0.493	-0.507 / 0.052	0.052
	①-0.098	0.055	0.064	-0.035	-0.111	-0.020	-0.057	0.035	0.035 / 0.424	0.576 / 0.591	-0.409 / -0.037	-0.037 / 0.557	-0.443
	0.094	—	0.072	-0.067	0.018	-0.005	0.001	0.433	0.567 / 0.085	0.086 / 0.023	0.023 / 0.006	0.006 / -0.001	0.001
	—	0.074	0.034	-0.049	-0.054	0.014	-0.004	0.019	-0.049 / 0.496	-0.505 / 0.068	0.068 / -0.018	-0.018 / 0.004	0.004
	—	—	0.059	0.013	0.053	0.053	0.013	0.013	0.013 / -0.066	-0.066 / 0.500	-0.500 / 0.066	0.066 / -0.013	0.013
	0.053	0.026	—	-0.066	-0.049	0.049	-0.066	0.184	-0.316 / 0.266	-0.234 / 0.250	-0.250 / 0.234	-0.266 / 0.316	0.184
	0.067	—	—	-0.033	-0.025	-0.025	-0.033	0.033	-0.033 / 0.258	-0.242 / 0	0 / 0.242	-0.258 / 0.033	0.033
	—	0.055	—	-0.033	-0.025	-0.025	-0.033	0.033	-0.033 / 0.258	-0.242 / 0	0 / 0.242	-0.258 / 0.033	0.033
	0.049	②0.041 / 0.053	—	-0.075	-0.014	-0.028	-0.032	0.175	-0.325 / 0.311	-0.189 / -0.014	-0.014 / 0.246	-0.255 / 0.032	0.032
	①-0.066	0.039	0.044	-0.022	-0.070	-0.013	-0.036	-0.022	-0.022 / 0.202	-0.298 / 0.307	-0.198 / -0.028	-0.023 / 0.286	-0.214

296　　　　　　　　　　附　录

续表

荷载图	跨内最大弯矩			支座弯矩				剪　力					
	M_1	M_2	M_3	M_B	M_C	M_D	M_E	V_A	V_B / V_{Br}	V_C / V_{Cr}	V_D / V_{Dr}	V_E / V_{Er}	V_F
	0.063	—	—	−0.042	0.011	−0.003	0.001	0.208	−0.292 / 0.053	0.053 / −0.014	−0.014 / 0.004	0.004 / −0.001	−0.001
	—	0.051	—	−0.031	−0.034	0.009	−0.002	−0.031	−0.031 / 0.247	−0.253 / 0.043	0.049 / −0.011	−0.011 / 0.002	0.002
	—	—	0.050	0.008	−0.033	−0.033	0.008	0.008	0.008 / −0.041	−0.041 / 0.250	−0.250 / 0.041	0.041 / −0.008	−0.008
	0.171	0.112	0.132	−0.158	−0.118	−0.118	−0.158	0.342	−0.658 / 0.540	−4.460 / 0.500	−0.500 / 0.460	−0.540 / 0.658	−0.342
	0.211	—	0.191	−0.079	−0.059	−0.059	−0.079	0.421	−0.579 / 0.020	0.020 / 0.500	−0.500 / −0.020	−0.020 / 0.579	−0.421
	—	0.181	—	−0.079	−0.059	−0.059	−0.079	−0.079	−0.079 / 0.520	−0.480 / 0	0 / 0.480	−0.520 / 0.079	0.079
	0.160	②0.144 / 0.178	0.151	−0.179	−0.032	−0.066	−0.077	0.321	−0.679 / 0.647	−0.353 / −0.034	−0.034 / 0.489	−0.511 / 0.077	0.077
	① — / 0.207	0.140	—	−0.052	−0.167	−0.031	−0.086	−0.052	−0.052 / 0.385	−0.615 / 0.637	−0.363 / −0.056	−0.056 / 0.586	−0.414
	0.200	—	—	−0.100	0.027	−0.007	0.002	0.400	−0.600 / 0.127	0.127 / −0.031	−0.034 / 0.009	0.009 / −0.002	−0.002
	—	0.173	—	−0.073	−0.081	0.022	−0.005	−0.073	−0.073 / 0.493	−0.507 / 0.102	0.102 / −0.027	−0.027 / 0.005	0.005

续表

荷载图	M_1	M_2	M_3	M_B	M_C	M_D	M_E	V_A	V_B / V_{Br}	V_C / V_{Cr}	V_D / V_{Dr}	V_E / V_{Er}	V_F
		跨内最大弯矩			支座弯矩					剪　力			
	—	—	0.171	0.020	-0.079	-0.079	0.020	0.020	0.020 / -0.099	-0.099 / 0.500	-0.500 / 0.099	0.090 / -0.020	-0.020
	0.240	0.100	0.122	-0.281	-0.211	0.211	-0.281	0.719	-1.281 / 1.070	-0.930 / 1.000	1.000 / -0.035	-0.035 / 1.140	-0.860
	0.287	—	0.228	-0.140	-0.105	-0.105	-0.140	0.860	-1.140 / 0.035	0.035 / 1.000	1.000 / -0.035	-0.035 / 1.140	-0.860
	—	0.216	—	-0.140	-0.105	-0.105	-0.140	-0.140	-0.140 / 0.035	-0.965 / 1.000	1.000 / -0.035	-1.035 / 1.140	-0.860
	0.227	②0.189 / 0.209	0.198	-0.319	-0.057	-0.118	-0.137	0.681	-1.319 / 1.262	-0.738 / -0.061	-0.061 / 0.981	-1.019 / 0.137	0.137
	① — / 0.282	0.172	—	-0.093	-0.297	-0.054	-0.153	-0.093	-0.093 / 0.796	-1.204 / 1.243	-0.757 / -0.099	-0.099 / 0.137	0.137
	0.274	—	—	-0.179	0.048	-0.013	0.003	0.821	-1.179 / 0.227	0.227 / -0.061	-0.061 / 0.016	0.016 / -0.003	-0.003
	—	0.198	—	-0.131	-0.144	0.038	-0.010	-0.131	-0.131 / 0.987	-1.013 / 0.182	0.182 / -0.048	0.048 / 0.010	0.010
	—	—	0.193	0.035	-0.140	-0.140	0.035	0.035	0.035 / -0.175	-0.175 / 1.000	-1.000 / 0.175	0.175 / -0.035	-0.035

① 分子及分母分别为 M_1 及 M_5 的弯矩系数;

② 分子及分母分别为 M_2 及 M_4 的弯矩系数。

附录 4　矩形板在均布荷载作用下静力计算表

符号说明

M_x、M_{xmax}——分别为平行于 l_x 方向板中心点的弯矩和板跨内的最大弯矩；

M_y、M_{ymax}——分别为平行于 l_y 方向板中心点的弯矩和板跨内的最大弯矩；

M_{0x}、M_{0y}——分别为平行于 l_x 和 l_y 方向自由边的中点弯矩；

M_x^0、M_y^0——分别为固定边中点沿 l_x 和 l_y 方向的弯矩；

M_{xz}^0——平行于 l_x 方向自由边上固定端的支座弯矩；

μ——泊松比。

　　　　　　　　　代表固定边　　　　代表简支边　　　　代表自由边

弯矩符号——使板的受荷载面受压者为正。

表内的弯矩系数均为单位板宽的弯矩系数。

附表 4

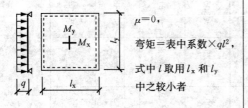

$\mu=0$，
弯矩＝表中系数×ql^2，
式中 l 取用 l_x 和 l_y 中之较小者

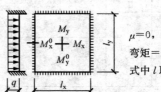

$\mu=0$，
弯矩＝表中系数×ql^2，
式中 l 取用 l_x 和 l_y 中之较小者

l_x/l_y	m_x	m_y	m_x	m_y	m_x^0	m_y^0
0.50	0.096 5	0.017 4	0.040 0	0.003 8	−0.082 9	−0.057 0
0.55	0.089 2	0.021 0	0.038 5	0.005 6	−0.081 4	−0.057 1
0.60	0.082 0	0.024 2	0.036 7	0.007 6	−0.079 3	−0.057 1
0.65	0.075 0	0.027 1	0.034 5	0.009 5	−0.076 6	−0.057 1
0.70	0.068 3	0.029 6	0.032 1	0.011 3	−0.073 5	−0.056 9
0.75	0.062 0	0.031 7	0.029 6	0.013 0	−0.070 1	−0.056 5
0.80	0.056 1	0.033 4	0.027 1	0.014 4	−0.066 4	−0.055 9
0.85	0.050 6	0.034 8	0.024 6	0.015 6	−0.062 6	−0.055 1
0.90	0.045 6	0.035 8	0.022 1	0.016 5	−0.058 8	−0.054 1
0.95	0.041 0	0.036 4	0.019 8	0.017 2	−0.055 0	−0.052 8
1.00	0.036 8	0.036 8	0.017 6	0.017 6	−0.051 3	−0.051 3

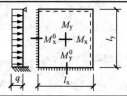

$\mu=0$,

弯矩＝表中系数$\times ql^2$,

式中 l 取 l_x 和 l_y 中之较小者

l_x/l_y	m_x	m_{xmax}	m_y	m_{ymax}	m_x^0	m_y^0
0.50	0.055 9	0.056 2	0.007 9	0.013 5	−0.117 9	−0.078 6
0.55	0.052 9	0.053 0	0.010 4	0.013 5	−0.114 0	−0.078 5
0.60	0.049 6	0.049 8	0.012 9	0.016 9	−0.109 5	−0.078 2
0.65	0.046 1	0.046 5	0.015 1	0.018 3	−0.104 5	−0.077 7
0.70	0.042 6	0.043 2	0.017 2	0.019 5	−0.099 2	−0.077 0
0.75	0.039 0	0.039 6	0.018 9	0.020 6	−0.093 8	−0.076 0
0.80	0.035 6	0.036 1	0.020 4	0.021 8	−0.088 3	−0.074 8
0.85	0.032 2	0.032 8	0.021 5	0.022 9	−0.082 9	−0.073 3
0.90	0.029 1	0.029 7	0.022 4	0.023 8	−0.077 6	−0.071 6
0.95	0.026 1	0.026 7	0.023 0	0.024 4	−0.072 6	−0.069 8
1.00	0.023 4	0.024 0	0.023 4	0.024 9	−0.067 7	−0.067 7

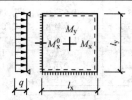

$\mu=0$,

弯矩＝表中系数$\times ql^2$,

式中 l 取用 l_x 和 l_y 中之较小者

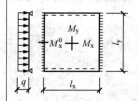

$\mu=0$,

弯矩＝表中系数$\times ql^2$,

式中 l 取用 l_x 和 l_y 中之较小者

l_x/l_y	l_y/l_x	m_x	m_{xmax}	m_y	m_{ymax}	m_x^0	m_x	m_y	m_y^0
0.50		0.058 3	0.064 6	0.006 0	0.006 3	−0.121 2	0.041 6	0.001 7	−0.084 3
0.55		0.056 3	0.061 8	0.008 1	0.008 7	−0.118 7	0.041 0	0.002 8	−0.084 0
0.60		0.053 9	0.058 9	0.010 4	0.011 1	−0.115 8	0.040 2	0.004 2	−0.083 4
0.65		0.051 3	0.055 9	0.012 6	0.013 3	−0.112 4	0.039 2	0.005 7	−0.082 6
0.70		0.048 5	0.052 9	0.014 8	0.015 4	−0.108 7	0.037 9	0.007 2	−0.081 4
0.75		0.045 7	0.049 6	0.016 8	0.017 4	−0.104 8	0.036 6	0.008 8	−0.079 9
0.80		0.042 8	0.046 3	0.018 7	0.019 3	−0.100 7	0.035 1	0.010 3	−0.078 2
0.85		0.040 0	0.043 1	0.020 4	0.021 1	−0.096 5	0.033 5	0.011 8	−0.076 3
0.90		0.037 2	0.040 0	0.021 9	0.022 6	−0.092 2	0.031 9	0.013 3	−0.074 3
0.95		0.034 5	0.036 9	0.023 2	0.023 9	−0.088 0	0.030 2	0.014 6	−0.072 1
1.00	1.00	0.031 9	0.034 0	0.024 3	0.024 9	−0.088 9	0.028 5	0.015 8	−0.069 8
	0.95	0.032 4	0.034 5	0.028 0	0.028 7	−0.088 2	0.029 6	0.018 9	−0.074 6
	0.90	0.032 8	0.034 7	0.032 2	0.033 0	−0.092 6	0.030 6	0.022 4	−0.079 7
	0.85	0.032 9	0.034 7	0.037 0	0.037 8	−0.097 0	0.031 4	0.026 6	−0.085 0
	0.80	0.032 6	0.034 3	0.042 4	0.043 3	−0.101 4	0.031 9	0.031 6	−0.090 4
	0.75	0.031 9	0.033 5	0.048 5	0.049 4	−0.105 6	0.032 1	0.037 4	−0.095 9
	0.70	0.030 8	0.032 3	0.055 3	0.056 2	−0.109 6	0.031 8	0.044 1	−0.101 3
	0.65	0.029 1	0.030 6	0.062 7	0.063 7	−0.113 3	0.030 8	0.051 8	−0.106 6
	0.60	0.026 8	0.028 9	0.070 7	0.071 7	−0.116 6	0.029 2	0.060 4	−0.111 4
	0.55	0.023 9	0.027 1	0.079 2	0.080 1	−0.119 3	0.026 7	0.069 8	−0.115 6
	0.50	0.020 5	0.024 9	0.088 0	0.088 8	−0.121 5	0.023 4	0.079 8	−0.119 1

续表

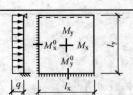

$\mu=0$,
弯矩＝表中系数$\times ql^2$,
式中 l 取用 l_x 和 l_y 中之较小者

l_x/l_y	l_y/l_x	m_x	m_{xmax}	m_y	m_{ymax}	m_x^0	m_y^0
0.50		0.040 8	0.040 9	0.002 8	0.008 9	−0.083 6	−0.056 9
0.55		0.039 8	0.039 9	0.004 2	0.009 3	−0.082 7	−0.057 0
0.60		0.038 4	0.038 6	0.005 9	0.010 5	−0.081 4	−0.057 1
0.65		0.036 8	0.037 1	0.007 6	0.011 6	−0.079 6	−0.057 2
0.70		0.035 0	0.035 4	0.009 3	0.012 7	−0.077 4	−0.057 2
0.75		0.033 1	0.033 5	0.010 9	0.013 7	−0.075 0	−0.057 2
0.80		0.031 0	0.031 4	0.012 4	0.014 7	−0.072 2	−0.057 0
0.85		0.028 9	0.029 3	0.013 8	0.015 5	−0.069 3	−0.056 7
0.90		0.026 8	0.027 3	0.015 9	0.016 3	−0.066 3	−0.056 3
0.95		0.024 7	0.025 2	0.016 0	0.017 2	−0.063 1	−0.055 8
1.00	1.00	0.022 7	0.023 1	0.016 8	0.018 0	−0.060 0	−0.055 0
	0.95	0.022 9	0.023 4	0.019 4	0.020 7	−0.062 9	−0.059 9
	0.90	0.022 8	0.023 4	0.022 3	0.023 8	−0.065 6	−0.065 3
	0.85	0.022 5	0.023 1	0.025 5	0.027 3	−0.068 3	−0.071 1
	0.80	0.021 9	0.022 4	0.029 0	0.031 1	−0.070 7	−0.077 2
	0.75	0.020 8	0.021 4	0.032 9	0.035 4	−0.072 9	−0.083 7
	0.70	0.019 4	0.020 0	0.037 0	0.040 0	−0.074 8	−0.090 3
	0.65	0.017 5	0.018 2	0.041 2	0.044 6	−0.076 2	−0.097 0
	0.60	0.015 3	0.016 0	0.045 4	0.049 3	−0.077 3	−0.103 3
	0.55	0.012 7	0.013 3	0.049 6	0.054 1	−0.078 0	−0.109 3
	0.50	0.009 9	0.010 3	0.053 4	0.058 8	−0.078 4	−0.114 6

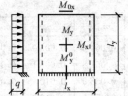

$\mu=\dfrac{1}{6}$,
弯矩＝表中系数$\times ql^2$

l_y/l_x	m_x^0	m_y^0	m_{0x}	m_x^u	m_y^u	m_{0x}	m_y^0
0.30	0.014 5	0.010 3	0.025 0	0.000 7	−0.006 0	0.005 2	−0.038 8
0.35	0.019 2	0.013 1	0.032 7	0.002 2	−0.005 8	0.009 3	−0.048 9
0.40	0.024 2	0.015 9	0.040 7	0.004 5	−0.004 8	0.014 7	−0.058 8
0.45	0.029 4	0.018 6	0.048 7	0.007 3	−0.003 1	0.021 0	−0.068 0
0.50	0.034 6	0.021 0	0.056 4	0.010 8	−0.000 8	0.028 0	−0.076 4
0.55	0.039 7	0.023 1	0.063 9	0.014 6	0.001 8	0.035 5	−0.083 9
0.60	0.044 7	0.025 0	0.070 9	0.018 8	0.004 5	0.043 1	−0.090 5
0.65	0.049 5	0.026 6	0.077 3	0.023 3	0.007 4	0.050 8	−0.096 2
0.70	0.054 2	0.027 9	0.083 3	0.027 7	0.016 2	0.058 2	−0.101 1
0.75	0.058 5	0.028 9	0.088 6	0.032 3	0.012 9	0.065 2	−0.105 2
0.80	0.062 6	0.029 8	0.093 5	0.036 8	0.015 4	0.071 9	−0.108 7
0.85	0.066 5	0.030 4	0.097 9	0.041 3	0.017 7	0.078 1	−0.111 6
0.90	0.070 2	0.030 9	0.101 8	0.045 6	0.019 8	0.083 8	−0.114 0
0.95	0.073 6	0.031 3	0.105 2	0.049 9	0.021 7	0.089 0	−0.116 0
1.00	0.076 8	0.031 5	0.108 3	0.053 9	0.023 3	0.093 8	−0.117 6
1.10	0.082 6	0.031 7	0.113 5	0.061 5	0.025 9	0.101 8	−0.120 0
1.20	0.087 7	0.031 5	0.117 5	0.068 4	0.027 7	0.108 3	−0.121 6
1.30	0.092 2	0.031 2	0.120 5	0.074 6	0.028 9	0.113 4	−0.122 7
1.40	0.096 1	0.030 7	0.122 9	0.080 2	0.029 7	0.117 3	−0.123 4
1.50	0.099 5	0.030 1	0.124 7	0.085 2	0.030 0	0.120 4	−0.123 9
1.75	0.106 5	0.028 6	0.127 6	0.095 5	0.029 8	0.125 4	−0.124 5
2.00	0.111 5	0.027 1	0.129 1	0.103 3	0.028 8	0.127 9	−0.124 8

$\mu=\dfrac{1}{6}$,

弯矩＝表中系数×ql^2

l_y/l_x	m_x^u	m_y^u	m_{0x}	m_x^0	m_{xz}^0
0.30	0.0127	0.0084	0.0211	−0.0372	−0.0643
0.35	0.0157	0.0100	0.0256	−0.0421	−0.0673
0.40	0.0185	0.0114	0.0295	−0.0467	−0.0688
0.45	0.0210	0.0125	0.0328	−0.0508	−0.0694
0.50	0.0232	0.0133	0.0355	−0.0546	−0.0692
0.55	0.0252	0.0139	0.0376	−0.0579	−0.0686
0.60	0.0270	0.0143	0.0393	−0.0610	−0.0677
0.65	0.0286	0.0146	0.0406	−0.0637	−0.0667
0.70	0.0301	0.0146	0.0415	−0.0662	−0.0656
0.75	0.0314	0.0146	0.0422	−0.0684	−0.0646
0.80	0.0326	0.0145	0.0427	−0.0704	−0.0637
0.85	0.0336	0.0142	0.0431	−0.0721	−0.0629
0.90	0.0346	0.0140	0.0433	−0.0737	−0.0622
0.95	0.0354	0.0136	0.0434	−0.0751	−0.0616
1.00	0.0362	0.0133	0.0435	−0.0763	−0.0612
1.10	0.0375	0.0125	0.0435	−0.0783	−0.0607
1.20	0.0386	0.0118	0.0434	−0.0799	−0.0605
1.30	0.0394	0.0110	0.0433	−0.0811	−0.0606
1.40	0.0401	0.0104	0.0433	−0.0820	−0.0608
1.50	0.0406	0.0098	0.0432	−0.0826	−0.0612
1.75	0.0414	0.0086	0.0431	−0.0836	−0.0624
2.00	0.0417	0.0078	0.0431	−0.0839	−0.0637

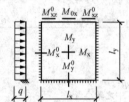

$\mu=\dfrac{1}{6}$,

弯矩＝表中系数×ql^2

l_y/l_x	m_x^u	m_y^u	m_x^0	m_y^0	m_{xz}^0	m_{0x}
0.30	0.0018	−0.0039	−0.0135	−0.0344	−0.0345	0.0068
0.35	0.0039	−0.0026	−0.0179	−0.0406	−0.0432	0.0112
0.40	0.0063	−0.0008	−0.0227	−0.0454	−0.0506	0.0160
0.45	0.0090	0.0014	−0.0275	−0.0489	−0.0564	0.0207
0.50	0.0116	0.0034	−0.0322	−0.0513	−0.0607	0.0250
0.55	0.0142	0.0054	−0.0368	−0.0530	−0.0635	0.0288
0.60	0.0166	0.0072	−0.0412	−0.0541	−0.0652	0.0320
0.65	0.0188	0.0087	−0.0453	−0.0548	−0.0661	0.0347
0.70	0.0209	0.0100	−0.0490	−0.0553	−0.0663	0.0368
0.75	0.0228	0.0111	−0.0526	−0.0557	−0.0661	0.0385
0.80	0.0246	0.0119	−0.0558	−0.0560	−0.0656	0.0399
0.85	0.0262	0.0125	−0.0588	−0.0562	−0.0651	0.0409
0.90	0.0277	0.0129	−0.0615	−0.0563	−0.0644	0.0417
0.95	0.0291	0.0132	−0.0639	−0.0564	−0.0638	0.0422
1.00	0.0304	0.0133	−0.0662	−0.0565	−0.0632	0.0427
1.10	0.0327	0.0133	−0.0701	−0.0567	−0.0623	0.0431
1.20	0.0345	0.0130	−0.0732	−0.0567	−0.0617	0.0433
1.30	0.0361	0.0125	−0.0758	−0.0568	−0.0614	0.0434
1.40	0.0374	0.0119	−0.0778	−0.0568	−0.0614	0.0433
1.50	0.0384	0.0113	−0.0794	−0.0569	−0.0616	0.0433
1.75	0.0402	0.0099	−0.0819	−0.0569	−0.0625	0.0431
2.00	0.0411	0.0087	−0.0832	−0.0569	−0.0637	0.0431

附录 5 矩形板在三角形荷载作用下静力计算表（符号说明同附录 4）

附表 5

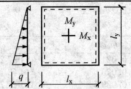

$\mu=0$,
弯矩＝表中系数$\times ql^2$,
式中 l 取用 l_x 和 l_y 中之较小者

l_x/l_y	l_y/l_x	m_x	m_{xmax}	m_y	m_{ymax}
	0.50	0.008 7	0.011 7	0.048 2	0.050 4
	0.55	0.010 5	0.012 6	0.044 6	0.046 7
	0.60	0.012 1	0.013 5	0.041 0	0.043 2
	0.65	0.013 6	0.014 2	0.037 5	0.039 9
	0.70	0.014 9	0.014 9	0.034 2	0.036 8
	0.75	0.015 9	0.015 9	0.031 0	0.033 8
	0.80	0.016 7	0.016 7	0.028 0	0.031 0
	0.85	0.017 4	0.017 4	0.025 3	0.028 4
	0.90	0.017 9	0.017 9	0.022 8	0.026 0
	0.95	0.018 2	0.018 3	0.020 5	0.023 9
1.00	1.00	0.018 4	0.018 5	0.018 4	0.022 0
0.95		0.020 5	0.020 7	0.018 2	0.022 3
0.90		0.022 8	0.023 0	0.017 9	0.022 5
0.85		0.025 3	0.025 6	0.017 4	0.022 8
0.80		0.028 0	0.028 5	0.016 7	0.023 0
0.75		0.031 0	0.031 6	0.015 9	0.023 1
0.70		0.034 2	0.034 9	0.014 8	0.023 1
0.65		0.037 5	0.038 6	0.013 6	0.023 0
0.60		0.041 0	0.042 7	0.012 1	0.022 6
0.55		0.044 6	0.047 0	0.010 5	0.021 9
0.50		0.048 2	0.051 5	0.008 7	0.021 0

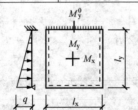

$\mu=0$,
弯矩＝表中系数$\times ql^2$,
式中 l 取用 l_x 和 l_y 中之较小者

l_x/l_y	l_y/l_x	m_x	m_{xmax}	m_y	m_{ymax}	m_y^0
	0.50	0.003 4	0.007 0	0.030 9	0.038 9	$-0.056 1$
	0.55	0.004 6	0.007 6	0.029 8	0.037 3	$-0.054 7$
	0.60	0.005 8	0.008 2	0.028 4	0.035 7	$-0.053 0$
	0.65	0.007 0	0.009 0	0.027 0	0.034 0	$-0.051 1$
	0.70	0.008 2	0.009 8	0.025 5	0.032 3	$-0.049 0$
	0.75	0.009 3	0.010 6	0.023 9	0.030 5	$-0.046 9$
	0.80	0.010 3	0.011 3	0.022 3	0.028 6	$-0.044 6$
	0.85	0.011 2	0.012 0	0.020 8	0.026 8	$-0.042 3$
	0.90	0.012 0	0.012 6	0.019 2	0.025 1	$-0.040 0$
	0.95	0.012 6	0.013 3	0.017 8	0.023 4	$-0.037 8$
1.00	1.00	0.013 2	0.013 9	0.016 4	0.021 8	$-0.035 6$
0.95		0.015 2	0.016 0	0.016 6	0.022 3	$-0.036 9$
0.90		0.017 4	0.018 4	0.016 7	0.022 8	$-0.038 1$
0.85		0.019 9	0.021 0	0.016 6	0.023 2	$-0.039 2$
0.80		0.022 7	0.024 1	0.016 4	0.023 6	$-0.040 1$
0.75		0.025 9	0.027 5	0.015 9	0.023 8	$-0.040 7$
0.70		0.029 4	0.031 3	0.015 2	0.023 8	$-0.041 0$
0.65		0.033 2	0.035 5	0.014 3	0.023 7	$-0.040 9$
0.60		0.037 2	0.040 0	0.013 0	0.023 2	$-0.040 2$
0.55		0.041 4	0.044 8	0.011 4	0.022 5	$-0.039 0$
0.50		0.045 7	0.050 0	0.009 6	0.021 4	$-0.037 1$

续表

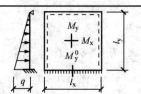

$\mu=0$,

弯矩＝表中系数$\times ql^2$,

式中 l 取用 l_x 和 l_y 中之较小者

l_x/l_y	l_y/l_x	m_x	m_{xmax}	m_y	m_{ymax}	m_y^0
	0.50	0.002 6	0.005 1	0.027 4	0.027 7	−0.065 1
	0.55	0.003 6	0.005 9	0.026 5	0.026 5	−0.064 1
	0.60	0.004 6	0.006 7	0.025 4	0.025 4	−0.062 8
	0.65	0.005 6	0.007 6	0.024 3	0.024 3	−0.061 3
	0.70	0.006 6	0.008 4	0.023 1	0.023 1	−0.059 7
	0.75	0.007 6	0.008 9	0.021 8	0.021 8	−0.057 9
	0.80	0.008 4	0.009 3	0.020 5	0.020 5	−0.056 1
	0.85	0.009 2	0.009 7	0.019 2	0.019 2	−0.054 2
	0.90	0.010 0	0.010 2	0.017 9	0.017 9	−0.052 2
	0.95	0.010 6	0.010 7	0.016 7	0.016 7	−0.050 3
1.00	1.00	0.011 1	0.011 2	0.015 5	0.015 6	−0.048 3
0.95		0.012 8	0.012 9	0.015 8	0.016 1	−0.051 3
0.90		0.014 8	0.014 8	0.016 1	0.016 5	−0.054 5
0.85		0.017 1	0.017 1	0.016 2	0.016 8	−0.057 8
0.80		0.019 7	0.019 7	0.016 2	0.017 1	−0.061 3
0.75		0.022 6	0.022 6	0.016 0	0.017 4	−0.064 9
0.70		0.025 9	0.025 9	0.015 5	0.017 5	−0.068 6
0.65		0.029 5	0.029 5	0.014 8	0.017 3	−0.072 5
0.60		0.033 5	0.033 5	0.013 8	0.016 9	−0.076 4
0.55		0.037 8	0.038 1	0.012 5	0.016 1	−0.080 4
0.50		0.042 3	0.043 0	0.010 8	0.014 9	−0.084 4

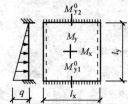

$\mu=0$,

弯矩＝表中系数$\times ql^2$,

式中 l 取用 l_x 和 l_y 中之较小者

l_x/l_y	l_y/l_x	m_x	m_{xmax}	m_y	m_{ymax}	m_{y1}^0	m_{y2}^0
	0.50	0.000 9	0.003 7	0.020 8	0.021 4	−0.050 5	−0.033 8
	0.55	0.001 4	0.004 2	0.020 5	0.020 9	−0.050 3	−0.033 7
	0.60	0.002 1	0.004 8	0.020 1	0.020 5	−0.050 1	−0.033 4
	0.65	0.002 8	0.005 4	0.019 6	0.020 1	−0.049 6	−0.032 9
	0.70	0.003 6	0.006 0	0.019 0	0.019 7	−0.049 0	−0.032 4
	0.75	0.004 4	0.006 5	0.018 3	0.018 9	−0.048 3	−0.031 6
	0.80	0.005 2	0.006 9	0.017 5	0.018 2	−0.047 4	−0.030 8
	0.85	0.005 9	0.007 2	0.016 8	0.017 5	−0.046 4	−0.029 9
	0.90	0.006 6	0.007 5	0.015 9	0.016 7	−0.045 4	−0.028 9
	0.95	0.007 3	0.007 7	0.015 1	0.015 9	−0.044 3	−0.027 9
1.00	1.00	0.007 9	0.007 9	0.014 2	0.015 0	−0.043 1	−0.026 8
0.95		0.009 4	0.009 4	0.014 8	0.015 7	−0.046 3	−0.028 4
0.90		0.011 2	0.011 2	0.015 3	0.016 4	−0.049 7	−0.030 0
0.85		0.013 3	0.013 3	0.015 7	0.017 1	−0.053 4	−0.031 6
0.80		0.015 8	0.015 9	0.016 0	0.017 6	−0.057 3	−0.033 1
0.75		0.018 7	0.018 8	0.016 0	0.018 0	−0.061 5	−0.034 4
0.70		0.022 1	0.022 3	0.015 9	0.018 2	−0.065 8	−0.035 6
0.65		0.025 9	0.026 3	0.015 4	0.018 4	−0.070 2	−0.036 4
0.60		0.030 2	0.030 8	0.014 6	0.018 4	−0.074 7	−0.036 7
0.55		0.034 9	0.035 8	0.013 4	0.018 2	−0.079 2	−0.036 4
0.50		0.039 9	0.041 2	0.011 7	0.018 1	−0.083 7	−0.035 4

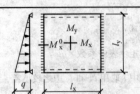

$\mu=0$,

弯矩＝表中系数×ql^2,

式中 l 取用 l_x 和 l_y 中之较小者

l_x/l_y	l_y/l_x	m_x	m_{xmax}	m_y	m_{ymax}	m_x^0
	0.50	0.011 7	0.011 7	0.039 9	0.042 4	−0.059 5
	0.55	0.013 4	0.013 4	0.034 9	0.037 6	−0.057 8
	0.60	0.014 6	0.014 6	0.030 2	0.033 2	−0.055 7
	0.65	0.015 4	0.015 4	0.025 9	0.029 2	−0.053 3
	0.70	0.015 9	0.015 9	0.022 1	0.025 8	−0.050 7
	0.75	0.016 0	0.016 1	0.018 7	0.022 8	−0.048 0
	0.80	0.016 0	0.016 1	0.015 8	0.020 1	−0.045 2
	0.85	0.015 7	0.015 8	0.013 3	0.017 9	−0.042 5
	0.90	0.015 3	0.015 5	0.011 2	0.016 0	−0.039 9
	0.95	0.014 8	0.015 0	0.009 4	0.014 4	−0.037 3
1.00	1.00	0.014 2	0.014 5	0.007 9	0.012 9	−0.034 9
0.95		0.015 1	0.015 4	0.007 3	0.012 8	−0.036 1
0.90		0.015 9	0.016 4	0.006 6	0.012 7	−0.037 1
0.85		0.016 8	0.017 4	0.005 9	0.012 5	−0.038 2
0.80		0.017 5	0.018 5	0.005 2	0.012 2	−0.039 1
0.75		0.018 3	0.019 5	0.004 4	0.011 8	−0.040 0
0.70		0.019 0	0.020 6	0.003 6	0.011 3	−0.040 7
0.65		0.019 6	0.021 7	0.002 8	0.010 7	−0.041 3
0.60		0.020 1	0.022 9	0.002 1	0.010 0	−0.041 7
0.55		0.020 5	0.024 0	0.001 4	0.009 0	−0.042 0
0.50		0.020 8	0.025 4	0.000 9	0.007 9	−0.042 1

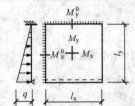

$\mu=0$,

弯矩＝表中系数×ql^2,

式中 l 取用 l_x 和 l_y 中之较小者

l_x/l_y	l_y/l_x	m_x	m_{xmax}	m_y	m_{ymax}	m_x^0	m_y^0
	0.50	0.005 5	0.005 8	0.028 2	0.035 7	−0.041 8	−0.052 4
	0.55	0.007 1	0.007 5	0.026 1	0.033 2	−0.041 5	−0.049 4
	0.60	0.008 5	0.008 9	0.023 8	0.030 6	−0.041 1	−0.046 1
	0.65	0.009 7	0.010 2	0.021 4	0.028 0	−0.040 5	−0.042 6
	0.70	0.010 7	0.011 1	0.019 1	0.025 5	−0.039 7	−0.039 0
	0.75	0.011 4	0.011 9	0.016 9	0.022 9	−0.038 6	−0.035 4
	0.80	0.011 9	0.012 5	0.014 8	0.020 6	−0.037 4	−0.031 9
	0.85	0.012 2	0.012 9	0.012 9	0.018 5	−0.036 0	−0.028 6
	0.90	0.012 4	0.013 0	0.011 2	0.016 7	−0.034 6	−0.025 6
	0.95	0.012 3	0.013 0	0.009 6	0.015 0	−0.033 0	−0.022 9
1.00	1.00	0.012 2	0.012 9	0.008 3	0.013 5	−0.031 4	−0.020 4
0.95		0.013 2	0.014 1	0.007 8	0.013 4	−0.033 0	−0.019 9
0.90		0.014 3	0.015 3	0.007 2	0.013 2	−0.034 5	−0.019 4
0.85		0.015 3	0.016 5	0.006 5	0.012 9	−0.036 0	−0.018 7
0.80		0.016 3	0.017 7	0.005 8	0.012 6	−0.037 3	−0.017 8
0.75		0.017 3	0.019 0	0.005 0	0.012 1	−0.038 6	−0.016 9
0.70		0.018 2	0.020 3	0.004 1	0.011 5	−0.039 7	−0.015 8
0.65		0.019 0	0.021 5	0.003 3	0.010 9	−0.010 6	−0.014 7
0.60		0.019 7	0.022 8	0.002 5	0.010 0	−0.041 3	−0.013 5
0.55		0.020 2	0.024 0	0.001 7	0.009 1	−0.041 7	−0.012 3
0.50		0.020 6	0.025 4	0.001 0	0.007 9	−0.042 0	−0.011 1

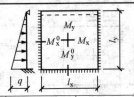

$\mu = 0$，

弯矩＝表中系数×ql^2，

式中 l 取用 l_x 和 l_y 中之较小者

l_x/l_y	l_y/l_x	m_x	m_{xmax}	m_y	m_{ymax}	m_x^0	m_y^0
	0.50	0.004 4	0.004 5	0.025 2	0.025 3	−0.036 7	−0.062 2
	0.55	0.005 6	0.005 9	0.023 5	0.023 5	−0.036 5	−0.059 9
	0.60	0.006 8	0.007 1	0.021 7	0.021 7	−0.036 2	−0.057 2
	0.65	0.007 9	0.008 1	0.019 8	0.019 8	−0.035 7	−0.054 3
	0.70	0.008 7	0.008 9	0.017 8	0.017 8	−0.035 1	−0.051 3
	0.75	0.009 4	0.009 6	0.016 0	0.016 0	−0.034 3	−0.048 3
	0.80	0.009 9	0.010 0	0.014 2	0.014 4	−0.032 2	−0.042 4
	0.85	0.010 3	0.010 3	0.012 6	0.012 9	−0.032 2	−0.042 4
	0.90	0.010 5	0.010 5	0.011 1	0.011 6	−0.031 1	−0.039 7
	0.95	0.010 6	0.010 6	0.009 7	0.010 5	−0.029 8	−0.037 1
1.00	1.00	0.010 5	0.010 5	0.008 5	0.009 5	−0.028 6	−0.034 7
0.95		0.011 5	0.011 5	0.008 2	0.009 4	−0.030 1	−0.035 8
0.90		0.012 5	0.012 5	0.007 8	0.009 4	−0.031 8	−0.036 9
0.85		0.013 6	0.013 6	0.007 2	0.009 4	−0.033 3	−0.038 1
0.80		0.014 7	0.014 7	0.006 6	0.009 3	−0.034 9	−0.039 2
0.75		0.015 8	0.015 9	0.005 9	0.009 4	−0.036 4	−0.040 3
0.70		0.016 8	0.017 1	0.005 1	0.009 3	−0.037 3	−0.041 4
0.65		0.017 8	0.018 3	0.004 3	0.009 2	−0.039 0	−0.042 5
0.60		0.018 7	0.019 7	0.003 4	0.009 3	−0.040 1	−0.043 6
0.55		0.019 5	0.021 1	0.002 5	0.009 2	−0.041 0	−0.044 7
0.50		0.020 2	0.022 5	0.001 7	0.008 8	−0.041 6	−0.045 8

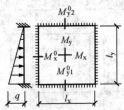

$\mu = 0$，

弯矩＝表中系数×ql^2，

式中 l 取用 l_x 和 l_y 中之较小者

l_x/l_y	l_y/l_x	m_x	m_{xmax}	m_y	m_{ymax}	m_x^0	m_{y1}^0	m_{y2}^0
	0.50	0.001 9	0.005 0	0.020 0	0.020 7	−0.028 5	−0.049 8	−0.033 1
	0.55	0.002 8	0.005 1	0.019 3	0.019 8	−0.028 5	−0.049 0	−0.032 4
	0.60	0.003 8	0.005 2	0.018 3	0.018 8	−0.028 6	−0.048 0	−0.031 3
	0.65	0.004 8	0.005 5	0.017 2	0.017 9	−0.028 5	−0.046 6	−0.030 0
	0.70	0.005 7	0.005 8	0.016 1	0.016 8	−0.028 4	−0.045 1	−0.028 5
	0.75	0.006 5	0.006 6	0.014 8	0.015 6	−0.028 3	−0.043 3	−0.026 8
	0.80	0.007 2	0.007 2	0.013 5	0.014 4	−0.028 0	−0.041 4	−0.025 0
	0.85	0.007 8	0.007 8	0.012 3	0.013 3	−0.027 6	−0.039 4	−0.023 2
	0.90	0.008 2	0.008 2	0.011 1	0.012 2	−0.027 0	−0.037 4	−0.021 4
	0.95	0.008 6	0.008 6	0.009 9	0.011 1	−0.026 4	−0.035 4	−0.019 6
1.00	1.00	0.008 8	0.008 8	0.008 8	0.010 0	−0.025 7	−0.033 4	−0.017 9
0.95		0.009 9	0.010 0	0.008 6	0.010 0	−0.027 5	−0.034 8	−0.017 9
0.90		0.011 1	0.011 2	0.008 2	0.010 0	−0.029 4	−0.026 2	−0.017 8
0.85		0.012 3	0.012 5	0.007 8	0.010 0	−0.031 3	−0.037 6	−0.017 5
0.80		0.013 5	0.013 8	0.007 2	0.009 8	−0.033 2	−0.038 9	−0.017 1
0.75		0.014 8	0.015 2	0.006 5	0.009 7	−0.035 0	−0.040 1	−0.016 4
0.70		0.016 1	0.016 6	0.005 7	0.009 6	−0.036 8	−0.041 3	−0.015 6
0.65		0.017 2	0.018 1	0.004 8	0.009 4	−0.038 3	−0.042 5	−0.014 6
0.60		0.018 3	0.019 5	0.003 8	0.009 4	−0.039 6	−0.043 6	−0.013 5
0.55		0.019 3	0.021 0	0.002 8	0.009 2	−0.040 7	−0.044 7	−0.012 3
0.50		0.020 0	0.022 5	0.001 9	0.008 8	−0.041 4	−0.045 8	−0.011 2

$\mu=\dfrac{1}{6}$，弯矩＝表中系数 $\times ql^2$

$\mu=\dfrac{1}{6}$，弯矩＝表中系数 $\times ql_x^2$

l_y/l_x	m_x^0	m_y^0	m_{x2}^0	m_{x2}^0	m_{0x}	m_x^u	m_y^u	m_x^0	m_y^0
0.30	0.0052	0.0052	0.0083	−0.0079	0.0019	0.0007	0.0001	−0.0050	−0.0122
0.35	0.0069	0.0067	0.0109	−0.0098	0.0031	0.0014	0.0008	−0.0067	−0.0149
0.40	0.0088	0.0083	0.0135	−0.0112	0.0044	0.0022	0.0017	−0.0085	−0.0173
0.45	0.0108	0.0098	0.0161	−0.0121	0.0056	0.0031	0.0028	−0.0104	−0.0195
0.50	0.0128	0.0111	0.0186	−0.0126	0.0068	0.0040	0.0038	−0.0124	−0.0215
0.55	0.0148	0.0124	0.0210	−0.0126	0.0078	0.0050	0.0048	−0.0144	−0.0233
0.60	0.0168	0.0135	0.0231	−0.0122	0.0085	0.0059	0.0057	−0.0164	−0.0249
0.65	0.0188	0.0145	0.0250	−0.0116	0.0091	0.0069	0.0065	−0.0183	−0.0264
0.70	0.0208	0.0154	0.0266	−0.0107	0.0095	0.0078	0.0071	−0.0202	−0.0279
0.75	0.0227	0.0161	0.0281	−0.0098	0.0098	0.0087	0.0077	−0.0220	−0.0292
0.80	0.0246	0.0167	0.0293	−0.0089	0.0099	0.0096	0.0081	−0.0237	−0.0305
0.85	0.0264	0.0172	0.0302	−0.0079	0.0099	0.0105	0.0085	−0.0254	−0.0317
0.90	0.0281	0.0176	0.0310	−0.0070	0.0097	0.0114	0.0087	−0.0270	−0.0329
0.95	0.0297	0.0179	0.0316	−0.0061	0.0096	0.0122	0.0088	−0.0284	−0.0340
1.00	0.0313	0.0181	0.0321	−0.0053	0.0093	0.0129	0.0089	−0.0298	−0.0350
1.10	0.0343	0.0184	0.0325	−0.0040	0.0088	0.0144	0.0088	−0.0323	−0.0368
1.20	0.0371	0.0184	0.0325	−0.0030	0.0082	0.0156	0.0085	−0.0344	−0.0384
1.30	0.0396	0.0183	0.0322	−0.0023	0.0075	0.0167	0.0081	−0.0361	−0.0398
1.40	0.0419	0.0180	0.0316	−0.0018	0.0070	0.0176	0.0076	−0.0376	−0.0410
1.50	0.0441	0.0177	0.0308	−0.0015	0.0065	0.0184	0.0071	−0.0387	−0.0421
1.75	0.0486	0.0166	0.0285	−0.0011	0.0054	0.0197	0.0059	−0.0406	−0.0442
2.00	0.0521	0.0155	0.0260	−0.0011	0.0047	0.0204	0.0050	−0.0415	−0.0458

$\mu=\dfrac{1}{6}$，弯矩＝表中系数 $\times ql^2$

$\mu=\dfrac{1}{6}$，弯矩＝表中系数 $\times ql_x^2$

l_y/l_x	m_x^u	m_y^u	m_{0x}	m_y^0	m_{x2}^0	m_x^0	m_y^0	m_{0x}	m_y^0
0.30	0.0004	−0.0005	0.0014	−0.0134	−0.0189	0.0046	0.0046	0.0070	−0.0140
0.35	0.0009	−0.0001	0.0025	−0.0172	−0.0190	0.0058	0.0056	0.0085	−0.0162
0.40	0.0016	0.0007	0.0040	−0.0211	−0.0185	0.0069	0.0066	0.0097	−0.0183
0.45	0.0025	0.0016	0.0057	−0.0250	−0.0175	0.0079	0.0074	0.0107	−0.0204
0.50	0.0037	0.0027	0.0077	−0.0288	−0.0163	0.0090	0.0081	0.0114	−0.0224
0.55	0.0050	0.0039	0.0098	−0.0324	−0.0148	0.0099	0.0087	0.0118	−0.0242
0.60	0.0064	0.0052	0.0119	−0.0358	−0.0133	0.0108	0.0091	0.0120	−0.0260
0.65	0.0080	0.0066	0.0139	−0.0390	−0.0118	0.0117	0.0094	0.0121	−0.0277
0.70	0.0096	0.0079	0.0159	−0.0421	−0.0104	0.0126	0.0094	0.0120	−0.0292
0.75	0.0113	0.0091	0.0178	−0.0450	−0.0090	0.0133	0.0096	0.0118	−0.0307
0.80	0.0130	0.0103	0.0196	−0.0477	−0.0078	0.0141	0.0095	0.0115	−0.0320
0.85	0.0148	0.0114	0.0212	−0.0503	−0.0066	0.0148	0.0095	0.0111	−0.0332
0.90	0.0165	0.0124	0.0226	−0.0527	−0.0056	0.0155	0.0093	0.0107	−0.0344
0.95	0.0183	0.0133	0.0238	−0.0549	−0.0048	0.0161	0.0091	0.0103	−0.0354
1.00	0.0200	0.0141	0.0248	−0.0571	−0.0041	0.0166	0.0088	0.0098	−0.0363
1.10	0.0234	0.0154	0.0265	−0.0611	−0.0029	0.0176	0.0083	0.0090	−0.0378
1.20	0.0267	0.0163	0.0275	−0.0647	−0.0022	0.0184	0.0077	0.0082	−0.0390
1.30	0.0298	0.0170	0.0281	−0.0680	−0.0017	0.0191	0.0070	0.0075	−0.0400
1.40	0.0327	0.0174	0.0283	−0.0711	−0.0014	0.0196	0.0065	0.0069	−0.0407
1.50	0.0354	0.0176	0.0282	−0.0739	−0.0012	0.0200	0.0060	0.0064	−0.0412
1.75	0.0415	0.0174	0.0270	−0.0800	−0.0011	0.0206	0.0049	0.0054	−0.0419
2.00	0.0464	0.0167	0.0252	−0.0850	−0.0011	0.0209	0.0042	0.0047	−0.0421

附录 6　圆形平板的弯矩系数 $\left(\mu=\dfrac{1}{6}\right)$

附表 6

$\xi=\dfrac{x}{r}$	径向弯矩系数 K_r	切向弯矩系数 K_t	径向弯矩系数 K_r	切向弯矩系数 K_t
0.0	0.197 9	0.197 9	0.072 9	0.072 9
0.1	0.195 9	0.197 0	0.070 9	0.072 0
0.2	0.190 0	0.194 2	0.065 0	0.069 2
0.3	0.180 1	0.189 5	0.055 1	0.064 5
0.4	0.166 2	0.182 9	0.041 2	0.057 9
0.5	0.148 4	0.174 5	0.023 4	0.049 5
0.6	0.126 7	0.164 2	0.016 7	0.039 2
0.7	0.100 9	0.152 0	−0.024 1	0.027 0
0.8	0.071 2	0.137 9	−0.053 8	0.012 9
0.9	0.037 6	0.122 0	−0.087 4	−0.003 0
1.0	0.000 0	0.104 2	−0.125 0	−0.020 8

注　表中符号以下边受拉为正，上边受拉为负。

附录 7　有中心支柱圆板的内力系数

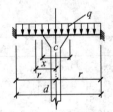

周边固定、均布荷载作用下的弯矩系数
$$\xi=\frac{x}{r},\ \beta=\frac{c}{d},\ \mu=\frac{1}{6}$$
$$M_r=\overline{K}_r qr^2,\ M_t=\overline{K}_t qr^2$$

附表 7-1

	径向弯矩系数 $\overline{K}_r$					切向弯矩系数 $\overline{K}_t$				
	0.05	0.10	0.15	0.20	0.25	0.05	0.10	0.15	0.20	0.25
0.05	−0.209 8					−0.035 0				
0.10	−0.070 9	−0.143 3				−0.068 0	−0.023 9			
0.15	−0.025 8	−0.061 4	−0.108 8			−0.053 5	−0.040 3	−0.018 1		
0.20	−0.001 2	−0.022 9	−0.051 4	−0.086 2		−0.038 3	−0.034 8	−0.026 8	−0.014 4	
0.25	0.014 3	−0.000 2	−0.019 3	−0.042 5	−0.069 8	−0.025 7	−0.025 9	−0.023 8	−0.019 0	−0.011 6
0.30	0.024 5	0.014 3	0.000 8	0.015 6	−0.034 9	−0.015 4	−0.017 4	−0.017 8	−0.016 7	−0.013 9
0.40	0.034 4	0.029 3	0.022 4	0.013 7	0.003 3	−0.001 0	−0.003 7	−0.006 0	−0.007 5	−0.008 4
0.50	0.034 7	0.032 6	0.029 4	0.025 0	0.019 6	0.007 3	0.004 9	0.002 6	0.000 5	−0.001 2
0.60	0.027 5	0.027 5	0.026 8	0.025 3	0.023 1	0.010 9	0.009 0	0.007 2	0.005 4	0.003 8
0.70	0.014 0	0.015 6	0.016 7	0.017 4	0.017 6	0.010 5	0.009 3	0.008 1	0.006 9	0.005 8
0.80	−0.005 2	−0.002 3	0.000 4	0.002 7	0.004 7	0.006 7	0.006 2	0.005 7	0.005 2	0.004 6
0.90	−0.029 6	−0.025 6	−0.021 7	−0.017 9	−0.014 4	0.000 1	0	0.000 2	0.000 2	0.000 5
1.00	−0.058 9	−0.054 0	−0.049 0	−0.044 1	−0.039 3	−0.009 8	−0.009 0	−0.008 2	−0.007 4	−0.006 6

注　表中符号以下边受拉为正，上边受拉为负。以下各表均相同。

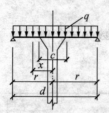

周边铰支、均布荷载作用下的弯矩系数

$$\xi=\frac{x}{v}, \quad \beta=\frac{c}{d}, \quad \mu=\frac{1}{6}$$

$$M_r=\overline{K}_r qr^2, \quad M_t=\overline{K}_t qr^2$$

附表 7-2

	径向弯矩系数 $\overline{K}_r$					切向弯矩系数 $\overline{K}_t$				
	0.05	0.10	0.15	0.20	0.25	0.05	0.10	0.15	0.20	0.25
0.05	−0.367 4					−0.061 2				
0.10	−0.136 0	−0.249 7				−0.124 4	−0.041 6			
0.15	−0.061 3	−0.116 7	−0.187 6			−0.103 0	−0.073 6	−0.031 3		
0.20	−0.019 8	−0.053 9	−0.097 0	−0.147 0		−0.078 8	−0.067 1	−0.048 7	−0.024 5	
0.25	0.007 7	−0.016 0	−0.045 6	−0.079 7	−0.117 5	−0.057 9	−0.053 9	−0.045 9	−0.034 3	−0.019 6
0.30	0.027 0	0.009 4	−0.012 4	−0.037 3	−0.064 9	−0.040 5	−0.040 2	−0.037 5	−0.032 3	−0.025 1
0.40	0.051 0	0.040 0	0.026 7	0.011 6	−0.005 0	−0.014 1	−0.016 9	−0.018 6	−0.019 1	−0.018 4
0.50	0.061 7	0.054 4	0.045 6	0.035 7	0.024 9	0.003 8	0.000 1	−0.003 0	−0.005 4	−0.007 2
0.60	0.063 0	0.058 0	0.052 1	0.045 5	0.038 4	0.015 3	0.011 5	0.008 1	0.005 0	0.002 5
0.70	0.056 6	0.053 3	0.049 4	0.045 2	0.040 5	0.021 8	0.018 2	0.014 8	0.011 7	0.009 0
0.80	0.043 5	0.041 6	0.039 3	0.036 7	0.034 0	0.023 9	0.020 6	0.017 5	0.014 7	0.012 2
0.90	0.024 5	0.023 6	0.022 6	0.021 4	0.020 2	0.022 3	0.019 4	0.016 7	0.014 2	0.012 0
1.00	0	0	0	0	0	0.017 3	0.014 9	0.012 6	0.010 4	0.008 6

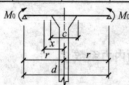

周边铰支、周边均布力矩作用下的弯矩系数

$$\xi=\frac{x}{r}, \quad \beta=\frac{c}{d}, \quad \mu=\frac{1}{6}$$

$$M_r=\overline{K}_r M_0, \quad M_t=\overline{K}_t M_0$$

附表 7-3

	径向弯矩系数 $\overline{K}_r$					切向弯矩系数 $\overline{K}_t$				
	0.05	0.10	0.15	0.20	0.25	0.05	0.10	0.15	0.20	0.25
0.05	−2.677 7					−0.446 3				
0.10	−1.105 6	−1.970 2				−0.957 6	−0.328 4			
0.15	−0.602 4	−1.023 6	−1.607 6			−0.840 3	−0.616 3	−0.267 9		
0.20	−0.314 8	−0.573 9	−0.928 6	−1.377 0		−0.687 7	−0.598 6	−0.446 7	−0.229 5	
0.25	−0.112 8	−0.292 7	−0.536 1	−0.841 5	−1.214 2	−0.548 2	−0.517 3	−0.451 2	−0.347 6	−0.202 4
0.30	0.043 7	−0.090 3	−0.269 7	−0.493 4	−0.765 0	−0.425 7	−0.423 6	−0.400 6	−0.354 6	−0.283 0
0.40	0.280 7	0.197 4	0.087 6	−0.047 8	−0.210 8	−0.222 5	−0.243 9	−0.257 7	−0.262 0	−0.255 5
0.50	0.459 2	0.403 7	0.331 2	0.242 7	0.136 7	−0.059 5	−0.087 7	−0.113 3	−0.135 0	−0.151 9
0.60	0.603 0	0.565 3	0.516 7	0.457 6	0.387 3	0.075 7	0.046 9	0.018 2	−0.008 8	−0.033 8
0.70	0.723 5	0.698 7	0.667 0	0.628 6	0.583 0	0.191 1	0.163 9	0.136 0	0.108 6	0.082 1
0.80	0.827 3	0.812 5	0.793 6	0.770 8	0.743 9	0.291 6	0.267 0	0.241 5	0.216 2	0.191 2
0.90	0.918 6	0.911 8	0.903 2	0.892 9	0.880 8	0.380 6	0.359 1	0.336 7	0.314 4	0.292 5
1.00	1.000 0	1.000 0	1.000 0	1.000 0	1.000 0	0.460 4	0.442 0	0.423 1	0.404 5	0.386 3

附表 7-4　有中心支柱圆板的中心支柱荷载系数 K_N 及板边抗弯刚度系数 k

	c/d	0.05	0.10	0.15	0.20	0.25
中心支柱荷载系数 K_N	均布荷载周边固定	0.839	0.919	1.007	1.101	1.200
	均布荷载周边铰支	1.320	1.387	1.463	1.542	1.625
	沿周边作用 M	8.160	8.660	9.290	9.990	10.810
圆板抗弯刚度系数 k		0.290	0.309	0.332	0.358	0.387

附录 8-1　圆形贮液结构柱壳内力系数表

附表 8-1(1)

荷载情况:三角形荷载 q

支承条件:底固定,顶自由

符号规定:外壁受拉为正

竖向弯矩 $M_x = K_{Mx} q H^2$

环向弯矩 $M_\theta = \dfrac{1}{6} M_x$

竖向弯矩系数 k_{Mx}　（$0.0H$ 为池顶,$1.0H$ 为池底）

$\dfrac{H^2}{dh}$	0.0H	0.1H	0.2H	0.3H	0.4H	0.5H	0.6H	0.7H	0.75H	0.8H	0.85H	0.9H	0.95H	1.0H	$\dfrac{H^2}{dh}$
0.2	0.0000	0.0001	0.0003	-0.0024	-0.0071	-0.0155	-0.0287	-0.0478	-0.0598	-0.0737	-0.0896	-0.1077	-0.1279	-0.1506	0.2
0.4	0.0000	0.0006	0.0015	0.0015	-0.0004	-0.0056	-0.0151	-0.0302	-0.0402	-0.0520	-0.0658	-0.0817	-0.0993	-0.1203	0.4
0.6	0.0000	0.0009	0.0029	0.0046	0.0048	0.0023	-0.0043	-0.0161	-0.0243	-0.0344	-0.0463	-0.0604	-0.0767	-0.0954	0.6
0.8	0.0000	0.0011	0.0037	0.0063	0.0079	0.0071	0.0026	-0.0069	-0.0139	-0.0227	-0.0334	-0.0462	-0.0613	-0.0786	0.8
1	0.0000	0.0012	0.0040	0.0073	0.0097	0.0099	0.0068	-0.0012	-0.0074	-0.0153	-0.0251	-0.0370	-0.0511	-0.0675	1
1.5	0.0000	0.0012	0.0041	0.0076	0.0107	0.0122	0.0109	0.0053	-0.0005	-0.0060	-0.0143	-0.0246	-0.0371	-0.0519	1.5
2	0.0000	0.0010	0.0035	0.0068	0.0099	0.0118	0.0114	0.0074	0.0035	-0.0020	-0.0092	-0.0184	-0.0270	-0.0434	2
3	0.0000	0.0006	0.0023	0.0046	0.0071	0.0091	0.0097	0.0077	0.0051	0.0012	-0.0043	-0.0117	-0.0212	-0.0331	3
4	0.0000	0.0003	0.0013	0.0028	0.0046	0.0065	0.0076	0.0068	0.0052	0.0024	-0.0017	-0.0080	-0.0162	-0.0266	4
5	0.0000	0.0001	0.0006	0.0016	0.0029	0.0046	0.0059	0.0059	0.0049	0.0028	-0.0006	-0.0057	-0.0128	-0.0222	5
6	0.0000	0.0000	0.0003	0.0008	0.0018	0.0032	0.0046	0.0051	0.0045	0.0030	-0.0003	-0.0041	-0.0104	-0.0190	6
7	0.0000	0.0000	0.0001	0.0004	0.0011	0.0023	0.0036	0.0044	0.0041	0.0030	0.0008	-0.0030	-0.0087	-0.0166	7
8	0.0000	0.0000	0.0000	0.0001	0.0007	0.0016	0.0029	0.0038	0.0037	0.0030	0.0011	-0.0022	-0.0074	-0.0148	8
9	0.0000	0.0000	0.0000	0.0000	0.0004	0.0011	0.0023	0.0033	0.0034	0.0028	0.0013	-0.0016	-0.0063	-0.0139	9
10	0.0000	0.0000	-0.0001	-0.0001	0.0002	0.0008	0.0018	0.0029	0.0031	0.0027	0.0016	-0.0011	-0.0055	-0.0121	10
12	0.0000	0.0000	-0.0001	-0.0001	0.0000	0.0004	0.0012	0.0022	0.0025	0.0024	0.0016	-0.0005	-0.0043	-0.0103	12
14	0.0000	0.0000	0.0000	-0.0001	-0.0001	0.0002	0.0008	0.0017	0.0021	0.0022	0.0016	-0.0001	-0.0034	-0.0089	14
16	0.0000	0.0000	0.0000	-0.0001	-0.0001	0.0000	0.0005	0.0013	0.0017	0.0019	0.0015	-0.0002	-0.0028	-0.0079	16
20	0.0000	0.0000	0.0000	0.0000	-0.0001	0.0000	0.0002	0.0008	0.0012	0.0015	0.0014	0.0004	-0.0020	-0.0064	20
24	0.0000	0.0000	0.0000	0.0000	0.0000	-0.0001	0.0001	0.0005	0.0008	0.0012	0.0012	0.0006	-0.0014	-0.0054	24
28	0.0000	0.0000	0.0000	0.0000	0.0000	0.0000	0.0000	0.0003	0.0006	0.0009	0.0011	0.0006	-0.0010	-0.0047	28
32	0.0000	0.0000	0.0000	0.0000	0.0000	0.0000	0.0000	0.0002	0.0004	0.0007	0.0010	0.0007	-0.0008	-0.0041	32
40	0.0000	0.0000	0.0000	0.0000	0.0000	0.0000	0.0000	0.0001	0.0002	0.0005	0.0007	0.0006	-0.0004	-0.0033	40
48	0.0000	0.0000	0.0000	0.0000	0.0000	0.0000	0.0000	0.0000	0.0001	0.0003	0.0006	0.0006	-0.0002	-0.0028	48
56	0.0000	0.0000	0.0000	0.0000	0.0000	0.0000	0.0000	0.0000	0.0001	0.0002	0.0004	0.0005	-0.0001	-0.0024	56

附表 8-1(2)

荷载情况:三角形荷载 q

支承条件:底固定,顶自由

符号规定:环向力受拉为正;剪力向外为正

环向力 $N_0 = k_{N0} qr$

剪　力 $V_x = k_{vx} qH$

环向力系数 k_{N0} (0.0H 为池顶,1.0H 为池底)

$\dfrac{H^2}{dh}$	0.0H	0.1H	0.2H	0.3H	0.4H	0.5H	0.6H	0.7H	0.75H	0.8H	0.85H	0.9H	0.95H	1.0H	剪力系数 k_{vx} 顶端	剪力系数 k_{vx} 底端	$\dfrac{H^2}{dh}$
0.2	0.054	0.047	0.041	0.034	0.027	0.021	0.015	0.009	0.007	0.005	0.003	0.001	0.000	0.000	0.000	−0.477	0.2
0.4	0.152	0.134	0.116	0.098	0.080	0.062	0.045	0.028	0.021	0.014	0.008	0.004	0.001	0.000	0.000	−0.434	0.4
0.6	0.225	0.201	0.177	0.152	0.126	0.100	0.073	0.047	0.035	0.024	0.015	0.007	0.002	0.000	0.000	−0.398	0.6
0.8	0.266	0.241	0.216	0.190	0.161	0.131	0.098	0.065	0.049	0.034	0.021	0.010	0.003	0.000	0.000	−0.372	0.8
1	0.283	0.262	0.240	0.216	0.189	0.157	0.121	0.082	0.063	0.044	0.027	0.013	0.004	0.000	0.000	−0.354	1
1.5	0.271	0.269	0.266	0.258	0.243	0.216	0.177	0.126	0.098	0.071	0.044	0.022	0.006	0.000	0.000	−0.322	1.5
2	0.229	0.251	0.272	0.286	0.287	0.270	0.231	0.172	0.137	0.100	0.064	0.032	0.009	0.000	0.000	−0.298	2
3	0.135	0.202	0.267	0.322	0.357	0.363	0.332	0.260	0.212	0.158	0.103	0.053	0.015	0.000	0.000	−0.261	3
4	0.066	0.162	0.256	0.340	0.403	0.431	0.411	0.336	0.278	0.212	0.140	0.073	0.021	0.000	0.000	−0.234	4
5	0.024	0.135	0.244	0.346	0.428	0.476	0.471	0.398	0.336	0.259	0.175	0.093	0.027	0.000	0.000	−0.213	5
6	0.002	0.119	0.234	0.345	0.441	0.505	0.516	0.450	0.386	0.303	0.207	0.111	0.033	0.000	0.000	−0.196	6
7	−0.008	0.109	0.225	0.340	0.445	0.524	0.550	0.494	0.429	0.342	0.238	0.129	0.039	0.000	0.000	−0.184	7
8	−0.011	0.103	0.218	0.334	0.445	0.534	0.575	0.531	0.468	0.378	0.266	0.147	0.045	0.000	0.000	−0.173	8
9	−0.011	0.100	0.212	0.328	0.442	0.541	0.595	0.563	0.503	0.411	0.293	0.164	0.051	0.000	0.000	−0.164	9
10	−0.010	0.098	0.208	0.322	0.438	0.543	0.610	0.590	0.533	0.441	0.319	0.180	0.057	0.000	0.000	−0.156	10
12	−0.006	0.097	0.202	0.312	0.428	0.543	0.629	0.634	0.586	0.496	0.366	0.211	0.068	0.000	0.000	−0.144	12
14	−0.003	0.098	0.199	0.306	0.420	0.538	0.639	0.667	0.628	0.542	0.409	0.241	0.079	0.000	0.000	−0.134	14
16	−0.001	0.098	0.198	0.302	0.413	0.532	0.643	0.691	0.662	0.583	0.448	0.269	0.090	0.000	0.000	−0.126	16
20	0.000	0.099	0.198	0.299	0.404	0.521	0.641	0.721	0.712	0.648	0.515	0.321	0.111	0.000	0.000	−0.114	20
24	0.000	0.100	0.199	0.298	0.400	0.511	0.635	0.736	0.745	0.698	0.572	0.367	0.131	0.000	0.000	−0.104	24
28	0.000	0.100	0.200	0.299	0.398	0.505	0.627	0.742	0.767	0.735	0.620	0.410	0.150	0.000	0.000	−0.097	28
32	0.000	0.100	0.200	0.299	0.398	0.502	0.620	0.743	0.780	0.764	0.661	0.449	0.169	0.000	0.000	−0.091	32
40	0.000	0.100	0.200	0.300	0.399	0.499	0.609	0.738	0.792	0.803	0.726	0.517	0.204	0.000	0.000	−0.082	40
48	0.000	0.100	0.200	0.300	0.400	0.498	0.603	0.729	0.793	0.826	0.773	0.575	0.237	0.000	0.000	−0.075	48
56	0.000	0.100	0.200	0.300	0.400	0.499	0.600	0.721	0.789	0.837	0.809	0.625	0.268	0.000	0.000	−0.070	56

附表 8 - 1(3)

荷载情况：三角形荷载 q

支承条件：两端固定

符号规定：外壁受拉为正

竖向弯矩 $M_x = k_{Mx} q H^2$

环向弯矩 $M_\theta = \dfrac{1}{6} M_x$

竖向弯矩系数 k_{Mx}　（0.0H 为池顶，1.0H 为池底）

$\dfrac{H^2}{dh}$	0.0H	0.1H	0.2H	0.3H	0.4H	0.5H	0.6H	0.7H	0.75H	0.8H	0.85H	0.9H	0.95H	1.0H
0.2	−0.033 2	−0.018 4	−0.004 7	0.007 1	0.015 9	0.020 8	0.020 6	0.014 5	0.008 8	0.001 3	−0.008 0	−0.019 8	−0.033 6	−0.049 9
0.4	−0.032 8	−0.018 2	−0.004 6	0.007 0	0.015 7	0.020 5	0.020 4	0.014 3	0.008 8	0.001 4	−0.008 0	−0.019 5	−0.033 3	−0.049 4
0.6	−0.032 2	−0.017 9	−0.004 5	0.006 9	0.015 4	0.020 1	0.020 0	0.014 2	0.008 7	0.001 4	−0.007 8	−0.019 2	−0.032 8	−0.048 8
0.8	−0.031 3	−0.017 4	−0.004 4	0.006 6	0.014 9	0.019 6	0.019 6	0.013 9	0.008 6	0.001 5	−0.007 5	−0.018 7	−0.032 1	−0.047 9
1	−0.030 2	−0.016 8	−0.004 3	0.006 4	0.014 4	0.018 9	0.019 0	0.013 6	0.008 5	0.001 6	−0.007 2	−0.018 1	−0.031 2	−0.046 7
1.5	−0.027 0	−0.015 1	−0.004 0	0.005 5	0.012 7	0.016 9	0.017 2	0.012 6	0.008 1	0.001 9	−0.006 2	−0.016 3	−0.028 7	−0.043 4
2	−0.023 5	−0.013 1	−0.003 6	0.004 6	0.010 9	0.014 7	0.015 3	0.011 6	0.007 7	0.002 2	−0.005 1	−0.014 4	−0.025 8	−0.039 6
3	−0.016 9	−0.009 5	−0.002 8	0.002 9	0.007 5	0.010 6	0.011 6	0.009 5	0.006 8	0.002 7	−0.003 0	−0.010 6	−0.020 3	−0.032 3
4	−0.012 0	−0.006 8	−0.002 2	0.001 7	0.005 0	0.007 4	0.008 7	0.007 7	0.006 0	0.003 0	−0.001 5	−0.007 7	−0.016 0	−0.026 6
5	−0.008 6	−0.004 9	−0.001 7	0.001 0	0.003 2	0.005 2	0.006 5	0.006 4	0.005 3	0.003 1	−0.000 4	−0.005 6	−0.012 8	−0.022 3
6	−0.006 3	−0.003 6	−0.001 3	0.000 5	0.002 1	0.003 7	0.005 0	0.005 4	0.004 7	0.003 1	0.000 3	−0.004 1	−0.010 5	−0.019 1
7	−0.004 8	−0.002 7	−0.001 0	0.000 2	0.001 4	0.002 6	0.003 9	0.004 6	0.004 2	0.003 1	0.000 8	−0.003 0	−0.008 7	−0.016 7
8	−0.003 8	−0.002 0	−0.000 8	0.000 1	0.000 9	0.001 8	0.003 0	0.003 9	0.003 8	0.003 0	0.001 1	−0.002 2	−0.007 4	−0.014 9
9	−0.003 1	−0.001 6	−0.000 6	0.000 0	0.000 6	0.001 3	0.002 4	0.003 4	0.003 4	0.002 9	0.001 3	−0.001 6	−0.006 4	−0.013 4
10	−0.002 6	−0.001 3	−0.000 4	0.000 0	0.000 3	0.000 9	0.001 9	0.002 9	0.003 1	0.002 7	0.001 4	−0.001 2	−0.005 5	−0.012 2
12	−0.001 9	−0.000 8	−0.000 2	0.000 0	0.000 1	0.000 5	0.001 2	0.002 2	0.002 5	0.002 4	0.001 6	−0.000 5	−0.004 3	−0.010 3
14	−0.001 5	−0.000 6	−0.000 1	0.000 0	0.000 0	0.000 2	0.000 8	0.001 7	0.002 1	0.002 2	0.001 6	−0.000 1	−0.003 4	−0.008 9
16	−0.001 2	−0.000 4	−0.000 1	0.000 0	0.000 0	0.000 1	0.000 5	0.001 3	0.001 7	0.001 9	0.001 5	0.000 2	−0.002 8	−0.007 9
20	−0.000 9	−0.000 3	0.000 0	0.000 0	0.000 0	0.000 0	0.000 2	0.000 8	0.001 2	0.001 5	0.001 4	0.000 4	−0.002 0	−0.006 4
24	−0.000 7	−0.000 2	0.000 0	0.000 0	0.000 0	0.000 0	0.000 1	0.000 5	0.000 8	0.001 2	0.001 2	0.000 6	−0.001 4	−0.005 4
28	−0.000 5	−0.000 1	0.000 0	0.000 0	0.000 0	0.000 0	0.000 0	0.000 3	0.000 6	0.000 9	0.001 1	0.000 6	−0.001 0	−0.004 7
32	−0.000 4	−0.000 1	0.000 0	0.000 0	0.000 0	0.000 0	0.000 0	0.000 2	0.000 4	0.000 7	0.001 0	0.000 7	−0.000 8	−0.004 1
40	−0.000 3	0.000 0	0.000 0	0.000 0	0.000 0	0.000 0	0.000 0	0.000 1	0.000 2	0.000 5	0.000 7	0.000 6	−0.000 4	−0.003 3
48	−0.000 2	0.000 0	0.000 0	0.000 0	0.000 0	0.000 0	0.000 0	0.000 0	0.000 1	0.000 3	0.000 6	0.000 6	−0.000 2	−0.002 8
56	−0.000 2	0.000 0	0.000 0	0.000 0	0.000 0	0.000 0	0.000 0	0.000 0	0.000 0	0.000 2	0.000 4	0.000 5	−0.000 1	−0.002 4

附表 8-1(4)

荷载情况:三角形荷载 q
支承条件:两端固定
符号规定:环向力受拉为正,剪力向外为正

环向力 $N_\theta = k_{N\theta} qr$
剪力 $V_x = k_{vx} qH$

$\dfrac{H^2}{dh}$	环向力系数 $k_{N\theta}$（0.0H为池顶,1.0H为池底）														剪力系数 k_{vx}		$\dfrac{H^2}{dh}$
	0.0H	0.1H	0.2H	0.3H	0.4H	0.5H	0.6H	0.7H	0.75H	0.8H	0.85H	0.9H	0.95H	1.0H	顶端	底端	
0.2	0.000	0.000	0.001	0.002	0.002	0.002	0.002	0.002	0.001	0.001	0.001	0.000	0.000	0.000	−0.149	−0.349	0.2
0.4	0.000	0.001	0.003	0.006	0.008	0.010	0.000	0.007	0.006	0.004	0.003	0.001	0.000	0.000	−0.148	−0.347	0.4
0.6	0.000	0.002	0.008	0.014	0.019	0.021	0.020	0.016	0.013	0.010	0.006	0.003	0.001	0.000	−0.145	−0.344	0.6
0.8	0.000	0.004	0.013	0.024	0.032	0.037	0.035	0.028	0.023	0.017	0.011	0.006	0.002	0.000	−0.141	−0.340	0.8
1	0.000	0.006	0.020	0.036	0.049	0.056	0.053	0.043	0.035	0.026	0.017	0.008	0.002	0.000	−0.136	−0.335	1
1.5	0.000	0.012	0.040	0.072	0.099	0.113	0.109	0.087	0.071	0.053	0.035	0.018	0.005	0.000	−0.121	−0.318	1.5
2	0.000	0.019	0.062	0.112	0.154	0.176	0.171	0.138	0.113	0.085	0.055	0.028	0.008	0.000	−0.105	−0.300	2
3	0.000	0.030	0.101	0.184	0.255	0.295	0.291	0.239	0.198	0.150	0.099	0.051	0.015	0.000	−0.075	−0.265	3
4	0.000	0.038	0.127	0.233	0.327	0.384	0.386	0.325	0.272	0.208	0.139	0.073	0.021	0.000	−0.053	−0.237	4
5	0.000	0.043	0.143	0.263	0.373	0.445	0.457	0.394	0.334	0.259	0.175	0.093	0.028	0.000	−0.039	−0.215	5
6	0.000	0.045	0.151	0.279	0.400	0.484	0.508	0.449	0.386	0.304	0.208	0.112	0.034	0.000	−0.029	−0.198	6
7	0.000	0.047	0.155	0.288	0.414	0.510	0.546	0.495	0.431	0.343	0.239	0.130	0.040	0.000	−0.023	−0.184	7
8	0.000	0.048	0.157	0.291	0.422	0.526	0.575	0.533	0.470	0.380	0.267	0.148	0.045	0.000	−0.019	−0.173	8
9	0.000	0.048	0.158	0.292	0.425	0.536	0.596	0.565	0.505	0.412	0.294	0.164	0.051	0.000	−0.016	−0.164	9
10	0.000	0.049	0.159	0.295	0.425	0.541	0.611	0.592	0.535	0.443	0.319	0.181	0.057	0.000	−0.014	−0.157	10
12	0.000	0.051	0.161	0.291	0.421	0.543	0.631	0.636	0.587	0.497	0.366	0.212	0.068	0.000	−0.012	−0.144	12
14	0.000	0.053	0.164	0.290	0.416	0.540	0.641	0.668	0.629	0.543	0.409	0.241	0.079	0.000	−0.010	−0.134	14
16	0.000	0.056	0.168	0.290	0.412	0.534	0.644	0.691	0.662	0.583	0.448	0.269	0.090	0.000	−0.009	−0.126	16
20	0.000	0.061	0.175	0.292	0.405	0.522	0.642	0.721	0.712	0.648	0.515	0.321	0.111	0.000	−0.007	−0.114	20
24	0.000	0.065	0.182	0.295	0.401	0.513	0.635	0.736	0.745	0.698	0.572	0.367	0.131	0.000	−0.006	−0.104	24
28	0.000	0.068	0.186	0.297	0.400	0.506	0.607	0.742	0.767	0.735	0.620	0.410	0.150	0.000	−0.005	−0.097	28
32	0.000	0.071	0.190	0.299	0.399	0.502	0.620	0.743	0.780	0.764	0.661	0.449	0.169	0.000	−0.005	−0.091	32
40	0.000	0.076	0.194	0.301	0.400	0.499	0.609	0.738	0.792	0.803	0.726	0.517	0.204	0.000	−0.004	−0.082	40
48	0.000	0.079	0.197	0.301	0.400	0.498	0.603	0.729	0.792	0.825	0.773	0.574	0.236	0.000	−0.003	−0.075	48
56	0.000	0.082	0.198	0.301	0.400	0.499	0.600	0.721	0.789	0.837	0.808	0.623	0.269	0.000	−0.003	−0.070	56

附表 8 - 1(5)

荷载情况：三角形荷载 q

支承条件：两端铰支

符号规定：外壁受拉为正

竖向弯矩 $M_x = k_{Mx} q H^2$

环向弯矩 $M_\theta = \dfrac{1}{6} M_x$

竖 向 弯 矩 系 数 k_{Mx}　（0.0H 为池顶，1.0H 为池底）

$\dfrac{H^2}{dh}$	0.0H	0.1H	0.2H	0.3H	0.4H	0.5H	0.6H	0.7H	0.75H	0.8H	0.85H	0.9H	0.95H	1.0H
0.2	0.000 0	0.016 1	0.031 3	0.044 5	0.054 9	0.061 3	0.062 8	0.058 5	0.055 8	0.047 3	0.038 8	0.028 1	0.015 2	0.000 0
0.4	0.000 0	0.015 1	0.029 3	0.041 8	0.051 7	0.057 9	0.059 6	0.055 7	0.051 4	0.045 3	0.037 2	0.027 1	0.014 7	0.000 0
0.6	0.000 0	0.013 6	0.026 5	0.037 9	0.047 0	0.053 0	0.054 9	0.051 7	0.047 9	0.042 3	0.034 9	0.025 5	0.013 9	0.000 0
0.8	0.000 0	0.011 9	0.023 2	0.033 4	0.041 7	0.047 4	0.049 5	0.047 1	0.043 8	0.038 9	0.032 3	0.023 7	0.013 0	0.000 0
1	0.000 0	0.010 2	0.019 9	0.028 8	0.036 3	0.041 6	0.044 0	0.042 4	0.039 7	0.035 5	0.029 6	0.021 9	0.012 1	0.000 0
1.5	0.000 0	0.006 4	0.012 8	0.018 9	0.024 5	0.029 1	0.031 9	0.031 9	0.030 5	0.027 8	0.023 7	0.017 8	0.010 0	0.000 0
2	0.000 0	0.003 9	0.007 9	0.012 0	0.016 2	0.020 2	0.023 2	0.024 4	0.023 8	0.022 2	0.019 3	0.014 8	0.008 5	0.000 0
3	0.000 0	0.001 2	0.002 7	0.004 7	0.007 3	0.010 3	0.013 3	0.015 5	0.015 9	0.015 5	0.014 0	0.011 2	0.006 6	0.000 0
4	0.000 0	0.000 3	0.000 8	0.001 7	0.003 4	0.005 6	0.008 3	0.010 8	0.011 6	0.011 8	0.011 1	0.009 1	0.005 6	0.000 0
5	0.000 0	-0.000 1	0.000 0	0.000 5	0.001 6	0.003 3	0.005 6	0.008 0	0.008 9	0.009 4	0.009 1	0.007 8	0.004 9	0.000 0
6	0.000 0	-0.000 2	-0.000 2	0.000 0	0.000 7	0.001 9	0.003 9	0.006 1	0.007 1	0.007 8	0.007 8	0.006 8	0.004 4	0.000 0
7	0.000 0	-0.000 2	-0.000 3	-0.000 2	0.000 2	0.001 2	0.002 7	0.004 8	0.005 8	0.006 5	0.006 7	0.006 0	0.004 0	0.000 0
8	0.000 0	-0.000 1	-0.000 2	-0.000 2	0.000 0	0.000 7	0.002 0	0.003 8	0.004 8	0.005 6	0.005 9	0.005 4	0.003 6	0.000 0
9	0.000 0	-0.000 1	-0.000 2	-0.000 2	-0.000 1	0.000 4	0.001 4	0.003 1	0.004 0	0.004 8	0.005 2	0.004 9	0.003 4	0.000 0
10	0.000 0	-0.000 1	-0.000 1	-0.000 2	-0.000 2	0.000 2	0.001 0	0.002 5	0.003 4	0.004 2	0.004 7	0.004 5	0.003 1	0.000 0
12	0.000 0	0.000 0	-0.000 1	-0.000 1	-0.000 2	0.000 0	0.000 5	0.001 7	0.002 5	0.003 2	0.003 8	0.003 8	0.002 8	0.000 0
14	0.000 0	0.000 0	0.000 0	-0.000 1	-0.000 1	-0.000 1	0.000 2	0.001 2	0.001 3	0.002 6	0.003 2	0.003 3	0.002 5	0.000 0
16	0.000 0	0.000 0	0.000 0	0.000 0	-0.000 1	-0.000 1	0.000 1	0.000 8	0.001 4	0.002 1	0.002 7	0.002 9	0.002 3	0.000 0
20	0.000 0	0.000 0	0.000 0	0.000 0	0.000 0	-0.000 1	0.000 0	0.000 2	0.000 8	0.001 4	0.002 0	0.002 4	0.001 9	0.000 0
24	0.000 0	0.000 0	0.000 0	0.000 0	0.000 0	-0.000 1	-0.000 1	0.000 2	0.000 5	0.001 0	0.001 5	0.001 9	0.001 7	0.000 0
28	0.000 0	0.000 0	0.000 0	0.000 0	0.000 0	0.000 0	0.000 1	0.000 1	0.000 3	0.000 7	0.001 2	0.001 6	0.001 5	0.000 0
32	0.000 0	0.000 0	0.000 0	0.000 0	0.000 0	0.000 0	0.000 1	0.000 0	0.000 0	0.000 5	0.001 0	0.001 4	0.001 4	0.000 0
40	0.000 0	0.000 0	0.000 0	0.000 0	0.000 0	0.000 0	0.000 0	0.000 0	0.000 0	0.000 3	0.000 6	0.001 0	0.001 1	0.000 0
48	0.000 0	0.000 0	0.000 0	0.000 0	0.000 0	0.000 0	0.000 0	0.000 0	0.000 0	0.000 1	0.000 4	0.000 8	0.001 0	0.000 0
56	0.000 0	0.000 0	0.000 0	0.000 0	0.000 0	0.000 0	0.000 0	0.000 0	0.000 0	0.000 1	0.000 3	0.000 6	0.000 8	0.000 0

附表 8-1(6)

荷载情况：三角形荷载 q

支承条件：两端铰支

符号规定：环向力受拉为正，剪力向外为正

环向力 $N_\theta = k_{N\theta} qr$

剪　力 $V_x = k_{vx} qH$

环　向　力　系　数 $k_{N\theta}$　（0.0H 为池顶，1.0H 为池底）

$\dfrac{H^2}{dh}$	0.0H	0.1H	0.2H	0.3H	0.4H	0.5H	0.6H	0.7H	0.75H	0.8H	0.85H	0.9H	0.95H	1.0H	剪力系数 k_{vx} 顶端	底端	$\dfrac{H^2}{dh}$
0.2	0.000	0.004	0.007	0.009	0.011	0.012	0.012	0.010	0.009	0.007	0.006	0.004	0.002	0.000	−0.163	−0.329	0.2
0.4	0.000	0.013	0.025	0.035	0.042	0.045	0.044	0.038	0.034	0.028	0.022	0.015	0.008	0.000	−0.152	−0.319	0.4
0.6	0.000	0.027	0.052	0.073	0.087	0.093	0.091	0.079	0.070	0.059	0.046	0.031	0.016	0.000	−0.137	−0.303	0.6
0.8	0.000	0.043	0.083	0.115	0.138	0.149	0.145	0.127	0.112	0.094	0.074	0.051	0.026	0.000	−0.120	−0.285	0.8
1	0.000	0.059	0.113	0.159	0.190	0.205	0.201	0.176	0.156	0.131	0.103	0.071	0.036	0.000	−0.102	−0.266	1
1.5	0.000	0.092	0.177	0.249	0.301	0.328	0.324	0.287	0.255	0.216	0.170	0.117	0.060	0.000	−0.064	−0.225	1.5
2	0.000	0.112	0.218	0.308	0.376	0.414	0.414	0.371	0.333	0.283	0.224	0.155	0.079	0.000	−0.038	−0.194	2
3	0.000	0.127	0.248	0.358	0.448	0.507	0.523	0.483	0.440	0.379	0.303	0.212	0.109	0.000	−0.012	−0.157	3
4	0.000	0.125	0.248	0.365	0.468	0.546	0.582	0.555	0.512	0.448	0.363	0.256	0.133	0.000	−0.002	−0.135	4
5	0.000	0.119	0.238	0.357	0.469	0.562	0.617	0.607	0.568	0.504	0.412	0.294	0.154	0.000	0.001	−0.121	5
6	0.000	0.112	0.227	0.345	0.462	0.567	0.639	0.646	0.613	0.550	0.455	0.328	0.173	0.000	0.002	−0.110	6
7	0.000	0.107	0.217	0.333	0.453	0.567	0.653	0.676	0.649	0.590	0.493	0.359	0.190	0.000	0.002	−0.102	7
8	0.000	0.108	0.210	0.323	0.444	0.563	0.661	0.699	0.679	0.624	0.527	0.386	0.206	0.000	0.001	−0.096	8
9	0.000	0.100	0.204	0.316	0.435	0.558	0.665	0.717	0.704	0.653	0.557	0.412	0.221	0.000	0.001	−0.090	9
10	0.000	0.099	0.201	0.310	0.428	0.552	0.667	0.731	0.725	0.678	0.584	0.435	0.235	0.000	0.001	−0.086	10
12	0.000	0.098	0.198	0.302	0.416	0.541	0.665	0.750	0.756	0.720	0.631	0.477	0.261	0.000	0.000	−0.078	12
14	0.000	0.098	0.197	0.299	0.408	0.530	0.659	0.761	0.778	0.753	0.670	0.514	0.284	0.000	0.000	−0.072	14
16	0.000	0.099	0.197	0.297	0.403	0.521	0.651	0.766	0.793	0.779	0.703	0.547	0.306	0.000	0.000	−0.068	16
20	0.000	0.100	0.199	0.297	0.398	0.509	0.636	0.766	0.810	0.816	0.756	0.604	0.344	0.000	0.000	−0.060	20
24	0.000	0.100	0.200	0.298	0.397	0.502	0.624	0.760	0.816	0.839	0.796	0.650	0.378	0.000	0.000	−0.055	24
28	0.000	0.100	0.200	0.299	0.397	0.499	0.614	0.752	0.817	0.853	0.826	0.690	0.409	0.000	0.000	−0.051	28
32	0.000	0.100	0.200	0.300	0.398	0.497	0.608	0.743	0.813	0.861	0.849	0.724	0.436	0.000	0.000	−0.048	32
40	0.000	0.100	0.200	0.300	0.399	0.497	0.600	0.728	0.803	0.867	0.881	0.778	0.485	0.000	0.000	−0.043	40
48	0.000	0.100	0.200	0.300	0.400	0.498	0.598	0.716	0.791	0.865	0.900	0.820	0.527	0.000	0.000	−0.039	48
56	0.000	0.100	0.200	0.300	0.400	0.490	0.597	0.708	0.780	0.859	0.911	0.853	0.564	0.000	0.000	−0.036	56

附表 8-1(7)

荷载情况：三角形荷载 q

支承条件：底固定，顶铰支

符号规定：外壁受拉为正

竖向弯矩 $M_x = k_{Mx} q H^2$

环向弯矩 $M_\theta = \dfrac{1}{6} M_x$

竖 向 弯 矩 系 数 k_{Mx} （0.0H 为池顶，1.0H 为池底）

$\dfrac{H^2}{dh}$	0.0H	0.1H	0.2H	0.3H	0.4H	0.5H	0.6H	0.7H	0.75H	0.8H	0.85H	0.9H	0.95H	1.0H	$\dfrac{H^2}{dh}$
0.2	0.0000	0.0097	0.0185	0.0253	0.0191	0.0289	0.0238	0.0128	0.0047	-0.0052	-0.0172	-0.0313	-0.0476	-0.0663	0.2
0.4	0.0000	0.0095	0.0180	0.0246	0.0283	0.0283	0.0234	0.0126	0.0047	-0.0050	-0.0167	-0.0306	-0.0467	-0.0651	0.4
0.6	0.0000	0.0090	0.0171	0.0235	0.0272	0.0273	0.0227	0.0124	0.0048	-0.0046	-0.0160	-0.0295	-0.0452	-0.0638	0.6
0.8	0.0000	0.0084	0.0161	0.0221	0.0257	0.0259	0.0217	0.0121	0.0049	-0.0041	-0.0151	-0.0281	-0.0434	-0.0610	0.8
1	0.0000	0.0078	0.0149	0.0206	0.0240	0.0214	0.0207	0.0118	0.0050	-0.0036	-0.0140	-0.0265	-0.0413	-0.0584	1
1.5	0.0000	0.0060	0.0116	0.0163	0.0194	0.0203	0.0178	0.0108	0.0052	-0.0020	-0.0111	-0.0222	-0.0355	-0.0511	1.5
2	0.0000	0.0044	0.0086	0.0124	0.0152	0.0164	0.0150	0.0098	0.0054	-0.0006	-0.0084	-0.0181	-0.0300	-0.0442	2
3	0.0000	0.0021	0.0044	0.0067	0.0089	0.0105	0.0107	0.0082	0.0054	0.0013	-0.0044	-0.0119	-0.0216	-0.0336	3
4	0.0000	0.0009	0.0020	0.0035	0.0052	0.0069	0.0079	0.0069	0.0052	0.0024	-0.0020	-0.0081	-0.0163	-0.0268	4
5	0.0000	0.0003	0.0009	0.0018	0.0031	0.0046	0.0060	0.0059	0.0049	0.0028	-0.0006	-0.0057	-0.0128	-0.0222	5
6	0.0000	0.0001	0.0003	0.0008	0.0018	0.0032	0.0046	0.0051	0.0045	0.0030	0.0003	-0.0041	-0.0104	-0.0196	6
7	0.0000	-0.0001	0.0000	0.0004	0.0011	0.0023	0.0036	0.0044	0.0041	0.0030	0.0008	-0.0030	-0.0087	-0.0166	7
8	0.0000	-0.0001	-0.0001	0.0001	0.0006	0.0016	0.0029	0.0038	0.0037	0.0030	0.0011	-0.0022	-0.0074	-0.0148	8
9	0.0000	-0.0001	-0.0001	0.0000	0.0004	0.0011	0.0023	0.0033	0.0034	0.0028	0.0013	-0.0016	-0.0063	-0.0138	9
10	0.0000	-0.0001	-0.0001	-0.0001	0.0002	0.0008	0.0018	0.0029	0.0031	0.0027	0.0015	-0.0011	-0.0055	-0.0121	10
12	0.0000	0.0000	0.0000	-0.0001	0.0000	0.0004	0.0012	0.0022	0.0025	0.0024	0.0016	-0.0005	-0.0043	-0.0103	12
14	0.0000	0.0000	0.0000	-0.0001	-0.0001	0.0002	0.0008	0.0017	0.0021	0.0022	0.0016	-0.0001	-0.0034	-0.0089	14
16	0.0000	0.0000	-0.0001	-0.0001	-0.0001	0.0001	0.0005	0.0013	0.0017	0.0019	0.0015	0.0002	-0.0028	-0.0079	16
20	0.0000	0.0000	0.0000	0.0000	-0.0001	0.0000	0.0002	0.0008	0.0012	0.0015	0.0014	0.0004	-0.0020	-0.0064	20
24	0.0000	0.0000	0.0000	0.0000	0.0000	0.0000	0.0001	0.0005	0.0008	0.0012	0.0012	0.0006	-0.0014	-0.0054	24
28	0.0000	0.0000	0.0000	0.0000	0.0000	0.0000	0.0000	0.0003	0.0006	0.0009	0.0011	0.0006	-0.0010	-0.0047	28
32	0.0000	0.0000	0.0000	0.0000	0.0000	0.0000	0.0000	0.0002	0.0004	0.0007	0.0010	0.0007	-0.0008	-0.0041	32
40	0.0000	0.0000	0.0000	0.0000	0.0000	0.0000	0.0000	0.0001	0.0002	0.0005	0.0007	0.0006	-0.0004	-0.0033	40
48	0.0000	0.0000	0.0000	0.0000	0.0000	0.0000	0.0000	0.0000	0.0001	0.0003	0.0006	0.0006	-0.0002	-0.0028	48
56	0.0000	0.0000	0.0000	0.0000	0.0000	-0.0001	0.0000	0.0000	0.0001	0.0002	0.0004	0.0005	-0.0001	-0.0024	56

附表 8-1(8)

荷载情况:三角形荷载 q
支承条件:底固定,顶铰支
符号规定:环向力受拉为正,剪力向外为正

环向力 $N_x = k_{N\theta}qr$
剪　力 $V_x = k_{vx}qH$

$\dfrac{H^2}{dh}$	环　向　力　系　数　$k_{N\theta}$　(0.0H 为池顶,1.0H 为池底)														剪力系数 k_{vx}		$\dfrac{H^2}{dh}$
	0.0H	0.1H	0.2H	0.3H	0.4H	0.5H	0.6H	0.7H	0.75H	0.8H	0.85H	0.9H	0.95H	1.0H	顶端	底端	
0.2	0.000	0.002	0.003	0.004	0.004	0.004	0.004	0.003	0.002	0.002	0.001	0.001	0.000	0.000	−0.099	−0.398	0.2
0.4	0.000	0.006	0.011	0.015	0.017	0.017	0.015	0.011	0.009	0.006	0.004	0.002	0.001	0.000	−0.096	−0.394	0.4
0.6	0.000	0.013	0.024	0.032	0.037	0.037	0.032	0.024	0.019	0.014	0.009	0.004	0.001	0.000	−0.092	−0.387	0.6
0.8	0.000	0.021	0.040	0.055	0.062	0.062	0.055	0.041	0.032	0.023	0.015	0.007	0.002	0.000	−0.086	−0.377	0.8
1	0.000	0.031	0.059	0.080	0.091	0.092	0.081	0.060	0.048	0.035	0.022	0.011	0.003	0.000	−0.079	−0.367	1
1.5	0.000	0.057	0.109	0.148	0.170	0.172	0.152	0.115	0.092	0.067	0.043	0.021	0.006	0.000	−0.061	−0.337	1.5
2	0.000	0.080	0.153	0.209	0.242	0.247	0.222	0.170	0.136	0.100	0.064	0.032	0.009	0.000	−0.044	−0.309	2
3	0.000	0.109	0.209	0.291	0.345	0.362	0.335	0.264	0.215	0.161	0.105	0.054	0.015	0.000	−0.021	−0.265	3
4	0.000	0.120	0.233	0.330	0.401	0.433	0.415	0.339	0.281	0.213	0.142	0.074	0.022	0.000	−0.009	−0.234	4
5	0.000	0.121	0.237	0.343	0.429	0.478	0.473	0.399	0.337	0.260	0.175	0.093	0.028	0.000	−0.003	−0.213	5
6	0.000	0.117	0.234	0.345	0.441	0.505	0.516	0.450	0.386	0.303	0.207	0.111	0.033	0.000	0.000	−0.196	6
7	0.000	0.113	0.227	0.340	0.445	0.523	0.549	0.494	0.429	0.342	0.237	0.129	0.039	0.000	0.001	−0.184	7
8	0.000	0.109	0.220	0.334	0.444	0.534	0.575	0.531	0.468	0.378	0.266	0.147	0.045	0.000	0.001	−0.173	8
9	0.000	0.105	0.214	0.328	0.441	0.540	0.594	0.563	0.503	0.411	0.293	0.164	0.051	0.000	0.001	−0.164	9
10	0.000	0.103	0.209	0.322	0.437	0.543	0.609	0.590	0.533	0.441	0.319	0.180	0.057	0.000	0.001	−0.156	10
12	0.000	0.100	0.203	0.312	0.428	0.543	0.629	0.634	0.586	0.496	0.366	0.211	0.068	0.000	0.000	−0.144	12
14	0.000	0.099	0.200	0.306	0.420	0.538	0.639	0.667	0.628	0.542	0.409	0.241	0.079	0.000	0.001	−0.134	14
16	0.000	0.099	0.198	0.302	0.413	0.532	0.643	0.691	0.662	0.583	0.448	0.269	0.090	0.000	0.001	−0.126	16
20	0.000	0.099	0.198	0.299	0.404	0.521	0.641	0.721	0.712	0.648	0.515	0.321	0.111	0.000	0.001	−0.114	20
24	0.000	0.100	0.199	0.298	0.400	0.511	0.635	0.736	0.745	0.698	0.572	0.367	0.131	0.000	0.001	−0.104	24
28	0.000	0.100	0.200	0.299	0.398	0.505	0.627	0.742	0.767	0.735	0.620	0.410	0.150	0.000	0.000	−0.097	28
32	0.000	0.100	0.200	0.299	0.398	0.502	0.620	0.743	0.780	0.764	0.661	0.449	0.169	0.000	0.000	−0.091	32
40	0.000	0.100	0.200	0.300	0.399	0.499	0.609	0.738	0.792	0.803	0.726	0.517	0.204	0.000	0.000	−0.082	40
48	0.000	0.100	0.200	0.300	0.400	0.498	0.603	0.729	0.793	0.826	0.773	0.575	0.237	0.000	0.000	−0.075	48
56	0.000	0.100	0.200	0.300	0.400	0.499	0.600	0.721	0.789	0.837	0.809	0.625	0.268	0.000	0.000	−0.070	56

附表 8-1(9)

荷载情况:梯形荷载 $q+p$
支承条件:底铰支,顶自由
符号规定:外壁受拉为正

竖向弯矩 $M_x = k_{Mx}(q+p)H^2$

环向弯矩 $M_\theta = \dfrac{1}{6} M_x$

竖 向 弯 矩 系 数 k_{Mx} (0.0H 为池顶,1.0H 为池底)

$\dfrac{H^2}{dh}$	0.0H	0.1H	0.2H	0.3H	0.4H	0.5H	0.6H	0.7H	0.75H	0.8H	0.85H	0.9H	0.95H	1.0H	$\dfrac{H^2}{dh}$
0.2	0.000 0	0.002 2	0.007 9	0.015 6	0.023 8	0.031 0	0.035 7	0.036 5	0.034 9	0.031 8	0.026 9	0.020 1	0.011 2	0.000 0	0.2
0.4	0.000 0	0.002 2	0.007 7	0.015 1	0.023 1	0.030 2	0.034 9	0.035 7	0.034 2	0.031 2	0.026 5	0.019 8	0.011 1	0.000 0	0.4
0.6	0.000 0	0.002 0	0.007 3	0.014 4	0.022 1	0.029 0	0.033 6	0.034 6	0.033 2	0.030 3	0.025 8	0.019 3	0.010 8	0.000 0	0.6
0.8	0.000 0	0.001 9	0.006 8	0.013 5	0.020 8	0.027 4	0.031 9	0.033 0	0.031 8	0.029 2	0.024 9	0.018 7	0.010 5	0.000 0	0.8
1	0.000 0	0.001 7	0.006 3	0.012 5	0.019 3	0.025 6	0.030 0	0.031 3	0.030 2	0.027 8	0.023 8	0.018 0	0.010 1	0.000 0	1
1.5	0.000 0	0.001 3	0.004 8	0.009 7	0.015 3	0.020 7	0.024 9	0.026 5	0.025 9	0.024 1	0.020 9	0.016 0	0.009 1	0.000 0	1.5
2	0.000 0	0.000 9	0.003 5	0.007 2	0.011 6	0.016 2	0.020 0	0.022 0	0.021 9	0.020 7	0.018 2	0.014 1	0.008 1	0.000 0	2
3	0.000 0	0.000 4	0.001 6	0.003 5	0.006 3	0.009 5	0.012 7	0.015 1	0.015 6	0.015 3	0.013 9	0.011 1	0.006 6	0.000 0	3
4	0.000 0	0.000 1	0.000 6	0.001 6	0.003 2	0.005 6	0.008 8	0.010 8	0.011 8	0.011 8	0.011 1	0.009 1	0.005 6	0.000 0	4
5	0.000 0	0.000 0	0.000 1	0.000 6	0.001 6	0.003 3	0.005 6	0.008 0	0.008 9	0.009 4	0.009 1	0.007 8	0.004 9	0.000 0	5
6	0.000 0	−0.000 1	−0.000 1	0.000 1	0.000 7	0.002 0	0.003 9	0.006 1	0.007 1	0.007 8	0.007 8	0.006 8	0.004 4	0.000 0	6
7	0.000 0	−0.000 1	−0.000 2	−0.000 1	0.000 3	0.001 2	0.002 7	0.004 8	0.005 8	0.006 5	0.006 7	0.006 0	0.004 0	0.000 0	7
8	0.000 0	−0.000 1	−0.000 2	−0.000 2	0.000 0	0.000 7	0.002 0	0.003 8	0.004 3	0.005 6	0.005 9	0.005 4	0.003 6	0.000 0	8
9	0.000 0	0.000 0	−0.000 1	−0.000 2	−0.000 1	0.000 4	0.001 4	0.003 1	0.004 0	0.004 8	0.005 2	0.004 9	0.003 4	0.000 0	9
10	0.000 0	0.000 0	−0.000 1	−0.000 2	−0.000 2	0.000 2	0.001 0	0.002 5	0.003 4	0.004 2	0.004 7	0.004 5	0.003 1	0.000 0	10
12	0.000 0	0.000 0	0.000 0	−0.000 1	−0.000 2	0.000 0	0.000 5	0.001 7	0.002 5	0.003 2	0.003 8	0.003 8	0.002 8	0.000 0	12
14	0.000 0	0.000 0	0.000 0	−0.000 1	−0.000 1	−0.000 1	0.000 2	0.001 2	0.001 8	0.002 6	0.003 2	0.003 3	0.002 5	0.000 0	14
16	0.000 0	0.000 0	0.000 0	0.000 0	−0.000 1	−0.000 1	0.000 1	0.000 8	0.001 4	0.002 1	0.002 7	0.002 9	0.002 3	0.000 0	16
20	0.000 0	0.000 0	0.000 0	0.000 0	0.000 0	−0.000 1	0.000 0	0.000 4	0.000 5	0.001 4	0.002 6	0.002 4	0.001 9	0.000 0	20
24	0.000 0	0.000 0	0.000 0	0.000 0	0.000 0	−0.000 1	−0.000 1	0.000 2	0.000 5	0.001 0	0.001 5	0.001 9	0.001 7	0.000 0	24
28	0.000 0	0.000 0	0.000 0	0.000 0	0.000 0	0.000 0	−0.000 1	0.000 1	0.000 3	0.000 7	0.001 2	0.001 6	0.001 5	0.000 0	28
32	0.000 0	0.000 0	0.000 0	0.000 0	0.000 0	0.000 0	−0.000 1	0.000 0	0.000 2	0.000 5	0.001 0	0.001 4	0.001 4	0.000 0	32
40	0.000 0	0.000 0	0.000 0	0.000 0	0.000 0	0.000 0	0.000 0	0.000 0	0.000 0	0.000 2	0.000 6	0.001 0	0.001 1	0.000 0	40
48	0.000 0	0.000 0	0.000 0	0.000 0	0.000 0	0.000 0	0.000 0	0.000 0	0.000 0	0.000 1	0.000 4	0.000 8	0.001 0	0.000 0	48
66	0.000 0	0.000 0	0.000 0	0.000 0	0.000 0	0.000 0	0.000 0	0.000 0	0.000 0	0.000 1	0.000 3	0.000 6	0.000 8	0.000 0	56

附表 8-1(10)

荷载情况:三角形荷载 q
支承条件:底铰支,顶自由
符号规定:环向力受拉为正,剪力向外为正

环向力 $N_\theta = k_{N\theta}qr$
剪力 $V_x = k_{vx}qH$

$\dfrac{H^2}{dh}$	环向力系数 $k_{N\theta}$(0.0H 为池顶,1.0H 为池底)														剪力系数 k_{vx}		$\dfrac{H^2}{dh}$
	0.0H	0.1H	0.2H	0.3H	0.4H	0.5H	0.6H	0.7H	0.75H	0.8H	0.85H	0.9H	0.95H	1.0H	顶端	底端	
0.2	0.494	0.447	0.399	0.351	0.302	0.253	0.204	0.154	0.128	0.103	0.077	0.052	0.026	0.000	0.000	−0.249	0.2
0.4	0.478	0.437	0.395	0.352	0.308	0.263	0.215	0.165	0.139	0.112	0.084	0.057	0.028	0.000	0.000	−0.246	0.4
0.6	0.453	0.421	0.388	0.354	0.318	0.278	0.233	0.182	0.155	0.126	0.096	0.064	0.032	0.000	0.000	−0.241	0.6
0.8	0.421	0.401	0.380	0.357	0.330	0.297	0.255	0.204	0.175	0.144	0.110	0.075	0.038	0.000	0.000	−0.234	0.8
1	0.385	0.378	0.371	0.360	0.344	0.319	0.281	0.230	0.199	0.165	0.127	0.086	0.044	0.000	0.000	−0.227	1
1.5	0.287	0.317	0.345	0.368	0.381	0.377	0.352	0.301	0.265	0.223	0.174	0.119	0.061	0.000	0.000	−0.206	1.5
2	0.198	0.260	0.320	0.373	0.413	0.431	0.419	0.370	0.330	0.280	0.220	0.153	0.078	0.000	0.000	−0.186	2
3	0.076	0.179	0.280	0.375	0.454	0.506	0.519	0.479	0.435	0.376	0.300	0.210	0.108	0.000	0.000	−0.156	3
4	0.016	0.135	0.254	0.367	0.469	0.545	0.581	0.554	0.512	0.448	0.362	0.256	0.133	0.000	0.000	−0.135	4
5	−0.009	0.113	0.235	0.356	0.469	0.563	0.618	0.607	0.569	0.504	0.413	0.294	0.154	0.000	0.000	−0.121	5
6	−0.017	0.102	0.222	0.344	0.463	0.569	0.640	0.647	0.614	0.551	0.456	0.328	0.173	0.000	0.000	−0.110	6
7	−0.017	0.097	0.213	0.333	0.454	0.568	0.654	0.677	0.650	0.590	0.493	0.359	0.190	0.000	0.000	−0.102	7
8	−0.015	0.095	0.207	0.323	0.445	0.564	0.662	0.700	0.679	0.624	0.527	0.386	0.206	0.000	0.000	−0.096	8
9	−0.011	0.095	0.203	0.316	0.436	0.559	0.666	0.718	0.704	0.653	0.557	0.412	0.221	0.000	0.000	−0.090	9
10	−0.008	0.095	0.200	0.310	0.428	0.553	0.667	0.731	0.725	0.678	0.584	0.435	0.235	0.000	0.000	−0.086	10
12	−0.003	0.097	0.197	0.303	0.416	0.541	0.665	0.750	0.756	0.720	0.631	0.477	0.261	0.000	0.000	−0.078	12
14	0.000	0.098	0.197	0.299	0.408	0.530	0.659	0.761	0.778	0.753	0.670	0.514	0.284	0.000	0.000	−0.072	14
16	0.001	0.099	0.197	0.297	0.403	0.521	0.651	0.766	0.793	0.779	0.703	0.547	0.306	0.000	0.000	−0.068	16
20	0.001	0.100	0.199	0.297	0.398	0.509	0.636	0.766	0.810	0.816	0.756	0.604	0.344	0.000	0.000	−0.061	20
24	0.000	0.100	0.200	0.298	0.397	0.502	0.624	0.760	0.816	0.839	0.796	0.650	0.378	0.000	0.000	−0.055	24
28	0.000	0.100	0.200	0.299	0.397	0.499	0.614	0.752	0.817	0.853	0.826	0.690	0.409	0.000	0.000	−0.051	28
32	0.000	0.100	0.200	0.300	0.398	0.497	0.608	0.743	0.813	0.861	0.849	0.724	0.436	0.000	0.000	−0.048	32
40	0.000	0.100	0.200	0.300	0.399	0.497	0.600	0.728	0.803	0.867	0.881	0.778	0.485	0.000	0.000	−0.043	40
48	0.000	0.100	0.200	0.300	0.400	0.498	0.598	0.716	0.791	0.865	0.900	0.820	0.527	0.000	0.000	−0.039	48
56	0.000	0.100	0.200	0.300	0.400	0.499	0.597	0.708	0.780	0.859	0.911	0.853	0.564	0.000	0.000	−0.036	56

附表 8-1(11)

荷载情况：矩形荷载 p

支承条件：底铰支，顶自由

符号规定：环向力受拉为正，剪力向外为正

环向力 $N_\theta = k_{N\theta} pr$

剪　力 $V_x = k_{vx} pH$

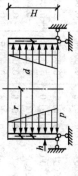

$\dfrac{H^2}{dh}$	环向力系数 $k_{N\theta}$（0.0H 为池顶，1.0H 为池底）														剪力系数 k_{vx}		$\dfrac{H^2}{dh}$
	0.0H	0.1H	0.2H	0.3H	0.4H	0.5H	0.6H	0.7H	0.75H	0.8H	0.85H	0.9H	0.95H	1.0H	顶端	底端	
0.2	1.494	1.347	1.199	1.051	0.902	0.753	0.604	0.454	0.378	0.303	0.227	0.152	0.076	0.000	0.000	−0.249	0.2
0.4	1.478	1.337	1.195	1.052	0.908	0.763	0.615	0.465	0.380	0.312	0.234	0.157	0.078	0.000	0.000	−0.246	0.4
0.6	1.453	1.321	1.188	1.054	0.918	0.778	0.633	0.482	0.405	0.326	0.246	0.164	0.082	0.000	0.000	−0.241	0.6
0.8	1.421	1.301	1.180	1.057	0.930	0.797	0.655	0.504	0.425	0.344	0.260	0.175	0.088	0.000	0.000	−0.234	0.8
1	1.385	1.278	1.171	1.060	0.944	0.819	0.681	0.530	0.449	0.365	0.277	0.186	0.094	0.000	0.000	−0.227	1
1.5	1.287	1.217	1.145	1.068	0.981	0.877	0.752	0.601	0.515	0.423	0.324	0.219	0.111	0.000	0.000	−0.206	1.5
2	1.198	1.160	1.120	1.073	1.013	0.931	0.819	0.670	0.580	0.480	0.370	0.253	0.128	0.000	0.000	−0.186	2
3	1.076	1.079	1.080	1.075	1.054	1.006	0.919	0.779	0.685	0.576	0.450	0.310	0.158	0.000	0.000	−0.156	3
4	1.016	1.035	1.054	1.067	1.069	1.045	0.981	0.854	0.762	0.648	0.512	0.356	0.183	0.000	0.000	−0.135	4
5	0.991	1.013	1.035	1.056	1.069	1.063	1.018	0.907	0.819	0.704	0.563	0.394	0.204	0.000	0.000	−0.121	5
6	0.983	1.002	1.022	1.044	1.063	1.069	1.040	0.947	0.864	0.751	0.606	0.428	0.223	0.000	0.000	−0.110	6
7	0.983	0.997	1.013	1.033	1.054	1.068	1.054	0.977	0.900	0.790	0.643	0.459	0.240	0.000	0.000	−0.102	7
8	0.985	0.995	1.007	1.023	1.045	1.064	1.062	1.000	0.929	0.824	0.677	0.486	0.256	0.000	0.000	−0.096	8
9	0.989	0.995	1.003	1.016	1.036	1.059	1.066	1.018	0.954	0.853	0.707	0.512	0.271	0.000	0.000	−0.090	9
10	0.992	0.995	1.000	1.010	1.028	1.053	1.067	1.031	0.975	0.878	0.734	0.535	0.285	0.000	0.000	−0.086	10
12	0.997	0.997	0.997	1.003	1.016	1.041	1.065	1.050	1.006	0.920	0.781	0.577	0.311	0.000	0.000	−0.078	12
14	1.000	0.998	0.997	0.999	1.008	1.030	1.059	1.061	1.028	0.953	0.820	0.614	0.334	0.000	0.000	−0.072	14
16	1.001	0.999	0.997	0.997	1.003	1.021	1.051	1.066	1.043	0.979	0.853	0.647	0.356	0.000	0.000	−0.068	16
20	1.001	1.000	0.999	0.997	0.998	1.009	1.036	1.066	1.060	1.016	0.906	0.704	0.394	0.000	0.000	−0.061	20
24	1.000	1.000	1.000	0.998	0.997	1.002	1.024	1.060	1.066	1.039	0.946	0.750	0.428	0.000	0.000	−0.055	24
28	1.000	1.000	1.000	0.999	0.997	0.999	1.014	1.052	1.067	1.053	0.976	0.790	0.459	0.000	0.000	−0.051	28
32	1.000	1.000	1.000	1.000	0.998	0.997	1.008	1.043	1.063	1.061	0.999	0.824	0.486	0.000	0.000	−0.048	32
40	1.000	1.000	1.000	1.000	0.999	0.997	1.000	1.028	1.053	1.067	1.031	0.878	0.535	0.000	0.000	−0.043	40
48	1.000	1.000	1.000	1.000	1.000	0.998	0.998	1.016	1.041	1.065	1.050	0.920	0.577	0.000	0.000	−0.039	48
56	1.000	1.000	1.000	1.000	1.000	0.999	0.997	1.008	1.030	1.059	1.061	0.953	0.614	0.000	0.000	−0.036	56

附表 8 - 1(12)

荷载情况：矩形荷载 p

支承条件：底固定，顶自由

符号规定：外壁受拉为正

竖向弯矩 $M_x = k_{Mx} p H^2$

环向弯矩 $M_\theta = \dfrac{1}{6} M_x$

竖 向 弯 矩 系 数 k_{Mx}（0.0H 为池顶，1.0H 为池底）

$\dfrac{H^2}{dh}$	0.0H	0.1H	0.2H	0.3H	0.4H	0.5H	0.6H	0.7H	0.75H	0.8H	0.85H	0.9H	0.95H	1.0H	$\dfrac{H^2}{dh}$
0.2	0.000 0	-0.004 0	-0.016 3	-0.037 1	-0.066 7	-0.105 3	-0.153 1	-0.210 5	-0.242 8	-0.277 6	-0.314 8	-0.354 5	-0.396 7	-0.441 4	0.2
0.4	0.000 0	-0.002 2	-0.009 5	-0.022 4	-0.041 8	-0.068 5	-0.103 0	-0.146 1	-0.171 0	-0.198 3	-0.228 0	-0.260 1	-0.294 6	-0.261 7	0.4
0.6	0.000 0	-0.000 8	-0.004 0	-0.010 6	-0.021 9	-0.038 8	-0.062 5	-0.093 8	-0.112 7	-0.133 8	-0.157 2	-0.183 0	-0.211 3	-0.242 1	0.6
0.8	0.000 0	0.000 1	-0.000 5	-0.003 2	-0.009 1	-0.019 7	-0.036 1	-0.059 6	-0.074 4	-0.091 3	-0.110 6	-0.132 1	-0.156 1	-0.182 6	0.8
1	0.000 0	0.000 6	0.001 5	0.001 3	-0.001 4	-0.007 9	-0.019 7	-0.038 1	-0.050 2	-0.064 4	-0.080 8	-0.099 5	-0.120 7	-0.144 3	1
1.5	0.000 0	0.001 1	0.003 7	0.006 6	0.008 5	0.008 3	0.004 6	-0.004 2	-0.010 8	-0.019 3	-0.029 8	-0.042 4	-0.057 2	-0.074 5	1.5
2	0.000 0	0.001 1	0.003 6	0.006 5	0.008 8	0.009 1	0.006 0	-0.001 9	-0.008 2	-0.016 4	-0.026 6	-0.038 9	-0.053 7	-0.070 9	2
3	0.000 0	0.000 7	0.002 6	0.005 0	0.007 4	0.008 9	0.008 4	0.004 3	0.000 3	-0.005 2	-0.012 6	-0.022 1	-0.033 9	-0.048 2	3
4	0.000 0	0.000 4	0.001 5	0.003 2	0.005 1	0.006 8	0.007 4	0.005 4	0.002 8	-0.001 1	-0.006 8	-0.014 4	-0.024 2	-0.036 5	4
5	0.000 0	0.000 2	0.000 8	0.001 9	0.003 4	0.005 0	0.006 0	0.005 2	0.003 6	0.000 7	-0.003 7	-0.009 9	-0.018 4	-0.029 3	5
6	0.000 0	0.000 1	0.000 4	0.001 0	0.002 1	0.003 6	0.004 8	0.004 8	0.003 8	0.001 7	-0.001 9	-0.007 2	-0.014 6	-0.024 4	6
7	0.000 0	0.000 0	0.000 1	0.000 5	0.001 3	0.002 6	0.003 8	0.004 3	0.003 7	0.002 1	-0.000 7	-0.005 3	-0.011 9	-0.020 9	7
8	0.000 0	0.000 0	0.000 0	0.000 2	0.000 8	0.001 8	0.003 1	0.003 8	0.003 5	0.002 3	0.000 0	-0.004 0	-0.010 0	-0.018 3	8
9	0.000 0	0.000 0	0.000 0	0.000 1	0.000 5	0.001 3	0.002 5	0.003 3	0.003 2	0.002 4	0.000 5	-0.003 0	-0.008 5	-0.016 3	9
10	0.000 0	0.000 0	0.000 0	0.000 1	0.000 3	0.000 9	0.002 0	0.003 0	0.003 0	0.002 4	0.000 8	-0.002 3	-0.007 3	-0.014 6	10
12	0.000 0	0.000 0	0.000 0	0.000 0	0.000 0	0.000 5	0.001 3	0.002 3	0.002 5	0.002 3	0.001 1	-0.001 3	-0.005 6	-0.012 2	12
14	0.000 0	0.000 0	-0.000 1	-0.000 1	-0.000 1	0.000 2	0.000 9	0.001 8	0.002 1	0.002 1	0.001 3	-0.000 7	-0.004 5	-0.010 5	14
16	0.000 0	0.000 0	-0.000 1	-0.000 1	-0.000 1	0.000 1	0.000 6	0.001 4	0.001 8	0.001 9	0.001 4	-0.000 3	-0.003 6	-0.009 1	16
20	0.000 0	0.000 0	0.000 0	0.000 0	0.000 0	0.000 0	0.000 2	0.000 9	0.001 3	0.001 5	0.001 3	0.000 2	-0.002 5	-0.007 3	20
24	0.000 0	0.000 0	0.000 0	0.000 0	0.000 0	-0.000 1	0.000 0	0.000 5	0.000 9	0.001 2	0.001 2	0.000 4	-0.001 8	-0.006 1	24
28	0.000 0	0.000 0	0.000 0	0.000 0	0.000 0	0.000 0	0.000 0	0.000 3	0.000 6	0.001 0	0.001 1	0.000 5	-0.001 3	-0.005 2	28
32	0.000 0	0.000 0	0.000 0	0.000 0	0.000 0	0.000 0	0.000 0	0.000 2	0.000 5	0.000 8	0.001 0	0.000 6	-0.001 0	-0.004 6	32
40	0.000 0	0.000 0	0.000 0	0.000 0	0.000 0	0.000 0	0.000 0	0.000 1	0.000 2	0.000 5	0.000 7	0.000 6	-0.000 6	-0.003 7	40
48	0.000 0	0.000 0	0.000 0	0.000 0	0.000 0	0.000 0	0.000 0	0.000 0	0.000 1	0.000 3	0.000 6	0.000 6	-0.000 3	-0.003 0	48
56	0.000 0	0.000 0	0.000 0	0.000 0	0.000 0	0.000 0	0.000 0	0.000 0	0.000 1	0.000 2	0.000 4	0.000 5	-0.000 2	-0.002 6	56

附表 8 - 1(13)

荷载情况：短形荷载 p

支承条件：底固定，顶自由

符号规定：环向力受拉为正，剪力向外为正

环向力 $N_0 = k_{N0} pr$

剪力 $V_x = k_{vx} pH$

$\frac{H^2}{dh}$	环向力系数 k_{N0}（0.0H为池顶，1.0H为池底）														剪力系数 k_{vx}		$\frac{H^2}{dh}$
	0.0H	0.1H	0.2H	0.3H	0.4H	0.5H	0.6H	0.7H	0.75H	0.8H	0.85H	0.9H	0.95H	1.0H	顶端	底端	
0.2	0.202	0.175	0.149	0.122	0.097	0.072	0.050	0.030	0.022	0.014	0.008	0.004	0.001	0.000	0.000	−0.919	0.2
0.4	0.577	0.502	0.427	0.352	0.279	0.209	0.145	0.088	0.064	0.042	0.025	0.011	0.003	0.000	0.000	−0.766	0.4
0.6	0.875	0.763	0.652	0.541	0.432	0.327	0.228	0.140	0.102	0.068	0.040	0.019	0.005	0.000	0.000	−0.640	0.6
0.8	1.061	0.930	0.799	0.668	0.538	0.412	0.291	0.181	0.132	0.089	0.053	0.025	0.006	0.000	0.000	−0.555	0.8
1	1.167	1.029	0.891	0.752	0.613	0.474	0.339	0.214	0.157	0.107	0.064	0.030	0.008	0.000	0.000	−0.498	1
1.5	1.258	1.131	1.002	0.869	0.730	0.584	0.433	0.283	0.212	0.147	0.089	0.043	0.011	0.000	0.000	−0.416	1.5
2	1.248	1.146	1.042	0.931	0.807	0.668	0.513	0.347	0.264	0.185	0.114	0.055	0.015	0.000	0.000	−0.369	2
3	1.161	1.113	1.061	0.997	0.913	0.798	0.646	0.461	0.360	0.259	0.163	0.081	0.023	0.000	0.000	−0.309	3
4	1.084	1.072	1.057	1.029	0.978	0.889	0.749	0.555	0.442	0.324	0.208	0.106	0.030	0.000	0.000	−0.270	4
5	1.035	1.043	1.047	1.043	1.015	0.949	0.824	0.632	0.512	0.381	0.249	0.128	0.037	0.000	0.000	−0.242	5
6	1.008	1.024	1.038	1.045	1.034	0.987	0.881	0.695	0.571	0.432	0.287	0.150	0.044	0.000	0.000	−0.221	6
7	0.995	1.012	1.029	1.042	1.043	1.012	0.923	0.747	0.623	0.478	0.322	0.171	0.051	0.000	0.000	−0.204	7
8	0.989	1.005	1.021	1.037	1.045	1.027	0.955	0.791	0.668	0.520	0.354	0.190	0.057	0.000	0.000	−0.191	8
9	0.988	1.001	1.015	1.030	1.043	1.037	0.979	0.829	0.708	0.558	0.385	0.209	0.064	0.000	0.000	−0.180	9
10	0.990	0.999	1.010	1.024	1.040	1.041	0.998	0.861	0.744	0.592	0.414	0.228	0.070	0.000	0.000	−0.171	10
12	0.993	0.997	1.003	1.014	1.031	1.043	1.022	0.913	0.804	0.654	0.467	0.262	0.082	0.000	0.000	−0.156	12
14	0.997	0.998	1.000	1.007	1.022	1.040	1.035	0.951	0.853	0.707	0.515	0.295	0.094	0.000	0.000	−0.145	14
16	0.999	0.998	0.998	1.003	1.015	1.034	1.042	0.979	0.892	0.752	0.558	0.325	0.106	0.000	0.000	−0.135	16
20	1.000	0.999	0.998	0.999	1.005	1.022	1.042	1.015	0.949	0.825	0.632	0.382	0.129	0.000	0.000	−0.121	20
24	1.000	1.000	0.999	0.998	1.000	1.013	1.036	1.033	0.986	0.880	0.694	0.432	0.150	0.000	0.000	−0.110	24
28	1.000	1.000	1.000	0.999	0.999	1.006	1.028	1.041	1.011	0.922	0.747	0.478	0.171	0.000	0.000	−0.102	28
32	1.000	1.000	1.000	0.999	0.998	1.002	1.021	1.043	1.026	0.954	0.791	0.520	0.190	0.000	0.000	−0.096	32
40	1.000	1.000	1.000	1.000	0.999	0.999	1.010	1.039	1.041	0.997	0.861	0.592	0.228	0.000	0.000	−0.086	40
48	1.000	1.000	1.000	1.000	0.999	0.998	1.003	1.030	1.043	1.022	0.913	0.654	0.262	0.000	0.000	−0.078	48
56	1.000	1.000	1.000	1.000	1.000	1.000	1.000	1.022	1.040	1.035	0.951	0.707	0.295	0.000	0.000	−0.072	56

附表 8-1(14)

荷载情况：矩形荷载 p

支承条件：两端固定

符号规定：外壁受拉为正

竖向弯矩 $M_x = k_{Mx} p H^2$

环向弯矩 $M_\theta = \dfrac{1}{6} M_x$

竖向弯矩系数 k_{Mx}（0.0H 为池顶，1.0H 为池底）

$\dfrac{H^2}{dh}$	0.0H	0.1H	0.2H	0.3H	0.4H	0.5H	0.6H	0.7H	0.75H	0.8H	0.85H	0.9H	0.95H	1.0H
0.2	-0.083 1	-0.038 2	-0.003 3	0.021 6	0.036 5	0.041 5	0.036 5	0.021 6	0.010 4	-0.003 3	-0.019 5	-0.038 2	-0.059 4	-0.083 1
0.4	-0.082 2	-0.037 7	-0.003 2	0.021 4	0.036 1	0.041 0	0.036 1	0.021 4	0.010 3	-0.003 2	-0.019 2	-0.037 7	-0.058 7	-0.082 2
0.6	-0.080 9	-0.037 0	-0.003 1	0.021 0	0.035 4	0.040 2	0.035 4	0.021 0	0.010 2	-0.003 1	-0.018 8	-0.037 0	-0.057 7	-0.080 9
0.8	-0.079 1	-0.036 1	-0.002 9	0.020 5	0.034 5	0.039 1	0.034 5	0.020 5	0.010 0	-0.002 9	-0.018 3	-0.036 1	-0.056 4	-0.079 1
1	-0.077 0	-0.034 9	-0.002 7	0.019 9	0.033 4	0.037 8	0.033 4	0.019 9	0.009 8	-0.002 7	-0.017 6	-0.034 9	-0.054 7	-0.077 0
1.5	-0.070 4	-0.031 4	-0.002 1	0.018 1	0.030 0	0.033 9	0.030 0	0.018 1	0.009 1	-0.002 1	-0.015 6	-0.031 4	-0.049 7	-0.070 4
2	-0.063 1	-0.027 5	-0.001 4	0.016 2	0.026 2	0.029 5	0.026 2	0.016 2	0.008 4	-0.001 4	-0.013 3	-0.027 5	-0.044 1	-0.063 1
3	-0.049 3	-0.020 1	-0.000 1	0.012 4	0.019 1	0.021 2	0.019 1	0.012 4	0.007 0	-0.000 1	-0.009 1	-0.020 1	-0.033 5	-0.049 3
4	-0.038 6	-0.014 5	0.000 8	0.009 5	0.013 6	0.014 8	0.013 6	0.009 5	0.005 8	0.000 8	-0.005 8	-0.014 5	-0.025 3	-0.038 6
5	-0.030 9	-0.010 4	0.001 5	0.007 4	0.009 8	0.010 4	0.009 8	0.007 4	0.005 0	0.001 5	-0.003 6	-0.010 4	-0.019 5	-0.030 9
6	-0.025 5	-0.007 6	0.001 9	0.005 9	0.007 1	0.007 3	0.007 1	0.005 9	0.004 4	0.001 9	-0.002 0	-0.007 6	-0.015 4	-0.025 5
7	-0.021 5	-0.005 7	0.002 1	0.004 8	0.005 2	0.005 2	0.005 2	0.004 8	0.003 9	0.002 1	-0.001 0	-0.005 7	-0.012 4	-0.021 5
8	-0.018 6	-0.004 2	0.002 2	0.004 0	0.003 9	0.003 7	0.003 9	0.004 0	0.003 5	0.002 2	-0.000 2	-0.004 2	-0.010 3	-0.018 6
9	-0.016 4	-0.003 2	0.002 3	0.003 4	0.003 0	0.002 6	0.003 0	0.003 4	0.003 2	0.002 3	0.000 3	-0.003 2	-0.008 7	-0.016 4
10	-0.014 7	-0.002 4	0.002 3	0.002 9	0.002 3	0.001 9	0.002 3	0.002 9	0.002 9	0.002 3	0.000 7	-0.002 4	-0.007 4	-0.014 7
12	-0.012 2	-0.001 4	0.002 2	0.002 2	0.001 3	0.000 9	0.001 3	0.002 2	0.002 4	0.002 2	0.001 1	-0.001 4	-0.005 6	-0.012 2
14	-0.010 4	-0.000 7	0.002 0	0.001 7	0.000 8	0.000 4	0.000 8	0.001 7	0.002 0	0.002 0	0.001 3	-0.000 7	-0.004 5	-0.010 4
16	-0.009 1	-0.000 3	0.001 9	0.001 3	0.000 5	0.000 1	0.000 5	0.001 3	0.001 7	0.001 9	0.001 3	-0.000 3	-0.003 6	-0.009 1
20	-0.007 3	0.000 2	0.001 5	0.000 8	0.000 2	-0.000 1	0.000 2	0.000 8	0.001 2	0.001 5	0.001 3	0.000 2	-0.002 5	-0.007 3
24	-0.006 1	0.000 4	0.001 2	0.000 5	0.000 0	-0.000 1	0.000 0	0.000 5	0.000 9	0.001 2	0.001 2	0.000 4	-0.001 8	-0.006 1
28	-0.005 2	0.000 5	0.001 0	0.000 3	0.000 0	-0.000 1	0.000 0	0.000 3	0.000 6	0.001 0	0.001 1	0.000 5	-0.001 3	-0.005 2
32	-0.004 6	0.000 6	0.000 8	0.000 2	0.000 0	-0.000 1	0.000 0	0.000 2	0.000 5	0.000 8	0.001 0	0.000 6	-0.001 0	-0.004 6
40	-0.003 7	0.000 6	0.000 5	0.000 1	0.000 0	0.000 0	0.000 0	0.000 1	0.000 2	0.000 5	0.000 7	0.000 6	-0.000 6	-0.003 7
48	-0.003 0	0.000 6	0.000 3	0.000 0	0.000 0	0.000 0	0.000 0	0.000 0	0.000 1	0.000 3	0.000 5	0.000 6	-0.000 4	-0.003 0
56	-0.002 6	0.000 5	0.000 2	0.000 0	0.000 0	0.000 0	0.000 0	0.000 0	0.000 1	0.000 2	0.000 5	0.000 5	-0.000 4	-0.002 6

附表 8-1(15)

荷载情况:矩形荷载 p

支承条件:两端固定

符号规定:环向力受拉为正,剪力向外为正

环向力 $N_\theta = k_{N\theta} pr$

剪　力 $V_x = k_{vx} pH$

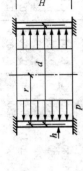

环　向　力　系　数 $k_{N\theta}$ (0.0H 为池顶,1.0H 为池底)；剪力系数 k_{vx}

$\dfrac{H^2}{dh}$	0.0H	0.1H	0.2H	0.3H	0.4H	0.5H	0.6H	0.7H	0.75H	0.8H	0.85H	0.9H	0.95H	1.0H	顶端	底端	$\dfrac{H^2}{dh}$
0.2	0.000	0.001	0.002	0.003	0.004	0.005	0.004	0.003	0.003	0.002	0.001	0.001	0.000	0.0000	−0.499	−0.499	0.2
0.4	0.000	0.002	0.008	0.014	0.018	0.013	0.018	0.014	0.011	0.008	0.005	0.002	0.001	0.0000	−0.495	−0.495	0.4
0.6	0.000	0.005	0.017	0.030	0.039	0.042	0.039	0.030	0.024	0.017	0.011	0.005	0.002	0.0000	−0.489	−0.489	0.6
0.8	0.000	0.010	0.030	0.052	0.068	0.073	0.068	0.052	0.041	0.030	0.019	0.010	0.003	0.0000	−0.480	−0.480	0.8
1	0.000	0.014	0.046	0.079	0.102	0.111	0.102	0.079	0.063	0.046	0.029	0.014	0.004	0.0000	−0.470	−0.470	1
1.5	0.000	0.030	0.093	0.160	0.208	0.225	0.208	0.160	0.128	0.092	0.059	0.030	0.008	0.0000	−0.440	−0.440	1.5
2	0.000	−0.047	0.147	0.251	0.326	0.352	0.326	0.251	0.201	0.147	0.094	0.047	0.013	0.0000	−0.405	−0.405	2
3	0.000	0.081	0.251	0.423	0.545	0.589	0.545	0.423	0.340	0.251	0.161	0.081	0.023	0.0000	−0.341	−0.341	3
4	0.000	0.111	0.336	0.558	0.713	0.767	0.713	0.558	0.452	0.336	0.218	0.111	0.032	0.0000	−0.290	−0.290	4
5	0.000	0.136	0.402	0.657	0.829	0.889	0.829	0.657	0.536	0.402	0.263	0.136	0.039	0.0000	−0.253	−0.253	5
6	0.000	0.157	0.455	0.729	0.908	0.969	0.908	0.729	0.601	0.455	0.301	0.157	0.046	0.0000	−0.227	−0.227	6
7	0.000	0.177	0.499	0.782	0.961	1.020	0.961	0.782	0.651	0.499	0.335	0.177	0.052	0.0000	−0.207	−0.207	7
8	0.000	0.195	0.537	0.824	0.996	1.052	0.996	0.824	0.693	0.537	0.365	0.195	0.058	0.0000	−0.192	−0.192	8
9	0.000	0.213	0.571	0.857	1.020	1.071	1.020	0.857	0.729	0.571	0.392	0.213	0.064	0.0000	−0.180	−0.180	9
10	0.000	0.230	0.602	0.884	1.036	1.081	1.036	0.884	0.760	0.602	0.419	0.230	0.070	0.0000	−0.171	−0.171	10
12	0.000	0.263	0.658	0.926	1.052	1.086	1.052	0.926	0.812	0.658	0.468	0.263	0.082	0.0000	−0.156	−0.156	12
14	0.000	0.294	0.707	0.958	1.057	1.079	1.057	0.958	0.255	0.707	0.514	0.294	0.094	0.0000	−0.144	−0.144	14
16	0.000	0.325	0.751	0.981	1.056	1.068	1.056	0.981	0.892	0.751	0.556	0.325	0.106	0.0000	−0.135	−0.135	16
20	0.000	0.381	0.823	1.013	1.047	1.044	1.047	1.013	0.947	0.823	0.631	0.381	0.128	0.0000	−0.121	−0.121	20
24	0.000	0.432	0.879	1.031	1.036	1.025	1.036	1.031	0.985	0.879	0.694	0.432	0.149	0.0000	−0.110	−0.110	24
28	0.000	0.478	0.922	1.040	1.027	1.012	1.027	1.040	0.100	0.922	0.747	0.478	0.171	0.0000	−0.102	−0.102	28
32	0.000	0.520	0.954	1.042	1.019	1.004	1.019	1.042	0.026	0.954	0.793	0.520	0.193	0.0000	−0.096	−0.096	32
40	0.000	0.593	0.398	1.039	1.008	0.997	1.008	1.039	0.042	0.998	0.863	0.593	0.226	0.0000	−0.086	−0.086	40
48	0.000	0.654	1.022	1.030	1.003	0.996	1.003	1.030	0.043	1.022	0.909	0.654	0.255	0.0000	−0.078	−0.078	48
56	0.000	0.707	1.035	1.022	1.000	0.997	1.000	1.022	0.038	1.035	0.936	0.707	0.298	0.0000	−0.072	−0.072	56

附表 8-1(16)

荷载情况：矩形荷载 p

支承条件：两端铰支

符号规定：外壁受拉为正

竖向弯矩 $M_x = k_{Mx} pH^2$

环向弯矩 $M_\theta = \dfrac{1}{6} M_x$

竖 向 弯 矩 系 数 k_{Mx}（0.0H 为池顶，1.0H 为池底）

$\dfrac{H^2}{dh}$	0.0H	0.1H	0.2H	0.3H	0.4H	0.5H	0.6H	0.7H	0.75H	0.8H	0.85H	0.9H	0.95H	1.0H
0.2	0.0000	0.0442	0.0786	0.1030	0.1177	0.1226	0.1177	0.1030	0.0920	0.0786	0.0626	0.0442	0.0234	0.0000
0.4	0.0000	0.0422	0.0746	0.0976	0.1113	0.1158	0.1113	0.0976	0.0873	0.0746	0.0596	0.0422	0.0223	0.0000
0.6	0.0000	0.0391	0.0688	0.0896	0.1020	0.1060	0.1020	0.0896	0.0803	0.0688	0.0551	0.0391	0.0208	0.0000
0.8	0.0000	0.0356	0.0622	0.0805	0.0912	0.0947	0.0912	0.0805	0.0723	0.0622	0.0500	0.0356	0.0190	0.0000
1	0.0000	0.0321	0.0554	0.0712	0.0803	0.0832	0.0803	0.0712	0.0642	0.0554	0.0448	0.0321	0.0172	0.0000
1.5	0.0000	0.0243	0.0406	0.0508	0.0564	0.0581	0.0564	0.0508	0.0464	0.0406	0.0333	0.0243	0.0133	0.0000
2	0.0000	0.0187	0.0301	0.0364	0.0394	0.0403	0.0394	0.0364	0.0337	0.0301	0.0252	0.0187	0.0104	0.0000
3	0.0000	0.0124	0.0182	0.0202	0.0205	0.0205	0.0205	0.0202	0.0195	0.0182	0.0160	0.0124	0.0073	0.0000
4	0.0000	0.0094	0.0125	0.0126	0.0117	0.0113	0.0117	0.0126	0.0128	0.0125	0.0115	0.0094	0.0057	0.0000
5	0.0000	0.0077	0.0094	0.0085	0.0071	0.0065	0.0071	0.0085	0.0091	0.0094	0.0091	0.0077	0.0048	0.0000
6	0.0000	0.0066	0.0075	0.0061	0.0045	0.0039	0.0045	0.0061	0.0070	0.0075	0.0075	0.0066	0.0043	0.0000
7	0.0000	0.0059	0.0063	0.0046	0.0030	0.0023	0.0030	0.0046	0.0055	0.0063	0.0065	0.0059	0.0039	0.0000
8	0.0000	0.0053	0.0053	0.0036	0.0020	0.0013	0.0020	0.0036	0.0045	0.0053	0.0057	0.0053	0.0036	0.0000
9	0.0000	0.0048	0.0046	0.0028	0.0013	0.0007	0.0013	0.0028	0.0038	0.0046	0.0051	0.0048	0.0033	0.0000
10	0.0000	0.0044	0.0040	0.0023	0.0009	0.0003	0.0009	0.0023	0.0032	0.0040	0.0046	0.0044	0.0031	0.0000
12	0.0000	0.0038	0.0032	0.0015	0.0003	-0.0001	0.0003	0.0015	0.0024	0.0032	0.0038	0.0038	0.0028	0.0000
14	0.0000	0.0033	0.0025	0.0011	0.0001	-0.0002	0.0001	0.0011	0.0018	0.0025	0.0032	0.0033	0.0025	0.0000
16	0.0000	0.0029	0.0021	0.0007	-0.0001	-0.0002	0.0001	0.0007	0.0014	0.0021	0.0027	0.0029	0.0023	0.0000
20	0.0000	0.0024	0.0014	0.0004	-0.0001	-0.0002	-0.0001	0.0004	0.0008	0.0014	0.0020	0.0024	0.0019	0.0000
24	0.0000	0.0019	0.0010	0.0002	-0.0001	-0.0001	0.0000	0.0002	0.0005	0.0010	0.0015	0.0019	0.0017	0.0000
28	0.0000	0.0016	0.0007	0.0001	-0.0001	-0.0001	-0.0001	0.0001	0.0003	0.0007	0.0012	0.0016	0.0015	0.0000
32	0.0000	0.0014	0.0005	0.0000	-0.0001	0.0000	-0.0001	0.0000	0.0000	0.0005	0.0010	0.0014	0.0013	0.0000
40	0.0000	0.0010	0.0003	0.0000	0.0000	0.0000	0.0000	0.0000	0.0000	0.0003	0.0006	0.0010	0.0011	0.0000
48	0.0000	0.0008	0.0001	0.0000	0.0000	0.0000	0.0000	0.0000	0.0000	0.0001	0.0004	0.0008	0.0009	0.0000
56	0.0000	0.0006	0.0001	0.0000	0.0000	0.0000	0.0000	0.0000	0.0000	0.0001	0.0003	0.0006	0.0008	0.0000

附表 8-1(17)

荷载情况：矩形荷载 p
支承条件：两端铰支
符号规定：环向力受拉为正，
　　　　　剪力向外为正

环向力 $N_\theta = k_{N\theta} pR$
剪力 $V_x = k_{vx} pH$

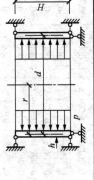

$\dfrac{H^2}{dh}$	环向力系数 $k_{N\theta}$（0.0H 为池顶，1.0H 为池底）														剪力系数 k_{vx}		$\dfrac{H^2}{dh}$
	0.0H	0.1H	0.2H	0.3H	0.4H	0.5H	0.6H	0.7H	0.75H	0.8H	0.85H	0.9H	0.95H	1.0H	顶端	底端	
0.2	0.000	0.007	0.014	0.019	0.023	0.024	0.023	0.019	0.017	0.014	0.011	0.007	0.004	0.000	−0.492	−0.492	0.2
0.4	0.000	0.028	0.054	0.073	0.086	0.090	0.086	0.073	0.064	0.054	0.042	0.025	0.014	0.000	−0.471	−0.471	0.4
0.6	0.000	0.059	0.111	0.152	0.178	0.186	0.178	0.152	0.133	0.111	0.086	0.059	0.030	0.000	−0.440	−0.440	0.6
0.8	0.000	0.094	0.177	0.242	0.283	0.297	0.283	0.242	0.212	0.177	0.137	0.094	0.048	0.000	−0.405	−0.405	0.8
1	0.000	0.130	0.245	0.334	0.391	0.410	0.391	0.334	0.293	0.245	0.190	0.130	0.066	0.000	−0.368	−0.368	1
1.5	0.000	0.209	0.393	0.536	0.625	0.655	0.625	0.536	0.471	0.393	0.306	0.209	0.106	0.000	−0.289	−0.289	1.5
2	0.000	0.267	0.501	0.679	0.790	0.828	0.790	0.679	0.598	0.501	0.390	0.267	0.136	0.000	−0.233	−0.233	2
3	0.000	0.339	0.628	0.841	0.970	1.014	0.970	0.841	0.745	0.628	0.491	0.339	0.173	0.000	−0.169	−0.169	3
4	0.000	0.381	0.696	0.920	1.050	1.092	1.050	0.920	0.820	0.696	0.549	0.381	0.196	0.000	−0.137	−0.137	4
5	0.000	0.413	0.742	0.963	1.086	1.125	1.086	0.963	0.866	0.742	0.590	0.413	0.213	0.000	−0.120	−0.120	5
6	0.000	0.440	0.777	0.990	1.101	1.135	1.101	0.990	0.898	0.777	0.624	0.440	0.229	0.000	−0.109	−0.109	6
7	0.000	0.465	0.807	1.009	1.106	1.134	1.106	1.009	0.924	0.807	0.654	0.465	0.243	0.000	−0.100	−0.100	7
8	0.000	0.489	0.833	1.023	1.105	1.127	1.105	1.023	0.945	0.833	0.682	0.489	0.257	0.000	−0.094	−0.094	8
9	0.000	0.512	0.857	1.033	1.101	1.116	1.101	1.033	0.963	0.857	0.708	0.512	0.271	0.000	−0.089	−0.089	9
10	0.000	0.534	0.879	1.041	1.095	1.105	1.095	1.041	0.979	0.879	0.733	0.534	0.284	0.000	−0.085	−0.085	10
12	0.000	0.575	0.918	1.053	1.081	1.081	1.081	1.053	1.005	0.918	0.778	0.575	0.310	0.000	−0.078	−0.078	12
14	0.000	0.612	0.950	1.060	1.067	1.060	1.067	1.060	1.025	0.950	0.817	0.612	0.333	0.000	−0.072	−0.072	14
16	0.000	0.646	0.976	1.063	1.054	1.042	1.054	1.063	1.040	0.976	0.851	0.646	0.355	0.000	−0.068	−0.068	16
20	0.000	0.703	1.014	1.063	1.034	1.018	1.034	1.063	1.058	1.014	0.905	0.703	0.394	0.000	−0.061	−0.061	20
24	0.000	0.750	1.038	1.058	1.021	1.004	1.021	1.058	1.065	1.038	0.946	0.750	0.428	0.000	−0.055	−0.055	24
28	0.000	0.790	1.053	1.051	1.012	0.997	1.012	1.051	1.066	1.053	0.976	0.790	0.459	0.000	−0.051	−0.051	28
32	0.000	0.823	1.062	1.043	1.006	0.995	1.006	1.043	1.063	1.062	0.999	0.823	0.486	0.000	−0.048	−0.048	32
40	0.000	0.878	1.067	1.028	1.000	0.995	1.000	1.028	1.052	1.067	1.030	0.878	0.537	0.000	−0.043	−0.043	40
48	0.000	0.920	1.065	1.017	0.993	0.997	0.998	1.017	1.040	1.065	1.052	0.920	0.588	0.000	−0.039	−0.039	48
56	0.000	0.973	1.059	1.008	0.997	0.999	0.997	1.007	1.092	1.059	1.066	0.973	0.652	0.000	−0.036	−0.036	56

附表 8-1(18)

荷载情况：矩形荷载 p

支承条件：底固定，顶铰支

符号规定：外壁受拉为正

竖向弯矩 $M_x = k_{Mx} p H^2$

环向弯矩 $M_\theta = \dfrac{1}{6} M_x$

竖 向 弯 矩 系 数 k_{Mx}（0.0H 为池顶，1.0H 为池底）

$\dfrac{H^2}{dh}$	0.0H	0.1H	0.2H	0.3H	0.4H	0.5H	0.6H	0.7H	0.75H	0.8H	0.85H	0.9H	0.95H	1.0H	$\dfrac{H^2}{dh}$
0.2	0.000 0	0.032 3	0.054 6	0.067 0	0.069 4	0.062 0	0.044 7	0.017 4	0.000 0	−0.019 8	−0.042 1	−0.067 0	−0.094 3	−0.124 1	0.2
0.4	0.000 0	0.031 6	0.053 4	0.065 4	0.067 8	0.060 5	0.043 6	0.017 1	0.000 2	−0.019 2	−0.041 1	−0.065 4	−0.092 3	−0.121 6	0.4
0.6	0.000 0	0.030 6	0.051 5	0.062 9	0.065 1	0.058 2	0.042 1	0.016 6	0.000 3	−0.018 3	−0.039 4	−0.063 0	−0.089 1	−0.117 6	0.6
0.8	0.000 0	0.029 2	0.049 0	0.059 7	0.061 8	0.055 2	0.040 0	0.016 0	0.000 6	−0.017 2	−0.037 3	−0.059 9	−0.085 0	−0.112 5	0.8
1	0.000 0	0.027 7	0.046 2	0.056 1	0.057 9	0.051 8	0.037 7	0.015 3	0.000 8	−0.015 9	−0.034 9	−0.056 4	−0.080 2	−0.106 0	1
1.5	0.000 0	0.023 5	0.038 6	0.046 2	0.047 4	0.042 5	0.031 4	0.013 4	0.001 6	−0.012 3	−0.028 3	−0.046 7	−0.067 4	−0.090 6	1.5
2	0.000 0	0.019 6	0.031 4	0.037 0	0.037 6	0.033 8	0.025 4	0.011 5	0.002 2	−0.009 0	−0.022 2	−0.037 6	−0.055 4	−0.075 6	2
3	0.000 0	0.013 9	0.020 8	0.023 3	0.023 1	0.020 9	0.016 5	0.008 7	0.003 1	−0.004 1	−0.013 0	−0.024 1	−0.037 3	−0.053 0	3
4	0.000 0	0.010 4	0.014 4	0.015 1	0.014 4	0.013 1	0.011 0	0.006 9	0.003 5	−0.001 2	−0.007 6	−0.015 8	−0.026 3	−0.039 2	4
5	0.000 0	0.008 3	0.010 6	0.010 2	0.009 2	0.008 4	0.007 6	0.005 6	0.003 6	0.000 4	−0.004 3	−0.010 8	−0.019 5	−0.030 6	5
6	0.000 0	0.006 9	0.008 2	0.007 2	0.006 1	0.005 6	0.005 5	0.004 8	0.003 5	0.001 3	−0.002 3	−0.007 7	−0.015 2	−0.025 0	6
7	0.000 0	0.006 0	0.006 6	0.005 3	0.004 1	0.003 7	0.004 1	0.004 1	0.003 4	0.001 8	−0.001 1	−0.005 6	−0.012 2	−0.021 2	7
8	0.000 0	0.005 3	0.005 5	0.004 0	0.002 8	0.002 5	0.003 1	0.003 6	0.003 2	0.002 1	−0.000 2	−0.004 2	−0.010 1	−0.018 4	8
9	0.000 0	0.004 8	0.004 7	0.003 1	0.001 9	0.001 7	0.002 4	0.003 1	0.003 0	0.002 2	0.000 3	−0.003 1	−0.008 5	−0.016 3	9
10	0.000 0	0.004 4	0.004 1	0.002 4	0.001 3	0.001 1	0.001 8	0.002 7	0.002 8	0.002 3	0.000 7	−0.002 4	−0.007 3	−0.014 6	10
12	0.000 0	0.003 8	0.003 1	0.001 6	0.000 5	0.000 1	0.001 1	0.002 2	0.002 4	0.002 2	0.001 1	−0.001 3	−0.005 6	−0.012 2	12
14	0.000 0	0.003 3	0.002 5	0.001 1	−0.000 1	−0.000 1	0.000 7	0.001 7	0.002 1	0.002 1	0.001 3	−0.000 7	−0.004 4	−0.010 4	14
16	0.000 0	0.002 9	0.002 0	0.000 7	−0.000 1	−0.000 1	0.000 5	0.001 3	0.001 8	0.001 9	0.001 4	−0.000 3	−0.003 6	−0.009 1	16
20	0.000 0	0.002 4	0.001 4	0.000 3	−0.000 1	−0.000 1	0.000 2	0.000 9	0.001 3	0.001 5	0.001 3	0.000 2	−0.002 5	−0.007 3	20
24	0.000 0	0.001 9	0.001 0	0.000 2	−0.000 1	−0.000 1	0.000 0	0.000 5	0.000 9	0.001 2	0.001 2	0.000 4	−0.001 8	−0.006 1	24
28	0.000 0	0.001 6	0.000 7	0.000 1	−0.000 1	0.000 0	0.000 1	0.000 3	0.000 6	0.001 0	0.001 1	0.000 5	−0.001 3	−0.005 2	28
32	0.000 0	0.001 4	0.000 5	0.000 0	−0.000 1	−0.000 1	0.000 1	0.000 1	0.000 5	0.000 8	0.001 0	0.000 6	−0.001 0	−0.004 6	32
40	0.000 0	0.001 0	0.000 3	0.000 0	0.000 0	0.000 0	0.000 0	0.000 0	0.000 2	0.000 5	0.000 7	0.000 6	−0.000 6	−0.003 6	40
48	0.000 0	0.000 8	0.000 1	0.000 0	0.000 0	0.000 0	0.000 0	0.000 0	0.000 1	0.000 3	0.000 6	0.000 6	−0.000 3	−0.003 0	48
56	0.000 0	0.000 6	0.000 1	0.000 0	0.000 0	0.000 0	0.000 0	0.000 0	0.000 1	0.000 2	0.000 5	0.000 5	−0.000 3	−0.002 8	56

附表 8-1(19)

荷载情况：矩形荷载 p
支承条件：底固定，顶铰支
符号规定：环向力受拉为正，
　　　　　剪力向外为正

环向力 $N_\theta = k_{N\theta} pr$
剪　力 $V_x = k_{vx} pH$

环　向　力　系　数　$k_{N\theta}$（0.0H 为池顶，1.0H 为池底）

$\dfrac{H^2}{dh}$	0.0H	0.1H	0.2H	0.3H	0.4H	0.5H	0.6H	0.7H	0.75H	0.8H	0.85H	0.9H	0.95H	1.0H	剪力系数 k_{vx} 顶端	剪力系数 k_{vx} 底端	$\dfrac{H^2}{dh}$
0.2	0.000	0.004	0.007	0.009	0.010	0.010	0.008	0.006	0.005	0.003	0.002	0.001	0.000	0.000	−0.373	−0.622	0.2
0.4	0.000	0.015	0.027	0.035	0.039	0.038	0.032	0.023	0.018	0.013	0.008	0.004	0.001	0.000	−0.366	−0.612	0.4
0.6	0.000	0.032	0.059	0.077	0.085	0.082	0.069	0.050	0.038	0.027	0.017	0.008	0.002	0.000	−0.355	−0.596	0.6
0.8	0.000	0.054	0.099	0.130	0.143	0.138	0.117	0.084	0.065	0.046	0.029	0.014	0.004	0.000	−0.341	−0.576	0.8
1	0.000	0.079	0.146	0.191	0.210	0.203	0.172	0.123	0.096	0.068	0.042	0.021	0.006	0.000	−0.326	−0.552	1
1.5	0.000	0.148	0.272	0.356	0.392	0.379	0.321	0.232	0.180	0.129	0.080	0.039	0.011	0.000	−0.283	−0.498	1.5
2	0.000	0.213	0.390	0.510	0.561	0.543	0.462	0.335	0.262	0.188	0.118	0.058	0.016	0.000	−0.243	−0.429	2
3	0.000	0.311	0.566	0.736	0.809	0.785	0.675	0.496	0.391	0.283	0.179	0.089	0.025	0.000	−0.183	−0.339	3
4	0.000	0.374	0.674	0.869	0.951	0.927	0.806	0.603	0.481	0.352	0.226	0.114	0.032	0.000	−0.147	−0.282	4
5	0.000	0.416	0.741	0.945	1.030	1.008	0.887	0.678	0.547	0.406	0.264	0.135	0.039	0.000	−0.125	−0.246	5
6	0.000	0.447	0.786	0.990	1.073	1.053	0.939	0.733	0.599	0.451	0.298	0.155	0.045	0.000	−0.111	−0.222	6
7	0.000	0.473	0.820	1.018	1.096	1.078	0.974	0.777	0.644	0.491	0.329	0.174	0.051	0.000	−0.102	−0.204	7
8	0.000	0.497	0.846	1.036	1.105	1.090	0.998	0.814	0.682	0.528	0.359	0.192	0.058	0.000	−0.095	−0.190	8
9	0.000	0.518	0.869	1.048	1.108	1.094	1.014	0.845	0.717	0.562	0.387	0.210	0.064	0.000	−0.089	−0.179	9
10	0.000	0.539	0.889	1.055	1.106	1.093	1.026	0.871	0.749	0.594	0.414	0.227	0.070	0.000	−0.085	−0.170	10
12	0.000	0.577	0.924	1.064	1.095	1.084	1.039	0.916	0.804	0.653	0.466	0.261	0.082	0.000	−0.078	−0.156	12
14	0.000	0.613	0.953	1.067	1.080	1.070	1.044	0.950	0.850	0.704	0.513	0.294	0.094	0.000	−0.072	−0.144	14
16	0.000	0.646	0.977	1.068	1.066	1.055	1.045	0.976	0.889	0.750	0.556	0.325	0.106	0.000	−0.068	−0.135	16
20	0.000	0.703	1.014	1.065	1.041	1.031	1.040	1.012	0.947	0.824	0.631	0.381	0.128	0.000	−0.061	−0.121	20
24	0.000	0.750	1.038	1.058	1.024	1.015	1.033	1.031	0.985	0.880	0.694	0.432	0.150	0.000	−0.055	−0.110	24
28	0.000	0.790	1.053	1.051	1.013	1.005	1.026	1.040	1.011	0.922	0.747	0.478	0.170	0.000	−0.051	−0.102	28
32	0.000	0.824	1.061	1.043	1.006	0.999	1.019	1.043	1.026	0.954	0.791	0.520	0.190	0.000	−0.048	−0.096	32
40	0.000	0.878	1.067	1.028	0.999	0.996	1.009	1.041	1.041	0.998	0.862	0.594	0.230	0.000	−0.043	−0.085	40
48	0.000	0.920	1.065	1.016	0.997	0.997	1.003	1.039	1.043	1.023	0.916	0.660	0.268	0.000	−0.039	−0.076	48
56	0.000	0.953	1.059	1.009	0.997	0.998	1.000	1.023	1.041	1.034	0.942	0.703	0.285	0.000	−0.039	−0.073	56

附表 8-1(20)

荷载情况:底端力矩 M_0

支承条件:两端自由

符号规定:外壁受拉为正

竖向弯矩 $M_x = k_{Mx} M_0$

环向弯矩 $M_\theta = \dfrac{1}{6} M_x$

竖 向 弯 矩 系 数 k_{Mx}(0.0H为池顶,1.0H为池底)

$\dfrac{H^2}{dh}$	0.0H	0.1H	0.2H	0.3H	0.4H	0.5H	0.6H	0.7H	0.75H	0.8H	0.85H	0.9H	0.95H	1.0H	$\dfrac{H^2}{dh}$
0.2	0.0000	0.0278	0.1032	0.2145	0.3499	0.4976	0.6456	0.7821	0.8422	0.8948	0.9385	0.9716	0.9926	1.0000	0.2
0.4	0.0000	0.0270	0.1007	0.2100	0.3437	0.4904	0.6387	0.7765	0.8376	0.8914	0.9363	0.9705	0.9923	1.0000	0.4
0.6	0.0000	0.0258	0.0967	0.2027	0.3336	0.4788	0.6274	0.7674	0.8302	0.8859	0.9327	0.9687	0.9918	1.0000	0.6
0.8	0.0000	0.0243	0.0915	0.1930	0.3201	0.4633	0.6123	0.7552	0.8202	0.8784	0.9278	0.9662	0.9911	1.0000	0.8
1	0.0000	0.0224	0.0851	0.1813	0.3038	0.4445	0.5938	0.7402	0.8079	0.8692	0.9218	0.9631	0.9902	1.0000	1
1.5	0.0000	0.0168	0.0609	0.1462	0.2546	0.3873	0.5374	0.6940	0.7699	0.8407	0.9031	0.9535	0.9875	1.0000	1.5
2	0.0000	0.0108	0.0457	0.1082	0.2008	0.3237	0.4737	0.6411	0.7259	0.8074	0.8811	0.9421	0.9841	1.0000	2
3	0.0000	0.0009	0.0111	0.0419	0.1038	0.2055	0.3509	0.5352	0.6364	0.7383	0.8348	0.9177	0.9770	1.0000	3
4	0.0000	−0.0048	−0.0101	−0.0015	0.0358	0.1163	0.2515	0.4435	0.5563	0.6746	0.7907	0.8939	0.9698	1.0000	4
5	0.0000	−0.0071	−0.0198	−0.0246	−0.0055	0.0555	0.1764	0.3678	0.4787	0.6180	0.7502	0.8713	0.9628	1.0000	5
6	0.0000	−0.0072	−0.0221	−0.0340	−0.0281	0.0155	0.1202	0.3053	0.4286	0.5674	0.7128	0.8499	0.9560	1.0000	6
7	0.0000	−0.0061	−0.0205	−0.0355	−0.0387	−0.0101	0.0779	0.2530	0.3771	0.5218	0.6781	0.8294	0.9494	1.0000	7
8	0.0000	−0.0047	−0.0171	−0.0328	−0.0421	−0.0261	0.0457	0.2081	0.3318	0.4803	0.6456	0.8097	0.9428	1.0000	8
9	0.0000	−0.0033	−0.0132	−0.0282	−0.0415	−0.0356	0.0212	0.1711	0.2917	0.4423	0.6150	0.7907	0.9364	1.0000	9
10	0.0000	−0.0020	−0.0095	−0.0231	−0.0386	−0.0407	0.0025	0.1389	0.2560	0.4075	0.5861	0.7724	0.9300	1.0000	10
12	0.0000	−0.0003	−0.0036	−0.0138	−0.0300	−0.0430	−0.0221	0.0874	0.1957	0.3459	0.5331	0.7377	0.9177	1.0000	12
14	0.0000	0.0005	−0.0005	−0.0070	−0.0217	−0.0397	−0.0354	0.0494	0.1474	0.2932	0.4854	0.7051	0.9056	1.0000	14
16	0.0000	0.0008	0.0011	−0.0027	−0.0146	−0.0341	−0.0415	0.0212	0.1084	0.2480	0.4424	0.6745	0.8944	1.0000	16
20	0.0000	0.0005	0.0016	0.0012	−0.0051	−0.0222	−0.0422	−0.0146	0.0512	0.1751	0.3678	0.6183	0.8715	1.0000	20
24	0.0000	0.0002	0.0010	0.0019	−0.0004	−0.0126	−0.0361	−0.0329	0.0136	0.1200	0.3056	0.5678	0.8500	1.0000	24
28	0.0000	0.0000	0.0004	0.0015	0.0014	−0.0061	−0.0283	−0.0411	−0.0109	0.0779	0.2533	0.5220	0.8294	1.0000	28
32	0.0000	0.0000	0.0001	0.0009	0.0019	−0.0020	−0.0209	−0.0432	−0.0264	0.0458	0.2090	0.4804	0.8097	1.0000	32
40	0.0000	0.0000	−0.0001	0.0002	0.0013	0.0014	−0.0097	−0.0387	−0.0408	0.0025	0.1389	0.4075	0.7724	1.0000	40
48	0.0000	0.0000	−0.0001	−0.0001	0.0005	0.0018	−0.0031	−0.0302	−0.0431	−0.0222	0.0874	0.3458	0.7377	1.0000	48
56	0.0000	0.0000	0.0000	−0.0001	0.0001	0.0014	0.0002	−0.0218	−0.0397	−0.0355	0.0494	0.2932	0.7051	1.0000	56

附表 8-1(21)

荷载情况：底端力矩 M_0

支承条件：两端自由

符号规定：环向力受拉为正，剪力向外为正

环向力 $N_\theta = k_{N\theta} \dfrac{M_0}{h}$

剪力 $V_x = k_{vx} \dfrac{M_0}{H}$

$\dfrac{H^2}{dh}$	环向力系数 $k_{N\theta}$（0.0H 为池顶，1.0H 为池底）														剪力系数 k_{vx}		$\dfrac{H^2}{dh}$
	0.0H	0.1H	0.2H	0.3H	0.4H	0.5H	0.6H	0.7H	0.75H	0.8H	0.85H	0.9H	0.95H	1.0H	顶端	底端	
0.2	14.856	11.915	8.974	6.027	3.070	0.097	−2.900	−5.926	−7.453	−8.989	−10.536	−12.093	−13.663	−15.243	0.000	0.000	0.2
0.4	7.216	5.834	4.448	3.053	1.638	0.191	−1.301	−2.854	−3.656	−4.478	−5.321	−6.186	−7.073	−7.984	0.000	0.000	0.4
0.6	4.583	3.755	2.923	2.077	1.203	0.281	−0.707	−1.783	−2.361	−2.967	−3.604	−4.274	−4.978	−5.716	0.000	0.000	0.6
0.8	3.210	2.682	2.150	1.599	1.012	0.365	−0.368	−1.216	−1.691	−2.204	−2.759	−3.356	−3.999	−4.687	0.000	0.000	0.8
1	2.350	2.016	1.677	1.318	0.915	0.441	−0.136	−0.852	−1.273	−1.741	−2.259	−2.831	−3.460	−4.146	0.000	0.000	1
1.5	1.135	1.085	1.028	0.948	0.815	0.593	0.234	−0.313	−0.674	−0.102	−1.604	−2.185	−2.849	−3.599	0.000	0.000	1.5
2	0.510	0.603	0.691	0.756	0.769	0.687	0.454	−0.002	−0.337	−0.756	−1.270	−1.887	−2.613	−3.453	0.000	0.000	2
3	−0.033	0.156	0.343	0.522	0.669	0.741	0.667	0.345	0.052	−0.352	−0.886	−1.566	−2.405	−3.416	0.000	0.000	3
4	−0.179	−0.006	0.172	0.359	0.544	0.693	0.728	0.525	0.280	−0.096	−0.628	−1.345	−2.270	−3.420	0.000	0.000	4
5	−0.184	−0.057	0.078	0.235	0.419	0.605	0.721	0.624	0.429	0.092	−0.426	−1.162	−2.151	−3.421	0.000	0.000	5
6	−0.145	−0.066	0.024	0.144	0.310	0.512	0.684	0.678	0.532	0.236	−0.258	−1.004	−2.045	−3.419	0.000	0.000	6
7	−0.101	−0.060	−0.007	0.079	0.222	0.423	0.633	0.704	0.603	0.348	−0.120	−0.866	−1.949	−3.417	0.000	0.000	7
8	−0.064	−0.049	−0.023	0.034	0.152	0.345	0.578	0.711	0.652	0.437	−0.003	−0.744	−1.862	−3.416	0.000	0.000	8
9	−0.036	−0.037	−0.031	0.005	0.099	0.277	0.521	0.705	0.683	0.507	−0.097	−0.635	−1.781	−3.416	0.000	0.000	9
10	−0.017	−0.028	−0.032	−0.014	0.059	0.220	0.466	0.689	0.701	0.562	−0.183	−0.537	−1.707	−3.416	0.000	0.000	10
12	0.003	−0.013	−0.028	−0.030	0.008	0.130	0.365	0.642	0.709	0.638	0.322	−0.368	−1.574	−3.419	0.000	0.000	13
14	0.008	−0.005	−0.020	−0.031	−0.017	0.069	0.279	0.583	0.694	0.682	0.427	−0.227	−1.455	−3.417	0.000	0.000	14
16	0.008	−0.001	−0.012	−0.027	−0.028	0.027	0.207	0.521	0.665	0.704	0.507	−0.106	−1.348	−3.416	0.000	0.000	16
20	0.003	0.001	−0.003	−0.014	−0.029	−0.016	0.103	0.402	0.586	0.706	0.614	0.087	−1.162	−3.416	0.000	0.000	20
24	0.001	0.001	0.001	−0.006	−0.021	−0.029	0.039	0.299	0.500	0.675	0.673	0.234	−1.003	−3.416	0.000	0.000	24
28	0.000	0.001	0.001	−0.001	−0.013	−0.030	0.001	0.215	0.417	0.629	0.702	0.348	−0.865	−3.416	0.000	0.000	28
32	0.000	0.000	0.001	0.001	−0.007	−0.025	−0.019	0.149	0.342	0.576	0.710	0.437	−0.744	−3.416	0.000	0.000	32
40	0.000	0.000	0.000	0.001	0.000	−0.013	−0.031	0.059	0.219	0.466	0.689	0.562	−0.537	−3.416	0.000	0.000	40
48	0.000	0.000	0.000	0.001	0.001	−0.005	−0.027	0.009	0.139	0.365	0.642	0.638	−0.368	−3.416	0.000	0.000	48
56	0.000	0.000	0.000	0.001	0.001	−0.001	−0.019	−0.017	0.061	0.279	0.583	0.682	−0.227	−3.416	0.000	0.000	56

附表 8-1(22)

荷载情况:底端水平力 H_0

支承条件:两端自由

符号规定:外壁受拉为正

竖向弯矩 $M_x = k_{Mx} H_0 H$

环向弯矩 $M_\theta = \dfrac{1}{6} M_x$

竖 向 弯 矩 系 数 k_{Mx} （0.0H 为池顶，1.0H 为池底）

$\dfrac{H^2}{dh}$	0.0H	0.1H	0.2H	0.3H	0.4H	0.5H	0.6H	0.7H	0.75H	0.8H	0.85H	0.9H	0.95H	1.0H
0.2	0.000 0	-0.008 9	-0.031 8	-0.062 7	-0.095 5	-0.124 5	-0.143 5	-0.146 6	-0.140 3	-0.127 8	-0.108 2	-0.080 9	-0.045 1	0.000 0
0.4	0.000 0	-0.008 8	-0.031 3	-0.061 6	-0.094 2	-0.122 9	-0.142 0	-0.145 5	-0.139 4	-0.127 1	-0.107 8	-0.080 7	-0.045 0	0.000 0
0.6	0.000 0	-0.008 5	-0.030 4	-0.060 0	-0.091 9	-0.120 4	-0.139 6	-0.143 6	-0.137 9	-0.126 0	-0.107 1	-0.080 4	-0.044 9	0.000 0
0.8	0.000 0	-0.008 1	-0.029 1	-0.057 8	-0.088 9	-0.117 1	-0.136 4	-0.141 1	-0.135 9	-0.124 5	-0.106 2	-0.079 9	-0.044 8	0.000 0
1	0.000 0	-0.007 7	-0.027 7	-0.055 2	-0.085 3	-0.113 0	-0.132 5	-0.138 0	-0.133 4	-0.122 7	-0.105 0	-0.079 3	-0.044 7	0.000 0
1.5	0.000 0	-0.006 4	-0.023 3	-0.047 2	-0.074 4	-0.100 5	-0.120 6	-0.128 6	-0.125 8	-0.117 1	-0.101 4	-0.077 5	-0.044 2	0.000 0
2	0.000 0	-0.005 0	-0.018 5	-0.038 5	-0.062 3	-0.086 7	-0.107 3	-0.118 0	-0.117 2	-0.110 7	-0.097 3	-0.075 5	-0.043 6	0.000 0
3	0.000 0	-0.002 5	-0.010 0	-0.022 7	-0.040 1	-0.060 8	-0.081 7	-0.097 1	-0.100 1	-0.098 0	-0.089 1	-0.071 3	-0.042 4	0.000 0
4	0.000 0	-0.000 8	-0.004 3	-0.011 6	-0.023 9	-0.041 1	-0.061 3	-0.079 8	-0.085 6	-0.087 0	-0.081 8	-0.067 5	-0.041 3	0.000 0
5	0.000 0	0.000 1	-0.000 9	-0.004 8	-0.013 2	-0.027 3	-0.046 2	-0.066 2	-0.073 9	-0.077 8	-0.075 6	-0.064 3	-0.040 4	0.000 0
6	0.000 0	0.000 5	0.000 8	-0.000 9	-0.006 6	-0.017 9	-0.031 5	-0.055 5	-0.064 4	-0.070 2	-0.070 3	-0.061 4	-0.036 5	0.000 0
7	0.000 0	0.000 6	0.001 5	0.001 1	-0.002 6	-0.011 5	-0.026 8	-0.046 8	-0.056 6	-0.063 7	-0.065 7	-0.058 9	-0.038 8	0.000 0
8	0.000 0	0.000 6	0.001 7	0.002 0	-0.000 2	-0.007 1	-0.020 5	-0.039 8	-0.050 0	-0.058 2	-0.061 7	-0.056 6	-0.038 1	0.000 0
9	0.000 0	0.000 5	0.001 6	0.002 2	0.001 1	-0.004 1	-0.015 6	-0.034 0	-0.044 3	-0.053 3	-0.058 0	-0.054 5	-0.037 4	0.000 0
10	0.000 0	0.000 4	0.001 3	0.002 2	0.001 8	-0.002 0	-0.011 9	-0.029 1	-0.039 4	-0.048 9	-0.054 7	-0.052 6	-0.036 8	0.000 0
12	0.000 0	0.000 2	0.000 8	0.001 7	0.002 1	0.000 4	-0.006 6	-0.021 5	-0.031 5	-0.041 6	-0.049 0	-0.049 2	-0.035 7	0.000 0
14	0.000 0	0.000 1	0.000 4	0.001 1	0.001 9	0.001 4	-0.003 3	-0.015 9	-0.025 3	-0.035 6	-0.044 1	-0.046 2	-0.034 7	0.000 0
16	0.000 0	0.000 0	0.000 2	0.000 7	0.001 5	0.001 8	-0.001 3	-0.011 7	-0.020 5	-0.030 7	-0.040 0	-0.043 5	-0.033 8	0.000 0
20	0.000 0	0.000 0	0.000 0	0.000 2	0.000 8	0.001 6	0.000 7	-0.006 2	-0.013 5	-0.023 1	-0.033 1	-0.038 9	-0.032 1	0.000 0
24	0.000 0	0.000 0	-0.000 1	0.000 0	0.000 4	0.001 2	0.001 4	-0.003 0	-0.008 8	-0.017 5	-0.027 8	-0.035 1	-0.030 7	0.000 0
28	0.000 0	0.000 0	0.000 0	-0.000 1	0.000 1	0.000 8	0.001 4	-0.001 1	-0.006 0	-0.013 4	-0.023 5	-0.031 9	-0.029 5	0.000 0
32	0.000 0	0.000 0	0.000 0	-0.000 1	0.000 0	0.000 4	0.001 3	-0.000 0	-0.003 5	-0.010 3	-0.019 9	-0.029 1	-0.028 3	0.000 0
40	0.000 0	0.000 0	0.000 0	0.000 0	-0.000 1	0.000 1	0.000 8	0.000 9	-0.001 0	-0.005 9	-0.014 6	-0.024 5	-0.026 3	0.000 0
48	0.000 0	0.000 0	0.000 0	0.000 0	0.000 0	0.000 0	0.000 4	0.001 1	0.000 2	-0.003 3	-0.010 7	-0.020 8	-0.024 6	0.000 0
56	0.000 0	0.000 0	0.000 0	0.000 0	0.000 0	0.000 0	0.000 2	0.001 0	0.000 7	-0.001 7	-0.008 0	-0.017 8	-0.023 1	0.000 0

附表 8-1(23)

荷载情况：底端水平力 H_0

支承条件：两端自由

符号规定：环向力受拉为正，剪力向外为正

环向力 $N_\theta = k_{N\theta} \dfrac{H}{h} H_0$

剪　力 $V_x = k_{vx} H_0$

$\frac{H^2}{dh}$	环向力系数 $k_{N\theta}$ (0.0H为池顶,1.0H为池底)														剪力系数 k_{vx}		$\frac{H^2}{dh}$
	0.0H	0.1H	0.2H	0.3H	0.4H	0.5H	0.6H	0.7H	0.75H	0.8H	0.85H	0.9H	0.95H	1.0H	顶端	底端	
0.2	−4.967	−3.481	−1.995	−0.507	0.983	2.478	3.979	5.486	6.243	7.001	7.760	8.521	9.282	10.044	0.000	1.000	0.2
0.4	−2.434	−1.713	−0.990	−0.265	0.467	1.207	1.958	2.723	3.110	3.501	3.895	4.291	4.689	5.088	0.000	1.000	0.4
0.6	−1.570	−1.112	−0.652	−0.188	0.285	0.770	1.272	1.793	2.062	2.335	2.612	2.893	3.177	3.463	0.000	1.000	0.6
0.8	−1.125	−0.804	−0.481	−0.152	0.187	0.543	0.920	1.323	1.534	1.752	1.975	2.203	2.435	2.669	0.000	1.000	0.8
1	−0.849	−0.614	−0.377	−0.133	0.124	0.400	0.703	1.036	1.215	1.402	1.595	1.795	1.999	2.206	0.000	1.000	1
1.5	−0.464	−0.351	−0.234	−0.110	0.031	0.199	0.401	0.645	0.784	0.934	1.094	1.262	1.438	1.617	0.000	1.000	1.5
2	−0.266	−0.215	−0.161	−0.098	−0.017	0.093	0.243	0.443	0.563	0.697	0.844	1.002	1.169	1.341	0.000	1.000	2
3	−0.082	−0.085	−0.086	−0.080	−0.057	−0.007	0.087	0.237	0.337	0.454	0.589	0.739	0.901	1.070	0.000	1.000	3
4	−0.015	−0.033	−0.049	−0.062	−0.063	−0.042	0.018	0.135	0.221	0.326	0.451	0.596	0.756	0.925	0.000	1.000	4
5	0.008	−0.011	−0.029	−0.046	−0.057	−0.052	−0.015	0.077	0.150	0.245	0.362	0.501	0.658	0.827	0.000	1.000	5
6	0.013	−0.002	−0.017	−0.033	−0.047	−0.052	−0.030	0.040	0.103	0.188	0.298	0.432	0.587	0.755	0.000	1.000	6
7	0.012	0.002	−0.009	−0.023	−0.038	−0.048	−0.038	0.016	0.070	0.147	0.249	0.378	0.531	0.699	0.000	1.000	7
8	0.010	0.003	−0.005	−0.015	−0.029	−0.042	−0.040	0.000	0.046	0.115	0.211	0.336	0.486	0.654	0.000	1.000	8
9	0.007	0.003	−0.002	−0.010	−0.022	−0.036	−0.041	−0.011	0.028	0.091	0.181	0.301	0.449	0.616	0.000	1.000	9
10	0.005	0.003	0.000	−0.006	−0.017	−0.031	−0.039	−0.018	0.015	0.071	0.156	0.272	0.418	0.584	0.000	1.000	10
12	0.002	0.002	0.001	−0.001	−0.009	−0.022	−0.034	−0.027	−0.003	0.042	0.117	0.226	0.368	0.534	0.000	1.000	12
14	0.000	0.001	0.001	0.001	−0.004	−0.015	−0.029	−0.030	−0.014	0.023	0.089	0.191	0.329	0.494	0.000	1.000	24
16	0.000	0.001	0.001	0.001	0.001	−0.010	−0.024	−0.030	−0.020	0.010	0.068	0.163	0.298	0.462	0.000	1.000	16
20	0.000	0.000	0.000	0.001	0.001	−0.004	−0.015	−0.027	−0.025	−0.006	0.039	0.123	0.250	0.413	0.000	1.000	20
24	0.000	0.000	0.000	0.001	0.001	−0.001	−0.009	−0.023	−0.025	−0.015	0.020	0.094	0.216	0.377	0.000	1.000	24
28	0.000	0.000	0.000	0.000	0.001	0.000	−0.005	−0.018	−0.023	−0.019	0.008	0.073	0.189	0.349	0.000	1.000	28
32	0.000	0.000	0.000	0.000	0.001	0.001	−0.003	−0.014	−0.021	−0.020	0.000	0.058	0.168	0.327	0.000	1.000	32
40	0.000	0.000	0.000	0.000	0.000	0.001	0.000	−0.008	−0.015	−0.020	−0.009	0.036	0.136	0.292	0.000	1.000	40
48	0.000	0.000	0.000	0.000	0.000	0.000	0.001	−0.004	−0.011	−0.017	−0.013	0.021	0.113	0.267	0.000	1.000	48
56	0.000	0.000	0.000	0.000	0.000	0.000	0.001	−0.002	−0.017	−0.014	−0.015	0.012	0.095	0.247	0.000	1.000	56

附表 8 - 1(24)

荷载情况:底端力矩 M_0

支承条件:底铰支,顶自由

符号规定:外壁受拉为正

竖向弯矩 $M_x = k_{Mx} M_0$

环向弯矩 $M_\theta = \dfrac{1}{6} M_x$

竖 向 弯 矩 系 数 k_{Mx}　(0.0H 为池顶,1.0H 为池底)

$\dfrac{H^2}{dh}$	0.0H	0.1H	0.2H	0.3H	0.4H	0.5H	0.6H	0.7H	0.75H	0.8H	0.85H	0.9H	0.95H	1.0H	$\dfrac{H^2}{dh}$
0.2	0.000	0.014	0.055	0.119	0.205	0.309	0.428	0.560	0.629	0.701	0.774	0.849	0.924	1.000	0.2
0.4	0.000	0.013	0.052	0.113	0.196	0.298	0.416	0.548	0.619	0.692	0.767	0.844	0.922	1.000	0.4
0.6	0.000	0.012	0.047	0.104	0.182	0.280	0.397	0.530	0.603	0.678	0.756	0.836	0.918	1.000	0.6
0.8	0.000	0.010	0.040	0.091	0.164	0.258	0.373	0.507	0.582	0.660	0.741	0.826	0.912	1.000	0.8
1	0.000	0.008	0.033	0.078	0.143	0.232	0.345	0.481	0.557	0.639	0.725	0.814	0.906	1.000	1
1.5	0.000	0.003	0.014	0.041	0.089	0.163	0.269	0.408	0.490	0.580	0.677	0.781	0.889	1.000	1.5
2	0.000	−0.002	−0.002	0.009	0.040	0.100	0.197	0.337	0.424	0.522	0.630	0.748	0.872	1.000	2
3	0.000	−0.007	−0.021	−0.031	0.024	0.011	0.090	0.225	0.317	0.426	0.550	0.690	0.842	1.000	3
4	0.000	−0.008	−0.026	−0.045	−0.053	−0.036	0.025	0.148	0.240	0.353	0.488	0.644	0.817	1.000	4
5	0.000	−0.007	−0.024	−0.044	−0.060	−0.057	−0.015	0.094	0.182	0.296	0.438	0.606	0.796	1.000	5
6	0.000	−0.005	−0.019	−0.038	−0.058	−0.065	−0.039	0.054	0.137	0.249	0.394	0.572	0.777	1.000	6
7	0.000	−0.003	−0.013	−0.030	−0.051	−0.066	−0.053	0.024	0.101	0.210	0.357	0.541	0.760	1.000	7
8	0.000	0.002	−0.008	−0.023	−0.043	−0.063	−0.061	0.001	0.071	0.176	0.323	0.514	0.744	1.000	8
9	0.000	0.000	−0.005	−0.016	−0.035	−0.058	−0.065	−0.017	0.046	0.147	0.293	0.488	0.729	1.000	9
10	0.000	0.000	−0.002	−0.010	−0.028	−0.052	−0.067	−0.031	0.025	0.122	0.266	0.465	0.715	1.000	10
12	0.000	0.001	0.001	−0.003	−0.016	−0.041	−0.065	−0.050	−0.006	0.080	0.219	0.423	0.689	1.000	12
14	0.000	0.001	0.002	0.001	−0.008	−0.030	−0.058	−0.061	−0.028	0.047	0.180	0.386	0.666	1.000	14
16	0.000	0.001	0.002	0.002	−0.003	−0.021	−0.051	−0.066	−0.043	0.021	0.147	0.353	0.644	1.000	16
20	0.000	0.000	0.001	0.003	0.002	−0.009	−0.036	−0.066	−0.060	−0.016	0.094	0.296	0.606	1.000	20
24	0.000	0.000	0.000	0.002	0.003	−0.002	−0.024	−0.060	−0.066	−0.039	0.054	0.250	0.572	1.000	24
28	0.000	0.000	0.000	0.001	0.003	0.001	−0.014	−0.052	−0.067	−0.053	0.024	0.210	0.541	1.000	28
32	0.000	0.000	0.000	0.000	0.002	0.003	−0.008	−0.043	−0.063	−0.061	0.001	0.176	0.514	1.000	32
40	0.000	0.000	0.000	0.000	0.001	0.003	0.000	−0.028	−0.053	−0.067	−0.031	0.122	0.465	1.000	40
48	0.000	0.000	0.000	0.000	0.000	0.001	0.002	−0.016	−0.041	−0.065	−0.050	0.080	0.423	1.000	48
56	0.000	0.000	0.000	0.000	0.000	0.001	0.003	−0.008	−0.030	−0.059	−0.061	0.047	0.386	1.000	56

附表 8-1(25)

荷载情况：底端力矩 M_0

环向力 $N_0 = k_{x0}\dfrac{M_0}{h}$

支承条件：底铰力，顶自由

符号规定：环向力受拉为正，剪力向外为正　　剪力 $V_x = k_{vx}\dfrac{M_0}{H}$

$\dfrac{H^2}{dh}$	环向力系数 k_{N0}（0.0H 为池顶，1.0H 为池底）														剪力系数 k_{vx}		$\dfrac{H^2}{dh}$
	0.0H	0.1H	0.2H	0.3H	0.4H	0.5H	0.6H	0.7H	0.75H	0.8H	0.85H	0.9H	0.95H	1.0H	顶端	底端	
0.2	7.318	6.633	5.946	5.257	4.562	3.858	3.139	2.400	2.021	1.635	1.241	0.837	0.424	0.000	0.000	1.518	0.2
0.4	3.396	3.146	2.895	2.638	2.371	2.085	1.772	1.419	1.225	1.016	0.790	0.547	0.284	0.000	0.000	1.569	0.4
0.6	1.991	1.920	1.847	1.767	1.673	1.552	1.392	1.177	1.043	0.887	0.708	0.502	0.267	0.000	0.000	1.651	0.6
0.8	1.235	1.271	1.305	1.331	1.340	1.318	1.248	1.107	1.003	0.872	0.710	0.513	0.278	0.000	0.000	1.756	0.8
1	0.754	0.863	0.969	1.068	1.148	1.194	1.185	1.095	1.011	0.893	0.739	0.542	0.297	0.000	0.000	1.879	1
1.5	0.102	0.305	0.507	0.704	0.885	1.035	1.127	1.123	1.071	0.976	0.830	0.625	0.351	0.000	0.000	2.226	1.5
2	−0.175	0.050	0.276	0.503	0.724	0.926	1.079	1.139	1.114	1.040	0.904	0.695	0.398	0.000	0.000	2.576	2
3	−0.294	−0.115	0.069	0.267	0.486	0.720	0.944	1.101	1.127	1.097	0.993	0.792	0.469	0.000	0.000	3.192	3
4	−0.234	−0.126	−0.011	0.129	0.310	0.537	0.795	1.024	1.095	1.109	1.041	0.858	0.524	0.000	0.000	3.698	4
5	−0.152	−0.101	−0.042	0.045	0.183	0.391	0.661	0.941	1.049	1.103	1.070	0.909	0.571	0.000	0.000	4.135	5
6	−0.086	−0.073	−0.052	−0.005	0.096	0.277	0.546	0.861	0.999	1.088	1.089	0.951	0.612	0.000	0.000	4.528	6
7	−0.042	−0.050	−0.052	−0.032	0.038	0.191	0.449	0.784	0.949	1.066	1.098	0.984	0.648	0.000	0.000	4.890	7
8	−0.014	−0.033	−0.047	−0.045	0.000	0.126	0.366	0.712	0.893	1.039	1.101	1.011	0.680	0.000	0.000	5.227	8
9	0.002	−0.020	−0.040	−0.050	−0.024	0.076	0.296	0.644	0.840	1.009	1.099	1.033	0.709	0.000	0.000	5.544	9
10	0.010	−0.012	−0.033	−0.048	−0.038	0.039	0.237	0.582	0.788	0.977	1.093	1.051	0.735	0.000	0.000	5.844	10
12	0.013	−0.002	−0.019	−0.039	−0.048	−0.009	0.145	0.470	0.689	0.910	1.071	1.076	0.780	0.000	0.000	6.402	12
14	0.009	0.002	−0.010	−0.028	−0.046	−0.034	0.079	0.376	0.599	0.842	1.042	1.091	0.819	0.000	0.000	6.915	14
16	0.006	0.003	−0.003	−0.018	−0.039	−0.045	0.033	0.297	0.518	0.775	1.009	1.099	0.853	0.000	0.000	7.393	16
20	0.001	0.003	0.002	−0.005	−0.023	−0.046	−0.021	0.176	0.381	0.652	0.935	1.099	0.907	0.000	0.000	8.265	20
24	0.000	0.001	0.002	0.000	−0.011	−0.036	−0.042	0.093	0.273	0.513	0.859	1.087	0.950	0.000	0.000	9.054	24
28	0.000	0.000	0.001	0.002	−0.004	−0.025	−0.048	0.037	0.190	0.448	0.784	1.065	0.984	0.000	0.000	9.779	28
32	0.000	0.000	0.001	0.002	0.000	−0.016	−0.045	0.001	0.126	0.366	0.712	1.039	1.011	0.000	0.000	10.454	32
40	0.000	0.000	0.000	0.001	0.002	−0.004	−0.032	−0.037	0.040	0.237	0.582	0.977	1.050	0.000	0.000	11.688	40
48	0.000	0.000	0.000	0.000	0.002	−0.001	−0.019	−0.047	−0.008	0.145	0.470	0.910	1.076	0.000	0.000	12.804	48
56	0.000	0.000	0.000	0.000	0.001	−0.002	−0.009	−0.046	−0.033	0.079	0.376	0.812	1.091	0.000	0.000	13.830	56

附表 8-1(26)

荷载情况：顶端力矩 M_0

支承条件：底固定，顶自由

符号规定：外壁受拉为正

竖向弯矩 $M_x = k_{vx}M_0$

环向弯矩 $M_\theta = \frac{1}{6}M_x$

竖 向 弯 矩 系 数 k_{Mx}　（0.0H 为池顶，1.0H 为池底）

$\dfrac{H^2}{dh}$	0.0H	0.1H	0.2H	0.3H	0.4H	0.5H	0.6H	0.7H	0.75H	0.8H	0.85H	0.9H	0.95H	1.0H
0.2	1.000	0.996	0.986	0.970	0.950	0.928	0.903	0.878	0.865	0.851	0.838	0.825	0.811	0.798
0.4	1.000	0.989	0.958	0.912	0.855	0.791	0.721	0.648	0.611	0.573	0.536	0.498	0.460	0.423
0.6	1.000	0.981	0.932	0.860	0.772	0.673	0.568	0.459	0.404	0.348	0.292	0.237	0.181	0.125
0.8	1.000	0.975	0.911	0.819	0.709	0.588	0.462	0.332	0.267	0.201	0.136	0.070	0.005	-0.061
1	1.000	0.970	0.893	0.786	0.661	0.526	0.387	0.248	0.178	0.109	0.040	-0.029	-0.098	-0.167
1.5	1.000	0.957	0.853	0.717	0.567	0.416	0.270	0.131	0.064	-0.002	-0.066	-0.131	-0.194	-0.258
2	1.000	0.945	0.815	0.653	0.487	0.332	0.193	0.069	0.013	-0.042	-0.094	-0.146	-0.197	-0.248
3	1.000	0.919	0.741	0.539	0.354	0.202	0.087	0.003	-0.031	-0.061	-0.087	-0.113	-0.137	-0.161
4	1.000	0.894	0.676	0.445	0.251	0.111	0.022	-0.029	-0.045	-0.057	-0.065	-0.072	-0.078	-0.084
5	1.000	0.872	0.619	0.368	0.176	0.051	-0.015	-0.043	-0.047	-0.047	-0.046	-0.043	-0.030	-0.035
6	1.000	0.850	0.568	0.305	0.119	0.013	-0.034	-0.045	-0.043	-0.038	-0.031	-0.024	-0.016	-0.008
7	1.000	0.829	0.522	0.253	0.077	-0.012	-0.043	-0.042	-0.036	-0.029	-0.020	-0.012	-0.003	0.005
8	1.000	0.810	0.480	0.209	0.045	-0.027	-0.045	-0.037	-0.029	-0.021	-0.013	-0.005	0.003	0.011
9	1.000	0.791	0.442	0.171	0.021	-0.037	-0.043	-0.030	-0.022	-0.015	-0.007	-0.001	0.005	0.012
10	1.000	0.772	0.408	0.139	0.002	-0.041	-0.040	-0.024	-0.017	-0.010	-0.004	0.001	0.006	0.010
12	1.000	0.738	0.346	0.087	-0.022	-0.043	-0.031	-0.014	-0.008	-0.003	0.000	0.003	0.005	0.007
14	1.000	0.705	0.293	0.049	-0.035	-0.040	-0.022	-0.007	-0.003	0.000	0.002	0.002	0.003	0.003
16	1.000	0.675	0.248	0.021	-0.042	-0.034	-0.015	-0.003	0.000	0.002	0.002	0.002	0.001	0.001
20	1.000	0.618	0.175	-0.015	-0.042	-0.022	-0.005	0.001	0.002	0.002	0.001	0.001	0.000	-0.000
24	1.000	0.568	0.120	-0.033	-0.036	-0.013	0.000	0.002	0.002	0.001	0.000	0.000	0.000	-0.001
28	1.000	0.522	0.078	-0.041	-0.028	-0.006	0.001	0.002	0.001	0.001	0.000	0.000	0.000	0.000
32	1.000	0.480	0.046	-0.043	-0.021	-0.002	0.002	0.001	0.000	0.000	0.000	0.000	0.000	0.000
40	1.000	0.408	0.003	-0.039	-0.010	0.001	0.001	0.000	0.000	0.000	0.000	0.000	0.000	0.000
48	1.000	0.346	-0.022	-0.030	-0.003	0.002	0.000	0.000	0.000	0.000	0.000	0.000	0.000	0.000
56	1.000	0.293	-0.035	-0.022	0.000	0.000	0.000	0.000	0.000	0.000	0.000	0.000	0.000	0.000

附表 8-1(27)

荷载情况：顶端力矩 M_0

支承条件：底固定，顶自由

符号规定：环向力受拉为正，剪力向外为正

环向力 $N_\theta = k_{N\theta}\dfrac{M_0}{h}$　　剪力 $V_x = k_{vx}\dfrac{M_0}{H}$

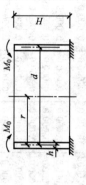

环 向 力 系 数 $k_{N\theta}$（0.0H 为池顶，1.0H 为池底）　　剪力系数 k_{vx}

$\dfrac{H^2}{dh}$	0.0H	0.1H	0.2H	0.3H	0.4H	0.5H	0.6H	0.7H	0.75H	0.8H	0.85H	0.9H	0.95H	1.0H	顶端	底端	$\dfrac{H^2}{dh}$
0.2	−2.060	−1.654	−1.295	−0.982	−0.715	−0.491	−0.311	−0.173	−0.120	−0.076	−0.043	−0.019	−0.005	0.000	0.000	−0.268	0.2
0.4	−3.066	−2.427	−1.851	−1.364	−0.962	−0.639	−0.391	−0.209	−0.142	−0.088	−0.048	−0.021	−0.005	0.000	0.000	−0.755	0.4
0.6	−3.389	−2.562	−1.873	−1.314	−0.875	−0.544	−0.307	−0.149	−0.095	−0.056	−0.028	−0.011	−0.003	0.000	0.000	−1.117	0.6
0.8	−3.409	−2.466	−1.705	−1.113	−0.674	−0.367	−0.170	−0.059	−0.028	−0.010	−0.001	0.002	0.001	0.000	0.000	−1.309	0.8
1	−3.368	−2.322	−1.502	−0.889	−0.460	−0.184	−0.032	0.031	0.038	0.035	0.026	0.014	0.004	0.000	0.000	−1.379	1
1.5	−3.300	−2.018	−1.069	−0.417	−0.017	0.186	0.243	0.205	0.166	0.121	0.077	0.038	0.010	0.000	0.000	−1.277	1.5
2	−3.309	−1.817	−0.764	−0.089	0.281	0.422	0.409	0.305	0.237	0.168	0.103	0.050	0.013	0.000	0.000	−1.019	2
3	−3.371	−1.550	−0.366	0.300	0.587	0.625	0.520	0.351	0.263	0.180	0.108	0.051	0.013	0.000	0.000	−0.484	3
4	−3.404	−1.341	−0.104	0.502	0.690	0.639	0.480	0.298	0.215	0.142	0.082	0.037	0.010	0.000	0.000	−0.118	4
5	−3.414	−1.161	0.087	0.612	0.702	0.580	0.393	0.219	0.150	0.093	0.051	0.022	0.005	0.000	0.000	0.077	5
6	−3.416	−1.004	0.233	0.672	0.674	0.499	0.300	0.145	0.091	0.051	0.025	0.009	0.002	0.000	0.000	0.156	6
7	−3.416	−0.866	0.347	0.700	0.628	0.417	0.219	0.086	0.045	0.020	0.006	0.000	−0.001	0.000	0.000	0.171	7
8	−3.416	−0.744	0.436	0.709	0.575	0.342	0.152	0.042	0.014	−0.001	−0.006	−0.005	−0.002	0.000	0.000	0.153	8
9	−3.416	−0.635	0.506	0.703	0.520	0.276	0.100	0.012	−0.007	−0.014	−0.013	−0.008	−0.002	0.000	0.000	0.122	9
10	−3.415	−0.538	0.561	0.689	0.466	0.219	0.060	−0.008	−0.009	−0.020	−0.016	−0.009	−0.003	0.000	0.0000	0.090	10
12	−3.416	−0.368	0.638	0.641	0.365	0.130	0.009	−0.027	−0.027	−0.022	−0.015	−0.007	−0.002	0.000	0.000	0.038	12
14	−3.416	−0.227	0.682	0.583	0.279	0.069	−0.017	−0.030	−0.025	−0.018	−0.011	−0.005	−0.001	0.000	0.000	0.006	14
16	−3.416	−0.106	0.704	0.521	0.207	0.027	−0.028	−0.026	−0.019	−0.012	−0.006	−0.002	0.000	0.000	0.000	−0.006	16
20	−3.416	0.087	0.705	0.402	0.103	−0.016	−0.029	−0.014	−0.008	−0.003	−0.001	0.000	0.000	0.000	0.000	−0.003	20
24	−3.416	0.234	0.675	0.299	0.039	−0.029	−0.021	−0.006	−0.002	0.000	0.000	0.000	0.000	0.000	0.000	0.000	24
28	−3.416	0.348	0.629	0.215	0.001	−0.030	−0.013	−0.001	0.001	−0.001	−0.001	0.000	0.000	0.000	0.000	0.000	28
32	−3.416	0.437	0.576	0.149	−0.019	−0.025	−0.006	0.001	0.000	0.000	0.000	0.000	0.000	0.000	0.000	0.000	32
40	−3.416	0.562	0.466	0.059	−0.031	−0.013	0.000	0.000	0.000	0.000	0.000	0.000	0.000	0.000	0.000	0.000	40
48	−3.416	0.638	0.365	0.009	−0.027	−0.005	0.000	0.000	0.000	0.000	0.000	0.000	0.000	0.000	0.000	0.000	48
56	−3.416	0.682	0.279	−0.017	−0.019	0.000	0.000	0.000	0.000	0.000	0.000	0.000	0.000	0.000	0.000	0.000	56

附表 8-1(28)

荷载情况：顶端水平力 H_0

支承条件：底固定，顶自由

符号规定：外壁受拉为正

竖向弯矩 $M_x = k_{Mx} H_0 H$

环向弯矩 $M_\theta = \dfrac{1}{6} M_x$

竖 向 弯 矩 系 数 k_{Mx}

（0.0H 为池顶，1.0H 为池底）

$\dfrac{H^2}{dh}$	0.0H	0.1H	0.2H	0.3H	0.4H	0.5H	0.6H	0.7H	0.75H	0.8H	0.85H	0.9H	0.95H	1.0H
0.2	0.000 0	-0.097 4	-0.190 2	-0.279 2	-0.365 2	-0.448 8	-0.530 8	-0.611 6	-0.651 8	-0.691 8	-0.731 7	-0.771 6	-0.811 5	-0.851 4
0.4	0.000 0	-0.092 5	-0.171 7	-0.240 0	-0.299 6	-0.352 6	-0.400 9	-0.446 1	-0.467 9	-0.489 4	-0.510 8	-0.532 0	-0.553 1	-0.574 3
0.6	0.000 0	-0.088 4	-0.156 1	-0.207 1	-0.245 1	-0.273 2	-0.294 3	-0.311 0	-0.318 2	-0.325 1	-0.331 6	-0.337 9	-0.344 2	-0.350 4
0.8	0.000 0	-0.085 4	-0.145 1	-0.184 2	-0.207 6	-0.219 3	-0.223 0	-0.221 5	-0.219 6	-0.217 2	-0.214 4	-0.211 5	-0.208 5	-0.205 5
1	0.000 0	-0.083 2	-0.137 2	-0.168 2	-0.182 0	-0.183 3	-0.176 3	-0.164 0	-0.156 7	-0.148 9	-0.140 8	-0.132 5	-0.124 2	-0.115 8
1.5	0.000 0	-0.079 4	-0.124 0	-0.142 7	-0.143 2	-0.131 5	-0.112 5	-0.089 4	-0.077 1	-0.064 4	-0.051 6	-0.038 7	-0.025 8	-0.012 9
2	0.000 0	-0.076 5	-0.114 5	-0.125 4	-0.118 9	-0.102 0	-0.079 8	-0.055 4	-0.042 9	-0.030 4	-0.018 0	-0.005 5	0.006 9	0.019 3
3	0.000 0	-0.071 7	-0.099 3	-0.099 7	-0.085 4	-0.065 2	-0.044 0	-0.024 2	-0.015 0	-0.006 2	0.002 2	0.010 4	0.018 5	0.026 6
4	0.000 0	-0.067 7	-0.087 5	-0.080 8	-0.062 7	-0.042 4	-0.024 4	-0.010 2	-0.004 3	0.000 8	0.005 6	0.010 0	0.014 2	0.018 4
5	0.000 0	-0.064 3	-0.078 1	-0.066 6	-0.046 7	-0.027 6	-0.013 0	-0.003 2	0.000 3	0.003 0	0.005 2	0.007 2	0.009 2	0.010 7
6	0.000 0	-0.061 5	-0.070 3	-0.055 6	-0.035 3	-0.017 9	-0.006 2	0.000 3	0.002 2	0.003 4	0.004 2	0.004 7	0.005 2	0.005 6
7	0.000 0	-0.058 9	-0.063 8	-0.046 9	-0.026 9	-0.011 4	-0.002 3	0.001 9	0.002 8	0.003 1	0.003 2	0.003 0	0.002 7	0.002 5
8	0.000 0	-0.056 6	-0.058 2	-0.039 9	-0.020 5	-0.007 0	0.000 0	0.002 5	0.002 8	0.002 7	0.002 3	0.001 8	0.001 3	0.000 8
9	0.000 0	-0.054 5	-0.053 3	-0.034 0	-0.015 6	-0.004 0	0.001 3	0.002 6	0.002 5	0.002 1	0.001 6	0.001 1	0.000 5	-0.000 1
10	0.000 0	-0.052 6	-0.048 9	-0.029 1	-0.011 9	-0.002 0	0.001 9	0.002 4	0.002 1	0.001 6	0.001 1	0.000 6	0.000 2	-0.000 5
12	0.000 0	-0.049 2	-0.041 6	-0.021 5	-0.006 6	0.000 4	0.002 2	0.001 8	0.001 3	0.000 9	0.000 5	0.000 1	-0.000 2	-0.000 6
14	0.000 0	-0.046 2	-0.035 6	-0.015 9	-0.003 3	0.001 4	0.001 9	0.001 2	0.000 7	0.000 4	0.000 1	0.000 0	-0.000 2	-0.000 4
16	0.000 0	-0.043 5	-0.030 7	-0.011 7	-0.001 3	0.001 8	0.001 5	0.000 7	0.000 4	0.000 1	-0.000 1	-0.000 1	-0.000 2	-0.000 2
20	0.000 0	-0.038 9	-0.023 1	-0.006 2	0.000 7	0.001 6	0.000 8	0.000 2	0.000 0	-0.000 1	0.000 0	-0.000 1	0.000 0	0.000 0
24	0.000 0	-0.035 4	-0.017 5	-0.003 0	0.001 4	0.001 2	0.000 4	0.000 0	-0.000 1	-0.000 1	0.000 0	0.000 0	0.000 0	0.000 0
28	0.000 0	-0.031 9	-0.013 4	-0.001 4	0.001 4	0.000 8	0.000 1	-0.000 1	0.000 0	0.000 0	0.000 0	0.000 0	0.000 0	0.000 0
32	0.000 0	-0.029 1	-0.010 3	0.000 0	0.001 3	0.000 4	0.000 0	-0.000 1	0.000 0	0.000 0	0.000 0	0.000 0	0.000 0	0.000 0
40	0.000 0	-0.024 5	-0.005 9	0.000 9	0.000 8	0.000 1	0.000 0	0.000 0	0.000 0	0.000 0	0.000 0	0.000 0	0.000 0	0.000 0
48	0.000 0	-0.020 8	-0.003 3	0.001 1	0.000 4	0.000 0	0.000 0	0.000 0	0.000 0	0.000 0	0.000 0	0.000 0	0.000 0	0.000 0
56	0.000 0	-0.017 8	-0.001 7	0.001 0	0.000 2	0.000 0	0.000 0	0.000 0	0.000 0	0.000 0	0.000 0	0.000 0	0.000 0	0.000 0

附表 8-1(29)

荷载情况：顶端水平力 H_0
支承条件：底固定，顶自由
符号规定：环向力受拉为正，剪力向外为正

环向力 $N_\theta = k_{N\theta} \dfrac{H}{h} H_0$　　　剪 力 $V_x = k_{vx} H_0$

环 向 力 系 数 $k_{N\theta}$（0.0H 为池顶，1.0H 为池底）

$\dfrac{H^2}{dh}$	0.0H	0.1H	0.2H	0.3H	0.4H	0.5H	0.6H	0.7H	0.75H	0.8H	0.85H	0.9H	0.95H	1.0H	剪力系数 k_{vx} 顶端	底端	$\dfrac{H^2}{dh}$
0.2	1.357	1.152	0.951	0.760	0.581	0.419	0.278	0.162	0.114	0.075	0.043	0.019	0.005	0.000	1.000	−0.798	0.2
0.4	1.973	1.665	1.365	1.082	0.820	0.587	0.386	0.223	0.157	0.102	0.058	0.026	0.007	0.000	1.000	−0.423	0.4
0.6	2.053	1.716	1.392	1.089	0.815	0.575	0.373	0.213	0.149	0.096	0.054	0.024	0.006	0.000	1.000	−0.125	0.6
0.8	1.941	1.603	1.281	0.985	0.723	0.500	0.318	0.178	0.123	0.078	0.044	0.019	0.005	0.000	1.000	0.061	0.8
1	1.792	1.459	1.164	0.862	0.618	0.416	0.257	0.139	0.095	0.059	0.033	0.014	0.003	0.000	1.000	0.167	1
1.5	1.483	1.158	0.860	0.604	0.399	0.242	0.132	0.061	0.038	0.021	0.010	0.004	0.001	0.000	1.000	0.258	1.5
2	1.285	0.961	0.671	0.433	0.254	0.129	0.052	0.012	0.002	−0.003	−0.004	−0.003	−0.001	0.000	1.000	0.248	2
3	1.056	0.729	0.449	0.238	0.095	0.012	−0.026	−0.032	−0.029	−0.022	−0.015	−0.007	−0.002	0.000	1.000	0.161	3
4	0.920	0.593	0.325	0.136	0.023	0.033	−0.048	−0.041	−0.033	−0.024	−0.015	−0.007	−0.002	0.000	1.000	0.084	4
5	0.825	0.500	0.244	0.078	−0.012	−0.047	−0.050	−0.037	−0.028	−0.019	−0.012	−0.006	−0.003	0.000	1.000	0.035	5
6	0.754	0.431	0.188	0.041	−0.029	−0.049	−0.044	−0.029	−0.021	−0.014	−0.008	−0.004	−0.001	0.000	1.000	0.008	6
7	0.698	0.378	0.147	0.017	−0.037	−0.046	−0.036	−0.021	−0.015	−0.009	−0.005	−0.002	−0.001	0.000	1.000	−0.005	7
8	0.653	0.336	0.115	0.000	−0.040	−0.041	−0.028	−0.015	−0.009	−0.005	−0.003	−0.001	0.000	0.000	1.000	−0.011	8
9	0.616	0.301	0.091	−0.011	−0.040	−0.036	−0.022	−0.010	−0.006	−0.003	−0.001	0.000	0.000	0.000	1.000	−0.012	9
10	0.584	0.272	0.071	−0.018	−0.039	−0.031	−0.016	−0.006	−0.003	−0.001	0.000	0.000	0.000	0.000	1.000	−0.010	10
12	0.534	0.226	0.042	−0.027	−0.034	−0.022	−0.009	−0.002	0.000	0.001	0.001	0.000	0.000	0.000	1.000	−0.007	12
14	0.494	0.191	0.023	−0.030	−0.029	−0.015	−0.004	0.000	0.001	0.001	0.001	0.000	0.000	0.000	1.000	−0.003	14
16	0.462	0.163	0.010	−0.030	−0.024	−0.010	−0.001	0.001	0.001	0.001	0.001	0.000	0.000	0.000	1.000	−0.001	16
20	0.415	0.132	−0.006	−0.027	−0.015	−0.004	0.001	0.001	0.001	0.001	0.000	0.000	0.000	0.000	1.000	0.000	20
24	0.377	0.101	−0.015	−0.023	−0.009	−0.001	0.001	0.000	0.000	0.000	0.000	0.000	0.000	0.000	1.000	0.000	24
28	0.349	0.073	−0.019	−0.018	−0.005	0.000	0.001	0.000	0.000	0.000	0.000	0.000	0.000	0.000	1.000	0.000	28
32	0.327	0.058	−0.020	−0.014	−0.003	0.001	0.001	0.000	0.000	0.000	0.000	0.000	0.000	0.000	1.000	0.000	32
40	0.292	0.036	−0.020	−0.008	0.000	0.001	0.000	0.000	0.000	0.000	0.000	0.000	0.000	0.000	1.000	0.000	40
48	0.267	0.021	−0.017	−0.004	0.001	0.000	0.000	0.000	0.000	0.000	0.000	0.000	0.000	0.000	1.000	0.000	48
56	0.247	0.012	−0.014	−0.002	0.001	0.000	0.000	0.000	0.000	0.000	0.000	0.000	0.000	0.000	1.000	0.000	56

附表 8-1（30）　　　　　　　　　　　柱 壳 刚 度 系 数 $k_{M\beta}$

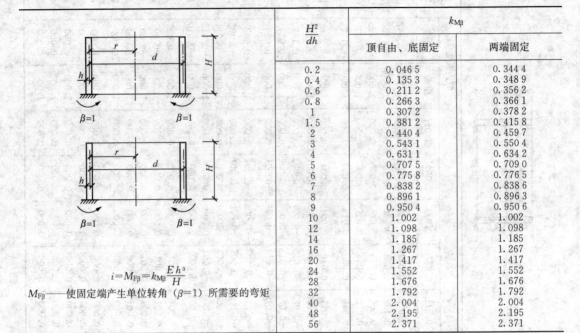

$$i=M_{F\beta}=k_{M\beta}\frac{Eh^3}{H}$$

$M_{F\beta}$——使固定端产生单位转角（$\beta=1$）所需要的弯矩

$\dfrac{H^2}{dh}$	$k_{M\beta}$ 顶自由、底固定	$k_{M\beta}$ 两端固定
0.2	0.046 5	0.344 4
0.4	0.135 3	0.348 9
0.6	0.211 2	0.356 2
0.8	0.266 3	0.366 1
1	0.307 2	0.378 2
1.5	0.381 2	0.415 8
2	0.440 4	0.459 7
3	0.543 1	0.550 4
4	0.631 1	0.634 2
5	0.707 5	0.709 0
6	0.775 8	0.776 5
7	0.838 2	0.838 6
8	0.896 1	0.896 3
9	0.950 4	0.950 6
10	1.002	1.002
12	1.098	1.098
14	1.185	1.185
16	1.267	1.267
20	1.417	1.417
24	1.552	1.552
28	1.676	1.676
32	1.792	1.792
40	2.004	2.004
48	2.195	2.195
56	2.371	2.371

附录 8-2　　双向受力壁板在壁面温差作用下的弯矩系数

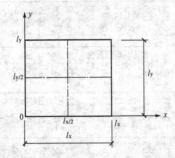

$$M_x^T = k_x^T \alpha_T \Delta T E h^2 \eta_{rel}$$
$$M_y^T = k_y^T \alpha_T \Delta T E h^2 \eta_{rel}$$

附表 8-2

边界条件	x/l_y 弯矩系数	$x=0,\ y=\dfrac{l_y}{2}$ k_x^T	k_y^T	$x=\dfrac{l_x}{2},\ y=\dfrac{l_y}{2}$ k_x^T	k_y^T	$x=\dfrac{l_x}{2},\ y=0$ k_x^T	k_y^T	$x=\dfrac{l_x}{2},\ y=l_y$ k_x^T	k_y^T
四边铰支	0.50	0	0.083 3	0.074 2	0.009 2	0.083 3	0	0.083 3	0
	0.75	0	0.083 3	0.057 8	0.025 6	0.083 3	0	0.083 3	0
	1.00	0	0.083 3	0.041 7	0.041 7	0.083 3	0	0.083 3	0
	1.25	0	0.083 3	0.029 1	0.054 3	0.083 3	0	0.083 3	0
	1.50	0	0.083 3	0.019 9	0.063 5	0.083 3	0	0.083 3	0
	1.75	0	0.083 3	0.013 6	0.069 8	0.083 3	0	0.083 3	0
	2.00	0	0.083 3	0.009 2	0.074 2	0.083 3	0	0.083 3	0
三边固定顶边铰支	0.50	0.100 0	0.083 3	0.043 9	0.100 0	0.100 0	0.083 3	0.083 3	0
	0.75	0.100 0	0.083 3	0.032 2	0.097 5	0.100 0	0.083 3	0.083 3	0
	1.00	0.100 0	0.083 3	0.023 5	0.089 5	0.100 0	0.083 3	0.083 3	0
	1.25	0.100 0	0.083 3	0.020 9	0.081 0	0.100 0	0.083 3	0.083 3	0
	1.50	0.100 0	0.083 3	0.022 0	0.073 4	0.100 0	0.083 3	0.083 3	0
	1.75	0.100 0	0.083 3	0.025 2	0.067 3	0.100 0	0.083 3	0.083 3	0
	2.00	0.100 0	0.083 3	0.028 8	0.062 7	0.100 0	0.083 3	0.083 3	0

续表

边界条件	计算截面 弯矩系数 x/l_y	$x=0, y=\frac{l_y}{2}$		$x=\frac{l_x}{2}, y=\frac{l_y}{2}$		$x=\frac{l_x}{2}, y=0$		$x=\frac{l_x}{2}, y=l_y$	
		k_x^T	k_y^T	k_x^T	k_y^T	k_x^T	k_y^T	k_x^T	k_y^T
三边固定、顶边自由	0.50	0.1018	0.0983	0.0948	0.0974	0.0973	0.0975	0.0955	0
	0.75	0.1057	0.0980	0.0925	0.0913	0.0973	0.1004	0.0993	0
	1.00	0.1085	0.0968	0.0919	0.0851	0.0974	0.1050	0.1028	0
	1.25	0.1072	0.0957	0.0931	0.0768	0.0979	0.1085	0.1057	0
	1.50	0.1006	0.0965	0.0951	0.0696	0.0983	0.1091	0.1083	0
	1.75	0.0997	0.0945	0.0969	0.0633	0.0975	0.1013	0.1111	0
	2.00	0.0981	0.0933	0.0985	0.0570	0.0963	0.0957	0.1118	0
	2.25	0.0939	0.0908	0.0988	0.0503	0.0950	0.0861	0.1119	0
	2.50	0.0921	0.0908	0.0986	0.0460	0.0934	0.0755	0.1114	0
	2.75	0.0918	0.0902	0.0977	0.0409	0.0918	0.0649	0.1098	0
	3.00	0.0882	0.0888	0.0965	0.0361	0.0903	0.0551	0.1079	0

附录 8-3　四边支承双向板的边缘刚度系数及弯矩传递系数

边缘刚度：$K=k\dfrac{D}{l}$　　　　　传递系数：C——对边传递系数；

$\quad\quad\quad\quad\quad\quad\quad\quad\quad\quad\quad\quad C'$——邻边传递系数。

$$D=\frac{Eh^3}{12(1-\mu^2)}$$

k——边缘刚度系数；　　　　　◆◆◆◆◆◆◆◆◆　固定边

l——板的短边长。　　　　　　- - - - - - - - -　铰支边

附表 8-3

序 号		1			2		3		
$\dfrac{l_x}{l_y}$	$\dfrac{l_y}{l_x}$								
		k	C	C'	k	C'	k	C	C'
∞		~6.50	0	0	3.00	~0.380	~6.60	0	0
2.0		6.50	−0.014	0.086	4.23	0.382	6.60	−0.030	0.062
1.9		6.53	−0.013	0.098	4.38	0.382	6.66	−0.031	0.072
1.8		6.57	−0.011	0.111	4.55	0.380	6.71	−0.032	0.083
1.7		6.61	−0.008	0.126	4.75	0.376	6.78	−0.033	0.095
1.6		6.66	−0.002	0.142	4.99	0.369	6.86	−0.032	0.109
1.5		6.70	0.005	0.160	5.27	0.358	6.94	−0.029	0.126
1.4		6.76	0.016	0.180	5.59	0.345	7.04	−0.024	0.144
1.3		6.83	0.032	0.200	5.97	0.327	7.15	−0.015	0.164
1.2		6.90	0.052	0.221	6.40	0.305	7.25	0.000	0.186
1.1		6.99	0.080	0.241	6.91	0.278	7.38	0.023	0.209
1.0	1.0	7.10	0.114	0.259	7.49	0.246	7.51	0.054	0.233
	1.1	6.60	0.153	0.273	7.37	0.214	6.97	0.092	0.252
	1.2	6.19	0.189	0.279	7.25	0.186	6.51	0.131	0.265
	1.3	5.86	0.220	0.282	7.14	0.162	6.14	0.166	0.273
	1.4	5.59	0.249	0.281	7.04	0.140	5.82	0.200	0.276
	1.5	5.38	0.276	0.277	6.94	0.122	5.57	0.232	0.275
	1.6	5.20	0.301	0.272	6.85	0.106	5.36	0.262	0.272
	1.7	5.05	0.322	0.266	6.77	0.092	5.18	0.288	0.268
	1.8	4.93	0.340	0.259	6.71	0.080	5.04	0.310	0.262
	1.9	4.83	0.355	0.252	6.65	0.070	4.92	0.330	0.256
	2.0	4.74	0.369	0.245	6.60	0.061	4.82	0.348	0.249
	∞	4.00	0.500	~0.240	~6.60	0	4.00	0.500	~0.240

附录 8-4　双 向 板 的 边 缘 反 力

一、双向板在侧向荷载作用下［附图 8-4（1）］的边缘反力可按下列公式计算：

$$R_{x,\max} = \alpha_{x,\max} p l_x \qquad\qquad\qquad （附 8-4-1）$$

$$R_{x0} = \alpha_{x0} p l_x \qquad\qquad\qquad （附 8-4-2）$$

$$R_{y,\max} = \alpha_{y,\max} p l_y \qquad\qquad\qquad （附 8-4-3）$$

$$R_{y0} = \alpha_{y0} p l_y \qquad\qquad\qquad （附 8-4-4）$$

式中　　　　　$R_{x,\max}$——跨度 l_x 两端支座（沿 l_y 边）的反力最大值；

　　　　　　　R_{x0}——跨度 l_x 两端支座（沿 l_y 边）的反力平均值；

　　　　　　　$R_{y,\max}$——跨度 l_y 两端支座（沿 l_x 边）的反力最大值；

　　　　　　　R_{y0}——跨度 l_y 两端支座（沿 l_x 边）的反力平均值；

　　　　　　　p——矩形分布侧向荷载设计值或三角形分布荷载的底端最大设计值；

　　$\alpha_{x,\max}$，α_{x0}，$\alpha_{y,\max}$，α_{y0}——反力系数。

　　四边铰支板在矩形荷载下的反力系数可由附表 8-4（1）查得；四边铰支板在三角形荷载下的反力系数可由附表 8-4（2）查得；三边固定、顶边自由的双向板，在矩形或三角形荷载作用下的反力系数可分别由附表 8-4（3）和附表 8-4（4）查得。

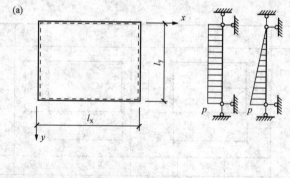

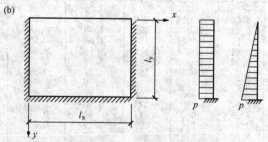

附图 8-4（1）　承受矩形或三角形侧向荷载的双向板
(a) 四边铰支板；(b) 三边固定、顶板自由板

　　二、四边铰支双向板在边缘弯矩作用下［附图 8-4（2）］的边缘反力，可按下列公式计算：

$$R_{x,cen} = \alpha_{x,cen} \frac{M_0}{l_x} \qquad\qquad (附 8 - 4 - 5)$$

$$R_{x0} = \alpha_{x0} \frac{M_0}{l_x} \qquad\qquad (附 8 - 4 - 6)$$

$$R_{y,cen} = \alpha_{y,cen} \frac{M_0}{l_y} \qquad\qquad (附 8 - 4 - 7)$$

$$R_{y0} = \alpha_{y0} \frac{M_0}{l_y} \qquad\qquad (附 8 - 4 - 8)$$

式中　　$R_{x,cen}$——跨度 l_x 两端支座在 l_y 中点处的反力；

　　　　$R_{y,cen}$——跨度 l_y 两端支座在 l_x 中点处的反力；

　$\alpha_{x,cen}$，$\alpha_{y,cen}$——$R_{x,cen}$ 和 $R_{y,cen}$ 的反力系数；

　　　　M_0——假设按正弦曲线分布的边缘弯矩的最大值；

R_{x0}，R_{y0}，α_{x0}，α_{y0} 的意义同前。各反力系数可由附表 8 - 4（5）查得。

　　三、具有各种边界条件的四边支承双向板的边缘反力，可按式（附 8 - 4 - 1）～式（附 8 - 4 - 8），用四边铰支板作用有侧向荷载时的边缘反力和四边铰支板作用有边缘弯矩时的边缘反力叠加求得。

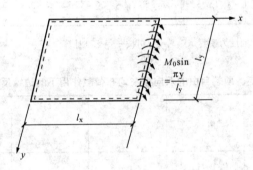

附图 8 - 4（2）　　$x = l_x$ 的边缘上作用有弯矩 $M_0 \sin\frac{\pi y}{l_y}$ 的四边铰支板

附表 8 - 4（1）　　　　四边铰支承的双向板在均布荷载作用下的边缘反力系数

边缘 反力系数 ＼ x/l_y	0.50	0.75	1.00	1.25	1.50	1.75	2.00
$\alpha_{y,max}$	0.259 9	0.366 0	0.436 2	0.476 6	0.497 4	0.507 1	0.510 7
α_y	0.190 5	0.270 2	0.327 4	0.365 2	0.390 3	0.407 5	0.419 9
$\alpha_{x,max}$	0.510 7	0.485 2	0.436 2	0.382 9	0.334 4	0.293 5	0.259 9
α_{x0}	0.419 9	0.374 7	0.327 4	0.283 5	0.246 0	0.215 3	0.190 5

注　当 $\frac{l_x}{l_y} > 2.0$ 时，l_y 边上的反力系数 $\alpha_{x,max}$，α_{x0} 可按 $\frac{l_x}{l_y} = 2.0$ 计算。

附表 8 - 4（2） 四边铰支承的双向板在三角形荷载作用下的边缘反力系数

边缘反力系数 \ x/l_y	0.50	0.75	1.00	1.25	1.50	1.75	2.00
$\alpha_{y,max}\left(\begin{array}{l}x=l_x/2\\y=0\end{array}\right)$	0.054 2	0.099 7	0.133 4	0.153 7	0.164 5	0.169 7	0.171 7
$\alpha_{y,max}\left(\begin{array}{l}x=l_x/2\\y=l_y\end{array}\right)$	0.205 7	0.266 2	0.302 9	0.322 9	0.332 9	0.337 4	0.339 0
$\alpha_{y0}\ (y=0)$	0.036 3	0.067 4	0.091 8	0.108 3	0.119 4	0.126 9	0.132 3
$\alpha_{y0}\ (y=l_y)$	0.154 0	0.202 8	0.235 6	0.256 8	0.270 9	0.280 6	0.287 6
$\alpha_{x,max}\left(y=\dfrac{2}{3}l_y\right)$	0.327 1	0.291 3	0.251 9	0.216 6	0.187 2	0.163 5	0.144 4
α_{x0}	0.209 9	0.187 3	0.163 7	0.141 7	0.123 0	0.107 6	0.095 1

注 当 $\dfrac{l_x}{l_y}>2.0$ 时，l_y 边上的反力系数 $\alpha_{x,max}$、α_{x0} 可按 $\dfrac{l_x}{l_y}=2.0$ 计算。

附表 8 - 4（3） 三边固定、顶端自由的双向板在均布荷载作用下的边缘反力系数

边缘反力系数 \ x/l_y	0.50	0.75	1.00	1.50	2.00	3.00
$\alpha_{y,max}$	0.230 1	0.341 0	0.457 2	0.672 5	0.845 0	1.012 3
α_{y0}	0.132 5	0.190 6	0.255 3	0.376 9	0.483 6	0.640 8
$\alpha_{x,max}$	0.504 6	0.584 4	0.533 1	0.572 7	0.605 7	0.542 2
α_{x0}	0.433 7	0.455 2	0.372 3	0.311 5	0.258 1	0.186 7

注 当 $\dfrac{l_x}{l_y}>3.0$ 时，l_y 边上的边缘反力系数 $\alpha_{x,max}$、α_{x0} 可按 $\dfrac{l_x}{l_y}=3.0$ 计算。

附表 8 - 4（4） 三边固定、顶端自由的双向板在三角形荷载作用下的边缘反力系数

边缘反力系数 \ x/l_y	0.50	0.75	1.00	1.50	2.00	3.00
$\alpha_{y,max}$	0.233 6	0.264 5	0.323 6	0.405 5	0.458 4	0.504 7
α_{y0}	0.122 0	0.160 3	0.201 8	0.265 4	0.311 1	0.369 4
$\alpha_{x,max}$	0.298 8	0.316 0	0.242 1	0.169 5	0.128 2	0.101 4
α_{x0}	0.190 9	0.191 1	0.149 1	0.117 2	0.094 4	0.065 2

注 当 $\dfrac{l_x}{l_y}>3.0$ 时，l_y 边上的边缘反力系数 $\alpha_{x,max}$，α_{x0} 可按 $\dfrac{l_x}{l_y}=3.0$ 计算。

附表 8-4（5）　　　四边铰支承的双向板在边缘弯矩作用下的边缘反力系数

边缘反力系数 \ x/l_y	0.50	0.75	1.00	1.25	1.50	1.75	2.00
$\alpha_{y,cen}$	-1.9196	-1.2611	-0.7719	-0.4527	-0.2565	-0.1396	-0.0717
α_{y0}	-2.2311	-1.7689	-1.4033	-1.1391	-0.9507	-0.8136	-0.7106
$\alpha_{x,cen}\left(\begin{array}{c}x=0\\y=\frac{l_y}{2}\end{array}\right)$	-0.8853	-1.7134	-0.5161	-0.3438	-0.2157	-0.1294	-0.0751
$\alpha_{x,cen}\left(\begin{array}{c}x=l_x\\y=\frac{l_y}{2}\end{array}\right)$	1.1932	1.4840	1.8703	2.3025	2.7523	3.2080	3.6654
$\alpha_{x0}\ (x=0)$	-0.5636	-0.4542	-0.3286	-0.2189	-0.1373	-0.0824	-0.0478
$\alpha_{x0}\ (x=l_x)$	0.7596	0.9447	1.1907	1.4658	1.7522	2.0423	2.3335

注　1. 表中负值表示边缘反力指向板下。

　　2. $\frac{l_x}{l_y}>2.0$ 时，M_0 作用边上（即 $x=l_x$）$R_{x\,cen}$、R_{x0} 的系数 $\alpha_{x,cen}$、α_{x0}，可按 $\frac{l_x}{l_y}=2.0$ 计算。

参　考　文　献

[1] 中华人民共和国住房和城乡建设部. 混凝土结构设计规范（GB 50010—2010）. 北京：中国建筑工业出版社，2010.

[2] 北京市规划委员会. 室外给水排水和燃气热力工程抗震设计规范（GB 50032—2003）. 北京：中国建筑工业出版社，2003.

[3] 中华人民共和国建设部. 建筑结构荷载规范（GB 5009—2001）. 北京：中国建筑工业出版社，2002.

[4] 北京市市政工程设计研究总院等. 给水排水工程构筑物结构设计规范（GB 50069—2002）. 北京：中国建筑工业出版社，2003.

[5] 中华人民共和国建设部. 建筑结构可靠度设计统一标准（GB 50068—2001）. 北京：中国建筑工业出版社，2002.

[6] 中华人民共和国住房和城乡建设部. 砌体结构设计规范（GB 50003—2011）. 北京：中国建筑工业出版社，2011.

[7] 中华人民共和国住房和城乡建设部. 建筑抗震设计规范（GB 50011—2010）. 北京：中国建筑工业出版社，2010.

[8] 中华人民共和国住房和城乡建设部. 建筑地基基础设计规范（GB 50007—2011）. 北京：中国建筑工业出版社，2011.

[9] 刘健行，郭先瑚，苏景春. 给水排水工程结构. 北京：中国建筑工业出版社，1999.

[10] 蓝宗建，梁书亭，孟少平. 混凝土结构设计原理. 南京：东南大学出版社，2003.

[11] 吴培明. 混凝土结构（上）. 武汉：武汉理工大学出版社，2003.

[12] 沈蒲生，梁兴文. 混凝土结构设计原理. 北京：高等教育出版社，2002.

[13] 陈伯望，祝明桥，张自荣. 混凝土结构设计. 北京：高等教育出版社，2002.

[14] 张誉，蒋利学，张伟平等. 混凝土结构耐久性概论. 上海：上海科学技术出版社，2003.

[15] 傅传国，高娃. 砌体结构. 北京：科学出版社，2005.

[16] 吴科如，张雄. 土木工程材料. 上海：同济大学出版社，2003.

[17] 程文瀼，康谷贻，颜德姮. 混凝土结构（上册）. 北京：中国建筑工业出版社，2002.

[18] 程文瀼，康谷贻，颜德姮. 混凝土结构（下册）. 北京：中国建筑工业出版社，2002.

[19] 朱彦鹏，蒋丽娜，张玉新. 混凝土结构设计原理. 北京：中国建筑工业出版社，2002.

[20] 施楚贤，赵均，刘桂秋等. 砌体结构. 北京：中国建筑工业出版社，2005.

[21] 沈德植. 土建工程基础. 北京：中国建筑工业出版社，2003.

[22] 程选生. 关于钢筋混凝土结构温差效应的建议. 建筑结构，2002 23 (12).

[23] 程选生，李慧雯. 温度作用下钢筋混凝土矩形贮液池池壁厚度的优化. 特种结构，2001 18 (2).

[24] 程选生，蔺全录，王翠琳等. 钢筋混凝土矩形贮液池温差效应的初探. 甘肃工业大学学报，2001 (04).

[25] 程选生. 热载作用下钢筋混凝土矩形贮液罐的初探. 兰州大学，2001.

[26] 程选生，李文惠. 钢筋混凝土贮液池的连续浇筑法. 特种结构，2002 (04).

[27] 程选生，李文惠，杨国生. 矩形贮液池池壁模板的设计与施工技术. 特种结构，2002 (04).

[28] 程选生. 钢筋混凝土矩形贮液结构的热力学性能及液—固耦联振动. 兰州理工大学，2007.

[29] 宋玉普，王清湘. 钢筋混凝土结构. 北京：机械工业出版社，2004.

[30] 舒士霖. 钢筋混凝土结构. 浙江：浙江大学出版社，2002.

［31］叶列平. 混凝土结构（上册）. 2 版. 北京：清华大学出版社，2005.

［32］顾祥林. 混凝土结构基本原理. 上海：同济大学出版社，2004.

［33］赵国藩. 高等钢筋混凝土结构学. 北京：机械工业出版社，2005.

［34］金喜平，邓庆阳. 基础工程. 北京：机械工业出版社，2006.

［35］舒士霖，邵永治，陈鸣. 钢筋混凝土结构设计. 2 版. 杭州：浙江大学出版社，2003.

［36］中国有色工程设计研究总院. 混凝土结构构造手册. 3 版. 北京：中国建筑工业出版社，2003.

［37］朱炳寅. 建筑结构设计规范应用图解手册. 北京：中国建筑工业出版社，2005.

［38］王社良，熊仲明等. 混凝土结构设计原理题库及题解. 北京：中国水利水电出版社，2004.

［39］徐有邻，周氏. 混凝土结构设计规范理解与应用. 北京：中国建筑工业出版社，2002.

［40］沈蒲生，罗国强. 混凝土结构疑难释义附解题指导. 3 版. 北京：中国建筑工业出版社，2003.

［41］张季超，李汝庚. 混凝土结构设计原理. 北京：中国环境科学出版社，2003.

［42］张季超，陈原，王晖等. 新编混凝土结构设计原理. 北京：科学出版社，2011.

［43］张季超，吴珊瑚，陈原等. 新编混凝土结构设计. 北京：科学出版社，2011.